十三★五

全国高等院校艺术设计专业“十三五”规划教材

3DS MAX 中文版实战经典

丁 勇 编著

中国轻工业出版社

图书在版编目（CIP）数据

3DS MAX中文版实战经典 / 丁勇编著. — 北京 ： 中国轻工业出版社，2020. 1

ISBN 978-7-5184-0923-5

Ⅰ. ①3… Ⅱ. ①丁… Ⅲ. ①三维动画软件 Ⅳ. ①TP391.41

中国版本图书馆CIP数据核字（2016）第164806号

责任编辑：毛旭林　秦　功

策划编辑：毛旭林　　责任终审：劳国强　　版式设计：锋尚设计

封面设计：锋尚设计　　责任校对：晋　洁　　责任监印：张　可

出版发行：中国轻工业出版社（北京东长安街6号，邮编：100740）

印　　刷：三河市万龙印装有限公司

经　　销：各地新华书店

版　　次：2020年1月第1版第3次印刷

开　　本：889×1194　1/16　　印张：17

字　　数：475千字

书　　号：ISBN 978-7-5184-0923-5　　定价：49.00元

邮购电话：010-65241695

发行电话：010-85119835　　传真：85113293

网　　址：http：//www.chlip.com.cn

Email：club@chlip.com.cn

如发现图书残缺请与我社邮购联系调换

200014J1C103ZBW

这是一本适用于初学者学习3ds Max的基础教材。

三维建模教学是目前高等院校设计类专业比较热门的课程，3ds Max由于其在三维建模领域中的核心地位，更需要学生们认真地学习和掌握。在十多年的3ds Max教学过程中，本人深切感受到，由于受教学计划的制约，学生们学习该软件往往存在着教学周期短、课时集中等问题，因此要想在短时间内能够较为系统地掌握该软件，确实需要一本实用且有针对性的专业教材，本书正是基于这个出发点而撰写的。

此次教材的编写，结合了Autodesk 3ds Max Design 2015版本，在内容上涉及的知识面更广，讲解更详细，初学者可以通过文字和配图的详细讲解，较为容易地掌握和了解知识点。

本教材从Autodesk 3ds Max Design 2015界面认识的讲解到常用的修改器命令工具的具体用法，结合每一章节的实例，从创作思路到具体操作都进行了详细演示。第一章：初识Autodesk 3ds Max Design 2015；第二章：几何体静物组合的制作；第三章：酒杯的制作；第四章：易拉罐的制作；第五章：相框的制作；第六章：石英钟表的制作；第七章：螺丝刀和螺丝钉的制作；第八章：车轮的制作；第九章：客厅效果图制作。文中所举实例都经过笔者精挑细选，具有极强的代表性，各章节之间在知识点上由浅入深，互为补充，具有较强实战性。

为了方便初学者学习，本书所有实例涉及的素材都附在随书的光盘里，除此之外，还包含近五百个高精度模型库、20个光域网文件、近千个不同材质的纹理贴图及hdr文件，希望本书能够帮助初学者学习3ds Max。

由于笔者能力有限，在编写过程中难免出现不足之处，欢迎大家给予批评指正。

丁勇

目 录

第一章

初识Autodesk 3ds Max Design 2015

本章使用到的知识点：

（1）3ds Max Design 2015 基础知识。

（2）运行的环节要求。

（3）界面布局。

（4）场景制作流程。

（5）基础工具认识。

（6）多边形建模的认识。

（7）快捷键认识。

1.1 3ds Max Design 2015基础知识

Autodesk 3ds Max Design 2015是美国Autodesk公司开发的三维动画软件，该软件早期名为3ds。在当时计算机还是DOS语言的环境背景下，操作者使用该软件需要记忆大量的命令，后来经过开发升级为max图形化的操作界面，使用上方便了许多。后来经过多次版本升级，已从最初的1.0版本升级至2015版本，当前最新版本支持64位操作系统。

3ds Max Design 2015软件提供了一套全面的3D建模、动画和渲染解决方案，在建筑设计、影视制作、游戏开发和产品设计等诸多领域被广泛运用，随着版本的不断升级，功能更加强大。

1.2 3ds Max Design 2015运行的环境要求

1.2.1 3ds Max Design 2015运行的操作系统

早期的版本，比如3ds Max 2009可以在Windows XP操作系统稳定运行，后来随着操作系统的升级，软件设计公司也推出相应的新版本，而且在32位或者64位系统上都有不同的针对版本。此次操作选用的版本是基于WIN7系列，64位平台运行，设计者可根据自己的情况，选择相应的版本。

1.2.2 3ds Max Design 2015运行的电脑硬件要求

用来做三维设计的电脑需要较高的配置。价钱高低往往决定了配置的高低，随着市场的普及和手机智能化对电脑的冲击，电脑的市场价格比几十年前降了很多，当今的市场价格已经容易为学生所接受。

当前市面上的电脑可分为品牌机和组装机两种类型。品牌机又可分为台式机和笔记本电脑。品牌机价格较高但配置合理，很适宜上班一族购买。笔记本电脑经过近几年的发展，在硬件技术层面上已经可以和台式机相媲美且携带便捷，对于高校的学生来说是最佳的选择，价格在五千元以上就可以买入。

组装机可以让购买者有针对性地选择性价比较高的硬件，这需要购买者具备一定的硬件知识，或者咨询专家购买，根据笔者经验，三千元左右就可以买入。

1.2.2.1 CPU

基于32位系统构架时，要求CPU至少是Intel的Pentium4处理器或AMD的Athlon xp（或更高）处理器；基于64位系统构架时，要求CPU是基于64位架构的Intel或AMD处理器。

1.2.2.2 内存

推荐使用不低于4GB的内存。

1.2.2.3 硬盘

安装3ds Max需要的最基本空间是1GB，现在市面上推出的硬盘大容量的已经以TB为单位了，购买者可以根据自己经济情况合理购买。

1.2.2.4 显卡

不低于32MB显存，并支持1024×768分辨率、16位真彩色，OpenGl和Direct 3d硬件加速。

1.2.2.5 光驱

虽然大存储的U盘已经很有优势，但是作为CD-ROM可刻录光驱，还是需要配备的。

1.2.2.6 鼠标

3ds Max支持滚轴鼠标，这在设计过程中使用快捷方式上有很大的作用。

1.3 3ds Max Design 2015界面布局

❶ 鼠标左键点击桌面 图标，启动3ds Max Design 2015程序加载界面，如图1-1所示。

❷ 程序完全加载完后，呈现3ds Max Design 2015初始化工作界面。按照布局以及使用功能，基本包括以下几个部分：应用程序按钮、快捷访问工具箱、标题栏、信息中心、菜单栏、主工具行、场景资源管理器、视图区、视口布局选项卡、命令面板区、时间滑块、提示与状态栏、动画控制区、视图控制区，如图1-2所示。

1.3.1 应用程序按钮

（应用程序按钮）位于视图左上角，包含场景项目“新建”“重置”“打开”“保存”等常用的菜单命令。菜单的大部分子菜单容纳在一个页面中。如果选项太多，一页容纳不下，则在该页的顶部或底部会出现一个带有箭头的标志，用于滚动选择子菜单。

1.3.2 快捷访问工具箱

“快捷访问工具箱”是常用到的工具，位于界面左上角，如图1-3所示。

❶ （新建场景）：新建一个项目场景文件。

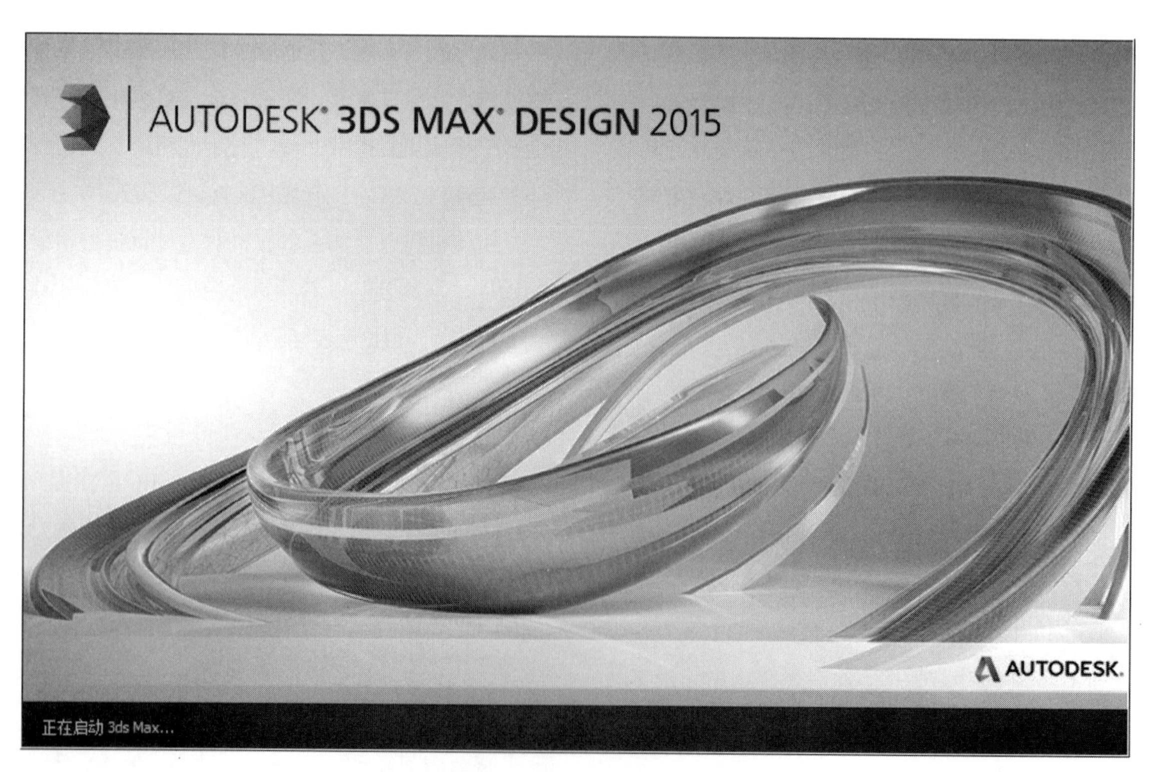

图1-1 3ds Max Design 2015 程序加载界面

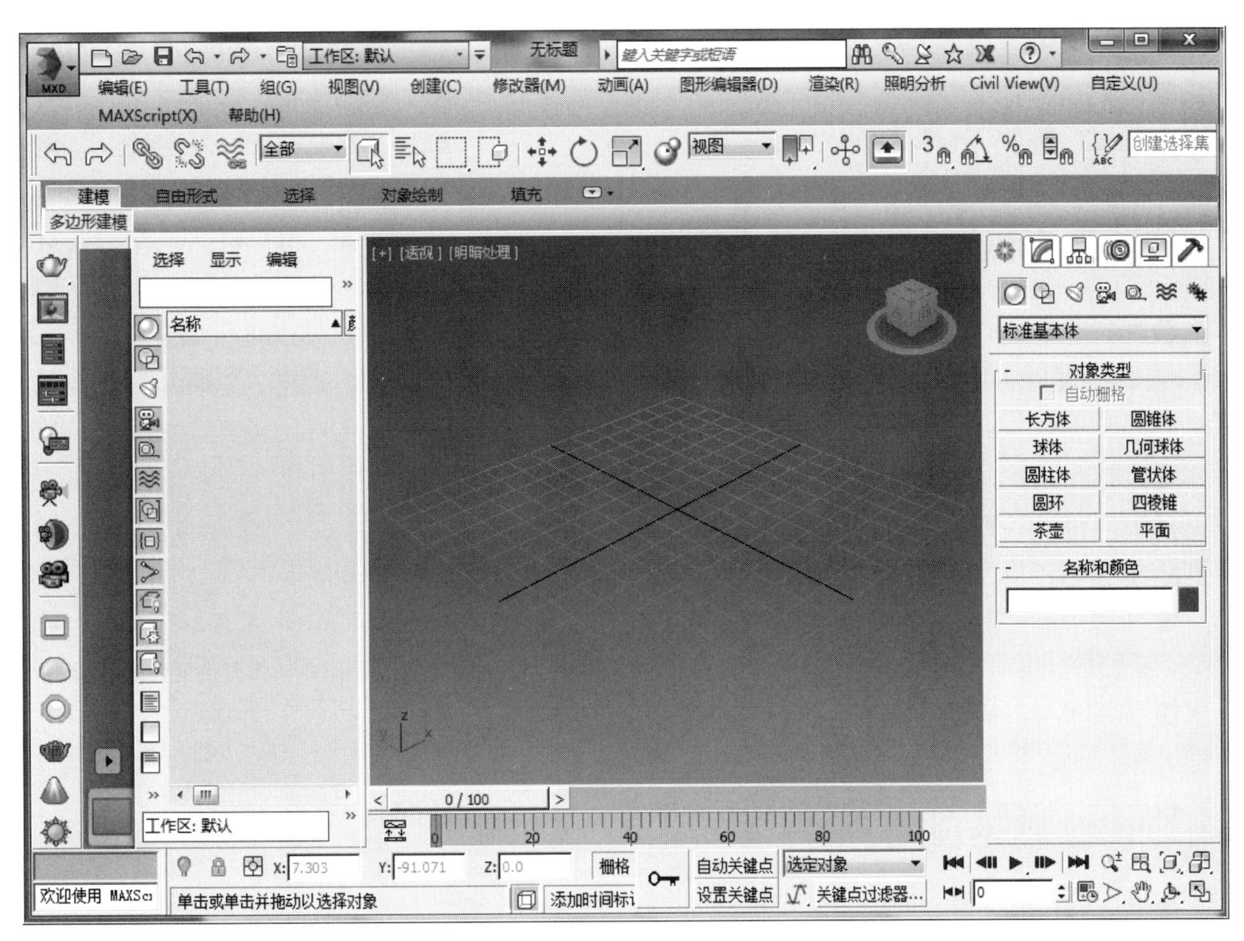

图1-2　3ds Max Design 2015　初始化界面

❷ (打开文件)：打开保存过的项目场景文件。

❸ (保存文件)：保存现有的项目场景文件。

❹ (撤销场景操作)：可撤销当前操作步骤。

❺ (重做场景操作)：可回到最终操作步骤。

❻ (项目文件夹路径)：设置项目存放的路径。

❼ 工作区：可通过右侧下拉菜单选择工作区显示模式。

1.3.3 标题栏

标注工程项目名称以及使用的软件版本号，如图1-4所示。

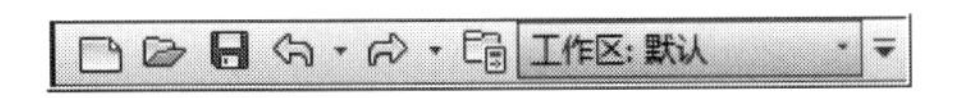

图1-3　快捷访问工具箱

图1-4　标题栏

1.3.4 信息中心

通过信息中心可访问有关3ds Max和其他 Autodesk 产品的信息。它显示在标题栏的右侧，如图1-5所示。

1.3.5 菜单栏

菜单栏位于主窗口标题栏的下面。每个菜单的标题表明了该菜单上命令的用途，如图1-6所示。

❶“编辑”菜单：主要用于执行常规选择和编辑对象。

❷“工具”菜单：包含工具行的重复命令。

图1-5　信息中心

❸“组”菜单：包含组合对象的命令。

❹“视图”菜单：包含视图显示属性的相关命令。

❺“创建”菜单：包含创建的相关命令。

❻“修改器”菜单：包含修改对象的命令。

❼“动画”菜单：包含编辑骨骼、链接结构和角色集合的工具。

❽“图形编辑器”菜单：主要用于在轨迹视图和图解视图中查看和控制对象的运动轨迹以及添加同步音轨等。

❾“渲染”菜单：主要用于渲染场景，设置环境和渲染效果，使用“视频后期处理”合成场景以及访问RAM播放器。

❿“照明分析”菜单：包含基于光能传递的照明分析以及创建光度学灯光等相关工具。

⓫“Civil View”菜单：包含了供土木工程师和交通运输基础设施规划人员使用的可视化工具。

⓬“自定义”菜单：主要用于自定义3ds Max的用户界面。

⓭“MAX Script”菜单：主要用于脚本操作。

⓮“帮助”菜单：可以帮助用户查询相关工具的使用方法。

1.3.6 主工具行

“主工具行”位于界面最上方以图标方式排列，是3ds Max中较为常用的工具，在桌面分辨率至少是“1024×768”环境下能呈现所有工具，在工具行间的空白处点击鼠标右键，可弹出其他菜单命令，可根据需要自己调用，如图1-7所示。

注：① 当鼠标指针放置在任一工具按钮上，会显示该工具的名称注释功能，如图1-8所示。

② 安装了“V-Ray ”渲染器的Autodesk 3ds Max Design 2015启动后在“资源管理器”左侧，除了原有的“视口布局选项卡”工具以外，新增了“V- ray Toolbar”工具条，可以根据自己需要关闭或者调出，方法是在任意工具条的空白处点鼠标右键，在弹出的菜单里进行勾除或勾选。

1.3.7 场景资源管理器

“场景资源管理器”位于“主工具行”下方，主要用于快捷选取场景中不同对象类型的显示或者隐藏，方便操作，如图1-9所示。

1.3.8 视图工作区

❶“视图工作区”是3ds Max Design 2015的主要工作区，占据工作界面大部分空间，通过界面右下角的（最大化视口切换）工具，可呈现四视图显示，默认的视图显示分别为“顶视图”“前视图”“左视图”“透视图”，如图1-10所示。

❷ 使用鼠标左键点击左上角的视图标签，在弹出的菜单里选择所需要的视图，如图1-11所示。

注：可以把鼠标光标放置在视图的边界，通过拖曳鼠标左键改变边界大小。

图1-6 菜单栏

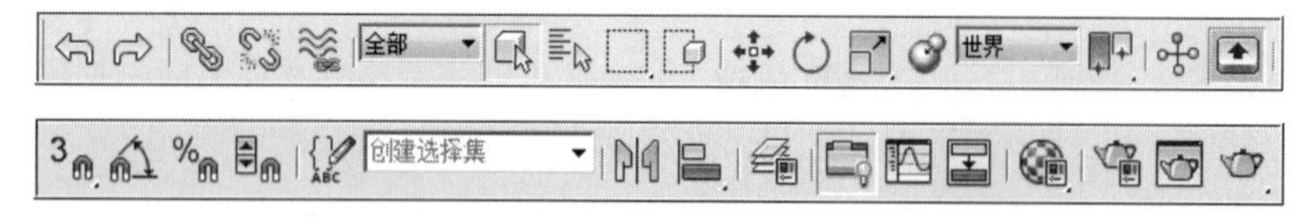

图1-7 主工具行

图1-8 工具按钮注释功能

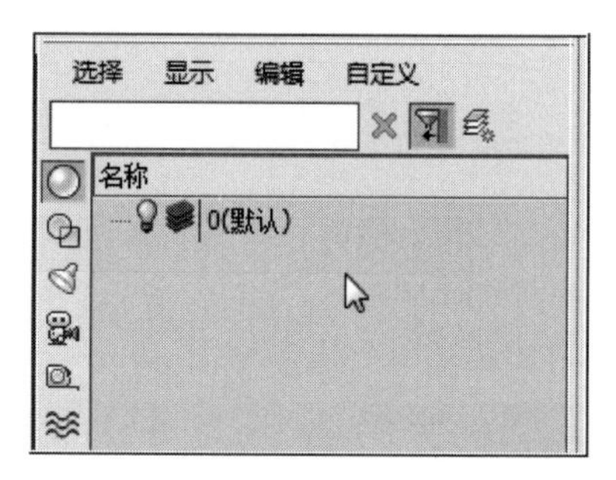

图1-9 场景资源管理器

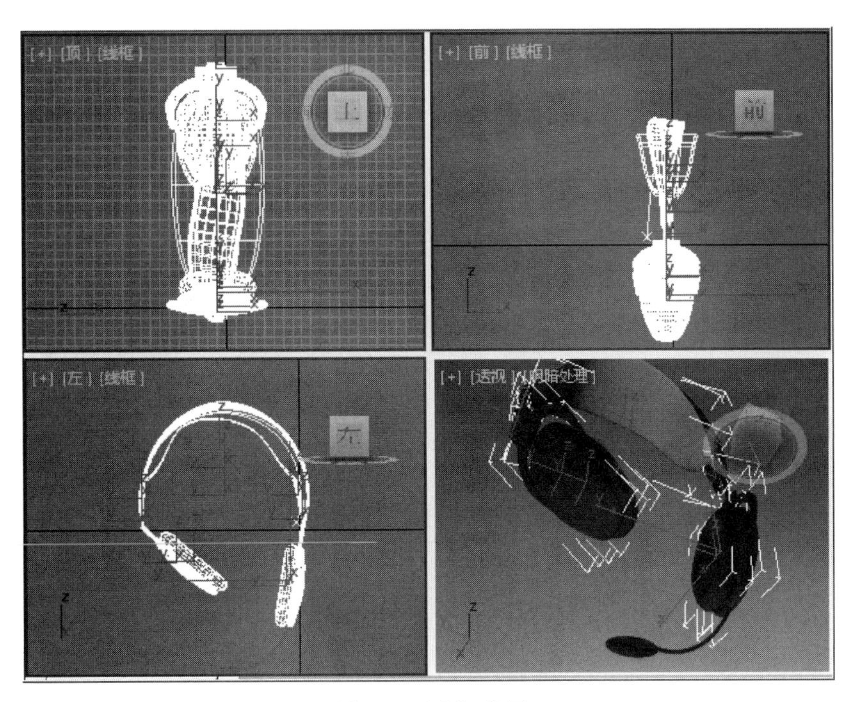

图1-10　视图工作区

1.3.9 视口布局选项卡

“视口布局选项卡”位于视图左下角位置，是用于显示当前视图显示方式，以及创建不同视口布局，如图1-12所示。

1.3.10 命令面板区

“命令面板区”位于界面右侧，分别有：“创建”“修改”“层次”“运动”“显示”“实用程序”6个命令面板，面板里包含了3ds Max制作建模、灯光和动画使用到的有命令工具。鼠标左键点击不同的命令面板，可实现面板之间的切换，如图1-13所示。

❶ （创建）：包含可以创建不同类型对象的工具。

❷ （修改）：包含修改器和编辑工具。

❸ （层次）：包含链接和反向运动学参数。

❹ （运动）：包含动画控制器和轨迹。

❺ （显示）：包含对象显示属性相关控制。

❻ （实用程序）：用于访问Max 2015其他应用软件和插件的参数选项。

1.3.10.1 创建命令面板

鼠标左键点击 （创建）命令面板，可见其包含

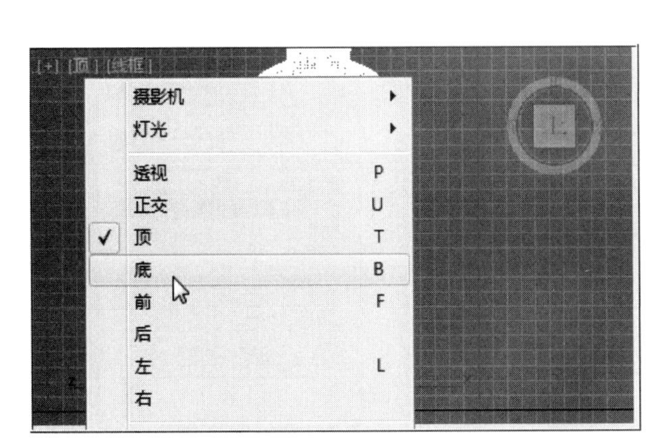

图1-11　视图切换方式

图1-12　视口布局选项卡

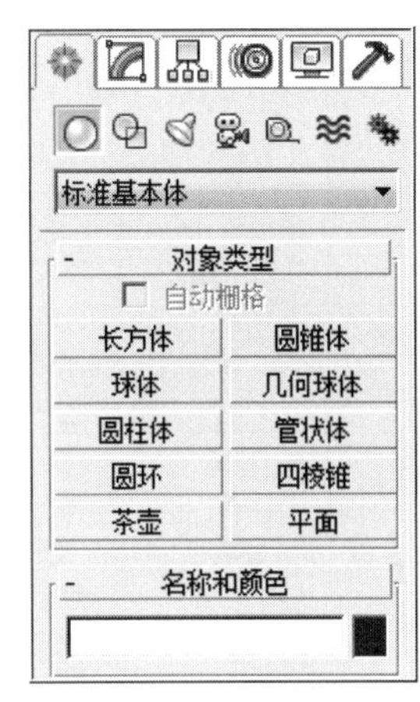

图1-13　命令面板区

的7个部分：几何体、图形、灯光、摄影机、辅助对象、空间扭曲对象、系统。

1.3.10.1.1 几何体

❶ 用鼠标左键点击 （几何体）按钮，默认出现的是“标准基本体”下属的10个几何对象，如图1-14所示。

注：运用3ds Max进行建模，任何复杂的对象在最初创建时都需要依托简单的几何体或者图形对象进行创建，然后运用修改命令不断地修改完善，直至创建出满意的对象。

❷ 用鼠标左键点击“标准基本体”右侧的下拉箭头，在列表中显示其他几何体基本类型，如图1-15所示。

1.3.10.1.2 图形

❶ 用鼠标左键点击 （图形）按钮，出现的是“样条线”下属的12个命令工具，如图1-16所示。

❷ 用鼠标左键点击“样条线”右侧的下拉箭头，弹出其他图形基本类型，如图1-17所示。

1.3.10.1.3 灯光

❶ 用鼠标左键点击 （灯光）按钮，出现的是“光度学”下属的3个灯光对象。如图1-18所示。

❷ 用鼠标左键点击“光度学”右侧的下拉箭头，列表中显示其他灯光类型，如图1-19所示。

注：默认的命令位置会因为某些渲染插件的安装而有所变化。

1.3.10.1.4 摄影机

❶ 用鼠标左键点击 （摄影机）按钮，出现的是“标准”下属的两个摄影机对象，如图1-20所示。

❷ 用鼠标左键点击“标准”右侧的下拉箭头，列表中显示其他摄像机类型，如图1-21所示。

1.3.10.1.5 辅助对象

❶ 用鼠标左键点击 （辅助对象）按钮，出现

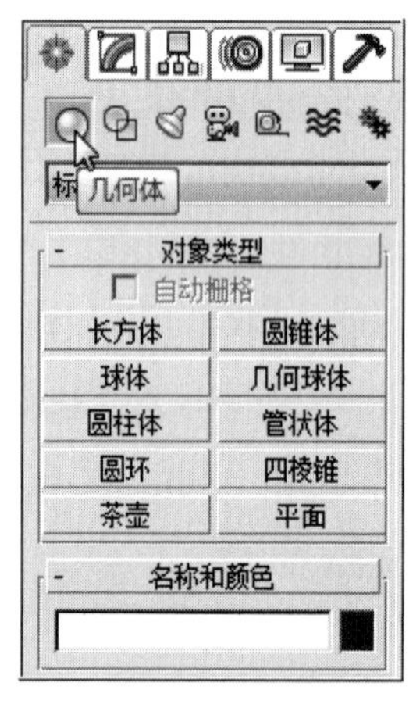

图1-14 标准基本体命令面板

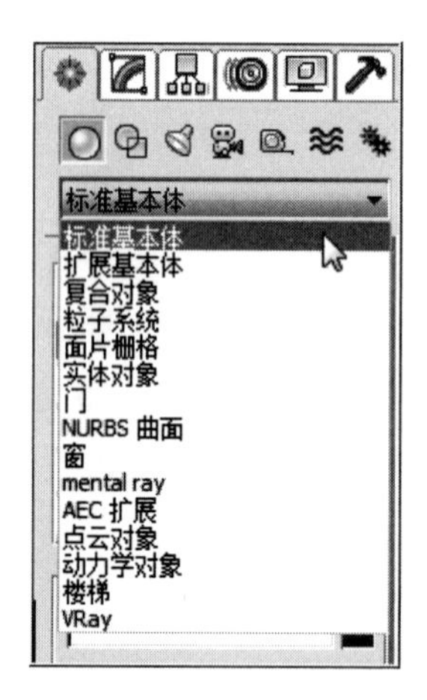

图1-15 几何体命令面板中其他对象

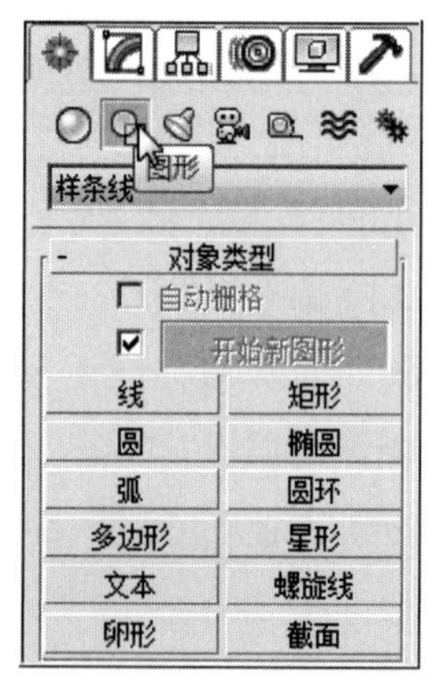

图1-16 样条线基本命令工具

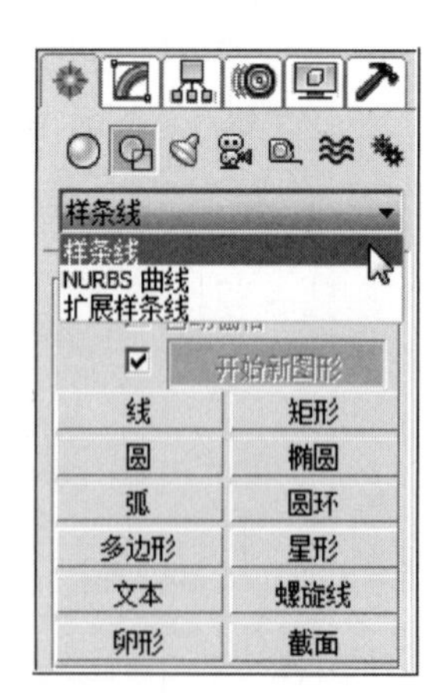

图1-17 图形命名面板中其他的基本体

图1-18 灯光下属光度学基本命令面板

图1-19 灯光命名面板中其他的灯光类型

的是“标准”下属的11个辅助对象，如图1–22所示。

❷ 用鼠标左键点击“标准”右侧的下拉箭头，列表中显示其他辅助对象类型，如图1–23所示。

1.3.10.1.6 空间扭曲

❶ 用鼠标左键点击 ▒（空间扭曲）按钮，出现的是“力”下属的9个力学对象，如图1–24所示。

❷ 用鼠标左键点击“力”右侧的下拉箭头，列表中显示其他力学对象类型，如图1–25所示。

1.3.10.1.7 系统

❶ 用鼠标左键点选 ▒（系统）按钮，出现的是“系统”下属的5个系统类型，如图1–26所示。

❷ 用鼠标左键点击“标准”右侧的下拉箭头，列表显示其他系统对象类型，如图1–27所示。

1.3.10.2 修改命令面板

❶ 用鼠标左键点选 ▒（修改）命令，可针对视图中的选择对象

图1–20　摄影机下属标准摄像机类型命令面板

图1–21　摄影机下属其他的摄影机类型

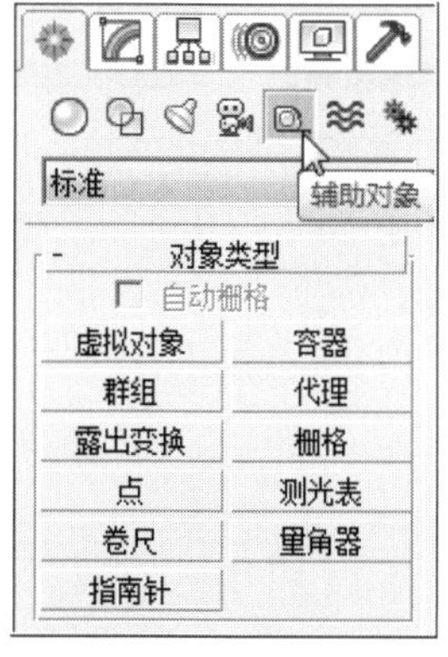

图1–22　辅助对象下属标准对象类型命令面板

图1–23　辅助对象下属其他的对象类型

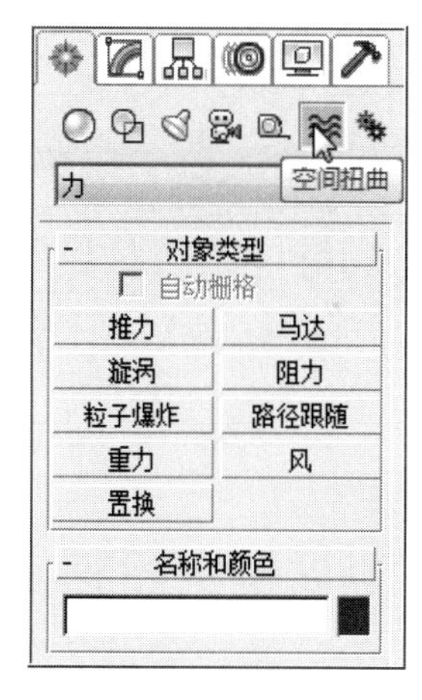

图1–24　空间扭曲下属标力所包含的命令面板

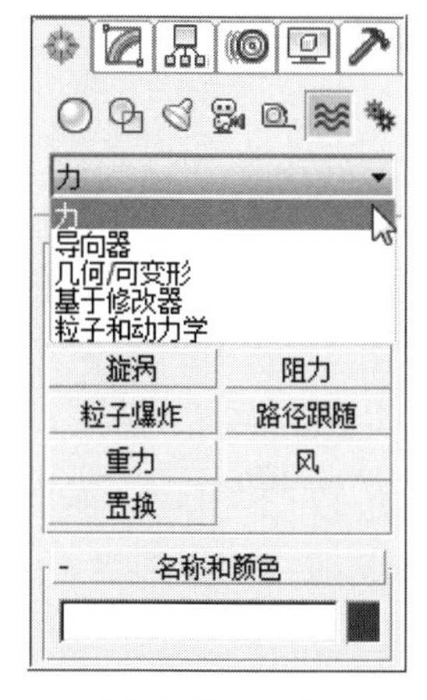

图1–25　空间扭曲下属其他力学对象

图1–26　系统下属标准所包含的命令面板

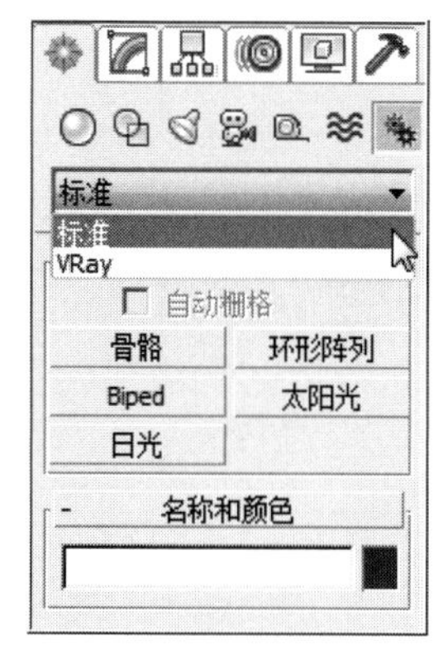

图1–27　系统下属其他系统对象

进行修改编辑，如图1-28所示。

❷ 用鼠标左键点击“修改器列表”右侧的下拉箭头按钮，在列表中出现针对视图对象可编辑的所有修改器，如图1-29所示。

1.3.10.3 层次命令面板

用鼠标左键点击 (层次) 命令，下方出现4个卷展栏命令面板，如图1-30所示。

1.3.10.4 运动命令面板

用鼠标左键点击 (运动) 命令，下方出现“指定控制器”卷展栏命令面板，如图1-31所示。

1.3.10.5 显示命令面板

用鼠标左键点击 (显示) 命令，下方出现6个卷展栏命令面板，如图1-32所示。

1.3.10.6 实用程序命令面板

用鼠标左键点击 (实用程序) 命令，下方出现“实用程序”卷展栏所属命令面板，如图1-33所示。

1.3.11 时间滑块

“时间滑块”位于视图下方，是用于记录动画的时间单位，默认的时间设置为100帧，速率为25帧/s，如图1-34所示。

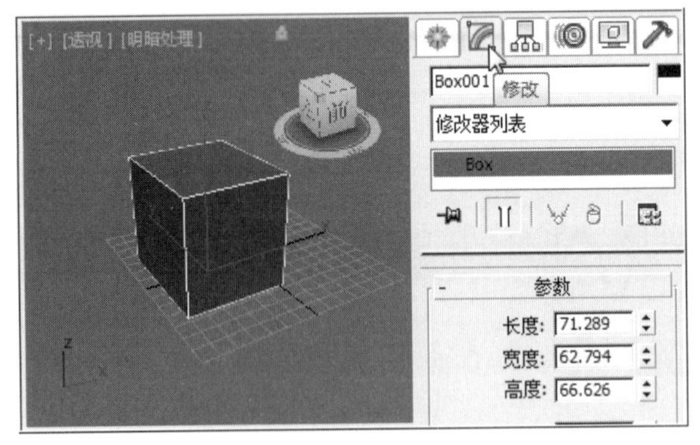

图1-28 修改命令面板

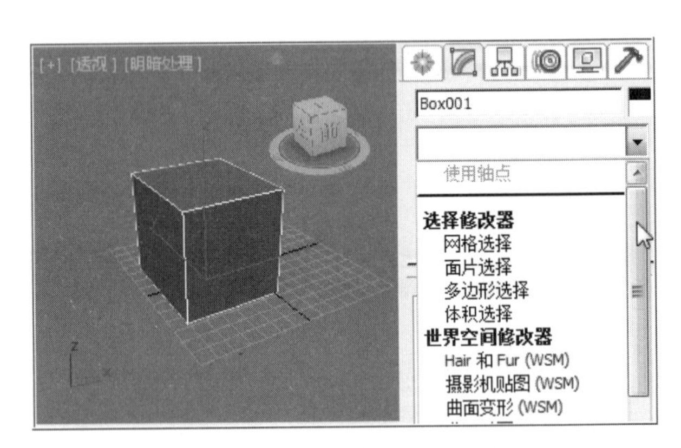

图1-29 修改器列表修改命令

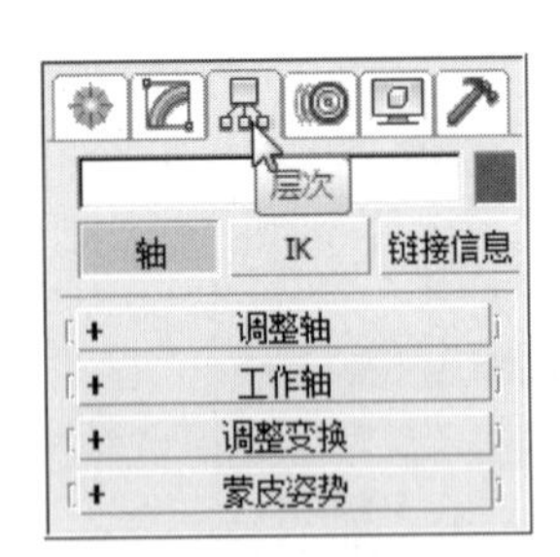

图1-30 层次命令面板

图1-31 运动命令面板

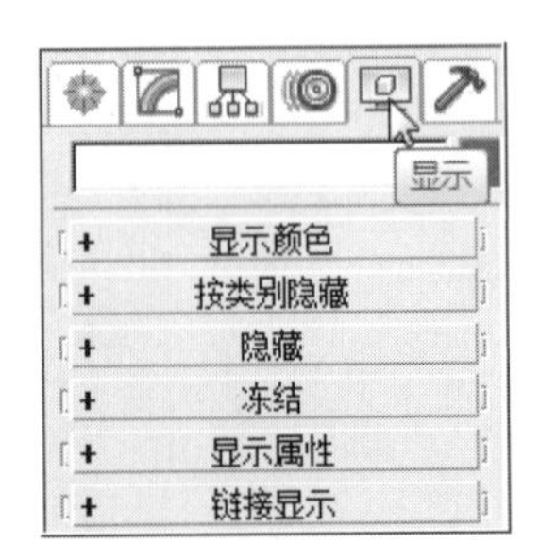

图1-32 显示命令面板

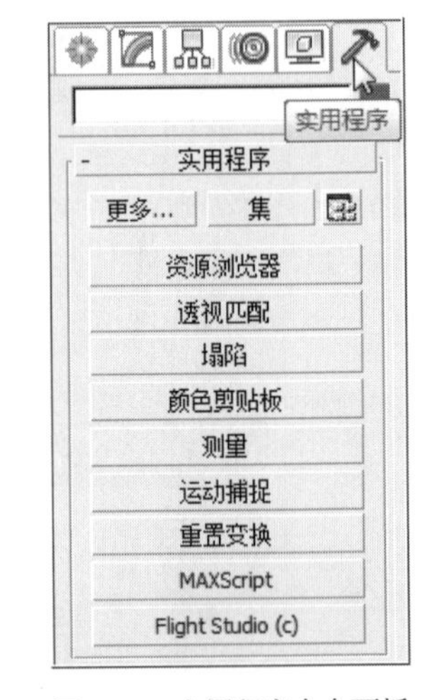

图1-33 实用程序命令面板

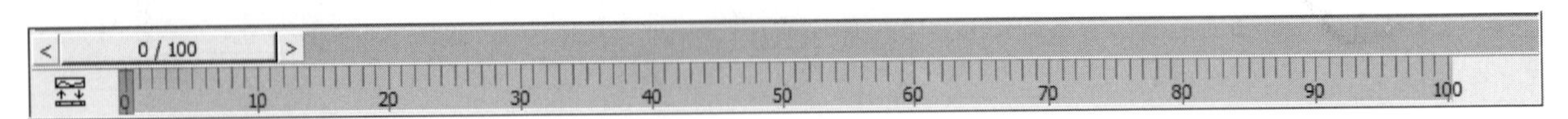

图1-34 时间滑块面板

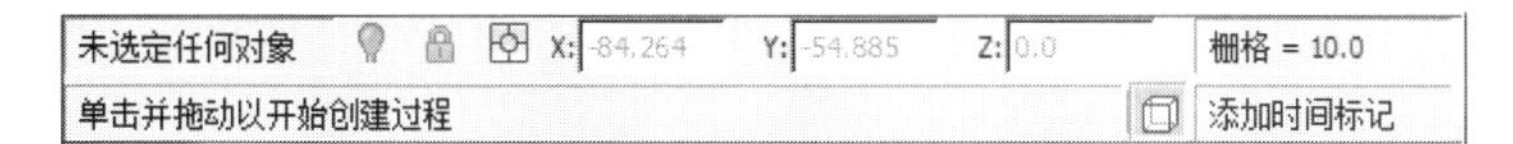

图1-35 信息提示与状态栏

图1-36 动画控制区

1.3.12 信息提示与状态栏

“信息提示与状态栏”位于视图工作区下方，主要包括两部分，左边部分是信息提示框，是依据不同的操作，显示当前使用工具的信息；右边部分的状态栏包括绝对或相对坐标的切换，坐标在X、Y、Z轴向的数字显示，对象锁定，以及栅格单位，如图1-35所示。

1.3.13 动画控制区

“动画控制区”位于状态栏右侧，包含动画时间滑块和关键帧设置以及播放时间控制器，如图1-36所示。

1.3.14 视图控制区

“视图控制区”位于视图右下角包含控制视图对象的一些常用工具，如图1-37所示。

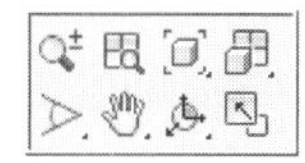

图1-37 视图控制区

1.3.14.1 缩放

(缩放)工具：用于缩放当前视图。

❶ 在视图中创建几个几何体，如图1-38所示。

图1-38 在视图中创建几个几何体

❷ 使用(缩放)工具：在透视图中间部位，通过点击鼠标左键，同时向上下方滑动鼠标滚轴可放大或缩小视图中的场景对象，如图1-39所示。

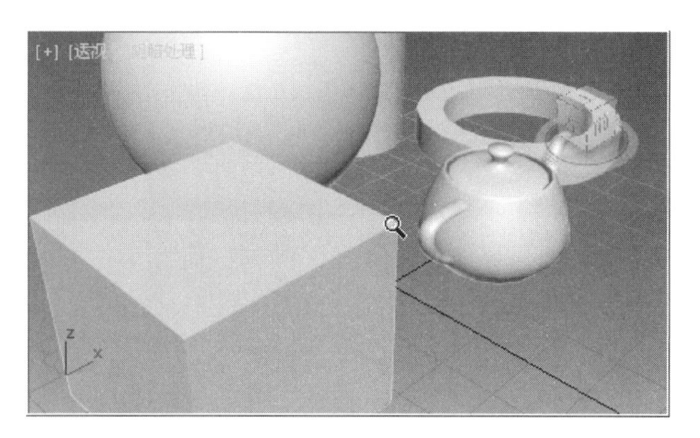

图1-39 用“缩放”工具放大视图对象后的效果

1.3.14.2 缩放所有视图

(缩放所有视图)工具：用于缩放所有视图，如图1-40所示。

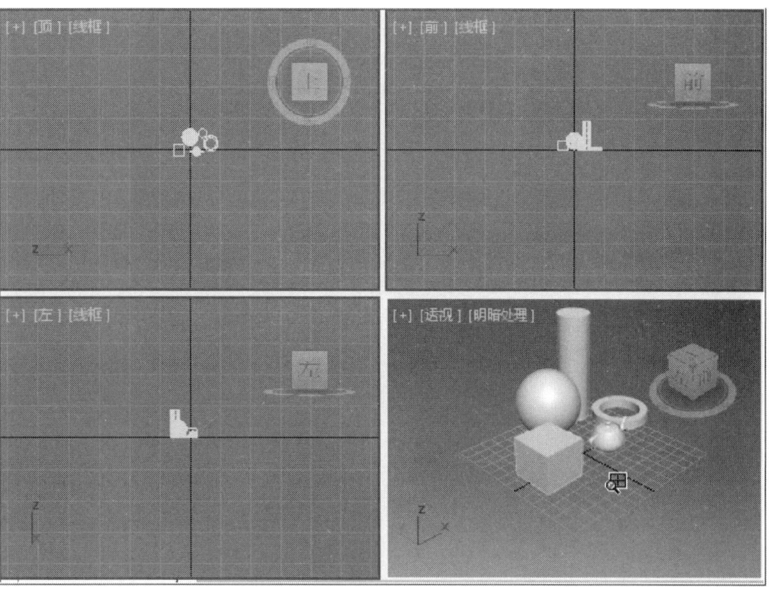

图1-40 同时放大或缩小四视图效果

1.3.14.3 最大化显示

❶ （最大化显示）工具：用于最大化显示当前视图，如图1-41所示。

❷ 保持鼠标左键点压 （最大化显示）工具，其图标状态可切换为 （最大化显示选定对象）工具，可最大化显示视图中选定的对象，如图1-42所示。

1.3.14.4 所有视图最大化显示

❶ （所有视图最大化显示）工具：用于所有视图最大化显示场景对象，如图1-43所示。

❷ 用鼠标左键点击 （所有视图最大化显示）将工具的图标状态切换为 （所有视图最大化显示选定对象），可将所有视图最大化显示选定对象，如图1-44所示。

1.3.14.5 视野

❶ （视野）工具：仅在透视图中可以使用，用于放大或缩小对象在网格空间的透视关系，如图1-45所示。

❷ 保持鼠标左键点压 （视野）工具的图标状态，可将其切换为 （缩放区域）工具图标显示，可将视图中某一选定区域最大化显示，如图1-46所示。

1.3.14.6 平移

（平移视图）工具：用于平移视图。可使用按

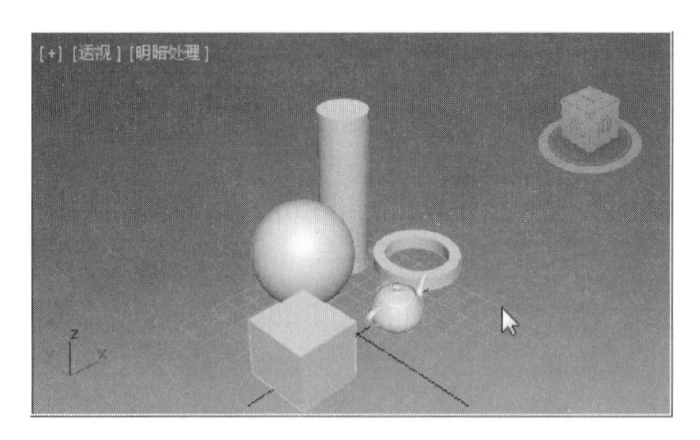

图1-41 最大化显示当前视图

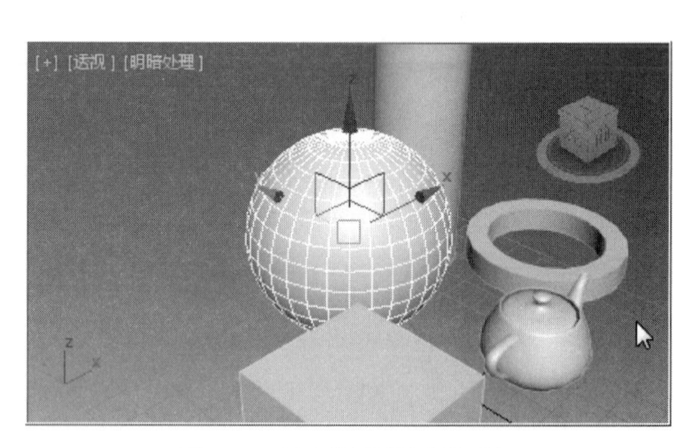

图1-42 最大化显示选定的对象

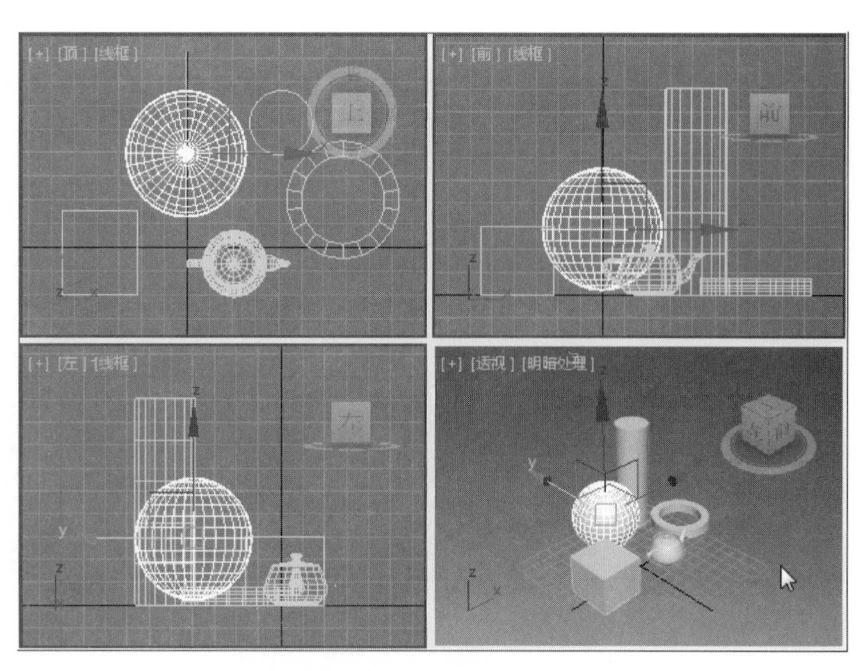

图1-43 所有视图最大化显示场景对象

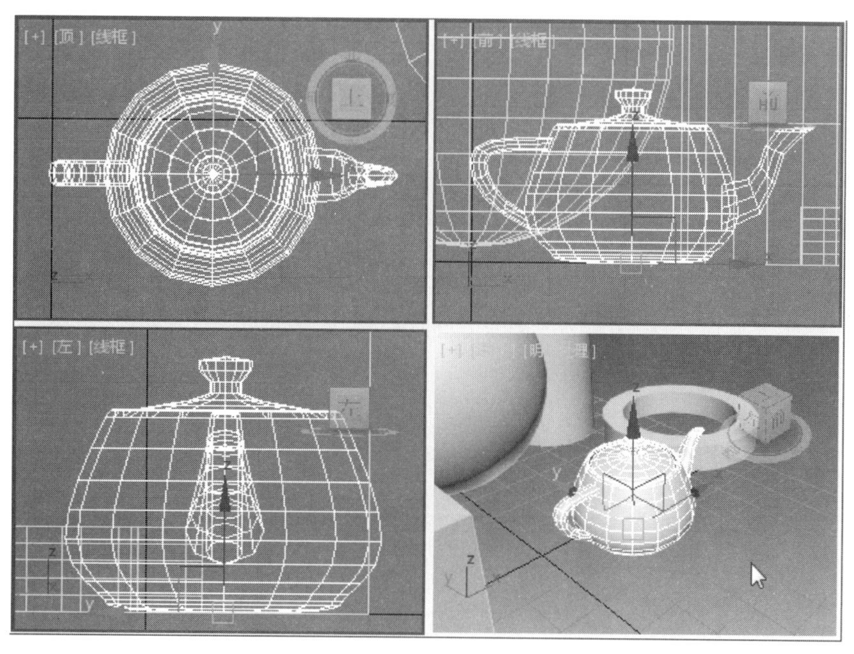

图1-44 所有视图最大化显示选定对象

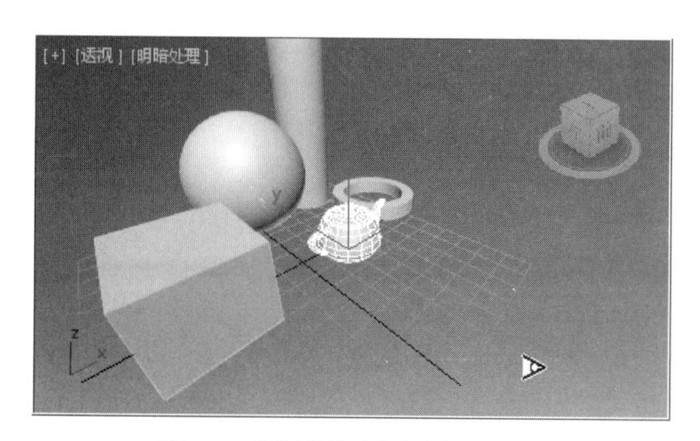

图1-45 视野缩放对象在空间透视关系

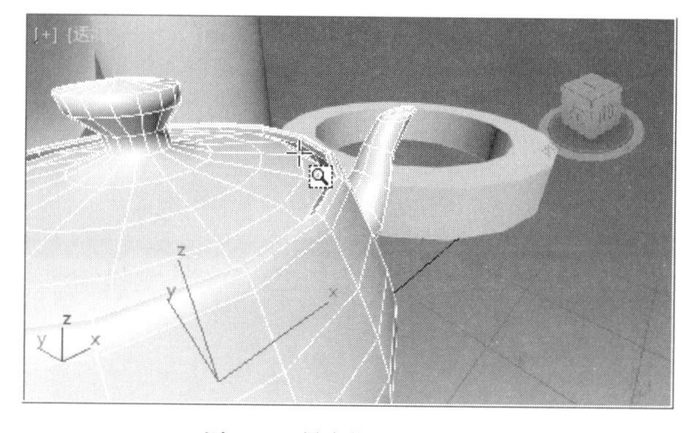

图1-46 最大化显示选定区域

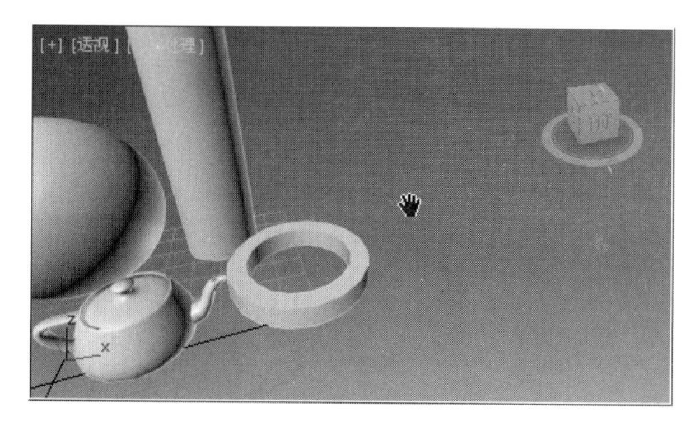

图1-47 “平移”工具移动视图

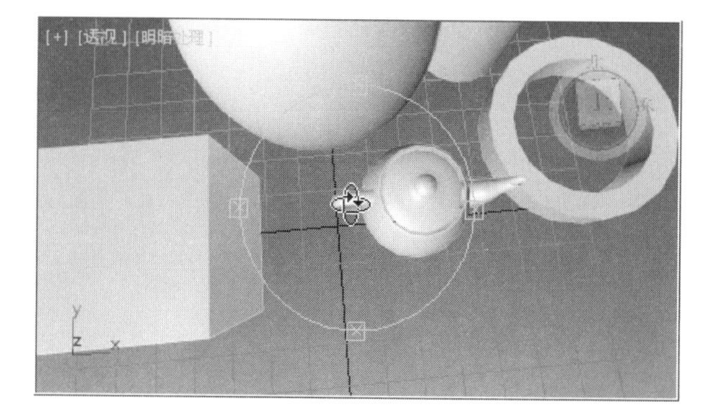

图1-48 环绕子对象调整视图角度

压鼠标滚轴代替这一功能，如图1-47所示。

1.3.14.7 环绕子对象

（环绕子对象）工具：以当前视图为中心，在三维方向旋转视图。可使用“Alt”键加鼠标中轴按压代替这一功能，如图1-48所示。

1.3.14.8 最大化视口切换

（最大化视口切换）工具：用于将当前视图最大化或者恢复原始状态，如图1-49所示。

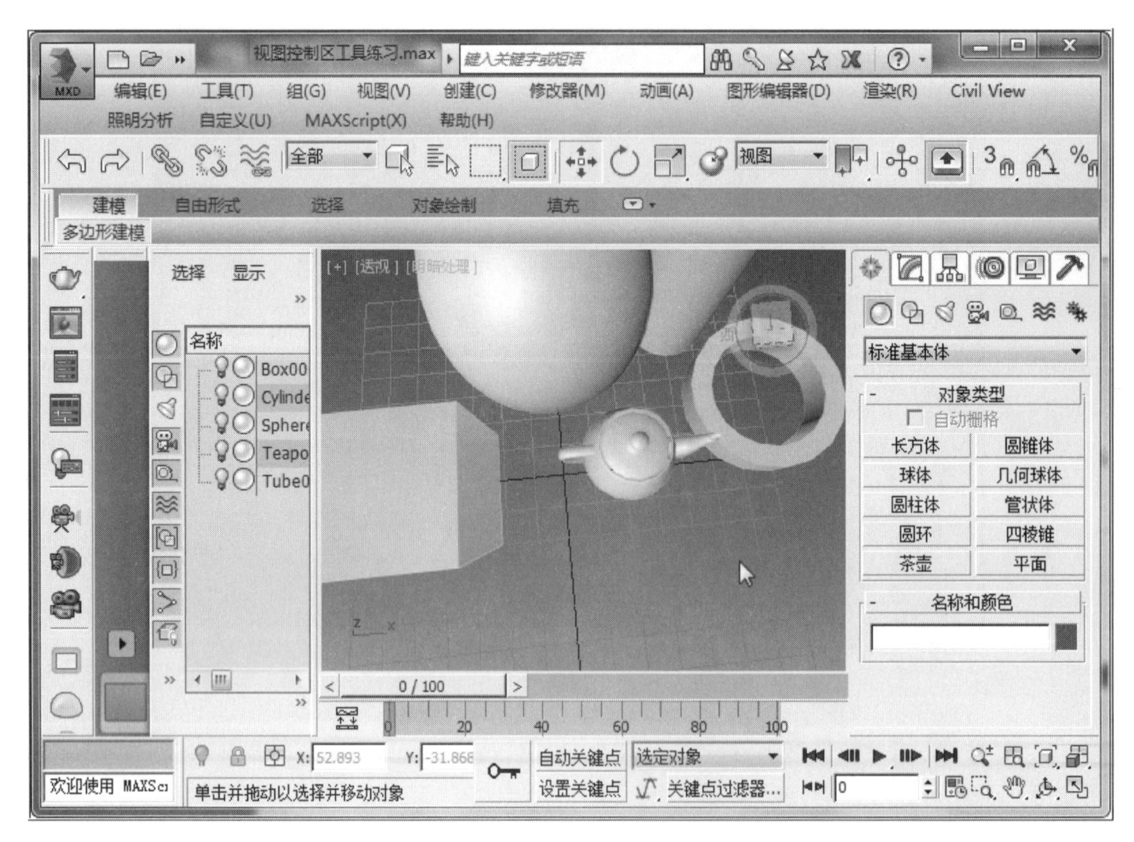

图1-49 最大化视口切换后的界面显示

1.4 3ds Max Design 2015场景制作流程

1.4.1 创建模型

在3ds Max中，使用相关工具创建对象并通过修改完成对象模型的制作，这一环节称为建模。好的建模不仅在外形上具有较好的视觉效果，而且在内在模型网格数上也做到了最大化的优化，有效节约计算机运算的内存，加快运算速度。所以在建模过程中，需要设计者事先要考虑好思路然后操作，如图1-50所示。

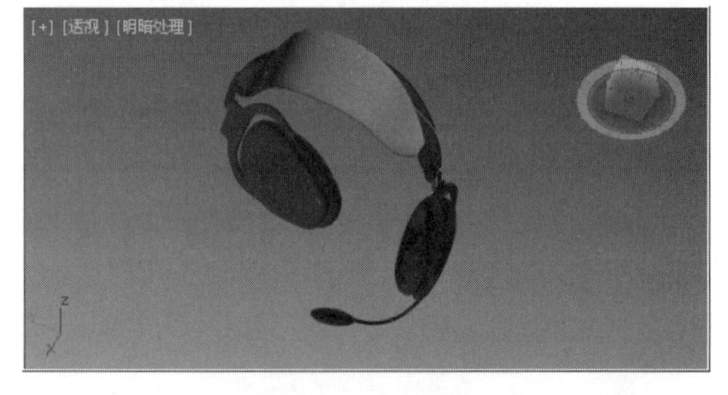

图1-50 耳机的建模

1.4.2 材质

任何一款三维效果图制作软件都会有渲染模块。要想制作出生动逼真的画面，材质的设置是关键，这是最难掌握的部分，需要积累大量的实践经验，如图1-51所示。

图1-51 数码相机效果图

1.4.3 光线

很多画家、摄影家和建筑设计师对光的利用都是严谨的，他们会将对光线的设计纳入自己的作品中。

图1-52　室外光

在3D场景中，合理的光线设计会给画面带来精美的视觉享受，尤其是在动画场景设计中，光线的设计就显得尤为重要。对于室内设计而言，光线一般包括室外光和室内光两种基本类型。

❶ 室外光一般指日光穿过玻璃窗投射在室内的光，如图1-52所示。

❷ 室内光是指来自室内灯具照明的光源，如图1-53所示。

注：在3ds Max默认的场景中，视口中安排了两处隐藏的灯光为整个场景提供照明，此灯光不提供阴影，当自己建立灯光后，这个隐藏的灯光会自动关闭。在场景中，放置灯光要使用合理的灯光参数和照明角度，控制灯光的主要的参数有“强度”“阴影”“衰减”。

1.4.4 摄影机

在场景中创建摄影机并设置摄影机角度等相关参数，就可以通过视口标签将视图切换为摄影机视图。摄影机所看到的就相当于我们眼睛所看到的，尤其是在动画制作过程中，摄影机的设置尤为重要。如图1-54所示的观看飞行器飞行的画面。

1.4.5 渲染输出

渲染输出是3ds Max设计流程的最后一个环节，是用户看到的最终效果。渲染输出可以根据不同的情况选择不同的输出品质，可以是单帧的图片格式也可以是多帧的动画格式。渲染的品质和渲染的耗时有着必然的联系，品质越高所需要的渲染时间就越长。

1.4.6 保存场景文件

场景保存是制作过程中的必要环节，我们可以边制作边保存，以防止停电或者电脑死机带来数据丢失的困扰，也方便我们日后对保存过的场景文件继续操作。

1.5 认识3ds Max Design 2015基础工具

1.5.1 视图对象创建方法

创建视图对象，这是初学者学习3ds Max的首要环节。在界面右侧的创建面板中，可以通过选择相关的创建命令工具进行创建。创建的方法是通过操作鼠标左键在视口中进行点击加拖曳来创建对象。

图1-53　室内光

图1-54　摄影机视图

❶ 在界面右侧命令面板中，使用鼠标左键依次点选（创建）－（几何）－ 茶壶 工具，如图1－55所示。

❷ 在顶视图中，使用鼠标左键从视图的左半部开始点击并向右拖曳至合适尺寸，创建出“茶壶”对象，如图1－56所示。

注：创建不同的对象在创建方式上也会有所不同。比如长方体的创建需要用鼠标操作两步，圆锥体就需要操作三步，初学者一定要多练习，以便尽快掌握用鼠标在视口中创建对象的方法。

1.5.2 改变对象的名称、颜色以及尺寸

1.5.2.1 改变视图对象的名称

在当前视图对象被选中的情况下，用鼠标左键点选（修改）命令，使用鼠标左键双击“teapot”，使其处于高亮反白模式，将对象重命名为“茶壶”，如图1－57所示。

1.5.2.2 改变视图对象的颜色

❶ 用鼠标左键点选名称栏右侧“对象颜色”按钮，如图1－58所示。

❷ 在弹出“对象颜色”面板中选择要改变的颜色，选择“浅蓝色”，如图1－59所示。

❸ 用鼠标左键点击“确定”按钮后，透视图“茶壶”呈现出浅蓝色效果，如图1－60所示。

1.5.2.3 改变视图对象的尺寸

在“茶壶”下属的“参数”卷展栏中，修改“半径”为“50”，如图1－61所示。

注：为了文字描述和配图的方便，笔者对视口及面板布局方面均有所调整。

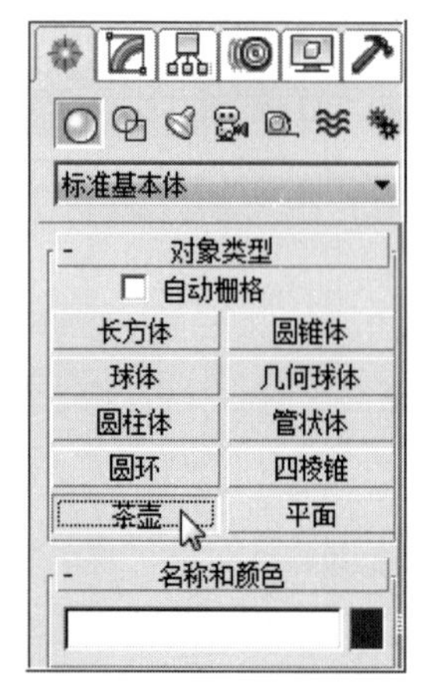

图1－55　选择“茶壶”命令

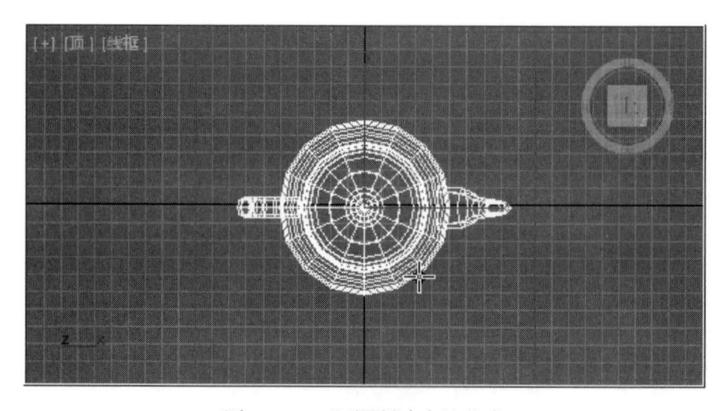

图1－56　顶视图创建出的茶壶

图1－57　重命名视图

图1－58　点选“对象颜色”按钮

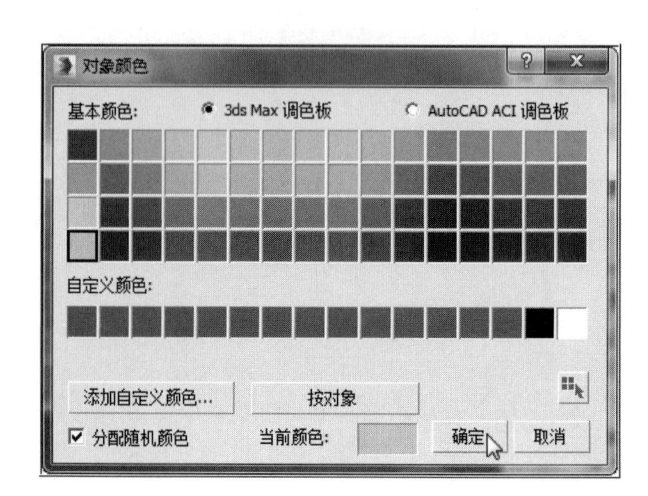

图1－59　在对象颜色面板中选择“浅蓝色”

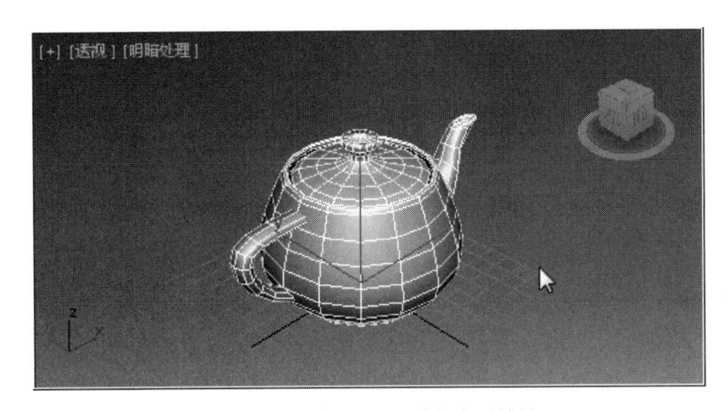

图1-60 当前透视图更改颜色后效果

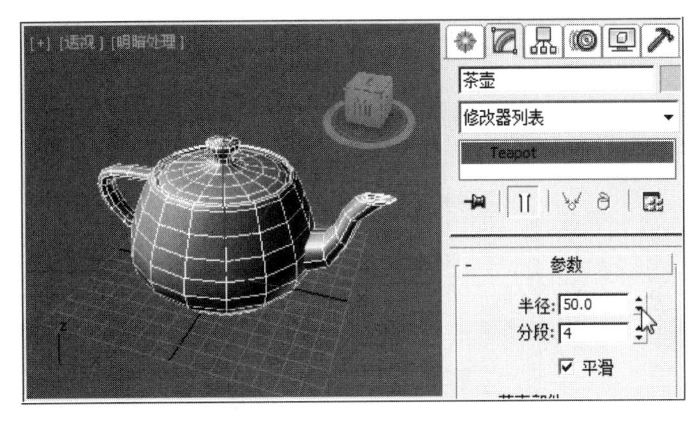

图1-61 修改后的茶壶尺寸

1.5.3 对象选择

在主工具行中，有4个非常重要的选择工具："选择对象""按名称选择""矩形选择区域""交叉"，如图1-62所示。

❶ (选择对象)工具：选择并激活对象。

❷ (按名称选择)工具：在弹出的"场景选择"列表中选择对象。

❸ (矩形选择区域)工具：以虚线矩形方式选择对象，保持点击状态会弹出其他方式选择对象。

❹ (交叉)工具：以交叉方式选择对象，点击按钮可切换"窗口"方式选择对象。

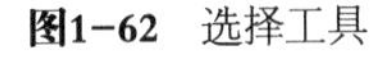

图1-62 选择工具

1.5.4 移动选择和缩放

在主工具行中，有3个非常重要的工具："移动""旋转""缩放"，如图1-63所示。

❶ (选择并移动)工具：选择并使对象沿着自身一定的轴向进行移动。

❷ (选择并旋转)工具：选择并使对象沿着自身一定的轴向进行旋转。

❸ (选择并均匀缩放)工具：选择并使对象沿着自身一定的轴向进行缩放。

注："移动""旋转""缩放"工具，除了在主工具行中以图标的方式显示外，还可以在视图选择对象后点击鼠标右键，在出现的快捷菜单里找到。对象的"移动""旋转"和"缩放"都是依靠自身的"X""Y""Z"三个轴向进行作业的。

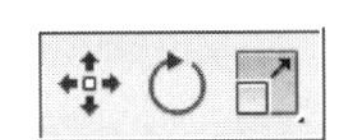

图1-63 移动旋转缩放工具

1.5.5 克隆

在3ds Max中，对象的"克隆"有三种方式，分别是："复制""实例"和"参考"，这三种方式虽然都能"克隆"对象，但在后期编辑上还是有所区别的。

"复制"出来的对象与原对象之间在属性上完全孤立存在，对其中任何一方进行参数设置、都不会对彼此产生影响。

使用"实例"方式克隆出来的对象与原对象之间存在交互关系，其中一方的参数设置会影响另一方。

使用"参考"方式克隆出来的对象，彼此间是参考关系。原物体的参数设置能影响到克隆对象，然而，克隆对象的参数设置无法改变原对象。

1.5.5.1 复制

❶ 用鼠标左键点选菜单栏中的"编辑"下的"克隆"命令，如图1-64所示。

❷ 用鼠标左键在弹出的"克隆选项"面板的"对象"项目中点选"复制"命令，如图1-65所示。

❸ 鼠标左键点击"确定"按钮后，使用主工具行的 (选择并移动)在透视图中点选对象，沿着"茶壶"自身轴向的X值最小化方向移动，可看到复制出的"茶壶001"，如图1-66所示。

❹ 在透视图中，使用鼠标左键点选"茶壶"，在视图右侧

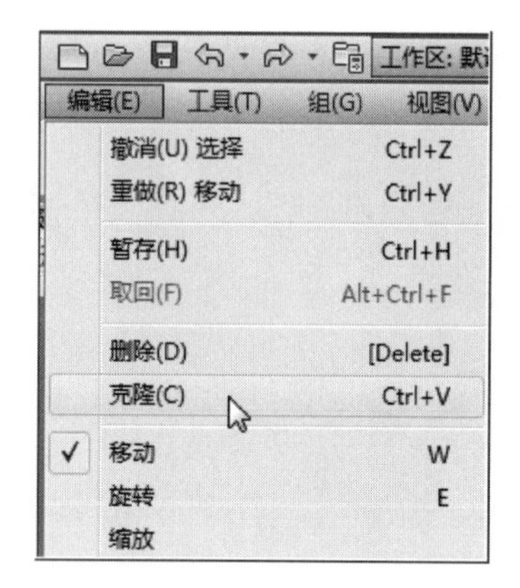

图1-64 选择“克隆”

图1-65 选择“复制”方式

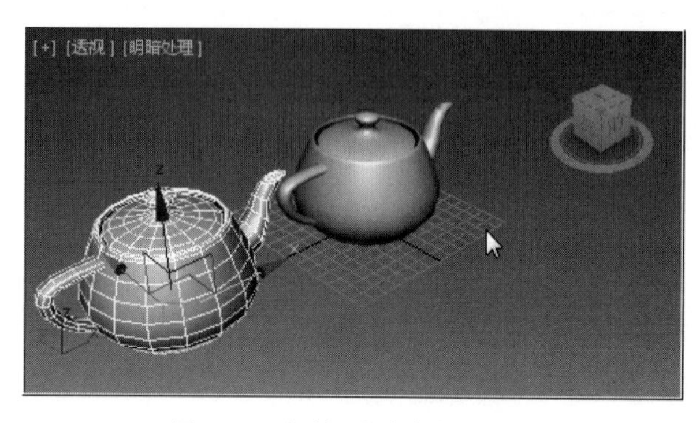

图1-66 “复制”方式克隆的茶壶

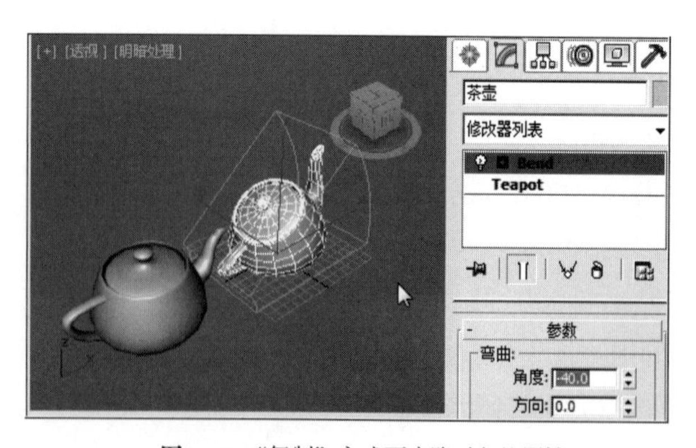

图1-67 “复制”方式下克隆对象的属性

命令面板中，再依次点选 (修改)命令下的“修改器列表”右侧的下拉箭头，在列表中选择“弯曲”(bend)。在弯曲下属的“参数”卷展栏中将“角度”设置为“-40”，发现复制出的“茶壶001”并没有随着原对象产生任何弯曲变化，如图1-67所示。

注：用鼠标左键点击主工具行的 (选择并移动)工具，在视口中选择要“克隆”的对象，结合“Shift”键，点压并拖曳鼠标左键将对象移至合适距离后松开，在弹出的“克隆选项”面板中，点选“复制”，这样的操作过程更方便。

1.5.5.2 实例

❶ 用鼠标左键点选透视图中的“茶壶”，点击视图右侧修改器堆栈栏中的“Bend”修改器，点击下方的 (从堆栈中移除修改器)，删除修改器。然后选择菜单栏中“编辑”下的“克隆”命令，在“克隆选项”面板中，点选“实例”，如图1-68所示。

❷ 用鼠标左键点击“确定”按钮后，结合 (选择并移动)在透视图中点选对象沿着“茶壶”自身轴向的X值最大化方向移动，可看到以实例方式克隆出的“茶壶002”，如图1-69所示。

图1-68 选择“实例”方式

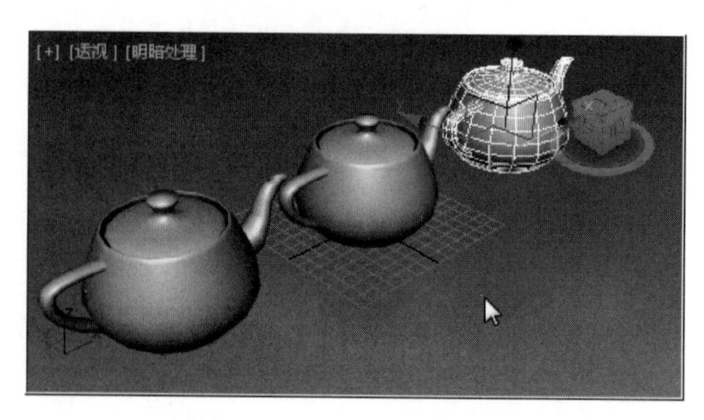

图1-69 “实例”方式克隆出的茶壶

❸ 用鼠标左键点选“茶壶”，使用同样方法在“修改器列表”中选择“弯曲”（bend）命令，在其下属的“参数”卷展栏中将“角度”设置为“-40”，发现复制出的“茶壶002”会跟着原对象一起弯曲变化，如图1-70所示。

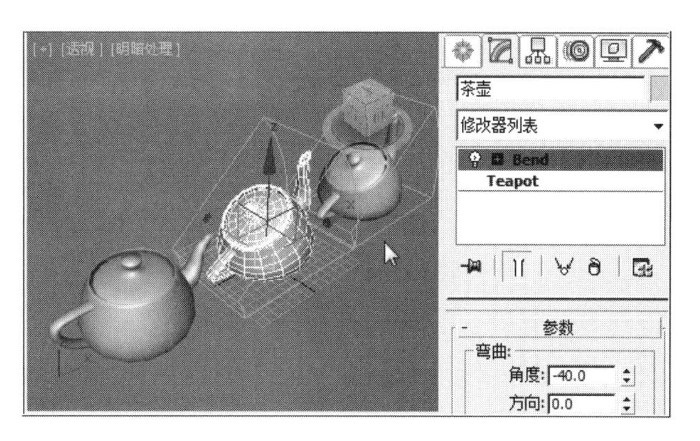

图1-70 “实例”方式下克隆对象的属性

1.5.5.3 参考

❶ 使用同样的方法，用鼠标左键点击 （移除堆栈修改器），删除“茶壶”动作堆栈栏中“Bend”修改器。然后选择菜单栏中“编辑”下的“克隆”，在“克隆”选项卡中，点选“参考”，点击“确定”按钮，结合 （选择并移动）在透视图中沿着“茶壶”自身轴向的Y值最小化方向移动到合适位置，可看到以“参考”方式克隆出的“茶壶003”，如图1-71所示。

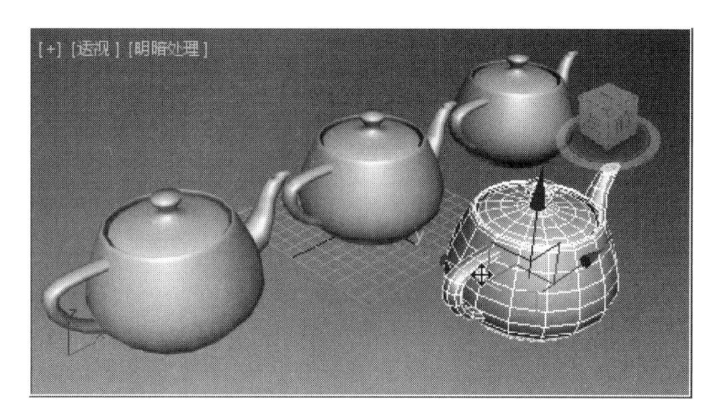

图1-71 “参考”方式克隆出的茶壶

❷ 用鼠标左键点选“茶壶”，使用同样方法在“修改器列表”中，选择“弯曲”（bend），在其下属的“参数”卷展栏中，将“角度”设置为“-40”，发现以“参考”方式做出的“茶壶003”会跟着原对象一起弯曲变化，如图1-72所示。

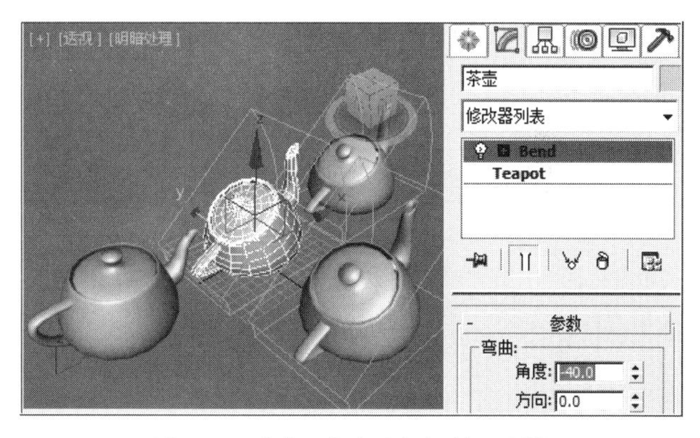

图1-72 “参考”方式下克隆对象的属性

❸ 使用同样方法删除“茶壶”的“弯曲”修改器，给“茶壶003”添加“弯曲”（bend）修改器，在其卷展栏中设置“角度”为“-40”，发现以“参考”方式做出且外形产生变化的“茶壶003”并没有使原对象的外形发生变化，如图1-73所示。

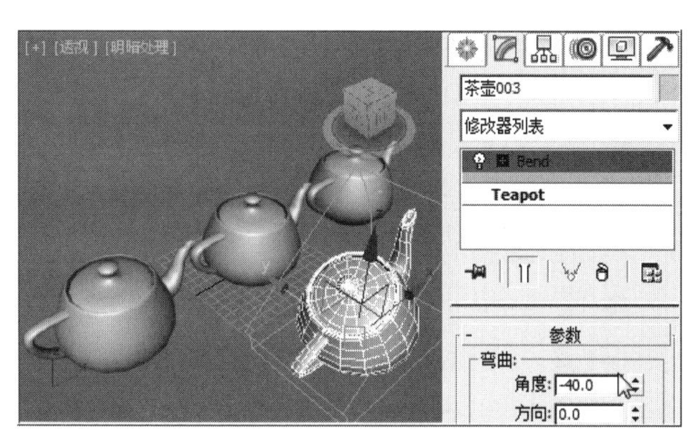

图1-73 “参考”方式下克隆对象的属性

1.5.6 阵列

“阵列”工具位于菜单栏中的“工具”菜单中，是专门用于克隆、精确变换和定位多组对象的一个或多个空间维度的设置面板，使用这个面板可以完成线性、圆形和螺旋形阵列，如图1-74所示。

1.5.7 单位设置

“单位设置”工具位于菜单栏中的“自定义”菜单中。虚拟场景要完成严谨规范的建模比例最好的方法就是设置统一的制作单位，这样才能保证制作出来的建模在单位、尺寸、比例方面保持

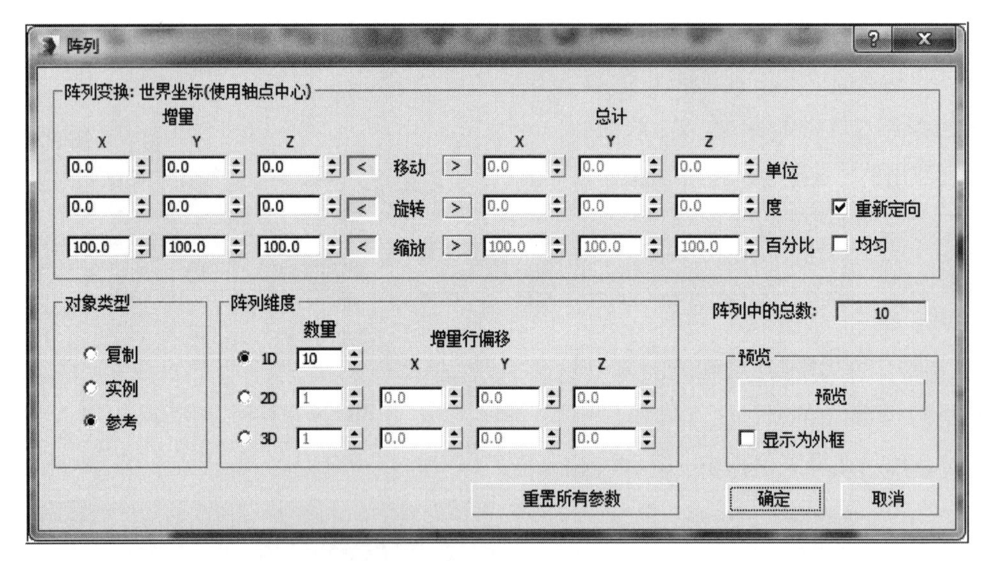

图1-74　阵列设置面板

一致。单位指定可以通过“单位设置”面板指定，如图1-75所示。

注：“系统单位”和“显示单位”之间的差异十分重要。“显示单位”只影响在视口中的显示方法。而“系统单位”决定几何体实际的比例。在合并Max场景文件或导入模型的时候，Max就会考虑“系统单位”是否一致，不同的单位导入结果是不一样的。

1.5.8 捕捉工具

“捕捉工具”是加快建立场景模型和精确制作的有效工具之一。在主工具行中有4个捕捉工具，分别是：“视图捕捉”“角度捕捉切换”“百分比捕捉切换”“微调器捕捉切换”，如图1-76所示。

1.5.8.1 视图捕捉

（视图捕捉开关）工具：默认的是3D捕捉开关，按住“捕捉开关”按钮不放，会弹出隐含的“2D捕捉”按钮和“2.5D捕捉”按钮，如图1-77所示。

❶ （2D捕捉开关）工具：用于在网格上进行对象的捕捉，一般会忽略其在高度方向的捕捉，经常用于平面图形的捕捉。

❷ （2.5D捕捉开关）工具：介于2D与3D之间的捕捉工具。利用该工具不但可以捕捉到当前平面上的点与线，还可以捕捉到各个顶点与边界在某一个平面上的投影，它适用于勾勒三维对象的轮廓。

❸ （3D捕捉开关）工具：用于在三维空间中捕捉到相应类型的对象，可直接捕捉到视口中的任何几何体。

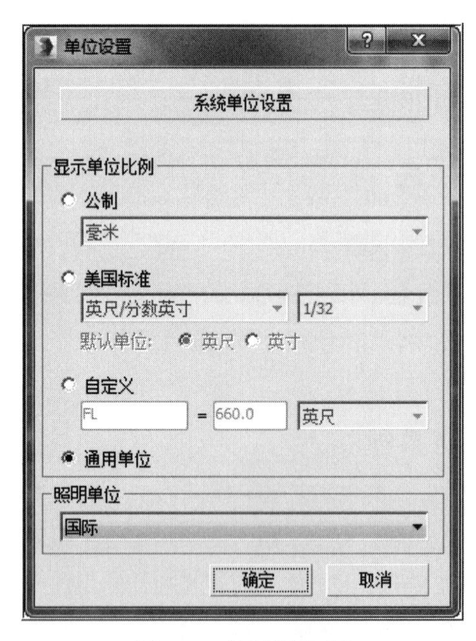

图1-75　单位设置面板

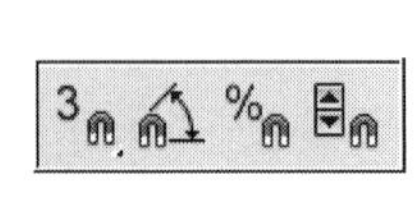

图1-76　捕捉工具

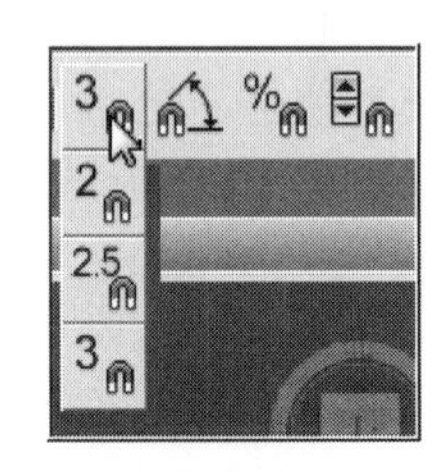

图1-77　捕捉开关

注：在捕捉按钮上点击鼠标右键，在弹出的“栅格和捕捉设置”面板中对其捕捉对象进行类别设定，如图1-78所示。

1.5.8.2 角度捕捉切换

（角度捕捉切换）工具：是一种通过设置角度参数进行角度捕捉的工具。

1.5.8.3 百分比捕捉切换

（百分比捕捉切换）工具：是一种通过设置百分比参数进行捕捉切换的工具。

1.5.8.4 微调器捕捉切换

（微调器捕捉切换）工具：用于设置3ds Max中所有微调器的单个单击增加值或减少值。

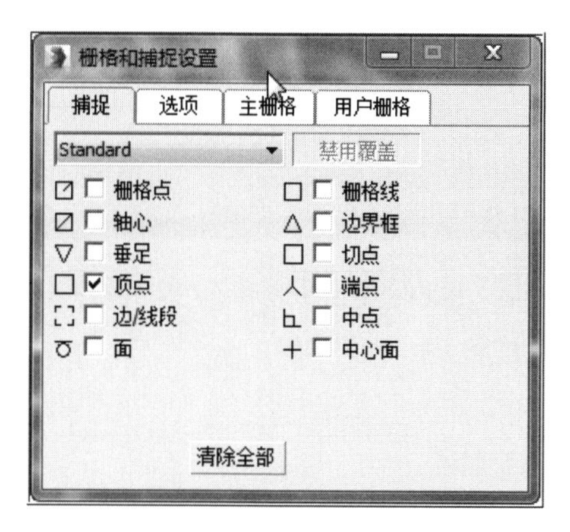

图1-78　栅格和捕捉设置

1.5.9 镜像

（镜像）工具：位于主工具行中，用于创建当前对象或者复制当前对象的镜像方向位置，点击镜像图标即可启动镜像设置面板，如图1-79所示。

1.5.10 对齐

（对齐）工具：位于主工具行中，使用鼠标左键按压“对齐”工具按钮不放，会弹出隐含的其他工具，分别是：“对齐”“快速对齐”“法线对齐”“高光对齐”“对齐摄影机”“对齐视图”，如图1-80所示。

❶（对齐）工具：用于对齐当前对象与目标对象的位置关系。在视口操作中，选择当前对象然后拾取要对齐的目标对象，就会弹出“对齐当前选择”设置面板，如图1-81所示。

❷（快速对齐）工具：可将选择物体的轴心与目标物体轴心进行对齐。

❸（法线对齐）工具：可将选择物体的法线面与目标对象上所点击的法线面对齐。

❹（放置高光）工具：可将灯光对齐到另一个对象，以便精确定位其高光位置或反射位置。

❺（对齐摄影机）工具：可将对象或者子对象选择的局部轴与当前摄像机对齐。

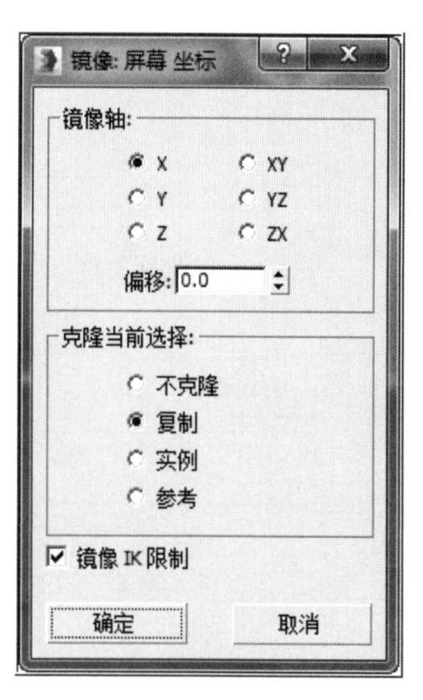

图1-79　“镜像”面板

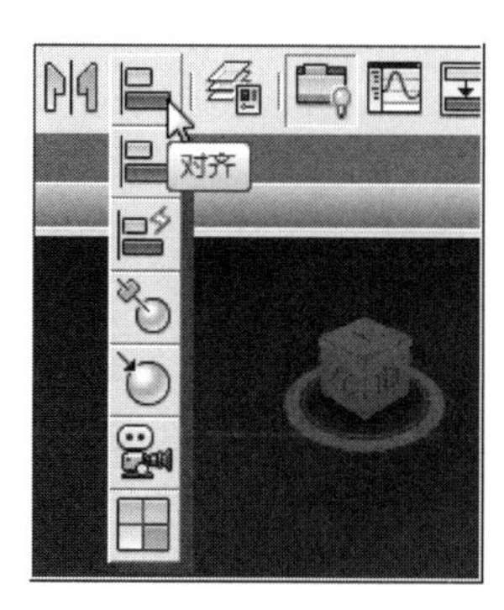

图1-80　“对齐”列表中的工具

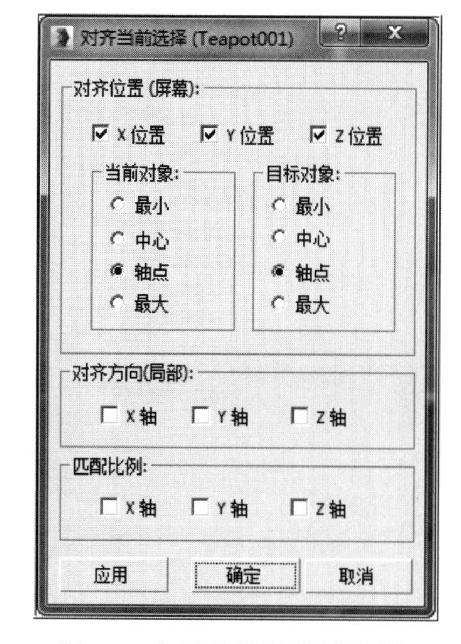

图1-81　“对齐当前选择”设置面板

❻ (对齐到视图)工具：可将对象或子对象选择的局部轴与当前视口对齐。视口中操作会弹出“对齐到视图”设置框面板，如图1-82所示。

1.6 多边形建模

1.6.1 多边形建模概况

多边形建模是在三维制作软件中最先发展的建模方式，使用多边形建立的模型都是由点、边、面三个元素组成的，对三个元素进行修改就可以改变模型的形状。只要有足够多的多边形，就可以制作出任何形状的物体。不过，随着多边形数量的增加，系统的运算性能也会下降，所以，在使用多边行建模时，不要添加过多没有必要的细节。

多边形建模具有易学、运算速度快等特点。在建模的思路上，从基本的几何体开始创建，通过使用多边形工具不断编辑从而得到最终模型。3ds Max的多边形工具开发起步早，随着软件版本的不断升级也在不断地完善，因此多边形建模在3ds Max的建模体系中较为先进和完善。

1.6.2 转换可编辑多边形

运用多边形建模需要将对象放置到“转换为可编辑多边形”模式下进行，有以下两种转换方法。

❶ 在编辑对象被选中的情况下，点击鼠标右键，在弹出的快捷菜单中，选择“转化为可编辑多边形”命令，如图1-83所示。

❷ 编辑对象被选择的情况下，在修改器列表中选择“编辑多边形”修改器，这样就可以将对象转换为多边形编辑状态。

1.6.3 多边形编辑

将视图对象转换为可编辑多边形后，在视图右侧的命令面板的修改器堆栈栏中，鼠标左键点击“可编辑多边形”，展开子对象列表，会出现五种编辑方式：“顶点”“边”“边界”“面”“元素”。这几种编辑方式在“选择”卷展栏中也能看到，只不过是以图形按钮方式出现的，如图1-84所示。

❶ (顶点)编辑：用于多边形子对象中对点的编辑。

❷ (边)编辑：用于多边形子对象中对直线的编辑。

❸ (边界)编辑：用于多边形子对象中对口边缘的编辑。

❹ (多边形)编辑：用于多边形子对象中对多边形的编辑。

❺ (元素)编辑：用于多边形子对象中对同一物体内独立于其他面的组合的编辑。

1.6.4 选择卷展栏

鼠标左键点击展开“选择”卷展栏，有一些常用的工具，如图1-85所示。

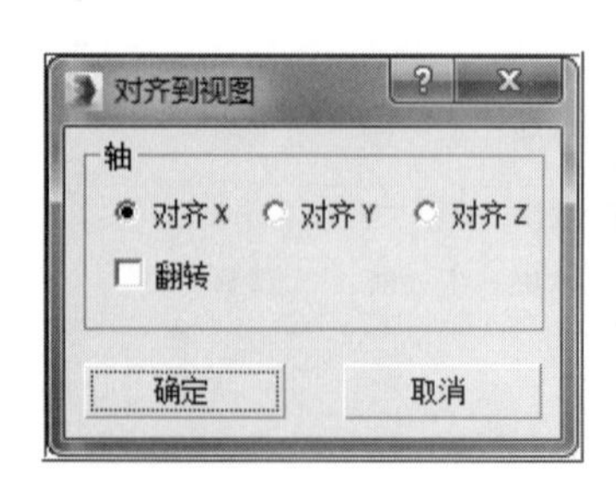

图1-82 “对齐到视图”设置面板

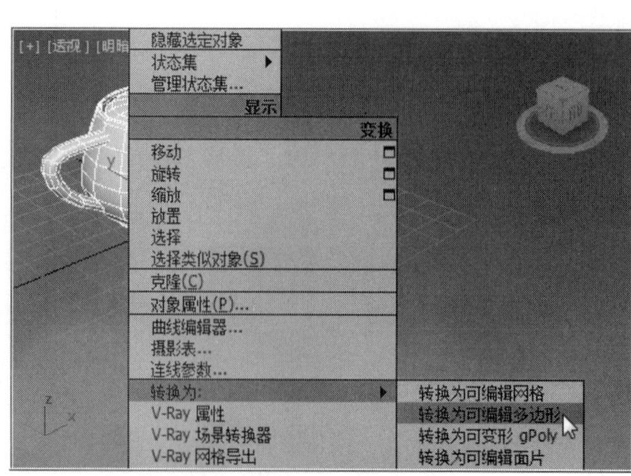

图1-83 转换可编辑多边形

图1-84 “多边形编辑”命令面板

❶“按顶点”工具：作用于“边”“边界”“多边形”“元素”子对象级，勾选子对象的选择只影响朝向操作者的面。

❷“忽略背面”工具：作用于所有子对象级，勾选子对象的选择只影响朝向操作者的面。

❸“按角度”工具：作用于多边形子对象级，勾选此选项并选择某个面时，可以同时选择临近的满足右侧复选框所设置角度的多边形。

❹“收缩”工具：作用于所有子对象级，快速减少子对象的选择区域。

❺“扩大”工具：作用于所有子对象级，在所有可用的方向向外扩展选择区域。

❻“环形”工具：作用于边和边界的子对象级，可通过选择所有平行于选中边的边来扩展边的选区。

❼“循环”工具：作用于“边”和“边界”子对象级，在与选中边相对齐的同时，尽可能选择扩展选区。

1.6.5 编辑顶点

用鼠标左键点击 （顶点），展开“编辑顶点”卷展栏，如图1-86所示。

❶“移除”工具：当移除选定的顶点时，不会删除由这个点组成的面，这是与键盘上的Delete键删除点的不同之处。

❷“断开”工具：将选择的点打断成几个点，点的数量由使用这个点的面的数量决定。

❸“挤出”工具：可以手动挤压顶点，也可以单击该命令后面的小方块调出参数面板。

❹“焊接”工具：将选择的顶点焊接为一个点。

❺“切角”工具：选择一个顶点，沿每条使用这个顶点的边线进行切分。

❻“目标焊接”工具：手动焊接顶点的工具。

❼“连接”工具：将选中的点用边线连接。

1.6.6 编辑边

鼠标左键点击 （边），展开“编辑边”卷展栏，如图1-87所示。

❶“插入顶点”工具：在边上手动加入新的顶点。

❷“移除”工具：将选择的边移除。

❸“挤出”工具：将选择的边挤出连带的面。

❹“切角”工具：将选择的边以角度方式挤出新的面。

❺“桥”工具：连接边与边界边。

❻“连接”工具：将选择的多条边的中间点以点对点的方式进行连接。

❼“利用所选内容创建图形”工具：选择一个或多个边后，单击该按钮，可以得到与选定的边相同形状的样条线。

1.6.7 编辑多边形

鼠标左键点击 （多边形），展开“编辑多边形”卷展栏，如图1-88所示。

❶“挤出”工具：用于挤出选择的多边形的面。

❷“轮廓”工具：用于增加或减小每组连续的选定多边形的外边。

❸“倒角”工具：相当于“挤出”和“轮廓”命令的组合。

❹“插入”工具：选定一个面，运用此工具，可产生新的面。

❺“翻转”工具：翻转选中面的法线。

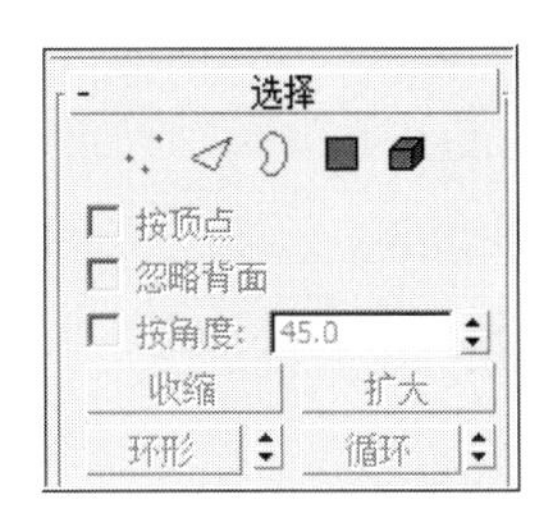

图1-85　“选择”卷展栏工具

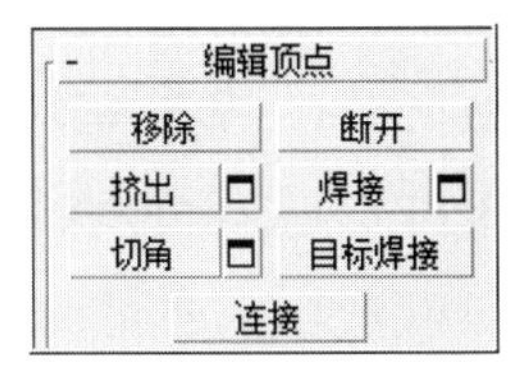

图1-86　“编辑顶点”卷展栏工具

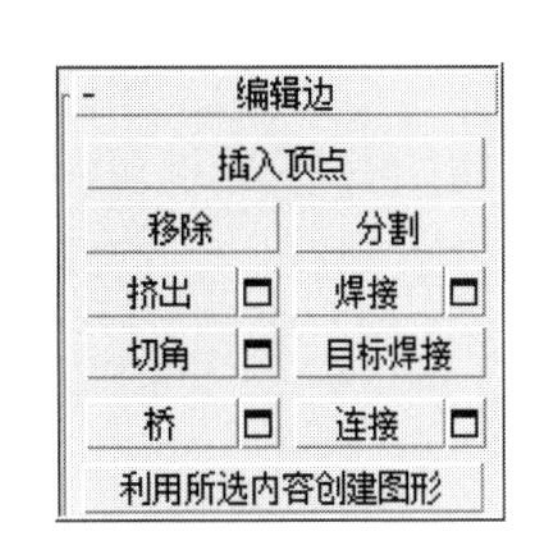

图1-87　“编辑边”卷展栏工具

图1-88　“编辑多边形”卷展栏工具

❻“从边旋转”工具：选定一条边，将当前选择的面沿着这条边进行旋转挤压。

❼“沿样条线挤出”工具：用于将当前的选定面与一条选择的样条线生成依附于表面的造型。

1.7 3ds Max Design 2015快捷键

快捷键的使用能让设计者在操作上更加得心应手，下面的快捷方式供大家参考：

A：角度捕捉开关

B：切换到底视图

C：切换到摄像机视图

D：封闭视窗

E：切换到轨迹视图

F：切换到前视图

G：切换到网格视图

H：显示通过名称选择对话框

I：交互式平移

J：选择框显示切换

K：切换到背视图

L：切换到左视图

M：材质编辑器

N：动画模式开关

O：自适应退化开关

P：切换到透视用户视图

Q：显示选定物体三角形数目

R：切换到右视图

S：捕捉开关

T：切换到顶视图

U：切换到等角用户视图

V：旋转场景

W：最大化视窗开关

X：中心点循环

Y：工具样界面转换

Z：缩放模式

[：交互式移近

]：交互式移远

/：播放动画

F1：帮助文件

F3：线框与光滑高亮显示切换

F4：Edged Faces显示切换

F5：约束到X轴方向

F6：约束到Y轴方向

F7：约束到Z轴方向

F8：约束轴面循环

F9：快速渲染

F10：渲染场景

F11：MAX脚本程序编辑

F12：键盘输入变换

Delete：删除选定物体

SPACE：选择及锁定开关

END：进到最后一帧

HOME：进到起始帧

INSERT：循环子对象层级

PAGEUP：选择父系

PAGEDOWN：选择子系

CTRL+A：重做场景操作

CTRL+B：子对象选择开关

CTRL+F：循环选择模式

CTRL+L：默认灯光开关

CTRL+N：新建场景

CTRL+O：打开文件

CTRL+P：平移视图

CTRL+R：旋转视图模式

CTRL+S：保存文件

CTRL+T：纹理校正

CTRL+T：打开工具箱

CTRL+W：区域缩放模式

CTRL+Z：取消场景操作

CTRL+SPACE：创建定位锁定键

SHIFT+A：重做视图操作

SHIFT+B：视窗立方体模式开关

SHIFT+C：显示摄像机开关

SHIFT+E：以前次参数设置进行渲染

SHIFT+F：显示安全框开关

SHIFT+G：显示网络开关

SHIFT+H：显示辅助物体开关
SHIFT+I：显示最近渲染生成的图像
SHIFT+L：显示灯光开关
SHIFT+O：显示几何体开关
SHIFT+P：显示粒子系统开关
SHIFT+Q：快速渲染
SHIFT+R：渲染场景
SHIFT+S：显示形状开关
SHIFT+W：显示空间扭曲开关
SHIFT+Z：取消视窗操作
SHIFT+4：切换到聚光灯/平行灯光视图
SHIFT+\：交换布局
SHIFT+SPACE：创建旋转锁定键
ALT+S：网格与捕捉设置
ALT+SPACE：循环通过捕捉
ALT+CTRL+Z：场景范围充满视窗
ALT+CTRL+SPACE：偏移捕捉
SHIFT+CTRL+A：自适应透视网线开关
SHIFT+CTRL+P：百分比捕捉开关

第二章

几何体静物组合的制作

本章以“几何体静物组合的制作”作为学习3ds Max具有实战意义的开始篇，目的在于，通过学习和了解从创建对象到对象之前的位置对齐以及灯光设置、材质指定、渲染输出、场景保存一系列的制作流程，使初学者在认识上形成整体印象。

本章使用到的知识点：

（1）创建几何体并重命名的方法。

（2）“对齐”以及“对齐到高光”工具的用法。

（3）视图“真实”显示方法。

（4）视图“有贴图的真实材质”显示方法。

（5）“Slate（板岩）材质编辑器”实例球重命名方法。

（6）“Slate（板岩）材质编辑器”的“位图”贴图方法。

（7）渲染输出方法。

（8）场景保存方法。

2.1 布局视图

启动Autodesk 3ds Max Design 2015，用鼠标左键点选视图右下角控制区的 （最大化视口切换）工具，如图2–1所示。

2.2 创建场景对象

2.2.1 创建静物台

❶ 用鼠标左键依次点选 （创建）– （几何体）– 长方体 工具，如图2–2所示。

❷ 在顶视图合适位置通过点击鼠标左键并拖曳的方式创建“长方体”并调整其大小，如图2–3所示。

❸ 用鼠标左键点选视图右侧命令面板区中的 （选择并修改）命令，将对象“Box001”重命名为“静物台”，修改下属“参数”卷展栏中的“长度”为“50”；“宽度”为“50”；“高度”为“–50”，如图2–4所示。

❹ 用鼠标左键点选主工具行中 （选择并移动）工具，在视图下方状态栏中，将“X”修改为“0”；“Y”修改为“0”，如图2–5所示。

注：只有用鼠标左键点选主工具行的 （选择并移动）工具，状态栏的参数才能显示。

❺ 当前静物台的位置在透视图中的效果如图2–6所示。

❻ 用鼠标右键激活顶视图，结合视图控制区的 （最大化显示当前对象）工具，将顶视图“静物台”最大化显示，运用 （缩放）工具、 （平移）工具和 （环绕子对象）工具，调整透视图中“静物台”所占视图空间的大小和角度，如图2–7所示。

2.2.2 创建几何体

本例要创建的几何体包括“正方体”“球体”“圆柱体”“锥体”，在操作上除了创建各对象之外，还包含位置上的“对齐”关系。

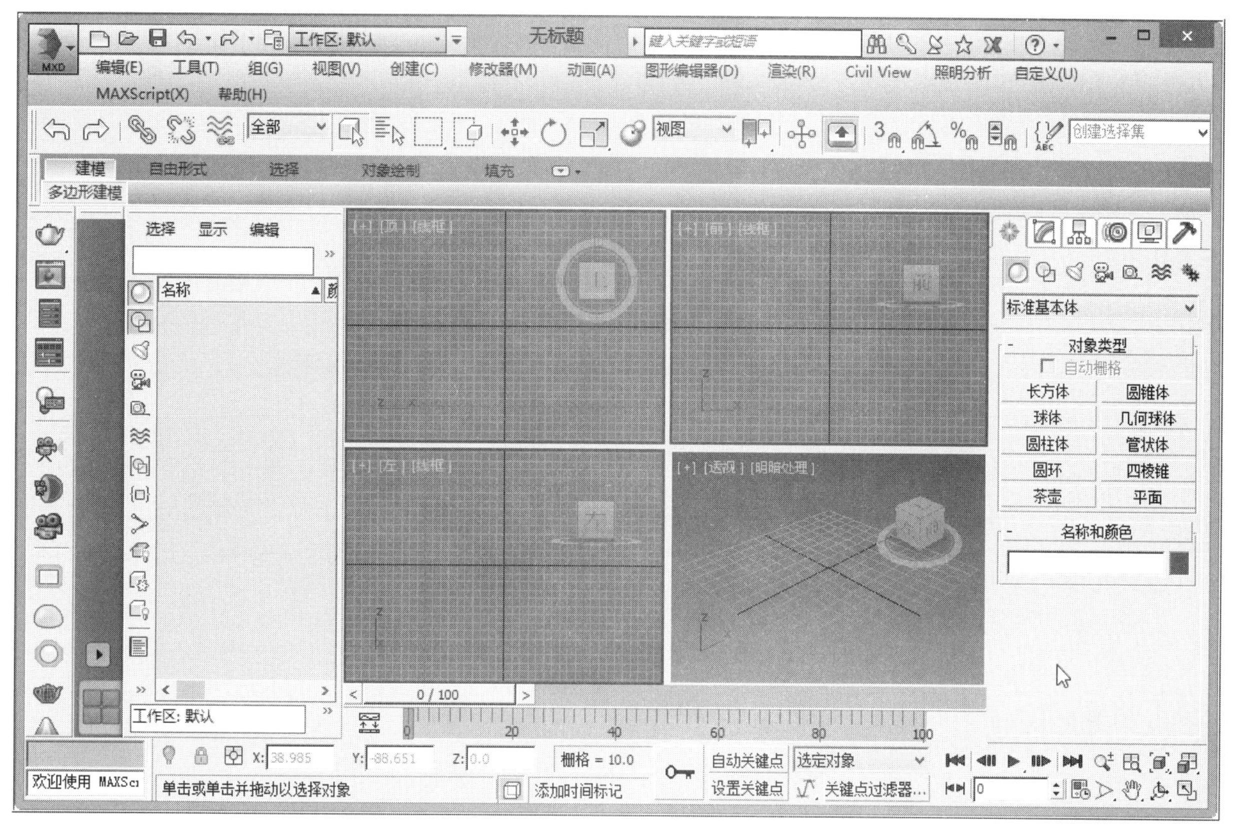

图2-1　切换四视图显示模式

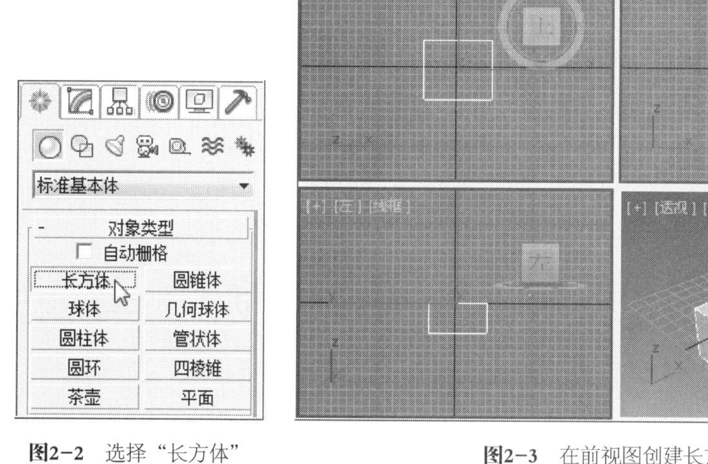

图2-2　选择“长方体”

图2-3　在前视图创建长方体

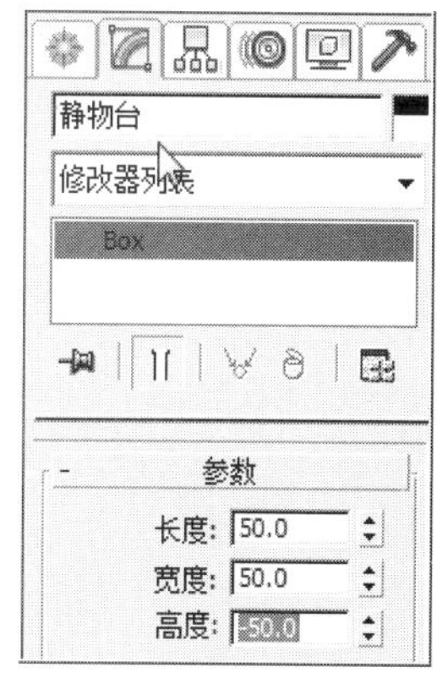

图2-4　修改静物台相关参数

图2-5　修改静物台的坐标轴为“0”

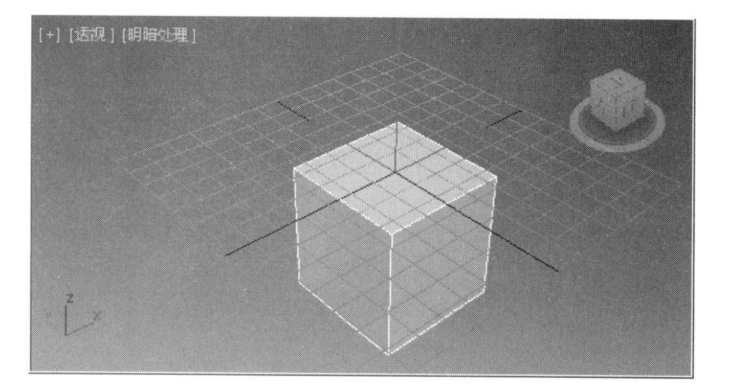

图2-6　当前透视图中静物台的位置

2.2.2.1 创建正方体

用鼠标左键依次点选（创建）-（几何体）- 长方体 工具，在顶视图“静物台”偏左上方位置创建大小合适的“长方体”，并设置长方体的“长”为“10”；“宽”为“10”；“高”为“10”将“Box001”重命名为“正方体”，如图2-8所示。

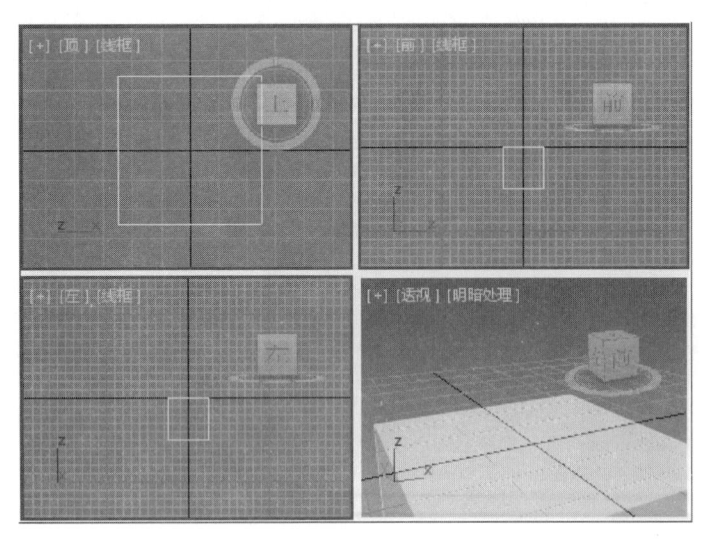

图2-7 当前静物台在视图中显示的情况

注：对正在创建的对象，可直接在视图右侧命令面板进行参数设置，也可在该对象被选择的状态下，鼠标左键点击视图右侧命令面板区中的（修改）命令，进行参数设置。

2.2.2.2 创建球体

❶ 用鼠标左键依次点选（创建）-（几何体）- 球体 工具，如图2-9所示。

❷ 在顶视图合适位置上，通过点击鼠标左键并拖曳的方式创建大小合适的“球体”，如图2-10所示。

❸ 用鼠标左键点击视图右侧命令面板区中的（修改）命令，将对象“Sphere001”名称重命名为“球体”，在下属的“参数”卷

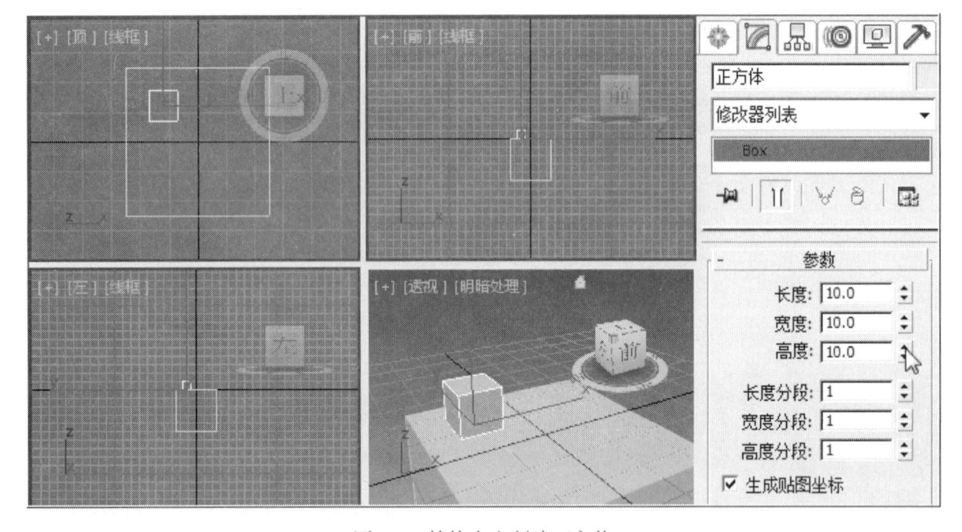

图2-8 静物台上创建正方体

图2-9 点选“球体”工具

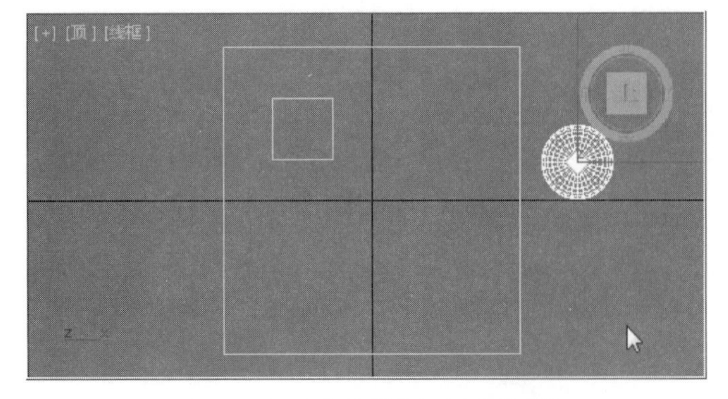

图2-10 在顶视图中创建合适大小的球体

图2-11 设置球体的参数

展栏中，设置“半径”为“6”，如图2-11所示。

❹ 确保当前的“球体”处于被激活状态，鼠标左键点选主工具行中的 (对齐) 工具，在透视图中，将光标指向“正方体”，会看到光标呈现对齐状态的显示，如图2-12所示。

❺ 在“正方体”对象上点击鼠标左键，在弹出的“对齐当前选择”面板中，用鼠标左键在“对齐位置”选项中，勾选“X位置”和“Y位置”；“当前对象”点选“中心”；“目标对象”点选“中心”，然后点击“应用”按钮，如图2-13所示。

❻ 在当前透视图中，“球体”和“正方体”经过“对齐”设置后的位置，如图2-14所示。

❼ 用鼠标左键点击勾除“对齐位置”选项中的“X位置”和“Y位置”，勾选“Z位置”；“当前对象”点选“最小”；“目标对象”点选“最大”，如图2-15所示。

❽ 用鼠标左键点击“确定”按钮以后，完成了“球体”和“正方体”之间的“对齐”，如图2-16所示。

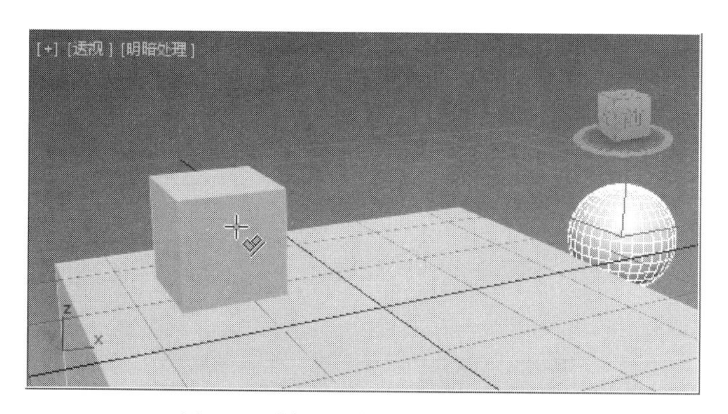

图2-12 选择“对齐”工具指向正方体

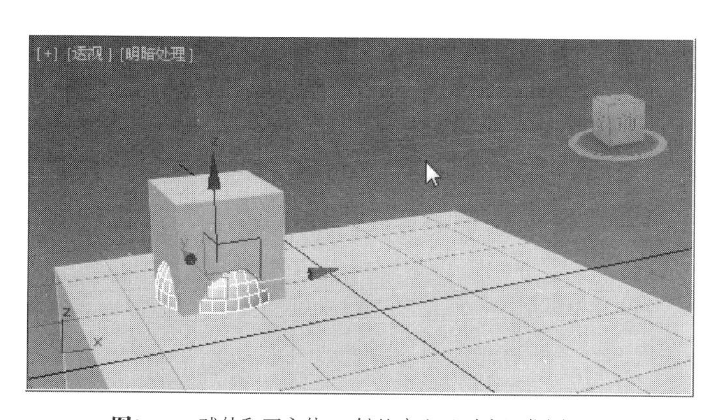

图2-14 球体和正方体XY轴的中心“对齐”位置显示

图2-16 “对齐”后的球体位置

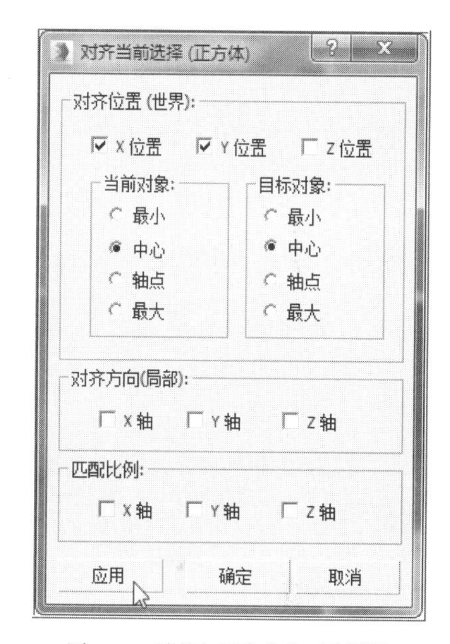

图2-13 球体与正方体的对齐设置

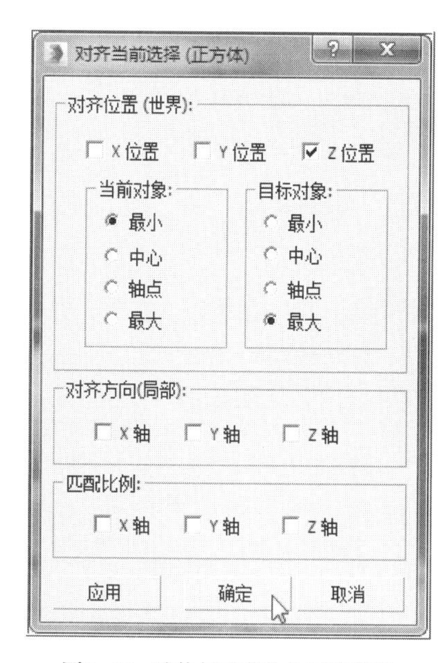

图2-15 球体与正方体的对齐设置

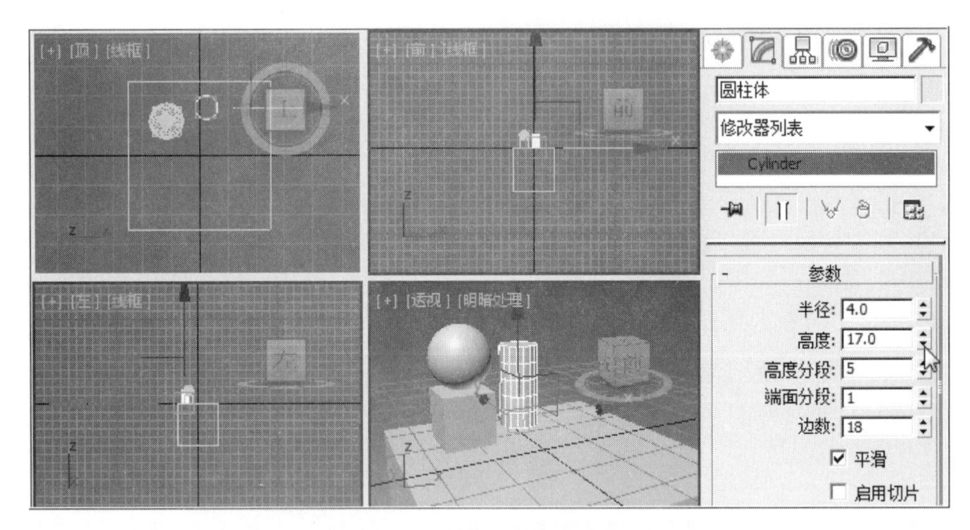

图2-17 在顶视图创建圆柱体

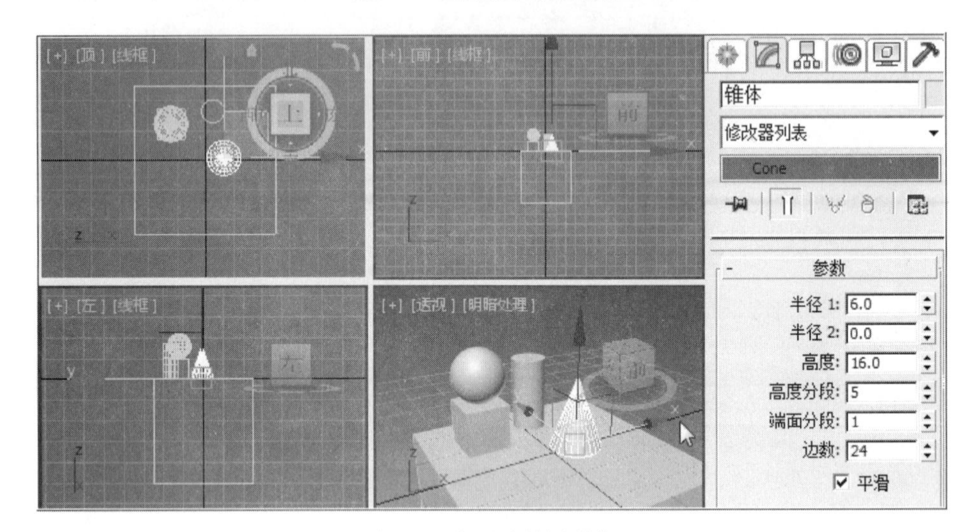

图2-18 在顶视图创建锥体

2.2.2.3 创建圆柱体

用鼠标左键依次点选 （创建）－ （几何体）－ 圆柱体 工具，在顶视图“静物台”中间上方位置创建大小合适的“圆柱体”，并在“参数”卷展栏中设置“半径”为“4”；“高度”为“17”，将“Cylinder001”重命名为“圆柱体”，如图2-17所示。

2.2.2.4 创建锥体

❶ 用鼠标左键在右侧命名面板中点选 圆锥体 工具，在顶视图“静物台”中间靠右位置创建大小合适的“圆锥体”，并在“参数”卷展栏中设置“半径”为“6”；“高度”为“16”，将“cone001”重命名为“锥体”，如图2-18所示。

❷ 用鼠标左键点选左视图中的“锥体”，结合视图控制区的 （最大化显示当前对象）工具，最大化显示，如图2-19所示。

图2-19 将锥体最大化显示

❸ 用鼠标左键在视图右侧命名面板中点选 圆柱体 工具，在左视图参照“锥体”位置创建“圆柱体”，在“参数”卷展栏中设置“半径”为“2”；“高度”为“14”，将“Cylinder002”重命名为“圆柱体”，如图2-20所示。

❹ 确保当前的“圆柱体”处于被选择状态，用鼠标左键点选主工具行中的 （对齐）工具，在透视图中点取“锥体”，在弹出的“对齐当前选择”面板中，勾选“X位置”和“Y位置”；“当前对象”点选“中心”；“目标对象”点选“中心”，点击“确定”按钮，如图2-21所示。

❺ 在当前透视图中，“圆柱体”和“锥体”中心对齐后的位置显示，如图2-22所示。

2.3 创建场景灯光

2.3.1 创建目标聚光灯

❶ 用鼠标左键依次点选 （创建）－ （灯光），

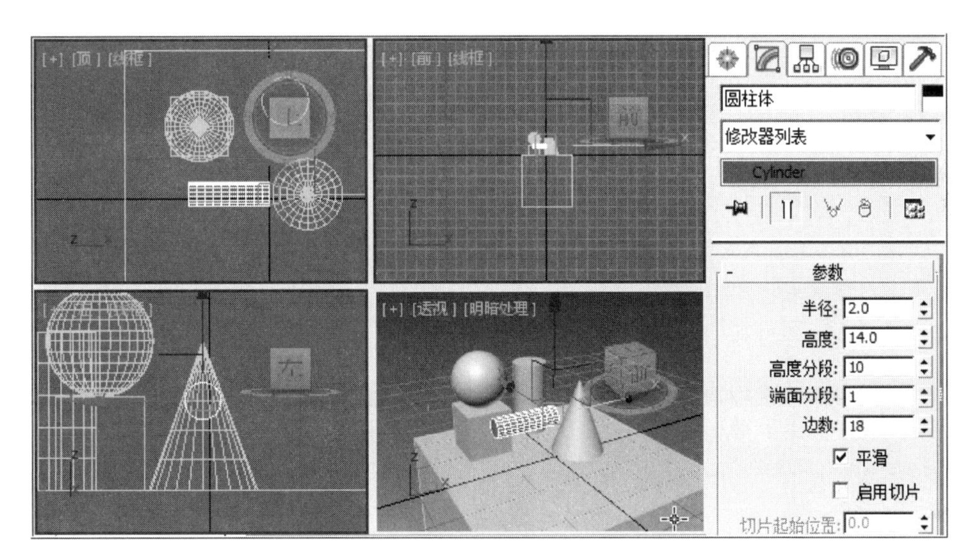

图2-20　在左视图合适位置创建圆柱体

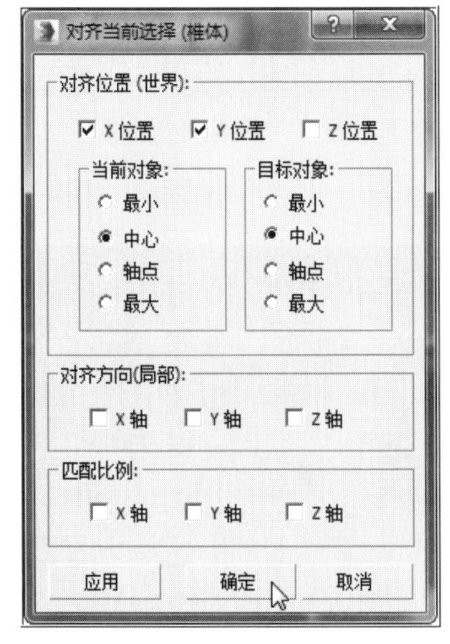

图2-21　当前对齐设置面板

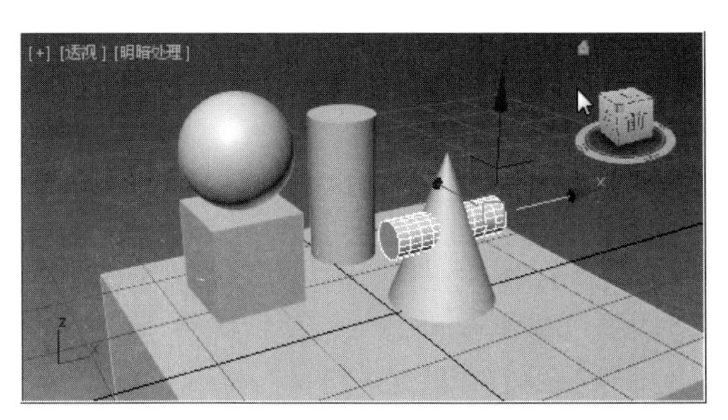

图2-22　当前透视图圆柱体和锥体中心对齐位置显示

在“标准”对象类型中选择 目标聚光灯 工具，如图2-23所示。

❷ 在前视图右上方合适位置通过点击鼠标左键并拖曳的方法创建“目标聚光灯”，如图2-24所示。

2.3.2 灯光角度调整

❶ 在主工具行中点选（对齐）工具下属列表中的（放置高光）工具，如图2-25所示。

❷ 在透视图中的“体球”中心偏左上位置点击鼠标左键并通过拖曳的方式来设置高光投射的角度，如图2-26所示。

❸ 用鼠标左键在透视图左上角点击“明暗处理”标签，在弹出的快捷菜单中选择“真实”，如图2-27所示。

❹ 当前透视图设置“真实”显示的效果，如图2-28所示。

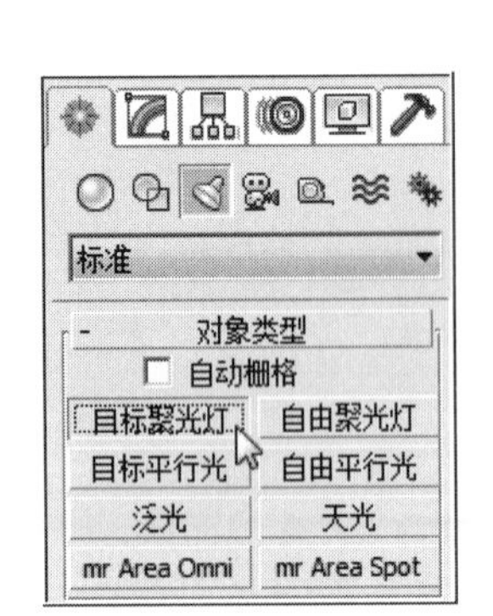

图2-23 点选“目标聚光”灯工具

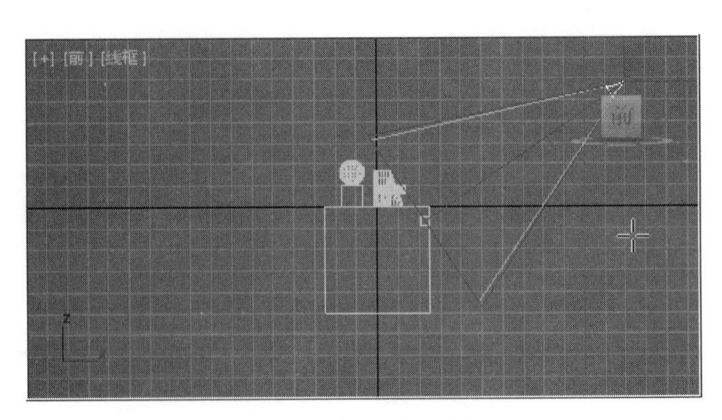

图2-24 创建“目标聚光灯”

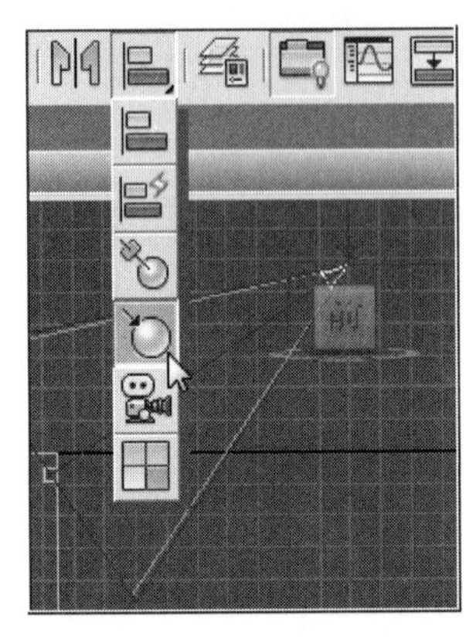

图2-25 选择“放置高光”工具

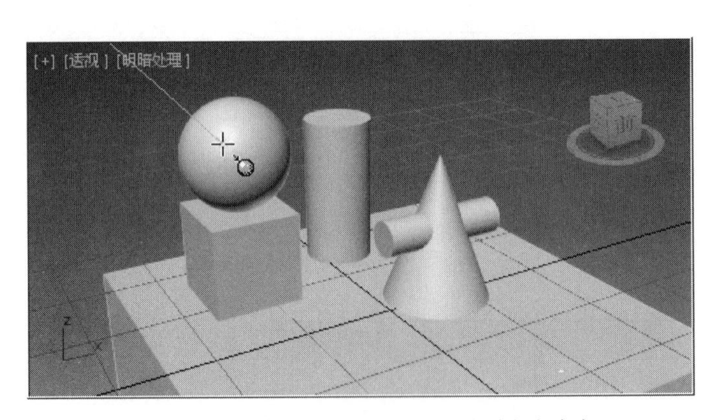

图2-26 通过放置高光对齐工具调整灯光投射角度

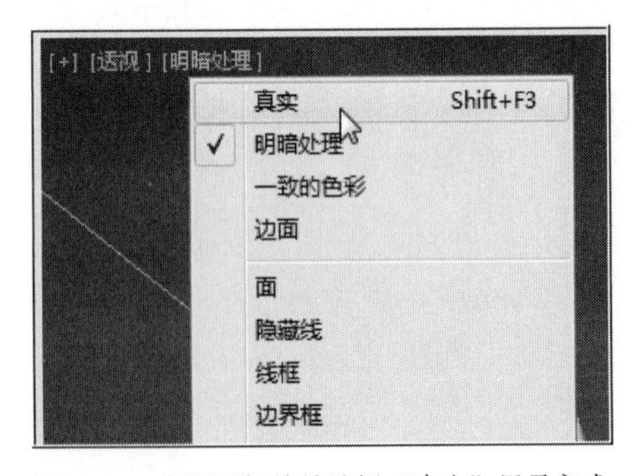

图2-27 在视图标签处选择“真实”显示方式

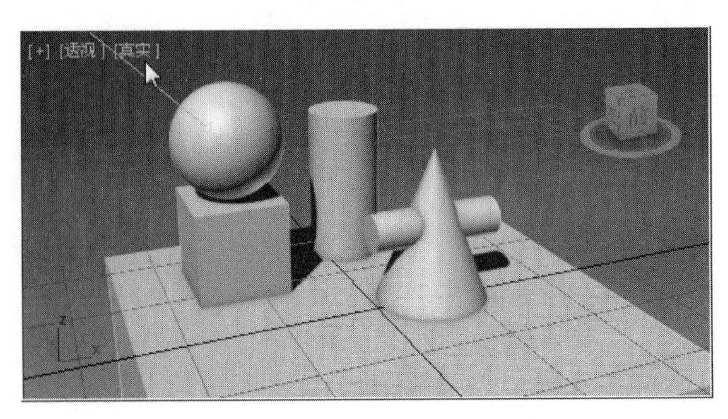

图2-28 当前透视图真实显示下的阴影效果

2.4 材质设置

场景中要指定的材质分别是“几何体”的石膏材质和“静物台”的木纹纹理材质。

2.4.1 几何体材质设置

❶ 用鼠标左键点选主工具行中的 （材质编辑器）工具，在弹出的“Slate材质编辑器”（板岩材质编辑器）面板中，鼠标左键双击“材质／贴图浏览器”下属“材质”选项中的“标准”，如图2-29所示。

❷ 在实例球材质名称位置上点击鼠标右键，在弹出的菜单里选择“重命名”，如图2-30所示。

❸ 将对象重命名为“几何体”后，鼠标左键双击该实例球面板，在右侧视图区出现“几何体”材质设置面板，如图2-31所示。

❹ 在“几何体（standard）”材质设置面板的标题位置，通过使用鼠标左键点击拖曳的方法将面板单独浮动显示，如图2-32所示。

注：用鼠标左键双击“几何体（standard）”材质设置面板的标题，可将面板重新归位至视图区。

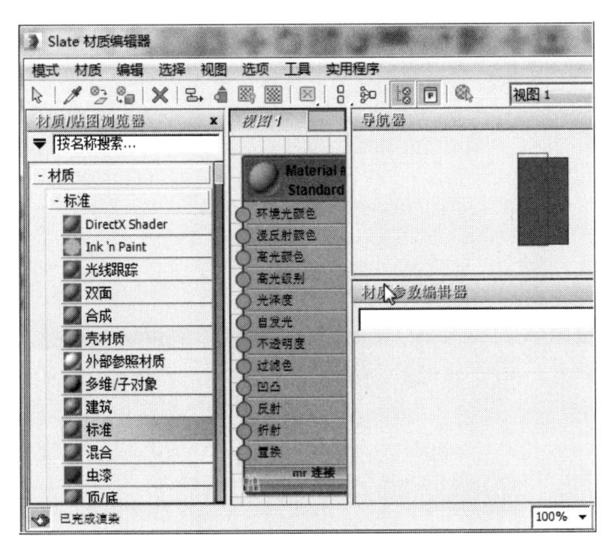

图2-29　用鼠标左键双击材质类型中的“标准”

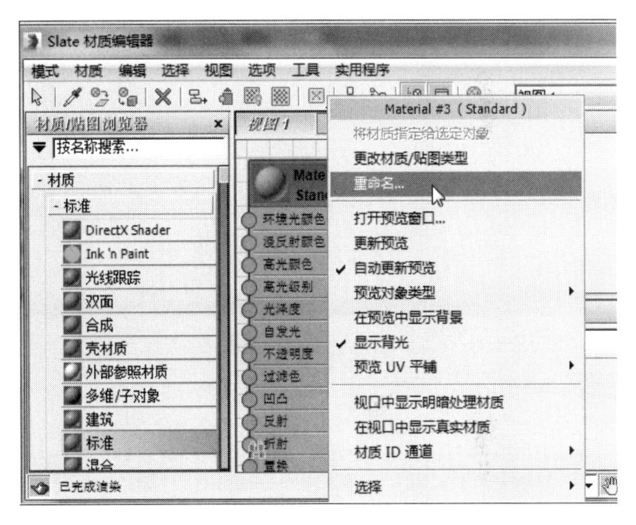

图2-30　点选“重命名”

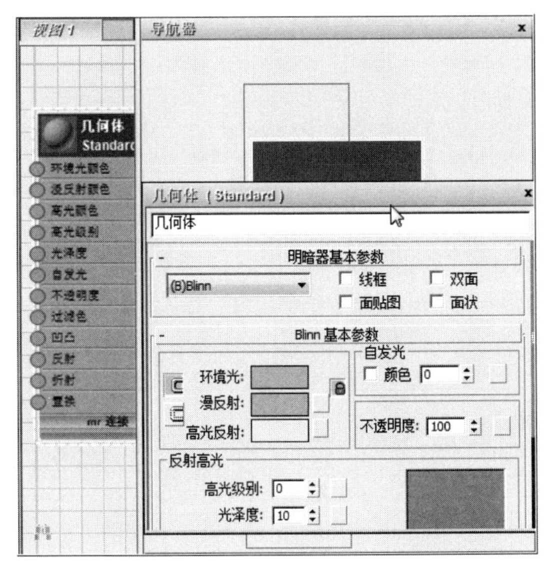

图2-31　当前几何体材质设置面板

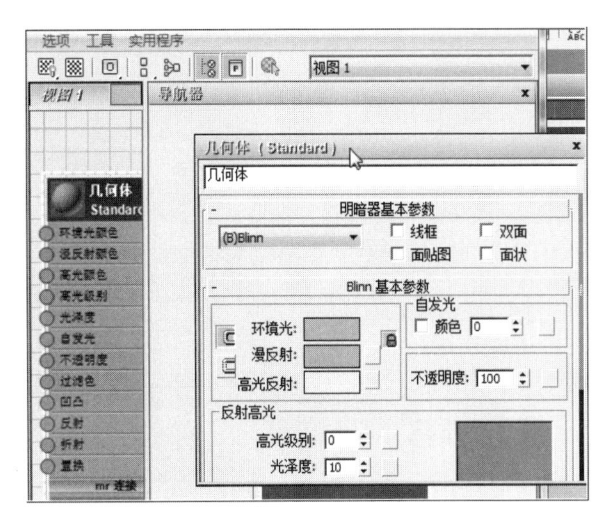

图2-32　几何体材质设置面板浮动显示

❺ 用鼠标左键点选“漫反射”右侧的“颜色选择器”，设置参数“红”为“255”；“绿”为“255”；“蓝”为“255”，如图2-33所示。

❻ 在“反射高光”下属项目中，设置“高光级别”为“9”，再用鼠标左键双击实例球以最大化显示，如图2-34所示。

❼ 用鼠标左键点击主工具行中 (按名称选择)工具，在弹出的“从场景选择”面板中，结合键盘中的“Ctrl”键，将视图中的几何体对象全部选中，如图2-35所示。

❽ 在“Slate材质编辑器”的工具行中，鼠标左键点击 (将材质指定给选定对象)工具，如图2-36所示。

❾ 点击鼠标左键关闭“几何体(standard)”材质设置浮动面板，如图3-37所示。

注：关闭是为了减少不必要面板的数量。

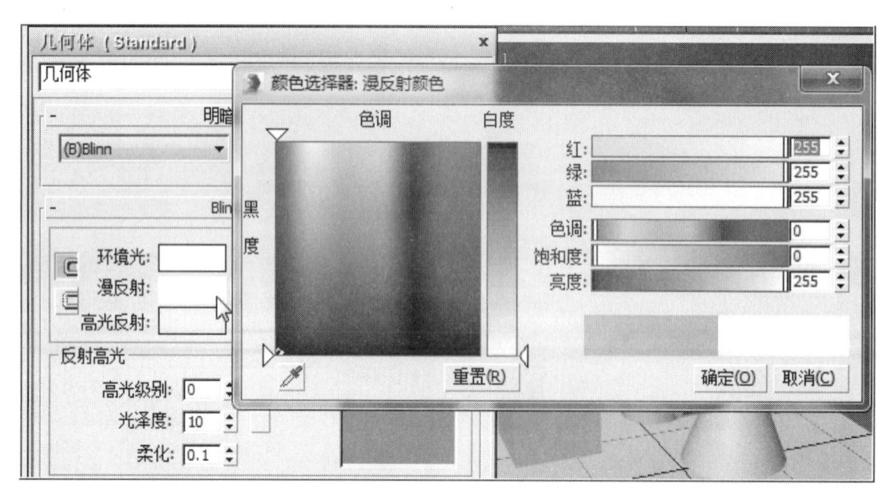

图2-33 设置几何体的“漫反射”为“白色”

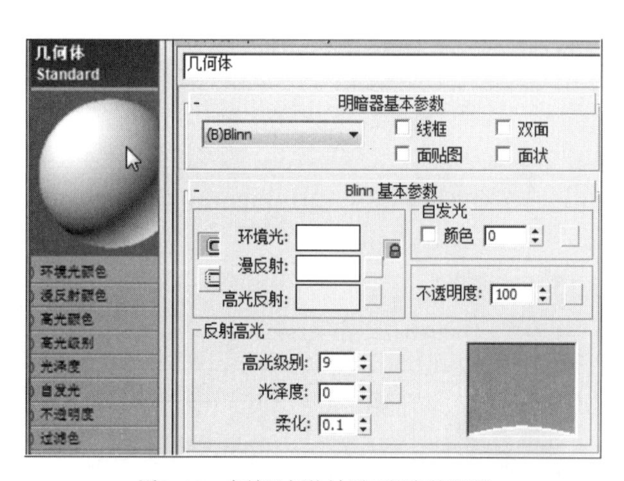

图2-34 当前几何体材质面板参数设置

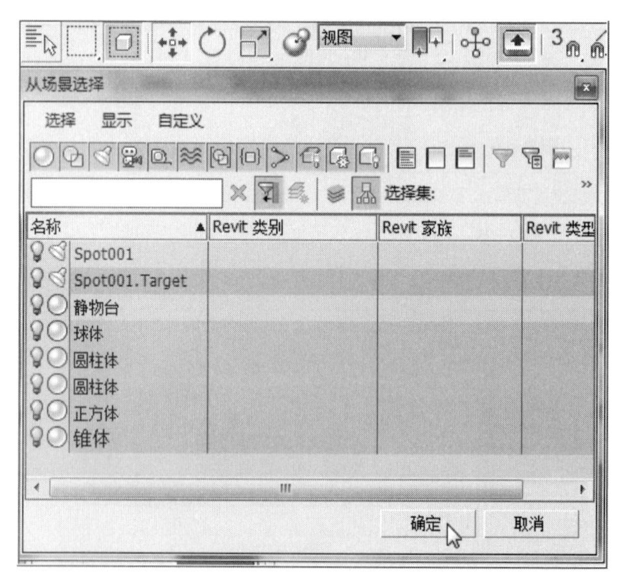

图2-35 选择视图中所有几何体

图2-36 点选“将材质指定给选定对象”工具

图2-37 关闭几何体材质设置面板

⑩ 在当前透视图中，几何体材质设置后的显示效果，如图2-38所示。

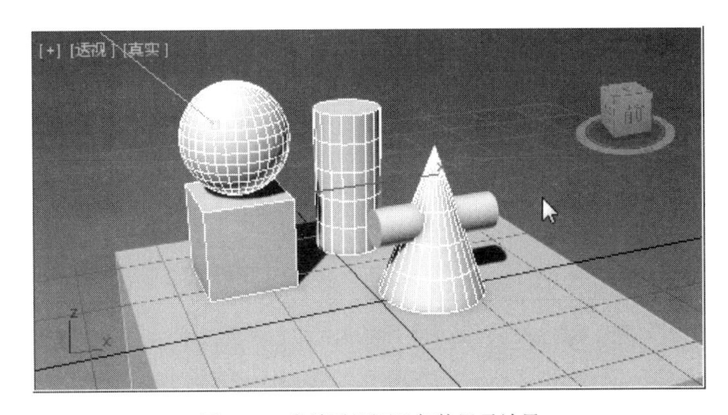

图2-38　当前透视图几何体显示效果

2.4.2 静物台材质设置

❶ 运用同样的方法，在“slate材质编辑器”中，用鼠标左键双击“标准”材质，将弹出的实例球材质面板重新命名为“静物台”，并双击该面板，弹出“静物台”材质设置面板，如图2-39所示。

❷ 用鼠标左键点击展开“贴图”卷展栏，点击“漫反射颜色”右侧“贴图类型”对应下的显示“无”的按钮，如图2-40所示。

❸ 使用鼠标左键在弹出的“材质/贴图浏览器”中，选择并双击“位图”，如图2-41所示。

❹ 在弹出的“选择位图图像文件”选择框中，用鼠标左键选择本章提供的素材文件“静物台木纹.jpg”，点击“打开”按钮，如图2-42所示。

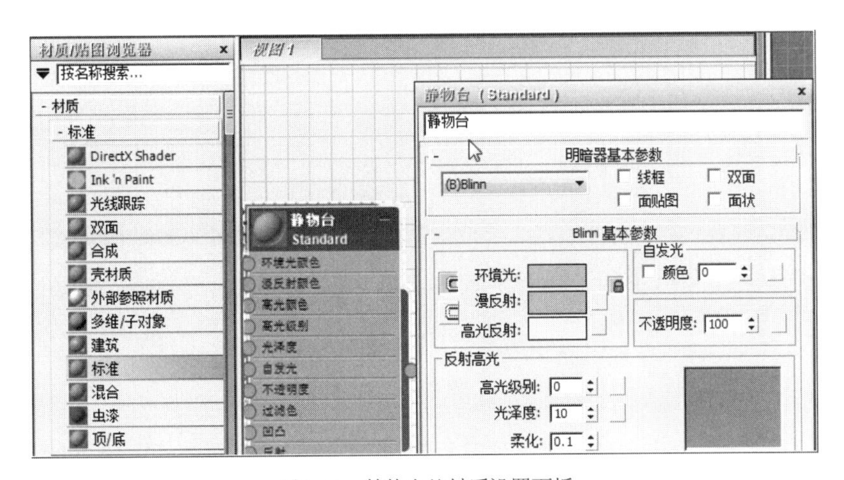

图2-39　静物台的材质设置面板

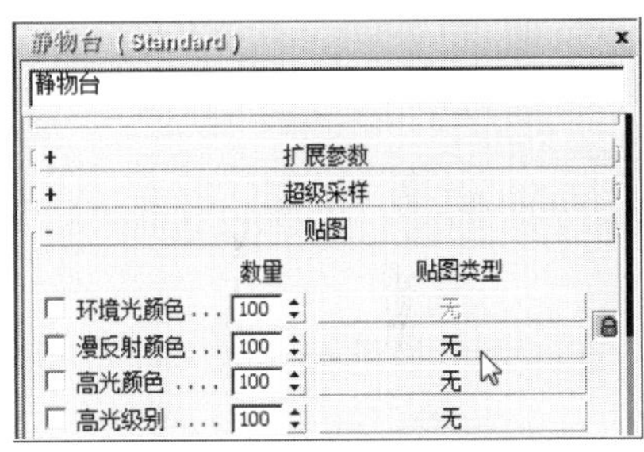

图2-40　在贴图类型中点击“无”

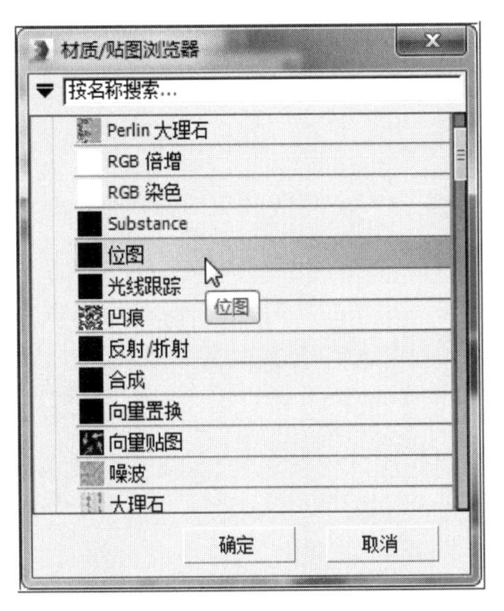

图2-41　选择“位图”贴图类型

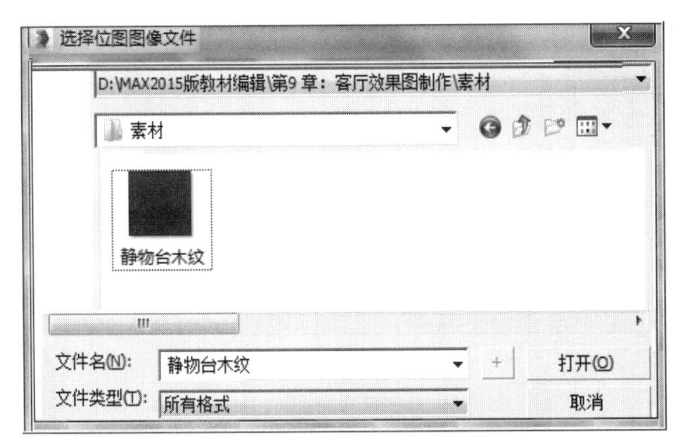

图2-42　选择静物台使用的贴图文件

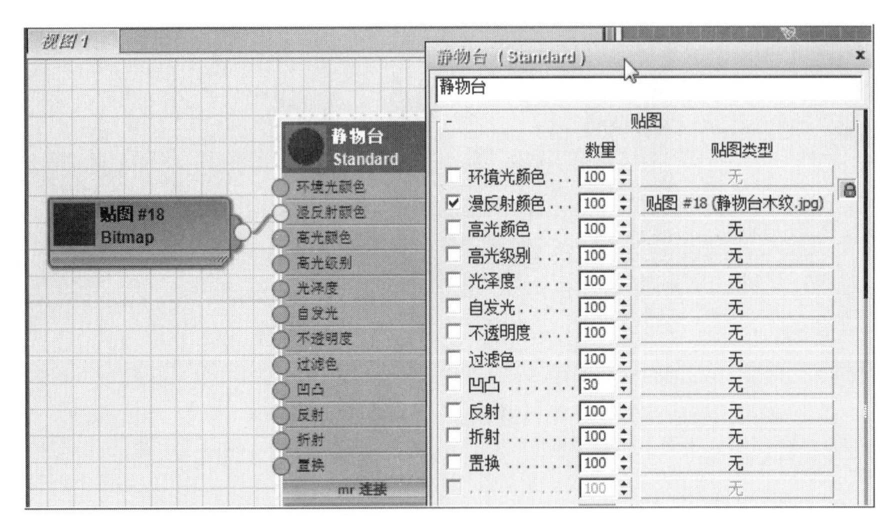

图2-43 当前“静物台”的“贴图”卷展栏以及材质编辑器面板显示

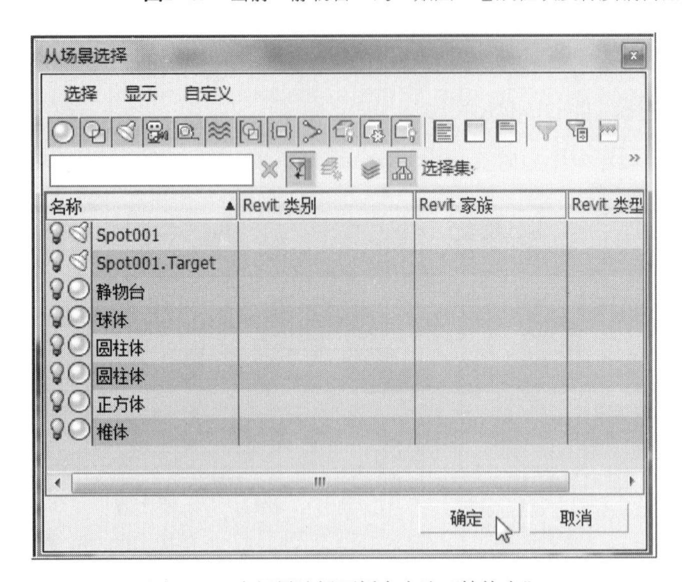

图2-44 在场景选择面板中点选“静物台”

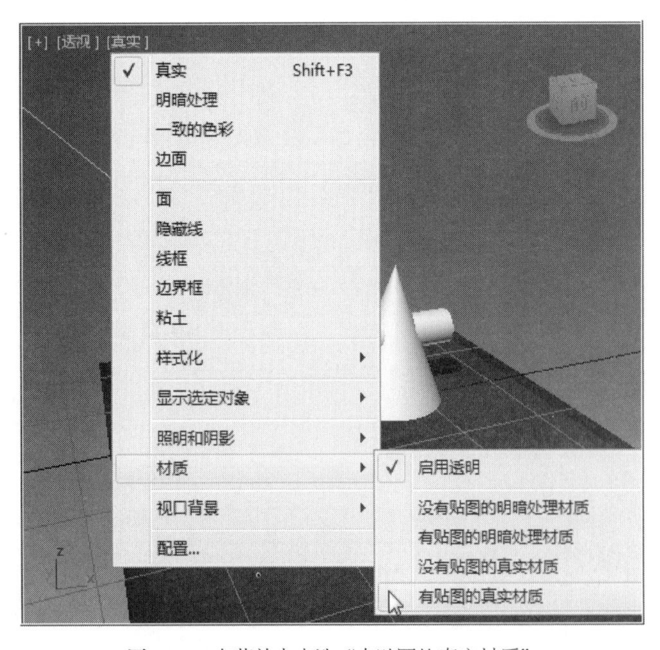

图2-45 在菜单中点选“有贴图的真实材质”

❺ 当前“静物台”的“贴图”卷展栏以及材质编辑器视图区的显示，如图2-43所示。

❻ 用鼠标左键点击主工具行中（按名称选择）工具，在弹出的“从场景选择”面板中，选择“静物台”，点击“确定”，如图2-44所示。

❼ 用鼠标左键在透视图的标签位置点选“真实”，使用鼠标左键在弹出的菜单中点选“材质”下的“有贴图的真实材质”，如图2-45所示。

❽ 当前透视图显示为有贴图的真实材质，如图2-46所示。

❾ 用鼠标左键在透视图的标签位置点选“透视”，在弹出的菜单中点选“显示安全框”，如图2-47所示。

❿ 用鼠标左键点选视图控制区的（缩放）等工具对视图对象角度和位置进行调整，如图2-48所示。

2.5 渲染输出

确保透视图为激活状态，用鼠标左键点选主工具行中的（渲染产品）工具，会以系统默认的“mental ray”“640×480”输出尺寸进行渲染，如图2-49所示。

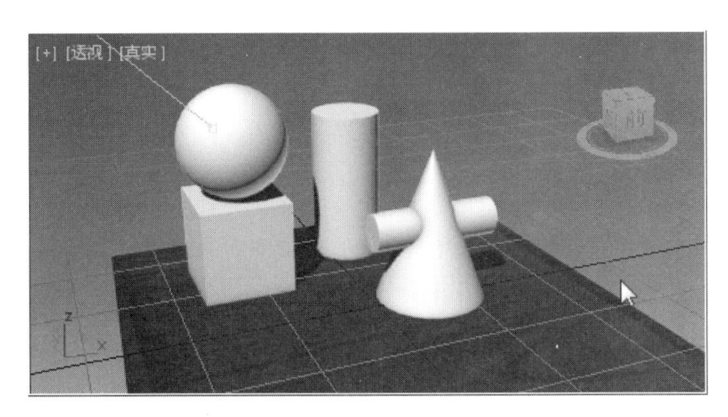

图2-46　当前透视图显示效果

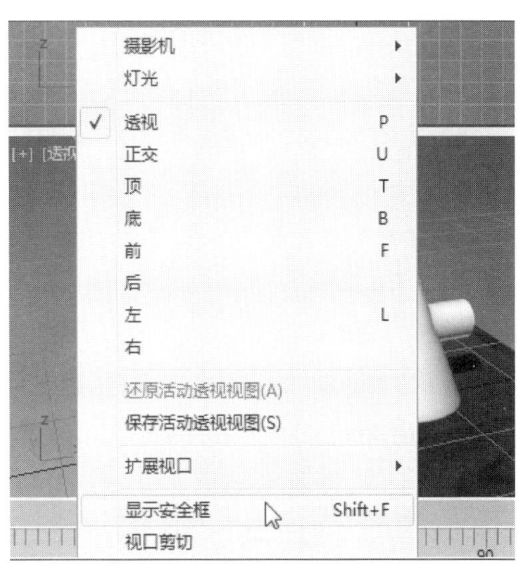

图2-47　选择“显示安全框”

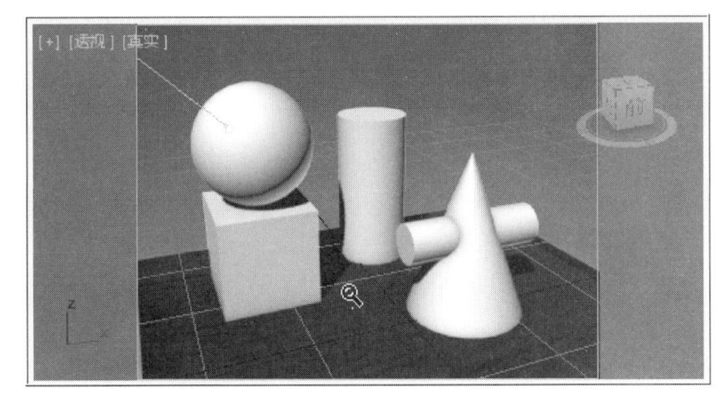

图2-48　调整视图对象的位置和角度

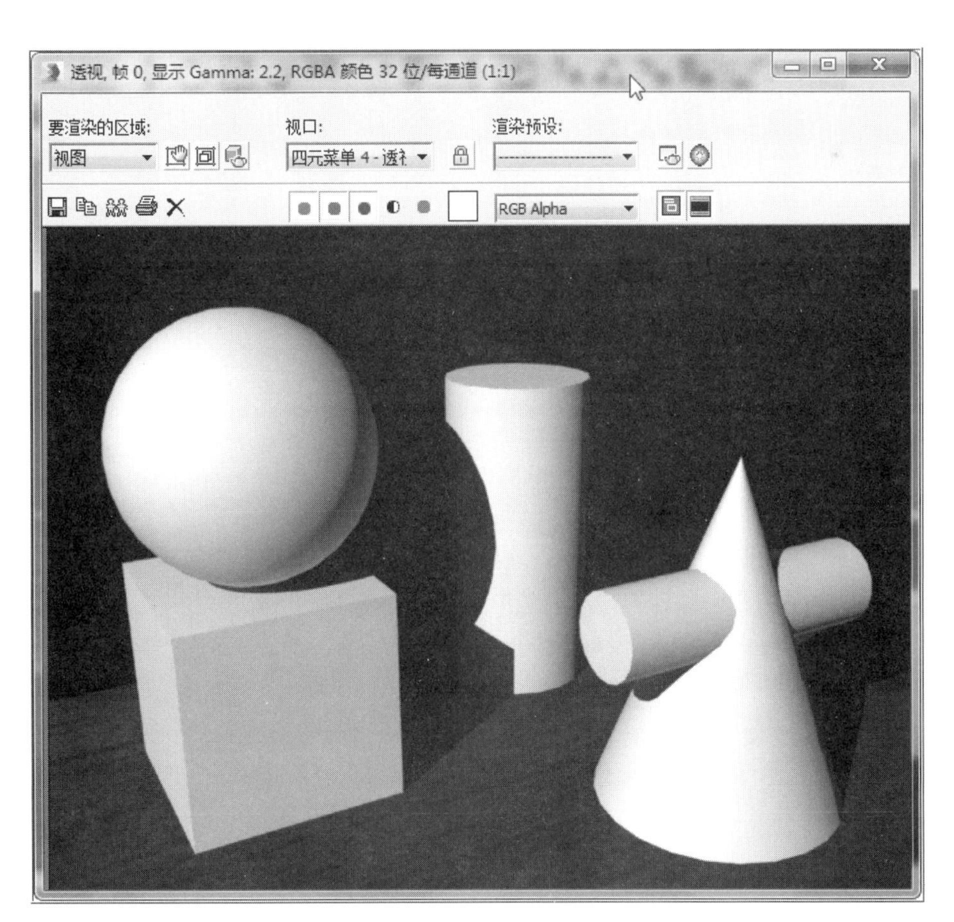

图2-49　渲染后的效果

2.6 效果图的保存

❶ 用鼠标左键在渲染面板中点击工具行中的 (保存图像)工具，在弹出的“保存图形”面板中，设置保存的路径，在“保存类型”的列表中选择“BMP”，将效果图命名“几何体组合静物”，点击“保存”按钮，如图2–50所示。

❷ 用鼠标左键点击界面右上角的 (关闭)，完成“几何体组合静物”效果图的保存。

2.7 场景的保存

❶ 鼠标左键点击界面左上角的 (应用程序)，在弹出的菜单里选择“保存”工具，如图2–51所示。

❷ 在弹出的“文件另存为”设置面板中，将场景文件命名为“几何体组合静物”，用鼠标左键点击“保存”按钮，如图2–52所示。

❸ 鼠标左键点击界面右上角的 (关闭)，完成“几何体组合静物”场景的保存，如图2–53所示。

2.8 最终效果图

在电脑磁盘中找到保存的“几何体组合静物.bmp”效果图，如图2–54所示。

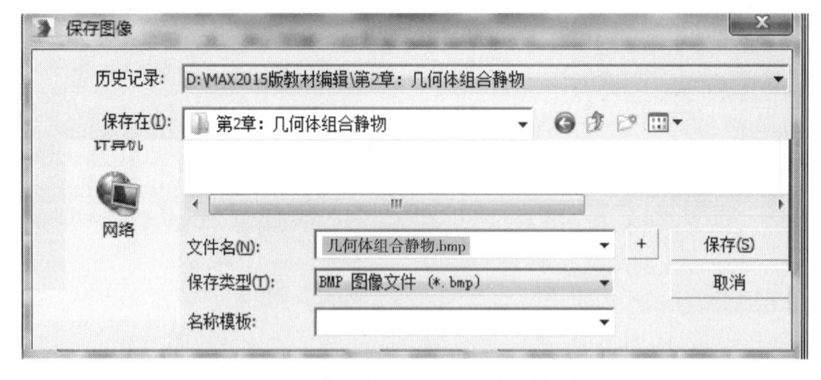

图2–50 设置效果图保存的路径并命名

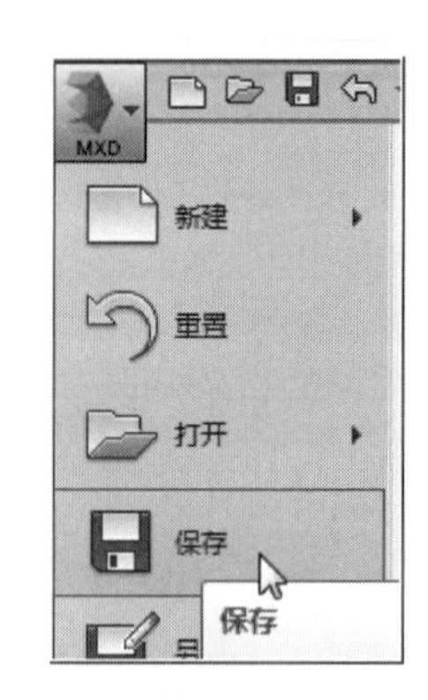

图2–51 点击应用程序菜单的“保存”

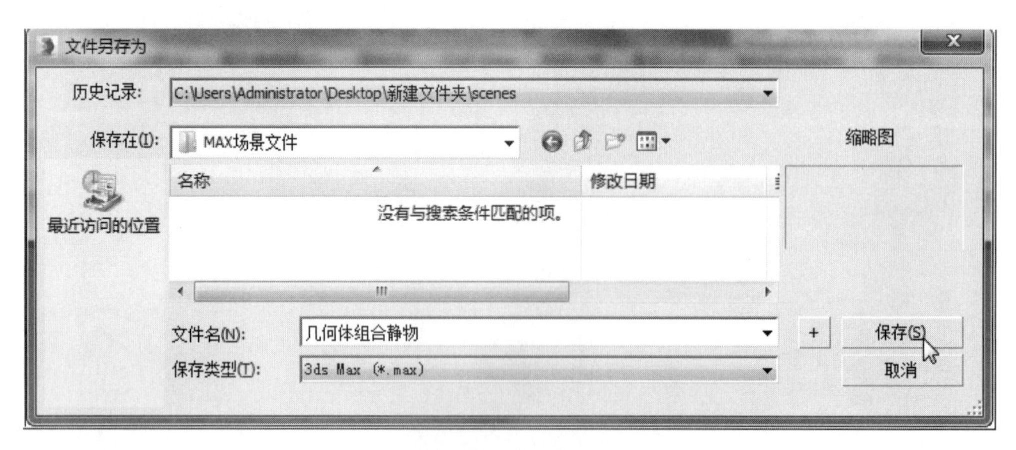

图2–52 设置场景文件保存的路径并命名

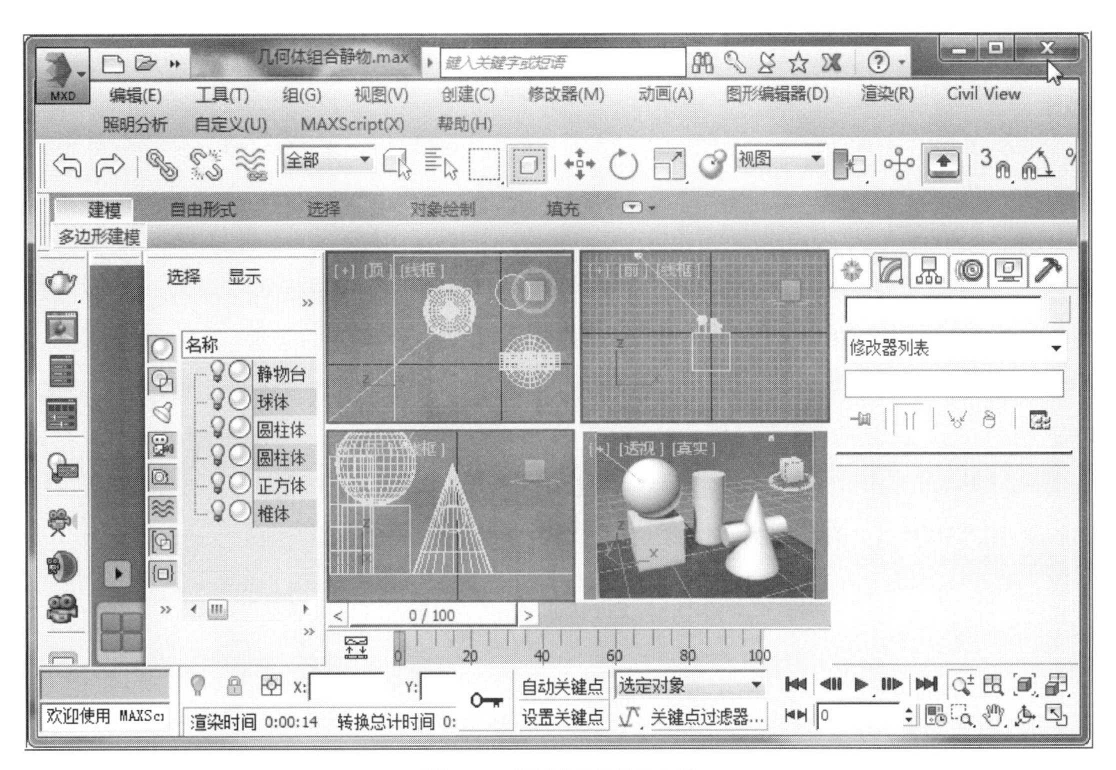

图2-53　关闭当前的场景文件

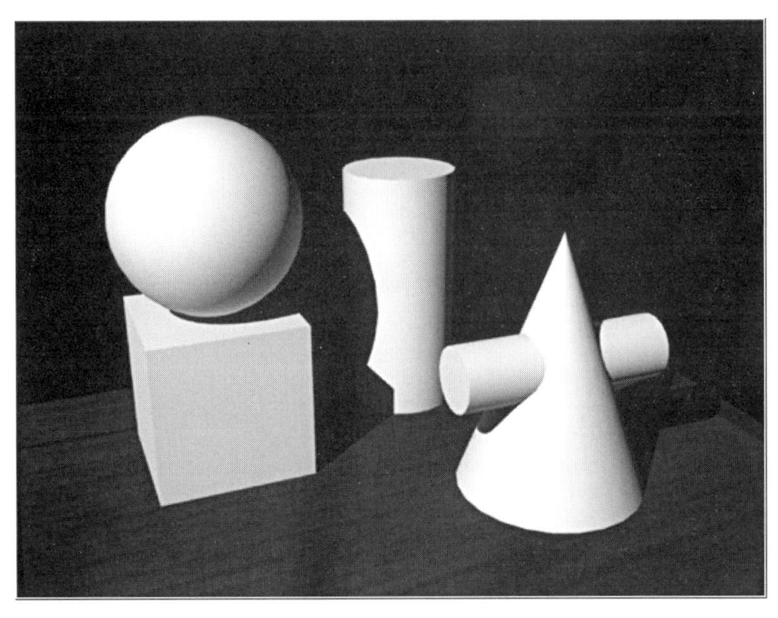

图2-54　查看完成的几何体组合静物效果图

第三章

酒杯的制作

二维图形建模在3ds Max建模体系中占有重要的位置。对于任何复杂对象的建模，我们事先都要考虑制作思路和方法，遵循快捷高效的原则去创建对象。二维图形建模的关键是在前期图形的创建上，应力求造型严谨准确，然后通过使用相关修改器命令生成我们所需要的造型。

对“线”的编辑是二维图形建模的基础，本例以“酒杯”为对象来认识二维图形建模对“线”编辑的基本修改方法。

本章以“酒杯的制作”为例，通过对酒杯的建模，掌握“车削”修改器的用法。“车削”是修改器列表中比较重要且使用率较高的修改器，对称的建模都会考虑到“车削”修改器。

“V-Ray”渲染器是3ds Max的超级渲染器，是专业渲染引擎公司Chaos Software公司设计完成的拥有Raytracing（光线跟踪）和Global Illumination（全局照明）渲染器，用来代替Max原有的Scanline render（线性扫描渲染器）。本例使用了“V-Ray”渲染器，在“酒杯”的玻璃器皿质感和光线上的表现，不仅效果逼真而且大大缩短了渲染时间。

本章使用到的知识点：
（1）“样条线”顶点的编辑方法。
（2）结合“Ctrl”键多选顶点的方法。
（3）“车削”修改器的用法。
（4）“VR”渲染器的调用方法。
（5）“VR”渲染器的基本参数设置方法。
（6）“VR材质”对玻璃制品的参数设置方法。
（7）“VRayHDRI”在环境贴图中的使用方法。

3.1 布局视图

❶ 启动Autodesk 3ds Max Design 2015，用鼠标左键点选视图右下角控制区的 （最大化视口切换），如图3-1所示。

❷ 在菜单栏中，用鼠标左键点选“视图”下的“ViewCube”（显示立方体），取消“显示ViewCube”前的勾选，如图3-2所示。

注：关于“ViewCube”（显示立方体）工具，可用鼠标左键操作它，它在Autodesk 3ds Max Design 2015中默认的视图布局是在视图的右上角。笔者认为，对于初学者来说由于操作技术上的不熟练反而容易误点该工具，影响正常的场景制作，所以建议关闭它为好。

3.2 建立酒杯

3.2.1 建立酒杯截面图形

3.2.1.1 运用“线”工具绘制基本型

❶ 鼠标左键点选工具行中的 （二维网格捕捉开关），在视图右侧命令面板中，依次选择 （创

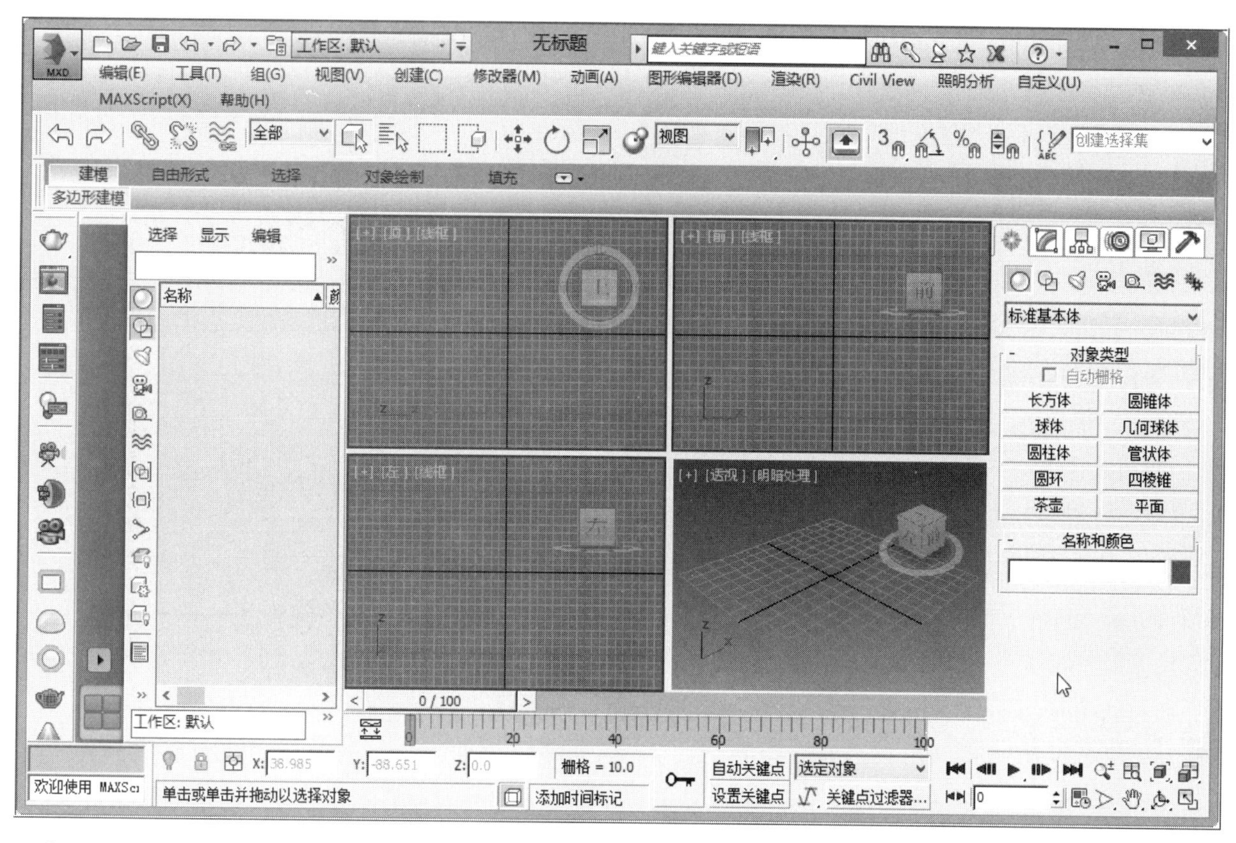

图3-1　切换四视图显示模式

建）－（图形）－ 线 工具，在前视图创建样条线，如图3-3所示。

❷ 用鼠标左键再次点击工具行中的（二维网格捕捉开关）工具，关闭二维网格捕捉开关。

注：在前视图创建截面图形，经过“车削”修改器旋转成型以后，对象可以直立地平面方向。在这个过程中，对相关点的位置以及曲度的调节都是在前视图中完成的。

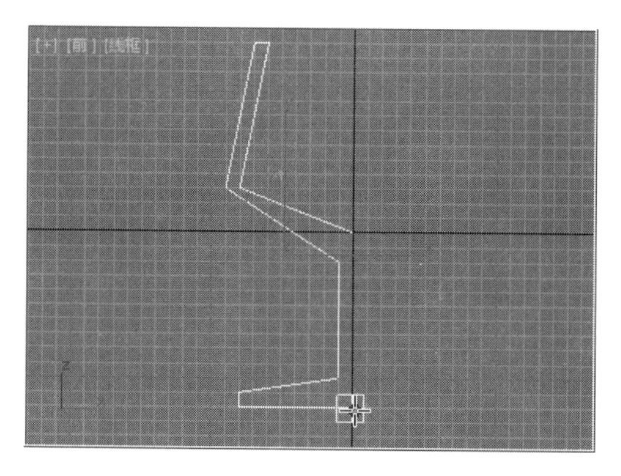

图3-3　前视图创建基本截面

3.2.1.2 选择顶点编辑方式进行细节调整

❶ 用鼠标左键点击右侧命令面板中的（修改）命令，在修改器堆栈栏中，展开“Line”的折叠选项，点选“顶点”编辑，结合主工具行中的（选择并移动）工具，对视图中样条线相关的顶点进行x、y轴方向上的细节调整，如图3-4所示。

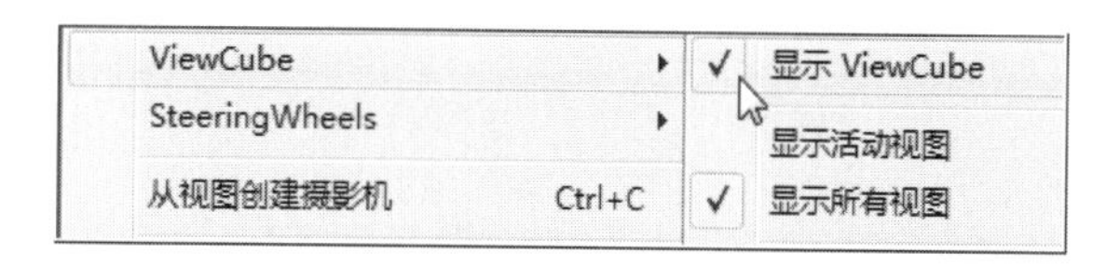

图3-2　去除ViewCube在视图中的显示

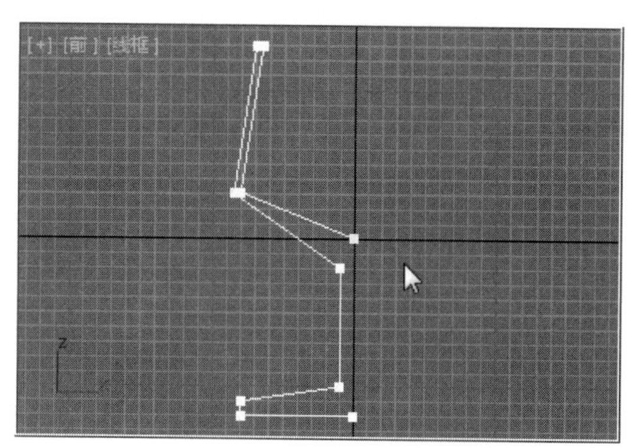

图3-4　用“顶点”编辑方法调整对象

❷ 在视图中，用鼠标左键点击视图控制区的 （平移视图）和 （缩放）工具来调节对象显示区域，使用点击鼠标左键并拖曳的方法，框选要编辑样条线的两个“顶点”，然后点击鼠标右键，在弹出的快捷菜单里选择“平滑”，如图3-5所示。

注：对视图对象的显示区域进行“平移”和“缩放”除了用专有工具以外，也可以在视图中转动或按下鼠标的中轴进行缩放和拖曳对象。

❸“平滑”处理后，鼠标左键结合主工具行中的 （选择并移动）工具，对当前编辑的“顶点”做适当的调整，如图3-6所示。

❹ 用鼠标左键框选“酒杯”的两个“顶点”，点击鼠标右键，在弹出的快捷菜单中，选择“平滑”，如图3-7所示。

注：选择顶点时，结合键盘上的“Ctrl”键，也可以起到连续多选的作用。

❺“平滑”处理以后的效果，如图3-8所示。

❻ 鼠标左键结合主工具行的 （选择并移动）工具，将相关“顶点”的位置进行微调，如图3-9所示。

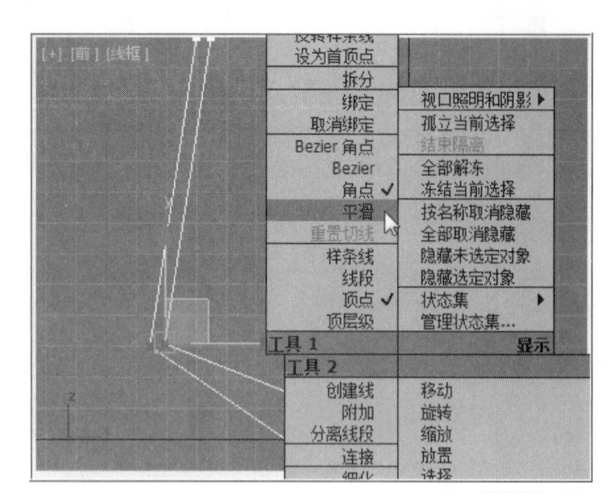

图3-5　选择“平滑”调整对象

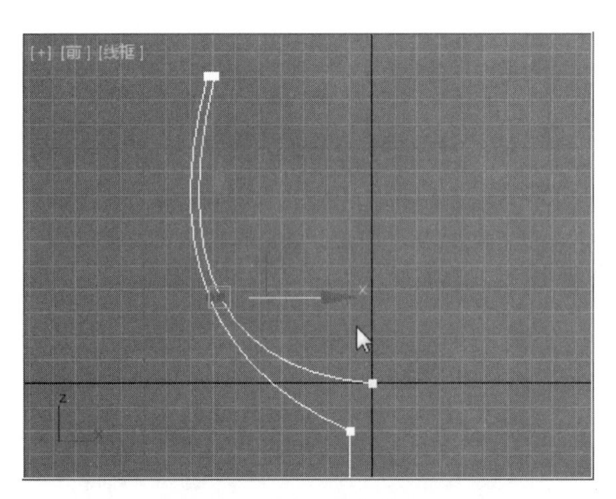
图3-6　“平滑”调整后的效果

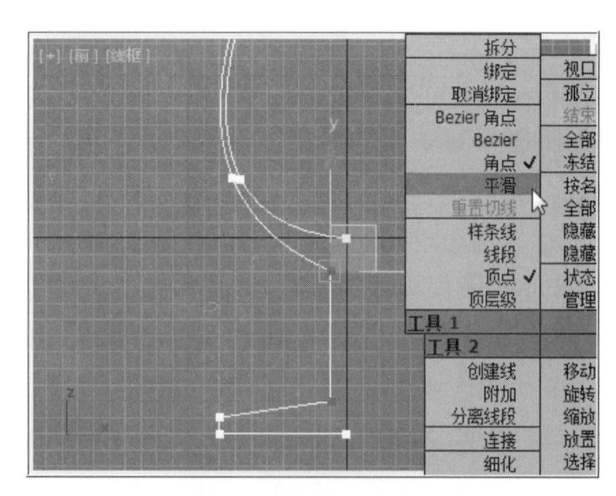

图3-7　选择“平滑”调整对象

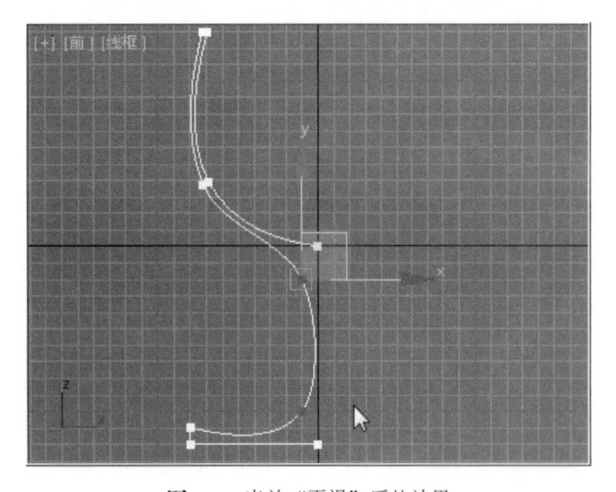
图3-8　当前“平滑”后的效果

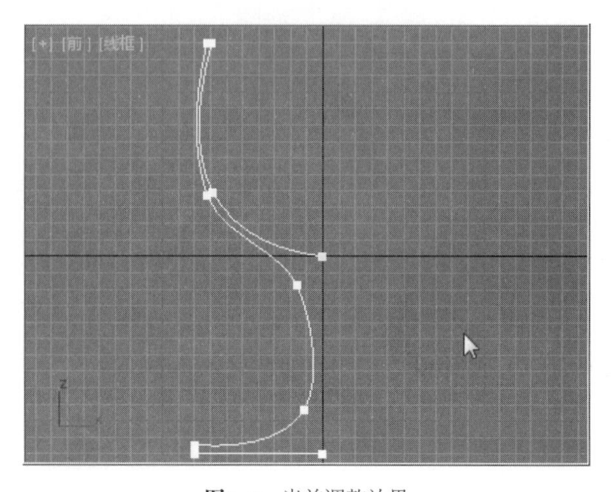
图3-9　当前调整效果

注：编辑“顶点”两边曲度时候，我们还可以用其他两种方法，一种是通过点击鼠标右键，在快捷菜单里选择“Bezier角点”，通过点压鼠标左键操纵绿色手柄沿着XY轴进行调节。另一种是结合“轴约束”工具进行。使用方法是：首先，在工具行的空白处点击鼠标右键，在弹出菜单中选择“轴约束”工具，点“XY”按钮，如图3-10所示。

其次，用鼠标左键点选菜单栏“视图”，取消“显示变换Gizmo”前的勾选，关闭视图对象坐标轴显示，如图3-11所示。

最后，用鼠标左键选中要进行编辑的“顶点”，之后点击鼠标右键，在快捷菜单里选择“Bezier角点”，对出现的顶点两侧绿色的手柄进行操作，就可任意沿着XY轴方向调节“顶点”两边的曲度了。运用“轴约束”工具，必须取消“显示变换Gizmo”前的勾选，才能起到约束效果。轴约束工具用完，恢复勾选“显示变换Gizmo”。

❼ 鼠标左键结合主工具行的 (选择并移动)工具，继续调节相关顶点的位置，如图3-12所示。

❽ 结合视图控制区 (平移)和 (缩放)工具，在前视图中，将杯口部分放大，然后在视图右侧“顶点”编辑方式下的“选择”卷展栏中，点击“优化”工具，在样条线上创建两个“顶点”，如图3-13所示。

注：组成“线”的基本单位是“顶点”，对“线”的位置以及曲度的修改，可以通过对“顶点”的编辑来实现，使用“优化”工具，可以在“线”中添加新的“顶点”，方便对线的细节调整。

❾ 用鼠标左键再次点击“优化”工具，将其功能关闭。使用 (选择并移动)，调整杯口转折处的两个“顶点”位置，如图3-14所示。

❿ 用鼠标左键框选视图中两个“顶点”，同时点击鼠标右键，在弹出的快捷菜单中，选择“平滑”，

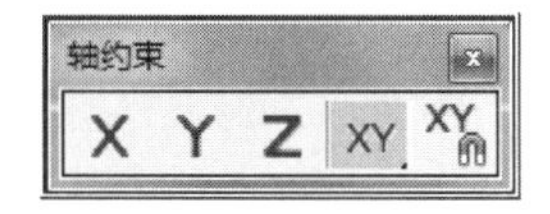

图3-10 轴约束工具

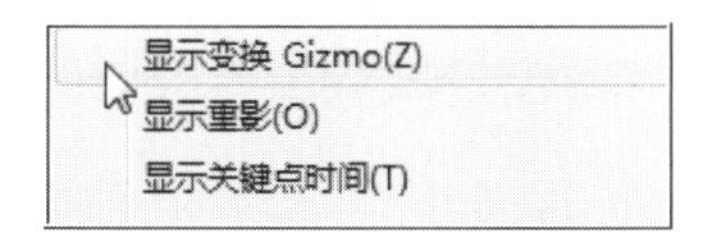

图3-11 勾除“显示变换”

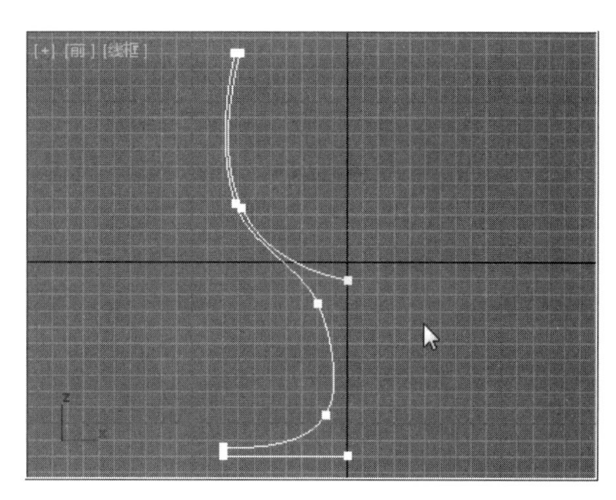

图3-12 当前调整效果

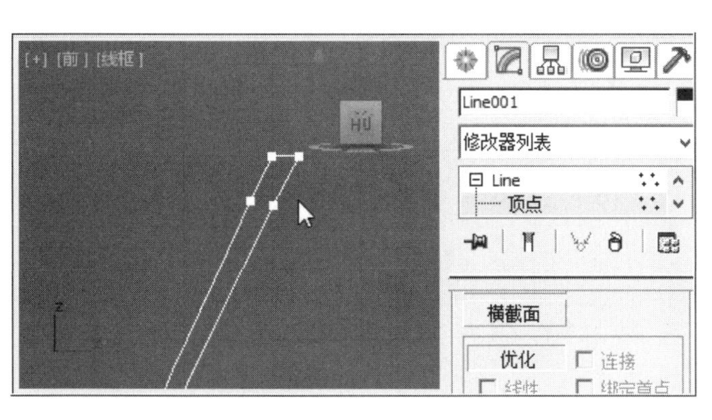

图3-13 使用“优化”工具进行加点

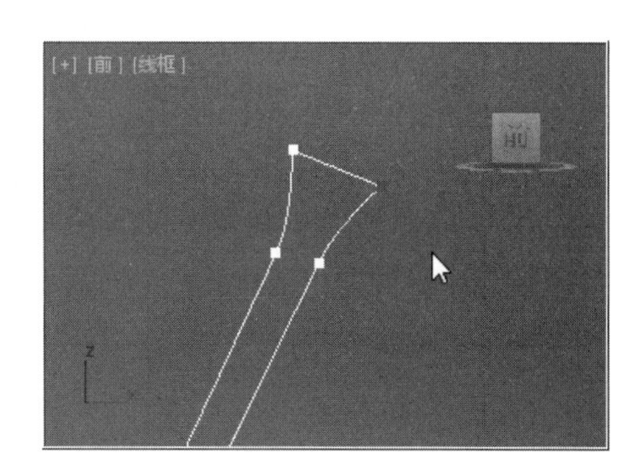

图3-14 调整后的杯口转折处的两个“顶点”位置

如图3-15所示。

⓫ 点选“平滑”后的效果，如图3-16所示。

⓬ 用鼠标左键点选视图右侧命令面板的“顶点”编辑方式，关闭顶点编辑状态，在“差值”卷展栏中，设置“步数”为“50”，如图3-17所示。

注：适当调大“步数”的数值，有助于“车削”成型后，表面更加光滑。

⓭ 用鼠标左键点击视图控制区的 （最大化选定对象），当前“line001”的截面形状显示效果，如图3-18所示。

注：调节相关“顶点”曲度时，要注意“线”不能交叉，不然会影响成型的效果。

3.2.2 运用车削修改器生成酒杯

❶ 在视图“Line001”被激活的情况下，用鼠标左键在视图右侧控制命令面板中，依次点选 （修改）中“修改器列表”右侧的下拉箭头，如图3-19所示。

❷ 在“修改器”列表中，用鼠标左键选择“车削”修改器，如图3-20所示。

❸ 设置“车削”修改器下属的相关参数，在“参数”卷展栏的“对齐”中，点选“最大”按钮；勾选“焊接内核”；设置“分段”为“50”，再用鼠标左键点选视图控制区的 （所有视图最大化显示选定对象）工具，如图3-21所示。

注：截面图形使用“车削”修改器默认的“对齐”方式是沿着Y轴“中心”对齐的，所以生成的对象是重叠的。当前酒杯截面图形是在前视图的Y轴左侧开始创建，要得到正确的车削结果，就应该在“对齐”选项中点击“最大”按钮（沿着Y轴最大值方向旋转）；同样，如果是在Y轴右侧创建，则点击“最小”按钮（沿着Y轴最小值方向旋转）。

❹ 在右侧命令面板的对象名称栏里，将“Line001”命名为“酒杯”，如图3-22所示。

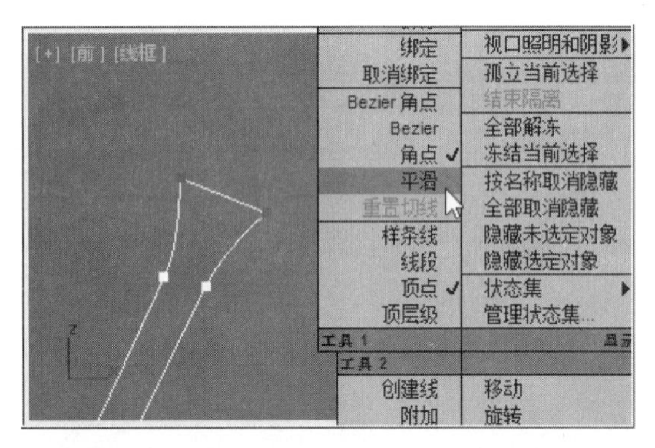

图3-15　将选择的两个顶点进行“平滑”处理

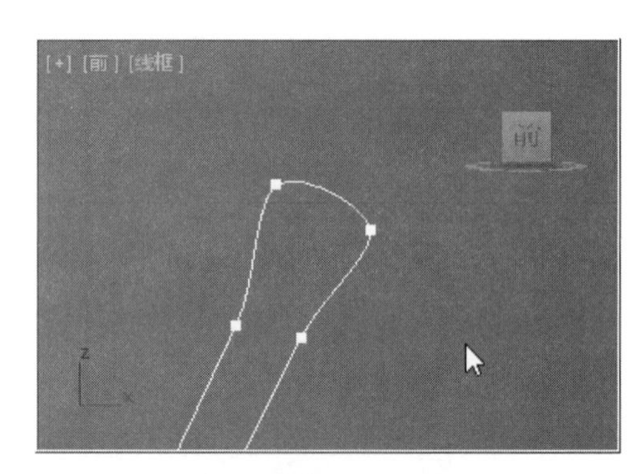

图3-16　“平滑”后的处理效果

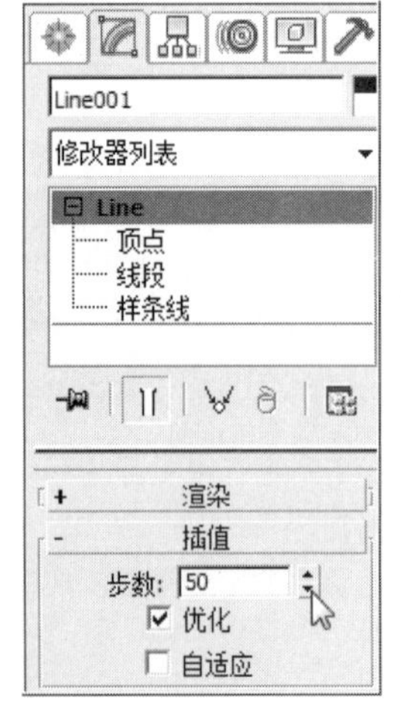

图3-17　设置line001的相关参数

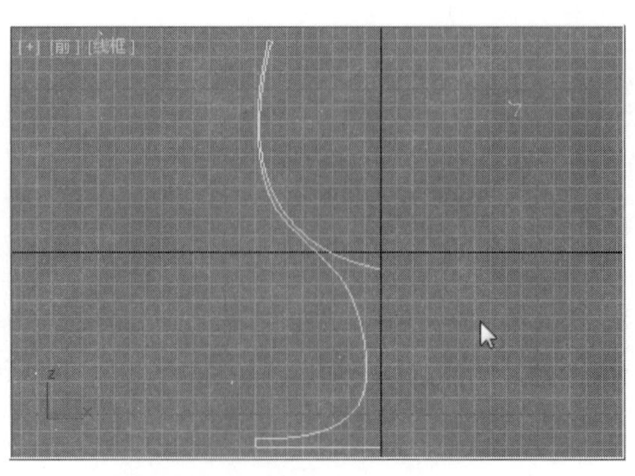

图3-18　当前酒杯截面形状调整完效果

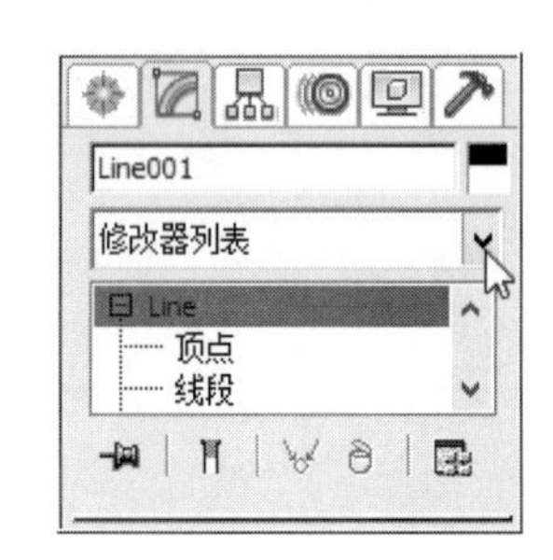

图3-19　修改器列表右侧的下拉箭头

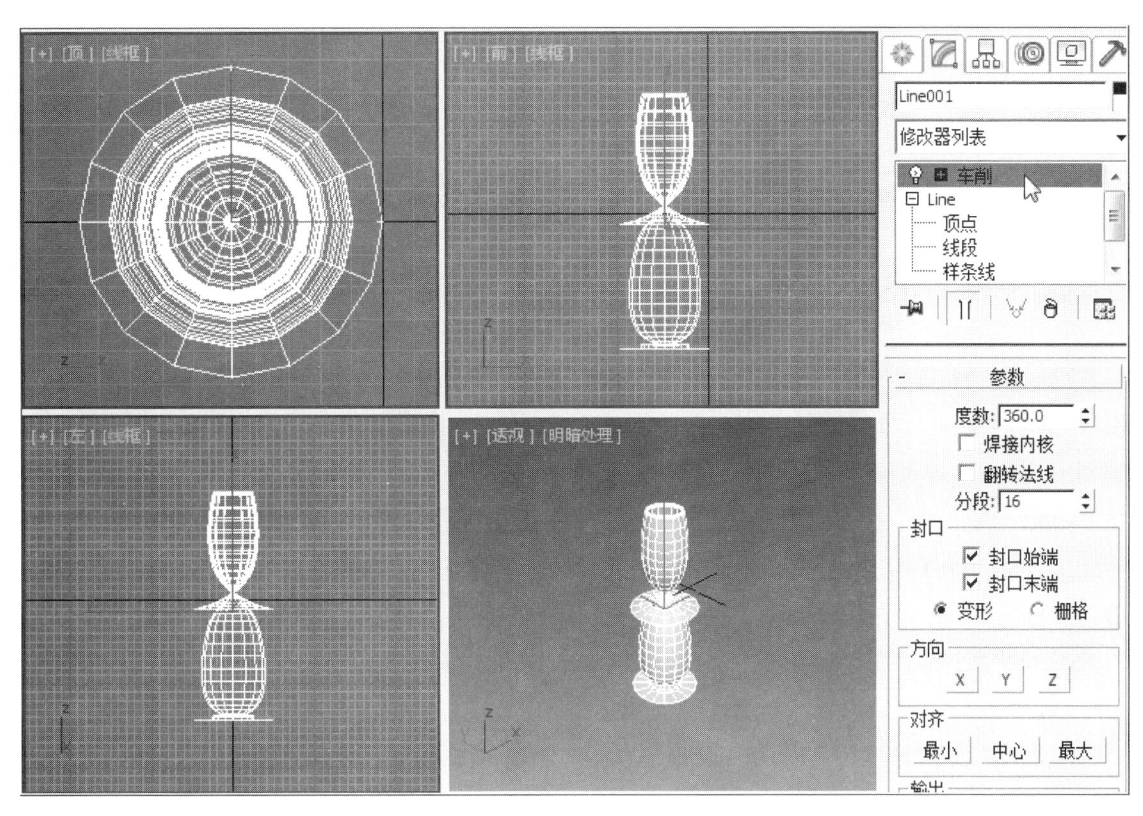

图3-20 选择“车削修改器”生成当前视图中效果

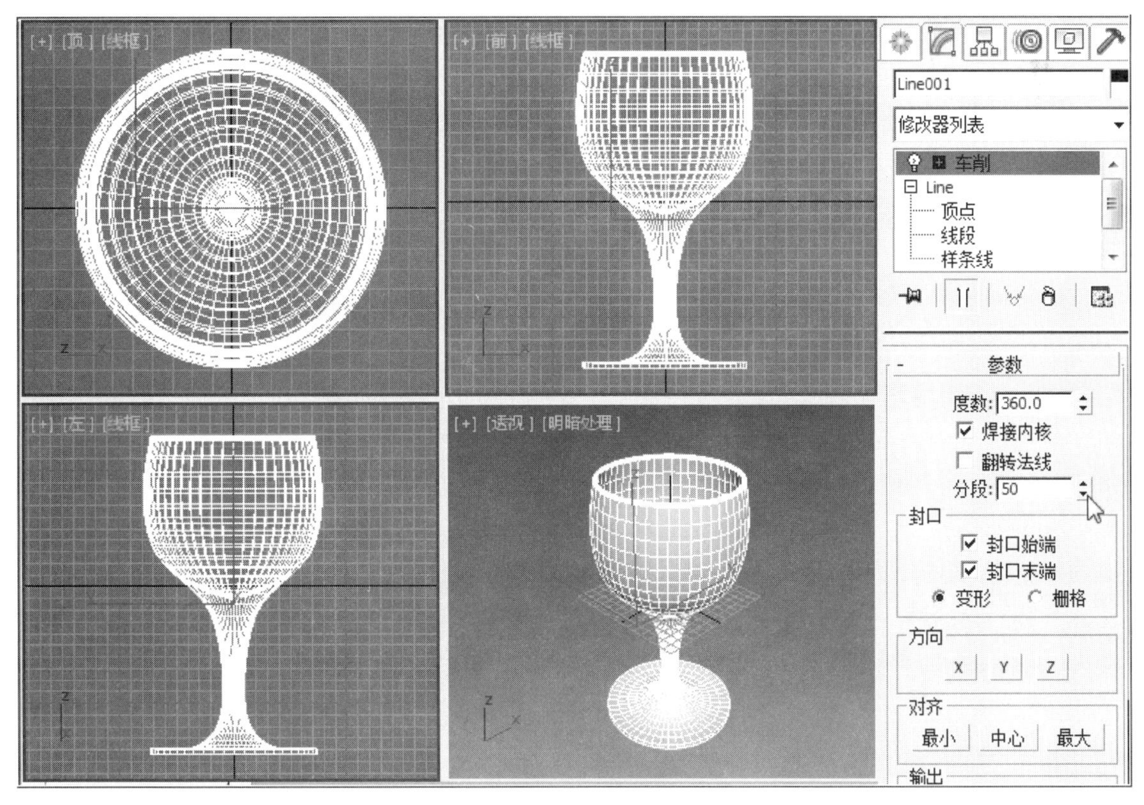

图3-21 设置相关参数后效果

3.3 建立台面

❶ 用鼠标左键依次点选右侧命令面板中的 (创建) - (几何体) - 平面 (平面)，使用鼠标右键激活顶视图，滚动鼠标的中滚轴缩小视图，创建合适大小的“平面”，如图3-23所示。

注：本例场景中的对象在建模中没有固定参数，因此对象之间的大小合适即可。

❷ 将“Plane001”命名为“台面”，如图3-24所示。

❸ 确保“酒杯”处于被选择的状态下，用鼠标左键点击主工具行中的 (对齐) 工具，在前视图中点击“台面”，如图3-25所示。

❹ 在弹出的“对齐当前选择”面板中，在“对齐位置”选择“Y位置”；“当前对象”选择“最小”，“目标对象”选择“最大”，然后点击“确定”，如图3-26所示。

❺ 用鼠标左键点选视图控制区的 (所有视图最大化选定对象)，如图3-27所示。

❻ 用鼠标左键点选透视图视口左上角的“透视”标签，在弹出的菜单里勾选“显示安全框”，如图3-28所示。

❼ 当前“显示安全框”的透视效果，如图3-29所示。

注：勾选“显示安全框”能使黄色线框内的对象在“放缩”或“平移”调整后的空间布局在渲染后得到正常比的显示。也就是说视图线框内的区域就是渲染后显示的区域。

3.4 V-Ray渲染器的调用

❶ 用鼠标左键点选主工具行中的 (渲染设置) 工具，在弹出的“渲染设置”面板中，依次点选“公用”“指定渲染器”及“产品级”右侧的按钮，如图3-30所示。

❷ 在弹出的“选择渲染器”中，选择“V-Ray”，点击“确定”按钮，如图3-31所示。

图3-22　将line001重命名为“酒杯”

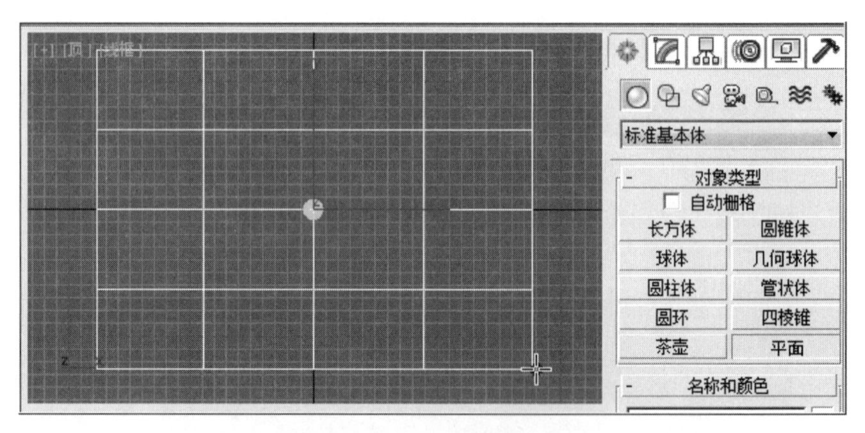

图3-23　在顶视图中创建平面

图3-24　将Plane001命名为“台面”

图3-25　选择对齐工具点台面

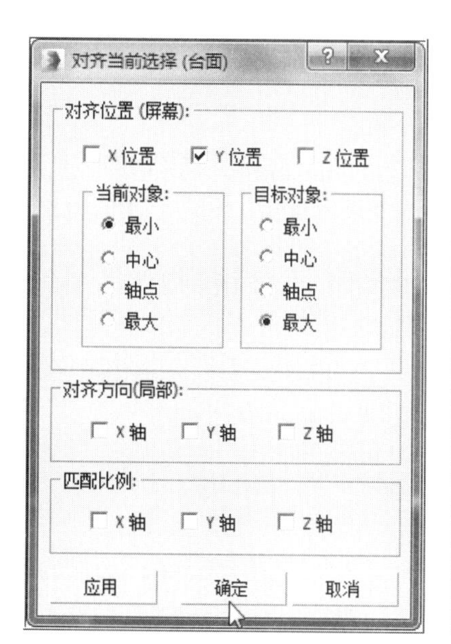

图3-26 在“对齐当前选择”面板中进行相关设置

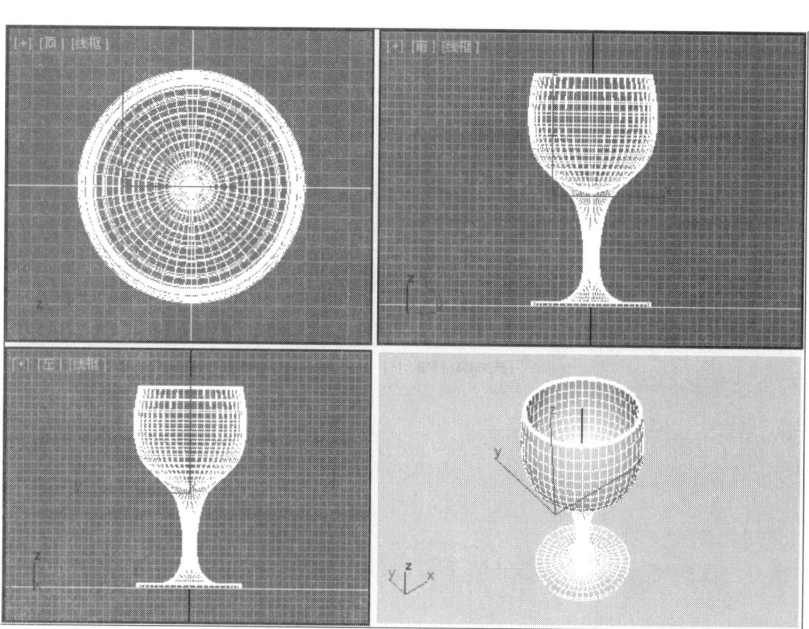

图3-27 当前的场景对象

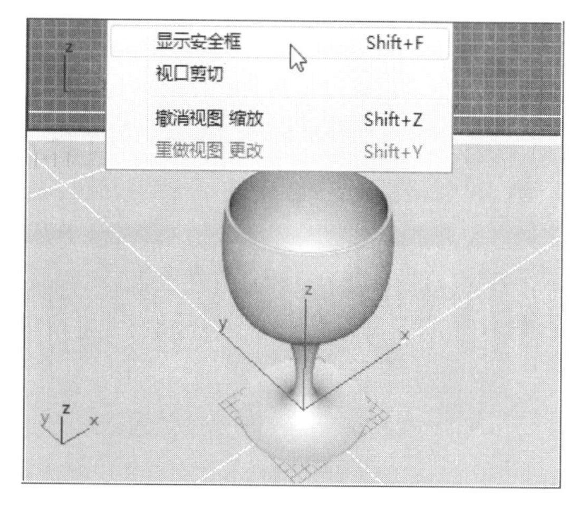

图3-28 显示安全框

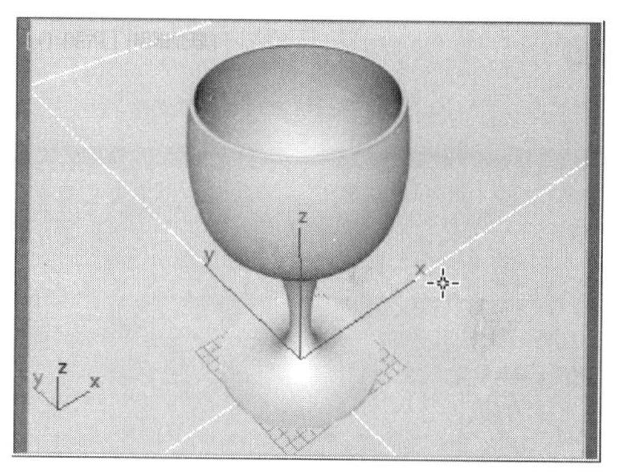

图3-29 当前视图

图3-30 在“公用”选项卡中选择“指定渲染器”

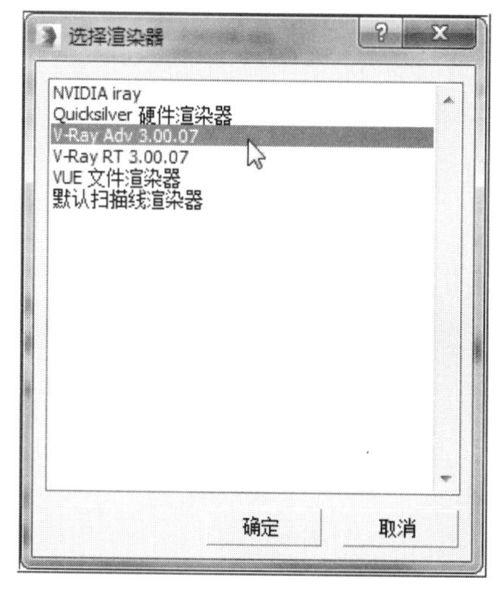

图3-31 选择“V-Ray”渲染器

❸ 在“指定渲染器”设置面板中，用鼠标左键点击“渲染”按钮，如图3-32所示。

❹ 渲染透视图效果，如图3-33所示。

注：安装好“V-Ray”渲染器后，在“选择渲染器”列表里会出现“V-Ray Adv”和“V-Ray RT”两种渲染类型（V-Ray后面的数字是安装渲染器的版本号）。“Adv”渲染器调用的引擎是内存，对系统和内存要求较高；“RT”调用的引擎是显存，有实时显示功能，对显卡以及显存的要求高。对于初学者来说，我们使用“V-Ray Adv”模式进行渲染即可。

3.5 V-Ray渲染器环境下灯光的创建

❶ 用鼠标左键依次点选右侧命令面板中的（创建）-（灯光）-VR-灯光，如图3-34所示。

❷ 用鼠标左键在前视图通过点压并拖曳的方法创建“VR灯光”的基本尺寸和位置，如图3-35所示。

❸ 用鼠标左键结合主工具行中的（选择并移动）以及（选择并旋转）工具，对视图中“VR灯光”的位置和角度进行调整，如图3-36所示。

❹ 用鼠标左键点选（修改）命令，在“VR-灯光”的“参数”卷展栏中，设置“长”为“70”；“宽”为“150”；“细分”为“25”，如图3-37所示。

❺ 用鼠标左键点选主工具行中的（渲染产品）工具，对透视图进行渲染，可看到“VR-灯光”照明下的阴影效果，如图3-38所示。

3.6 设置V-Ray渲染器

❶ 用鼠标左键点选主工具行中的（渲染设置）工具，在弹出的“渲染设置”面板中，点击展开“V-Ray”选项卡，在“图像采样器（抗锯齿）”的“类型”中选择“自适应细分”；“过滤器”选择“Mitchell-Netravali”，如图3-39所示。

注：“Mitchell-Netravali”译为：可以得到较平滑的边沿，在出图最后环节使用此过滤器，可以得到抗锯齿的效果。

❷ 用鼠标左键点击展开“GI”（间接照明）选项

图3-32　选择后的指定渲染器面板

图3-33　当前渲染效果

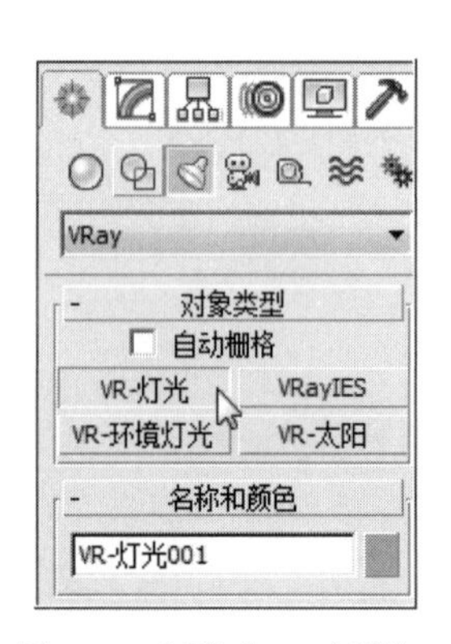

图3-34　创建“VR-灯光”

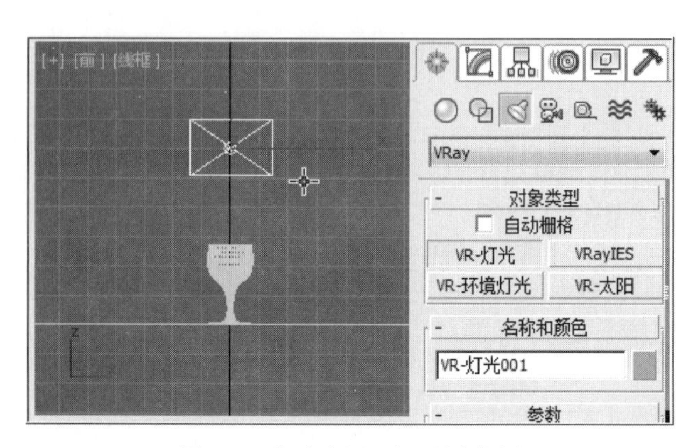

图3-35　灯光在视图中的基本位置

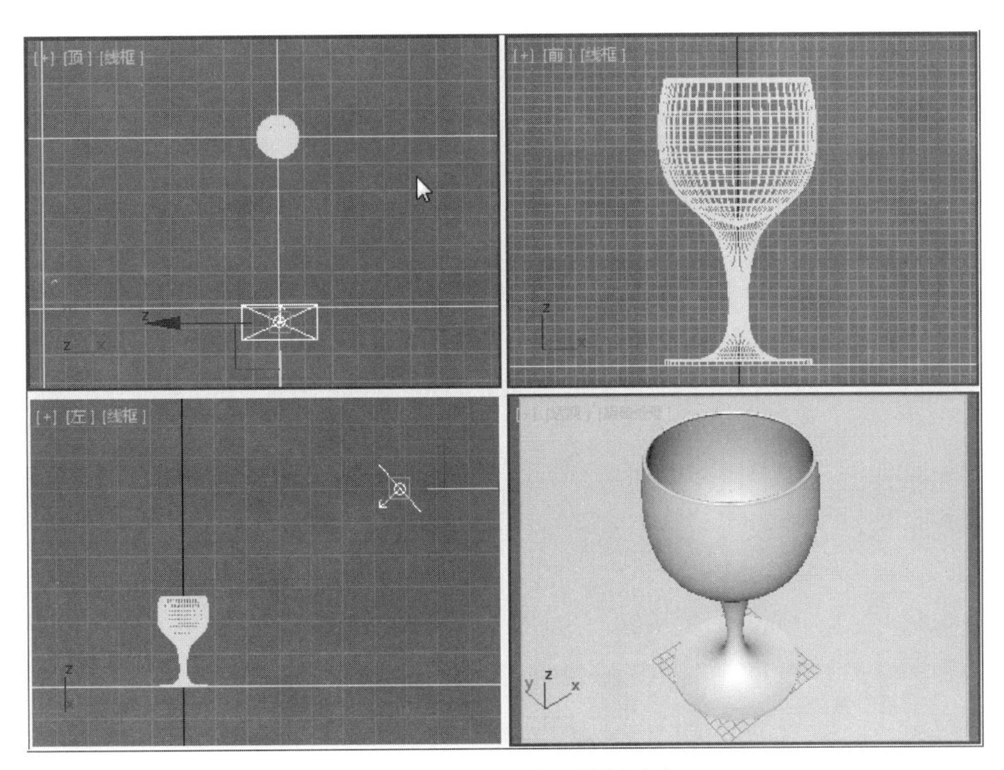

图3-36 调整好的灯光的位置和角度

图3-38 “VR-灯光”照明下的阴影效果

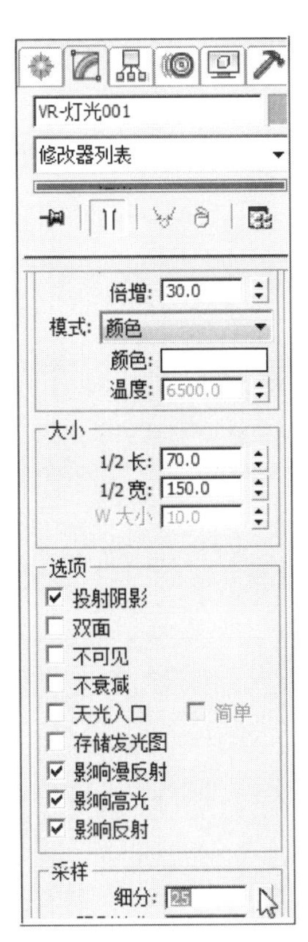

图3-37 设置“VR-灯光”的参数

渲染设置: V-Ray Adv 3.00.07
公用 V-Ray GI 设置 Render Elements
全局开关[无名汉化]
图像采样器(抗锯齿)
类型 自适应细分
最小着色速率 2
渲染遮罩 无
划分着色细分
<无>
图像过滤器 过滤器 Mitchell-Netravali
大小: 4.0 圆环化: 0.333
模糊: 0.333
两个参数过滤器: 在模糊与圆环化和各向异性之间交替使用。
预设:
查看: 四元菜单 4-过
渲染

图3-39 “V-Ray”选项卡相关参数设置

卡，勾选“启用全局照明”；“二次引擎”选择“灯光缓存”，在“发光图”卷展栏中，设置“当前预设”为“非常低”，如图3-40所示。

注：“Global Illumination”译为“间接照明”也就是“GI”，它使场景对象受光照的同时彼此间也具有发光特性，互相反射。以光子数作为亮度计算单位，亮度越高，光子数越多。

“GI”选项卡中“发光图”的预设值在测试阶段设置为“非常低”，在渲染过程中需要对光子计算两次；设置“低”需要计算3次；设置高需要计算4次。我们在测试阶段选择可以选择“非常低”，最终出图时设置为“高”，可以节省工作时间，提高工作效率。

❸ 用鼠标左键点击主工具行中的 (渲染产品)工具，渲染透视图，如图3-41所示。

3.7 材质设置

3.7.1 材质编辑器模式转换

用鼠标左键点选主工具行中的 (材质编辑器)工具，在弹出的“Slate（板岩）材质编辑器”中，点选“精简材质编辑器”，如图3-42所示。

3.7.2 酒杯材质设置

❶ 确保场景中的“酒杯”处于激活状态，在“材质编辑器”中，用鼠标左键点选第一个实例球，点击工具行中的 (将材质指定给选定对象)工具，将材质命名“酒杯”，如图3-43所示。

❷ 用鼠标左键点选面板中的“Arch & Design”(建筑设计)，在弹出的“材质/贴图浏览器”中，选择

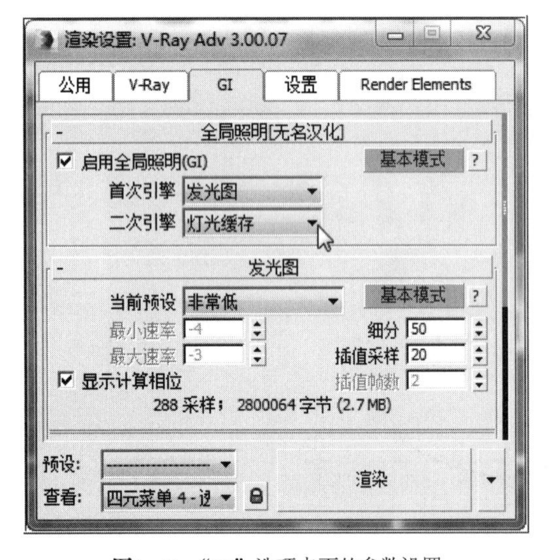

图3-40 “GI”选项卡下的参数设置

图3-41 当前渲染效果

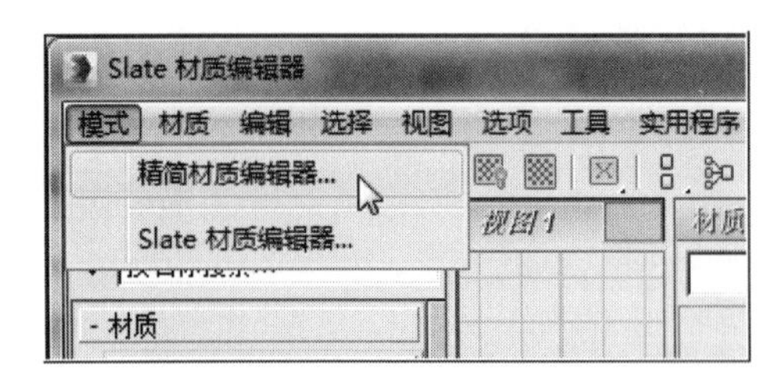

图3-42 选择“精简材质编辑器”

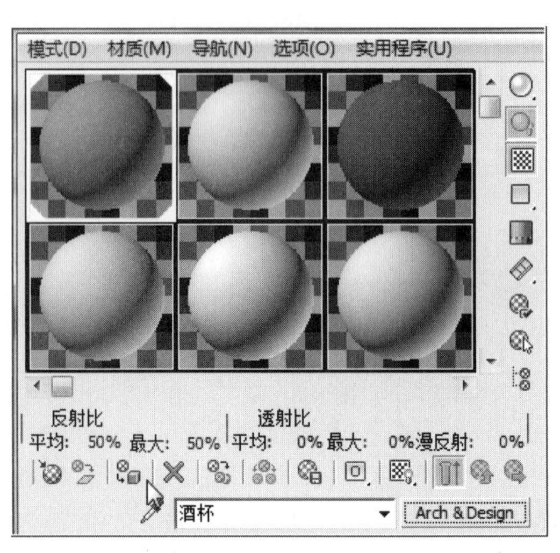

图3-43 指定实例球给“酒杯”

"V-Ray"材质列表里的"VRayMtl"，如图3-44所示。

❸ 点击"确定"以后，设置"酒杯"材质面板的相关参数。点击"反射"右侧的"颜色选择器"，设置"红""绿""蓝"为"70"；设置"高光光泽度"为"0.9"；取消"菲涅尔反射"后面的勾选；点击"折射"右侧的"颜色选择器"，设置"红""绿""蓝"为"255"，如图3-45所示。

❹ 用鼠标左键点选实例球右侧的工具行中的（背景）工具，当前设置材质后的"酒杯"实例球效果，如图3-46所示。

❺ 用鼠标左键点选主工具行中的（渲染产品）工具，对透视图进行渲染，渲染出的"酒杯"玻璃材质的效果，如图3-47所示。

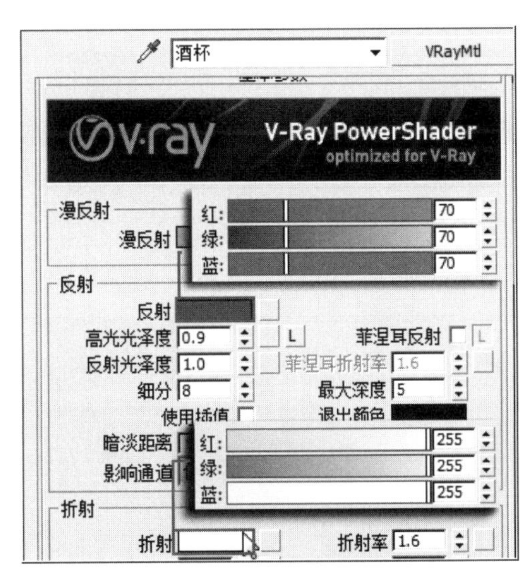

图3-45　"VRayMtl"相关参数设置

图3-47　当前"酒杯"材质渲染后的效果

3.7.3 材质编辑器中HDRI贴图的设置

❶ 用鼠标左键依次点选菜单栏中"渲染"下的"环境"命令，如图3-48所示。

❷ 在"环境和效果"面板中，用鼠标左键在"公用参数"卷展栏中，点选"颜色"右侧显示"无"的长按钮，在弹出的"材质／贴图浏览器"中，选择"VRayHDRI"，如图3-49所示。

❸ 点击"确定"后，当前"环境和效果"面板，如图3-50所示。

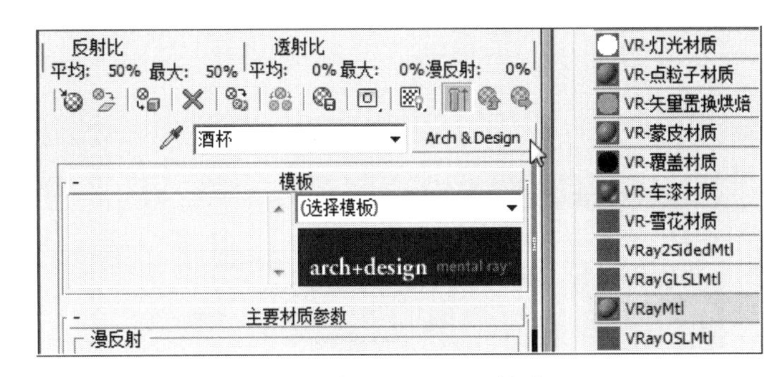

图3-44　选择"VRayMtl"材质

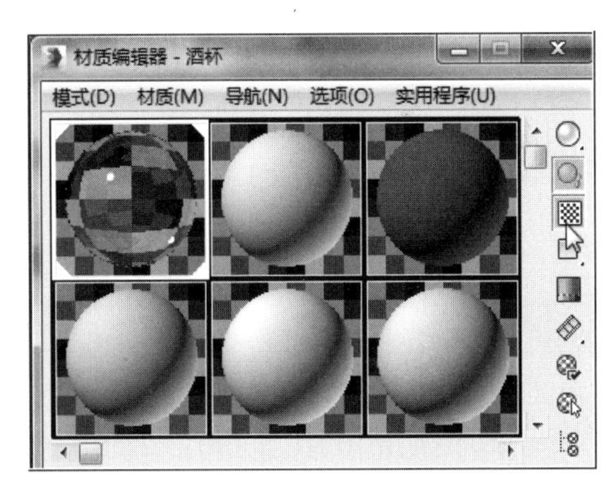

图3-46　当前实例球材质显示

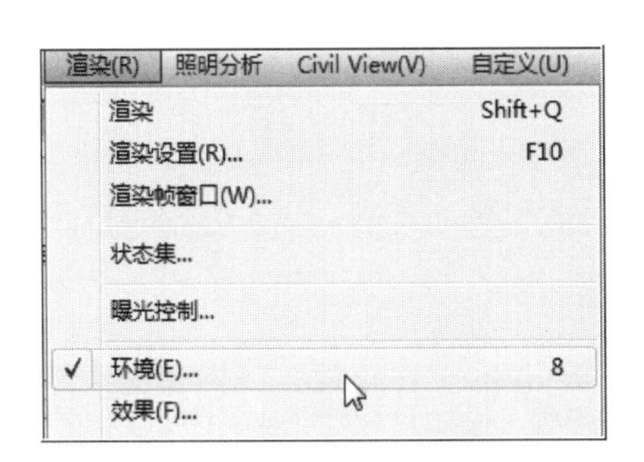

图3-48　选择渲染菜单下的环境

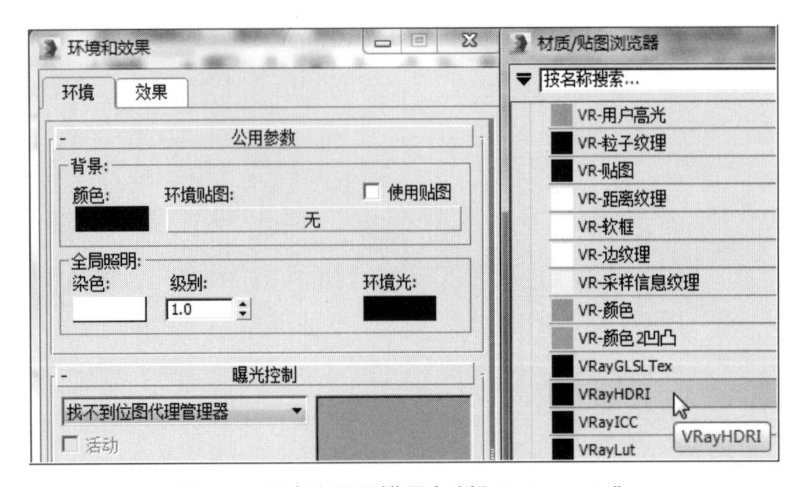

图3-49 在材质贴图浏览器中选择“VRayHDRI”

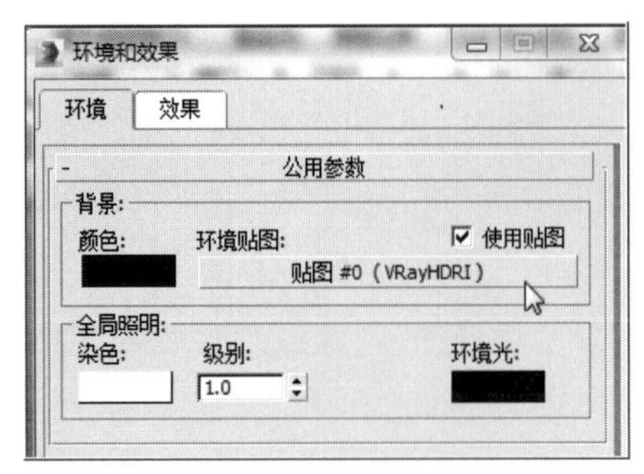

图3-50 选定“VRayHDRI”后的“环境和效果”面板

图3-51 选择“实例”方法

图3-52 选择本章节提供的hdr文件

❹ 用鼠标左键点击并拖曳“VRayHDRI”按钮，指定给“材质编辑器”的第二个实例球上，在弹出的“实例贴图”面板中，点选“实例”，点击“确定”，如图3-51所示。

❺ 用鼠标左键点击“参数”卷展栏中“位图”右侧的按钮，在弹出的“选择HDR图像”面板中，拾取本章提供的素材“bathroom_color2.hdr”点击“打开”，如图3-52所示。

❻ 用鼠标左键在“贴图类型”中点选“球形”，将材质重命名为“环境贴图”，如图3-53所示。

❼ 用鼠标左键点选主工具行中的（渲染产品）工具，渲染透视图，如图3-54所示。

注：“HDRI”是“High Dynamic Range Image”（高动态范围图像）的简写，它除了拥有基本颜色以外，还有一个亮度通道，所以在制作效果图时可以用它来照明。“HDRI”图片常用在虚拟真实背景环境，比如我们表现一个具有反射质感的对象，不用创建周边繁多的环境建模，仅使用“HDRI”格式的图片，就

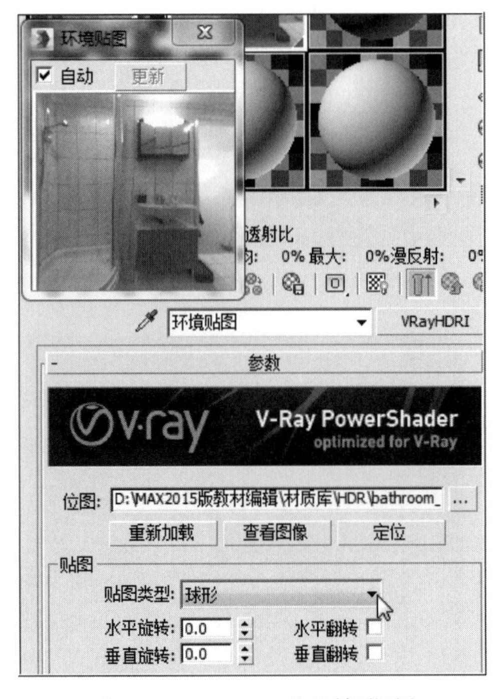

图3-53 “VRayHDRI”的材质设置

可以让对象反射图片上的内容，达到真实环境反射。

3.8 调整参数渲染输出

3.8.1 调整V-Ray渲染器相关参数

❶ 用鼠标左键点选工具行中的 （材质设置）工具，设置“公用”选项卡下“输出大小”为“800×600”，如图3-55所示。

❷在“GI”（间接照明）选项卡中，设置“发光图”的“当前预设”值为“中”，如图3-56所示。

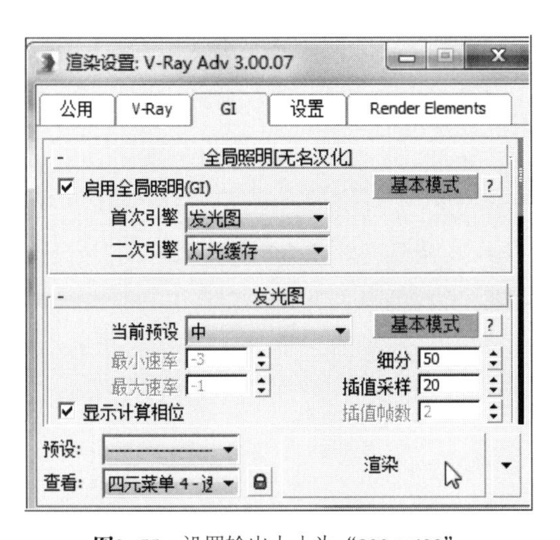

图3-55　设置输出大小为“800×600”

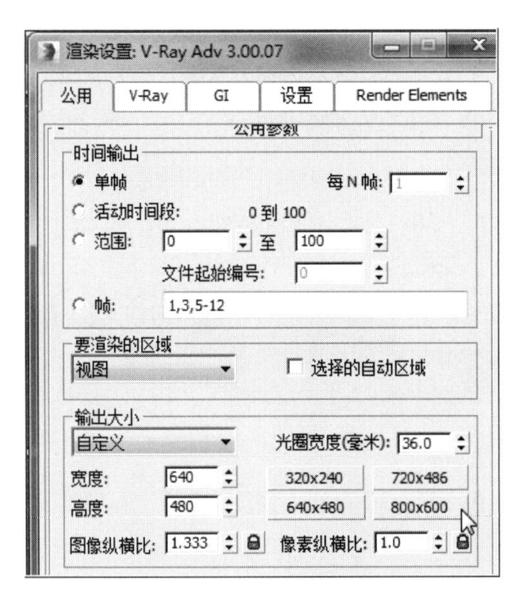

图3-57　点击“渲染”按钮

3.8.2 渲染出图

❶ 用鼠标左键点击“渲染设置面板”右下角的“渲染”按钮，如图3-57所示。

❷ 透视图渲染完成后，如图3-58所示。

图3-54　当前渲染效果

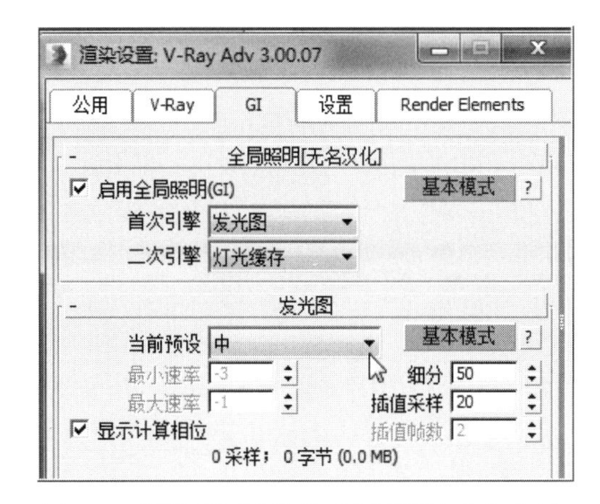

图3-56　设置“发光图”的“当前预设”值为“中”

图3-58　最终渲染效果图

第四章

易拉罐的制作

本章以“易拉罐的制作”为例进行讲解。“易拉罐”的建模，使用的是“车削”修改器，罐面上的洞口使用的是“布尔”运算，凸字体使用的是“图形合并”和“面挤出”修改器。材质设置是本例的重点，若想对一个物体进行多个材质的设置，可以将对象“转换为可编辑的多边形”，在“多边形”的次物体级编辑方式下对不同材质先进行选区，然后结合“材质编辑器”里的实例球分别指定给材质选区；也可以使用“多维／子对象”多ID通道贴图的方式进行材质指定。

本章使用到的知识点：

（1）“样条线”的编辑方法。

（2）“车削”修改器的用法。

（3）“布尔”运算方法。

（4）“图形合并”的用法。

（5）“弯曲”修改器的用法。

（6）“面挤出”修改器的用法。

（7）“多维／子对象”材质贴图的方法。

（8）“双面”材质贴图的方法。

（9）“UVW贴图”修改器的用法。

（10）“VR材质”设置铝质感参数的方法。

（11）“HDRI”图片的使用方法。

（12）“V-Ray”渲染器参数设置。

4.1 创建易拉罐

4.1.1 建立易拉罐截面图形

4.1.1.1 运用“线”工具绘制基本型

启动Autodesk 3ds Max Design 2015，用鼠标左键点选视图右下角控制区的 （最大化视口切换）工具，选择 （创建）- （图形）- 线 工具，点选工具行中的 （二维网格捕捉）工具，在前视图创建图形，如图4-1所示。

4.1.1.2 选择顶点编辑方式进行细节调整

❶ 用鼠标左键再次点击主工具行的 （二维网格捕捉）工具，关闭捕捉功能。结合鼠标的滚轴放大图形的顶端，点击视图右侧命令面板中的 （修改）命令。在修改器堆栈栏中，展开“Line”的折叠选项，选择“顶点”编辑。结合工具行中的 （选择并移动）工具，选择视图中“顶点”的同时点击鼠标右键，在弹出的快捷菜单中选择“Bezier角点”，如图4-2所示。

❷ 通过操作鼠标左键调节所选顶点两端的绿色手

柄，沿着XY轴调节曲度，如图4-3所示。

❸ 用鼠标左键点选视图右侧命令面板中的“优化”工具，在视图中插入一个新的点，如图4-4所示。

❹ 用鼠标左键结合主工具行中的 ⊞（选择并移动）工具，调节所选顶点两端的绿色手柄，沿着XY轴调节曲度，如图4-5所示。

❺ 用鼠标左键点选视图右侧命令面板中的“圆角”工具，对视图中的“顶点”进行“圆角”处理，如图4-6所示。

❻ 鼠标左键结合 ⊞（选择并移动）工具，选中

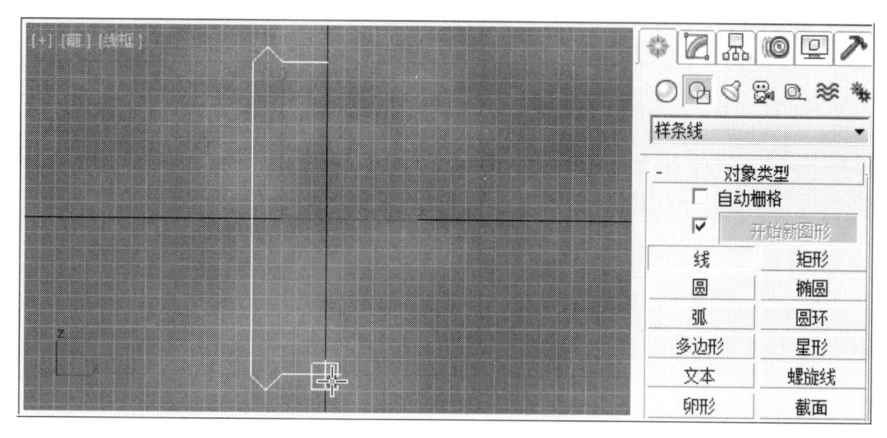

图4-1　前视图创建“截面图形”

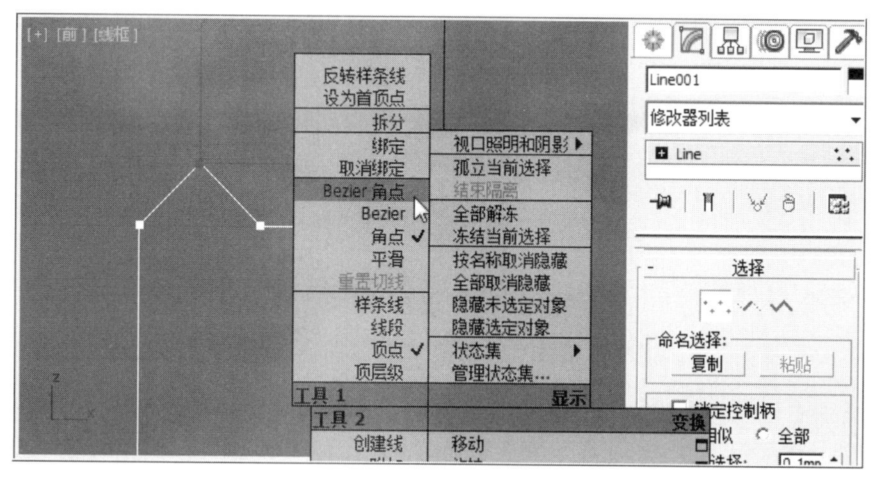

图4-2　选择Bezier角点

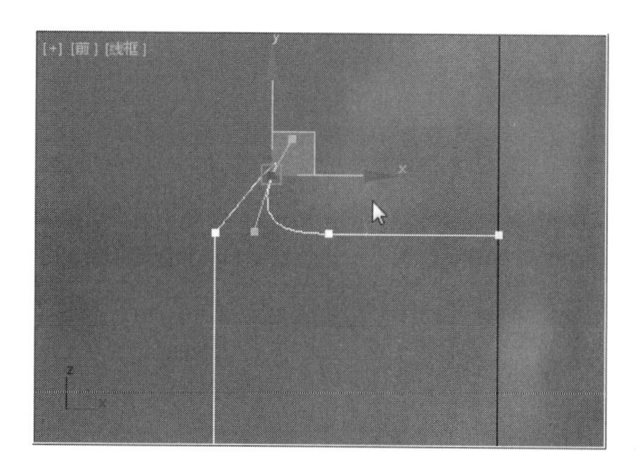

图4-3　当前调节曲度

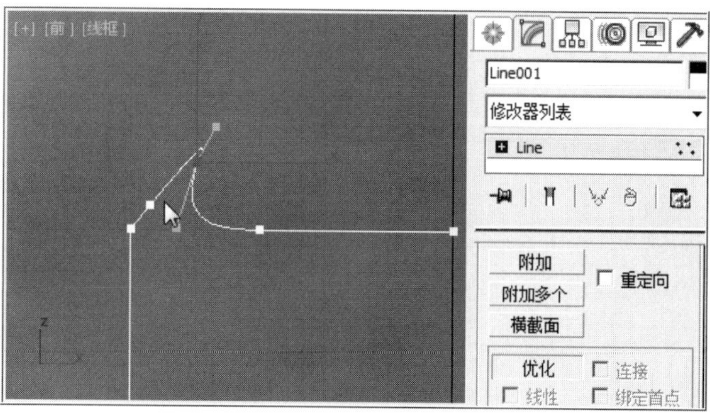

图4-4　选择“优化”工具并插入一个新的点

视图中的“顶点”，同时点击鼠标右键，在弹出的快捷菜单里选择“Bezier角点”，沿着“顶点”的Y轴方向移动至合适位置，如图4-7所示。

❼ 关闭“顶点”编辑方式，当前前视图截面顶部曲度效果，如图4-8所示。

❽ 用同样的方式调整截面底部的曲度，如图4-9所示。

❾ 用鼠标左键点选视图控制区的 (最大化显示）工具，如图4-10所示。

4.1.2 运用车削修改器生成易拉罐

确保当前截面图形处于被激活状态，用鼠标左键在视图右侧控制命令面板的“修改器列表”中选择“车削”修改器，在“参数”卷展栏中，选择“对齐”方式中的“最大”；勾选“焊接内核”；“分段”设置为“50”，点选视图控制区 (最大化视口切换）工具，如图4-11所示。

4.1.3 运用布尔运算开口

4.1.3.1 创建三角形图形

❶ 用鼠标左键依次点选视图右侧命令面板区的 (创建）- (图形）- 线 工具，点选主工具行中的 (二维网格捕捉）工具，在顶视图创建等腰三角形，在弹出的

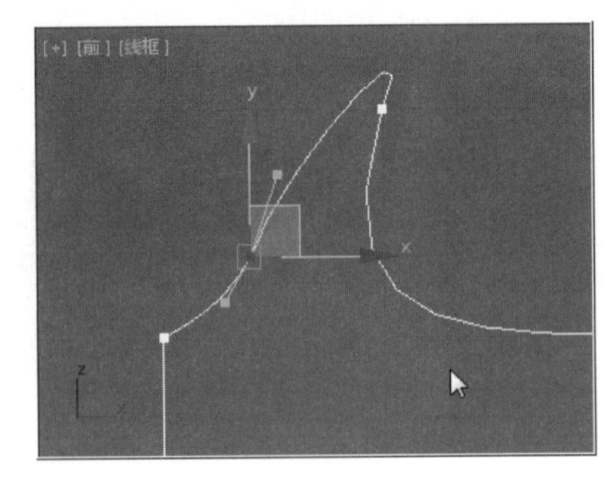

图4-5 当前调节的曲度

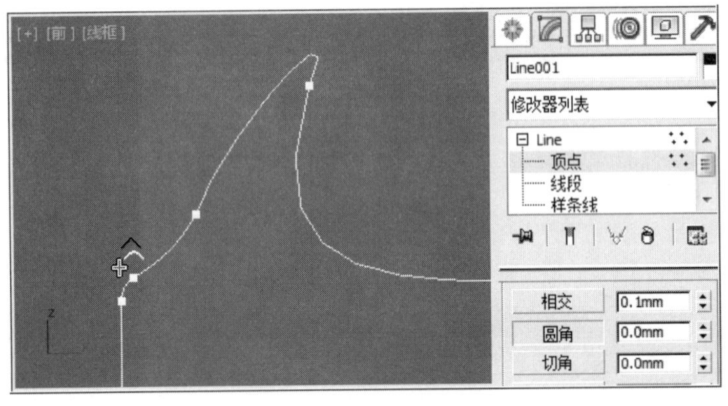

图4-6 当前调节的圆角

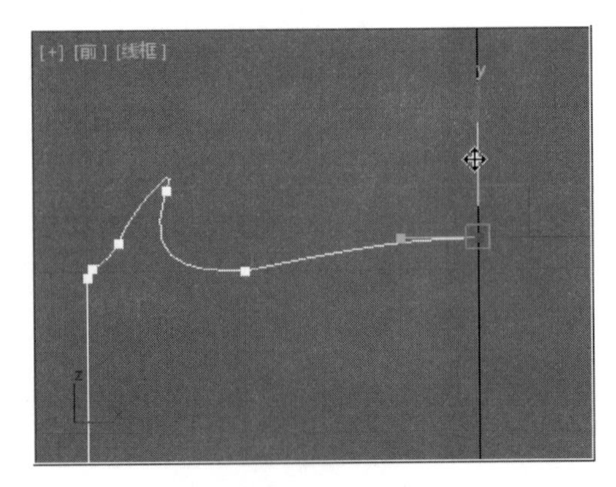

图4-7 当前调节曲度

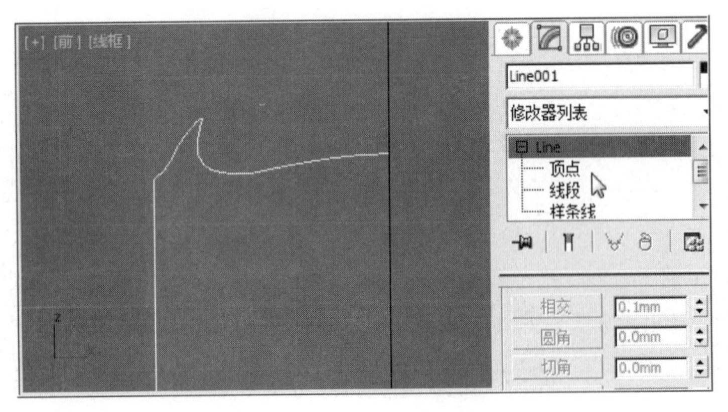

图4-8 当前截面顶部曲度效果

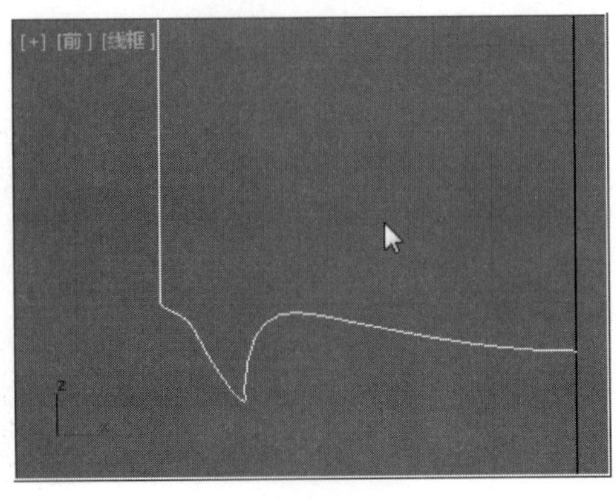

图4-9 当前截面底部曲度效果

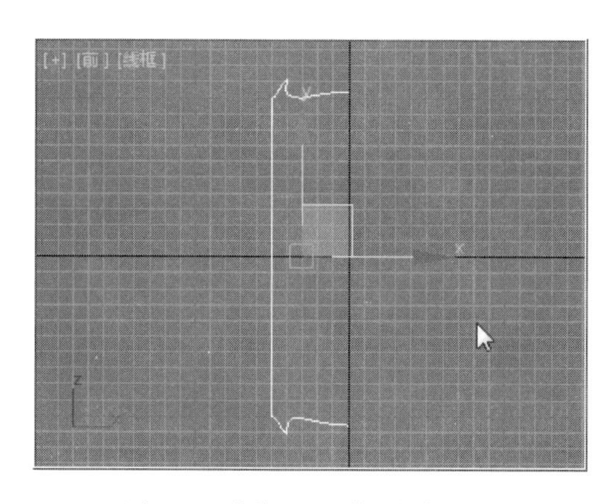

图4-10　当前line001截面整体效果

“样条线”对话面板中，点选“是”按钮，如图4-12所示。

注：为方便教材编写，在视图位置上，笔者做了适当调整。比如图4-12的视图布局，把前视图换成了顶视图，方便学习。在实际操作过程中，可根据需要随时调回。

❷ 用鼠标左键再次点击工具行中的 （二维网格捕捉）工具，关闭捕捉功能。点选视图右侧命令面板中的 （顶点）按钮，进入“顶

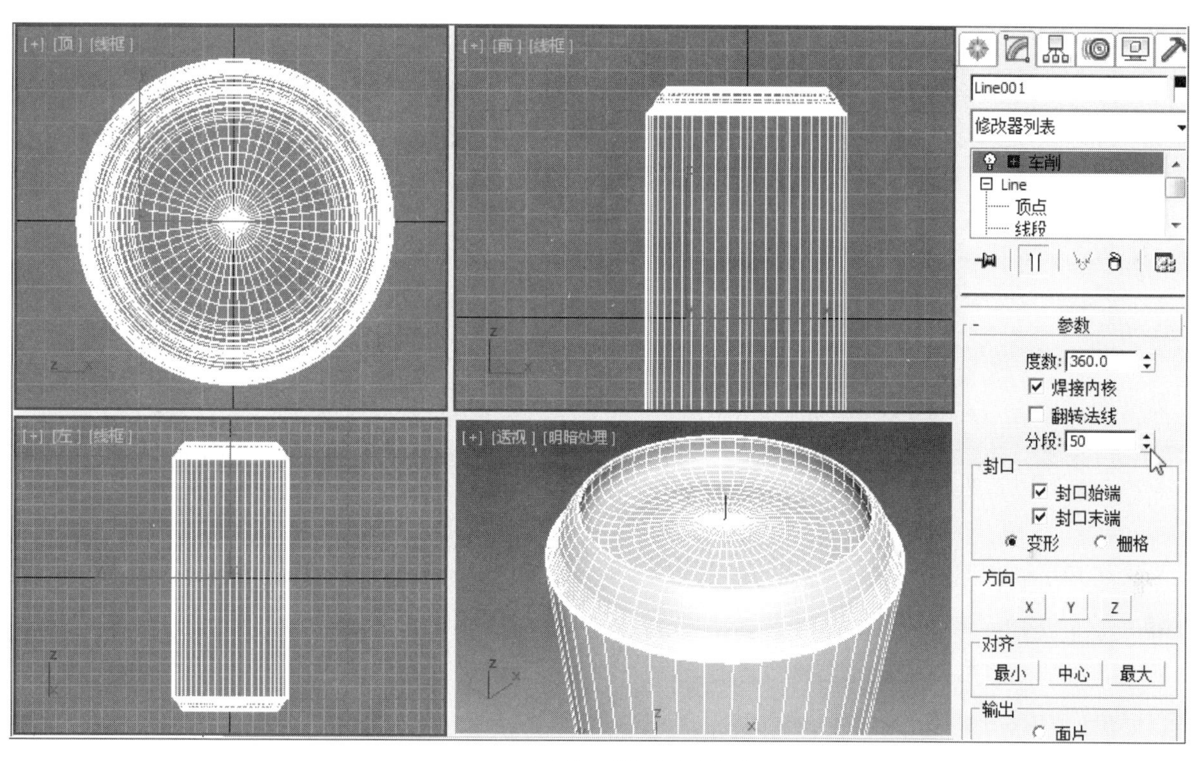

图4-11　车削修改器相关参数调整

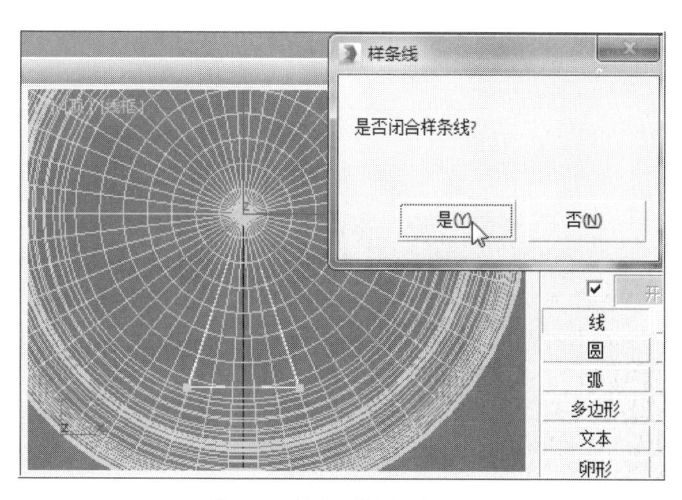

图4-12　创建“等腰三角形”

点”编辑方式，结合键盘上的“Ctrl”键，选中视图中等腰三角形的三个“顶点”，同时点击鼠标右键，在弹出的菜单里，选择“平滑”，如图4-13所示。

❸ 再次点击 （顶点）按钮，退出“顶点”编辑方式。“平滑”后的效果，如图4-14所示。

4.1.3.2 运用挤出修改器生成厚度

在前视图中，确认三角形图形处于被激活状态，在右侧命令面板的“修改器列表中”选择“挤出”修改器，在“参数”卷展栏中，设

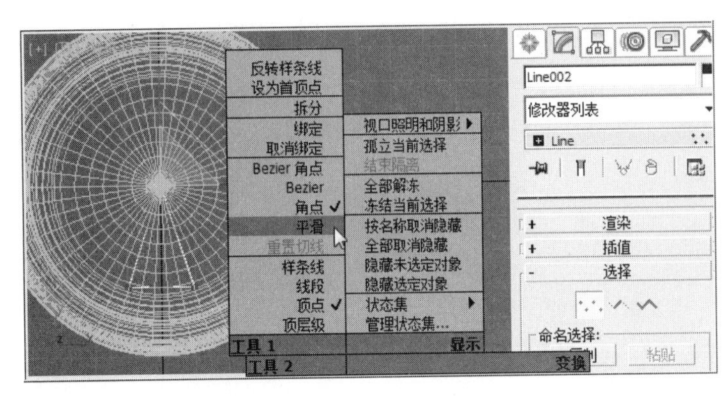

图4-13　顶点编辑方式下选择“平滑”

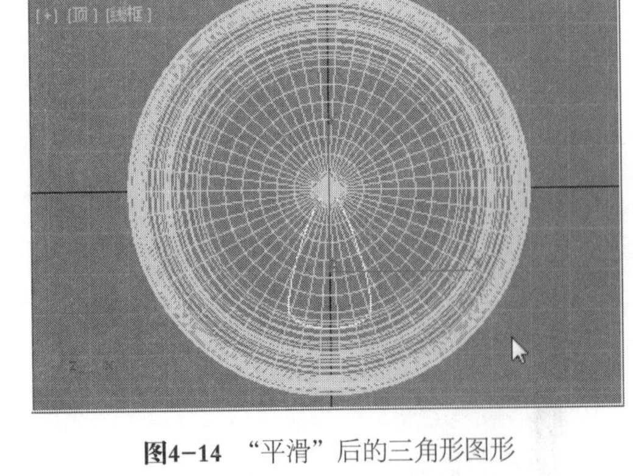

图4-14　“平滑”后的三角形图形

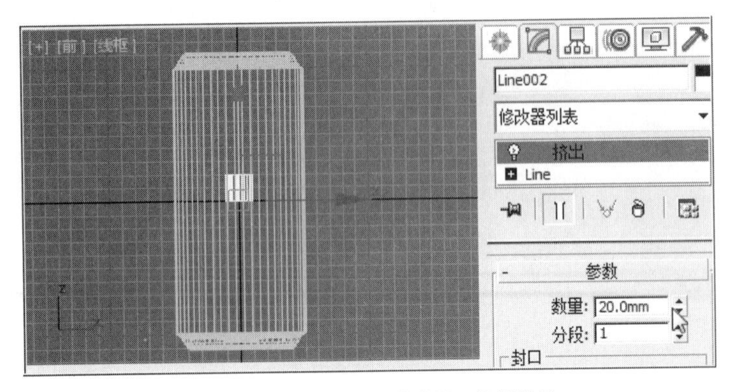

图4-15　选择“挤出”修改器，设置数量

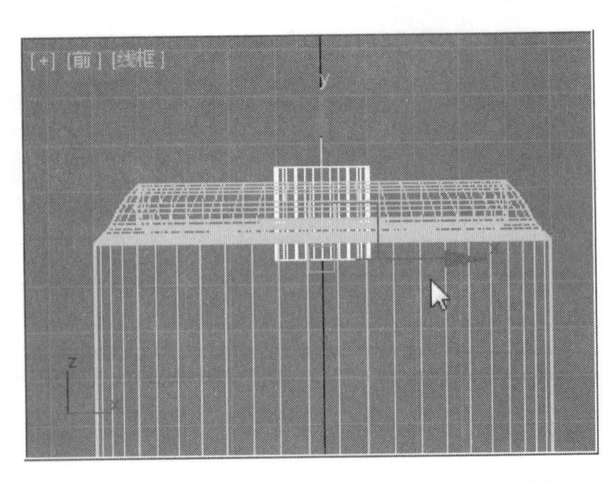

图4-16　移动三角形位置，让它与罐体顶面相切

置“数量”为“20”，如图4-15所示。

4.1.3.3 运用布尔运算打出洞口

❶ 用鼠标左键点击主工具行中的 [图标]（选择并移动）工具，在前视图中，将三角形对象沿着Y轴移动至与“line001”顶面相切位置，如图4-16所示。

❷ 在透视图中，用鼠标左键点选“line001”，依次点选 [图标]（创建）－ [图标]（几何体）－“复合对象”下的 [布尔] 工具，如图4-17所示。

❸ 用鼠标左键点选“参数”卷展栏中的“拾取操作对象B”，在“操作”选项的“切割”方式下，选择“移除内部”，如图4-18所示。

❹ 用鼠标左键点击视图中三角形对象，得到“布尔”运算后的洞口，如图4-19所示。

4.1.4 在罐体表面制作凸起字母

4.1.4.1 创建文本

❶ 用鼠标左键在视图右侧命令面板中，依次点选 [图标]（创建）－ [图标]（图形）－ [文本] 工具，在顶视图中点击鼠标左键创建初始文字，如图4-20所示。

❷ 用鼠标左键点击视图右侧命令面板中的 [图标]（选择并修改）命令，对“文本”进行编辑：在“参数”卷展栏中，选择“字体”样式为“Arial Black”；

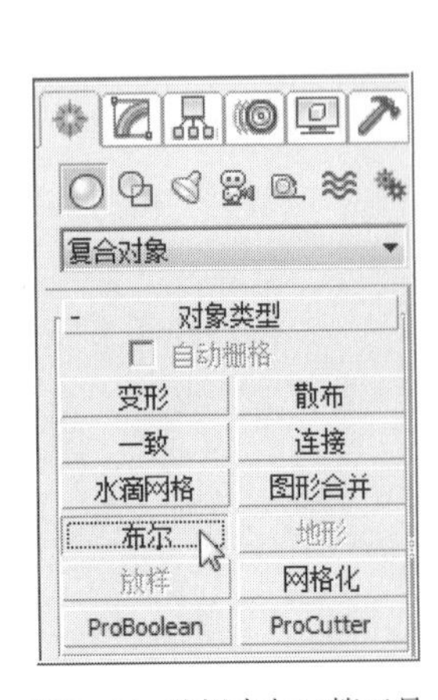

图4-17　选择布尔运算工具

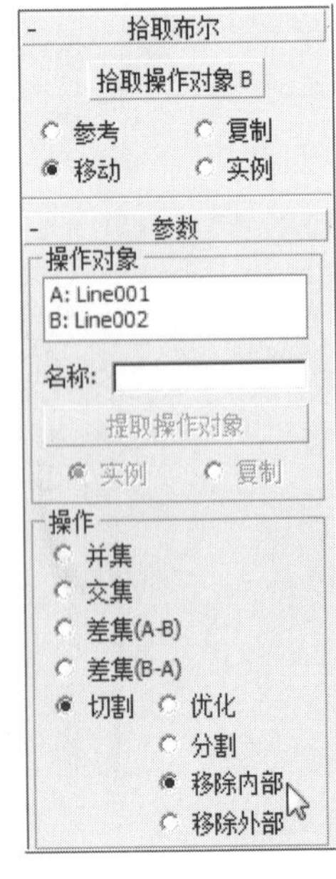

图4-18　选择移除内部

"大小"为"8.91"(参考数据);"字间距"为"2.0"(参考数据);"文本"为"3DSMAX 2015 DESIGN",如图4-21所示。

❸ 编辑好的"文本"效果,如图4-22所示。

4.1.4.2 弯曲修改器的使用

在视图右侧命令面板的"修改器列表"中,选择"弯曲"修改器,在"参数"卷展栏中,设置"弯曲"为"215"(参考数据);"方向"为"90";"弯曲轴"为"X",如图4-23所示。

4.1.4.3 图形合并工具的使用

❶ 在前视图中,用鼠标左键点选主工具行中的⊞(选择并移动)工具,将"文本"

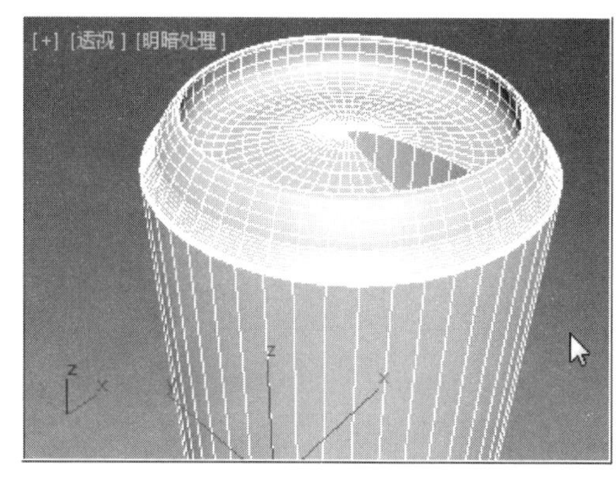

图4-19 "布尔"运算后的洞口

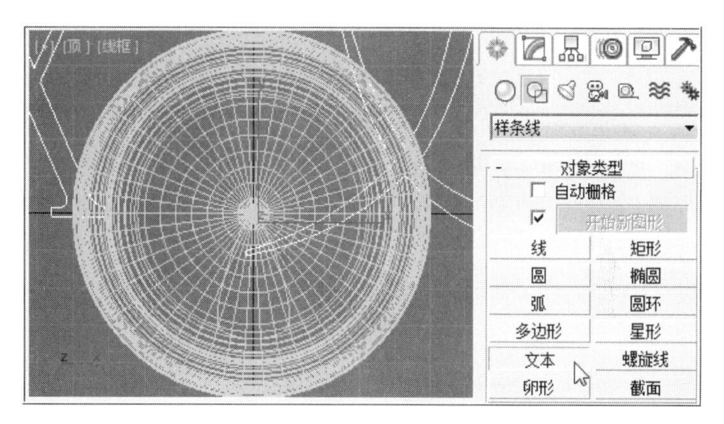

图4-20 创建初始文字

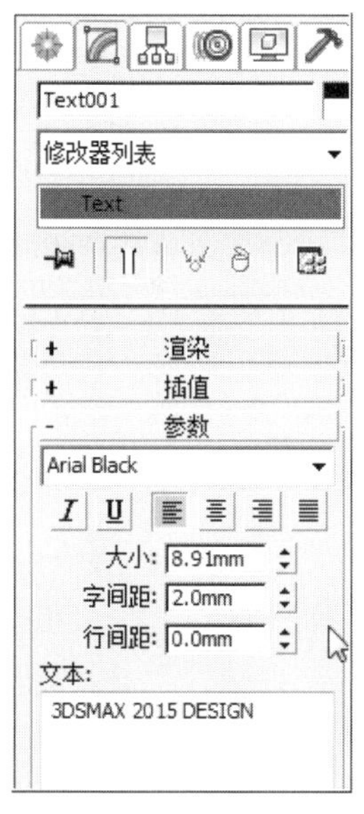

图4-21 编辑参数卷展栏相关参数

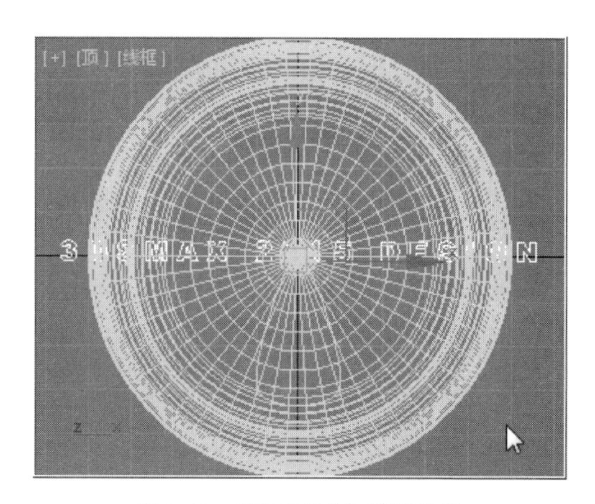

图4-22 当前"文本"编辑效果

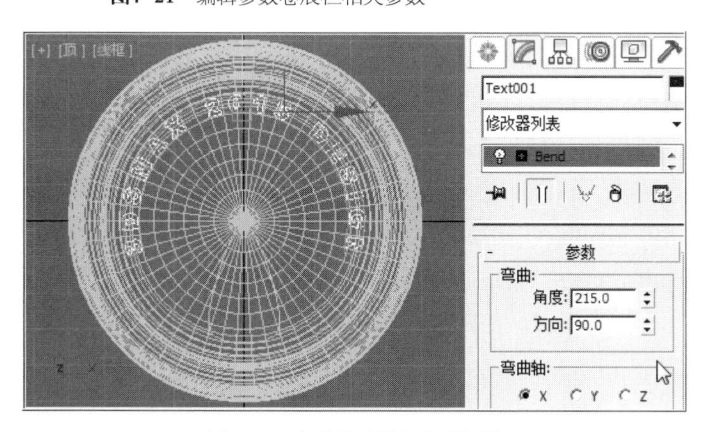

图4-23 弯曲修改器的参数设置

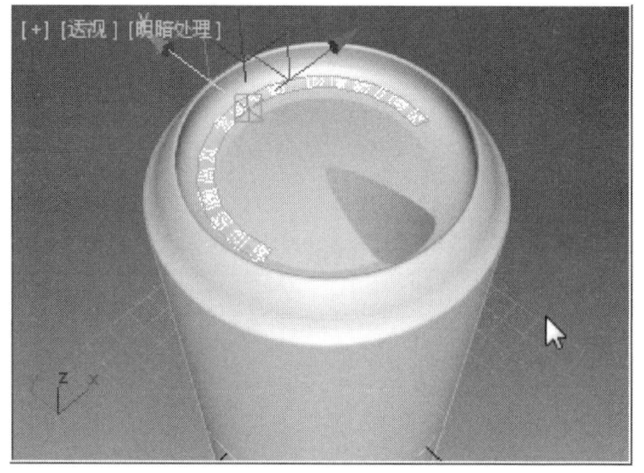

图4-24 移动文本至line001顶面

沿着Y轴移至“line001”顶面，如图4-24所示。

❷ 确保“line001”处于被激活状态，在视图右侧命令面板中，依次点选（创建）-（几何体）- 图形合并 工具，如图4-25所示。

❸ 在“图形合并”下的“拾取操作对象”卷展栏中，用鼠标左键点“拾取图形”，在主工具行中，点选（按名称选择）工具，在弹出的“拾取对象”里选择“Text001”，然后点击“拾取”按钮。如图4-26所示。

❹ 拾取图形后，在右侧命令面板的“操作对象”项目列表中，“图形1”为“Text001”，如图4-27所示。

❺ 用鼠标左键点击视图左侧的“场景资源管理器”，选择“Text001”，然后点击键盘的“Delete”（删除）键，如图4-28所示。

4.1.4.4 面挤出修改器的使用

❶ 用鼠标左键在视图右侧命令面板的“修改器列表”中，点选“面挤出”修改器，在“参数”卷展栏中，设置“数量”为“0.3”，如图4-29所示。

❷ 在视图右侧的修改器堆栈中，用鼠标右键点选“面挤出”，在弹出的菜单里选择“复制”，如图4-30所示。

❸ 在修改器堆栈列表中的“面挤出”修改器中，点击上一步复制的“面挤出”，并在“参数”卷展栏中，设置“数量”为“0.3”；“比例”为“80”，如图4-31所示。

4.2 创建台面

❶ 用鼠标左键依次点选视图右侧命令面板中的

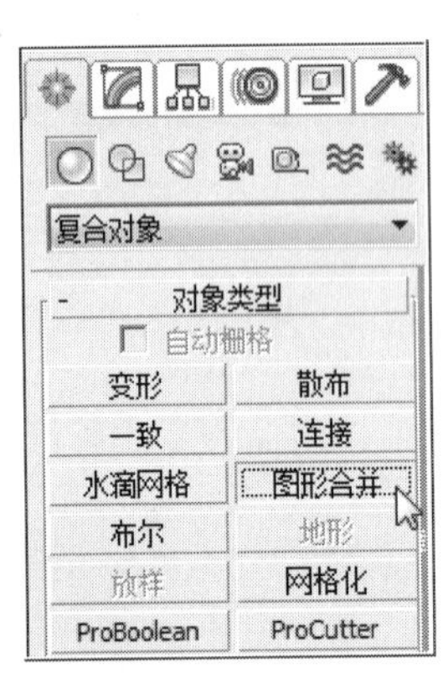

图4-25 选择“图形合并”

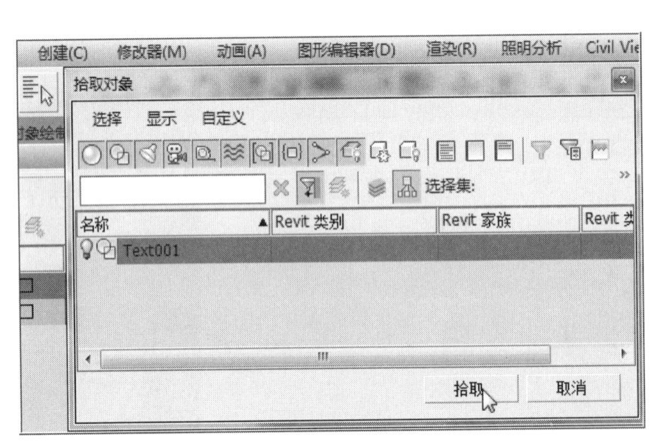

图4-26 拾取操作对象“Text001”

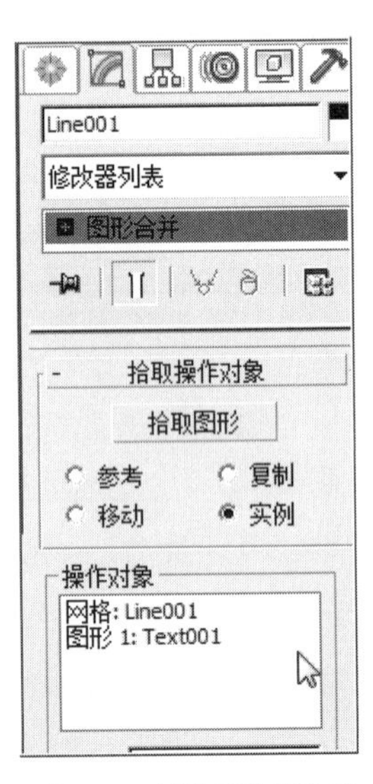

图4-27 拾取后的操作对象项目列表

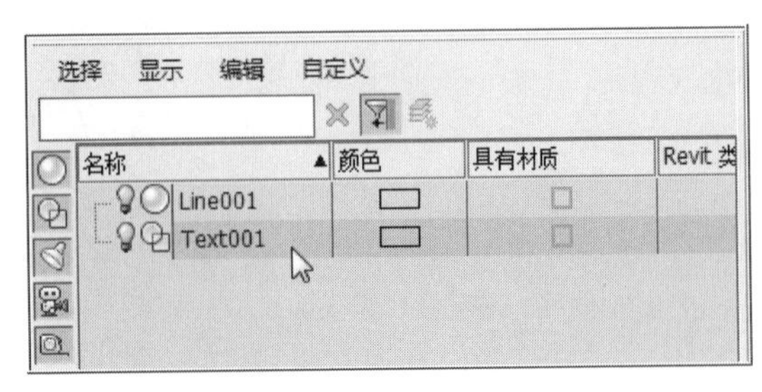

图4-28 选择“Text001”

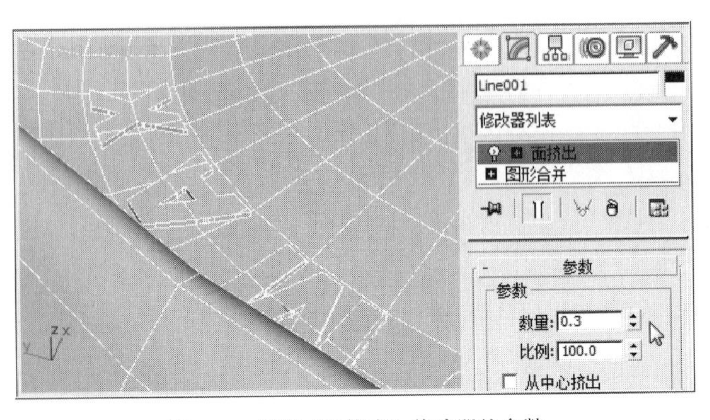

图4-29 设置“面挤出”修改器的参数

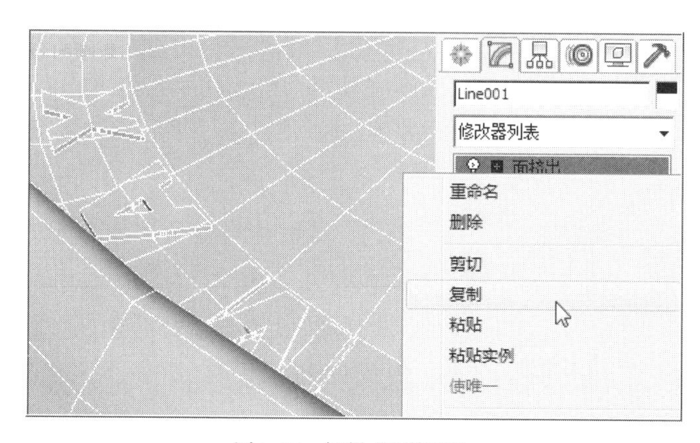

图4-30　复制“面挤出”

（创建）－（几何体）－ 平面 工具，用鼠标右键激活顶视图，滚动鼠标的中轴缩小视图，创建合适大小的“平面”，如图4-32所示。

❷ 视图中“line001”处于被激活状态，用鼠标左键点击主工具行中的（对齐）工具，在前视图中点击“Plane001”（平面），如图4-33所示。

❸ 在弹出的“对齐当前选择”面板中，设置“对齐位置”为“Y位置”；“当前对象”选择“最小”，“目标对象”选择“最大”，然后点击“确定”按钮，如图4-34所示。

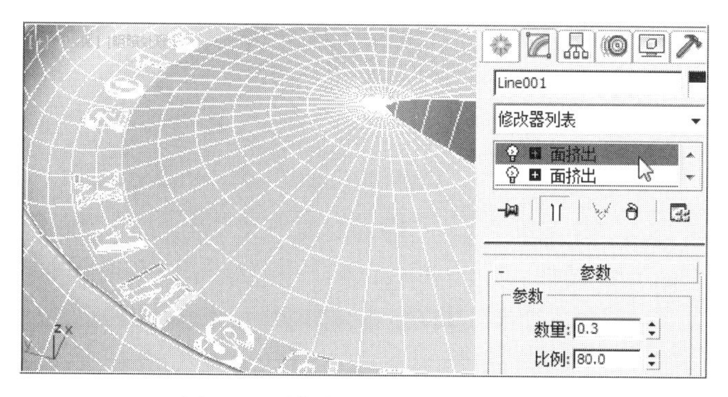

图4-31　给复制“面挤出”设置参数

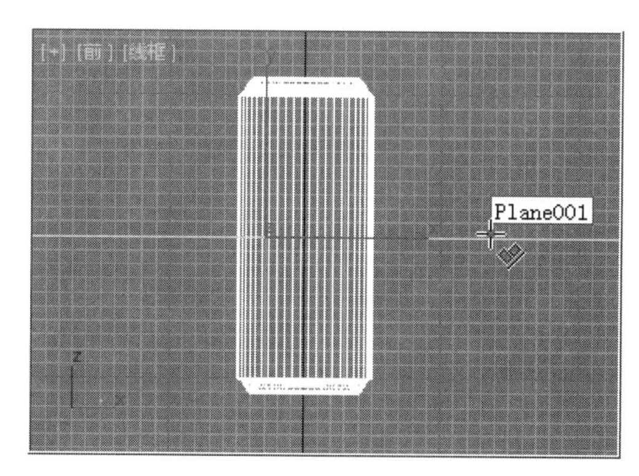

图4-33　选择“对齐”工具并点击“Plane001”（平面）

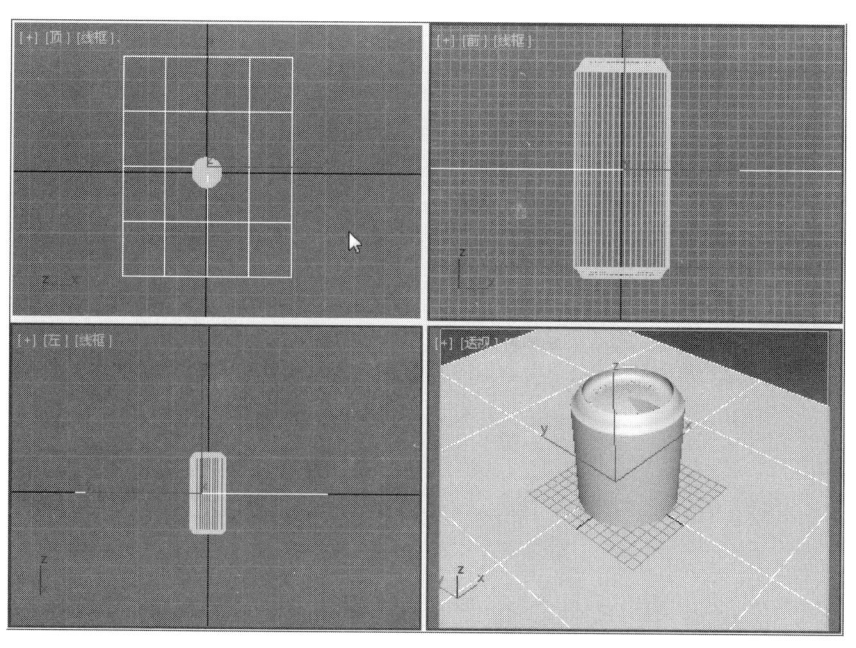

图4-32　视图中创建“平面”

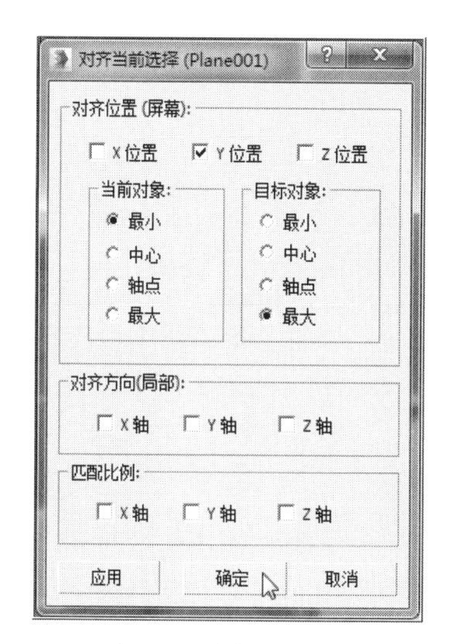

图4-34　对齐面板设置

❹ 用鼠标左键点选 （所有视图最大化选定对象）工具，调整视图布局，用鼠标左键点选“Plane001”对象，在修改“参数”卷展栏中，设置“长度”为“1252”（参考数据）；“宽度”为“1179”（参考数据），如图4-35所示。

❺ 用鼠标左键点击透视图视口左上角的“透视”标签，在弹出的菜单里勾选“显示安全框”，如图3-36所示。

❻ 用鼠标左键在“场景资源管理器”中，将场景中“Line001”重命名为“台面”，将“Plane001”重命名为“易拉罐”，如图4-37所示。

4.3 V-Ray渲染器环境下灯光的创建

❶ 在视图中，鼠标左键结合键盘“Ctrl”键，一同选择“台面”和“易拉罐”，在视图右侧命令面板中点选对象“颜色”，在弹出的“对象颜色”面板中选择灰色，作为共同颜色，如图4-38所示。

注：在统一场景中，把对象颜色设置为灰色，有利于在设置灯光参数时，对其光线的强度以及明暗关系做出明确的判断。

❷ 用鼠标左键在视图右侧的命令面板中依次点击 （创建）－ （灯光）－ VR-灯光 工具，如图4-39所示。

❸ 用鼠标左键在前视图中，通过点压并拖曳的方法创建灯“VR-灯光”尺寸和位置，结合主工具行中的 （选择并移动）工具和 （选择并旋转）工具，对视图中“VR-灯光”的位置和角度进行调整，如图4-40所示。

❹ 用鼠标左键点选视图右侧命令面板区中的 （修改）命令，在“参数”卷展栏中，设置“倍增”为“20”；“长”为“50”；“宽”为“60”；“采样”中的细分为“25”，如图4-41所示。

❺ 用鼠标右键激活透视图，左键点选主工具行中的 （渲染产品）工具，在“V-Ray”渲染器默认设置下进行渲染，可看到使用“VR-灯光”后的阴影效果，如图4-42所示。

图4-35 调整“Plane001”长宽

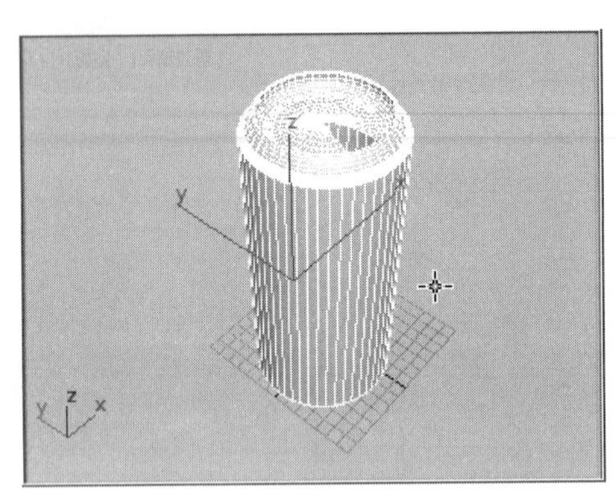

图4-36 当前视图安全框显示

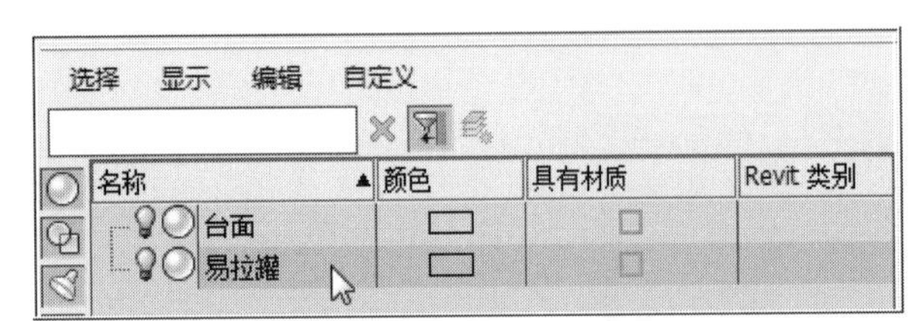

图4-37 在场景资源管理器中将所选对象重命名

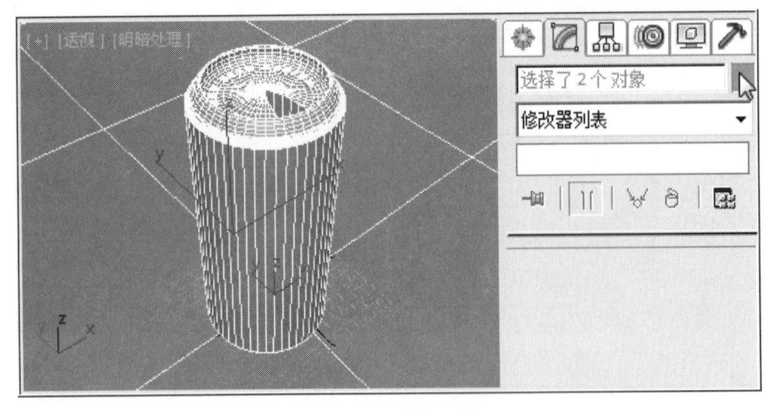

图4-38 统一为灰色颜色

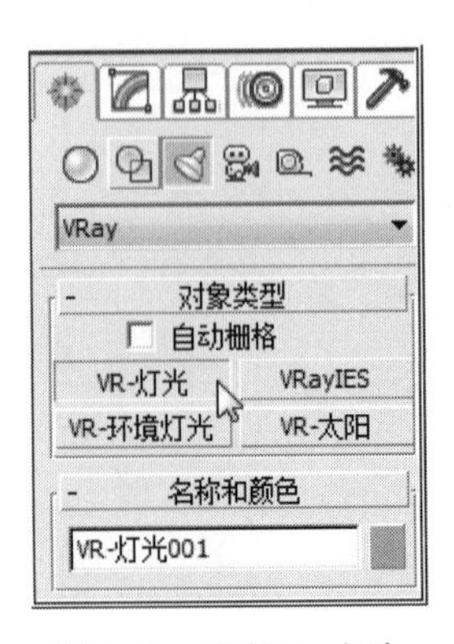

图4-39 创建VR-灯光

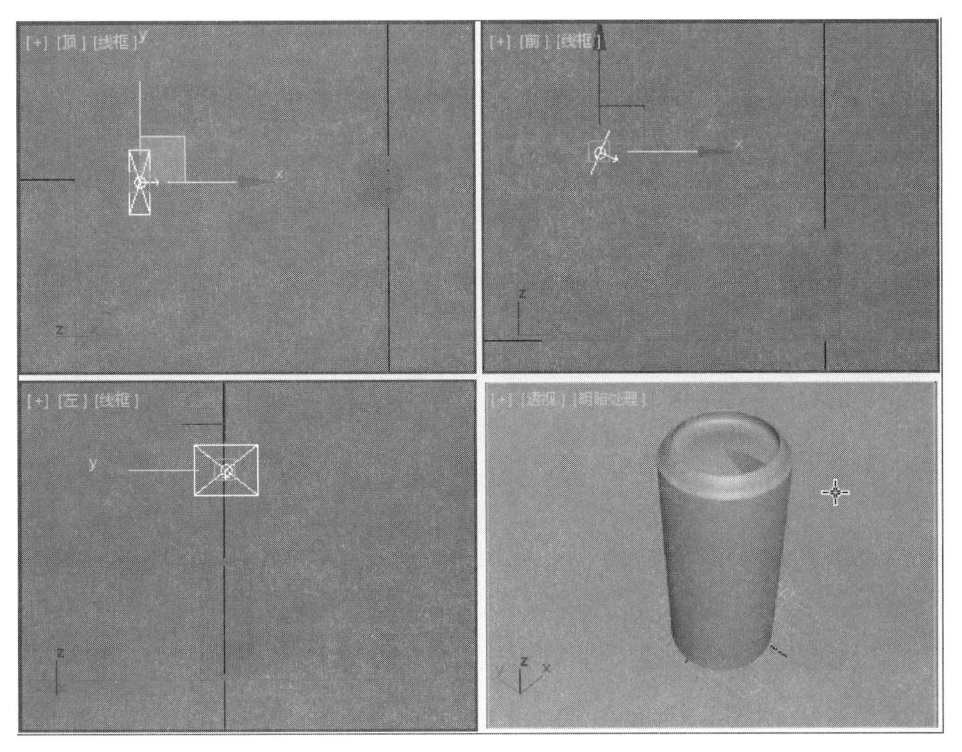

图4-40 当前视图中灯光位置和角度

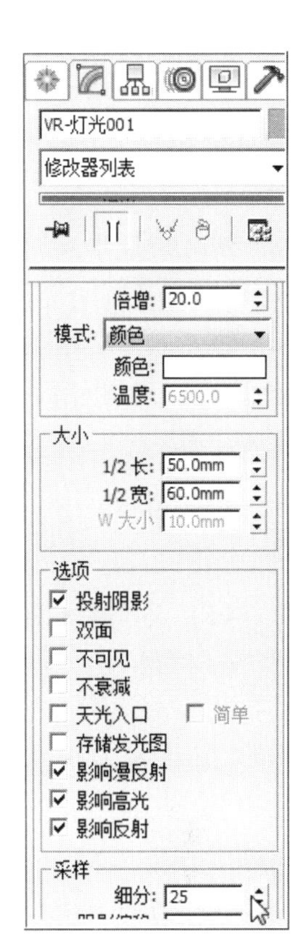

图4-41 “VR-灯光”参数设置

图4-42 当前透视图渲染后“VR-灯光”的效果

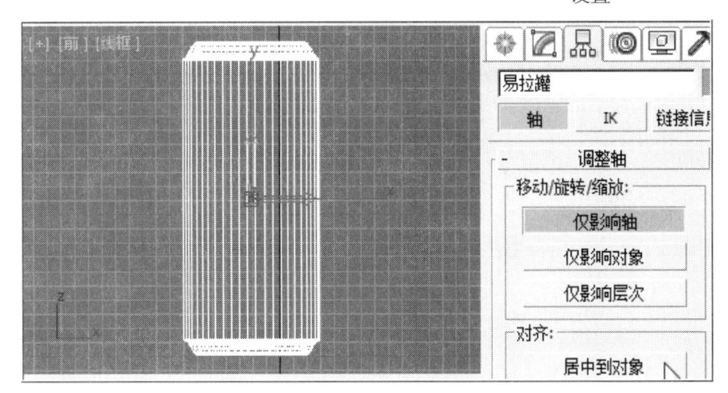

图4-43 易拉罐自身坐标轴调整

4.4 易拉罐坐标轴调整

确保“易拉罐”处于被激活状态，用鼠标左键点选视图右侧命令面板中的 (层次)命令，点选“调整轴”卷展栏中的“仅影响轴”；“对齐”选择“居中到对象”，如图4-43所示。

注：由于“易拉罐”是通过“车削”修改器生成的，并非标准几何体，调整坐标轴方便我们进行旋转移动操作。

4.5 易拉罐材质ID指定

4.5.1 易拉罐柱身ID号指定

❶ 用鼠标左键点击“仅影响轴”按钮，结束坐标轴的调整，在视图右侧命令面板中的“修改器列表”中选择“编辑多边形”，并在“选择”卷展栏中，点选 (多边形)按钮，如图4-44所示。

注：使用完“层次”命令中的“仅影响轴”，一定记得关闭，否则无法进行后续的工作。

❷ 用鼠标左键点击主工具行中的 （选择对象）工具，结合 （窗口/交叉）工具，在前视图中，使用点击鼠标左键并拖曳的方法，选择“易拉罐”柱身部分，如图4-45所示。

❸ 用鼠标左键点击主工具行中的 （圆形选择区域）工具，如图4-46所示。

❹ 用鼠标左键结合键盘的“Alt”键，在顶视图中，从“易拉罐”的圆心向外开始建立选区，去除中间部分，在视图右侧命令面板的“多边形：材质ID”卷展栏中“设置ID”为“1”，如图4-47所示。

4.5.2 易拉罐顶底面ID指定

在当前选区被选择状态下，用鼠标左键点选菜单栏的“编辑”-“反选”命令，在视图右侧命令面板的“多边形：材质ID”卷展栏中“设置ID”为“2”，如图4-48所示。

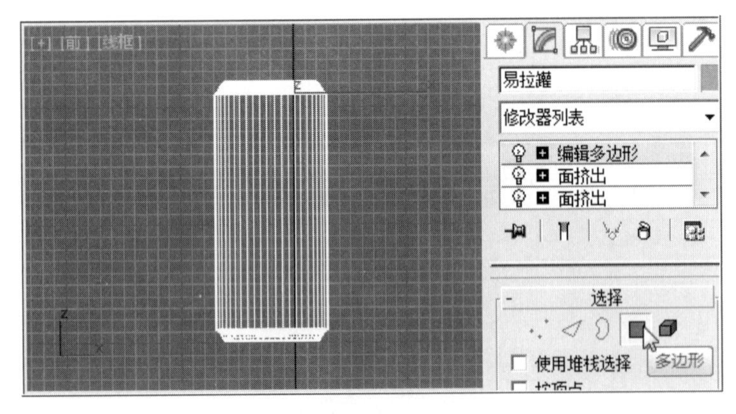

图4-44 选择“编辑多边形”修改器

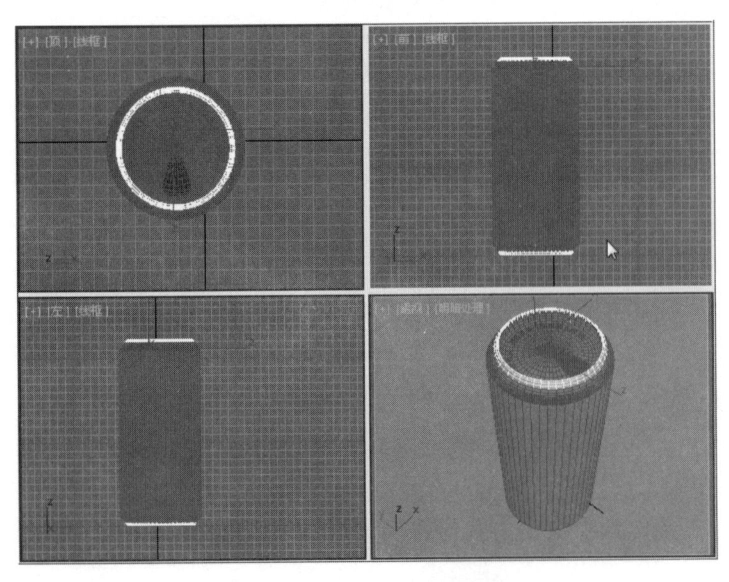

图4-45 当前易拉罐体的选区

4.6 UVW贴图修改器的使用

❶ 用鼠标左键在视图右侧命令面板的“修改器列表”中，点选“UVW贴图”修改器，在“参数”卷展栏中，设置“贴图”类型为“柱形”，取消“真实世界贴图大小”前的勾选，如图4-49所示。

❷ 继续在“参数”卷展栏中设置“对齐”方式，选择“X”轴，点击“适配”按钮，如图4-50所示。

注：“UVW”贴图，通常是指物体的贴图坐标，为了区别已经存在的XYZ，MAX用了UVW这三个字母来表示。其实“U”可以理解为“X”，“V”理解为“Y”，“W”理解为“Z”。因为贴图一般是平面的，所以“UVW贴图”坐标一般只用到“U”“V”两项，“W”项很少用到。对“易拉罐”对象指定“UVW贴图”是为了后续贴图方便，否则在贴图后，系统会弹出缺少贴图坐标，无法显示贴图纹理的提示。

4.7 材质设置

4.7.1 易拉罐的材质设置

4.7.1.1 多维/子对象材质指定

❶ 用鼠标左键点选视图中的“易拉罐”，点击主工具行中的 （材质编辑器）工具，将第一个实例球通过点击 （将

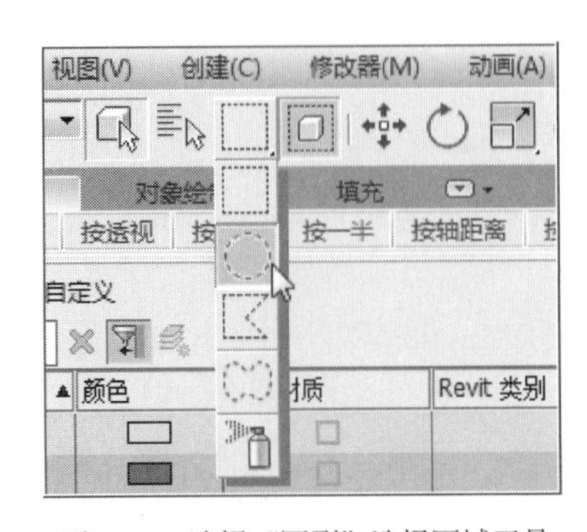

图4-46 选择“圆形”选择区域工具

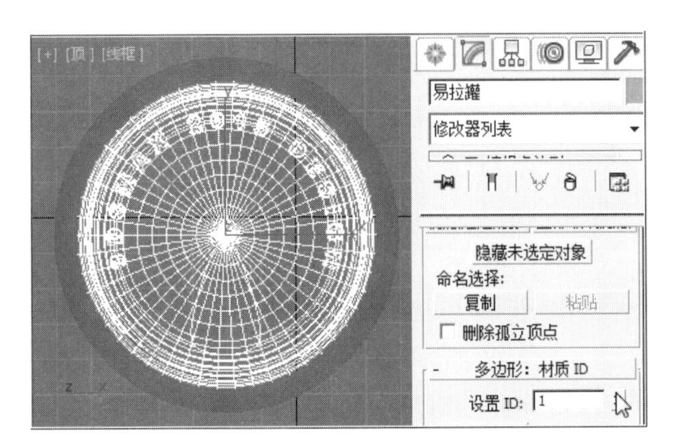

图4-47　去除选区的中间部分，“设置ID”为“1”

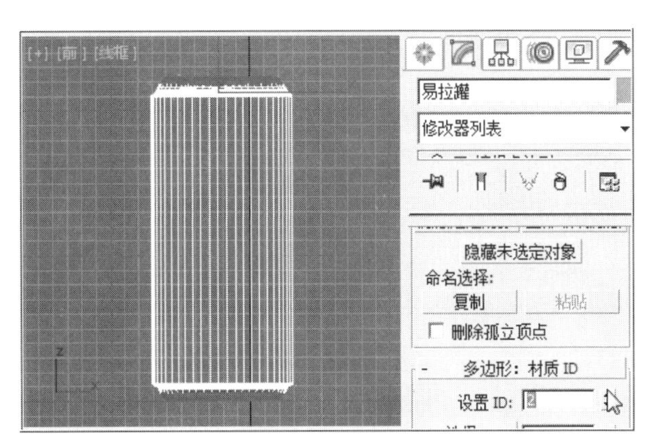

图4-48　当前选区“设置ID”为“2”

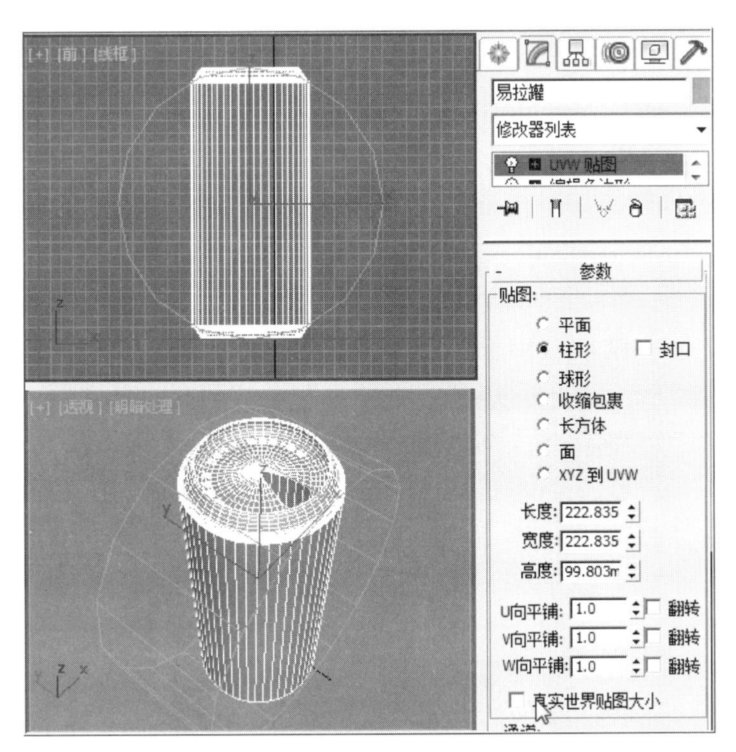

图4-49　选择“UVW贴图”修改器并设置参数

材质指定给选定对象）工具，将材质指定给“易拉罐”，点选 （在视口中显示明暗贴图）工具，将实例球重命名为“易拉罐 ”，如图4-51所示。

❷ 用鼠标左键点选面板中的“Arch & Design”（建筑设计），在弹出的“材质贴图浏览器”里，选择“材质”下的“多维／子对象”，如图4-52所示。

❸ 在弹出的“替换材质”面板中，选择“丢弃旧材质”，点击“确定”按钮，如图4-53所示。

❹ 用鼠标左键点击“设置数量”按钮，在弹出的“设置材质数量”面板中，将“材质数量”设置为“2”，如图4-54所示。

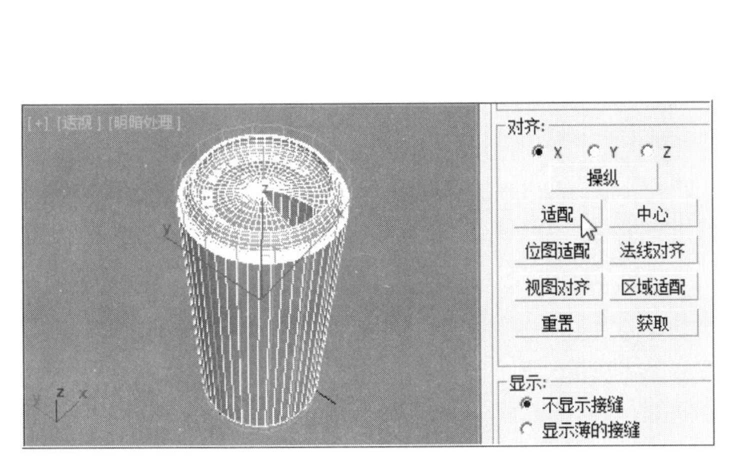

图4-50　点选“对齐”到“X”轴的“适配”

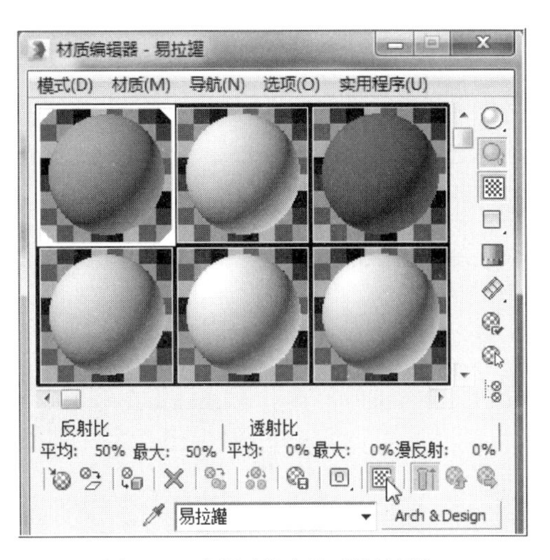

图4-51　实例球指定给“易拉罐”

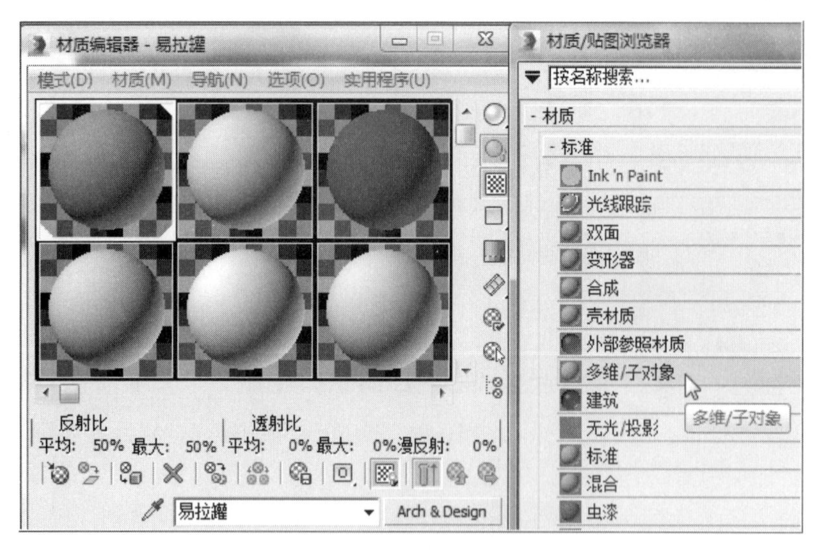

图4-52 选择“多维／子对象”材质

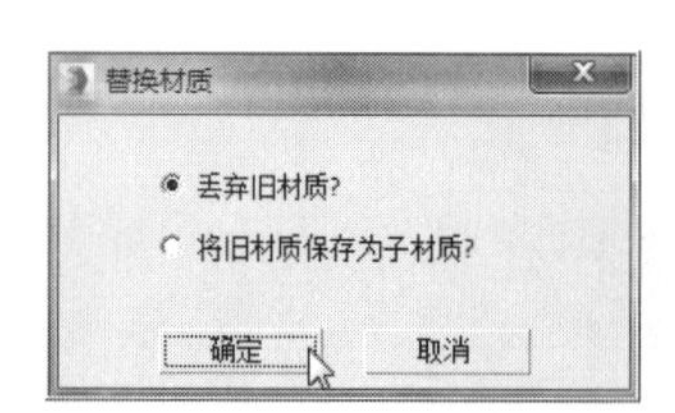

图4-53 选择“丢弃旧材质”

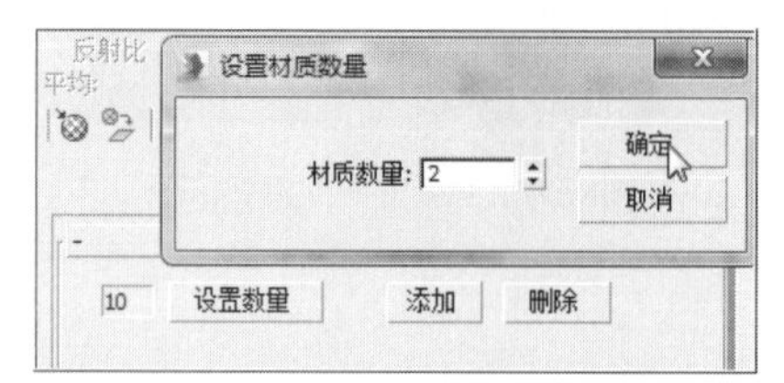

图4-54 设置材质数量为“2”

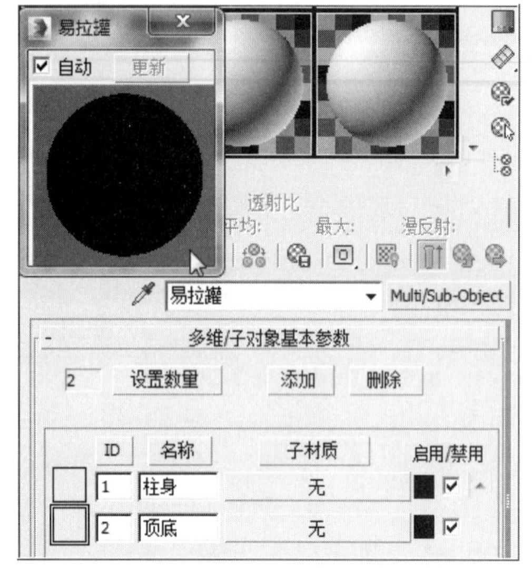

图4-55 设置ID号名称

❺ 将ID号1的“名称”设置为“柱身”；ID号2的“名称”设置为“顶底”，如图4-55所示。

4.7.1.2 易拉罐柱身材质设置

❶ 用鼠标左键点击“柱身”的“子材质”下的“无”，在弹出的“材质贴图浏览器”里，选择“V-Ray”材质列表里的“VRayMtl”，如图4-56所示。

❷ 在“VRayMtl”材质面板中，将材质命名为“柱身”，用鼠标左键点选“漫反射”右侧的小按钮，在弹出的“材质／贴图浏览器”里，选择“贴图”列表里的“位图”，如图4-57所示。

❸ 用鼠标左键点击“确定”按钮后，在弹出的“选择位图图像文件”面板中，选择本章提供的素材文件“max2015logo.tif”，点击“打开”按钮，如图4-58所示。

图4-56 柱身选择VRayMtl材质

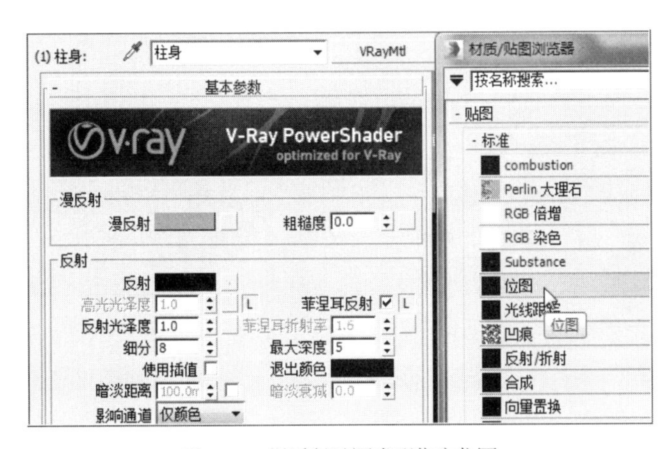

图4-57　漫反射贴图类型指定位图

❹ 在当前“柱身”的位图“坐标”卷展栏中，取消“使用真实世界比例”前的勾选，如图4-59所示。

❺ 用鼠标左键点击（转到父对象）工具，如图4-60所示。

❻ 在当前“柱身” VRayMtl材质设置面板中，用鼠标左键点击“反射”右侧的“颜色选择器”，设置“红”为“119”；“绿”为“119”；“蓝”为“119”；设置反射下属的“高光光泽度”为“0.65”；“反射光泽度”为“0.9”；“细分”为“25”；取消“菲涅尔反射”后面的勾选，点击实例球窗口右边的（在预览中显示背景）工具，如图4-61所示。

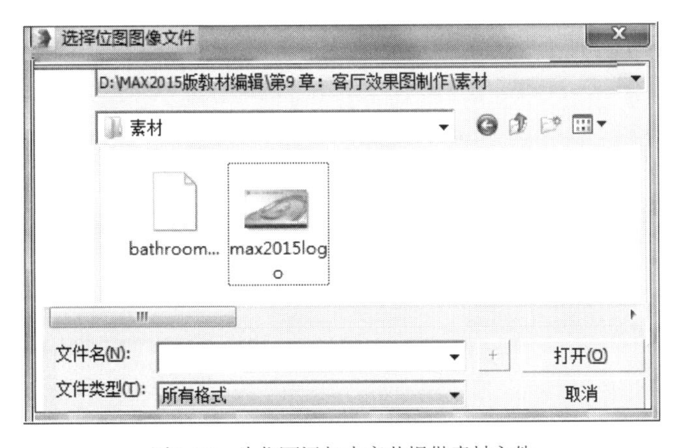

图4-58　为位图添加本章节提供素材文件

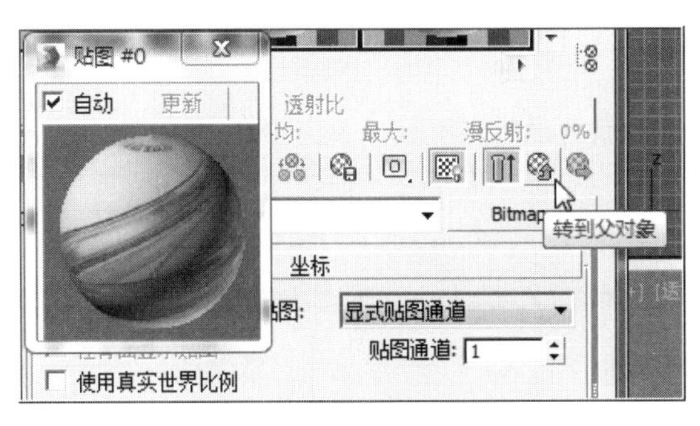

图4-60　点击“转到父对象”

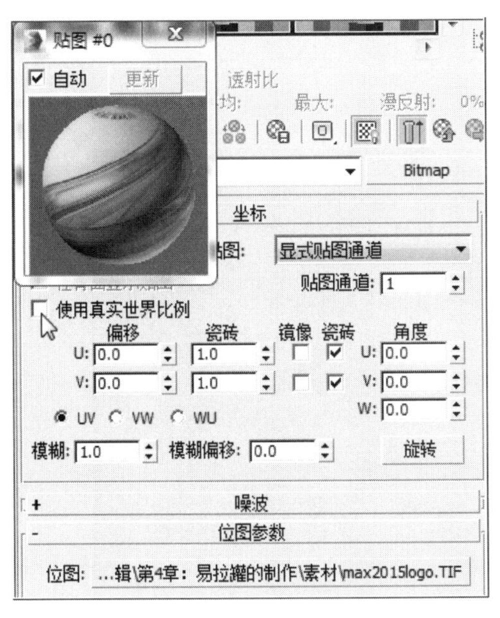

图4-59　柱身的位图设置

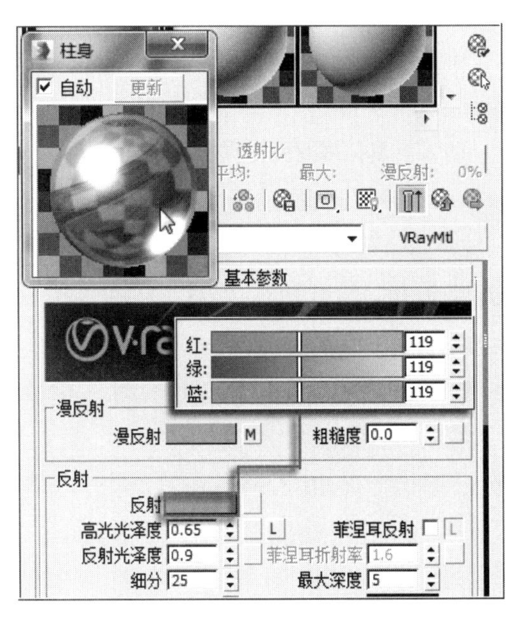

图4-61　“柱身”VRayMtl参数设置

4.7.1.3 易拉罐顶底的材质设置

注：“易拉罐”通体属于铝金属制品，区别在于柱身有贴图，顶底没有，但对光线的反射基本参数一致，所以，我们在做顶底材质时候，只要复制一份柱身材质，然后去掉贴图即可。

❶ 用鼠标左键点击（转到父对象）工具，通过点压拖曳鼠标左键的方法将“柱身（VRayMtl）”指定至“顶底”的“子材质”的“无”按钮，如图4-62所示。

❷ 用鼠标左键在弹出的“实例（副本）材质”面板中，点选“复制”，点击“确定”按钮，如图4-63所示。

❸ 在材质面板中继续进行设置，将“柱身”材质重命名为“顶底”，用鼠标左键点击“漫反射”右侧的“颜色选择器”，设置“红”为“162”；“绿”为“173”；“蓝”为“181”，点击“确定”按钮，如图4-64所示。

❹ 用鼠标左键点击展开“贴图”卷展栏，勾除漫反射后面的勾，去除贴图。如图4-65所示。

❺ 用鼠标左键点选主工具行中的（渲染产品）工具，渲染透视图，如图4-66所示。

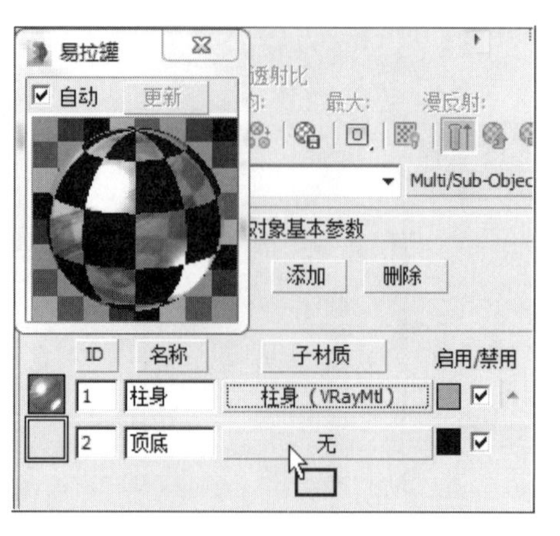

图4-62 拖曳柱身材质至顶底

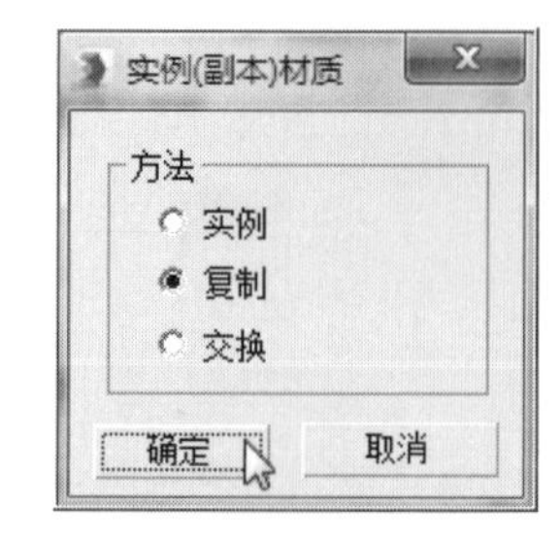

图4-63 在实例材质面板中选择“复制”

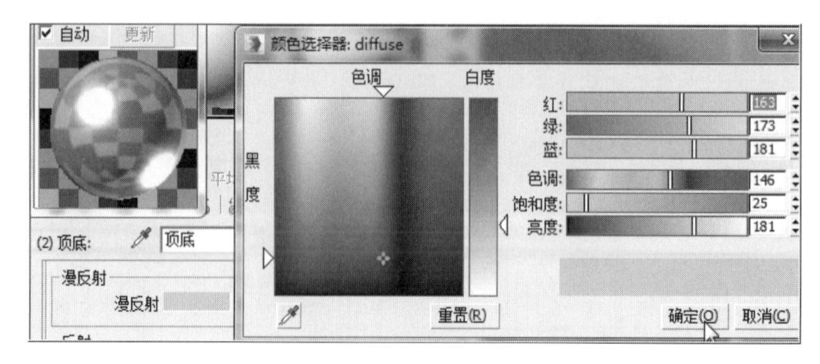

图4-64 设置“颜色选择器”参数

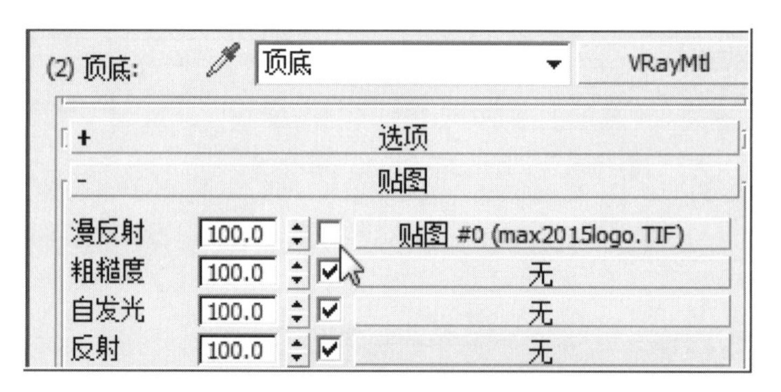

图4-65 去除顶底的“漫反射”贴图

4.7.1.4 易拉罐双面材质指定

由于本章节创建的“易拉罐”是开了口的对象，可以通过“双面”材质来设置洞口里的颜色，使得对象在视觉效果上更真实。

❶ 用鼠标左键点击（转到父对象）工具，在出现的“易拉罐”材质面板中，点击“Multi / Sub-Object”（多维 / 子对象），在弹出的“材质 / 贴图浏览器”中，选择“材质”下的“双面”，如图4-67所示。

图4-66 当前透视图渲染效果

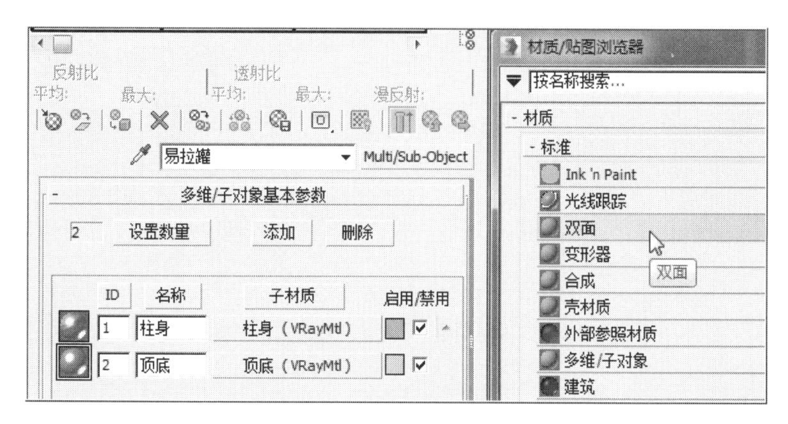

图4-67 易拉罐指定“双面”材质

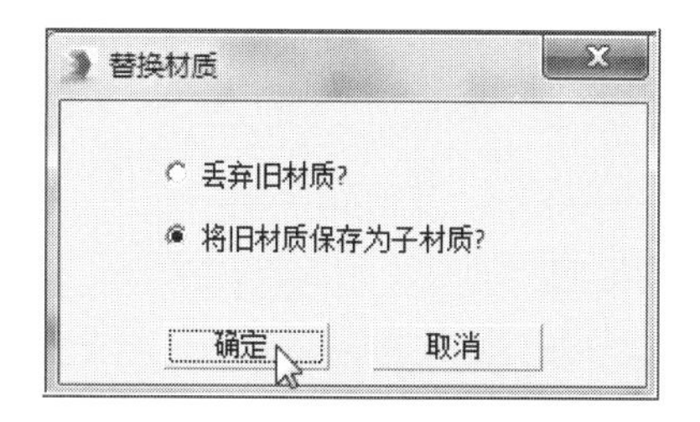

图4-68 选择“将旧材质保存为子材质”

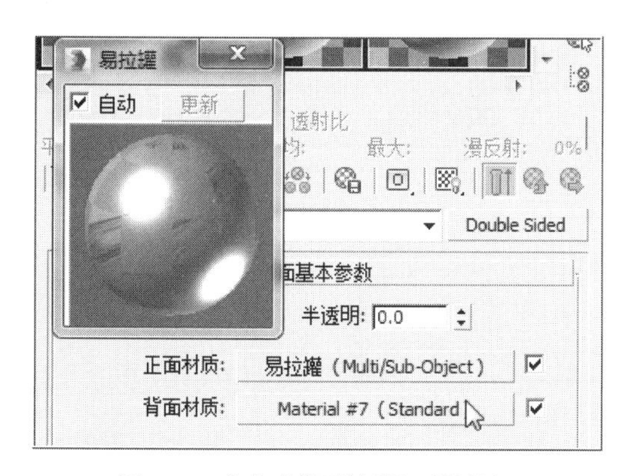

图4-69 点击“背面材质”后的按钮

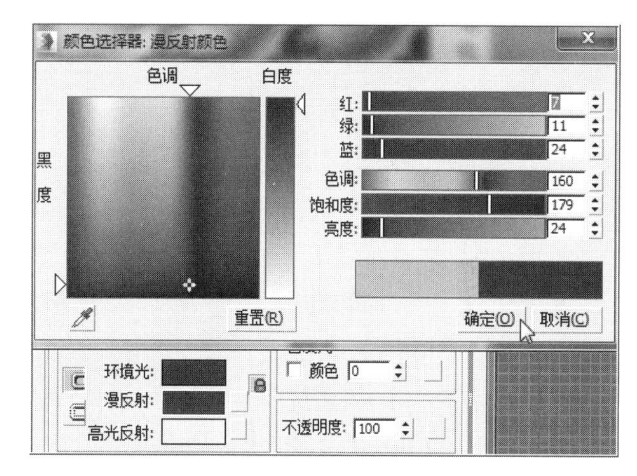

图4-70 设置“颜色选择器”参数

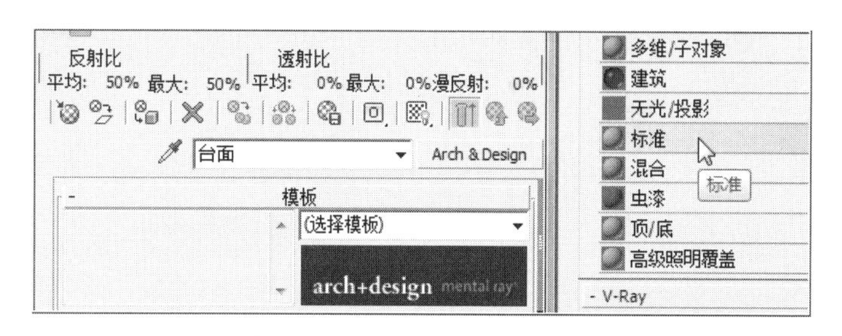

图4-71 “台面”指定“标准”材质

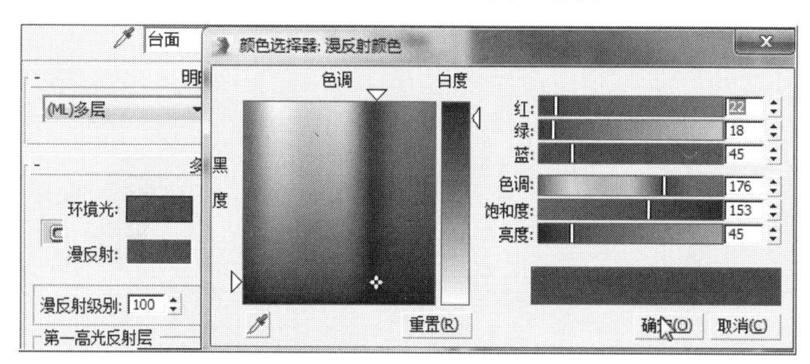

图4-72 设置材质类型为“多层”

❷ 在弹出的“替换材质”面板中，用鼠标左键点选“将旧材质保存为子材质”，点击“确定”按钮，如图4-68所示。

❸ 点击“确定”以后，在出现的“Double Sided”（双面）材质面板中，点击“背面材质”后的按钮，如图4-69所示。

❹ 在出现的背面材质面板中，用鼠标左键点击“漫反射”右侧的“颜色选择器”，设置“红”为“7”；绿为“11”；“蓝”为“24”，如图4-70所示。

4.8 台面材质设置

❶ 用鼠标左键点击第2个实例球并通过点选工具行的 ▣（将材质指定给选定对象）工具，将实例球材质指定给视图中的“台面”。将实例球重命名为“台面”，点选面板中的“Arch & Design”（建筑设计），在弹出的“材质/贴图浏览器”里，点选“材质”下的“标准”，如图4-71所示。

❷ 在“明暗器基本参数”卷展栏中，设置材质类型为“多层”；用鼠标左键点击“漫反射”右侧的“颜色选择器”，设置“红”为“22”；“绿”为“18”；“蓝”为“45”，如图4-72所示。

❸ 设置“第一高光反射层”。用鼠标左键点击“颜色”右侧的“颜色选择器”，设置“红”为“84”；“绿”为“99”；“蓝”为“107”，设置“级别”为“152”；“光泽度”为“24”；“各向异性”为“62”，如图4-73所示。

❹ 设置“第二高光反射层”。用鼠标左键点击“颜色”右侧的“颜色选择器”，设置“红”为“153”；“绿”为“172”；“蓝”为“136”，设置“级别”为“77”；“光泽度”为“43”，如图4-74所示。

❺ 打开“贴图”卷展栏，点击“反射”右侧的“无”，在弹出的“材质/贴图浏览器”的“V-Ray”材质列表中选择“VR-贴图”，如图4-75所示。

❻ 用鼠标左键点击 (转到父对象)工具，在“贴图”卷展栏中，设置“反射”为“20”；同样，点击“凹凸”右侧的“无”，在弹出的“材质/贴图浏览器”中选择“贴图”材质列表中的“噪波”，如图4-76所示。

❼ 设置“噪波参数”卷展栏中“大小”为“0.2”，如图4-77所示。

❽ 用鼠标左键点选 (转到父对象)工具，当前“台面”的“贴图”卷展栏显示，如图4-78所示。

❾ 用鼠标左键点选工具行中的 (渲染产品)工具，渲染透视图，如图4-79所示。

4.9 材质编辑器中HDRI贴图的设置

❶ 用鼠标左键依次点选菜单栏中“渲染”下的“环境”，如图4-80所示。

❷ 在“环境和效果”面板中，点选“公用参数”卷展栏中显示“无”字样的按钮，在弹出的“材质贴图浏览器”中，选择“VRayHDRI”，如图4-81

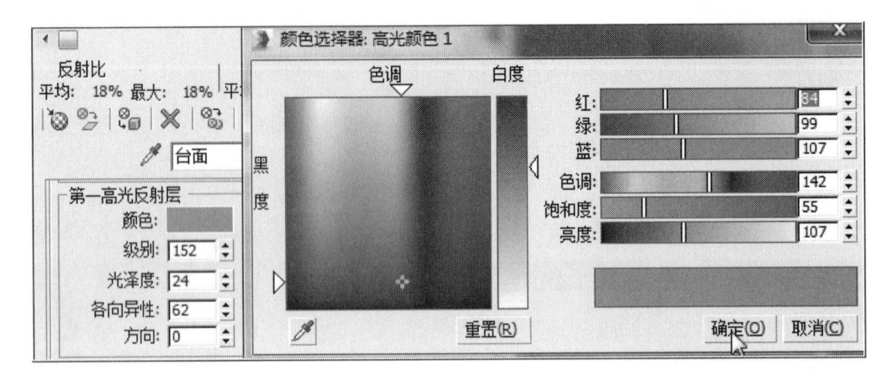

图4-73 设置“第一高光反射层”

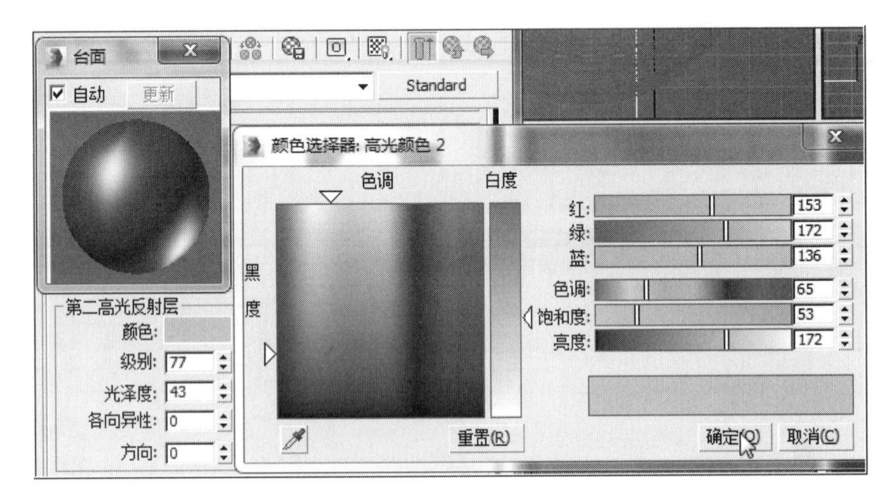

图4-74 设置“第二高光反射层”

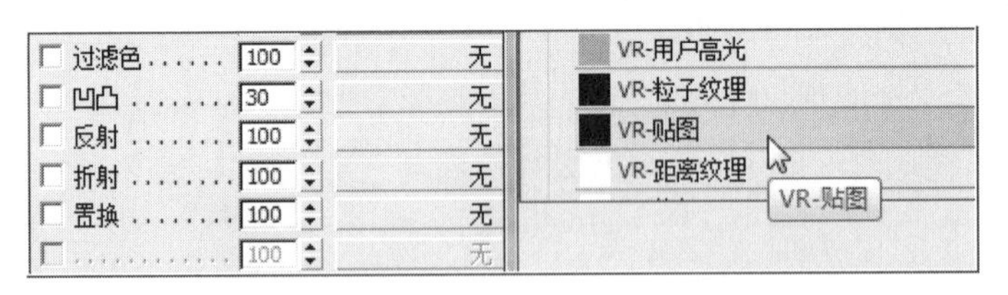

图4-75 台面的反射添加“VR-贴图”

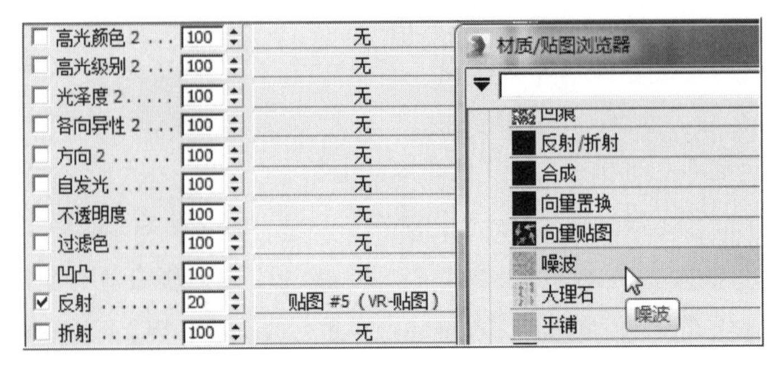

图4-76 台面的凹凸添加“噪波”

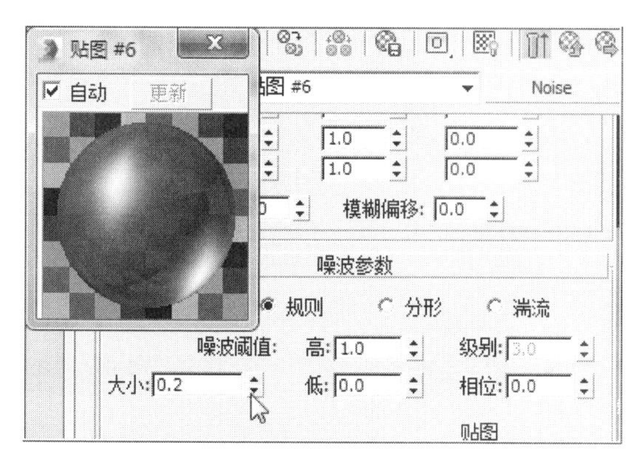

图4-77　设置噪波大小为“0.2”

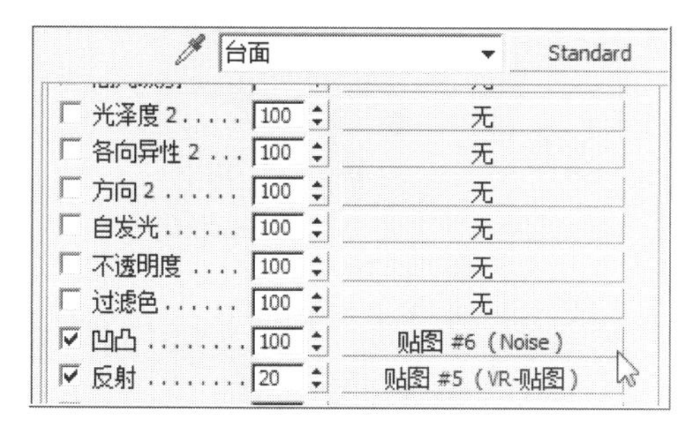

图4-78　当前“台面”“贴图”卷展栏

图4-79　当前透视图渲染效果

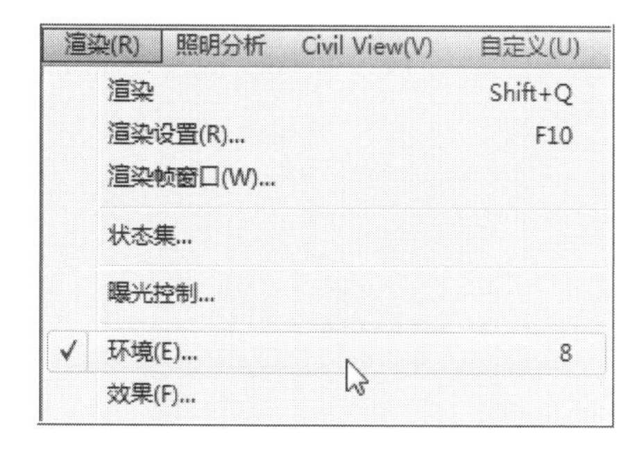

图4-80　选择“渲染”菜单下的“环境”

所示。

❸ 点击“确定”按钮后，当前“环境和效果”面板，如图4-82所示。

❹ 用鼠标左键拖动“VRayHDRI”按钮指定给“材质编辑器”的第3个实例球上。在弹出的“实例贴图”面板中，点选“实例”，点击“确定”按钮，将材质重命名为“环境贴图”，如图4-83所示。

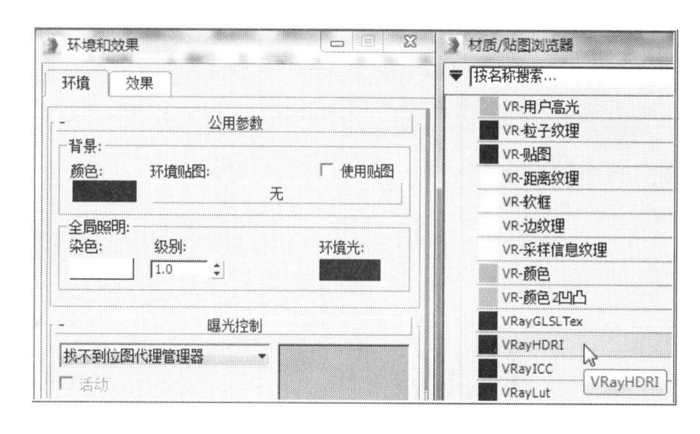

图4-81　选择“VRayHDRI”

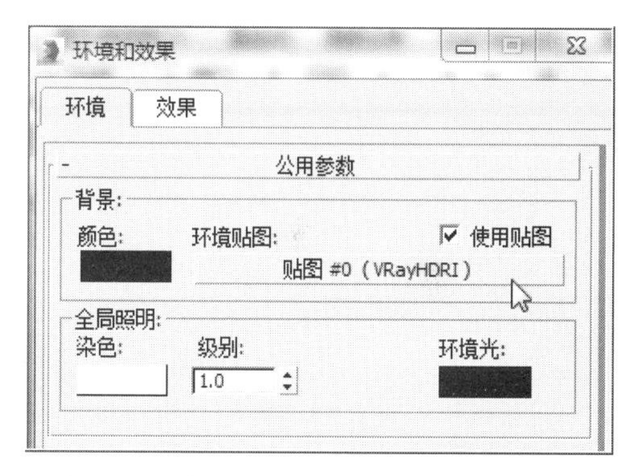

图4-82　选定VRayHDRI的“环境和效果”面板

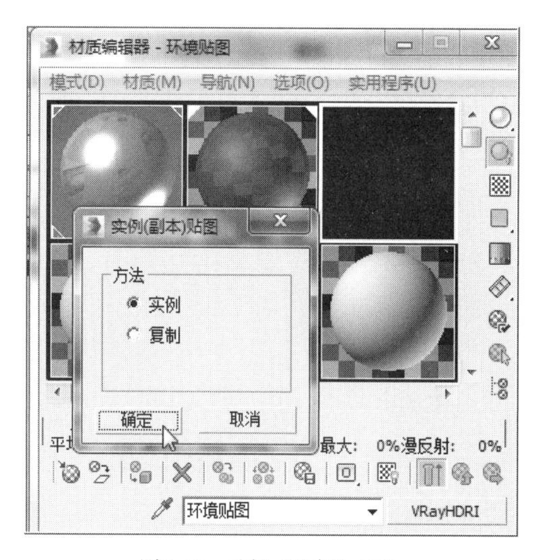

图4-83　选择“实例”方法

❺ 用鼠标左键点击“参数”卷展栏中的“位图”右侧的按钮，在弹出的“选择HDR图像”面板中，拾取本章提供的素材文件“bathroom_color2.hdr”点击“打开”按钮，如图4-84所示。

❻ 在当前“参数”卷展栏中，设置“贴图类型”为“球形”，如图4-85所示。

❼ 用鼠标左键点击主工具行中的（渲染产品）工具，渲染透视图，如图4-86所示。

4.10 调整参数渲染出图

4.10.1 调整V-Ray渲染器相关参数

❶ 用鼠标左键点选主工具行中的（材质设置）工具，设置“公用”选项卡中的“输出大小”为“800×600”，如图4-87所示。

❷ 在“GI”（间接照明）选项卡中，设置“发光图”卷展栏的“当前预设”为“中”，如图4-88所示。

4.10.2 渲染出图

❶ 用鼠标左键点击“渲染设置面板”右下角的“渲染”按钮，对当前透视图中进行渲染，如图4-89所示。

❷ 渲染后的“易拉罐”效果图，如图4-90所示。

图4-84　选择本章节提供的hdr文件

图4-86　透视图渲染效果

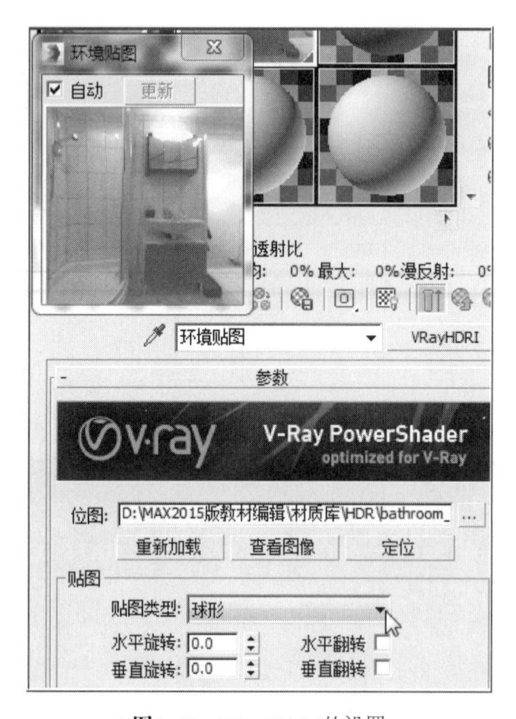

图4-85　VRayHDRI的设置

图4-87　设置“输出大小”为“800×600”

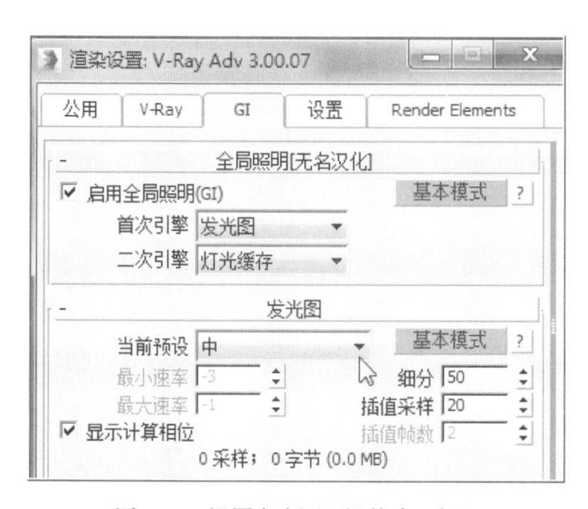

图4-88 设置发光图预设值为“中”

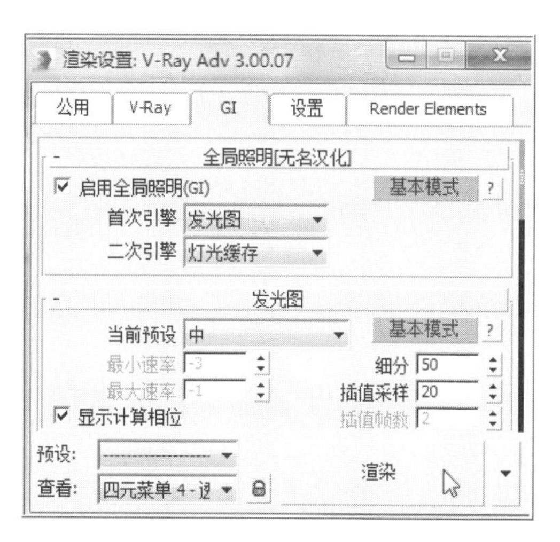

图4-89 点“渲染”按钮

图4-90 易拉罐最终效果图

第五章

相框的制作

“放样”在二维图形建模中占重要地位。“放样”是基于两种不同使用目的“样条线”相互作用下的计算，从而得到创建对象的结果。一种作为路径，另一种作为截面图形，路径决定了放样对象的长度、宽度、弯曲程度，截面图形决定了放样对象的截面形态。路径只能有一条，截面图形可以有很多。

本例以“相框的制作”为例，让大家理解“放样”方式建模的基本思路和相关工具的使用方法。

本章使用到的知识点：

（1）“样条线”的“顶点”编辑方法。

（2）“切角”工具的用法。

（3）多边形编辑方法对选区面的指定和分离。

（4）“孤立当前选择”使用方法。

（5）灯光创建以及使用方法。

（6）VRayMtl对凹凸表面材质设置方法。

（7）UVW贴图修改器的使用方法。

（8）“材质编辑器”的“标准”材质下对“木纹”材质设置方法。

（9）渲染输出分辨率的设置方法。

5.1 相框的制作

5.1.1 创建相框的路径

用鼠标左键在视图右侧命令面板中，依次选择 （创建）－ （图形）－ 矩形 工具，在前视图创建相框的路径，如图5－1所示。

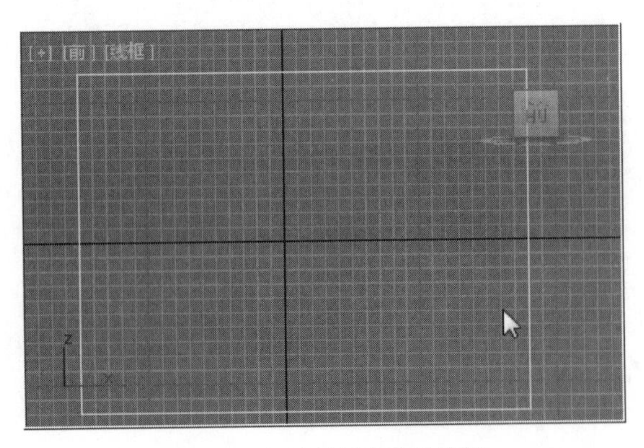

图5－1 前视图创建相框的路径

5.1.2 创建相框的截面图形

❶ 鼠标左键在视图右侧命令面板中，依次选择 （创建）－ （图形）－ 线 工具，在前视图创建相框的截面图形，如图5－2所示。

注：创建截面图形要注意和路径之间尺寸大小的匹配关系，这对“放样”后对象的形态起着决定性的作用。

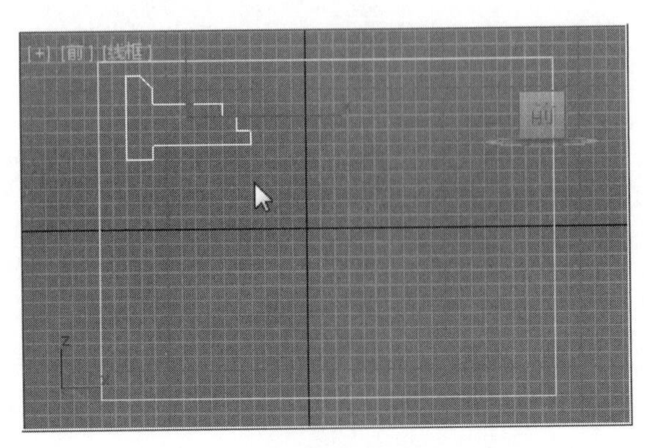

图5－2 在前视图创建相框的截面图形

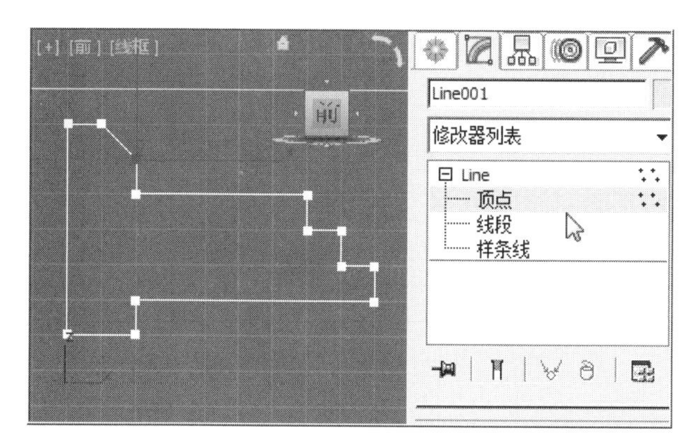

图5-3 顶点编辑方式下选择视图中的“顶点”

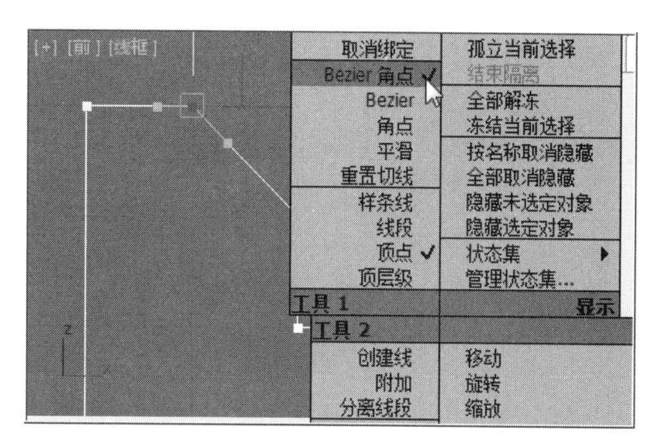

图5-4 在菜单中选择“Bezier 角点”

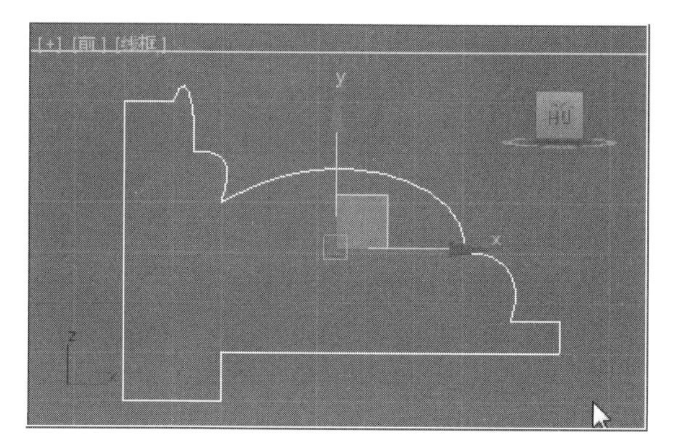

图5-5 使用“Bezier角点”对相关顶点编辑后的截面图形

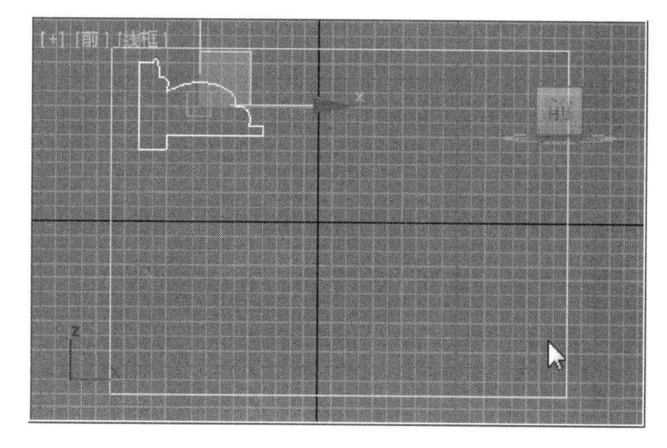

图5-6 最大化显示前视图

❷ 用鼠标左键点击右侧命令面板中的 (修改)命令，在修改器堆栈中，展开“Line”的折叠选项，点选“顶点”编辑，结合主工具行中的 (选择并移动)工具，在前视图中选择“顶点”，如图5-3所示。

❸ 用鼠标右键点击选择的顶点，在弹出的快捷菜单中，选择“Bezier 角点”，如图5-4所示。

❹ 使用“Bezier 角点”对截面图形相关顶点两边的绿色手柄进行XY轴方向上的曲度调整，关闭“顶点”编辑，如图5-5所示。

❺ 用鼠标左键点选视图右下角视图控制区的 (最大化显示)工具，如图5-6所示。

5.2 相框的放样成形

5.2.1 相框的放样基本形

❶ 确保视图中的“矩形”处于被激活状态，用鼠标左键依次点击 (创建)－ (几何体)－“标准基本体”右侧下拉箭头，菜单里选择“复合对象”，如图5-7所示。

❷ 用鼠标左键在“复合对象”几何命令集中点选 放样 工具，如图5-8所示。

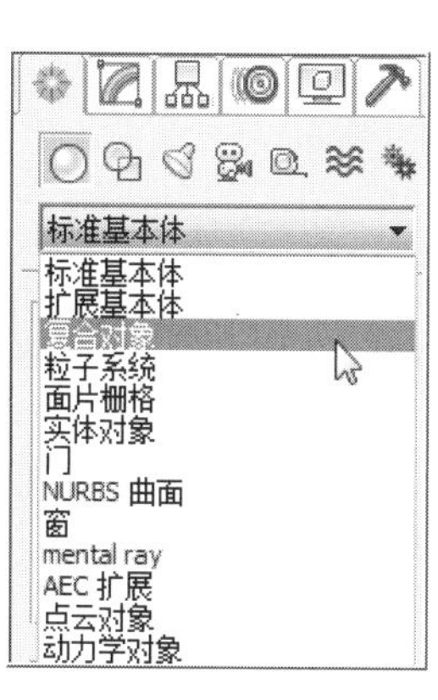

图5-7 选择“复合对象”

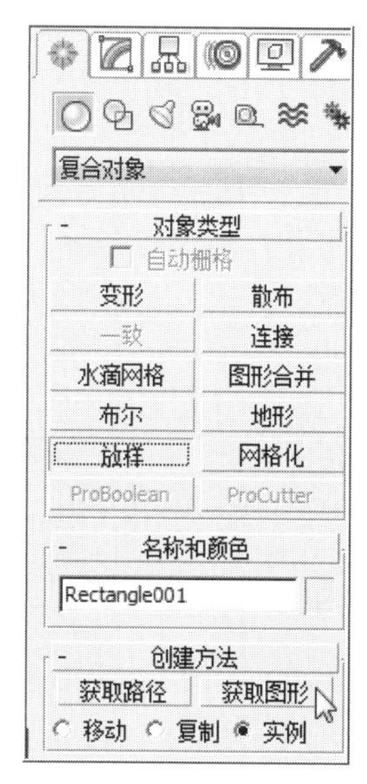

图5-8 选择“放样”

❸ 用鼠标左键在“放样”下属的“创建方法”卷展栏中，点选 获取图形 按钮，在前视图中点击截面图形“Line001”，如图5-9所示。

❹ 获取截面图形后得到相框放样后的形状，如图5-10所示。

5.2.2 调整相框转角处的不正常显示

❶ 用鼠标左键在前视图中点击视图左上角标签位置的“线框”，在弹出的菜单里选择“明暗处理”，如图5-11所示。

❷ 当前视图明暗处理显示的效果，如图5-12所示。

❸ 用鼠标左键点选视图右侧 （修改）命令，在“Loft”总级别的“蒙皮参数”卷展栏中，设置“选项”的“路径步数”为“0”，如图5-13所示。

❹ 当前“loft001”设置“步数”后的显示效果，如图5-14所示。

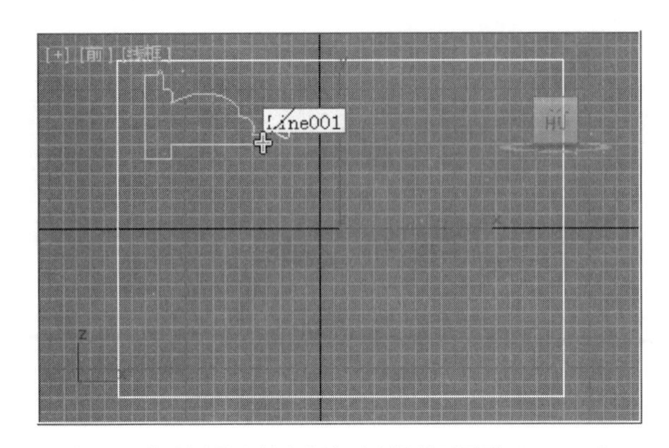

图5-9 获取图形的创建方法下选择截面图形“Line001”

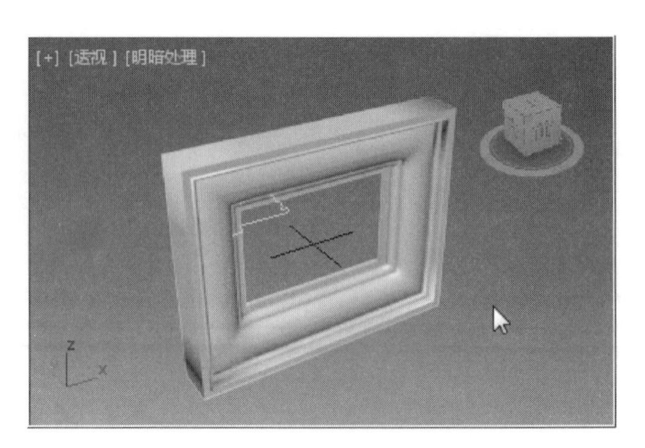

图5-10 “放样”后的相框形状

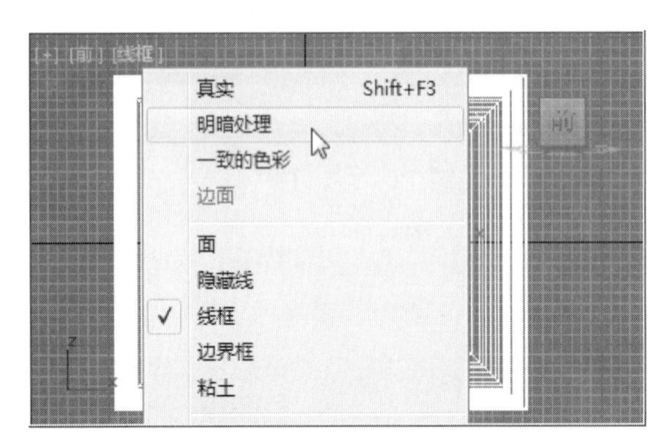

图5-11 前视图显示模式为“明暗处理”

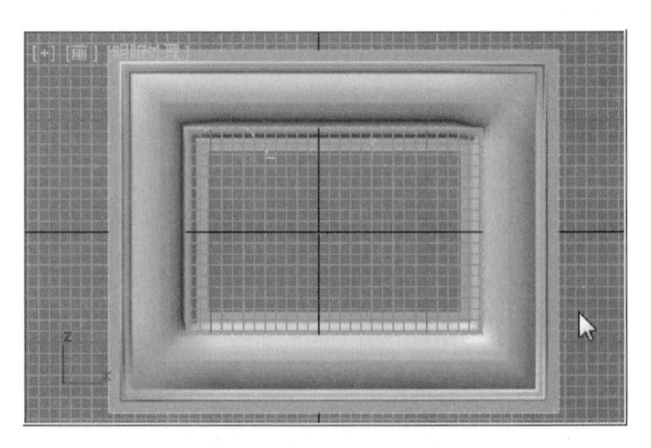

图5-12 当前视图显示效果

图5-13 设置“路径步数”为“0”

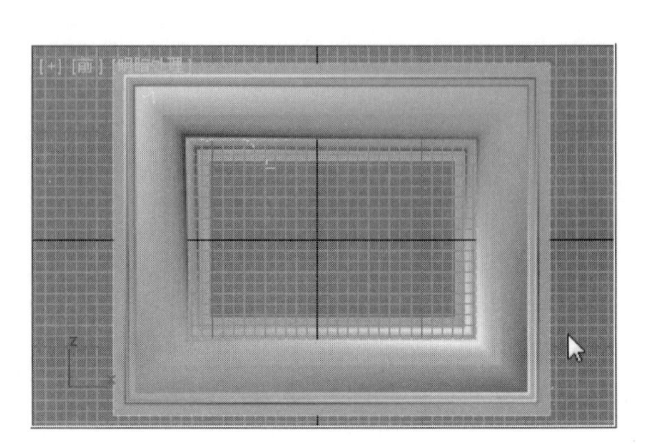

图5-14 当前视图显示调整后的相框效果

5.2.3 相框装饰面纹样选区指定

❶ 在前视图中，用鼠标右键点击“loft001”，在弹出的快捷菜单中，选择“转换为可编辑多边形”，如图5-15所示。

❷ 在“loft001”下属的“选择”卷展栏中，用鼠标左键点击 ◁（边）按钮，以“边”的编辑方式，框选前视图“loft001”右上角的区域，如图5-16所示。

❸ 用鼠标左键框选后“边”显示效果，如图5-17所示。

❹ 用鼠标左键在视图右侧“选择”卷展栏中，点击“环形”工具，前视图“loft001”4个角的“边”选择的效果，如图5-18所示。

❺ 用鼠标右键点击“loft001”，在弹出的快捷菜单中选择“转换到面”，如图5-19所示。

❻ 转换到面后的“loft001”显示效果，如图5-20所示。

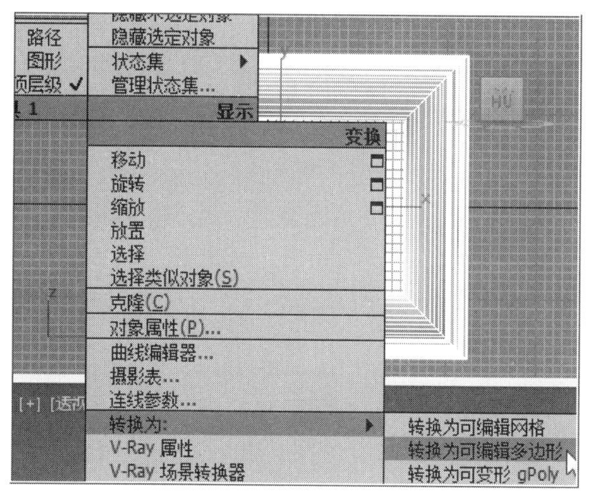

图5-15 将“loft001”转换为“可编辑多边形”

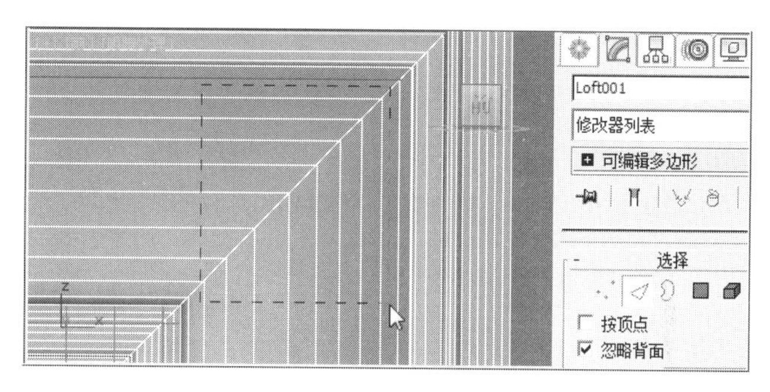

图5-16 以“边”的编辑方式框选视图相框右上角的区域

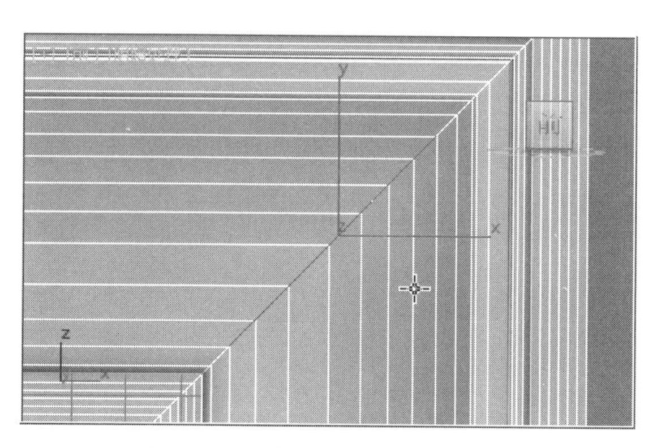

图5-17 选择后的“边”显示效果

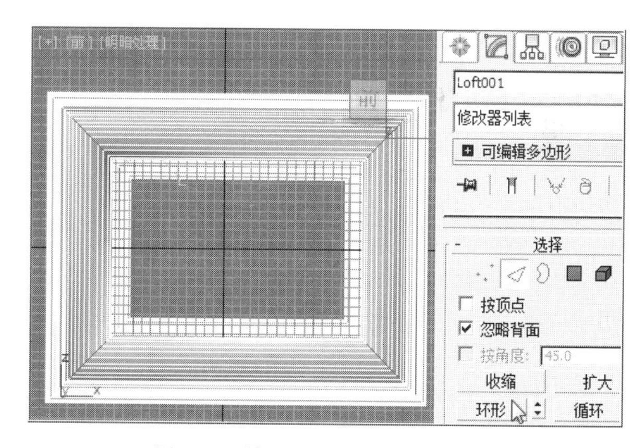

图5-18 以“环形”的方式选择相框的4个边

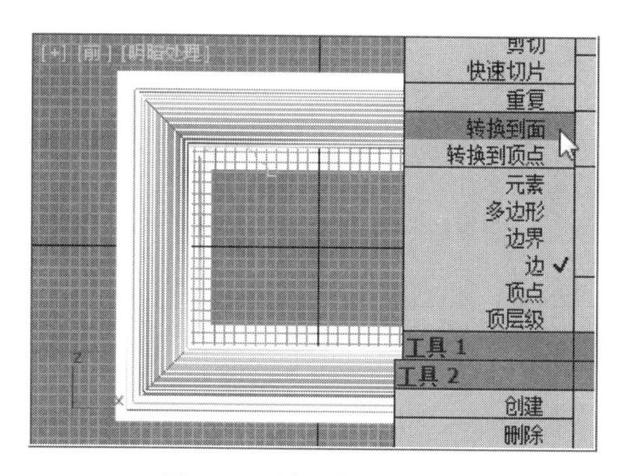

图5-19 选择“转换到面”

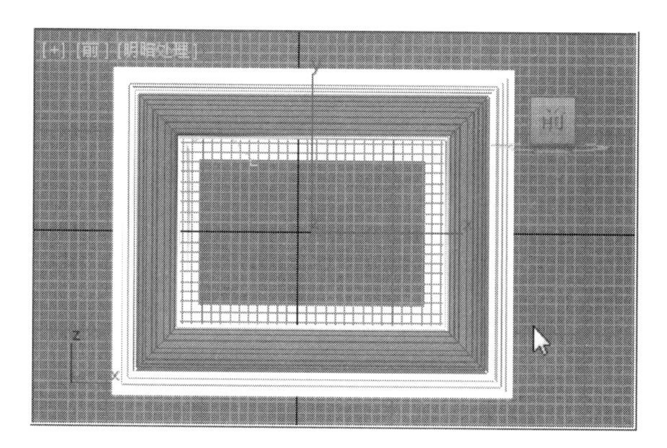

图5-20 转换到面后，当前显示效果

❼ 用鼠标左键在视图右侧命令面板中，点击（多边形）按钮，以“多边形”编辑方式，在“编辑几何体”卷展栏中点击“分离”工具，在弹出的“分离”面板中，将分离对象命名为“相框装饰面”，然后点击“确定”按钮，如图5-21所示。

注：“分离”是为了方便后期的材质设置，对于初学者来说容易理解和操作。

5.2.4 相框框边指定

❶ 在视图左侧“资源管理器”（显示几何体）所属“名称”列表中，用鼠标右键点选“Loft001”，在弹出的菜单中选择“重命名”，如图5-22所示。

❷ 将“Loft001”命名为“相框框边”，如图5-23所示。

5.3 创建照片

5.3.1 使用平面工具创建照片

❶ 在视图右侧命令面板中，用鼠标左键依次点选（创建）-（图形）- 平面 工具，如图5-24所示。

❷ 用鼠标右键点击工具行中的（捕捉开关）工具，在弹出的“栅格和捕捉设置”面板中，勾选“顶点”，如图5-25所示。

注：在视图中，要创建的对象和其他对象之间需要某些顶点、线、面之间的参考或对齐关系时，需要结合捕捉设置的相关选项，依靠捕捉功能方便我们的创建。

❸ 在透视图中，依靠捕捉功能，用鼠标左键点击

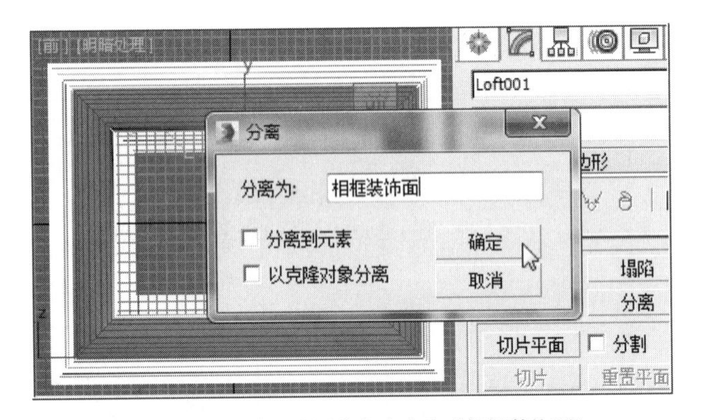

图5-21 将当前的选区分离命名为“相框装饰面”

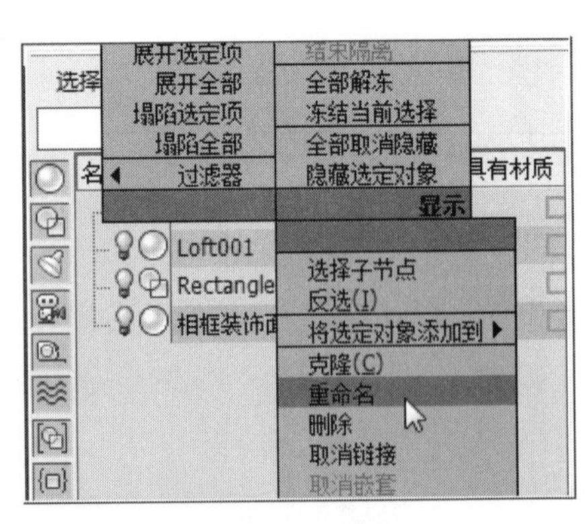

图5-22 在场景资源管理器中将“Loft001”重命名

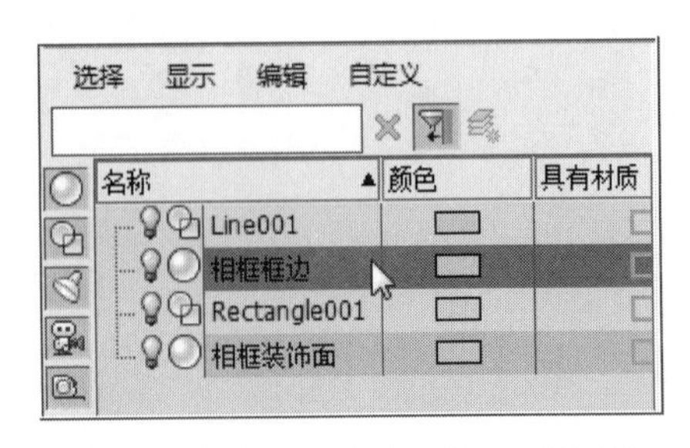

图5-23 将“Loft001”命名为“相框框边”

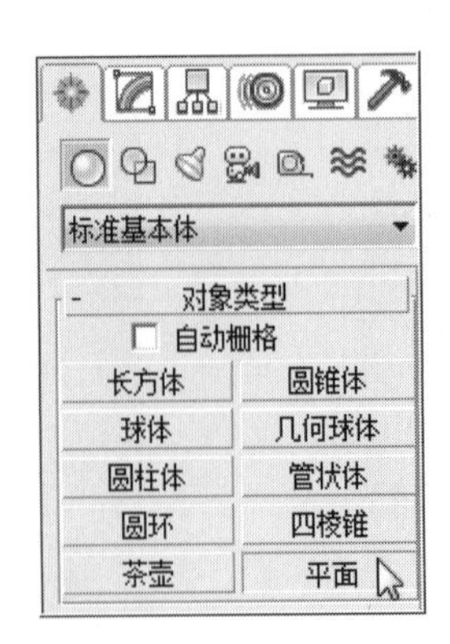

图5-24 选择“平面”工具

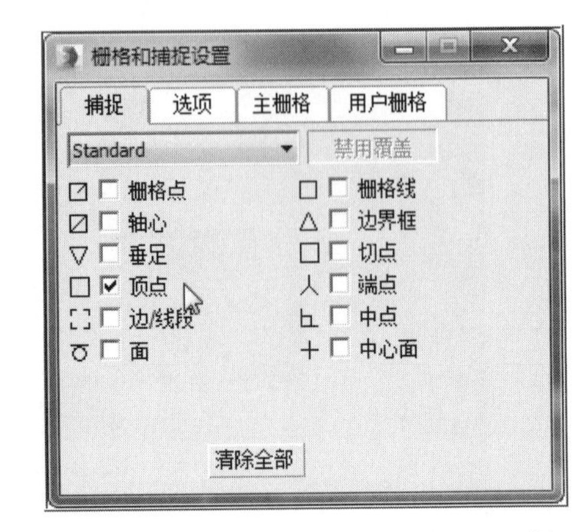

图5-25 在“栅格和捕捉设置”中勾选“顶点”

并拖曳的方法从“相框”左上角内径位置至右下角，创建与“相框”内径长宽一致的“平面”作为“照片”，如图5-26所示。

❹ 用鼠标左键点击主工具行中的 (选择并移动)工具，通过按压鼠标中轴并结合“Alt”键，将视图角度转至“相框”背面，如图5-27所示。

❺ 用鼠标左键点选“plane001”(平面)左下角的角点，结合捕捉功能将“平面”沿着Y轴方向移动捕捉到相框内径后边框位置，如图5-28所示。

❻ 再次使用键盘的“Alt键”加鼠标中轴，将视图旋转至“相框”正侧面，然后使用鼠标左键点击透视图左上角标签位置的“+”，在菜单中去除“显示栅格”前面的勾选，如图5-29所示。

❼ 当前视图显示效果如图5-30所示。

5.3.2 照片显示面指定

❶ 鼠标左键点击视图右侧命令面板中的 (修改)命令，在“参数”卷展栏中，设置“长度分段”为“3”；“宽度分段”为“3”，如图5-31所示。

❷ 用鼠标右键点击“plane001”(平面)，在弹出

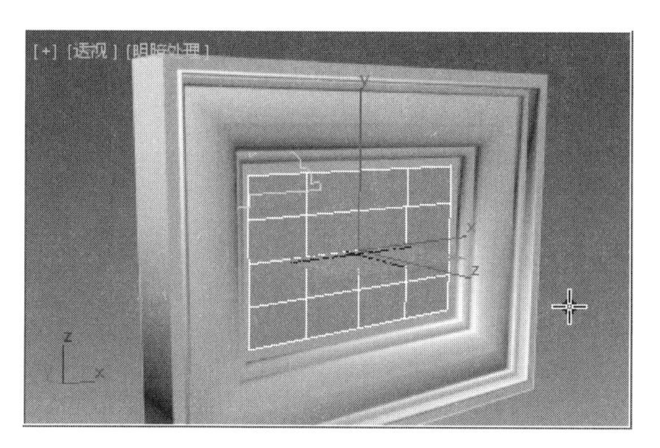

图5-26　创建与相框内径长宽一致的“平面”

图5-27　使用“Alt”键加鼠标中轴旋转视图至“相框”背面的角度

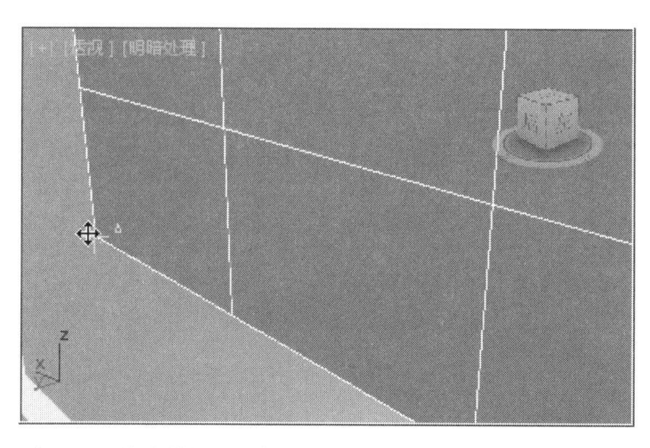

图5-28　结合捕捉功能将“平面”移至相框内径后边框位置

图5-29　去除视图中“显示栅格”前面的勾选

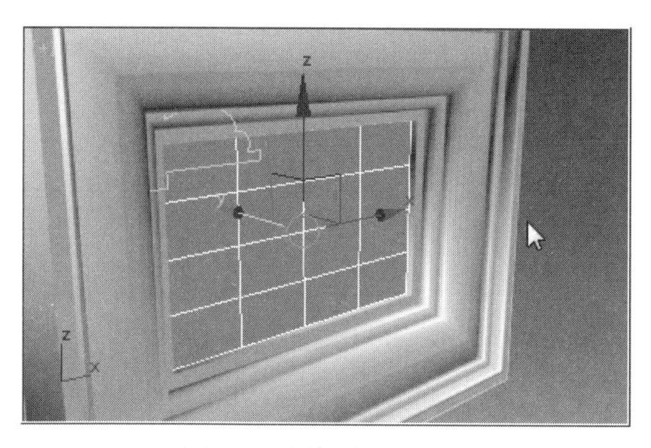

图5-30　当前视图显示效果

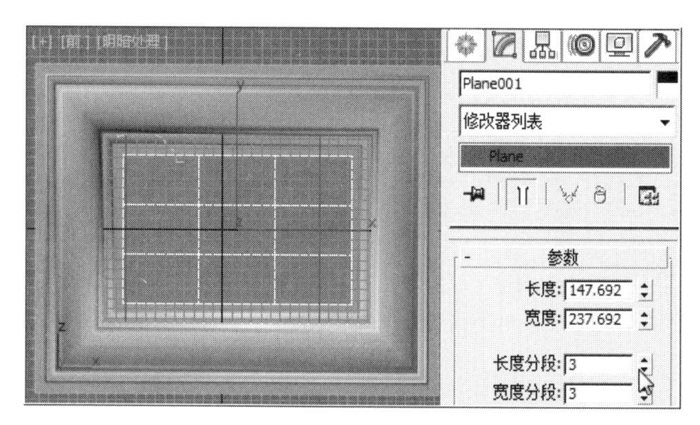

图5-31　设置“长度分段”和“宽度分段”分别为“3”

的快捷菜单中选择“转化为可编辑多边形”，并选择“边”的编辑方法，如图5-32所示。

❸ 用鼠标左键点选工具行中的 (选择并均匀缩放）工具，点选 (使用选择中心）工具，结合键盘上的“Ctrl”键，选择平行于Y轴方向的两条边，沿着X轴方向点击鼠标左键，缩放之间的距离至合适位置，如图5-33所示。

❹ 用同样的方法，选择平行于X轴的两条边沿着Y轴进行缩放，如图5-34所示。

❺ 在视图右侧命令面板中，用鼠标左键点击“选择”卷展栏中的 (多边形）按钮，以“多边形”编辑方式点选前视图中“Plane001”的面，如图5-35所示。

❻ 用鼠标左键在“编辑几何体”卷展栏中，点击“分离”工具，将“分离”对象命名为“照片”，然后点“确定”，如图5-36所示。

5.3.3 照片白边指定

❶ 在视图左侧的“场景资源管理器”中，用鼠标右键点击 (显示几何体）所属“名称”列表中的“Plane001”，在弹出的快捷菜单中，选择“重命名”，如图5-37所示。

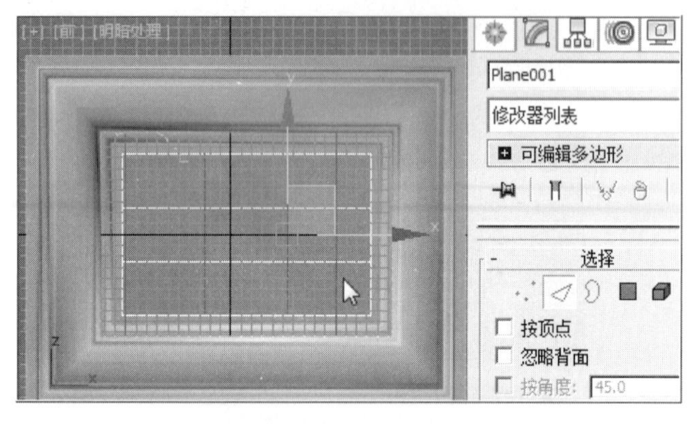

图5-32　选择“边”的编辑方法

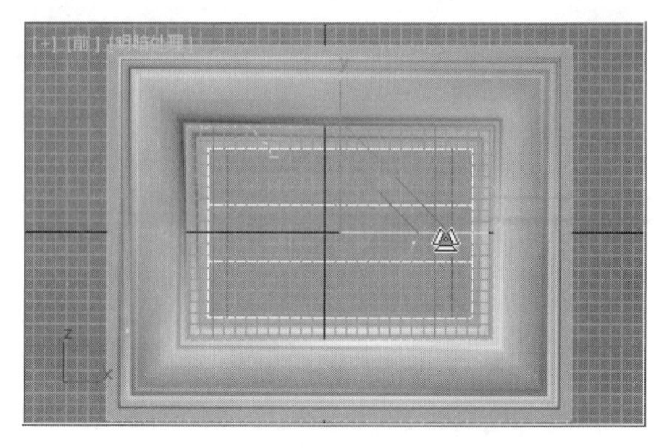

图5-33　选择平行于Y轴的两条边沿着X轴进行缩放

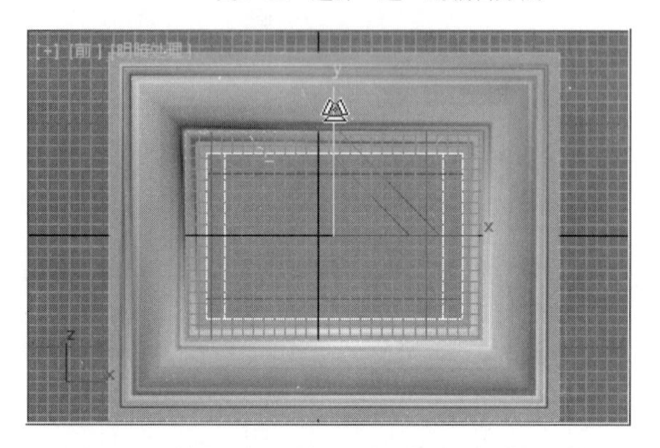

图5-34　选择平行于X轴的两条边沿着Y轴进行缩放

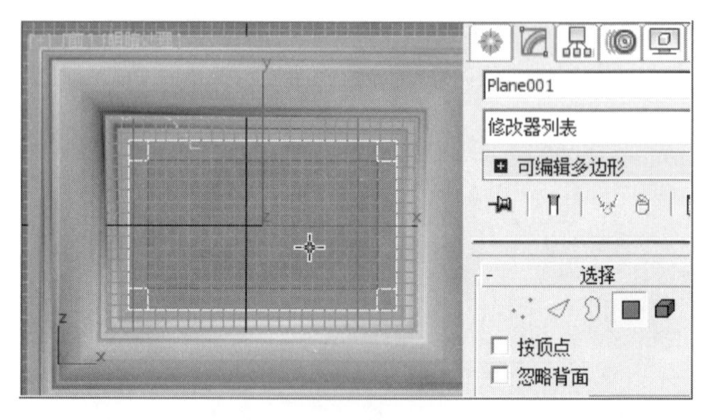

图5-35　以“多边形”编辑方法选择“Plane001”的面

图5-36　将选择的面“分离”命名为“照片”

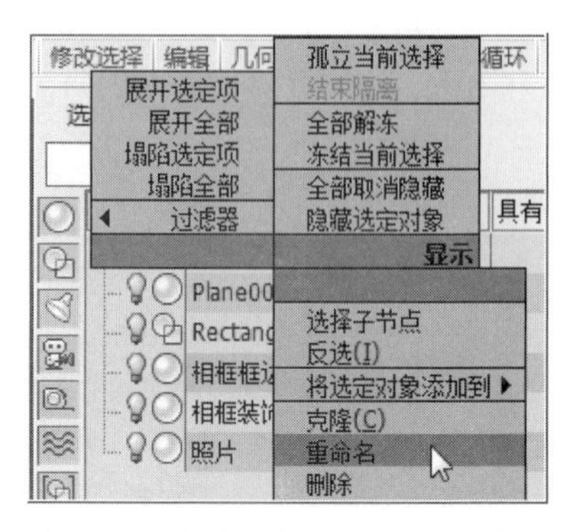

图5-37　鼠标右键点击“Plane001”并选择“重命名”

❷ 将“Plane001”命名为“相片白边”，如图5-38所示。

5.4 创建垫板

❶ 在前视图中，用鼠标左键点击视图左上角标签位置的“明暗处理”，在弹出的菜单中选择“线框”，如图5-39所示。

❷ 用鼠标左键点选前视图左上角标签位置的“前”，在弹出的菜单中选择“后”，如图5-40所示。

❸ 在视图右侧命令面板中，用鼠标左键依次选择 (创建)-(几何体)-长方体 工具，如图5-41所示。

❹ 在工具行中 (捕捉开关)工具被开启的情况下，依靠捕捉顶点的功能，沿着相框的后面的凹面内径从左上角到右下角处，用鼠标左键创建出和其内径长宽一致的长方体作为垫板，如图5-42所示。

❺ 创建出的垫板如图5-43所示。

图5-38　将“Plane001”命名为“相片白边”

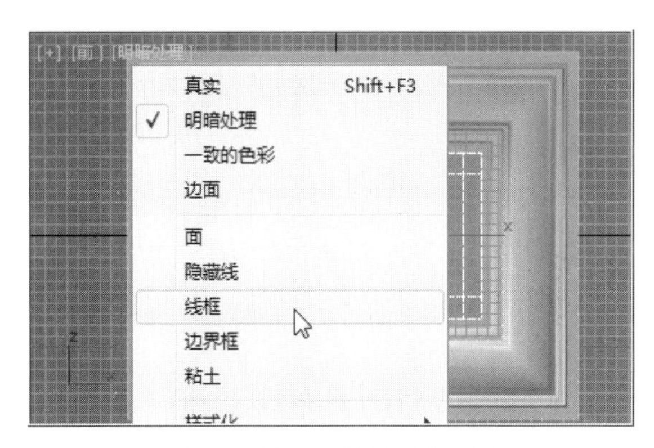

图5-39　前视图转换为线框视图

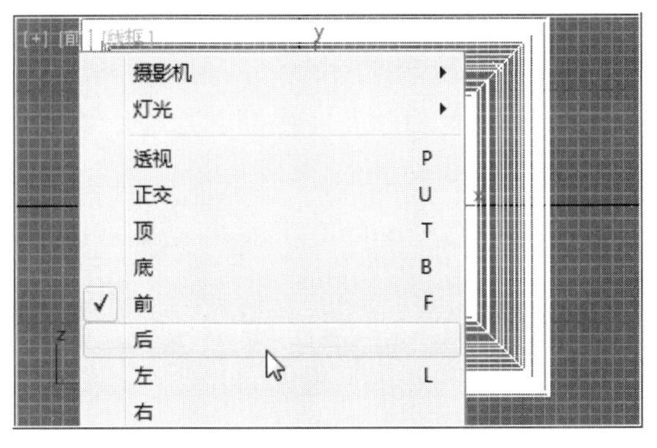

图5-40　将前视图转换为后视图

图5-41　选择“长方体”

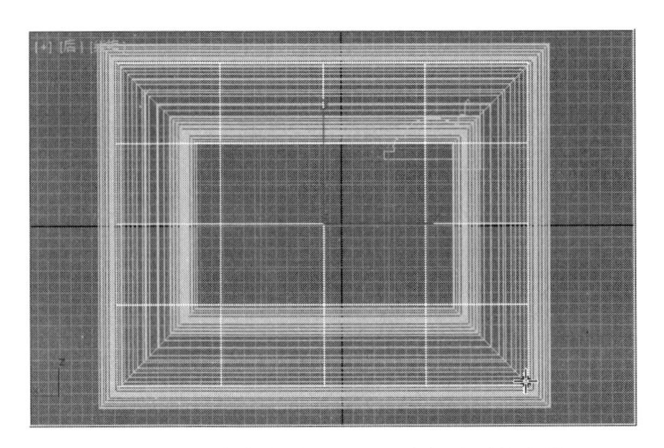

图5-42　沿着相框后面的凹面内径创建长方体

图5-43　当前创建的作为垫板的长方体

❻ 用鼠标左键结合主工具行中的 （选择并移动）工具，将“长方体”沿着自身的Y轴和相框分开一定距离，然后可根据情况修改长方体的高度，参数与相框凹面高度的参数一致即可。本例是用鼠标左键点击视图右侧命令面板中的 （修改）命令，在“参数”卷展栏中，设置“高度”为“6”，如图5-44所示。

❼ 在透视图中，用鼠标左键点击长方体下角的顶点，如图5-45所示。

❽ 用鼠标左键依靠顶点捕捉功能，将“长方体”沿着自身的Y轴对齐到相框凹面内侧顶点，对齐完毕后，关闭 （捕捉）工具，如图5-46所示。

❾ 在视图右侧命令面板中，将“长方体”重命名为“垫板”，如图5-47所示。

5.5 创建相框支架

❶ 在视图左侧的“场景资源管理器”中，用鼠标左键结合键盘“Ctrl”键，点击 （显示几何体）所属“名称”列表中的“垫板”“相框框边”“相框装饰面”“照片”“照片白边”，然后点选菜单栏的“组”-“成组”，在弹出的“组”设置框中，将“组名”命名为“相框”，如图5-48所示。

❷ 用鼠标左键点选主工具行中的 （选择并旋转）工具，在左视图中，将“相框”沿着Z轴旋转至合适角度，如图5-49所示。

❸ 用鼠标左键在视图右侧命令面板中，依次选择 （创建）-（图形）- 线 工具，在左视图中创建封闭样条线作为“支架”，如图5-50所示。

❹ 用鼠标左键点击视图右侧命令面板中的 （修改）命令，在“渲染”卷展栏中，勾选“在渲染中启用”和“在视口中启用”，设置“径向”的“厚度”为“4”，将“line002”重命名为“支架”，如图5-51所示。

5.6 创建台面

❶ 在视图右侧命令面板中，用鼠标左键依次点击

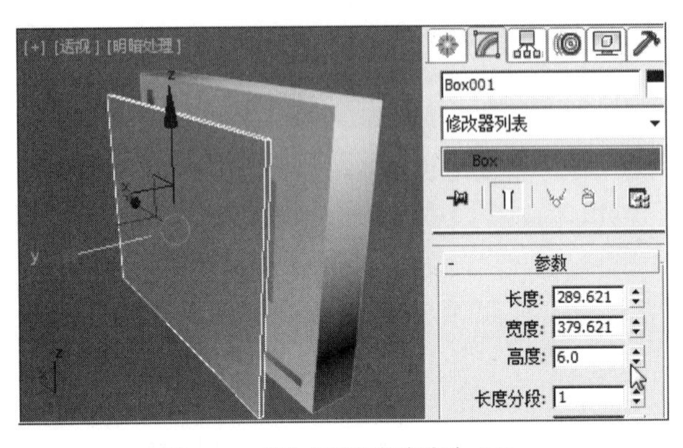

图5-44 修改长方体的高度为“6”

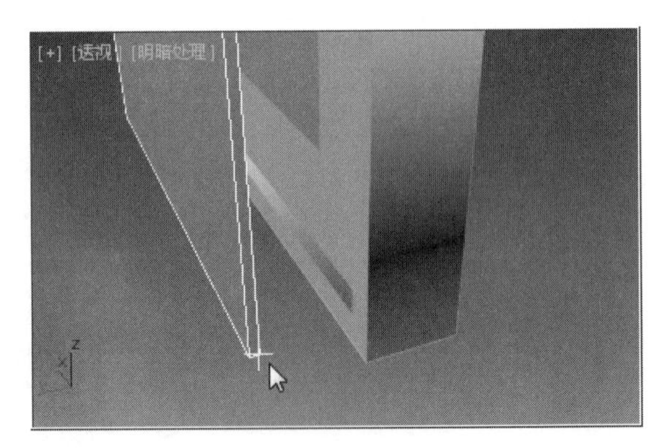

图5-45 点选长方体下角的顶点

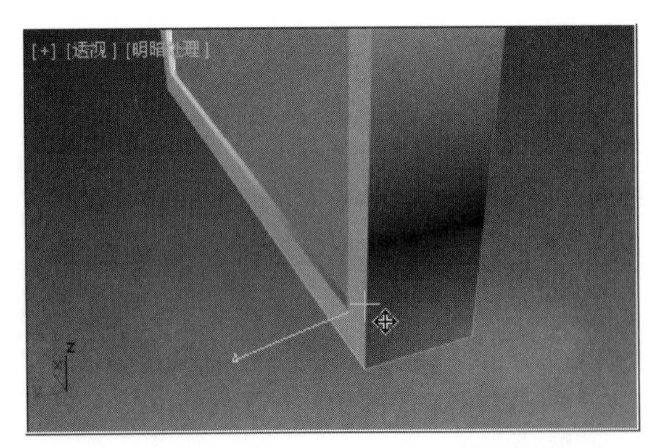

图5-46 依靠顶点捕捉功能，将“长方体”对齐到相框凹面内侧

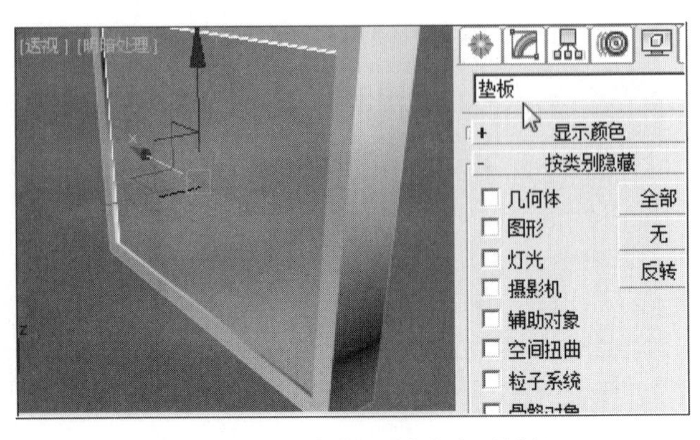

图5-47 将“长方体”重命名为“垫板”

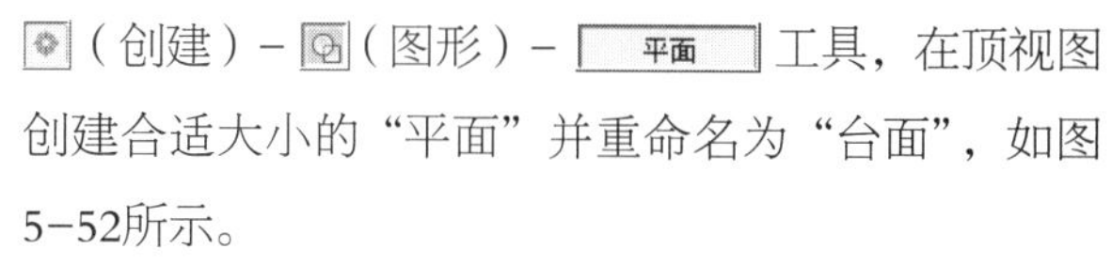

（创建）－（图形）－平面工具，在顶视图创建合适大小的“平面”并重命名为“台面”，如图5-52所示。

❷ 用鼠标左键在透视图中点选“台面”，结合主工具行中的（对齐）工具，点击“相框”，如图5-53所示。

图5-48　将所选对象命名为“相框”

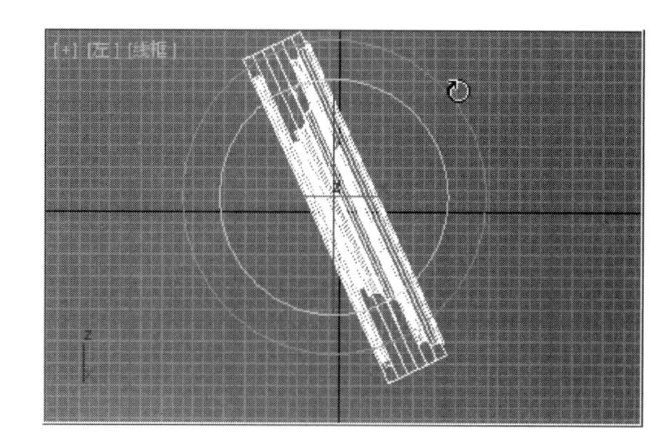

图5-49　运用旋转工具将“相框”旋转至合适角度

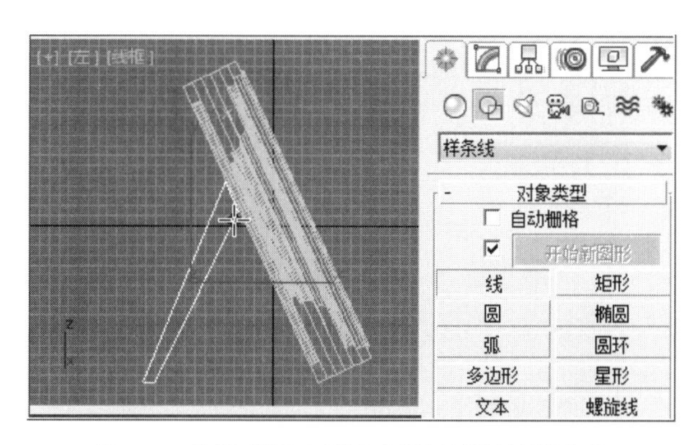

图5-50　选择“线”工具在左视图创建封闭样条线

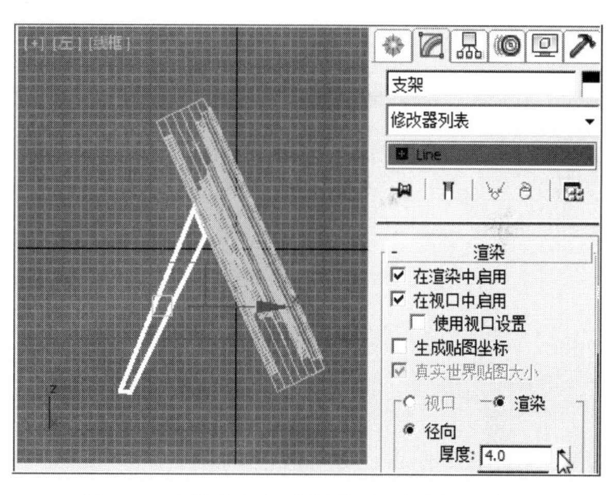

图5-51　在修改命令面板中勾选和设置相关参数

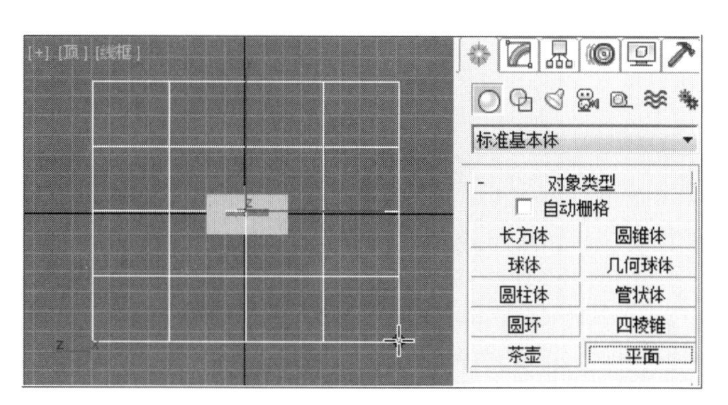

图5-52　在顶视图创建合适大小的“平面”作为“台面”

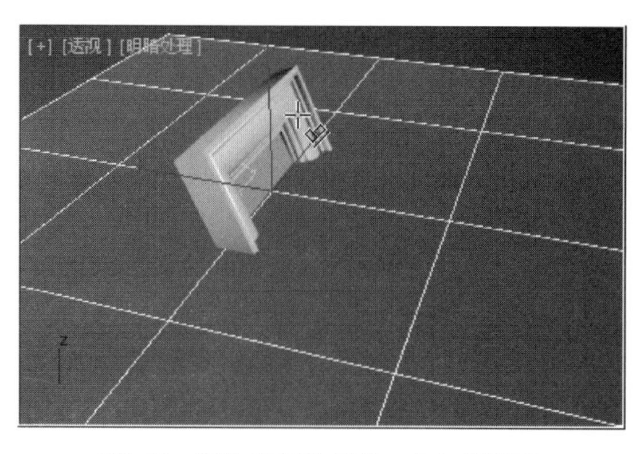

图5-53　选择“对齐”工具，点击“相框”

❸ 在弹出的“对齐当前选择”面板中，设置“对齐位置”勾选“Z位置”，“当前对象”勾选“最大”；“目标对象”勾选“最小”，如图5-54所示。

❹ 在“对齐”面板中，设置好相关选项，点击“确定”按钮。“台面”和“相框”对齐后的效果，如图5-55所示。

5.7 创建灯光

❶ 在视图右侧命令面板中，用鼠标左键依次点选（创建）-（灯光）-标准-目标聚光灯工具，以顶视图右下角处为开始点，向“相框方向”创建“目标聚光灯”，如图5-56所示。

❷ 在前视图当中，用鼠标左键点选“目标聚光灯”的开始点，结合主工具行中的（选择并移动）工具，沿着自身的Y轴最大化方向，将“目标聚光灯”和“相框”之间的位置关系设置为俯视角度，如图5-57所示。

❸ 用鼠标左键点击视图右侧命令面板中的（修改）命令，在“常规参数”卷展栏中，勾选“阴影”下方的“启用”；“阴影”类型选择“区域阴影”；在“阴影参数”卷展栏的“对象阴影”中，设置“密度”为“0.8”，如图5-58所示。

❹ 确保透视图处于被激活状态，用鼠标左键点击主工具行中的（渲染）工具，采用“V-Ray”渲染器，对透视图进行渲染，可以看到当前阴影效果，如图5-59所示。

5.8 材质设置

5.8.1 相框装饰面纹样材质设置

❶ 确保视图中的“相框”被选择的情况下，用鼠标左键点选菜单栏的“组”-“解组”，然后选择视图中的“相框装饰面”，结合工具行的（材质编辑器）

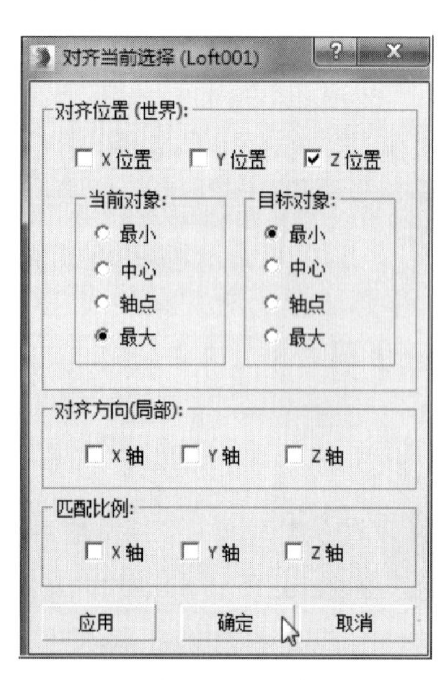

图5-54 设置对齐面板相关参数

图5-55 “台面”和“相框”对齐后的显示

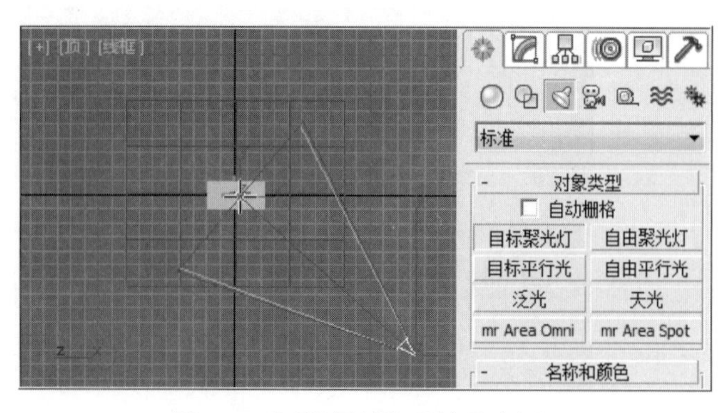

图5-56 在顶视图创建“目标聚光灯”

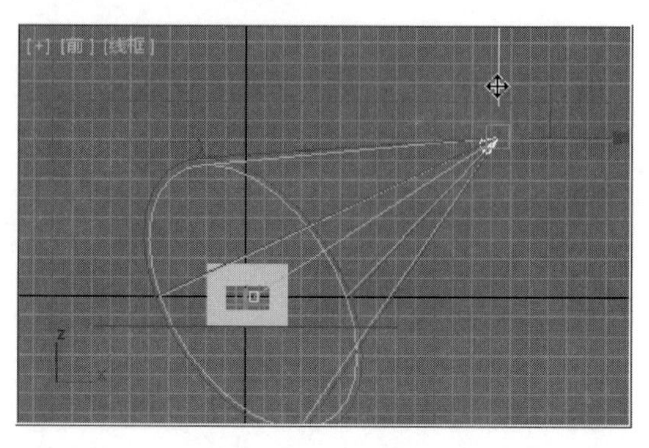

图5-57 将“目标聚光灯”和“相框”之间的位置关系设置为俯视角度

工具，选择第1个实例球，以“VRayMtl”材质贴图方式进行材质设置，通过鼠标左键点击 (将材质指定给选定对象) 工具，将材质指定给选定的“相框装饰面”，将实例球材质命名为“相框装饰面”，如图5-60所示。

❷ 用鼠标左键点击“漫反射”右侧的“颜色选择器”，设置“红”为“223”；“绿”为“65”；“蓝”为“3”，点击“确定”按钮，如图5-61所示。

❸ 用鼠标左键点击“反射”右侧的“颜色选择器”，设置“红”为“167”；“绿”为“167”；“蓝”为“167”，点击“确定”按钮；设置“高光光泽度”为“0.75”；“反射光泽度”为“0.95”，如图5-62所示。

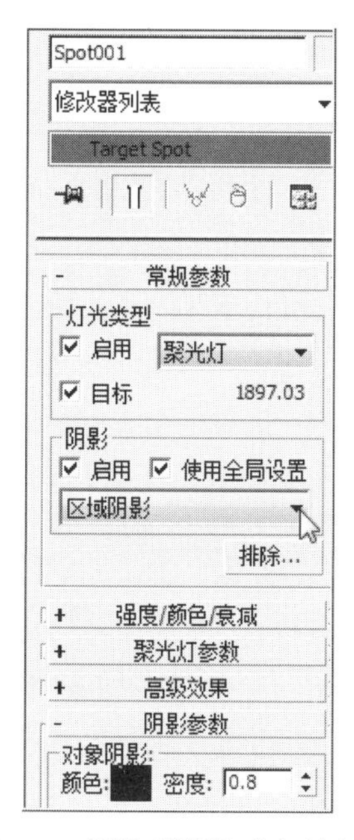

图5-58　设置“阴影”的相关参数

图5-59　使用“V-Ray”渲染器渲染后的灯光效果

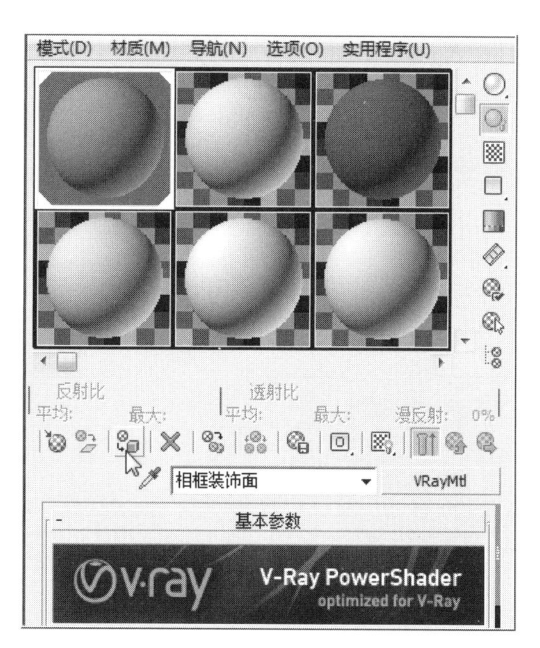

图5-60　选择第1个实例球指定给“相框装饰面”

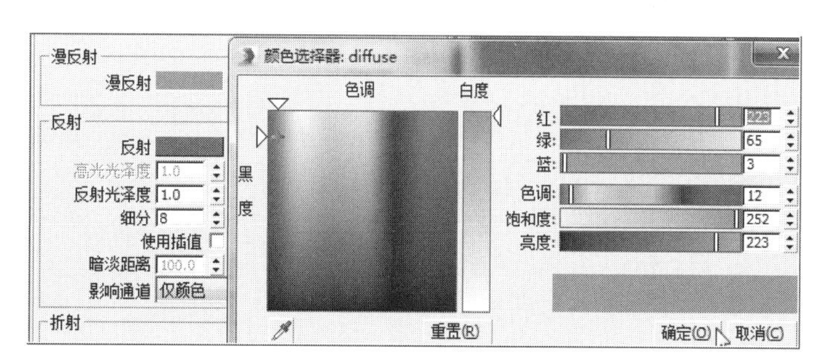

图5-61　设置“漫反射”的“颜色选择器”相关参数

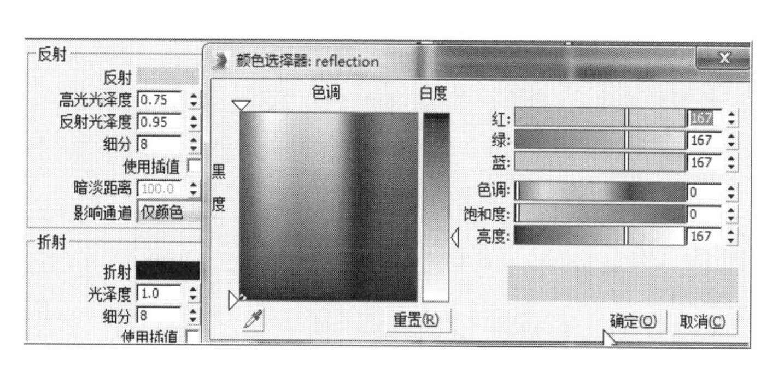

图5-62　设置“反射”的“颜色选择器”相关参数

❹ 用鼠标左键点击展开“贴图”卷展栏，点选“凹凸”右侧的按钮，在弹出的“材质/贴图浏览器”中，选择“位图”，然后点击“确定”按钮，如图5-63所示。

❺ 在“选择位图”面板中，选择本章提供的素材文件“框面装饰纹样.jpg”，鼠标左键点击“打开”，如图5-64所示。

❻ 在当前“坐标”卷展栏中，取消“使用真实世界比例”前的勾选；设置“U”的“瓷砖”为“2”；“V”的“瓷砖”为“2”，如图5-65所示。

❼ 用鼠标左键点击（转到父对象）按钮，设置“凹凸”值为“200”，设置后的实例球“凹凸”的效果，如图5-66所示。

❽ 用鼠标左键点击视图右侧的（修改）命令，在“修改器列表”中，为“相框装饰面”指定“UVW贴图”修改器，去除“真实世界贴图大小”前面的勾选；“对齐”选择“Z”轴；点击“适配”，如图5-67所示。

❾ 确保透视图处于被激活状态，用鼠标左键点击主工具行中的（渲染）工具，可以看到添加“凹凸”贴图后的当前“相框装饰面”效果，如图5-68所示。

5.8.2 相框框边木纹材质设置

❶ 确保视图中的“相框框边”处于被选择的状态，用鼠标左键点选第2个实例球，以“VRayMtl”材质贴图方式进行材质设置，点击（将材质指定给选定对象）工具，将材质指定给选定的“相框框边”，将实例球重命名为“相框框边”，如图5-69所示。

❷ 用鼠标左键点选“漫反射”的“颜色选择器”右侧的按钮，在弹出的“材质贴图浏览器”中，选择“贴图”列表中的“位图”，如图5-70所示。

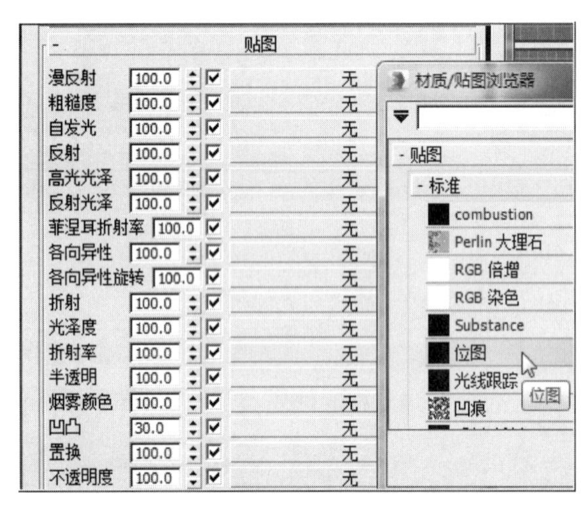

图5-63 选择位图作为“凹凸”的贴图方式

图5-64 选择提供位图的文件

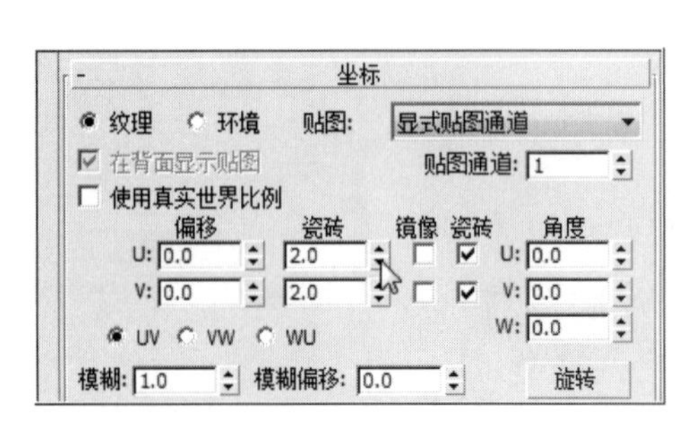

图5-65 设置“坐标”卷展栏相关参数

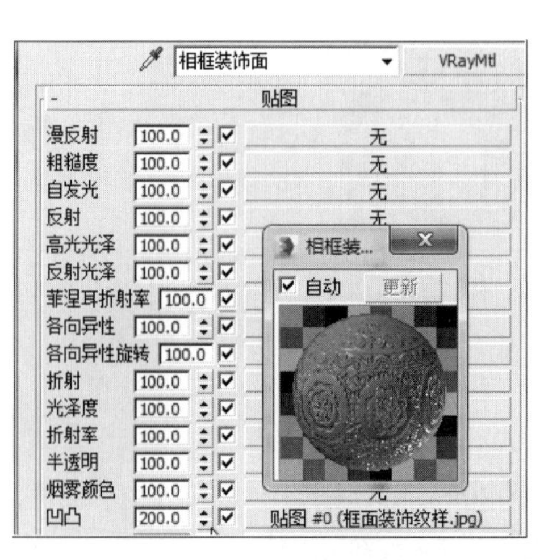

图5-66 设置“凹凸”值为“200”

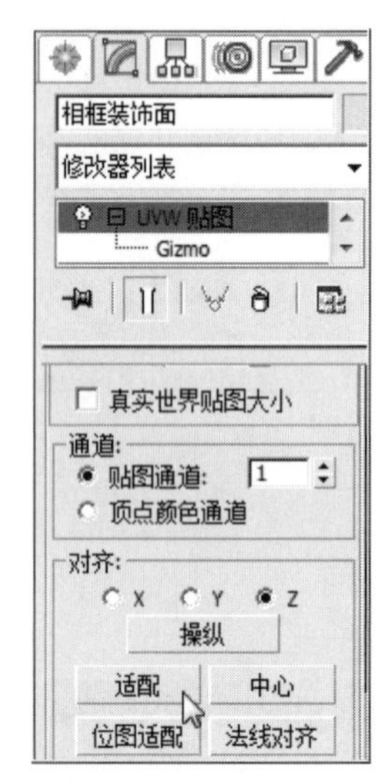

图5-67 设置“UVW贴图”修改器相关参数

图5-68　添加凹凸贴图后的“相框装饰面”效果

图5-69　选择第2个实例球指定给“相框框边”

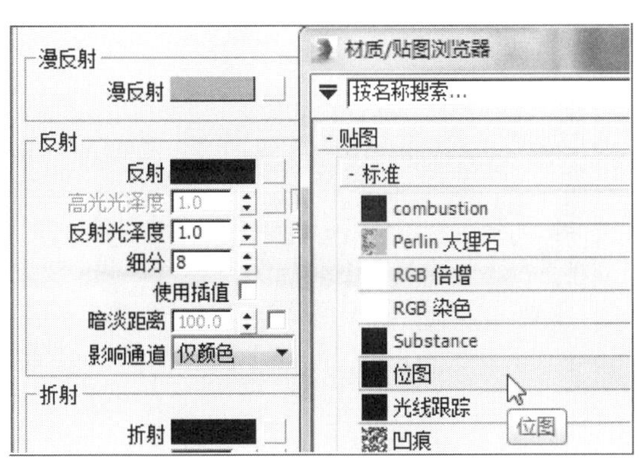

图5-70　选择“位图”作为“相框框边”的贴图类型

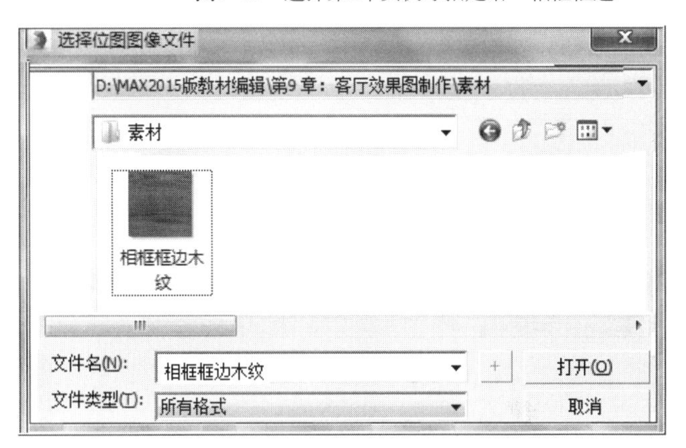

图5-71　选择提供位图的文件

❸ 在“选择位图”面板中，选择本章素材提供的素材“相框框边木纹.jpg”，用鼠标左键点击“打开”按钮，如图5-71所示。

❹ 在当前“坐标”卷展栏中，去除“使用真实世界比例”前的勾选，如图5-72所示。

❺ 用鼠标左键点选视图右侧的 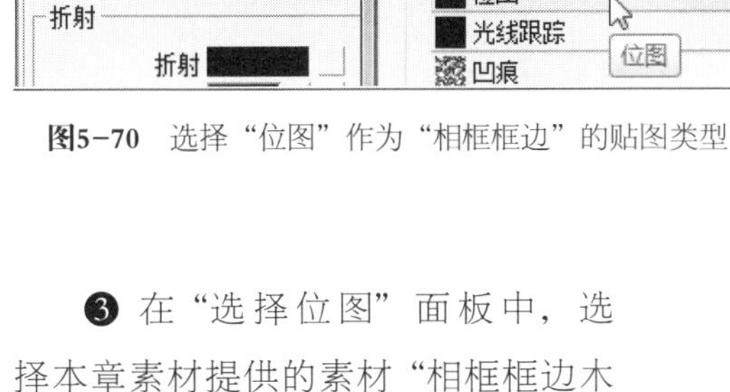（修改）命令，在“修改器列表”中，为“相框框边”指定“UVW贴图”修改器，在“参数”卷展栏的“贴图”类型中选择“长方体”；去除“真实世界贴图大小”前面的勾选，如图5-73所示。

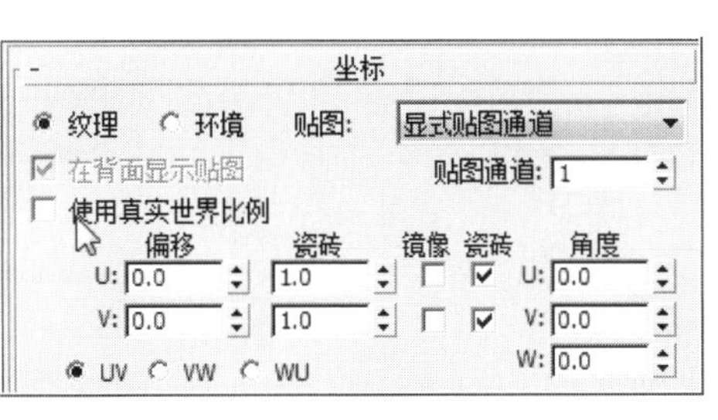

图5-72　设置“相框框边”的“坐标”卷展栏相关参数

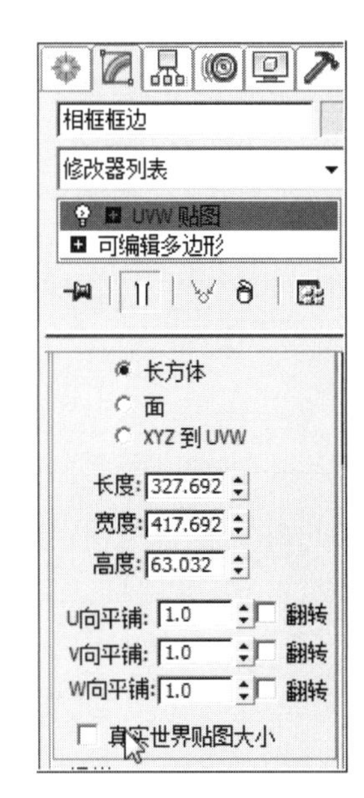

图5-73　设置“UVW贴图”修改器的相关参数

❻ 确保透视图处于被激活状态，用鼠标左键点击主工具行中的 (渲染)工具，可以看到添加"位图"贴图后的当前"相框框边"效果，如图5-74所示。

5.8.3 照片的材质设置

5.8.3.1 照片的材质设置

❶ 确保视图中的"照片"处于被选择的状态，选择第3个实例球，以"standard"(标准)材质贴图方式进行材质设置。用鼠标左键点击 (将材质指定给选定对象)工具，将材质指定选定的"照片"，将实例球重命名为"照片"，如图5-75所示。

❷ 用鼠标左键点选"漫反射"的"颜色选择器"右侧的按钮，在弹出的"材质/贴图浏览器"中，选择"标准"列表里的"位图"，如图5-76所示。

❸ 在"选择位图"面板中，选择本章提供的素材文件"照片.jpg"，用鼠标左键点击"打开"按钮，如图5-77所示。

❹ 在当前"坐标"卷展栏中，去除"使用真实世界比例"前的勾选，可以看到"照片"实例球当前的显示效果，如图5-78所示。

❺ 用鼠标左键点击实例球下方工具行中的 (转到父对象)按钮，设置"Blinn基本参数"卷展栏中的"自发光"为"100"，如图5-79所示。

❻ 用鼠标左键点选视图右侧的 (修改)命令，在"修改器列表"中，为"照片"指定"UVW贴图"修改器，去除"真实世界贴图大小"前面的勾选，如图5-80所示。

❼ 在当前透视图中，可以看到添加"位图"贴图后的"照片"效果，如图5-81所示。

图5-74 添加位图贴图后的"相框框边"效果

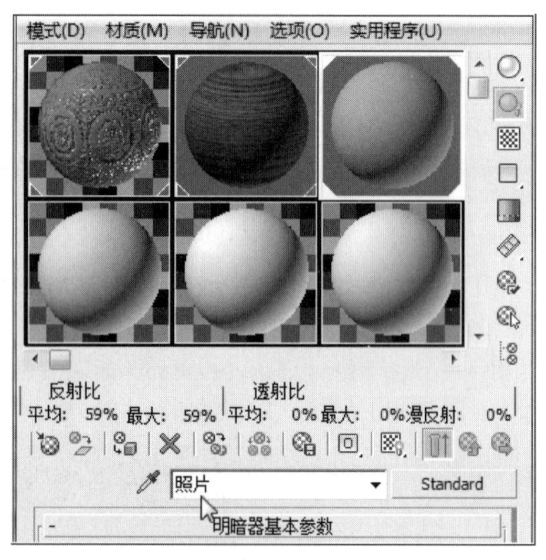

图5-75 选择第3个实例球指定给"照片"

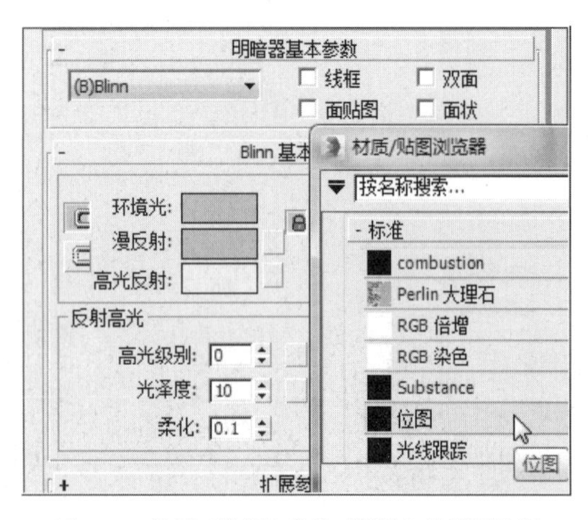

图5-76 选择"位图"作为"照片"的贴图类型

图5-77 选择提供位图的文件

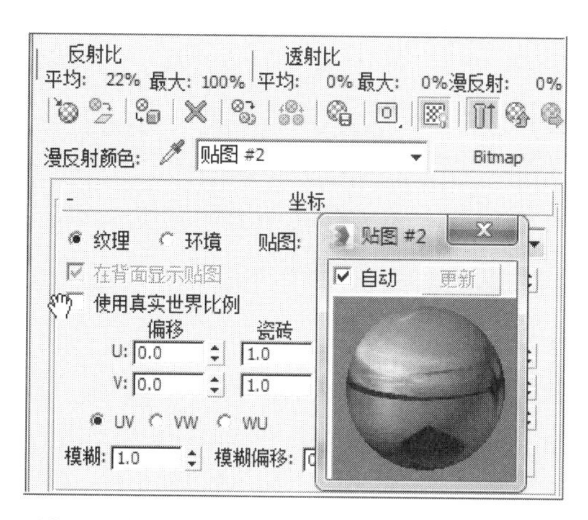

图5-78　设置“照片”的“坐标”卷展栏相关参数

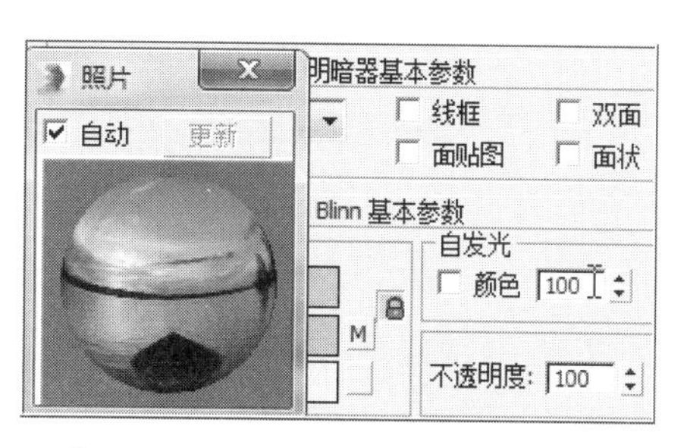

图5-79　设置照片的“自发光”为“100”

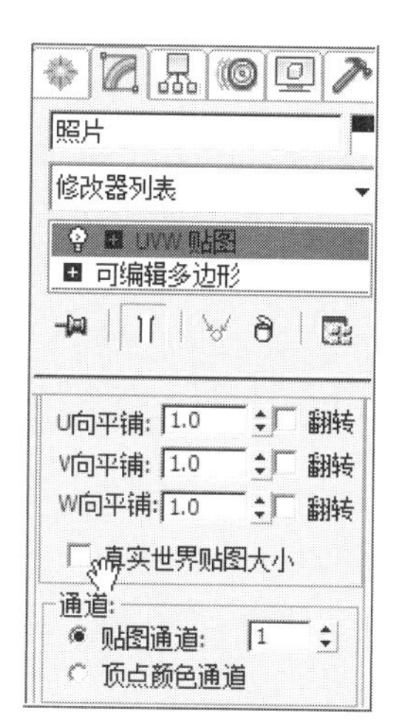

图5-80　为“照片”指定“UVW贴图”

图5-81　当前透视图显示的“照片”效果

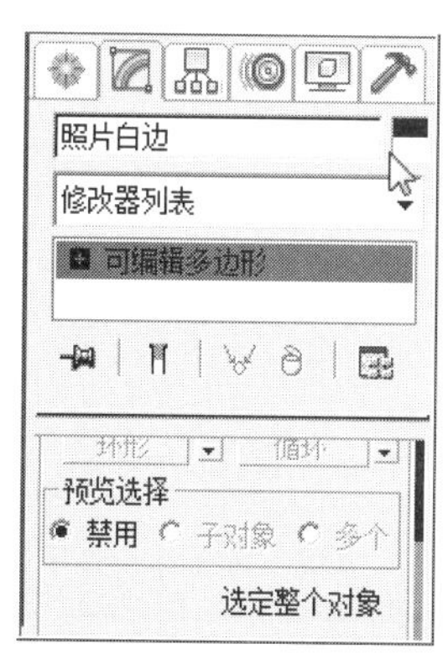

图5-82　点击“对象颜色”

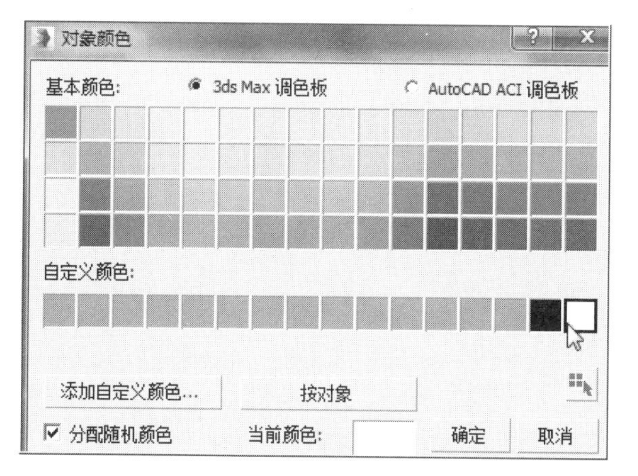

图5-83　在“对象颜色”面板中选择“白色”

图5-84　当前透视图中“照片白边”效果

5.8.3.2 照片白边的颜色指定

❶ 确保视图中的“照片白边”被选择的情况下，用鼠标左键点击视图右侧的 （修改）工具，点击“照片白边”右侧的“对象颜色”，如图5-82所示。

❷ 在“对象颜色”面板中，用鼠标左键点选右下角的纯白色，点击“确定”按钮，如图5-83所示。

❸ 在当前透视图中，可以看到设置白色后的“照片白边”效果，如图5-84所示。

5.8.4 台面材质设置

❶ 确保视图中的“台面”处于被选择的状态下，用鼠标左键点选第4个实例球，以“standard”（标准）

材质贴图方式进行材质设置，通过点击 （将材质指定给选定对象）工具，将材质指定给选定的“台面”，将实例球重命名为“台面”；点选“漫反射”的“颜色选择器”右侧的按钮，在弹出的“材质/贴图浏览器”中，选择“标准”列表中的“位图”，如图5-85所示。

❷ 在“选择位图”面板中，选择本章提供的素材文件“台面.jpg”，用鼠标左键点击“打开”，如图5-86所示。

❸ 在当前“坐标”卷展栏中，去除“使用真实世界比例”前的勾选；设置“U”的“瓷砖”值为“1”；“V”的“瓷砖”值为“2”，如图5-87所示。

❹ 确保视图中“台面”被选择情况下，用鼠标左键点选视图右侧的 （修改）命令，在“台面”的“参数”卷展栏中，去除“真实世界贴图大小”前的勾选，如图5-88所示。

5.9 渲染输出

5.9.1 视图角度调整

❶ 用鼠标左键点选透视图左上角标签位置的“透视”，在弹出的快捷菜单中选择“显示安全框”，如图5-89所示。

❷ 用鼠标左键结合视图控制区的相关工具，如 （缩放）以及 （平移视图），来调整视图对象在场景中的大小以及角度位置，如图5-90所示。

5.9.2 渲染设置与输出

❶ 用鼠标左键点选工具行中的 （渲染设置）工具，在指定渲染器卷展栏中的“产品级”选项中，

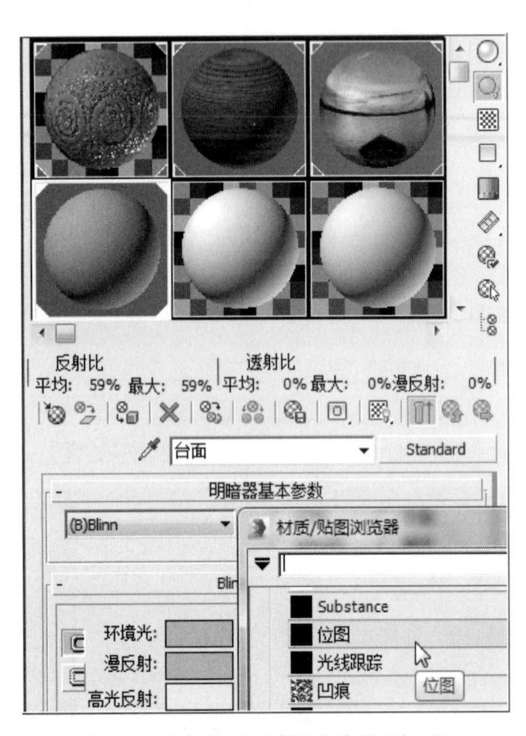

图5-85 选择第4个实例球指定给“台面”

图5-86 选择提供位图的文件

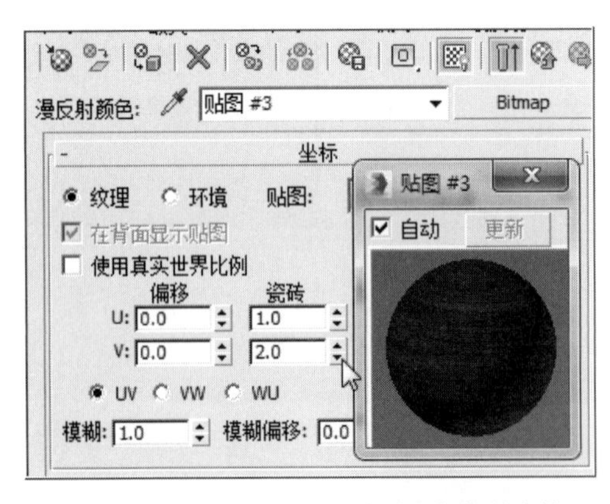

图5-87 设置“台面”的坐标卷展栏相关参数

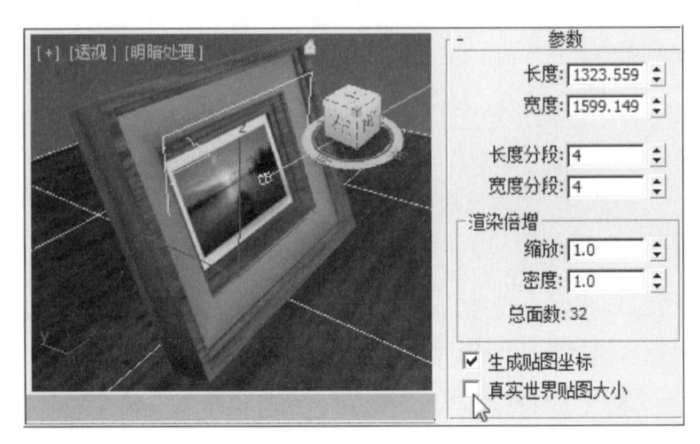

图5-88 当前“台面”木纹效果

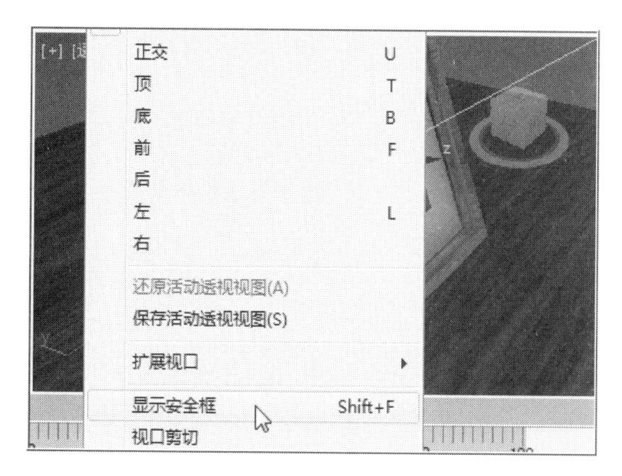

图5-89　透视图选择“显示安全框”显示

图5-90　调整对象在场景中的大小以及角度位置

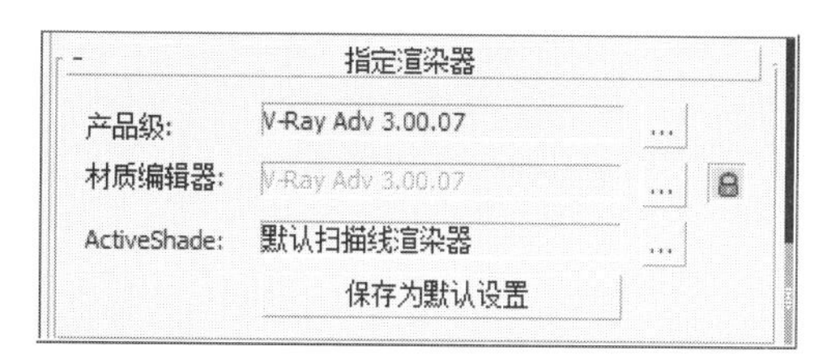

图5-91　指定“V-Ray”渲染器

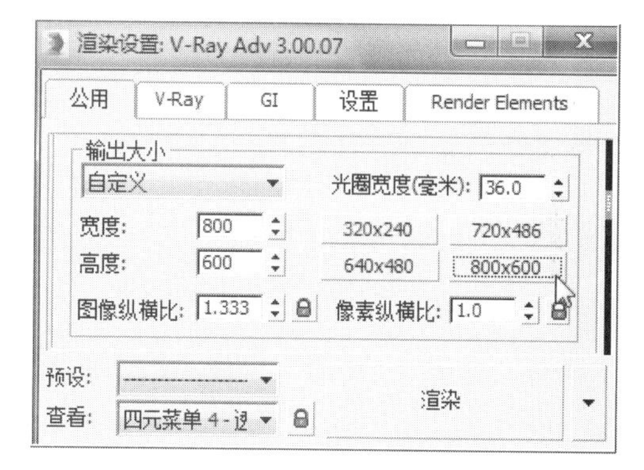

图5-92　将渲染输出的尺寸设置为“800×600”

选择“V-Ray”渲染器，如图5-91所示。

❷“输出大小”设置为“800×600”，如图5-92所示。

❸用鼠标左键点击主工具行的 （渲染产品）工具，渲染透视图，以“bmp”的图片格式进行保存，完成后的“相框的制作”效果图，如图5-93所示。

图5-93　“相框的制作”最终效果图

在3ds Max中，我们一定要熟练掌握对样条线“顶点”进行编辑的几种工具的用法，这对后续的建模起着重要的作用。

本章节以“石英钟表的制作”为例。大家除了要加深对“放样”工具用法的理解外，还要重点掌握“描红”技术的运用以及对象自身坐标轴位置的调整。

本章使用到的知识点：

（1）“对齐”工具的用法。

（2）样条线“顶点”编辑方法。

（3）“放样”工具的用法。

（4）调整对象坐标轴的方法。

（5）“阵列”工具的用法。

（6）“描红”的使用方法。

（7）“凹凸”表面材质设置方法。

（8）“UVW贴图”修改器的使用方法。

（9）“选择并操纵”工具设置灯光。

（10）“Slate（板岩）材质编辑器”环境下相关材质设置方法。

（11）“实例球”材质面板使用连接球指定对象材质方法。

（12）渲染输出分辨率设置方法。

6.1 表底盘的创建

❶ 在视图右侧命令面板中，用鼠标左键依次点击 （创建）－（几何体）－ 圆柱体 工具，在前视图创建合适大小的“圆柱体”，如图6-1所示。

❷ 用鼠标左键点击视图右侧 （修改）命令，在“Cylinder”（圆柱体）下属的“参数”卷展栏中，设置“半径”为“50”；“高度”为“-1.0”；“边数”为“50”，修改“Cylinder”名称为“表底盘”，如图6-2所示。

❸ 用鼠标右键点击主工具行的 （选择并移动）工具，在弹出的“移动变换输入”面板中，设置“X”“Y”“Z”都为“0”，如图6-3所示。

❹ 当前透视图显示的“表底盘”的位置，如图6-4所示。

6.2 圆形表框的创建

6.2.1 表框主体创建

❶ 在视图右侧命令面板中，用鼠标左键依次点击 （创建）－（图形）－ 圆 工具，在前视图创建“Cirde001”（圆形）作为“圆形表框”的路径，在该“参数”卷展栏中设置“半径”为“50”，如图6-5所示。

❷ 用鼠标右键点击主工具行的 （选择并移动）工具，在弹出的“移动变换输入”面板中，设置“X”“Y”“Z”都为“0”，如图6-6所示。

❸ 在视图右侧命令面板中，用鼠标左键依次点击

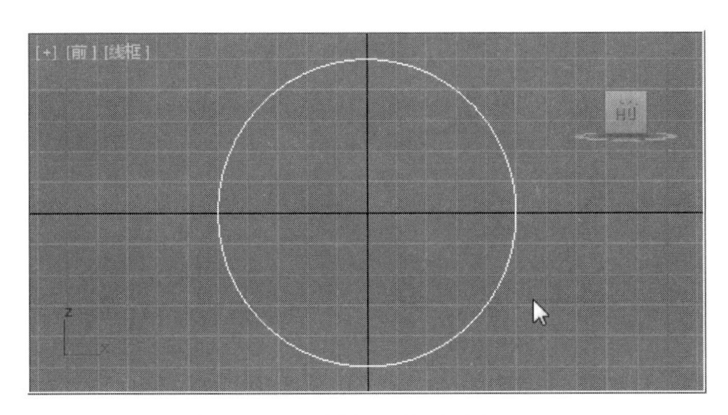

图6-1　在前视图中创建“圆柱体”

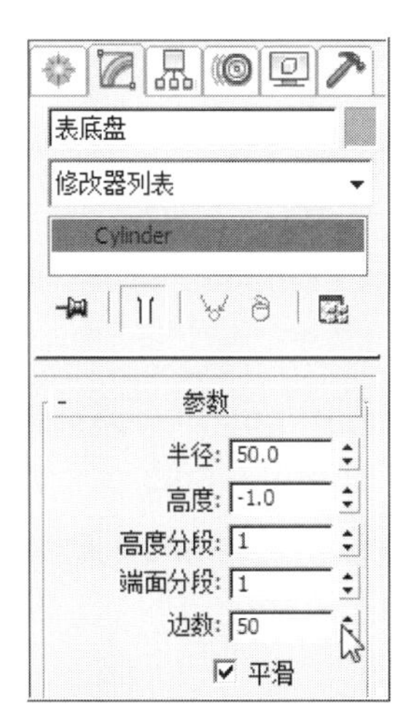

图6-2　设置“表底盘”的参数

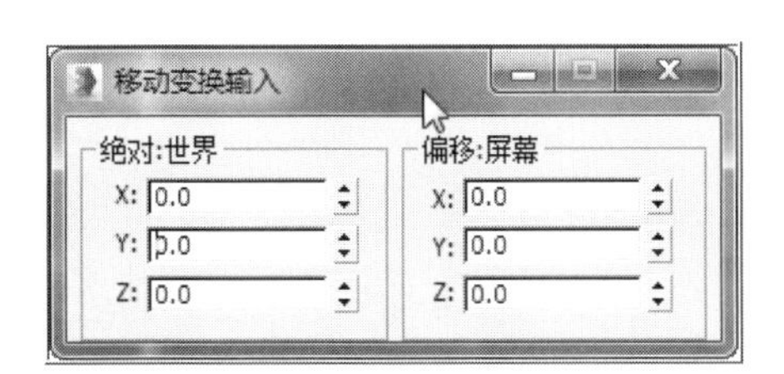

图6-3　设置“表底盘”的坐标轴为“0”

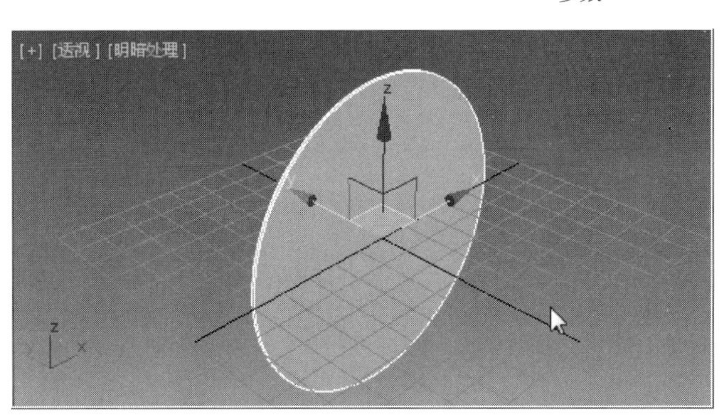

图6-4　当前“表底盘”在视图中的位置

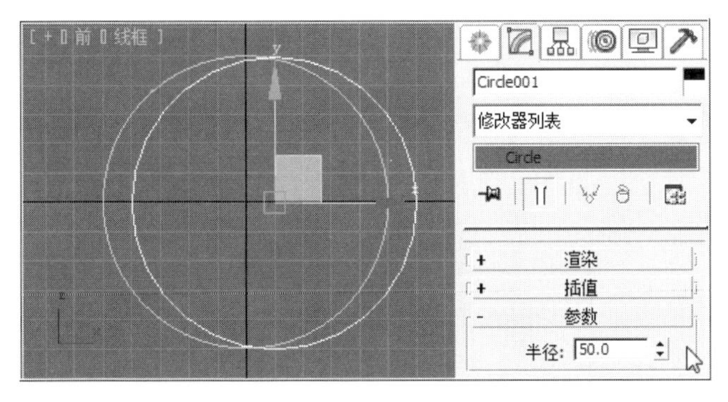

图6-5　创建“Cirde001”，设置半径为“50”

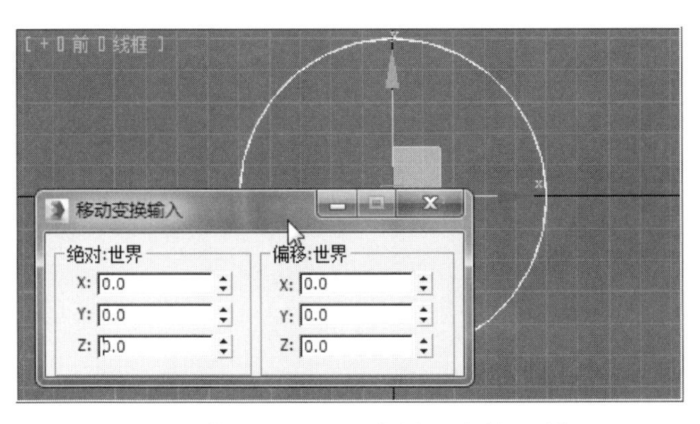

图6-6　将“Cirde001”的位置和视图轴心对齐

（创建）-（图形）-矩形工具，在左视图创建“Rectangle001”（矩形）作为圆形表框的截面图形，在“参数”卷展栏中，设置“长度”为“10”；“宽度”为“5”，如图6-7所示。

❹当前左视图“Rectangle001”（矩形）截面图形的大小形状，如图6-8所示。

❺在透视图中，用鼠标左键点选“表底盘”对象，然后点击鼠标右键，在弹出的快捷菜单中选择“隐藏选定对象”，如图6-9所示。

❻在左视图中，用鼠标左键点击“Rectangle001”（矩形），再点选主工具行中的（对齐）工具，然后将鼠标光标指向“Circle001”（圆形），如图6-10所示。

❼点击鼠标左键，在弹出的“对齐当前选择”面板中的“对齐位置”勾选“X位

置"；"当前对象"点选"最小"；"目标对象"点选"最大"，然后点"应用"按钮，如图6-11所示。

❽ 继续设置相关选项。在"对齐位置"选项中，勾选"Y位置"；"当前对象"点选"最大"；"目标对象"点选"最大"，然后点击"确定"按钮，如图6-12所示。

❾ 当前作为"圆形表框"放样用的"Rectangle001"（矩形）截面图形和作为放样路径使用的"Circle001"（圆形）对齐后的位置，如图6-13所示。

图6-7 设置圆形表框截面图形参数

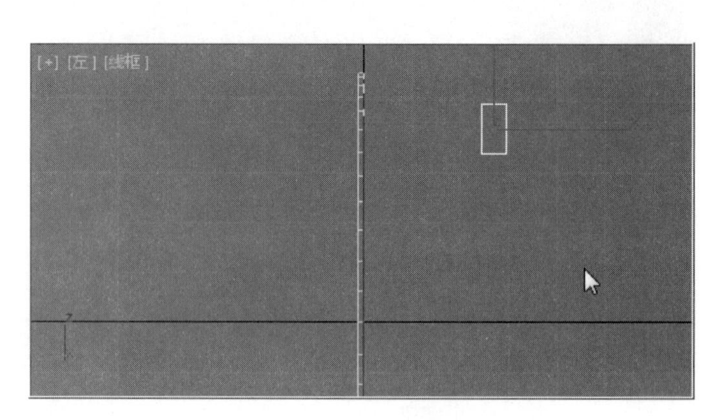

图6-8 当前圆形表框截面图形大小形状

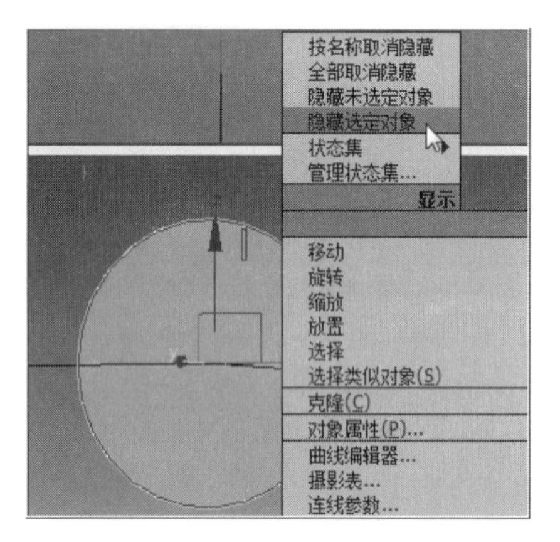

图6-9 选择"表底盘"并将其隐藏

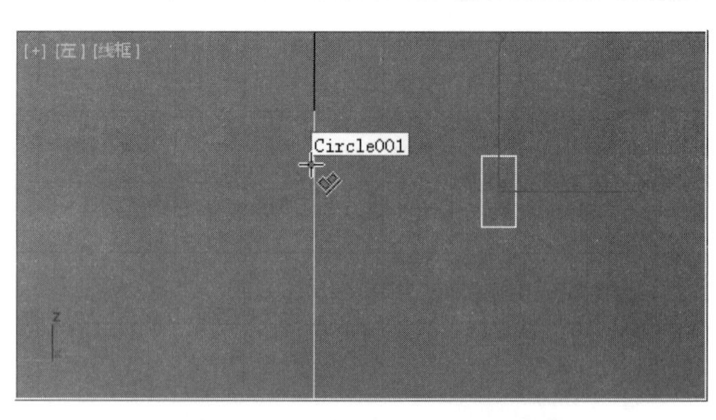

图6-10 选择"对齐"工具对齐目标对象

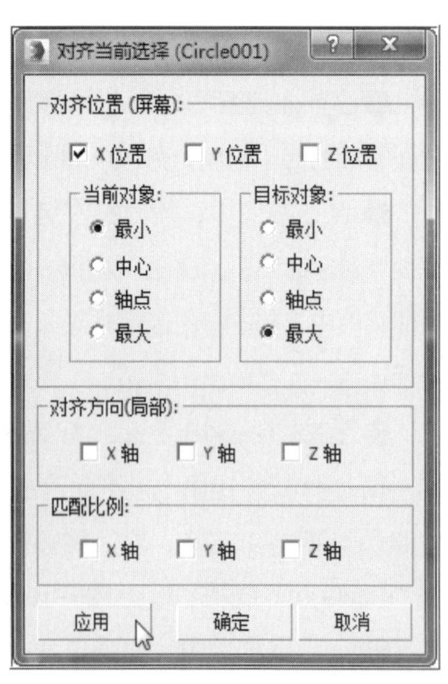

图6-11 当前对齐面板设置

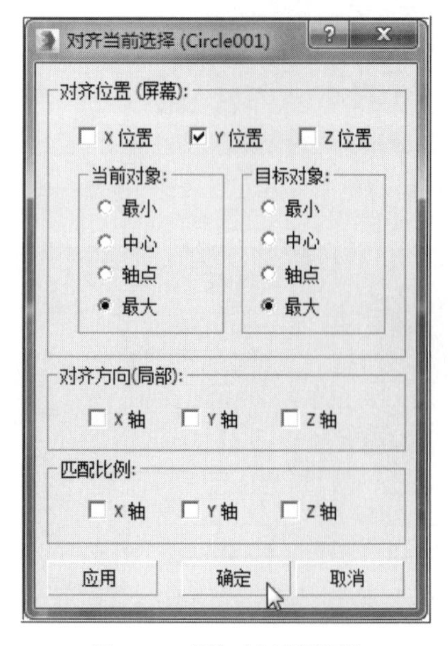

图6-12 当前对齐面板设置

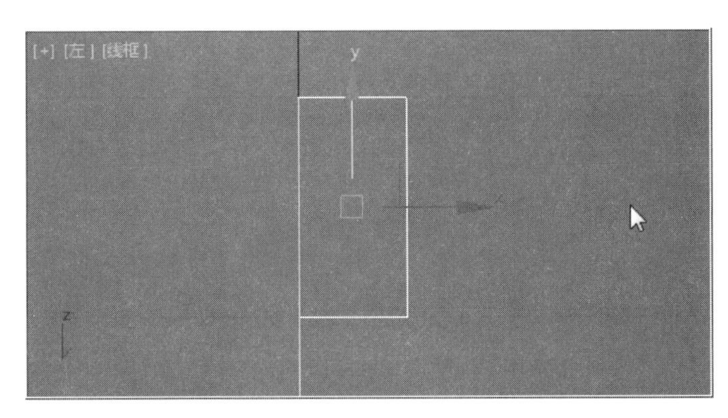

图6-13　当前视图“Rectangle001”的具体位置

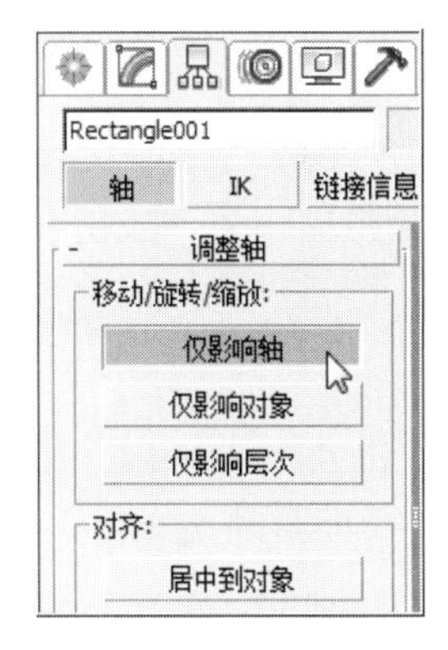

图6-14　点选“仅影响轴”

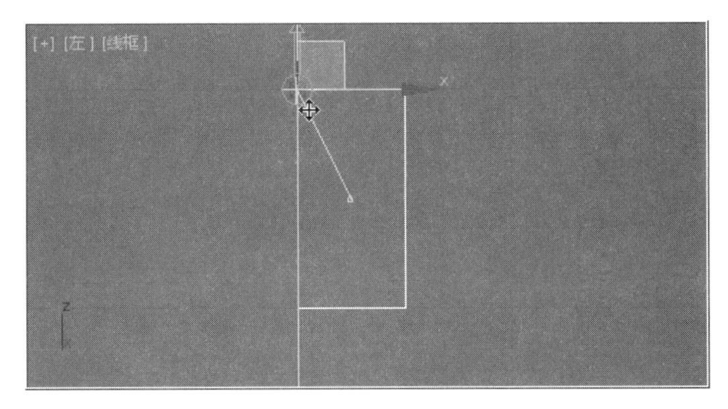

图6-15　将矩形坐标轴和圆形顶点对齐

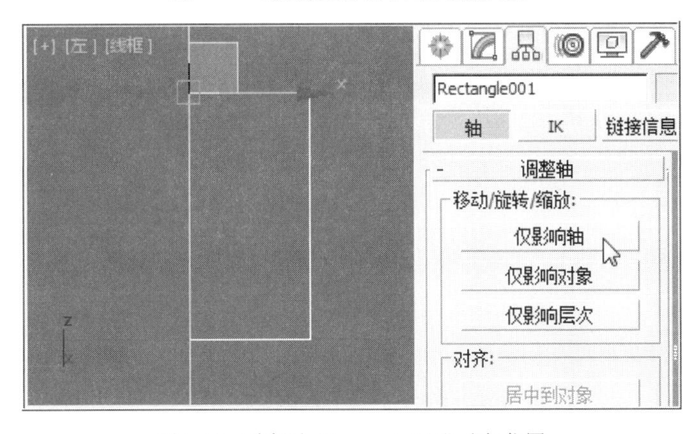

图6-16　对齐后“Rectangle001”坐标位置

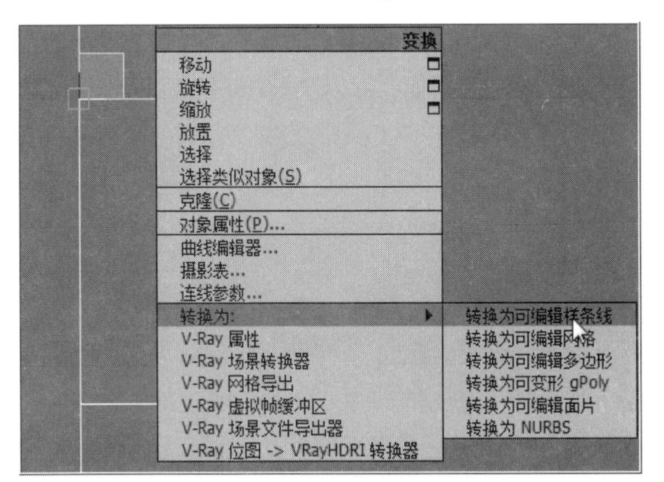

图6-17　将矩形“转换为可编辑样条线”

❿ 在视图右侧命令面板中，用鼠标左键点击 （层次）命令，在“调整轴”卷展栏中，点选“仅影响轴”按钮，激活“Rectangle001”坐标轴，如图6-14所示。

⓫ 用鼠标左键点击主工具行中的 （2.5维捕捉开关）工具，在左视图中，通过点压鼠标左键将“Rectangle001”（矩形）坐标轴以拖曳的方式对齐到“Circle001”（圆形）顶点位置，如图6-15所示。

⓬ 用鼠标左键点击视图右侧命令面板中的“仅影响轴”按钮，关闭功能，对齐后的“Rectangle001”坐标位置如图6-16所示。

⓭ 选择“Rectangle001”（矩形）对象，点击鼠标右键，在弹出的快捷菜单中选择“转换为可编辑样条线”，如图6-17所示。

⓮ 用鼠标左键点击右侧命令面板中的 （顶点）按钮，以“顶点”编辑方式，点选“几何体”卷展栏中的“优化”工具，在左视图“矩形”相关位置，通过点击鼠标左键分别加入3个新的“顶点”，如图6-18所示。

⓯ 用鼠标左键结合键盘上的“ctrl”键，选择“Rectangle001”（矩形）对象上的5个“顶点”，然后点击鼠标右键，在弹出的快捷菜单中，选择“角点”，如图6-19所示。

⓰ 用鼠标左键点选“Rectangle001”（矩形）相关“顶点”后，点击鼠标右键在弹出的快捷菜单中，选择“Bezier角点”，如图6-20所示。

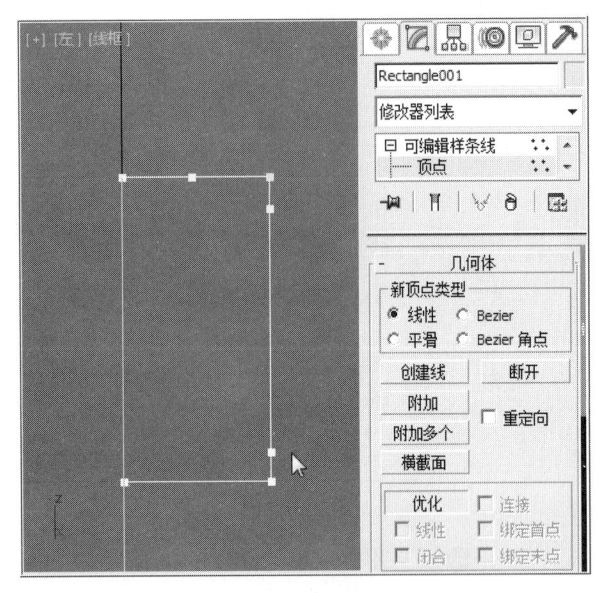

图6-18 使用“优化”工具在矩形对象上加入3个新的“顶点”

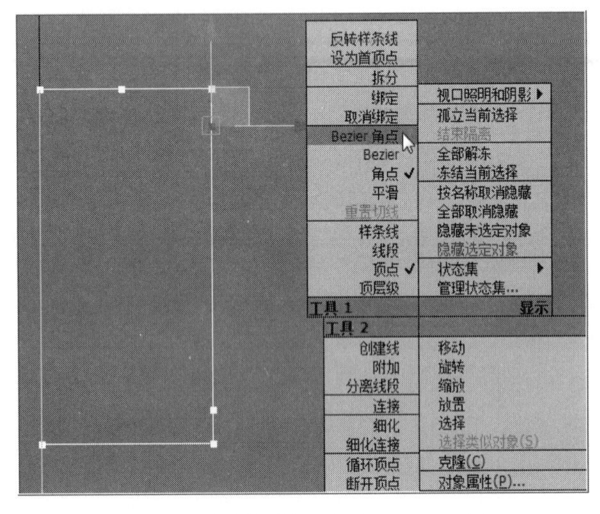

图6-20 在快捷菜单中选择“Bezier角点”

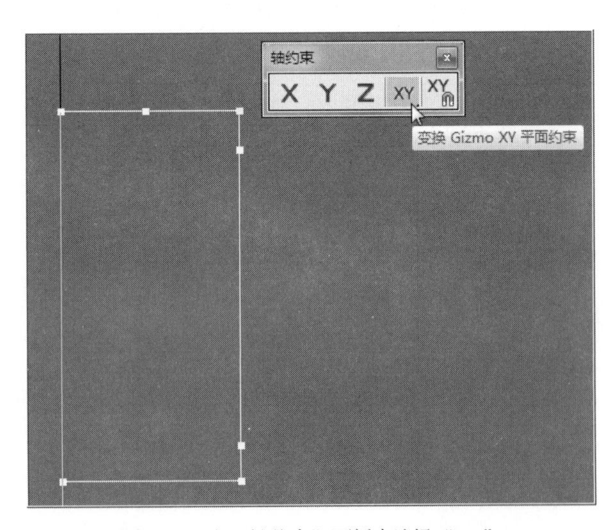

图6-22 在“轴约束”面板中选择“XY”

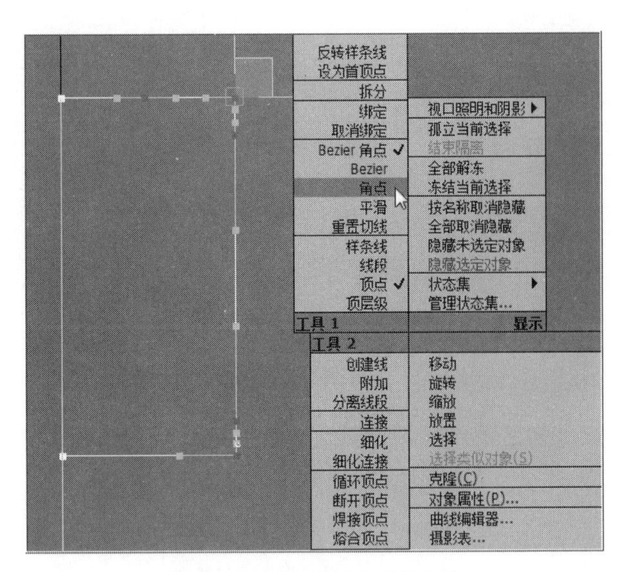

图6-19 选择“角点”编辑方式

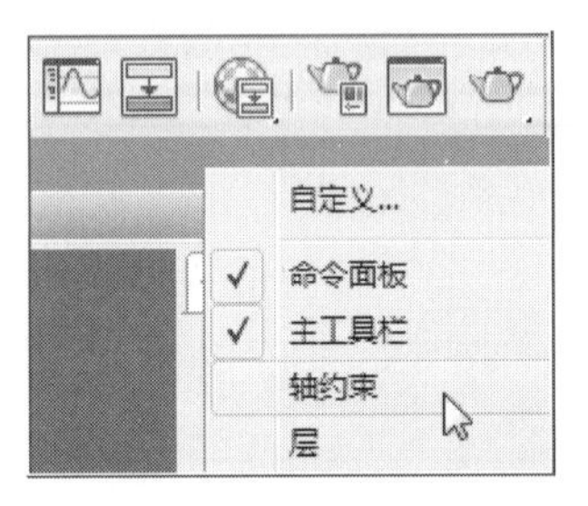

图6-21 选择“轴约束”工具

⑰ 在主工具行的空白区点击鼠标右键，在弹出的工具菜单中，选择“轴约束”工具，如图6-21所示。

⑱ 用鼠标左键在弹出的“轴约束”工具面板中，点击“XY”按钮，如图6-22所示。

⑲ 在“视图”菜单中，用鼠标左键去除“显示变换Gizmo”前面的勾选，关闭坐标轴在视图中的显示，如图6-23所示。

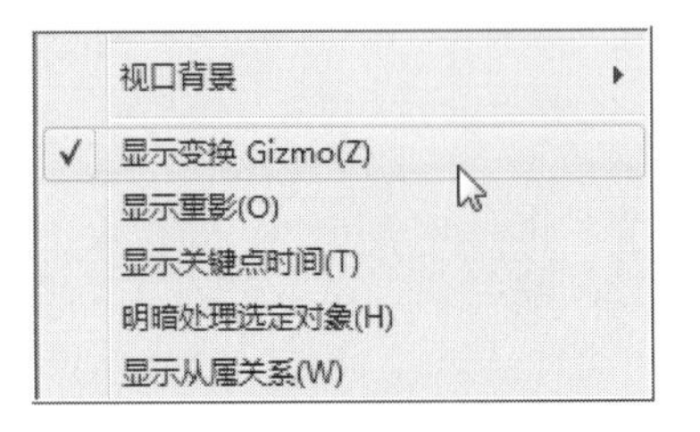

图6-23 关闭坐标轴在视图中的显示

⑳ 以“Bezier角点”方式，通过操作鼠标左键调整“顶点”一侧的绿色手柄，将曲度调节成弯曲形状，如图6-24所示。

㉑ 用鼠标左键点选“Rectangle001”（矩形）相关“顶点”后，点击鼠标右键，在弹出的快捷菜单中选择“Bezier角点”，如图6-25所示。

㉒ 通过鼠标左键操作所选“顶点”两边的绿色手柄，调节曲度的形状，如图6-26所示。

㉓ 用鼠标左键继续选择相关“顶点”，以相同的“Bezier角点”方式，将“顶点”右侧绿色手柄的曲度调节成如图6-27所示。

㉔ 在右侧命令面板中，用鼠标左键点击修改器堆栈中的“顶点”。退出编辑状态，当前左视图“Rectangle001”（矩形）调整后的总体形状，如图6-28所示。

㉕ 在“视图”菜单中，用鼠标左键点击勾选“显示变换Gizmo”，以恢复坐标轴在视图中的显示，如图6-29所示。

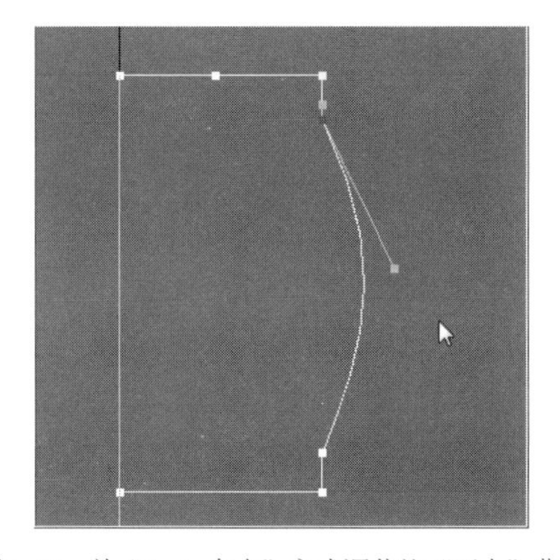

图6-24　以“Bezier角点”方式调节的“顶点”曲度

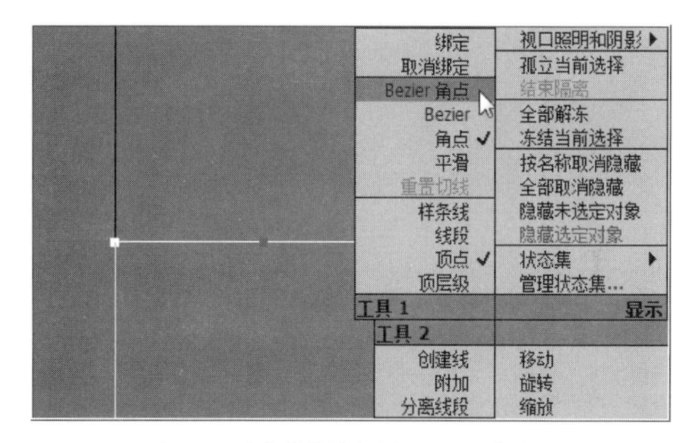

图6-25　在快捷菜单中选择“Bezier角点”

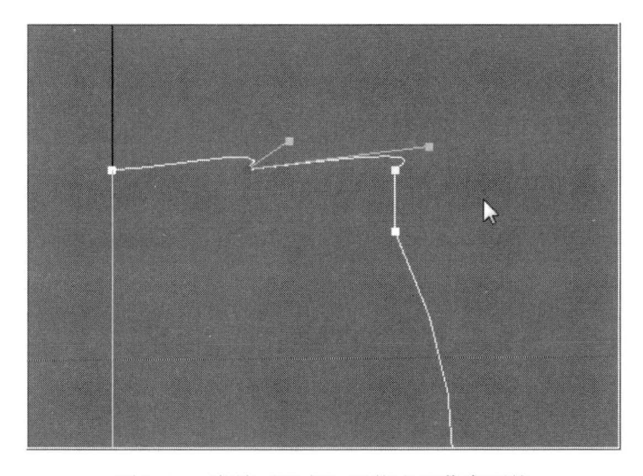

图6-26　当前“顶点”调节成的曲度形状

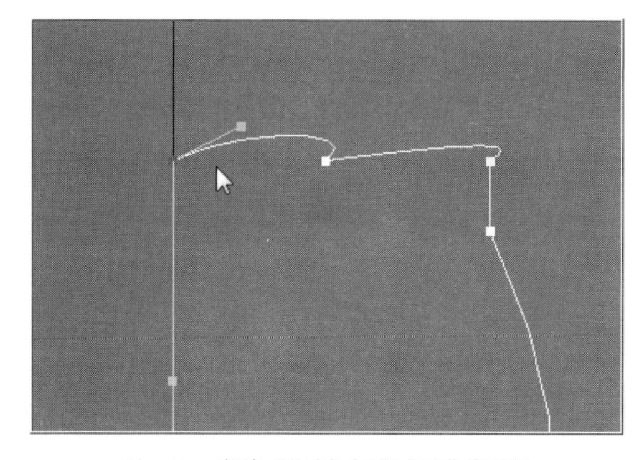

图6-27　当前“顶点”调节成的曲度形状

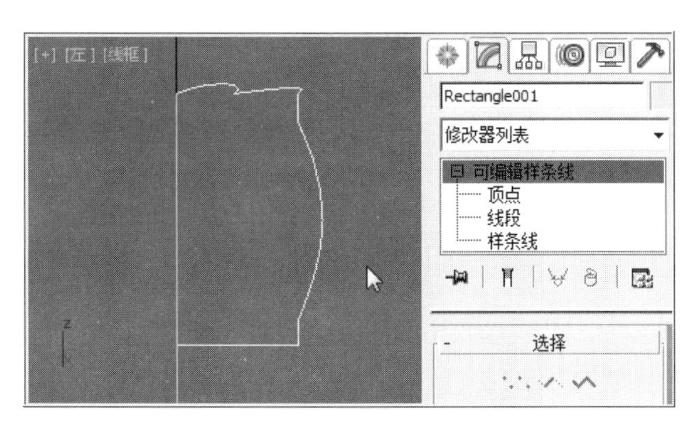

图6-28　当前视图中矩形整体形状

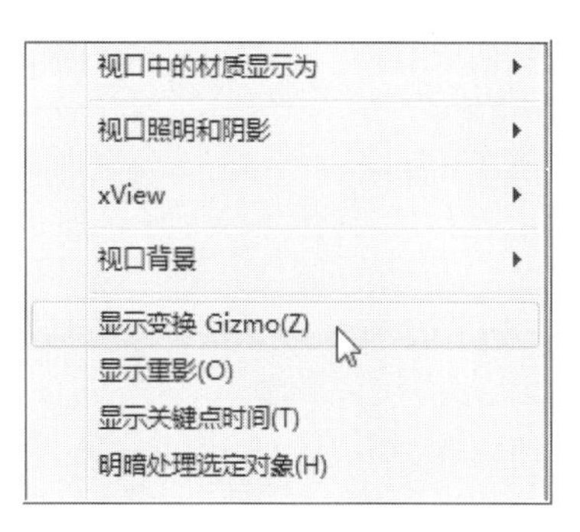

图6-29　恢复坐标轴在视图中的显示

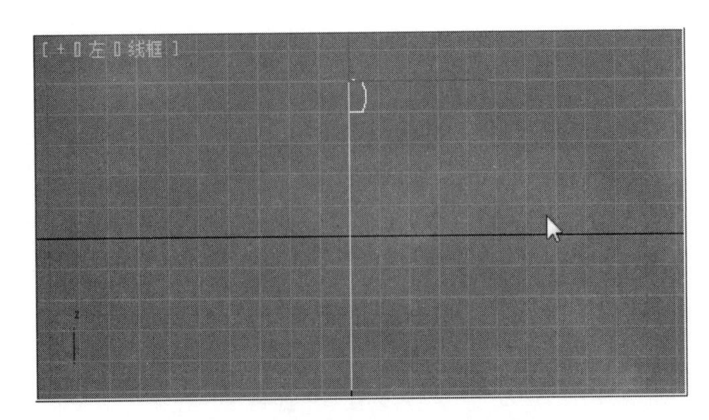

图6-30 左视图对象总体显示情况

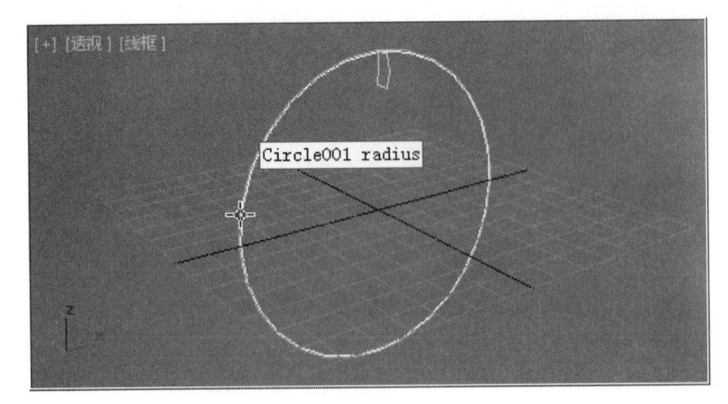

图6-31 当前透视图显示总体情况

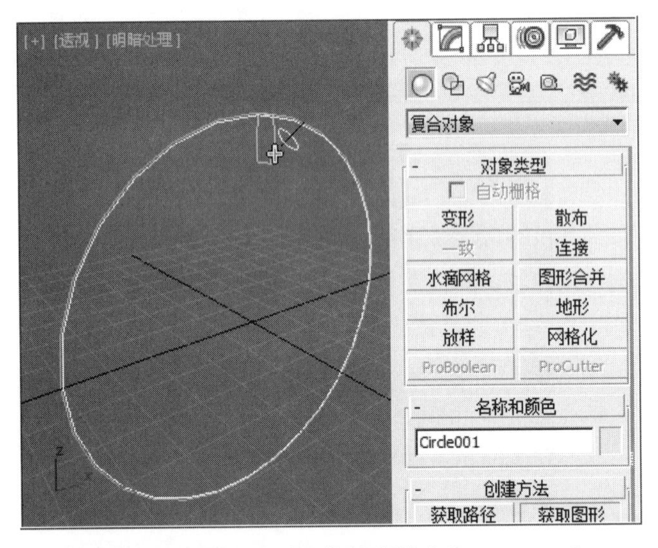

图6-32 点选放样工具中的获取图形指向“Rectangle001”

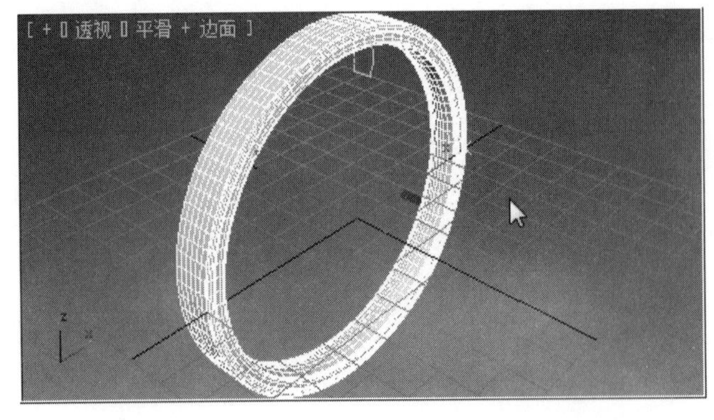

图6-33 “放样”得到的“圆形表框”初始对象形状

㉖ 用鼠标左键点击视图控制区的 （最大化当前显示）工具，当前左视图对象总体显示情况，如图6-30所示。

㉗ 当前透视图显示总体情况，如图6-31所示。

㉘ 用鼠标左键在透视图中点选“Circle001”（圆形），然后在右侧命令面板中，用鼠标左键依次点击 （创建）- （几何体）-“标准基本体”右侧下拉箭头中的“复合对象”，在“对象类型”中，点击“放样”工具，并在“创建方法”卷展栏中，点选“获取图形”按钮，将鼠标指向视图中的“Rectangle001”（矩形），如图6-32所示。

㉙ 在透视图中，点击鼠标左键获取“Rectangle001”（矩形），得到“放样”初始的“圆形表框”对象，如图6-33所示。

㉚ 在主工具行中，用鼠标右键点击 （角度捕捉开关）工具，在弹出的“栅格和捕捉设置”面板中，设置“角度”为“90”，如图6-34所示。

㉛ 在右侧命令面板中，用鼠标左键点击“loft001”所属修改器堆栈中的“图形”编辑方式，结合主工具行中的 （选择并缩放）工具，在视图中点选获取后的截面图形的位置，并将鼠标光标放置在沿着Z轴旋转的坐标弧上，如图6-35所示。

㉜ 在当前选择图形情况下，沿着z轴旋转90°，得到正确的放样外形效果，如图6-36所示。

㉝ 在“loft001”的“蒙皮”参数卷展栏中，设置路径“步数”为“20”，将“loft001”重命名为“圆形表框”，如图6-37所示。

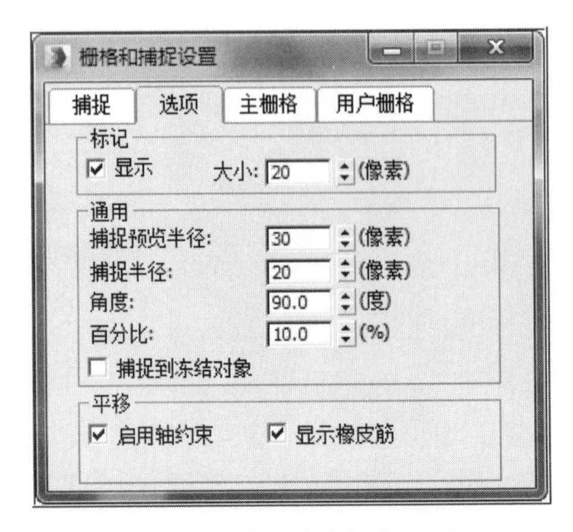

图6-34 设置“角度”为“90”

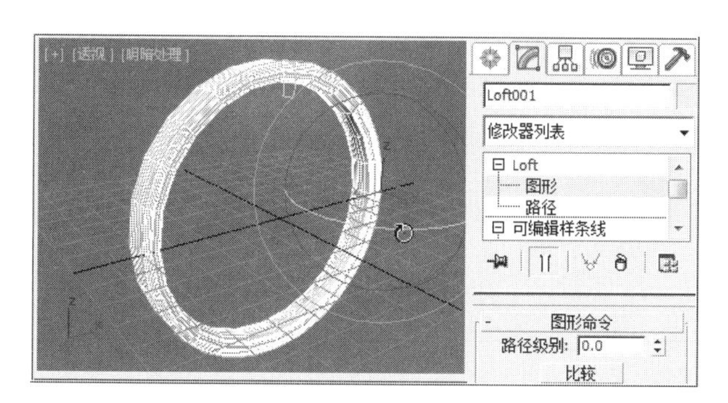

图6-35　选择“loft001”的截面图形并将光标指向沿着Z轴旋转的坐标弧

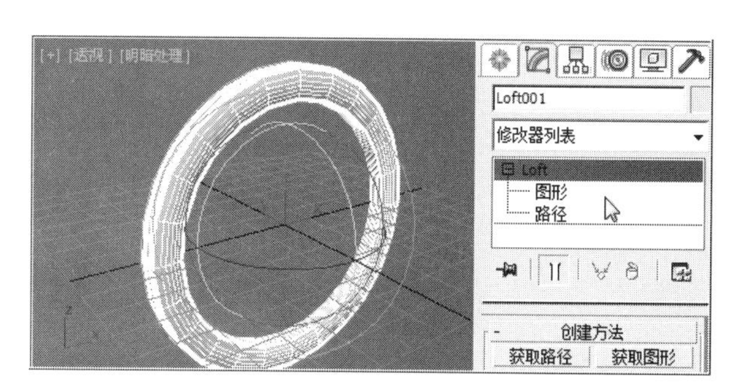

图6-36　调整后当前放样形状

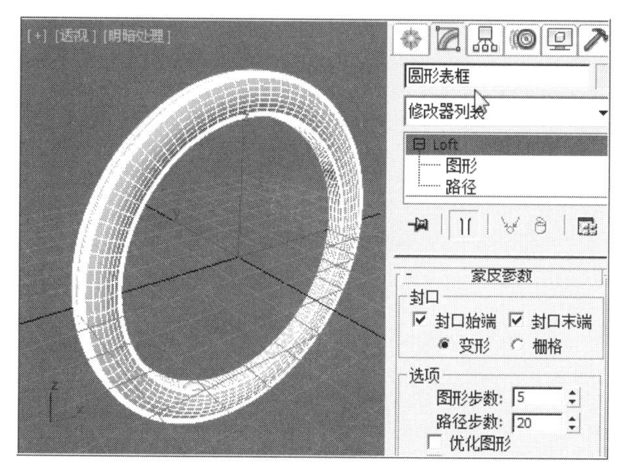

图6-37　设置“蒙皮”参数卷展栏相关参数

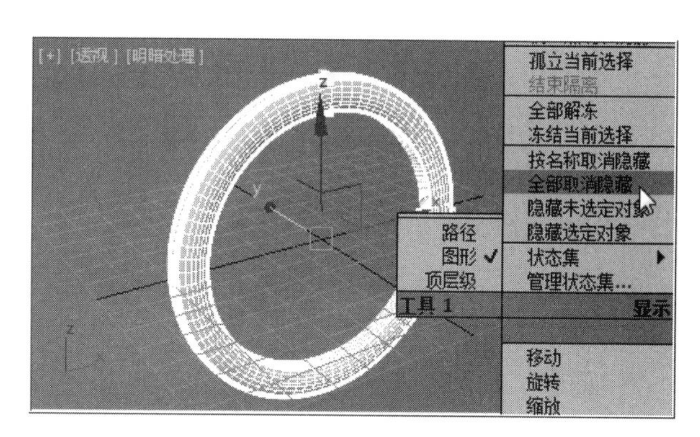

图6-38　点取“全部取消隐藏”

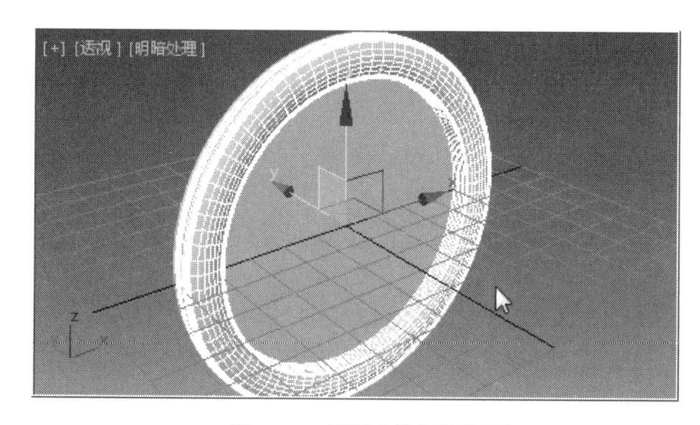

图6-39　当前对象视图显示

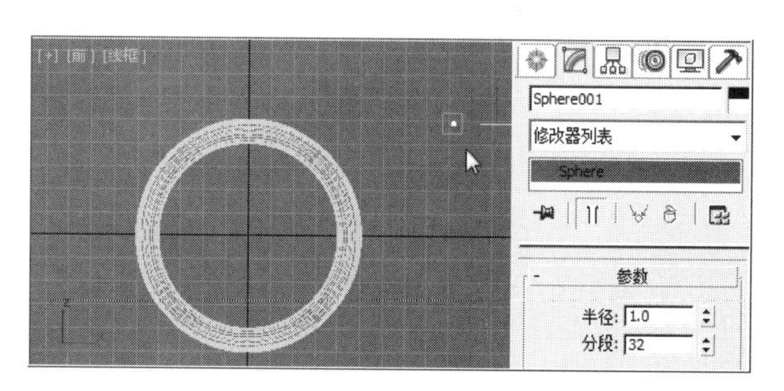

图6-40　在前视图创建球体

㉞ 在透视图中的空白区，点击鼠标右键，在弹出的快捷菜单中，选择“全部取消隐藏”，如图6-38所示。

㉟ 当前视图中所有对象显示，如图6-39所示。

6.2.2 表框装饰边创建

❶ 在视图右侧命令面板中，用鼠标左键依次点击（创建）－（几何体）－ 球体 工具，在前视图创建“Sphere001”（球体），在其“参数”卷展栏中，设置“半径”为“1”，如图6-40所示。

❷ 用鼠标右键点击主工具行的（选择并移动）工具，在弹出的“移动变换输入”面板中，设置“X”为“0”；“Y”为“-5”；“Z”为“49”，将“Sphere001”（球体）和“圆形表框”边沿对齐，如图6-41所示。

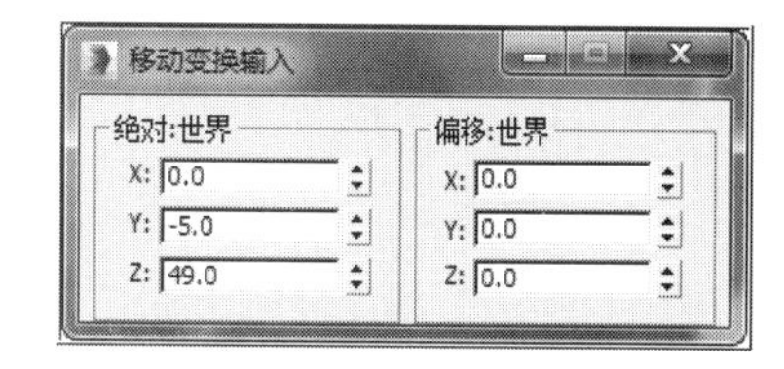

图6-41　将“Sphere001”和“圆形表框”边沿对齐

图6-42　当前透视图Sphere001具体位置

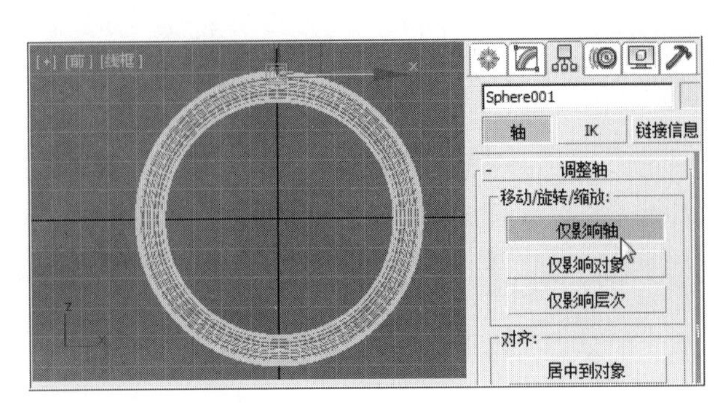

图6-43　点选“仅影响轴”

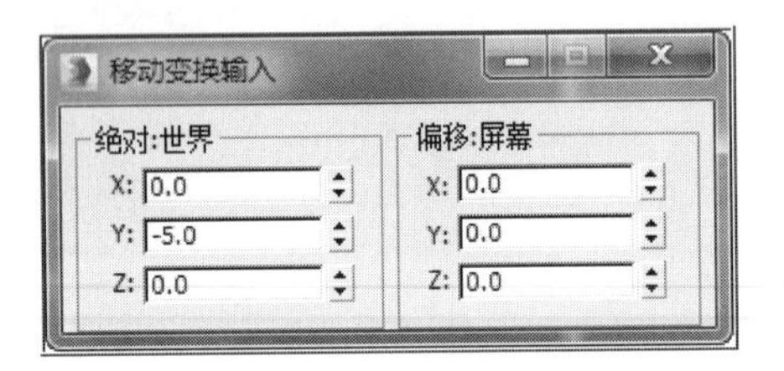

图6-44　设置“Sphere001”坐标轴位置

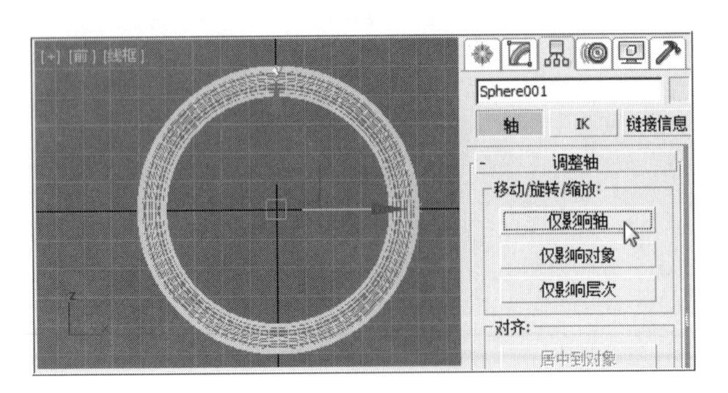

图6-45　对齐显示的前视图情况

❸ 对齐后，结合视图控制区相关工具，对视图进行缩放或平移，便于观察细节，当前透视图中“Sphere001”（球体）的具体位置，如图6-42所示。

❹ 在视图右侧命令面板中，用鼠标左键依次点选（层次）命令，在“调整轴”卷展栏中，点选“仅影响轴”，从而激活“Sphere001”（球体）的坐标轴，如图6-43所示。

❺ 用鼠标右键点击主工具行的（选择并移动）工具，在弹出的“移动变换输入”面板中，设置“X”为“0”；“Y”为“-5”；“Z”为“0”，将“Sphere001”（球体）坐标轴和圆形框的坐标轴对齐，如图6-44所示。

❻ 用鼠标左键点击“仅影响轴”按钮，结束对“Sphere001”（球体）坐标轴的位置编辑，如图6-45所示。

❼ 前视图被激活情况下，用鼠标左键在菜单栏的“工具”菜单中，选择列表中“阵列”工具，在弹出的“阵列”面板中，设置“旋转”为“z”轴，“增量”为“2”；阵列“数量”为“181”，然后点击“确定”按钮。也就是要让“Sphere001”（球体）在前视图中沿着z轴旋转复制，每2°复制1个，总计181个，如图6-46所示。

注：我们可以通过“阵列”面板中的“预览”来查看即将

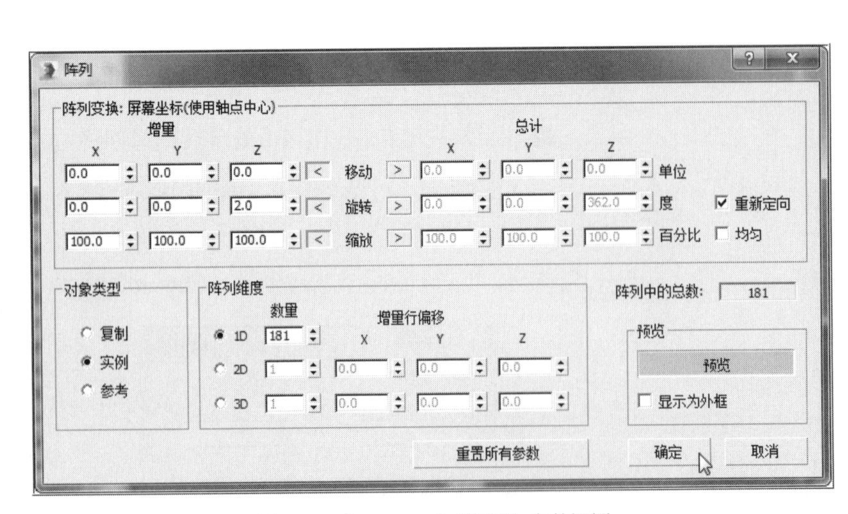

图6-46　“Sphere001”“阵列”参数设置

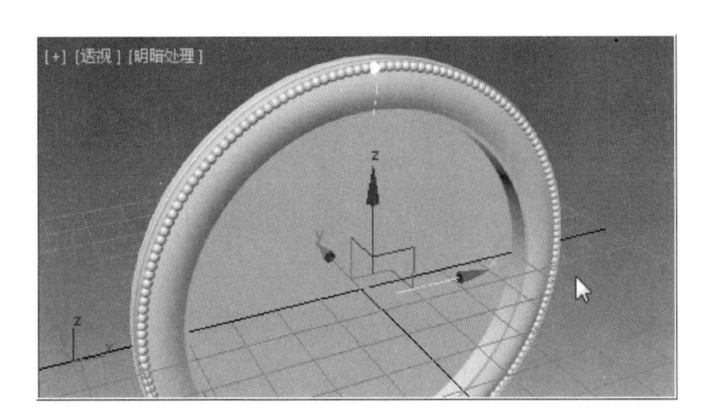

图6-47　当前透视图效果

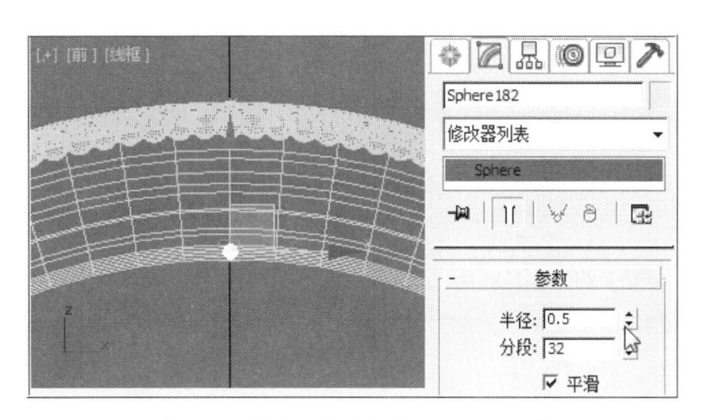

图6-48　创建一个半径为“0.5”的球体

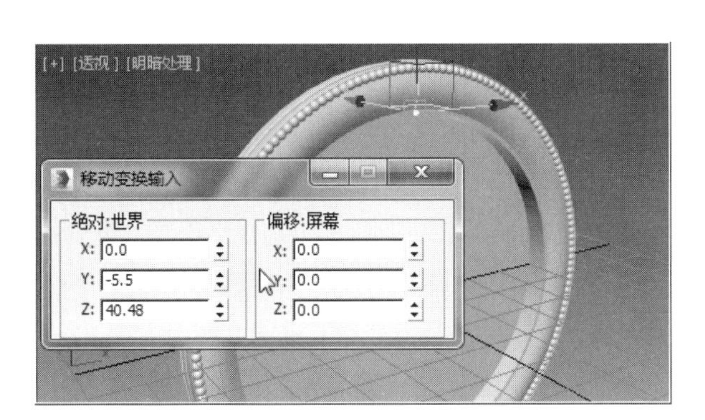

图6-49　当前“Sphere182”具体位置

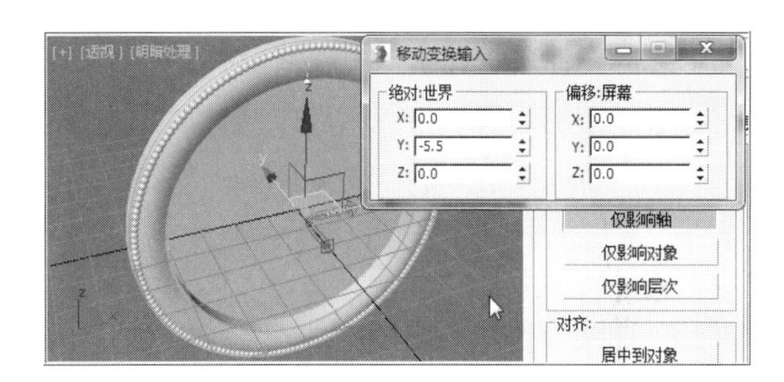

图6-50　设置“Sphere182”坐标轴位置

阵列出的数量，从而决定准确的数值。

❽ 阵列后当前透视图效果，如图6-47所示。

❾ 在前视图中，通过滚动鼠标中轴放大视图显示，用鼠标左键依次点击 （创建）－ （几何体）－ 球体 工具。在视图“圆形表框”的内边沿创建“Sphere182”（球体），在其“参数”卷展栏中，设置“半径”为“0.5”，如图6-48所示。

❿ 用鼠标右键点击主工具行的 （选择并移动）工具，在弹出的“移动变换输入”面板中，设置“X”为“0”；“Y”为“-5.5”；“Z”为“40.48”，如图6-49所示。

⓫ 用鼠标左键点选“仅影响轴”按钮，将当前“Sphere182”（球体）的坐标轴和“圆形表框”的坐标轴对齐，在“移动变换输入”框中设置“X”为“0”；“Y”为“-5.5”；“Z”为“0”，如图6-50所示。

⓬ 透视图被激活情况下，用鼠标左键在菜单栏的“工具”菜单中，选择“阵列”工具，在弹出的“阵列”面板中，设置“旋转”为“Y”轴，“增量”为“1”；阵列“数量”为“360”，然后点击“确定”，也就是要让“Sphere182”（球体）在透视图中沿着Y轴旋转复制，每1°复制1个，总计360个，如图6-51所示。

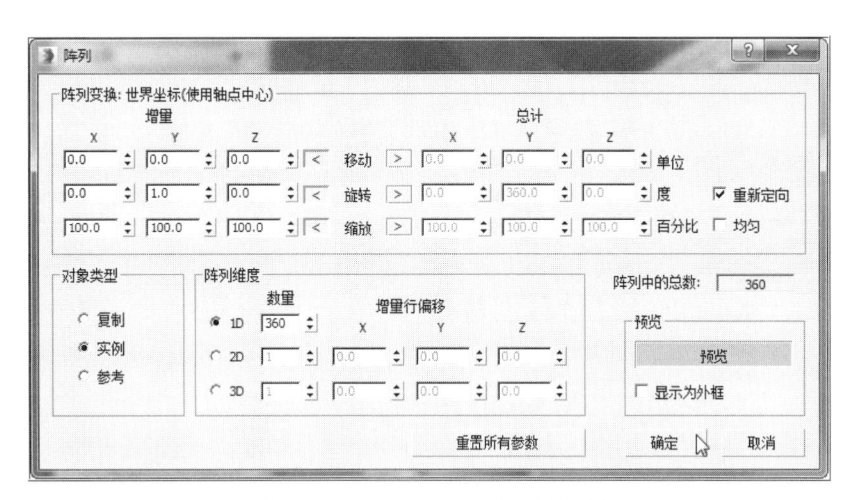

图6-51　“Sphere182”“阵列”参数设置

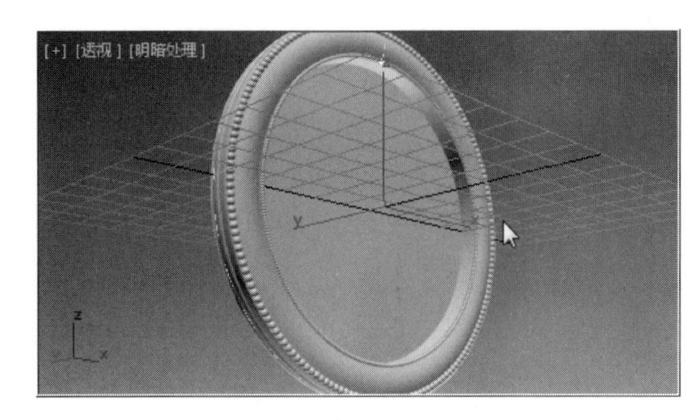

图6-52 当前透视图效果

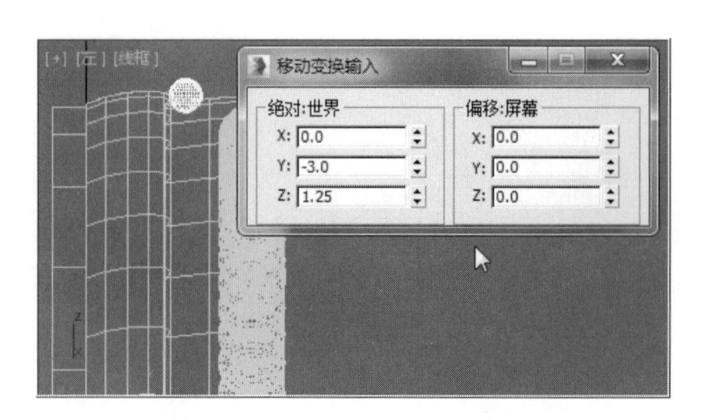

图6-53 设置“Sphere542”具体位置

⓭ 阵列后当前透视图效果，如图6-52所示。

⓮ 在左视图中的“圆形表框“顶部位置，再次创建一个半径为“0.5”的球体“Sphere542“，在“移动变换输入”面板中设置“X”为“0”；“Y”为“-3.0”；“Z”为“1.25”，如图6-53所示。

⓯ 使用同样的办法，用鼠标左键在“调整轴”卷展栏中，点选“仅影响轴”命令，激活“Sphere542”（球体）的坐标轴，在“移动变换输入”面板中设置“X”为“0”；“Y”为“-3.0”；“Z”为“0”，如图6-54所示。

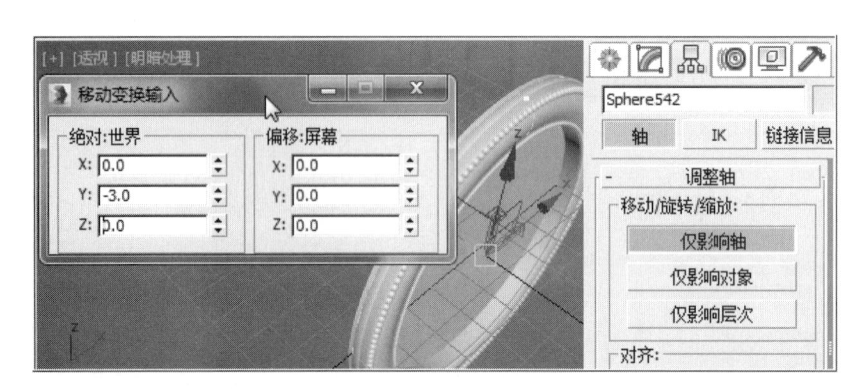

图6-54 调整“Sphere542”坐标轴的位置

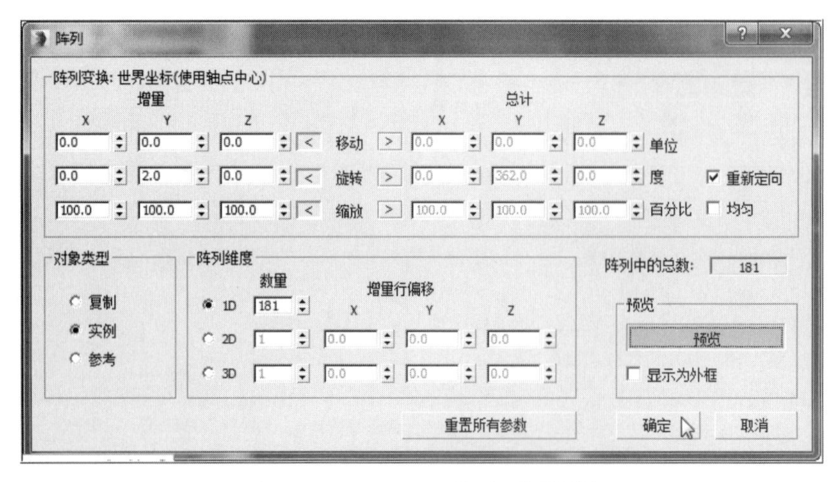

图6-55 “Sphere542”“阵列”参数设置

⓰ 透视图被激活的情况下，用鼠标左键选择“阵列”工具，在弹出的“阵列”面板中，设置“旋转”为“Y”轴，“增量”为“2”；阵列“数量”为“181”，然后点击“确定”按钮，如图6-55所示。

⓱ 阵列后当前透视图效果，如图6-56所示。

⓲ 用鼠标左键在主工具行中点选（按名称选择）工具，在弹出的“从场景选择”面板中，依次点选“选择”中的“选择从属项”命令，如图6-57所示。

⓳ 在“名称”列表中，用鼠标左键点选“Sphere001”序列，然后点击“确定”按钮，如图6-58所示。

⓴ 用鼠标左键点选菜单栏的“组”-“成组”，在弹出的“组”面板中，将“Sphere001”序列成组，命名为“表框装饰边1”，点击“确定”按钮，如图6-59所示。

㉑ 使用同样的办法，在“按名称选择”面板的“名称”列表中，用鼠标左键点选“Sphere182”序列，然后点击“确定”按钮，如图6-60所示。

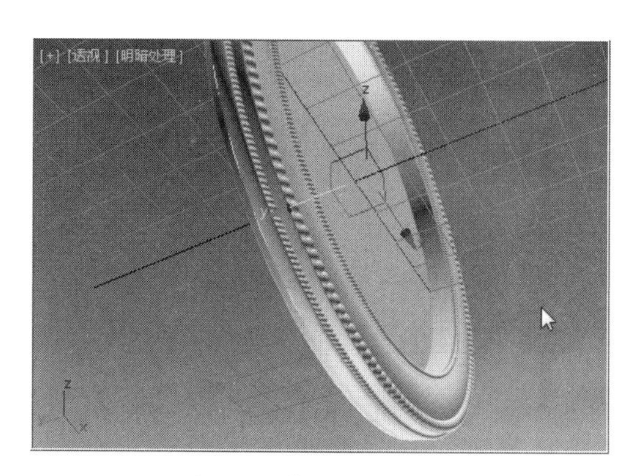

图6-56 当前透视图效果

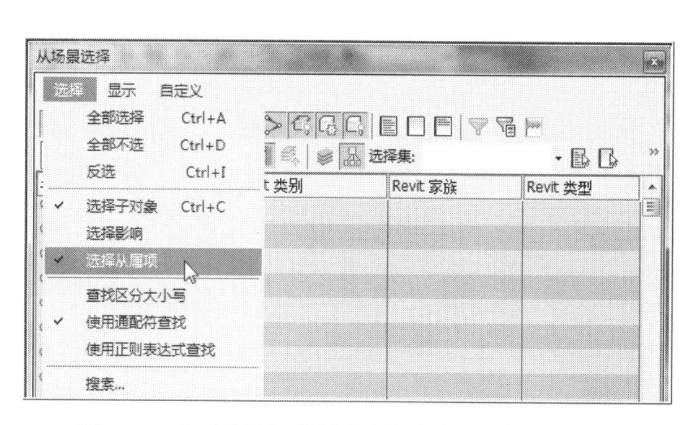

图6-57 在“选择”菜单列表中点选“选择从属项”

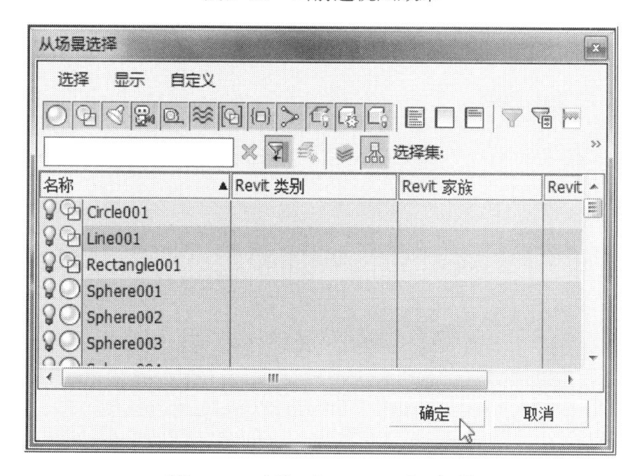

图6-58 点选“Sphere001”序列

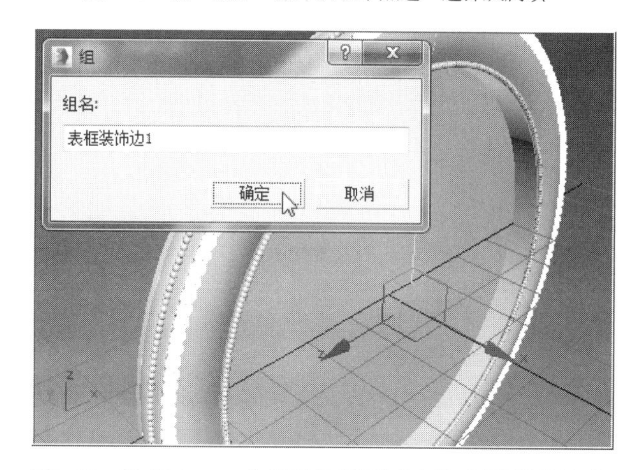

图6-59 将“Sphere001”序列组成组并命名为“表框装饰边1”

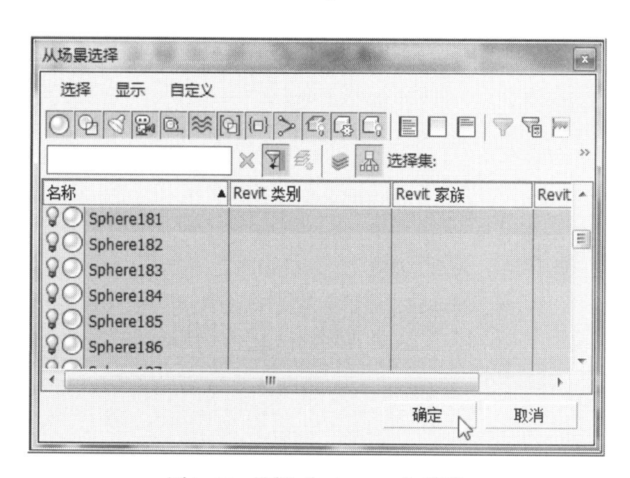

图6-60 选择“Sphere182”序列

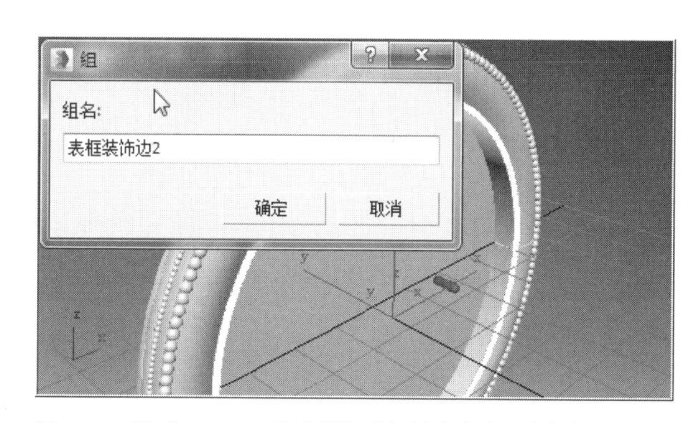

图6-61 将“Sphere182”序列组成组并命名为“表框装饰边2”

㉒ 使用同样的办法，在菜单栏的“组”菜单中，选择“成组”，在弹出的“组”面板中，将“Sphere182”序列成组，命名为“表框装饰边2”，点击“确定”按钮，如图6-61所示。

㉓ 用鼠标左键继续在“按名称选择”面板的“名称”列表中，点选“Sphere542”序列，然后点击“确定”按钮，如图6-62所示。

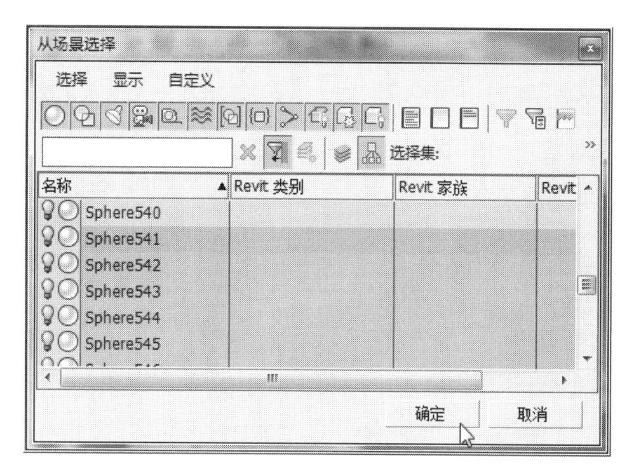

图6-62 选择“Sphere542”序列

㉔ 用鼠标左键点选菜单栏的“组”－“成组”，在弹出的“组”面板中，将“Sphere542”序列成组，命名为“表框装饰边3”，点击“确定”按钮，如图6-63所示。

㉕ 在“从场景选择”面板中，用鼠标左键结合键盘的“Ctrl”键，将“表框装饰边1”“表框装饰边2”“表框装饰边3”一起选择，如图6-64所示。

㉖“组”面板中，将“表框装饰边1”“表框装饰边2”“表框装饰边3”组成组，命名为“表框装饰边”，点击“确定”按钮，如图6-65所示。

注：将材质相同的对象分成组，方便以后的材质设置。

6.3 表盘面的创建

❶ 在透视图中，选择“表底盘”对象，用鼠标左键点击视图右侧 （修改）命令，在“表底盘”下属的“参数”卷展栏中，设置“端面分段”为“2”，如图6-66所示。

❷ 在前视图的“表底盘”对象上点击鼠标右键，在弹出的快捷菜单中，依次选择“转换为”下的“转换为可编辑多边形”，如图6-67所示。

❸ 用鼠标左键点选视图右侧 （修改）命令，在“选择”卷展栏中，点击 （边），以“边”的编辑方式点选视图中“表底盘”端面上的“边”，如图6-68所示。

❹ 在“选择”卷展栏中，点选“循环”工具，得到边与边相连的圆形“边”，如图6-69所示。

❺ 用鼠标左键点选主工具行中的 （均匀缩放）工具，将鼠标光标放置在对象XY轴方向，如图6-70所示。

❻ 以点压鼠标左键的方式，将选择端面的“边”

图6-63 将“Sphere542”序列成组命名为“表框装饰边3”

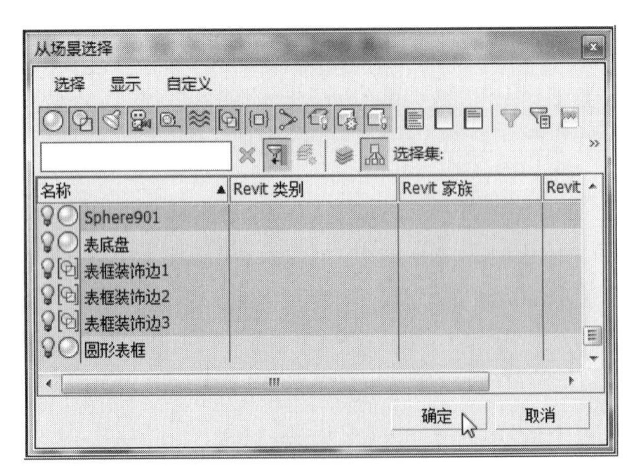

图6-64 从场景选择面板中选择3个表框装饰边

图6-65 将3个装饰边组成组并命名为“表框装饰边”

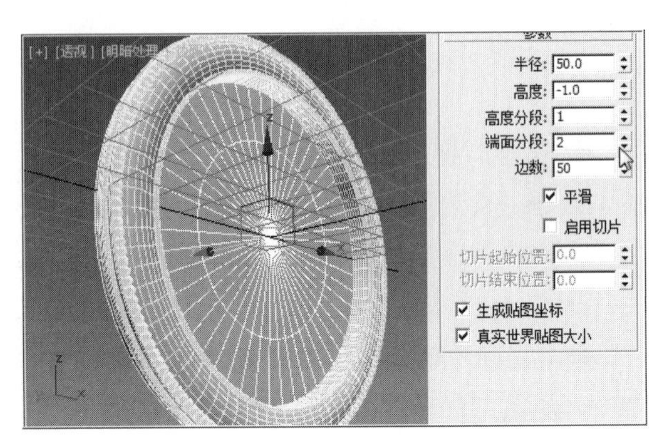

图6-66 设置表底盘“端面分段”为“2”

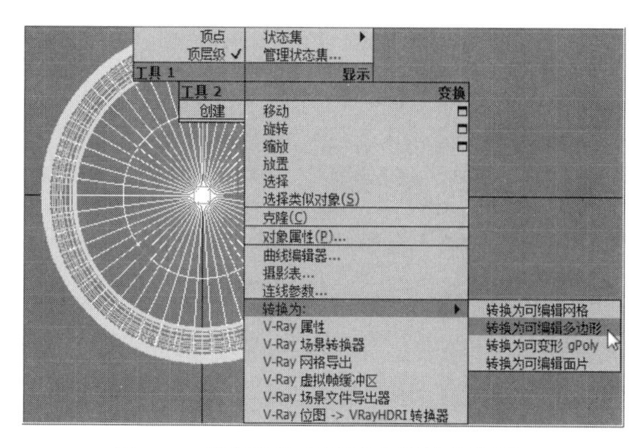

图6-67　将表底盘“转换为可编辑多边形”

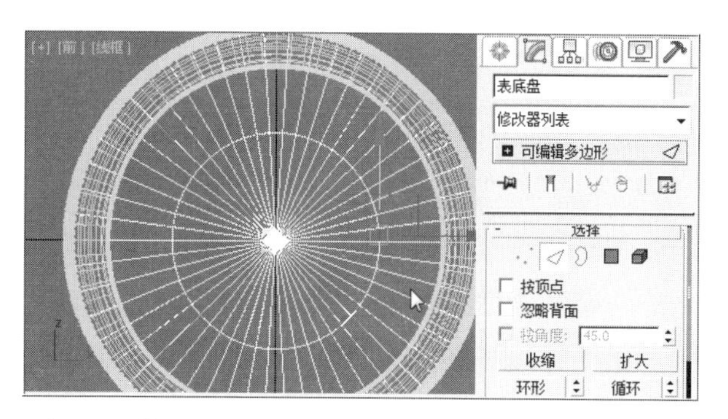

图6-68　以“边”的编辑方式选择“表底盘”端面上的“边”

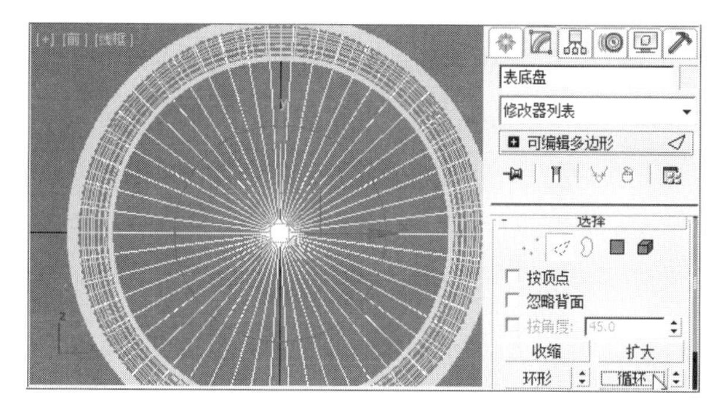

图6-69　以“循环”方式选择组成圆的所有“边”

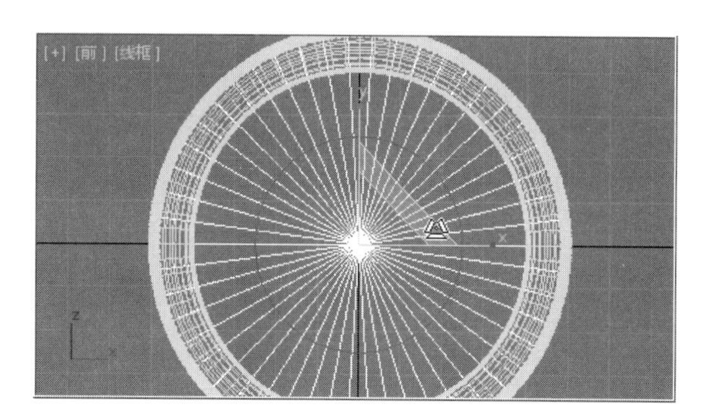

图6-70　沿着“边”的XY轴进行缩放

图6-71　通过均匀缩放，将选择的“边”与“圆形表框”的内边对齐

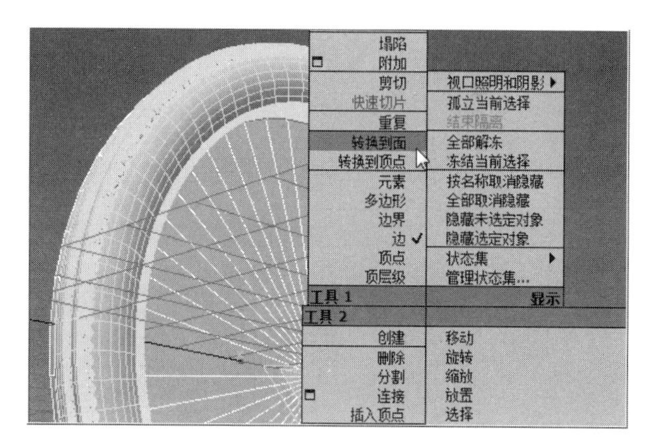

图6-72　将当前的边“转换到面”

和“圆形表框”的内边对齐，也可以通过鼠标右键点击主工具行 ▣（均匀缩放），在弹出的“缩放变换输入”面板中，设置“偏移：世界”百分比的值来进行缩放，如图6-71所示。

❼ 点击鼠标右键，在弹出的快捷菜中，选择“转换到面”，如图6-72所示。

❽ 当前透视图“转换到面”的显示情况，如图6-73所示。

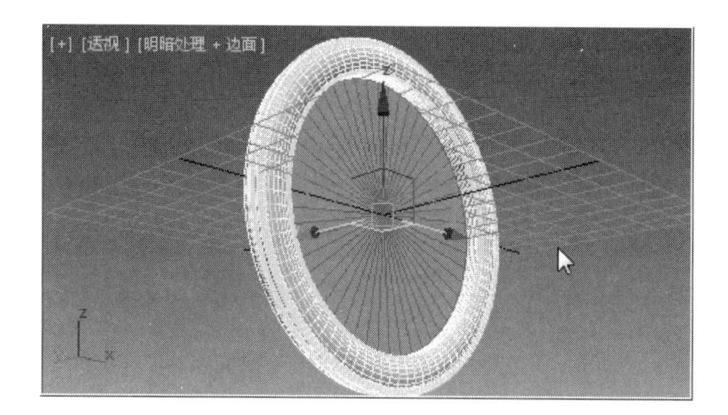

图6-73　“转换到面”的显示情况

❾ 用鼠标左键在右侧命名面板中的“选择”卷展栏中，以“多边形”编辑方式，点击“收缩”工具，如图6–74所示。

❿ 用鼠标左键在“编辑多边形”卷展栏中，点选“分离”工具，在弹出的“分离”面板中，将当前选择的“面”进行“分离”，并命名为“表盘面”，然后点击“确定”按钮，如图6–75所示。

⓫ 在视图左侧的“场景资源管理器”中，我们可以看到和“表底盘”分离后的“表盘面”对象，如图6–76所示。

注：“场景资源管理器”能以归类的方式快速选择场景中的对象，可通过对对象在显示、颜色、具有材质等方面的操作进行工作，使用上很方便。比如，通过点击左侧列表中显示类型（显示几何体）工具，关闭其他的显示类型，此时，在右侧的“名称”列表中显示的是场景中所有创建过的几何体对象，如图6–77所示。

6.4 时间数字的创建

❶ 用鼠标左键在视图右侧命令面板中，依次点选（创建）–（图形）– 文本 工具，在前视图中点击鼠标左键创建“Text001”（文本），如图6–78所示。

❷ 在“Text001”（文本）的“参数”卷展栏中，设置文本“大小”为“15”；“文本”为“12”，如图6–79所示。

❸ 用鼠标右键点击主工具行的（选择并移动）工具，在弹出的“移动变换输入”面板中，设置“X”为“0”；“Y”为“0”；“Z”为“25”，如图6–80所示。

❹ 用鼠标左键点击视图右侧命令面板中的（修改）命令，将对象重命名为“时间数字001”，在“修改器列表”中，选择“壳”修改器，如图6–81所示。

❺ 在视图右侧命令面板中，用鼠标左键点选（层次）命令，在“调整轴”卷展栏中，点选“仅影响轴”按钮，激活“时间数字001”的坐标轴，如图

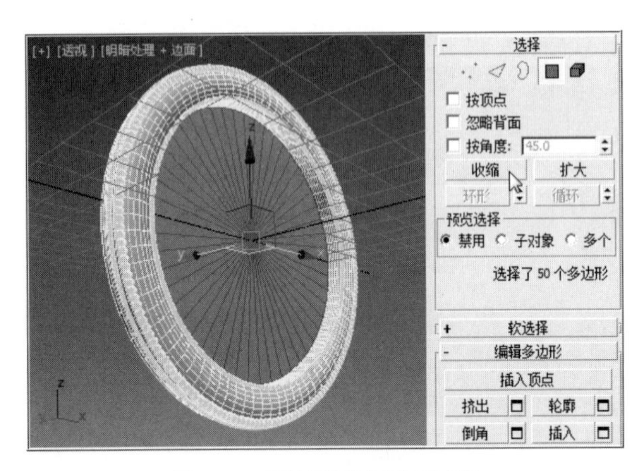

图6–74 当前视图显示的面情况

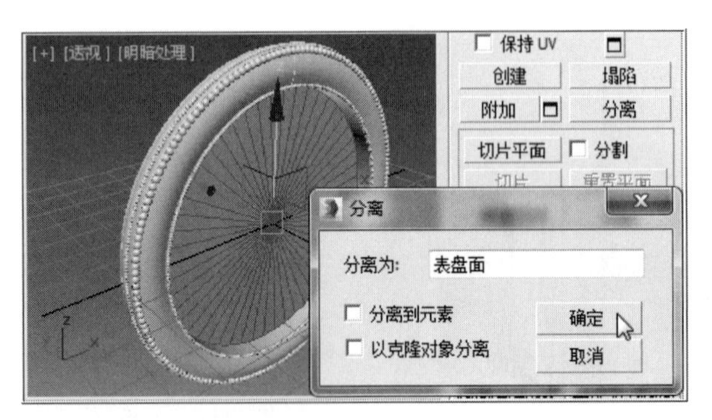

图6–75 将选择的“面”“分离”并命名为“表盘面”

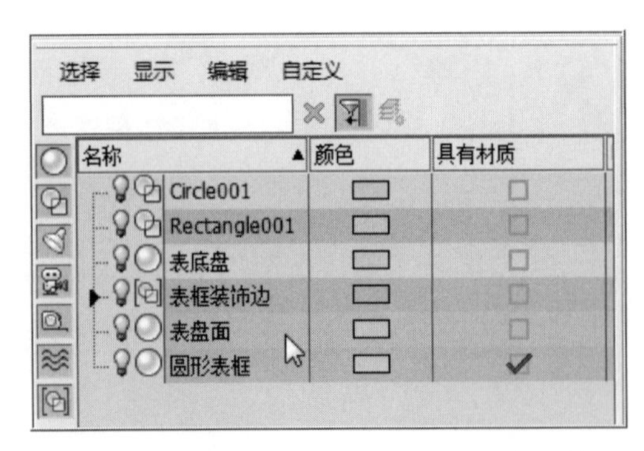

图6–76 和“表底盘”分离后的“表盘面”对象

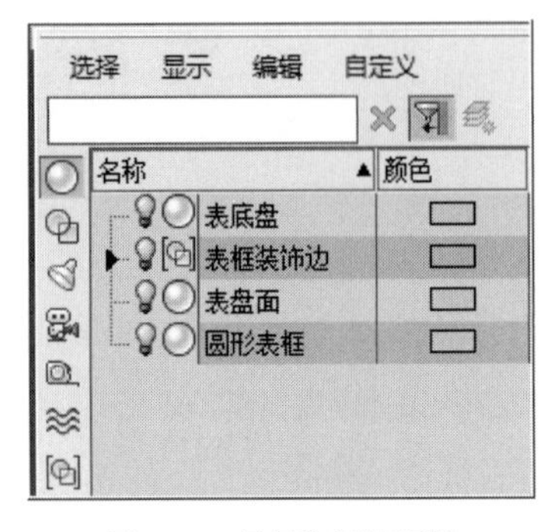

图6–77 场景资源管理器

6−82所示。

❻ 用鼠标右键点击（角度捕捉开关）工具，在“栅格捕捉设置”面板中，设置“角度”为“30”，如图6−83所示。

❼ 在透视图中，结合鼠标左键与键盘上的“Shift”键，沿着“时间数字001”的Y轴旋转30°，如图6−84所示。

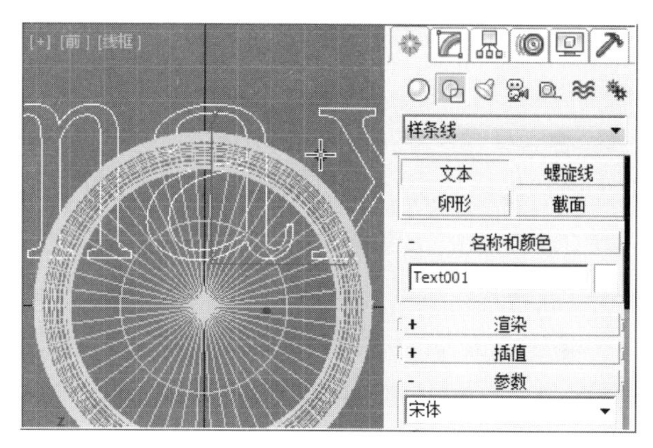

图6−78　在前视图创建“文本”

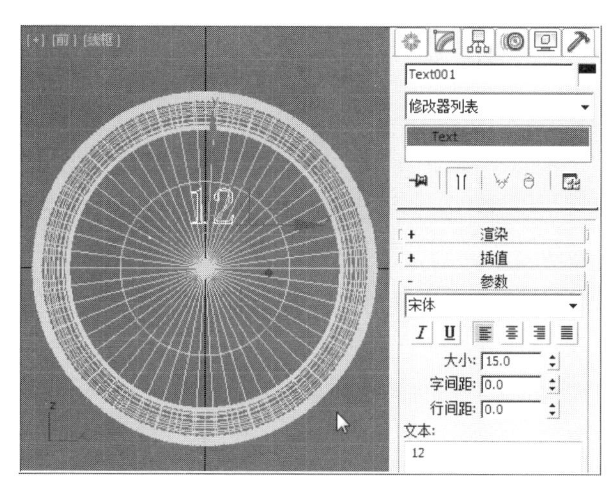

图6−79　设置“文本”相关参数

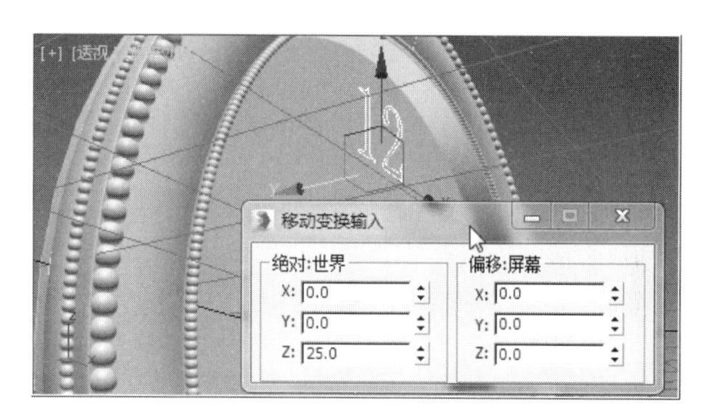

图6−80　调整“Text001”坐标轴的位置

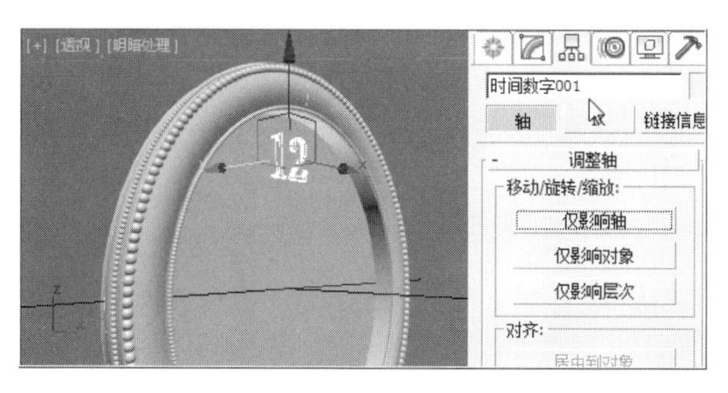

图6−81　给当前对象指定“壳”修改器

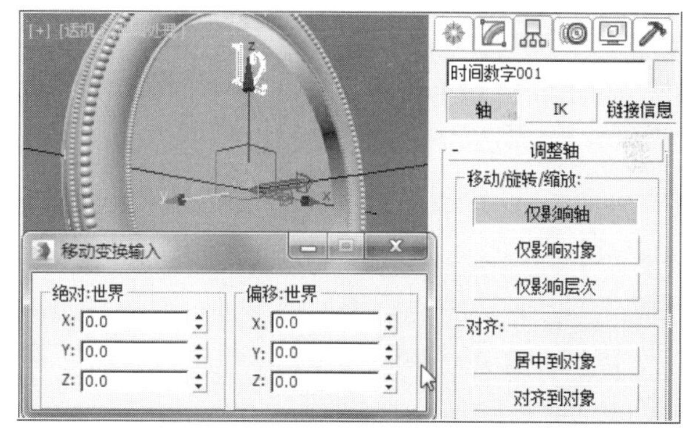

图6−82　调整“Text001”坐标轴

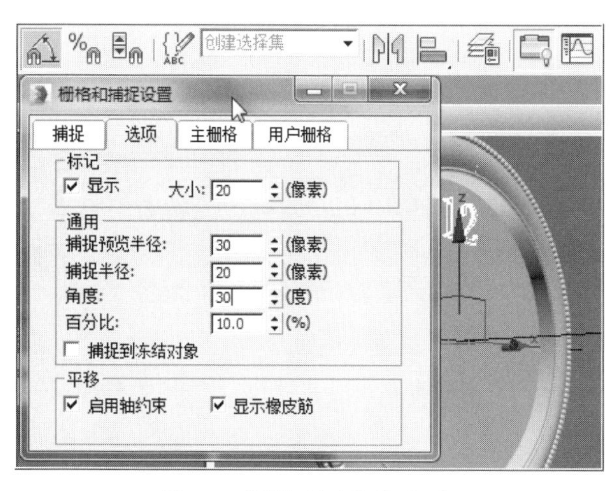

图6−83　设置“角度”为“30”

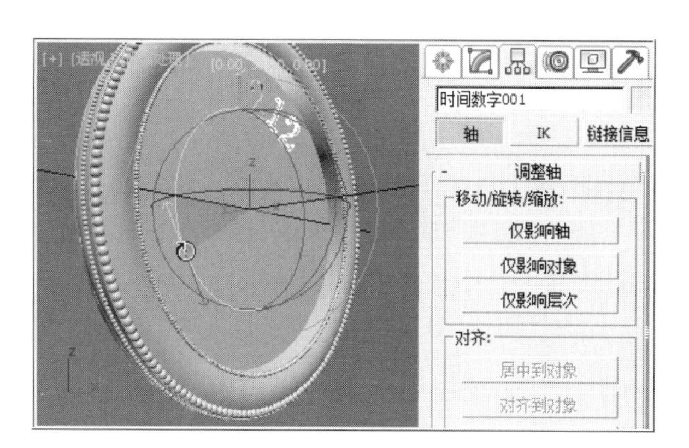

图6−84　将“时间数字001”沿着Y轴旋转30°

❽ 松开鼠标左键后，在弹出的“克隆选项”面板中，点选“复制”；设置“副本数”为“11”，点击“确定”按钮，如图6-85所示。

❾ 用鼠标左键点击视图右侧命令面板中的 (层次）命令，点击“仅影响轴”下的“居中到对象”按钮，如图6-86所示。

❿ 在修改器堆栈栏中，用鼠标左键点选“Text”，在其下属“参数”卷展栏中，设置“大小”为“15”，“文本”内容中的“12”修改为“1”，如图6-87所示。

⓫ 使用同样的方法，将其他的时间数字一并设置，如图6-88所示。

⓬ 用鼠标左键在主工具行中点选 (按名称选择）工具，在弹出的“从场景选择”面板中，点选“时间数字001”序列，点击“确定”按钮，如图6-89所示。

⓭ 在菜单栏的“组”菜单中，用鼠标左键选择“成组”，在弹出的“组”面板中，将“时间数字序列001”序列组成组，命名为“时间数字”，点击“确定”按钮，如图6-90所示。

图6-85 “复制”时间数字11份

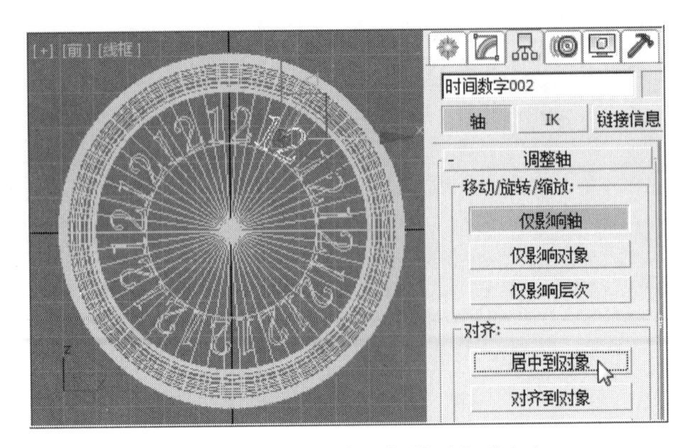

图6-86 将时间数字坐标轴对齐到自身

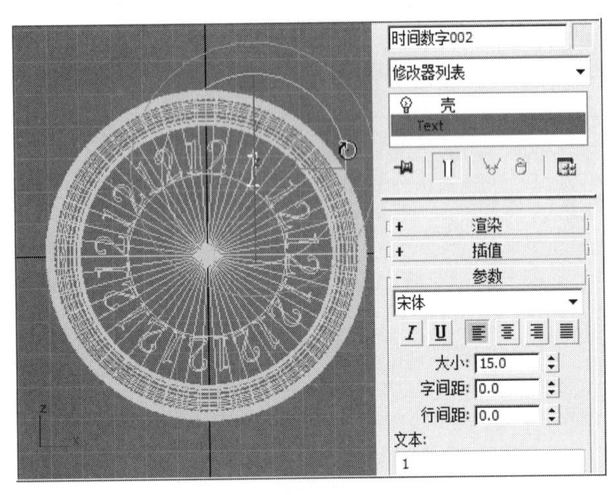

图6-87 设置文本参数

图6-88 当前视图时间数字的显示

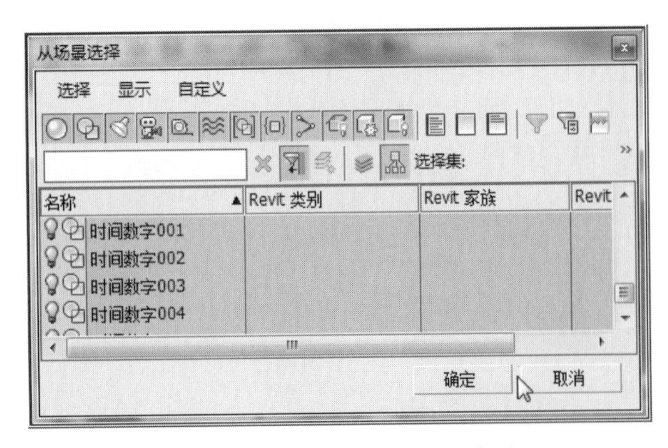

图6-89 点选“时间数字001”序列

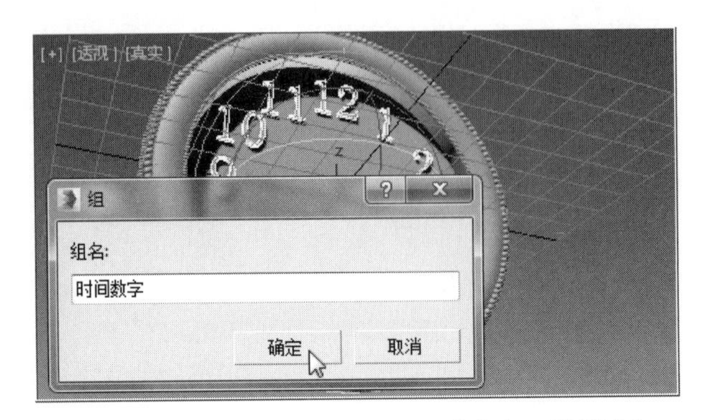

图6-90 将“数字序列001”组成组，命名为“时间数字”

6.5 时间刻度的创建

❶ 在前视图创建“Sphere902”（球体），在“参数”卷展栏中，设置“半径”为“1”，用鼠标右键点击主工具行的（选择并移动）工具，在弹出的“移动变换输入”面板中，设置“X”为“0”；“Y”为“0”；“Z”为“38”，如图6-91所示。

❷ 用鼠标左键点击视图右侧（层次）命令，在“调整轴”卷展栏中，点击“仅影响轴”按钮，结合“移动变换输入”面板，设置X、Y、Z的参数都为“0”，如图6-92所示。

❸ 用鼠标左键再次点击视图右侧命令面板中的“仅影响轴”按钮，关闭坐标轴的激活状态，将“Sphere902”重命名为“时针刻度001”，如图6-93所示。

❹ 用鼠标右键点击主工具行中的（角度捕捉开关）工具，在“栅格捕捉设置”面板中，设置“角度”为“6”，如图6-94所示。

❺ 松开鼠标左键后，在弹出的“克隆选项”面板中，点选“实例”；设置“副本数”为“59”，点击“确定”按钮，如图6-95所示。

❻ 用鼠标左键点击主工具行（按名称选择）工具，在弹出的“从场景选择”面板中，点选“时间刻度001”序列，点击“确定”按钮，如图6-96所示。

❼ 用鼠标左键在菜单栏的“组”菜单中，选

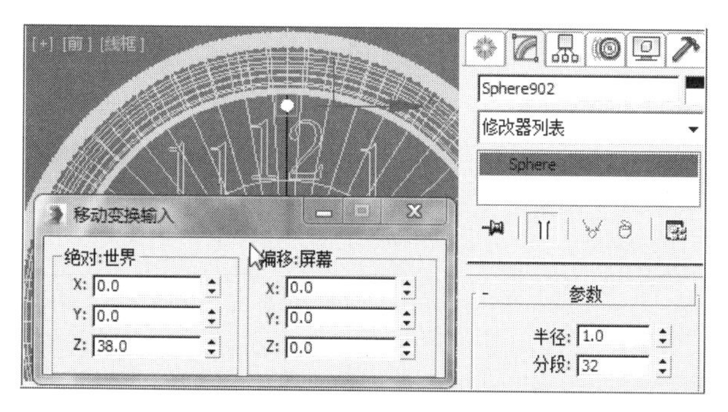

图6-91 创建“Sphere902”并调整对象位置

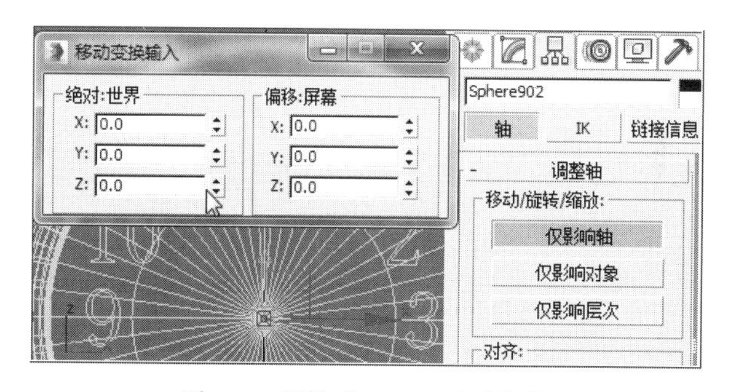

图6-92 调整“Sphere902”坐标轴

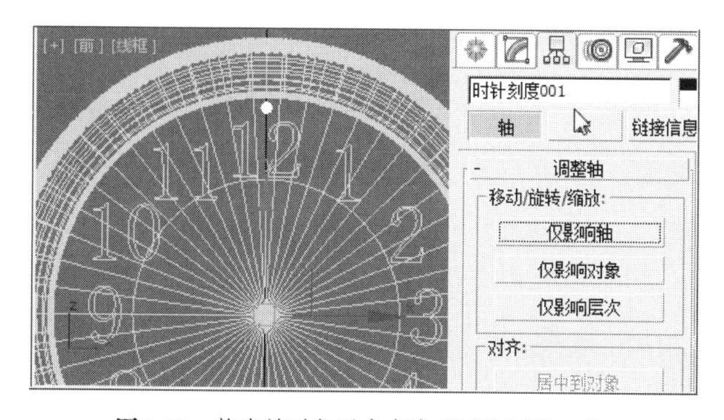

图6-93 将当前对象重命名为“时针刻度001”

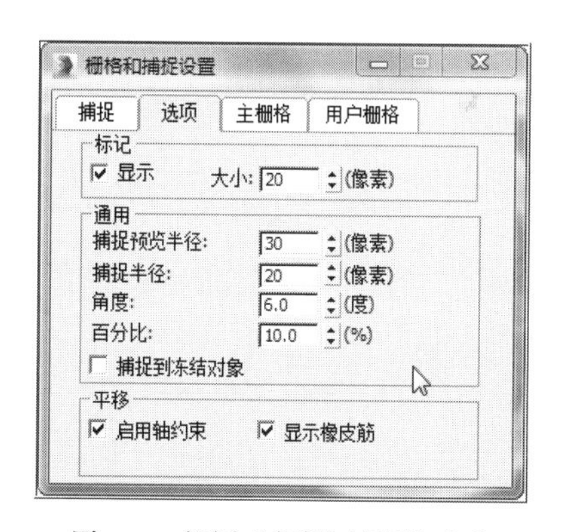

图6-94 设置“角度”捕捉为“6”

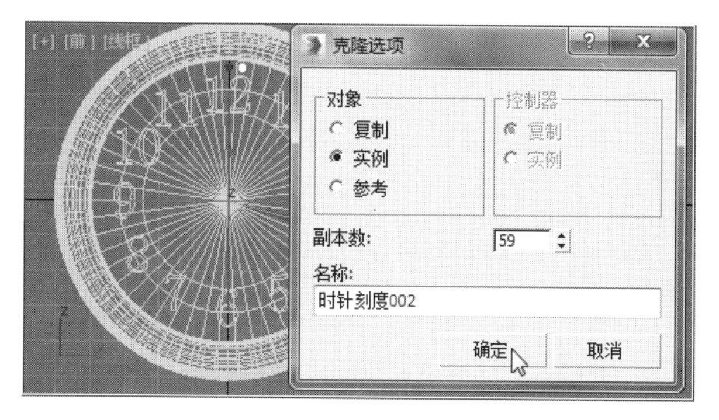

图6-95 以“实例”方式复制59份“时间刻度001”

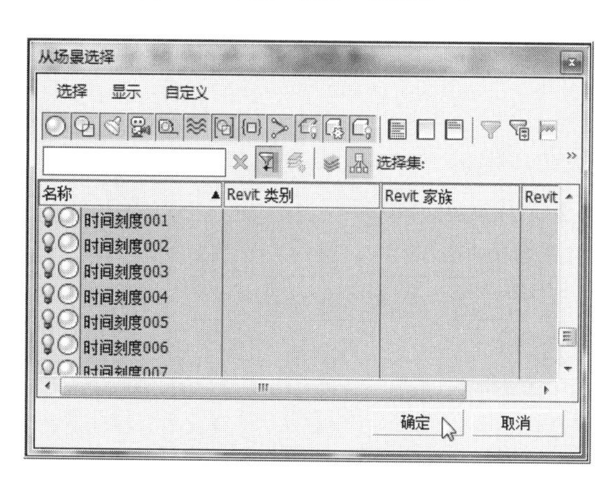

图6-96 在名称选择面板中点选“时间刻度001”序列

择“成组”，在弹出的“组”面板中，将“时间刻度001”序列组成组，命名为“时间刻度”，点击“确定”按钮，如图6-97所示。

❽ 当前透视图中呈现的效果，如图6-98所示。

6.6 指针的创建

“指针”的创建，需要使用到类似“描红”的方法，采取在3ds Max视图中调用背景图，运用“线”工具，参照背景图的轮廓进行造型。由于3ds Max 2015版本会基于优化程序运行环境考虑，在视口默认的配置环境中缺少对视图背景的“缩放”和“平移”的锁定支持，所以，需要我们设置后重新启动。

6.6.1 视口配置

❶ 在菜单栏中，用鼠标左键依次点选“自定义”－“首选项”命令，如图6-99所示。

❷ 在“首选项设置”面板的“视口”选项卡中，用鼠标左键点选“显示驱动程序”下的“选择驱动程序”，在列表中选择“旧版Direct 3D”，点击“确定”按钮，如图6-100所示。

❸ 当前弹出面板提示重启3ds Max，点击“确定”按钮，如图6-101所示。

6.6.2 时针和分针的创建

❶ 将当前场景项目命名为“石英钟表的制作”并保存，重启3ds Max Design 2015，再次打开本场景，在前视图中，用鼠标左键框选所有对象，然后点击鼠

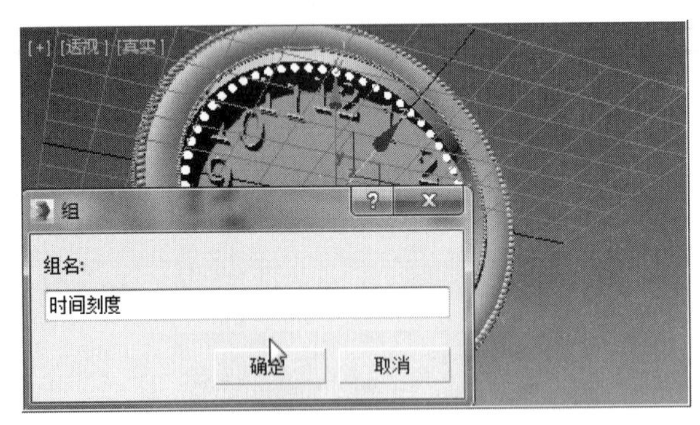

图6-97 将“时间刻度001”序列组成组并命名为“时间刻度”

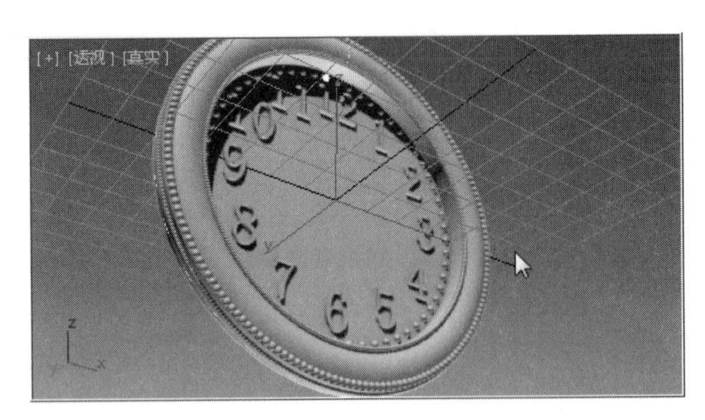

图6-98 当前透视图效果

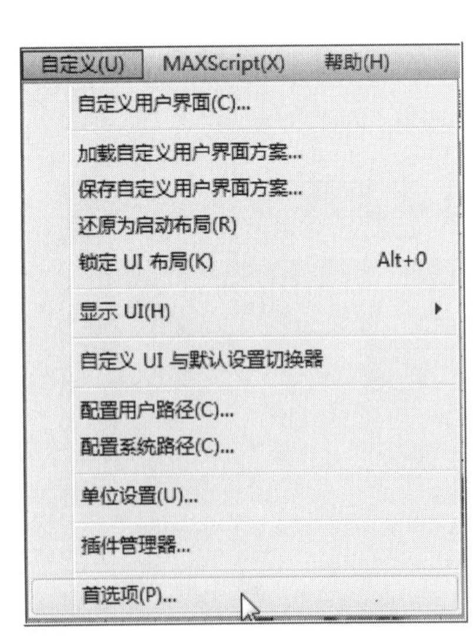

图6-99 选择“自定义”菜单中的“首选项”

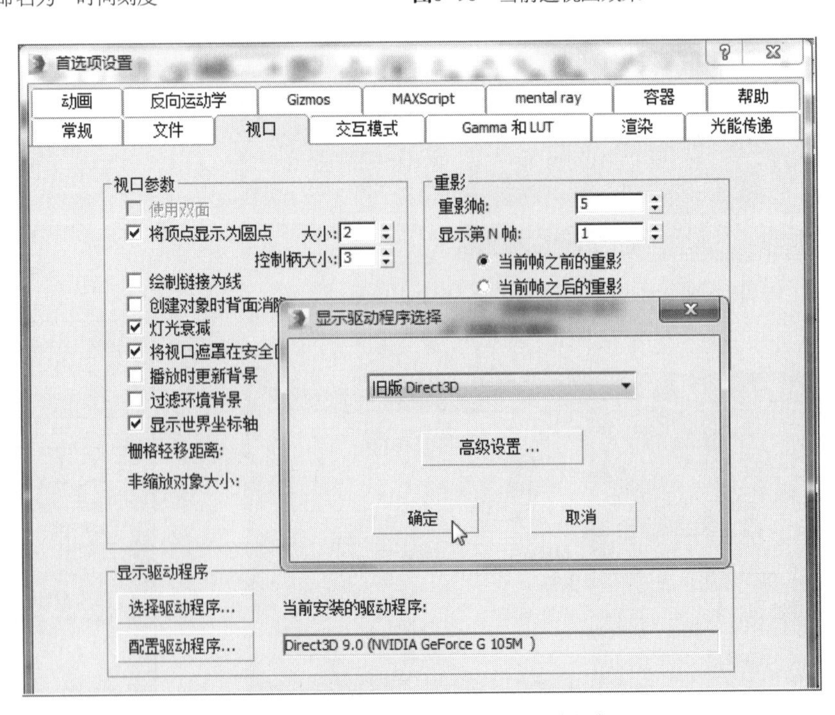

图6-100 选择“旧版Direct3D”驱动程序

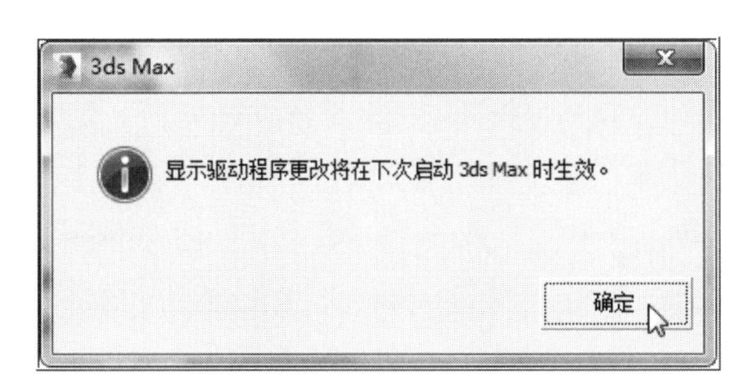

图6-101　提示重启3ds Max

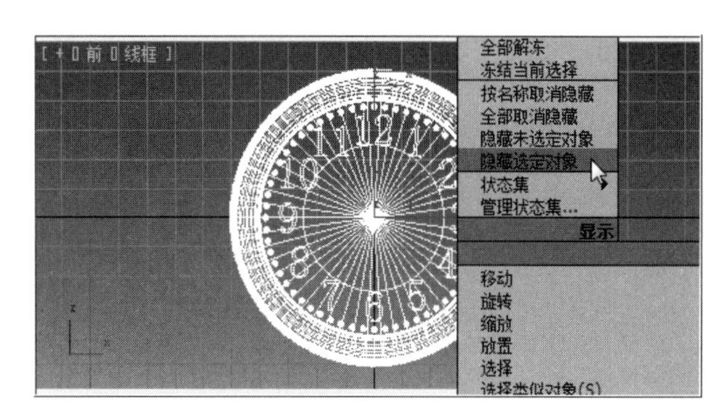

图6-102　将视图所有对象隐藏

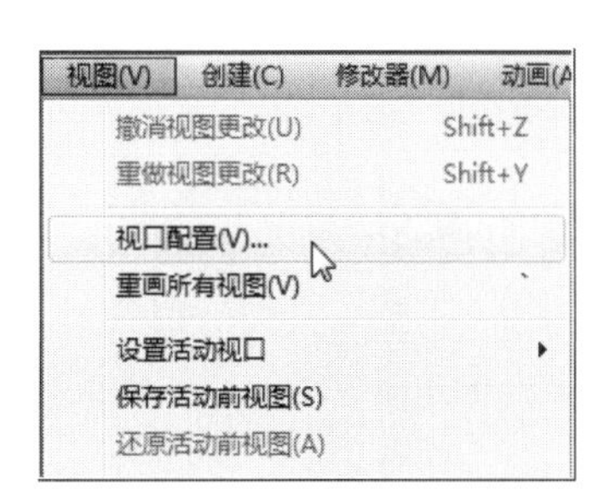

图6-103　点选“视口配置”

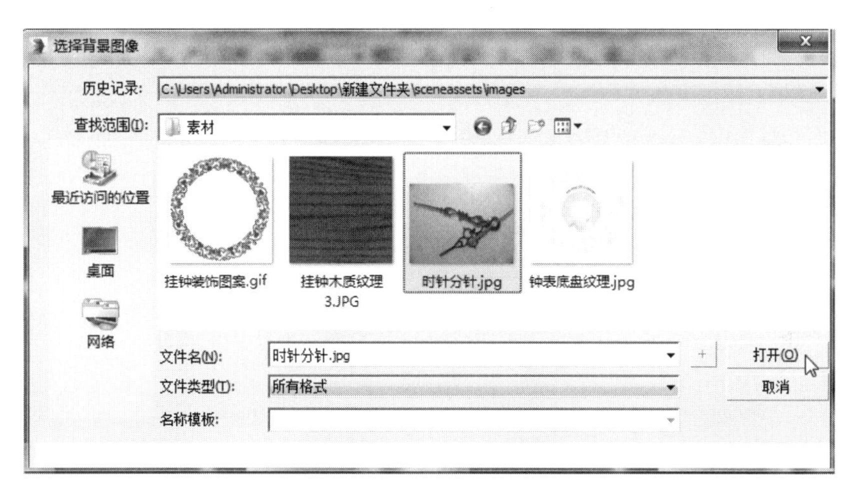

图6-104　选择视口背景图片资料

标右键，在快捷菜单中选择“隐藏选定对象”，如图6-102所示。

❷ 用鼠标右键激活前视图，然后在菜单栏中，点选“视口配置”，如图6-103所示。

❸ 在弹出的“视口配置”面板的“背景”选项卡中，用鼠标左键点选“使用文件”下的“文件”按钮，在弹出“选择背景图像”面板中选择本章节提供的素材文件“时针分针.jpg”，点击“打开”按钮，如图6-104所示。

❹ 用鼠标左键继续在“背景”选项卡中，点选“锁定缩放/平移”，点选“纵横比”下的“匹配位图”，点击“确定”按钮，如图6-105所示。

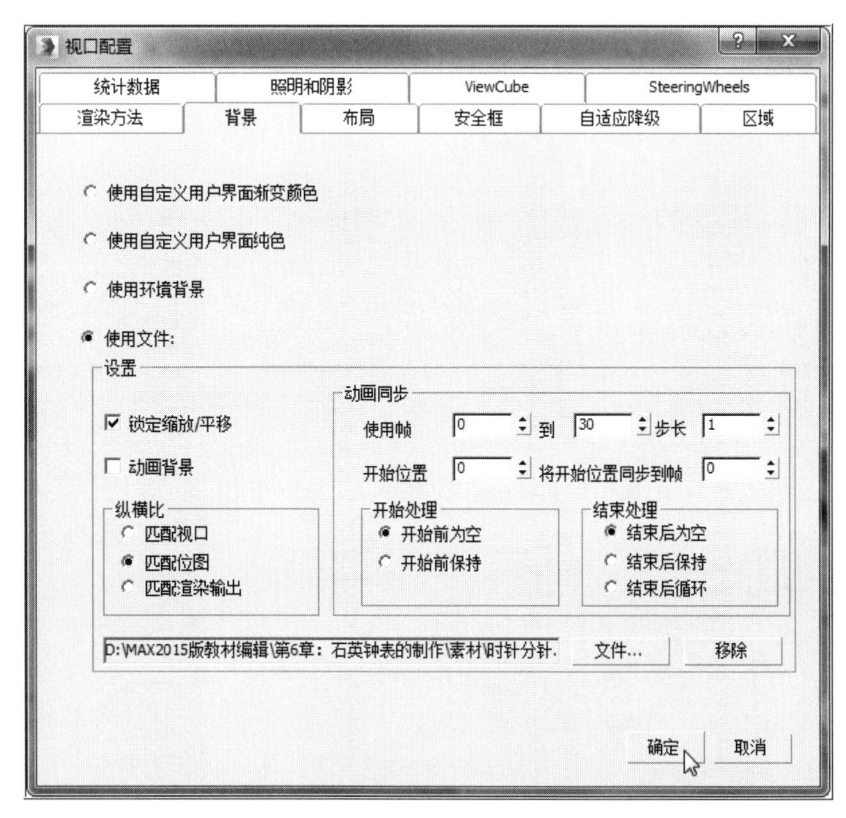

图6-105　当前的“视口配置”面板

❺ 前视图显示的“时针分针.jpg”的背景图片，如图6-106所示。

❻ 在视图右侧命令面板中，用鼠标左键依次点击 （创建）- （图形）- 线 工具，如图6-107所示。

❼ 在前视图，通过参考背景图，操作鼠标左键进行指针的“描红”，在起点和结束点结合后会弹出“样条线”面板，在面板中点击“是”按钮，创建出“Line001”（线），如图6-108所示。

❽ 当前视图“Line001”（线）显示情况，如图6-109所示。

❾ 用鼠标左键点击视图右侧命令面板中的 （修改）命令，在“选择”卷展栏中，点选“顶点”编辑，在视图中框选“Line001”（线）所有的顶点，然后点击鼠标右键，在快捷菜单中选择“Bezier 角点”，如图6-110所示。

❿ 将所有顶点进行“Bezier 角点”方式编辑，通过操作点两边的绿色手柄，将“Line001”（线）的轮廓尽量接近背景图片中的时针分针的形状，如图6-111所示。

⓫ 在“视口配置”面板的“背景”选项卡中，用鼠标左键点击“移除”按钮，将视图背景使用的“时

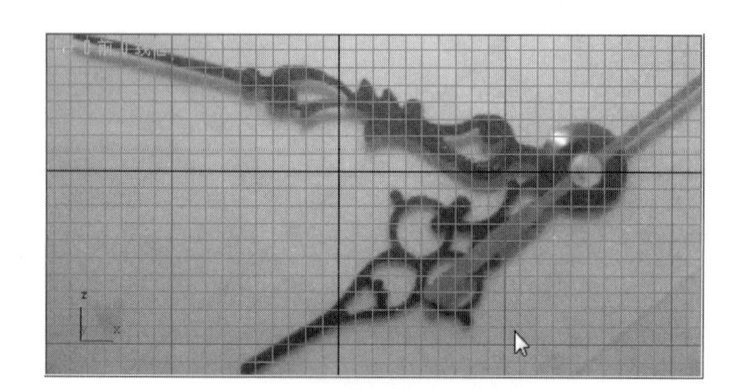

图6-106　前视图显示的背景图片

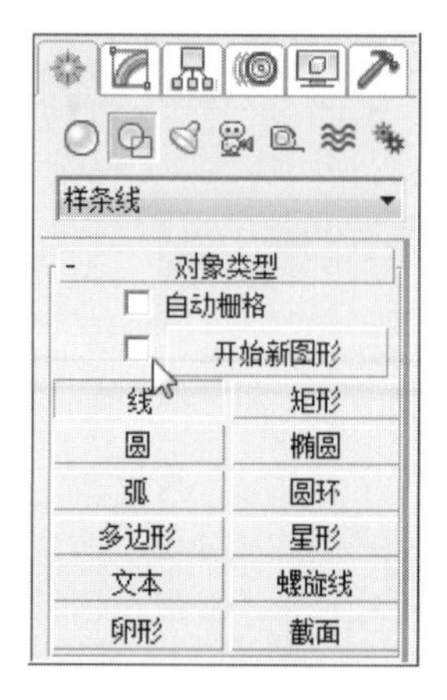

图6-107　选择“线”工具

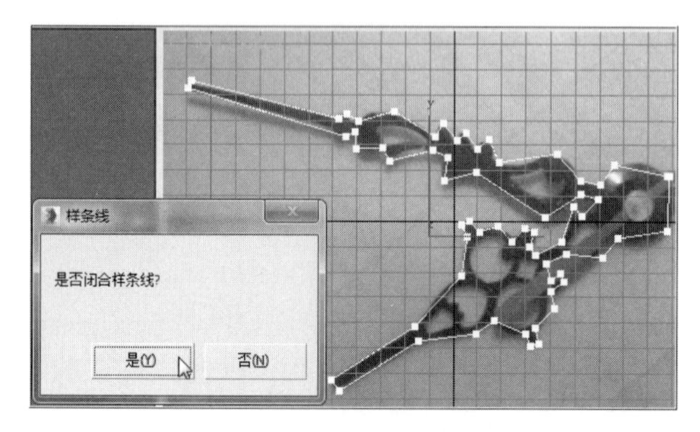

图6-108　时针分针的描红操作

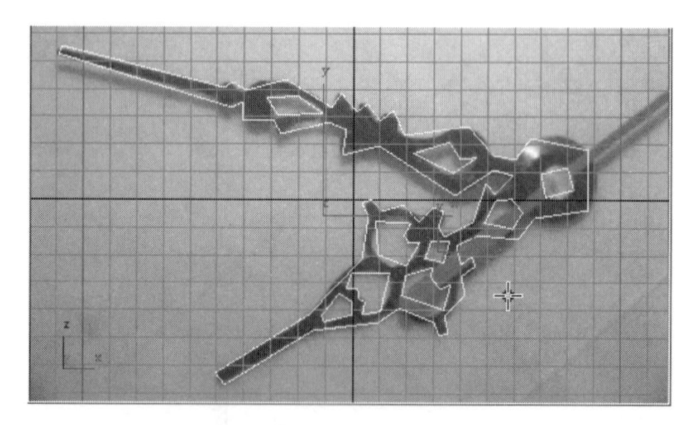

图6-109　当前视图显示情况

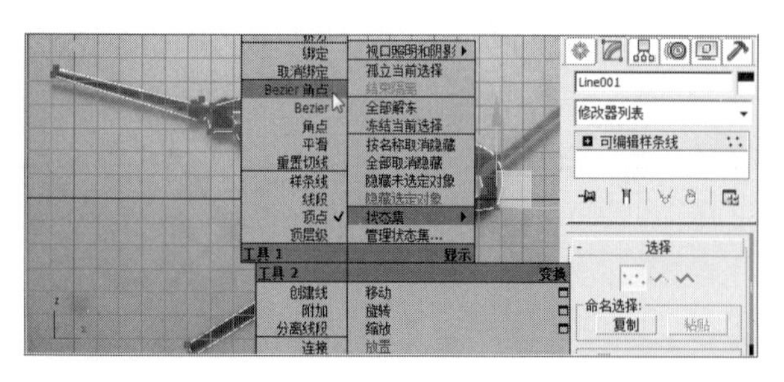

图6-110　以“Bezier角点”方式编辑“Line001”

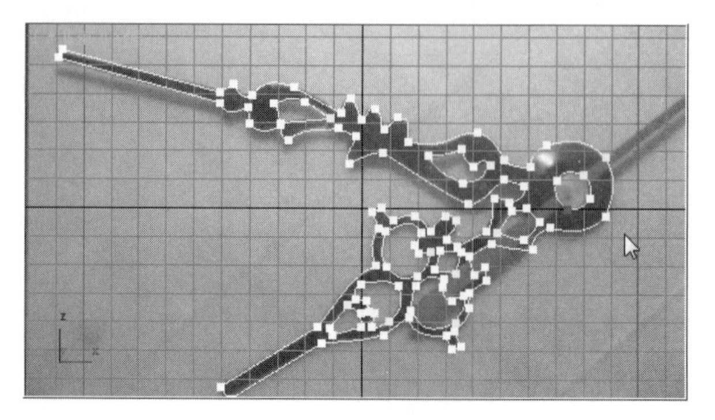

图6-111　当前修改完善后的“Line001”对象

针分针.jpg”去除，如图6-112所示。

⑫ 移除背景图片后的前视图“Line001”（线）显示，如图6-113所示。

⑬ 在视图空白区点击鼠标右键，在弹出的快捷菜单中，选择“全部取消隐藏”，如图6-114所示。

⑭ 用鼠标左键点击视图右侧（层次）命令下的“仅影响轴”，结合主工具行的（选择并移动）工具，在前视图中将“Line001”（线）的坐标轴心沿着xy轴方向移至对象末端的圆心位置，如图6-115所示。

⑮ 用鼠标左键再次点击“仅影响轴”，关闭激活坐标轴状态，结合主工具行的（均匀缩放），将“Line001”（线）沿着XY轴方向缩小到合适大小，然后使用鼠标右键点击主工具行的（选择并移动），在弹出的“移动变换输入”面板中，设置“X”为“0”；“Y”为“-1”；“Z”为“0”，如图6-116所示。

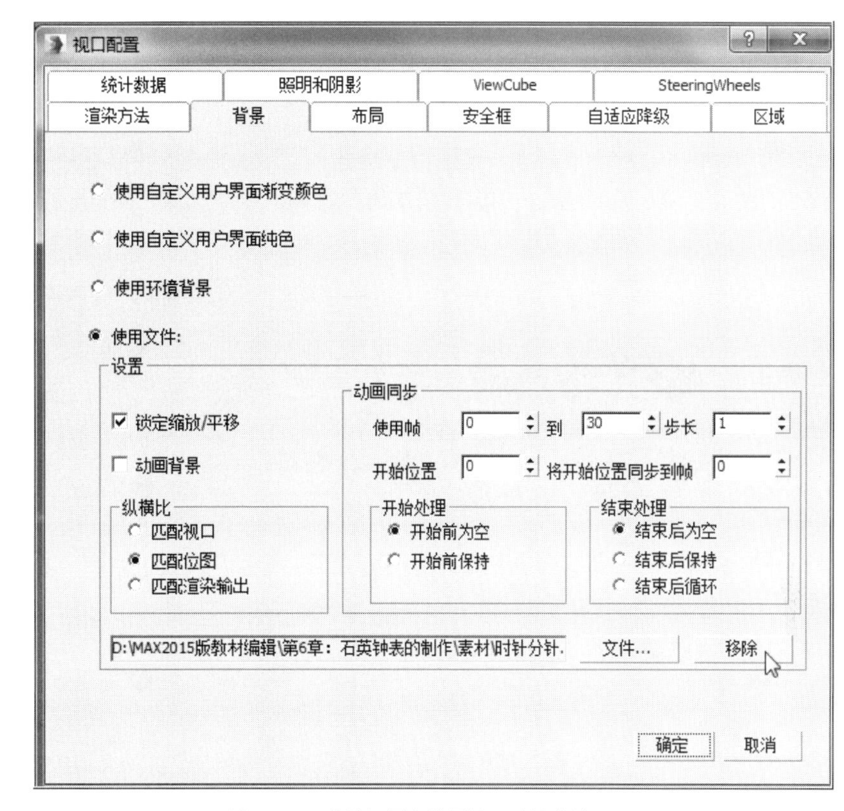

图6-112　移除视图中使用的“时针分针.jpg”

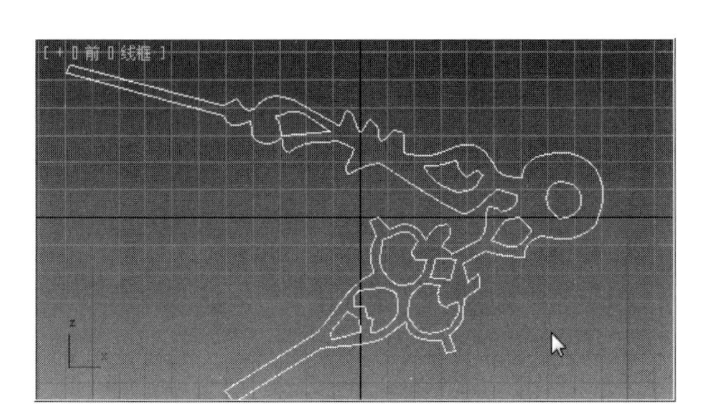

图6-113　当前视图“Line001”显示

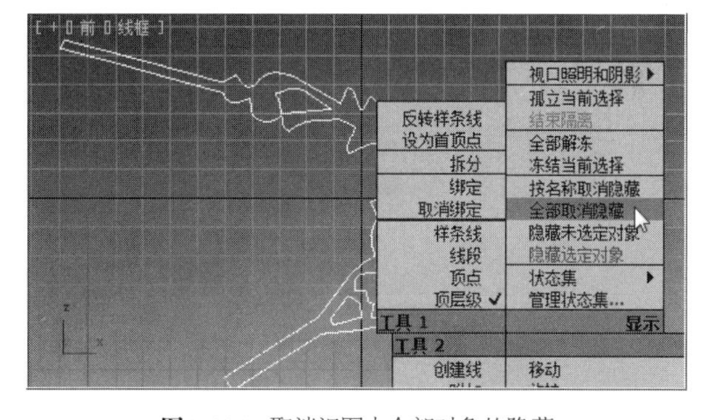

图6-114　取消视图中全部对象的隐藏

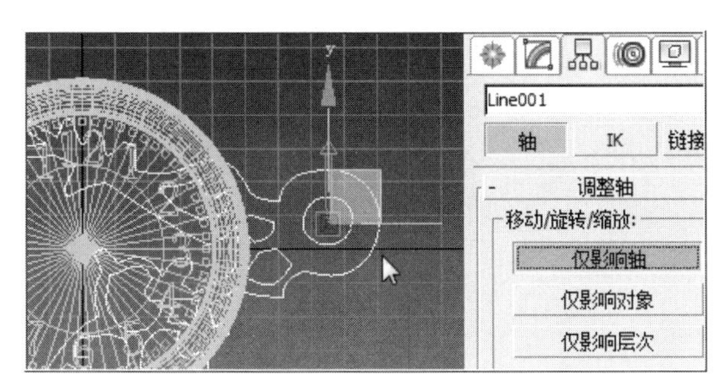

图6-115　调整“Line001”坐标轴所在位置

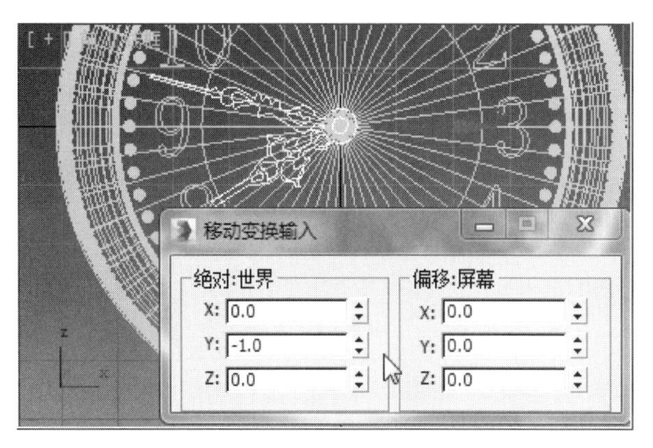

图6-116　将“Line001”缩小到合适大小并调整位置

⑯ 在右侧命令面板中，用鼠标左键点击 (修改)命令，将对象"Line001"(线)重命名为"时针分针"，在"修改器列表"中，选择"壳"修改器，在其"参数"卷展栏中，设置"外部量"为"0.5"，如图6-117所示。

⑰ 在视图右侧命令面板中，用鼠标左键依次点击 (创建)－ (几何体)－"标准基本体"右侧的下拉箭头，选择"扩展基本体"命令，在"对象类型"的卷展栏中，选择"胶囊"工具，如图6-118所示。

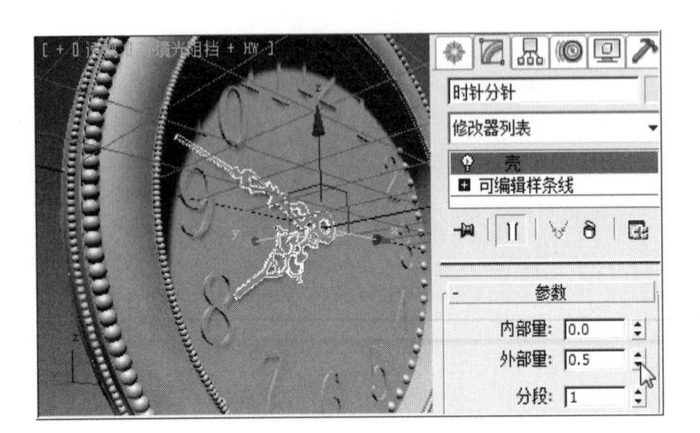

图6-117 给"时针分针"添加"壳"修改器

图6-118 选择"胶囊"对象

⑱ 在前视图随意位置创建"Capsule001"对象，用鼠标左键点击视图右侧命令面板中的 (修改)命令，在"Capsule001"(胶囊)的"参数"卷展栏中，设置半径为"2"，如图6-119所示。

⑲ 用鼠标右键点击主工具行的 (选择并移动)，在弹出的"移动变换输入"面板中，设置"X"为"0"；"Y"为"0.5"；"Z"为"0"，将"Capsule001"命名为"时间轴"，如图6-120所示。

⑳ 当前透视图中的效果，如图6-121所示。

6.6.3 秒针的创建

❶ 在视图右侧命令面板中，用鼠标左键依次点击 (创建)－ (图形)－ 线 工具，在前视图中从左到右创建合适长度的"Line002"(线)，如图6-122所示。

❷ 用鼠标左键点击视图右侧命令面板中的 (修改)命令，在"Line002"(线)的"渲染"卷展栏中，勾选"在渲染中启用"和"在视口中启用"，设置"厚

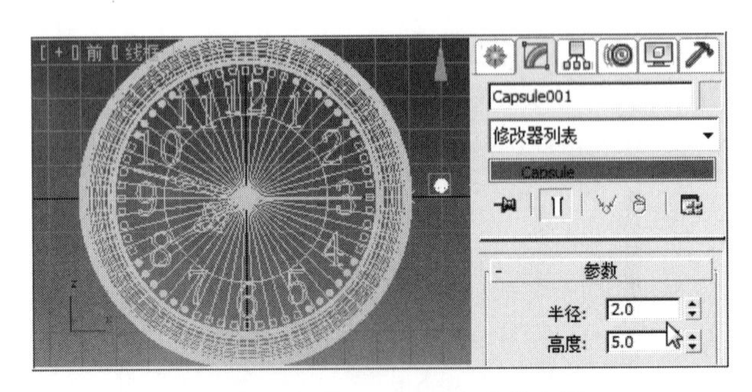

图6-119 设置"Capsule001"的半径

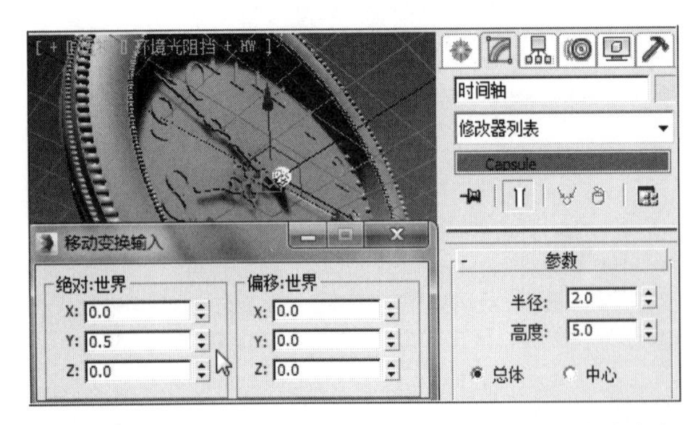

图6-120 将"Capsule001"对齐到视图坐标轴心并将其命名为"时间轴"

图6-121 当前透视图中的效果

度”为“0.5”，如图6-123所示。

❸ 用鼠标右键点选主工具行中的（捕捉开关）工具，在弹出的“栅格和捕捉设置”面板中，勾选“端点”，如图6-124所示。

❹ 用鼠标左键点击视图右侧（层次）命令下的“仅影响轴”，结合主工具行的（选择并移动）工具，在前视图中将“Line002”（线）的坐标轴心对齐到视图轴心位置，如图6-125所示。

❺ 用鼠标右键点击主工具行的（选择并移动）工具，在弹出的“移动变换输入”面板中，设置“X”为“0”；“Y”为“-2.0”；“Z”为“0”，关闭“仅影响轴”按钮，将“Line002”命名为“秒针”，如图6-126所示。

❻ 当前透视图中的效果，如图6-127所示。

6.7 表玻璃罩创建

❶ 用鼠标左键依次点击（创建）-（几何体）- 球体 工具，在视图中心位置创建“Sphere902”

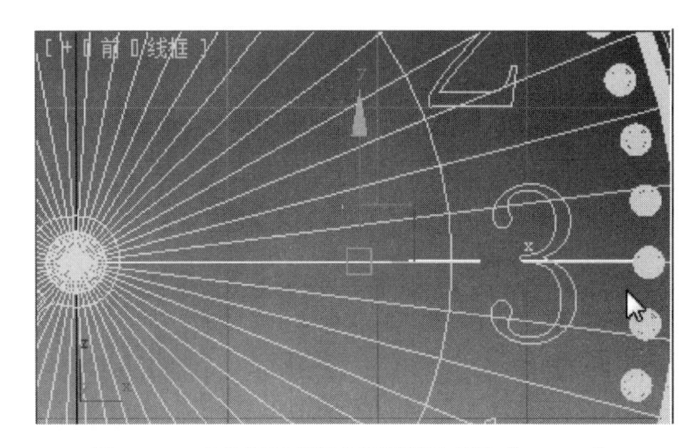

图6-122　在前视图创建合适长度的直线“Line002”

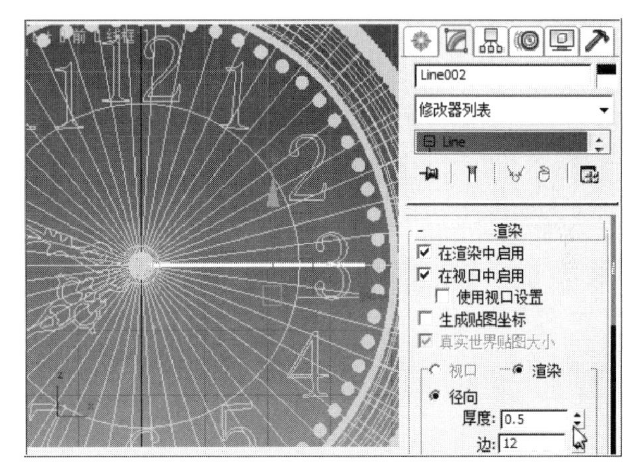

图6-123　设置“Line002”相关参数

图6-124　在“栅格和捕捉设置”面板中勾选“端点”

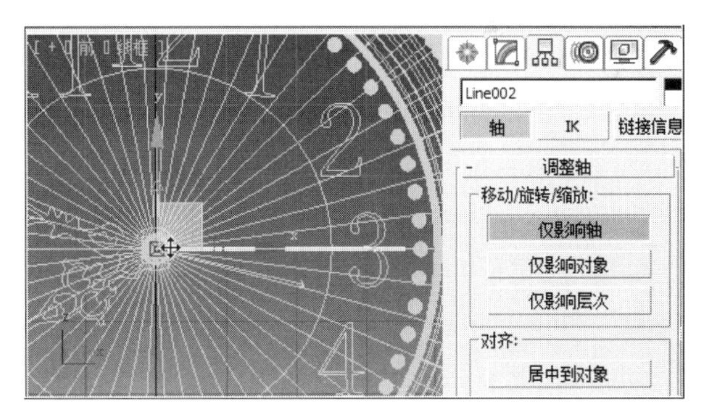

图6-125　将“Line002”的坐标轴心和视图轴心对齐

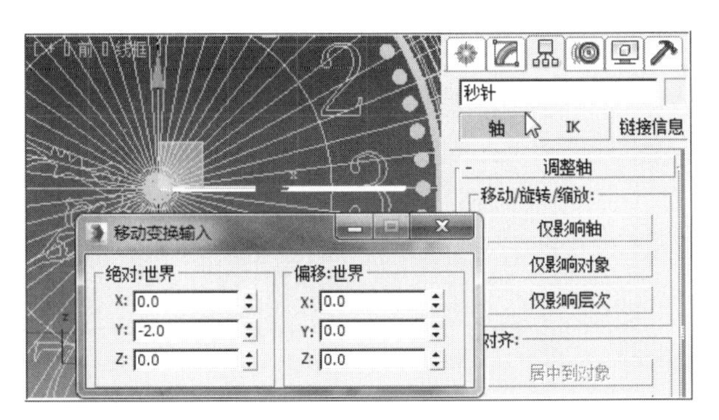

图6-126　调整“Line002”位置并将其命名为“秒针”

图6-127　当前透视图中的效果

（球体），在其“参数”卷展栏中，设置“半径”为“41”；“半球”为“0.5”，使用鼠标右键点击主工具行的（选择并移动）工具，在弹出的“移动变换输入”面板中，设置X、Y、Z都为“0”，如图 6-128所示。

❷ 在顶视图中可以看到“Sphere902”（半球）的效果，将其重命名为“表玻璃罩”，如图6-129所示。

❸ 用鼠标右键点击主工具行的（均匀缩放）工具，在弹出的“缩放变换输入”面板中，设置“Z”为“30”，如图6-130所示。

❹ 在“表玻璃罩”对象被选择的状态下，点击鼠标右键，在快捷菜单中选择“隐藏选定对象”，如图6-131所示。

❺ 在菜单栏中，用鼠标左键点选“自定义”下的“首选项”，在弹出的“首选项设置”面板中的“视口”选项卡下，点击“选择驱动程序”按钮，在弹出的“Direct3D驱动程序设置”面板中，点选“从Direct3D回到上一界面”按钮，如图6-132所示。

❻ 在当前弹出的“显示驱动程序选择”面板的列表中，用鼠标左键点选“Nitrous Direct3D 9（推荐）”，点击“确定”按钮，如图6-133所示。

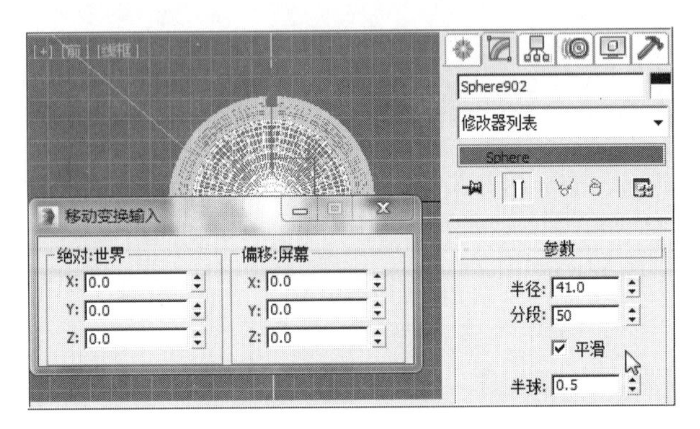

图6-128 在前视图创建“Sphere902”并设置相关参数

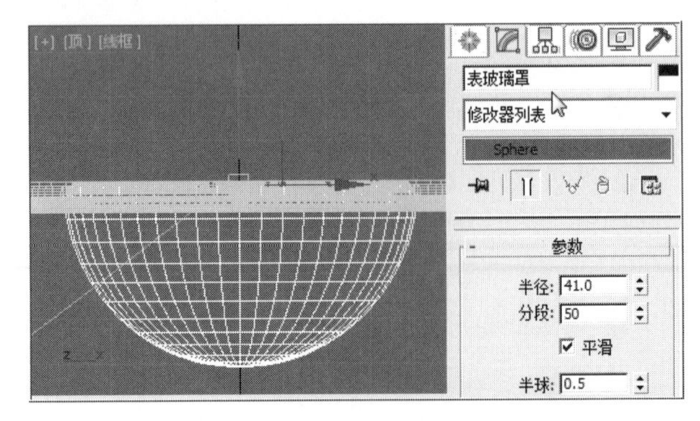

图6-129 当前顶视图中的“表玻璃罩”显示

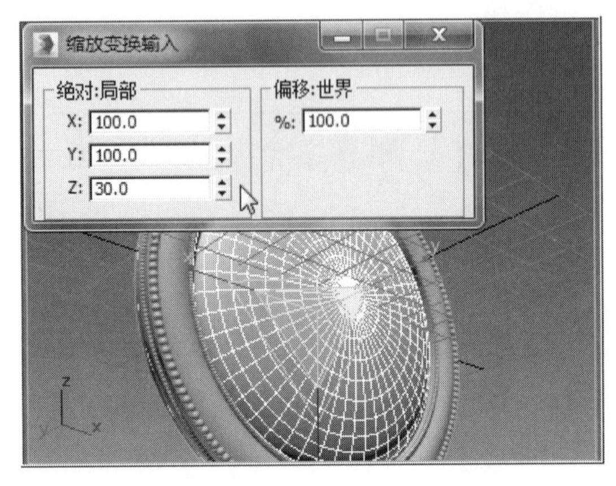

图6-130 当前玻璃罩缩放后的效果显示

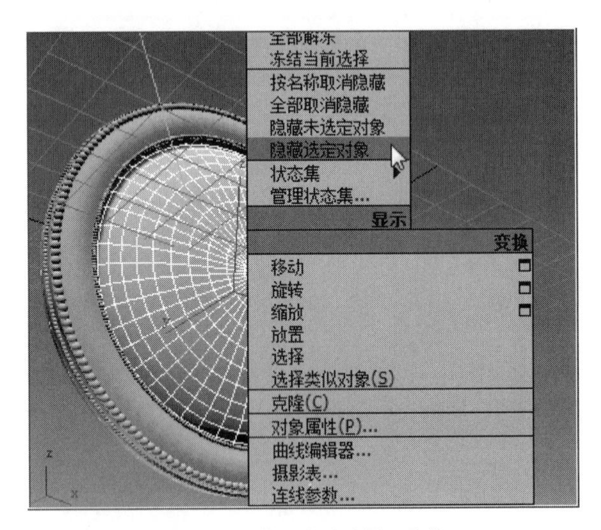

图6-131 将“表玻璃罩”隐藏

图6-132 “Direct3D驱动程序设置”面板

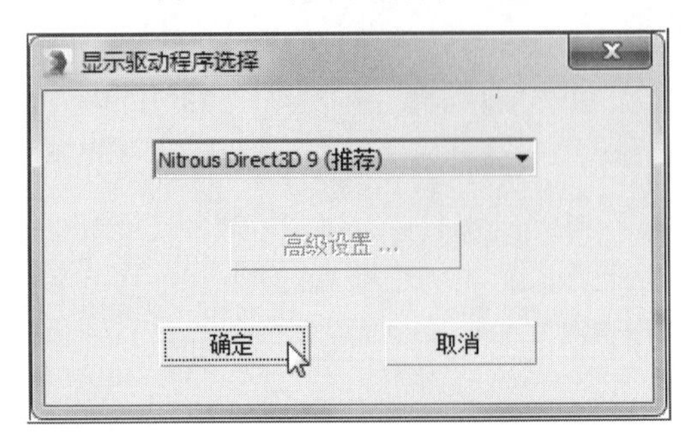

图6-133 “显示驱动程序选择”设置面板

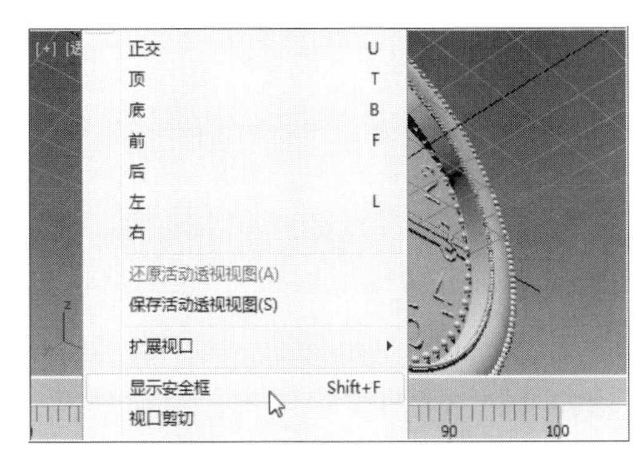

图6-134　选择“显示安全框”

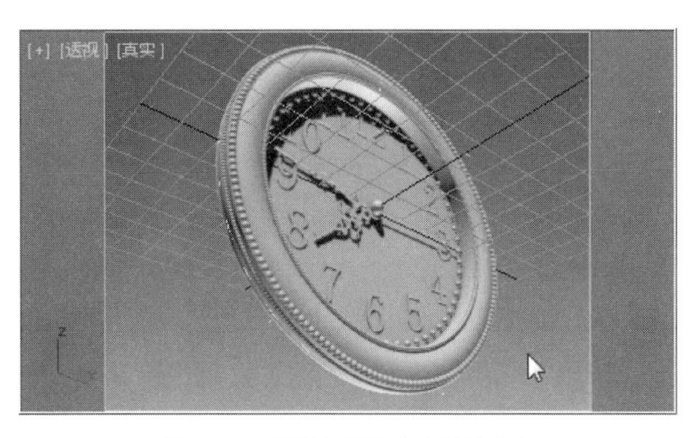

图6-135　调整视图的大小以及角度

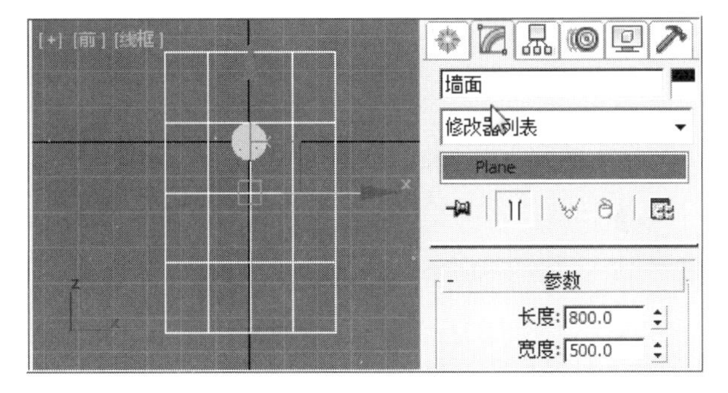

图6-136　在前视图中创建“墙面”

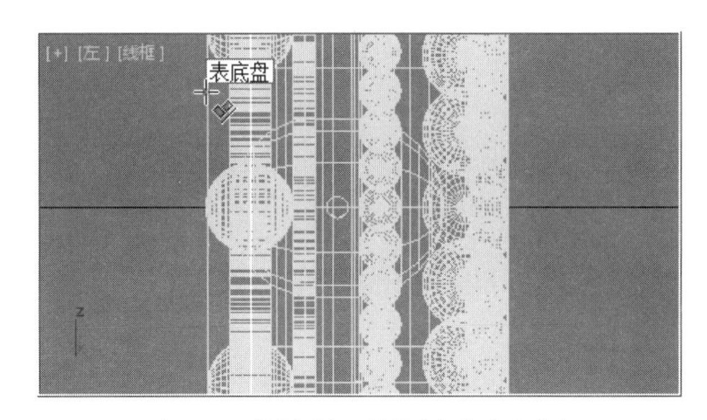

图6-137　使用对齐工具将光标指向表底盘

6.8 背景墙创建

❶ 保存当前场景文件后，按提示重启3ds Max Design 2015，再次打开本场景文件，在透视图中点选“透视”标签，在弹出的菜单中选择“显示安全框”，如图6-134所示。

❷ 结合视图控制区相关工具，在安全框中调整视图对象的大小以及角度，如图6-135所示。

❸ 在视图右侧命令面板中，用鼠标左键依次点击 （创建）－ （几何体）－ 平面 工具，在前视图创建合适大小的“Plane001”，在其“参数”卷展栏中设置“长度”为“800”；“宽度”为“500”，将“Plane001”重命名为“墙面”，如图6-136所示。

❹ 在左视图中，“墙面”被选择的状态下，点选主工具行中的 （对齐）工具，然后将鼠标光标指向“表底盘”，如图6-137所示。

❺ 点击鼠标左键，在弹出的“对齐当前选择”面板中的“对齐位置”选项中，勾选“X位置”；“当前对象”点选“最小”；“目标对象”点选“最小”，然后点“确定”按钮，如图6-138所示。

❻ 当前透视图显示情况，如图6-139所示。

图6-138　“对齐当前选择（表底盘）”面板设置

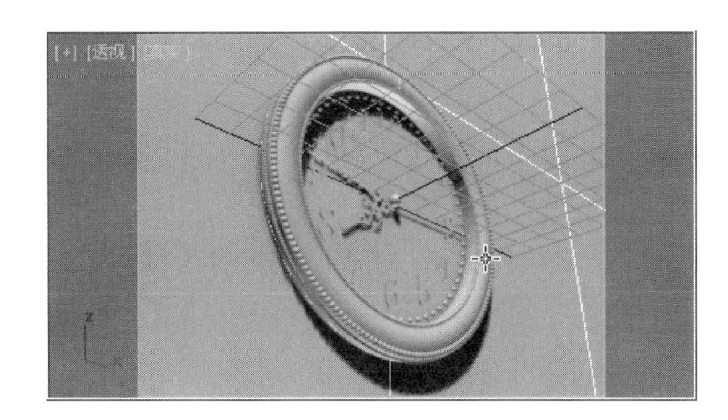

图6-139　当前透视图显示情况

6.9 灯光创建

❶ 用鼠标左键依次点击（创建）－（灯光）在“标准”对象类型中点击 目标聚光灯 工具，在前视图创建“Spot001”对象，如图6－140所示。

❷ 在顶视图中，用鼠标左键结合主工具行的（选择并移动）工具，调整“Spot001”的角度，如图6－141所示。

❸ 在透视图被激活的状态下，用鼠标左键点选主工具行中的（渲染产品）工具，渲染当前的场景，如图6－142所示。

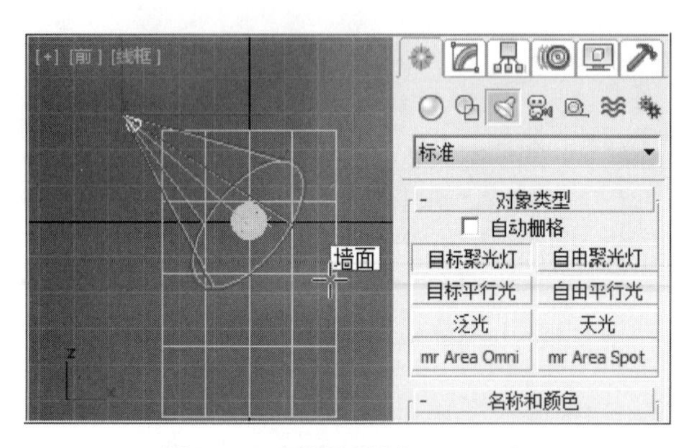

图6－140 在前视图创建“Spot001”

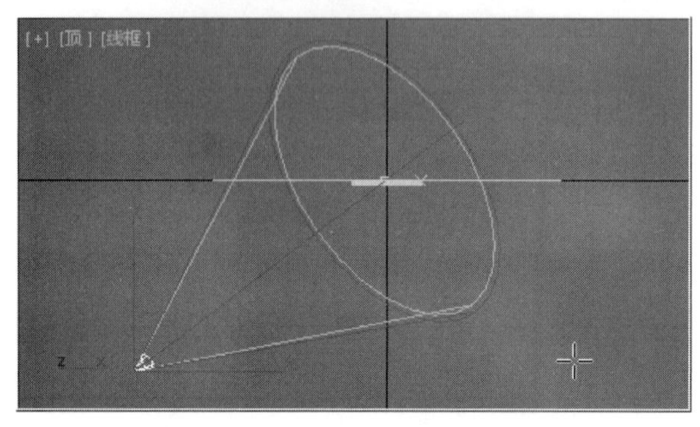

图6－141 顶视图中的“Spot001”角度

6.10 材质设置

用鼠标左键点击主工具行的（材质编辑器）工具，在弹出的“材质编辑器”面板的“模式”菜单中选择“Slate（板岩）材质编辑器”，如图6－143所示。

6.10.1 圆形表框材质

用鼠标左键在视图左侧“场景资源管理器”（显示几何体）列表中，选择“圆形表框”，如图6－144所示。

6.10.1.1 圆形表框装饰面材质

❶ 用鼠标右键点选“圆形表框”，在弹出的快捷菜单中，选择“转化为可编辑多边形”，如图6－145所示。

❷ 用鼠标左键点击视图右侧（修改）命令，

图6－142 当前透视图渲染的效果

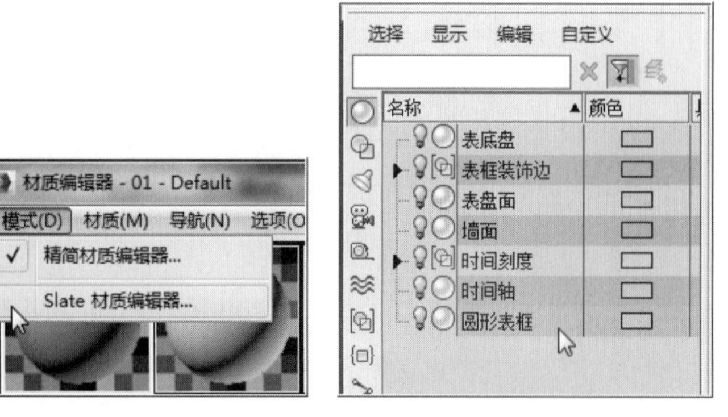

图6－143 选择“Slate材质编辑器” **图6－144** 选择“圆形表框”

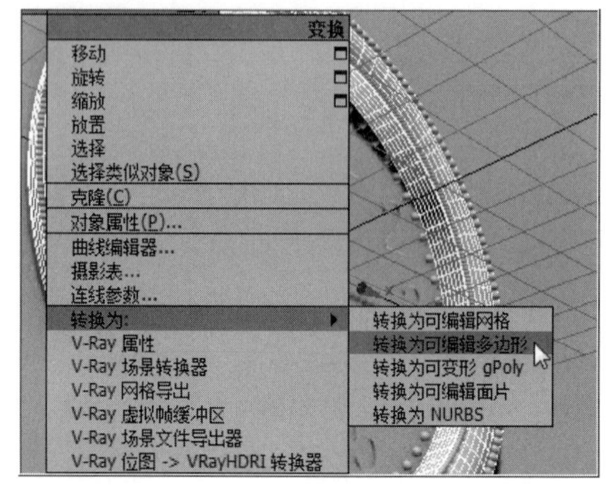

图6－145 将圆形表框转化为可编辑的多边形

图6-146　选择"多边形"方式进行编辑

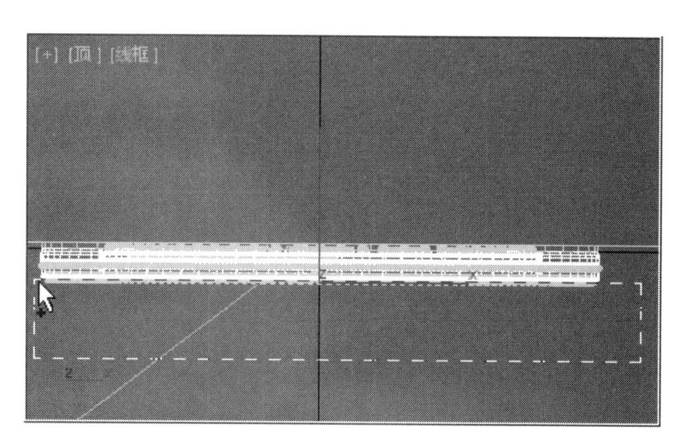

图6-147　选择"圆形表框"的表面部分

图6-148　当前显示的"圆形表框"被选择部分

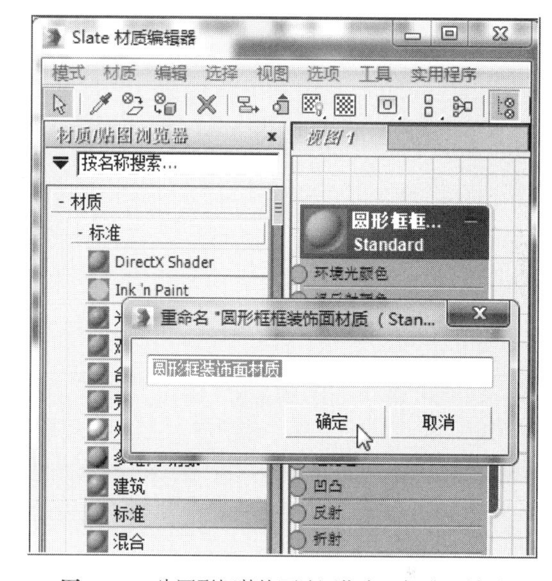

图6-149　为圆形框装饰面选区指定"标准"材质

在"圆形表框"下属的"选择"卷展栏中，点击▣(多边形)按钮，以"多边形"方式进行编辑，如图6-146所示。

❸ 结合主工具行中的▣(选择对象)工具，在顶视图中，用鼠标左键框选"圆形表框"的表面部分，如图6-147所示。

❹ 在透视图显示当前被选择的"圆形表框"的部分，如图6-148所示。

❺ 在"Slate(板岩)材质编辑器"面板下的"材质/贴图浏览器"所属的"材质"列表中，双击鼠标左键选择"标准"，在右侧的"视图"区域框中显示出"标准"材质面板，用鼠标右键点击该面板，在弹出的菜单列表中，选择"重命名"，将当前材质面板命名为"圆形框装饰面材质"，点击"确定"按钮，如图6-149所示。

❻ 用鼠标左键双击"圆形框装饰面材质"实例球面板，在弹出的该材质参数面板中，点击"漫反射"右侧的"颜色选择器"，设置"红"为"255"；"绿"为"80"；"蓝"为"0"，点击"确定"按钮，如图6-150所示。

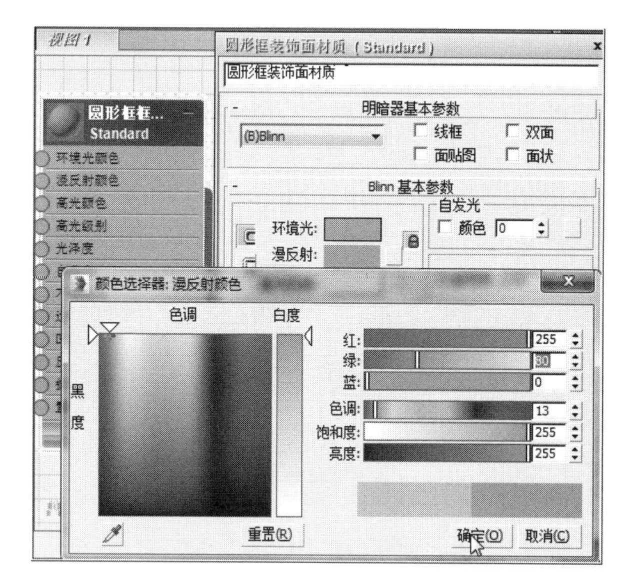

图6-150　在"颜色选择器"面板中设置"圆形框装饰面"颜色

❼ 在“反射高光”下属项目的参数中，设置“高光级别”为“200”；“光泽度”为“50”，如图6-151所示。

❽ 在“贴图”卷展栏中，用鼠标左键点击“凹凸”右侧的“无”按钮，在弹出的“材质／贴图浏览器”的“贴图”列表中，选择“位图”，点击“确定”按钮，如图6-152所示。

❾ 选择本章节提供的素材文件“挂钟装饰图案.gif”，点击“打开”按钮，图6-153所示。

❿ 设置当前“圆形框装饰面材质”的“凹凸”的“数量”值为“300”，如图6-154所示。

⓫ 用鼠标左键点击“凹凸”右侧对应的显示“挂钟装饰图案.gif”文件格式的按钮，进入该贴图的参数面板，去除“使用真实世界比例”前的勾选，设置“宽度”和“高度”对应的“大小”为“1”，如图6-155所示。

⓬ 回到材质编辑中的“圆形框装饰面材质”面板，通过按压鼠标左键并拖曳连接球的方式将材质指定给场景中“圆形框装饰面”的选区，如图6-156所示。

⓭ 用鼠标左键在视图右侧的“修改器列表”中，选择“UVW贴图”修改器，如图6-157所示。

⓮ 在“UVW贴图”下属“参数”卷展栏中，用鼠标左键去除“真实世界贴图大小”前的勾选，如图6-158所示。

⓯ 在透视图被激活的状态下，用鼠标左键点选主工具行中的（渲染产品）工具，进行渲染，渲染后显示当前“圆形框装饰面”材质设置后的效果，如图6-159所示。

6.10.1.2 圆形表框主体材质

❶ 在视图右侧修改器堆栈栏中，用鼠标左键点选“圆形表框”的“多边形”的编辑状态，在菜单栏的

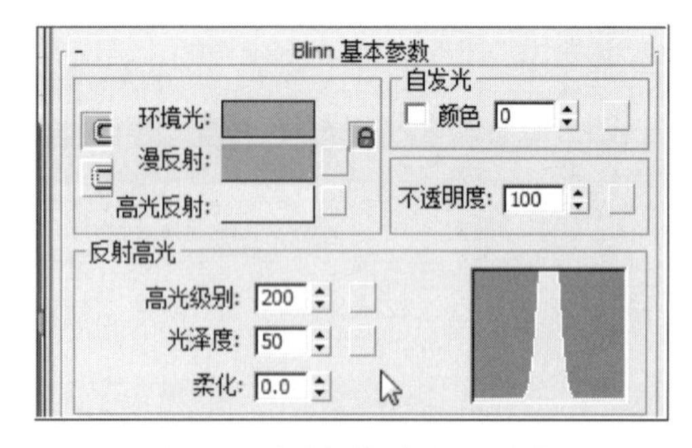

图6-151　设置反射高光项目参数

图6-153　选择位图指定的素材文件

图6-152　在“材质／贴图浏览器”列表中选择“位图”

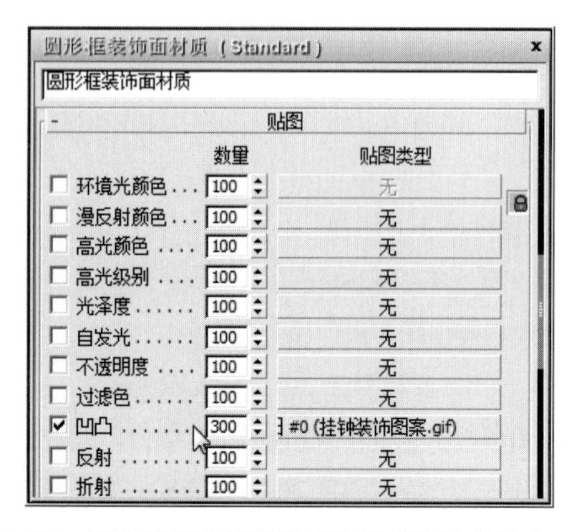

图6-154　设置“圆形框装饰面材质”的“凹凸”值为“300”

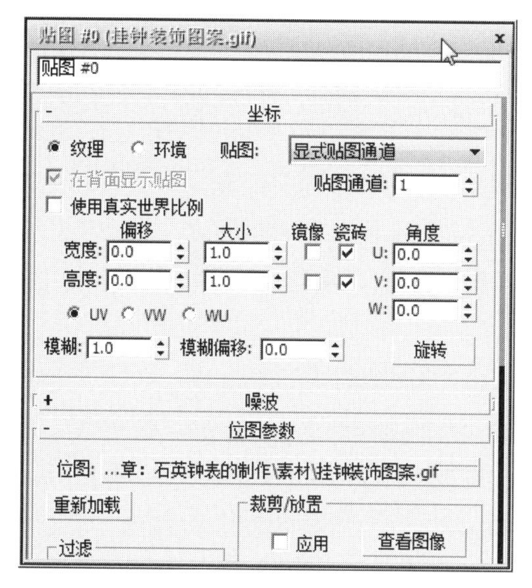

图6-155　设置挂“钟装饰图案”贴图的相关参数

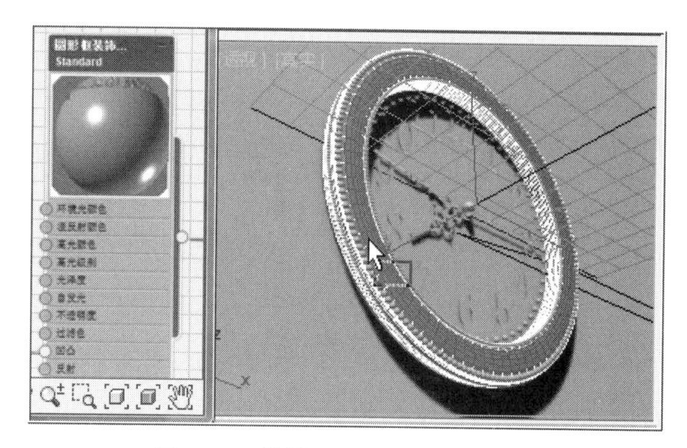

图6-156　将材质指定给场景中的选区

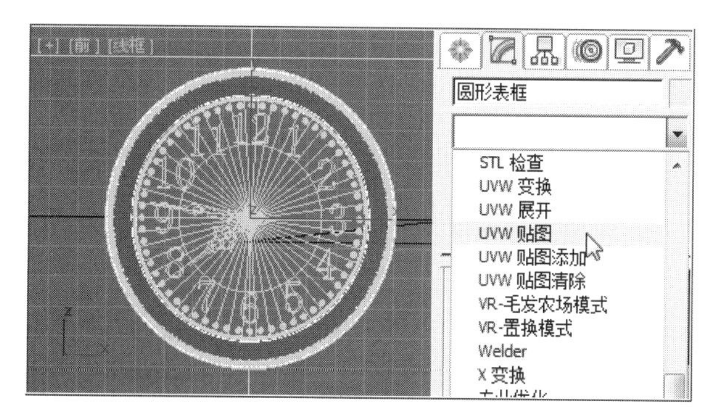

图6-157　为当前圆形装饰面指定“UVW贴图”修改器

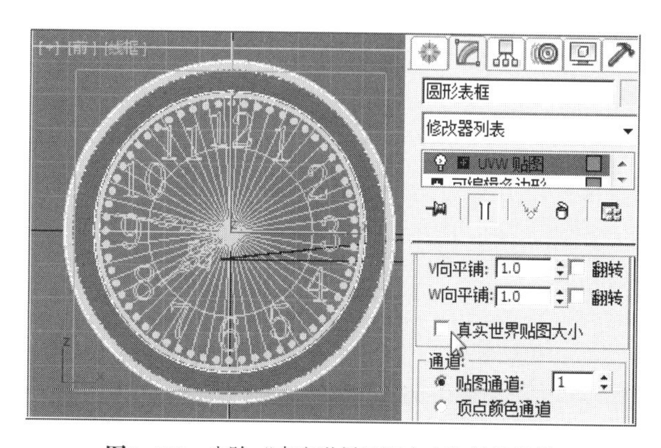

图6-158　去除“真实世界贴图大小”前的选择

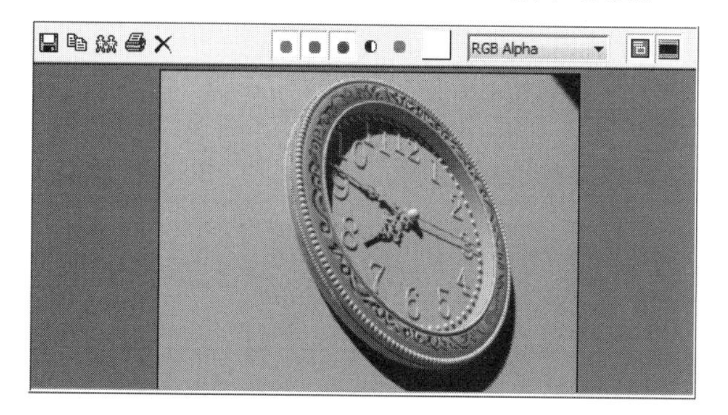

图6-159　当前圆形框装饰面材质渲染效果

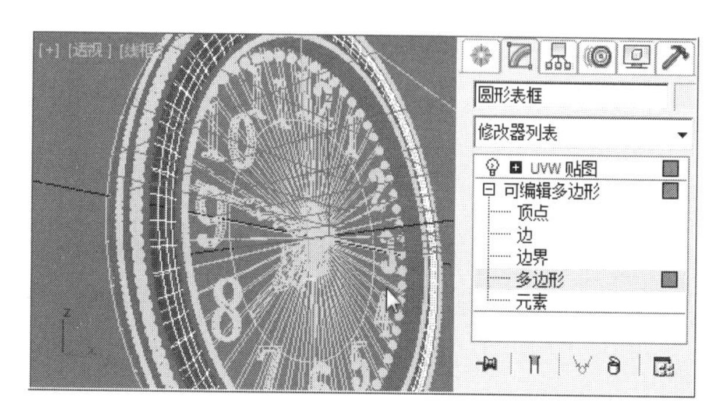

图6-160　“多边形”编辑状态下进行“反选”

“编辑”列表中选择“反选”，如图6-160所示。

❷ 在视图右侧的修改器堆栈栏中，用鼠标左键点击“UVW贴图”回到当前修改器级别，如图6-161所示。

注：考虑到后续的材质贴图环节上的方便，也可以在当前选区情况下将其分离，这样就可以使用材质编辑器单个的实例球指定进行材质贴图，具体可参考第六章的相关内容。

图6-161　在动作堆栈栏中点击“UVW贴图”，回到当前修改器级别

❸ 以同样的方式，在“Slate材质编辑器”中，为当前“圆形表框”的选区指定“标准”材质，将材质面板命名为“圆形表框主体”，如图6-162所示。

❹ 用鼠标左键双击该面板以“位图”的方式为“圆形表框主体”部分指定本章节提供的素材“挂钟木质纹理.jpg”文件，点击“打开”按钮，如图6-163所示。

❺ 用鼠标左键点击“漫反射颜色”右侧对应的显示“挂钟木质纹理.jpg”文件格式的按钮，如图6-164所示。

注：本章材质编辑器使用的贴图类型都是“标准”材质，因此对于一些重复操作内容进行了适当的省略。

❻ 用鼠标左键点击“漫反射”右侧对应的显示“挂钟木质纹理.jpg”文件格式的按钮，进入该贴图的参数面板，点除“使用真实世界比例”前的选择，设置“U”和“V”对应的“瓷砖”为“1”，如图6-165所示。

❼ 回到材质编辑中的“圆形表框主体”材质面板，通过按压鼠标左键并拖曳连接球的方式将材质指定给场景中当前的选区，如图6-166所示。

6.10.2 表底盘材质

❶ 用鼠标左键在“场景资源管理器”（显示几何体）列表中，点选“表底盘”，如图6-167所示。

❷ 在“Slate材质编辑器”的“视图”区域中，用鼠标左键选择“圆形表框主体”材质面板，然后点击工具行中的（将材质指定给选定对象）工具，以此方式将“圆形表框主体”材质的参数设置指定给场景

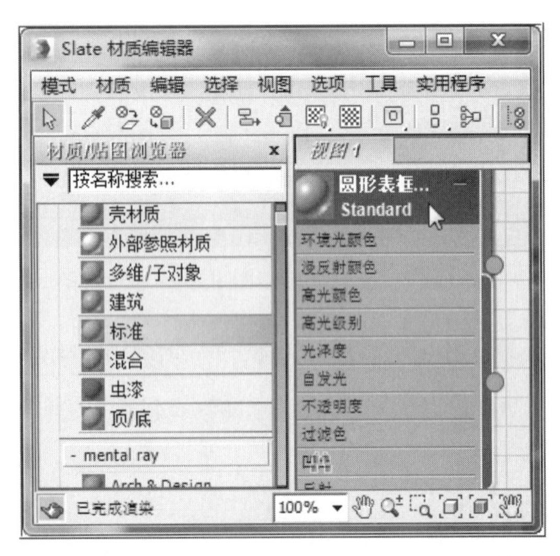

图6-162　为“圆形表框”当前选区指定“标准”材质

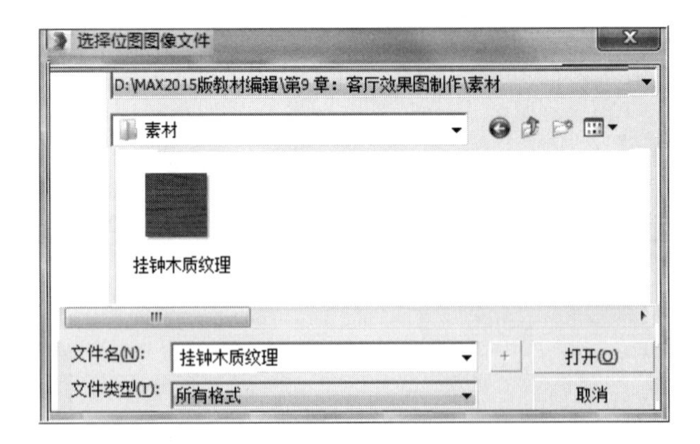

图6-163　选择位图指定的素材文件

图6-164　点击“漫反射颜色”右侧文件按钮

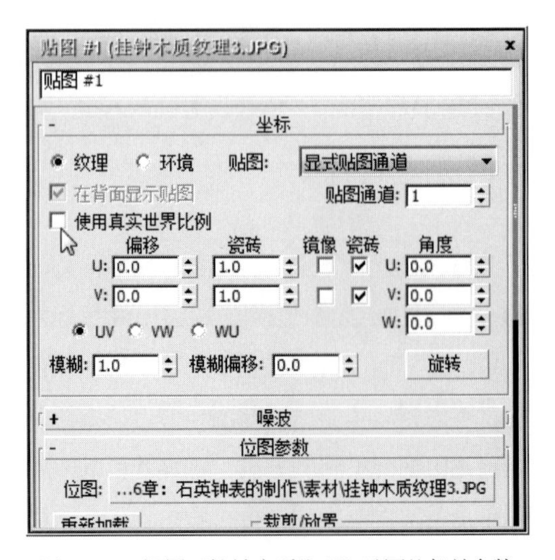

图6-165　设置“挂钟木质纹理”贴图的相关参数

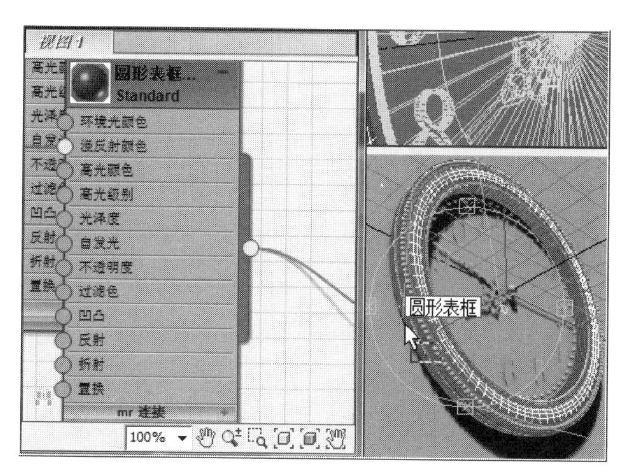

图6-166 将材质指定给场景中的选区

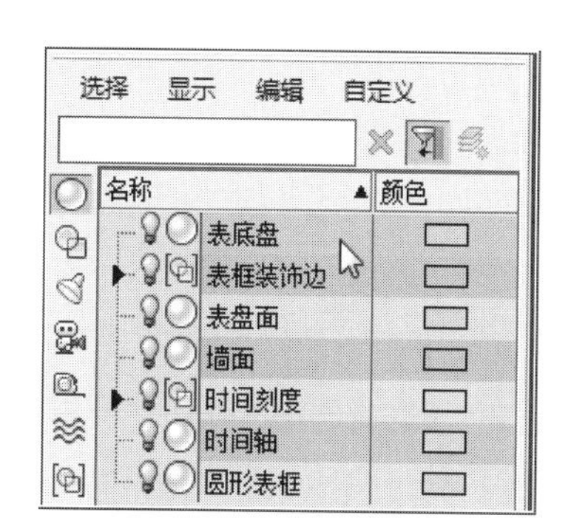

图6-167 在场景资源管理器中选择“表底盘”

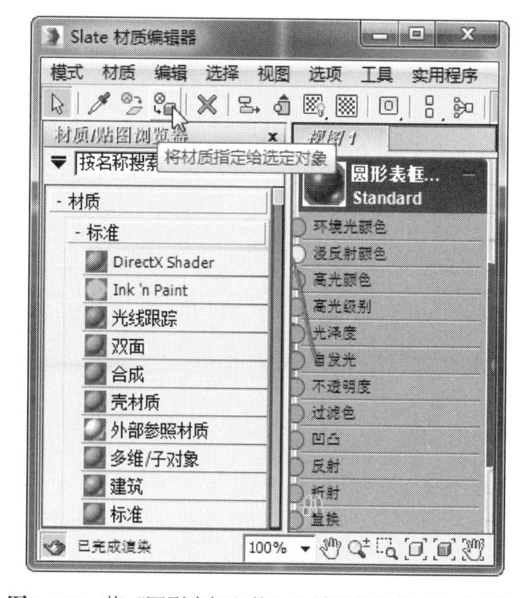

图6-168 将“圆形表框主体”的材质指定给“表底盘”

图6-169 当前透视图渲染效果

中的“表底盘”对象，如图6-168所示。

注：由于“表底盘”位于石英钟表底端，在视觉角度上顶多是一个表底盘边的露出，所以本例没有进行UVW贴图修改器指定。

❸ 在透视图处于被激活的状态下，用鼠标左键点选主工具行中的 （渲染产品）工具，对透视图进行渲染，如图6-169所示。

6.10.3 表框装饰边材质

❶ 用鼠标左键在“场景资源管理器” （显示几何体）列表中选择“表框装饰边”，如图6-170所示。

❷ 在“Slate材质编辑器”中，为当前“表框装饰

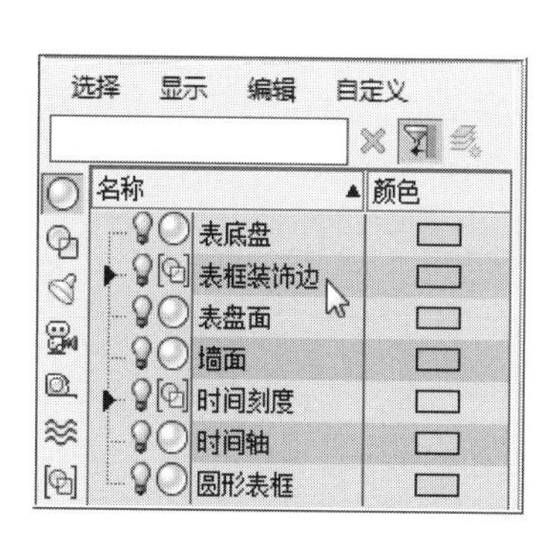

图6-170 在资源管理器中选择“表框装饰边”

边”指定“标准”材质，将材质面板重命名为“表框装饰边”，用鼠标左键点击“确定”按钮，然后点击工具行中的（将材质指定给选定对象）工具，如图6-171所示。

❸ 在“Slate（板岩）材质编辑器”的“视图”区域中，选择“圆形框装饰面材质”设置面板，用鼠标右键点击漫反射颜色选择器，在弹出的菜单中选择“复制”命令，如图6-172所示。

❹ 在“Slate（板岩）材质编辑器”的“视图”区域中，将复制的“圆形框装饰面材质”的“漫反射”颜色，通过“粘贴”指定给“表框装饰边”的“漫反射”颜色选择器，在“反射高光”下属项目的参数中，设置“高光级别”为“255”；“光泽度”为“50”，如图6-173所示。

注：“圆形框装饰面”和“表框装饰边”两者的材质是复制粘贴关系，单独创建材质实例球是为了方便我们在后续的材质设置中，做有针对性地修改。

❺ 在透视图被激活的状态下，用鼠标左键点选主工具行中的（渲染产品）工具，对透视图进行渲染，渲染后显示“表框装饰边”的材质效果，如图6-174所示。

6.10.4 表盘面材质

❶ 用鼠标左键在“场景资源管理器”（显示几何体）列表中选择“表盘面”，如图6-175所示。

❷ 在“Slate材质编辑器”中，为“表盘面”指

图6-171 给“表框装饰边”指定“标准”材质

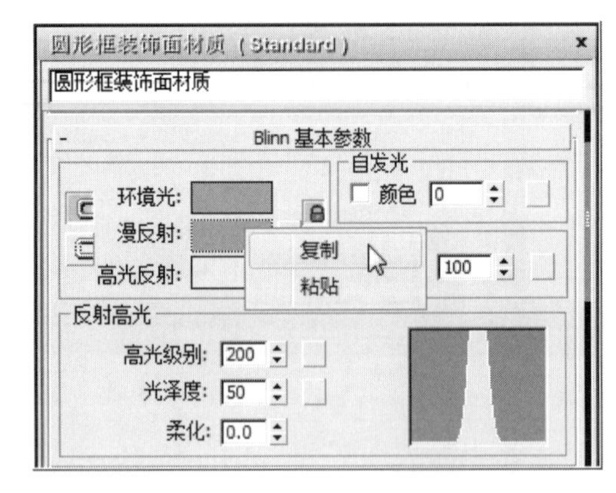

图6-172 复制“圆形框装饰面材质”的漫反射颜色

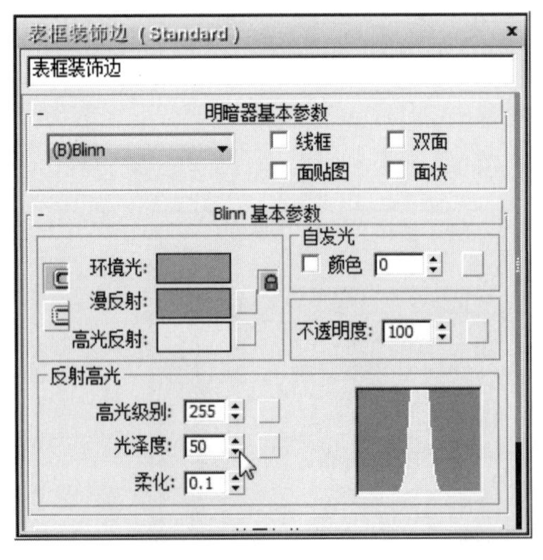

图6-173 “表框装饰边”材质相关参数设置

图6-174 当前透视图渲染的效果

定“标准”材质，将材质面板重命名为“表盘面”，用鼠标左键点击“确定”按钮，然后点击工具行中的 (将材质指定给选定对象)工具，如图6-176所示。

❸ 用鼠标左键双击“表盘面”材质面板，在弹出的“材质/浏览器”的“贴图”列表中选择“位图”，点击“确定”按钮，如图6-177所示。

❹ 使用本章节提供的贴图资料“表盘面纹理.jpg”文件，如图6-178所示。

❺ 当前显示的“表盘面”的“贴图”卷展栏显示，如图6-179所示。

❻ 用鼠标左键点击“漫反射”右侧对应的显示“表盘面纹理.jpg”文件格式的按钮，进入该贴图的参数面板，去除“使用真实世界比例”前的勾选，设置“U”和“V”对应的“瓷砖”都为“1”，如图6-180所示。

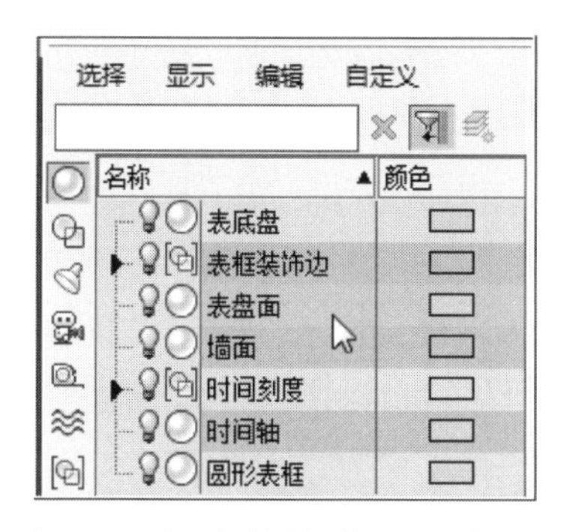

图6-175 在“场景资源管理器”中选择“表盘面”

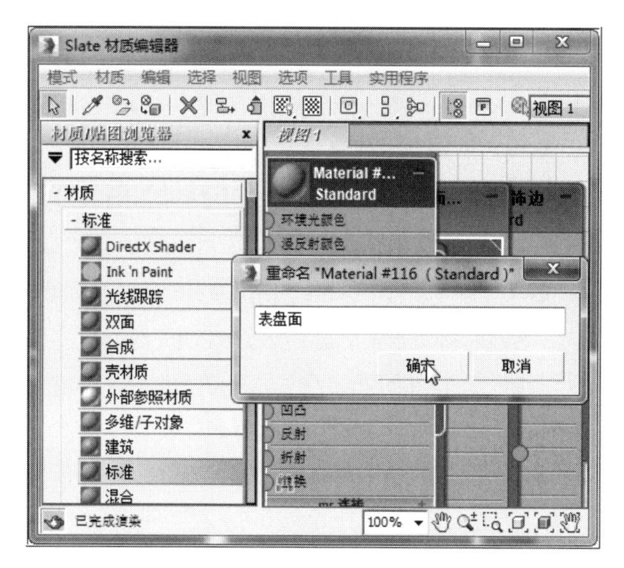

图6-176 为“表盘面”指定“标准”材质

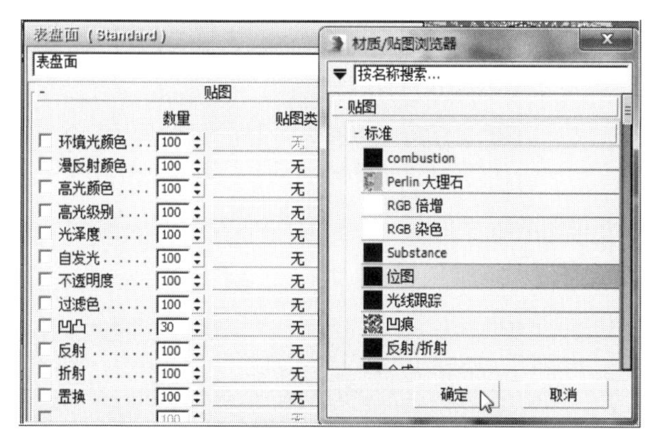

图6-177 在“材质/贴图浏览器”的“贴图”列表中选择“位图”

图6-178 选择位图指定的素材文件

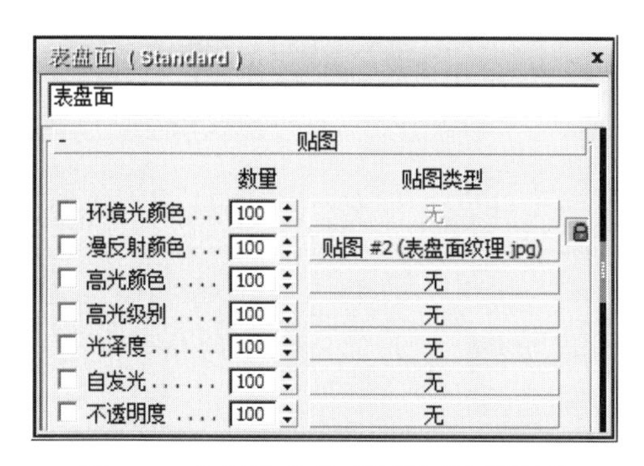

图6-179 “表盘面”的“贴图”卷展栏显示

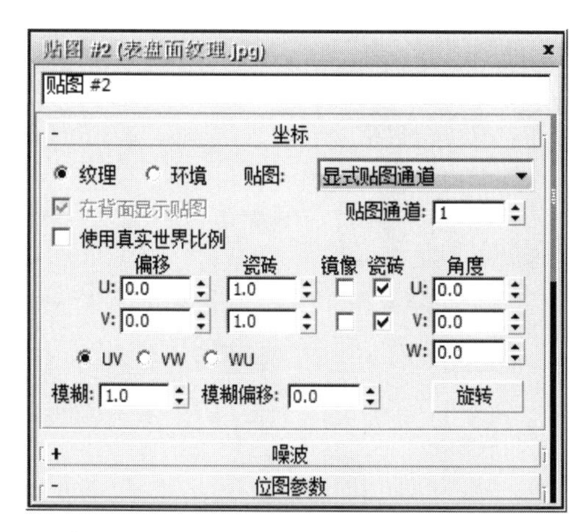

图6-180 设置“表盘面”纹理贴图的相关参数

❼ 用鼠标左键在视图右侧的“修改器列表”中，选择“UVW贴图”修改器，在“参数”卷展栏中，去除“使用真实世界比例”前的勾选，如图6-181所示。

❽ 在透视图被激活的状态下，用鼠标左键点选主工具行中的（渲染产品）工具，对透视图进行渲染，渲染后显示“表盘面”的材质效果，如图6-182所示。

6.10.5 时间数字材质

❶ 用鼠标左键在“场景资源管理器”名称列表中，点选“时间数字”，如图6-183所示。

❷ 在“Slate材质编辑器”中，为当前“时间数字”指定“标准”材质，将材质面板重命名为“时间数字”，点击“确定”按钮，然后点击工具行中的（将材质指定给选定对象）工具，如图6-184所示。

❸ 用鼠标左键双击“时间数字”面板，在弹出的该材质参数面板中，将“漫反射”右侧的颜色选择器中的红、绿、蓝都设置为“0”，点击“确定”按钮，在“反射高光”下属项目的参数中，设置“高光级别”为“100”；“光泽度”为“50”，如图6-185所示。

❹ 在透视图被激活的状态下，用鼠标左键点选主工具行中的（渲染产品）工具，对透视图进行渲染，渲染后“时间数字”的材质效果，如图6-186所示。

6.10.6 时间刻度材质

❶ 用鼠标左键在“场景资源管理器”（显示几何体）列表中点选“时间刻度”，如图6-187所示。

❷ 在“Slate材质编辑器”的“视图”区域中，选择“时间数字”材质面板，用鼠标左键点击工具行中的（将材质指定给选定对象）工具，将材质指定给“时间刻度”，点击主工具行的（渲染产品）工具，渲染透视图，渲染后“时间刻度”的材质效果，如图6-188所示。

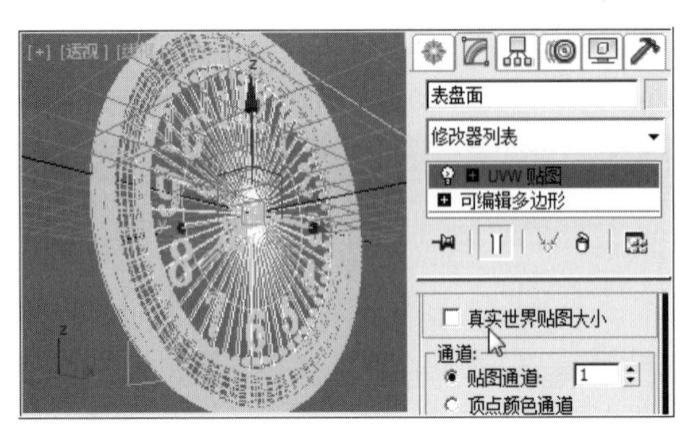

图6-181 给“表盘面”添加“UVW贴图”修改器

图6-183 在“场景资源管理器”中选择“时间数字”

图6-182 当前透视图渲染效果

图6-184 给“时间数字”指定“标准”材质

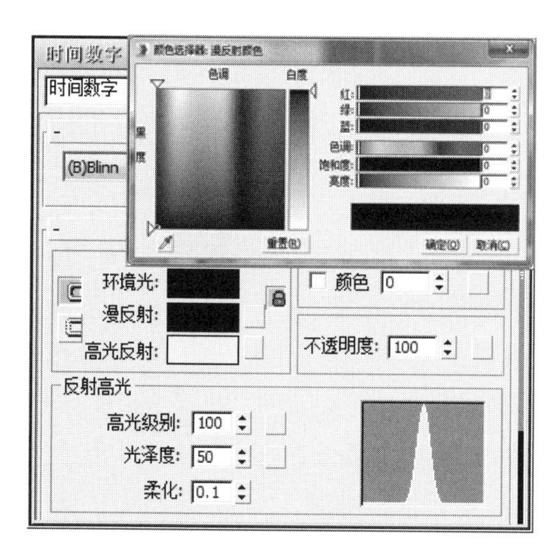

图6-185　“时间数字”材质的相关参数设置

图6-186　当前透视图渲染效果

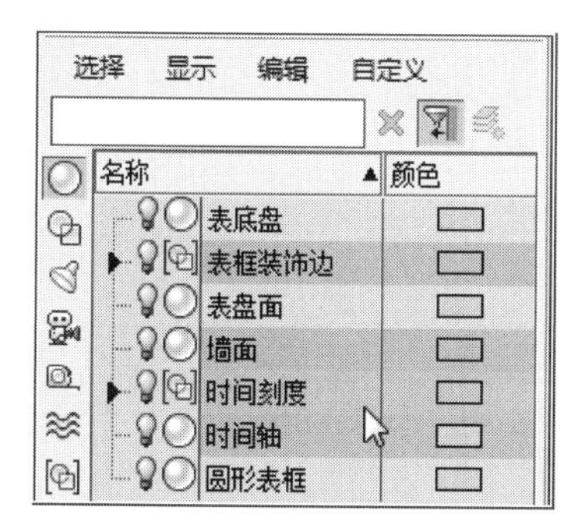

图6-187　在场景资源管理器中选择“时间刻度”

图6-188　当前透视图渲染效果

6.10.7 时针、分针材质

❶ 用鼠标左键在“场景资源管理器”（显示几何体）列表中，点选“时针分针”，如图6-189所示。

❷ 使用同样方法，将“时间数字”设置好的材质指定给“时针分针”，用鼠标左键点击主工具行的（渲染产品）工具，渲染透视图，如图6-190所示。

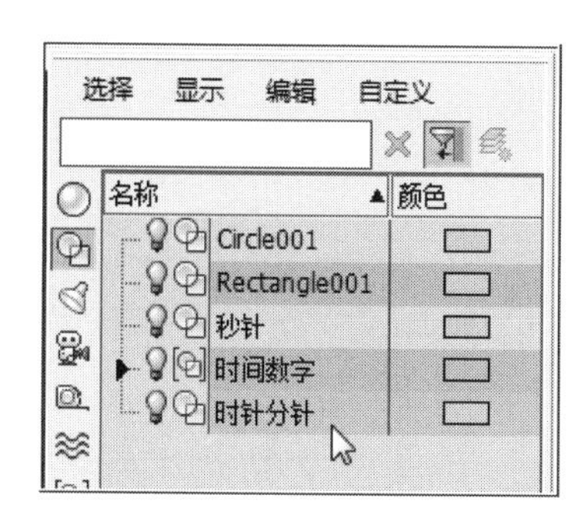

图6-189　在场景资源管理器中选择“时针分针”

图6-190　当前透视图渲染效果

6.10.8 时间轴材质

❶ 用鼠标左键在“场景资源管理器”名称列表中，点选“时间轴”，如图6-191所示。

❷ 在“Slate材质编辑器”中，为当前“时间轴”指定“标准”材质，将材质面板重命名为“时间数字”，点击“确定”按钮，然后点击工具行中的（将材质指定给选定对象）工具，如图6-192所示。

❸ 用鼠标左键双击“时间轴”材质面板，在弹出的该材质参数面板中，材质类型选择“金属”，点击“漫反射”右侧的“颜色选择器”，设置“红”为“255”；“绿”为“160”；“蓝”为“0”，点击“确定”按钮，如图6-193所示。

❹ 在“反射高光”下属项目的参数中，设置“高光级别”为“180”；“光泽度”为“60”，如图6-194所示。

❺ 用鼠标左键点击主工具行的（渲染产品）工具，渲染透视图，渲染后“时间轴”的材质效果，如图6-195所示。

6.10.9 秒针材质

❶ 用鼠标左键在“场景资源管理器”（显示图形）列表中，点选“秒针”，如图6-196所示。

❷ 在“Slate材质编辑器”中，为当前“时间轴”指定“标准”材质，将材质面板重命名为“秒针”，

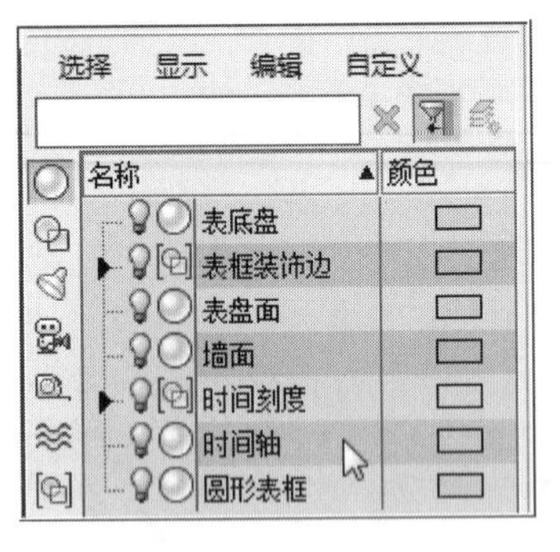

图6-191 在“场景资源管理器”中选择“时间轴”

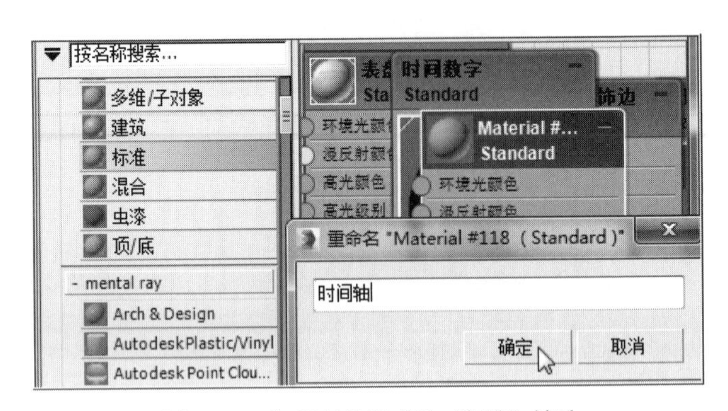

图6-192 为“时间轴”指定“标准”材质

图6-193 在“颜色选择器”面板中设置“时间轴”的颜色

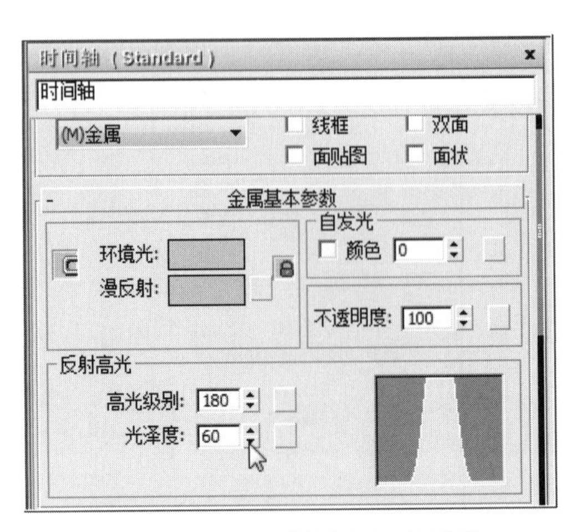

图6-194 设置“反射高光”项目参数

图6-195　当前“时间轴”材质设置后的渲染效果

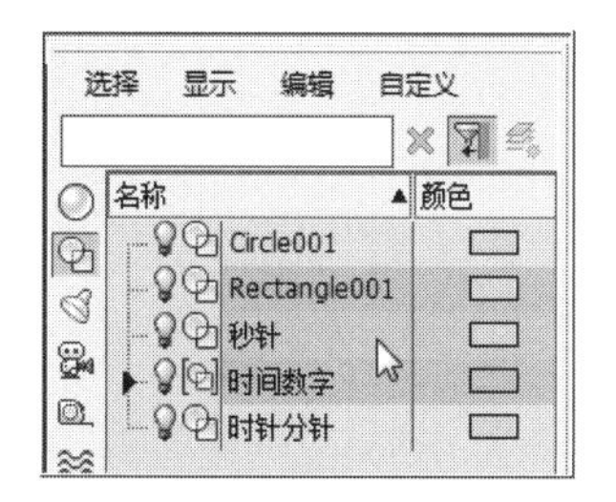

图6-196　在“场景资源管理器”中选择“秒针”

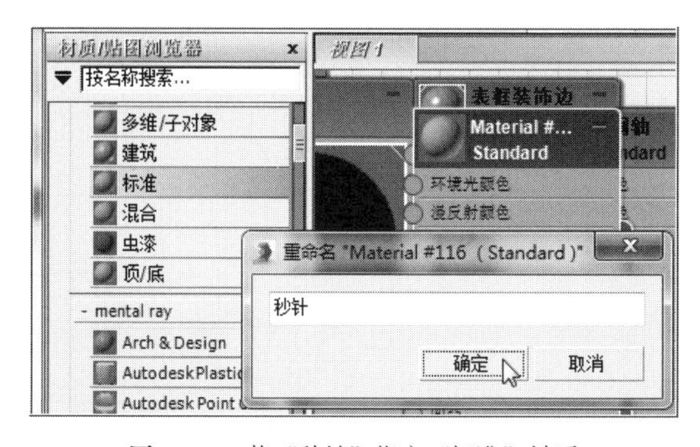

图6-197　将“秒针”指定“标准”材质

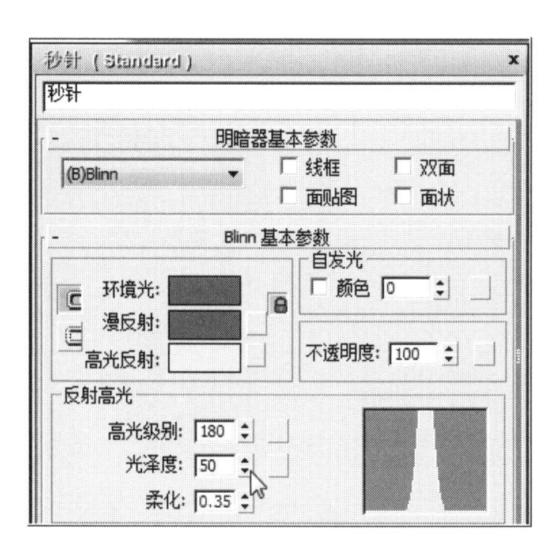

图6-199　设置“反射高光”项目参数

点击“确定”按钮，然后点击工具行中的 （将材质指定给选定对象）工具，如图6-197所示。

❸ 用鼠标左键双击“秒针”实例球材质面板，在弹出的该材质参数面板中，点击“漫反射”右侧的“颜色选择器”，设置“红”为“255”；“绿”为“0”；“蓝”为“0”，点击“确定”按钮，如图6-198所示。

❹ 在“反射高光”下属项目的参数中，设置“高光级别”为“180”；“光泽度”为“50”，如图6-199所示。

❺ 用鼠标左键点击主工具行的 （渲染产品）工具，渲染透视图，渲染后“秒针”的材质效果，如图6-200所示。

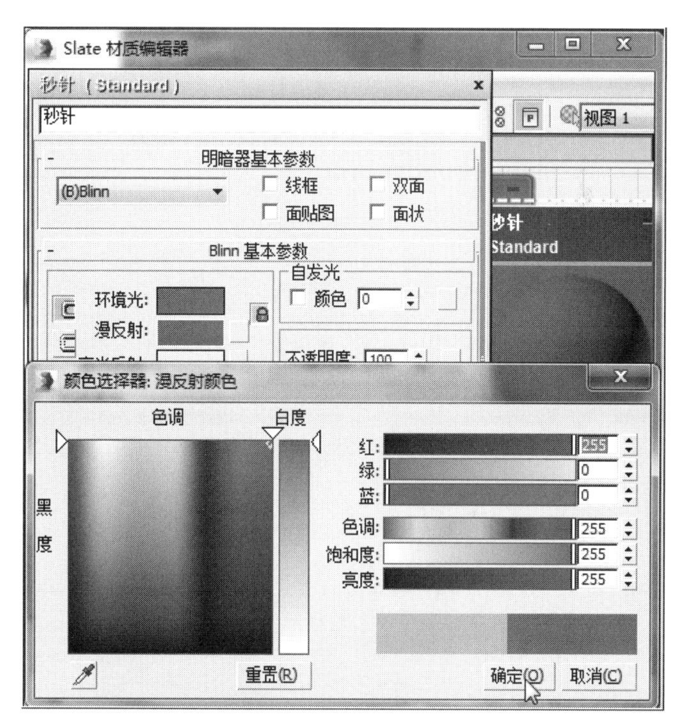

图6-198　在“颜色选择器”面板中设置“秒针”的颜色

图6-200　当前“秒针”材质设置后的渲染效果

6.10.10 表玻璃罩材质

❶ 用鼠标左键在“场景资源管理器”（显示几何体）列表中，点击“表玻璃罩”对象前的显示对象图标，将其隐藏，如图6-201所示。

❷ 当前透视图显示隐藏的“表玻璃罩”，如图6-202所示。

❸ 在“Slate材质编辑器”中，为当前“表玻璃罩”指定“标准”材质，将材质面板重命名为“表玻璃罩”，点击“确定”按钮，然后点击工具行中的（将材质指定给选定对象）工具，如图6-203所示。

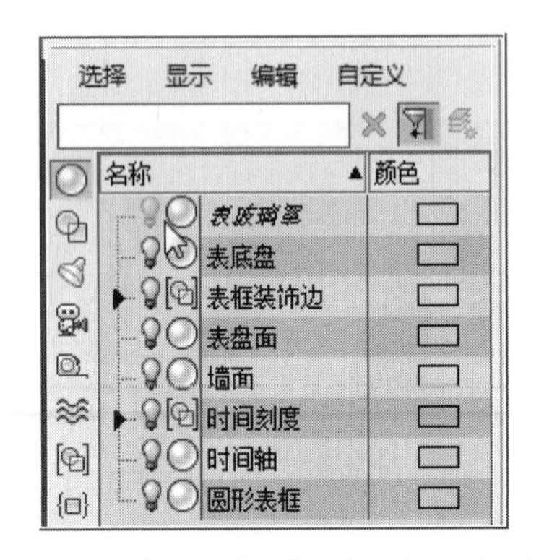

图6-201　点击“表玻璃罩”前的显示对象图标

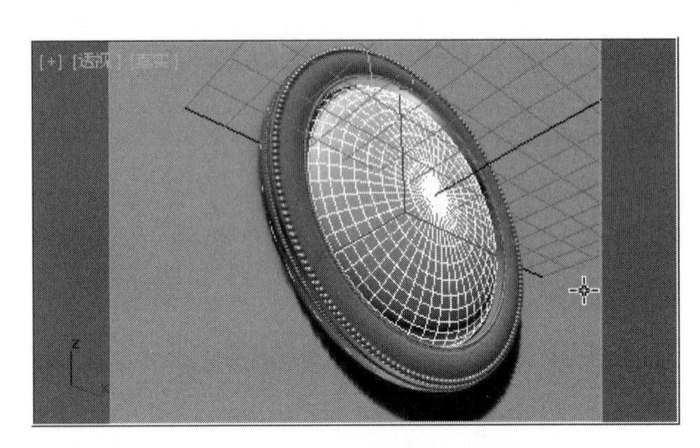

图6-202　显示隐藏的“表玻璃罩”

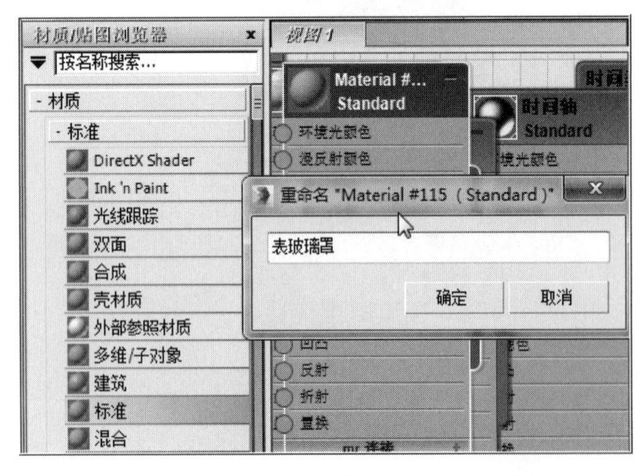

图6-203　将“表玻璃罩”指定“标准”材质

❹ 在“表玻璃罩”的材质面板中的“明暗器基本参数”卷展栏中，选择“多层”，“不透明度”为“0”，“第一高光反射层”的“级别”为“229”；“光泽度”为“69”；“各向异性”为“66”，“第二高光反射层”的“级别”为“170”；“光泽度”为“50”；“各向异性”为“61”，如图6-204所示。

❺ 在“扩展参数”卷展栏中，“高级透明”下属项目的“衰减”点选“内”，“数量”为“100”，如图6-205所示。

❻ 用鼠标左键点击主工具行的（渲染产品）工具，渲染透视图，渲染后“表玻璃罩”的材质效果，如图6-206所示。

6.11 灯光调整

❶ 用鼠标左键在“场景资源管理器”（显示灯光）列表中，点选“Spot001”后点击鼠标右键，在弹出的快捷菜单中选择“重命名”，如图6-207所示。

❷ 将“Spot001”命名为“聚光灯”，如图6-208

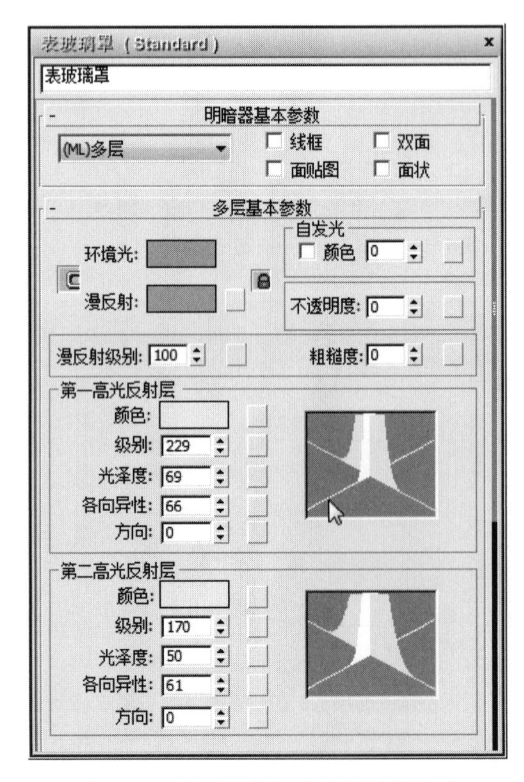

图6-204　“表玻璃罩”材质相关参数设置

所示。

❸ 用鼠标左键点击视图右侧 ![修改]（修改）命令，在“聚光灯”下属的“阴影参数”卷展栏中，设置“密度”为“0.7”，如图6-209所示。

❹ 用鼠标左键点击主工具行的 ![渲染产品]（渲染产品）工具，渲染透视图，渲染后钟表的阴影呈现半透明的效果，如图6-210所示。

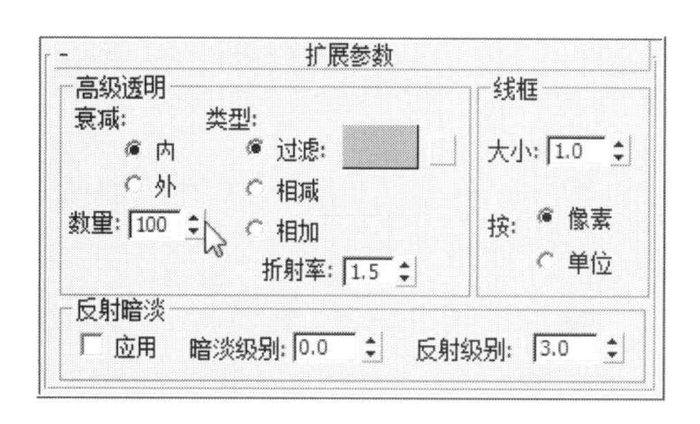

图6-205　“表玻璃罩”的“高级透明”设置

图6-206　当前透视图表玻璃罩渲染效果

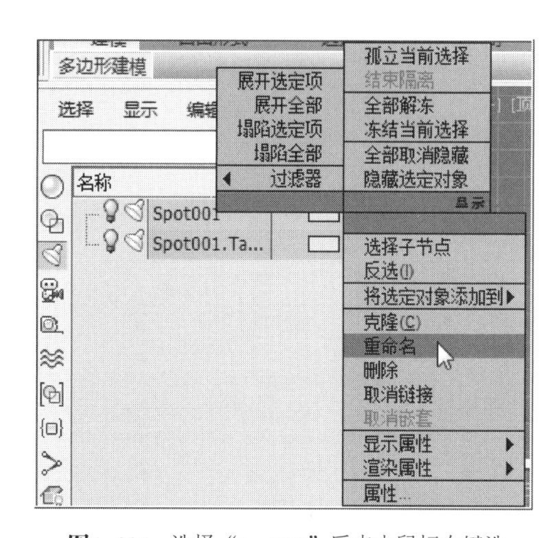

图6-207　选择“Spot001”后点击鼠标右键选择“重命名”

图6-208　将“Spot001”命名为“聚光灯”

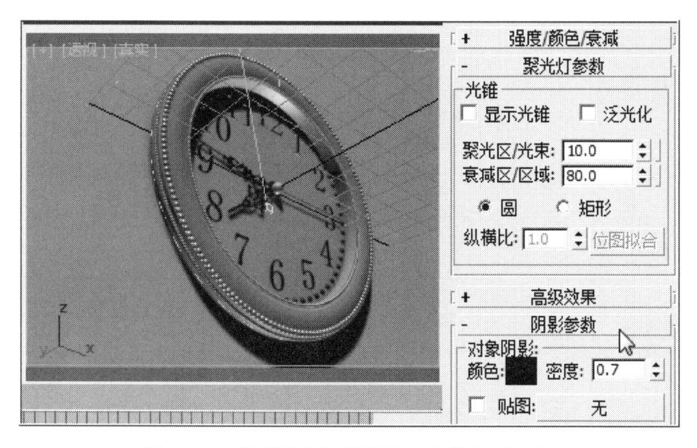

图6-209　设置聚光灯的阴影密度值为“0.7”

图6-210　当前透视图渲染后阴影半透明的显示效果

6.12 墙面材质

❶ 用鼠标左键在“场景资源管理器”的（显示几何体）列表中，点选“墙面”，如图6–211所示。

❷ 在“Slate材质编辑器”中，为当前“墙面”指定“标准”材质，将材质面板命名为“墙面”，点击“确定”按钮，然后点击工具行中的（将材质指定给选定对象）工具，如图6–212所示。

❸ 用鼠标左键双击“墙面”材质面板，在弹出的该材质参数面板中，点击“漫反射”右侧的“颜色选择器”，设置“红”为“3”；“绿”为“31”；“蓝”为“66”，点击“确定”按钮，如图6–213所示。

❹ 在“反射高光”下属项目的参数中，设置“高光级别”为“27”；“光泽度”为“10”，如图6–214所示。

❺ 在“贴图”卷展栏中，用鼠标左键点击“凹凸”右侧的“无”按钮，在弹出的“材质/贴图浏览器”的“贴图”列表中，选择“噪波”，点击“确定”按钮，如图6–215所示。

❻ 当前“贴图”卷展栏中，设置“凹凸”为“200”，如图6–216所示。

❼ 用鼠标左键点击“凹凸”右侧显示“Noise”（噪波）字样的按钮，在弹出的“噪波”参数面板中，设

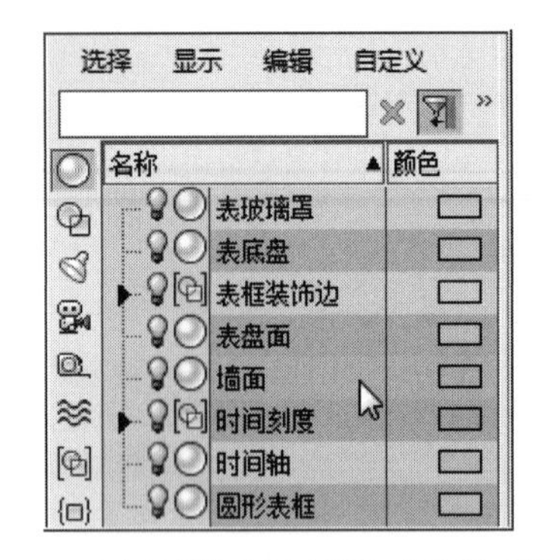

图6–211 “在场景资源管理器”中选择“墙面”

图6–212 为“墙面”指定“标准”材质

图6–213 在“颜色选择器”面板中设置“墙面”的颜色

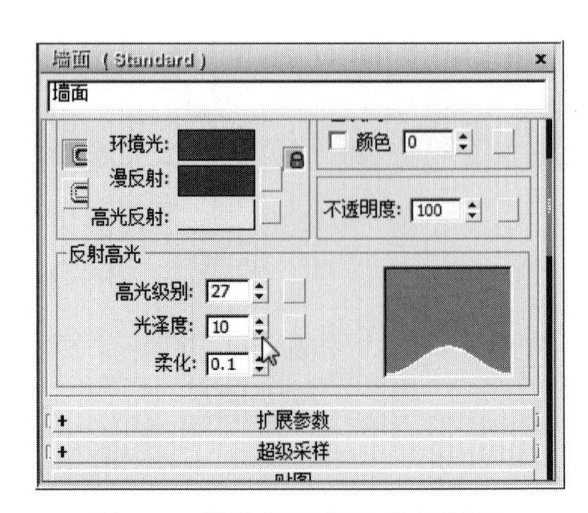

图6–214 设置“反射高光”的相关参数

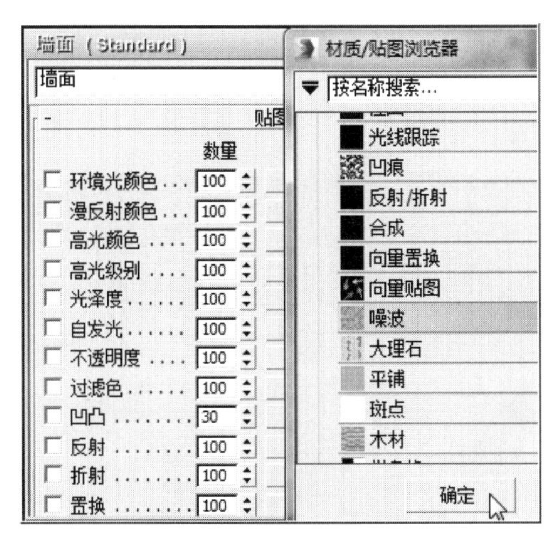

图6-215　选择“噪波”贴图

置“噪波参数”的“大小”为“0.3”，如图6-217所示。

❽ 当前透视图显示的“墙面”效果，如图6-218所示。

6.13 渲染设置输出

❶ 用鼠标左键点选工具行中的 (渲染设置) 工具，在弹出的“渲染设置”面板中，点选“公用”选项卡下的“指定渲染器”卷展栏，设置“产品级”为“NVIDIA mental ray”，如图6-219所示。

❷ 设置“输出大小”尺寸为“800×600”，如图6-220所示。

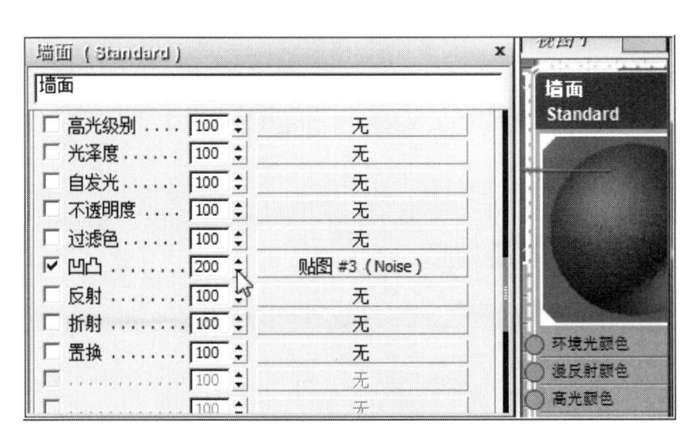

图6-216　设置“凹凸”值为“200”

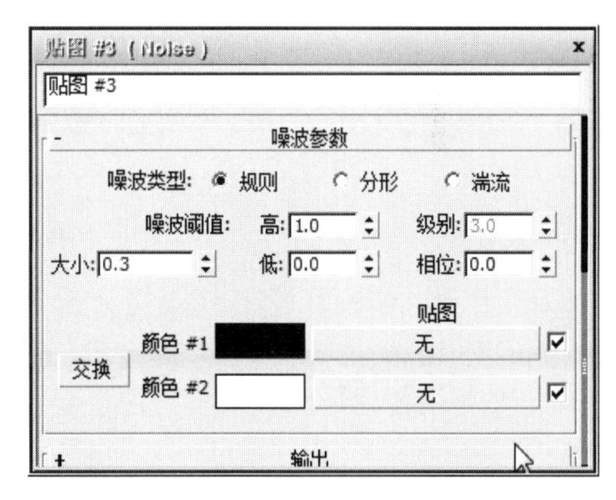

图6-217　设置“噪波大小”值为“0.3”

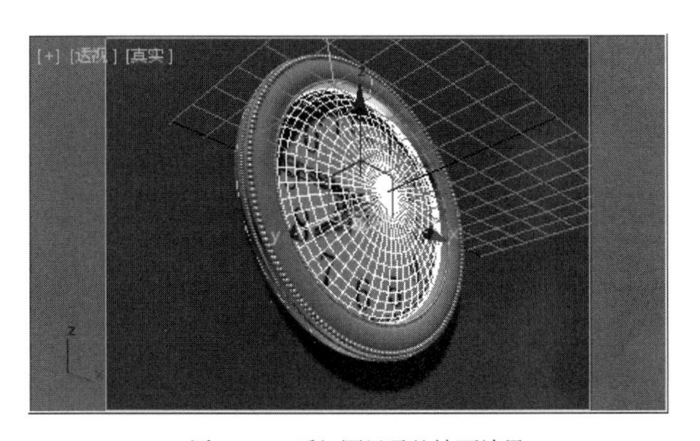

图6-218　透视图显示的墙面效果

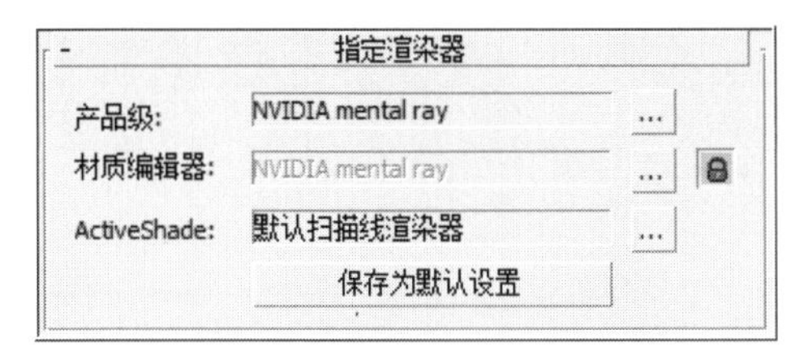

图6-219　设置“产品级”为“NVIDIA mental ray”

图6-220　设置“输出大小”尺寸为“800×600”

❸ 用鼠标左键点击“渲染”设置面板右下角的“渲染”按钮，渲染透视图，以“bmp”的图片格式进行保存，完成“石英钟表的制作”，如图6-221所示。

图6-221 石英钟表最终效果图

第七章

螺丝刀和螺丝钉的制作

本章所讲的实例练习是上一章节“放样”命令详解的深入篇。执行“放样”命令的两个最基本因素，一是“路径”，二是“截面图形”。“路径”只能有一条，“截面图形”可以有很多。

本章以“螺丝刀和螺丝钉的制作”为例，重点讲解在路径的百分比不同位置上获取不同造型的截面图形建模的方法。

本章使用到的知识点：

（1）样条线的“顶点”编辑方法。

（2）“切角”工具的用法。

（3）百分比获取截面图形进行放样方法。

（4）“缩放”变形工具的使用方法。

（5）“多边形”编辑方法ID材质的指定。

（6）“孤立当前选择”使用方法。

（7）“超级布尔”的使用方法。

（8）“多维／子对象”的贴图方法。

（9）“位图”贴图的方法。

（10）“VRayMtl”对不锈钢金属材质设置方法。

7.1 螺丝刀的创建

7.1.1 螺丝刀放样图形创建

7.1.1.1 六角形星状截面创建

❶ 在视图右侧命令面板中，用鼠标左键依次点选 （创建）－ （图形）－ 星形 工具，如图7－1所示。

❷ 在顶视图中创建“星形”，设置参数：“半径1”为“67”；“半径2”为“93”；“点”为“6”，如图7－2所示。

❸ 用鼠标右键点击工具行中的 （选择并移动）工具，在弹出的“移动变换输入”的“绝对：世界”

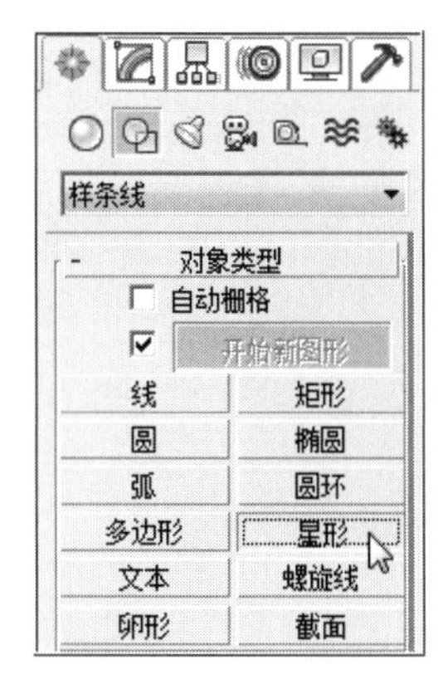

图7－1 选择“星形”

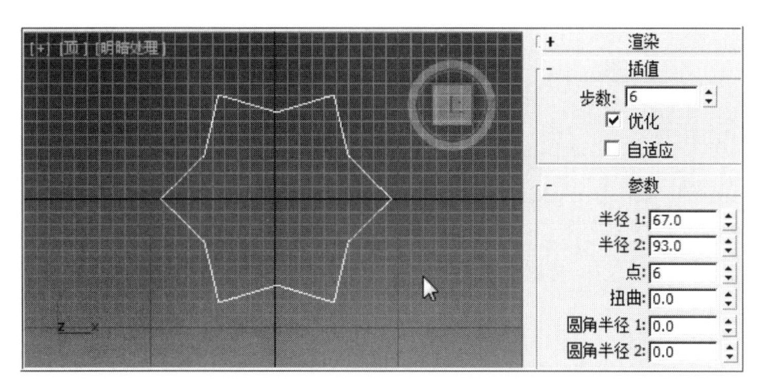

图7－2 设置“星形”参数

下，将图形的“X”“Y”“Z”都设为“0”，顶视图中的效果如图7-3所示。

❹ 当前顶视图中“星形”位置，如图7-4所示。

❺ 用鼠标右键点击视图中的“星形”，在弹出的快捷菜单里选择“转换为可编辑样条线”，如图7-5所示。

❻ 在视图右侧控制面板中，用鼠标左键点选“顶点”编辑方式，结合键盘的“Ctrl”键，选择顶视图中星形外围的6个“顶点”，如图7-6所示。

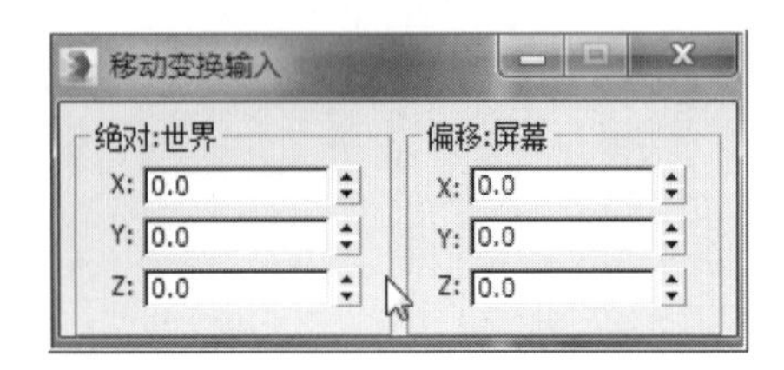

图7-3 设置“移动变换输入”值

❼ 在视图右侧“顶点”编辑方式下的“几何体”卷展栏中，用鼠标左键点选 切角 工具，在视图中将所选的顶点进行“切角”处理，如图7-7所示。

❽ 点击鼠标左键框选“星形”所有“顶点”，同时点鼠标右键，在弹出的快捷菜单选择“平滑”，如图7-8所示。

❾ 用鼠标左键点击修改器堆栈栏中的“顶点”，退出顶点编辑方式，在名称栏里将“Star001”重命名为“星形”，如图7-9所示。

7.1.1.2 大中小三个圆环截面创建

❶ 在视图右侧命令面板中，用鼠标左键依次选择（创建）−（图形）− 圆 工具，如图7-10所示。

❷ 在顶视图中，点击鼠标左键从XY的轴点开始创建圆形，修改“半径”为“55”，重命名为“大圆”，如图7-11所示。

❸ 用同样的方法，在顶视图创建两个“半径”为“40”和“15”的圆形，分别重命名为“中圆”“小圆”，如图7-12所示。

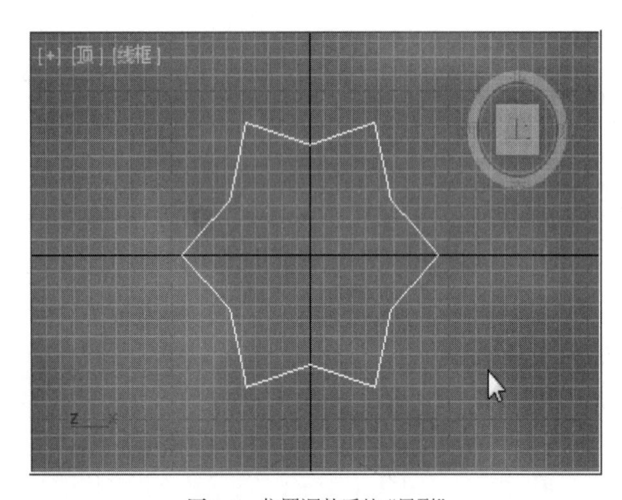

图7-4 位置调整后的“星形”

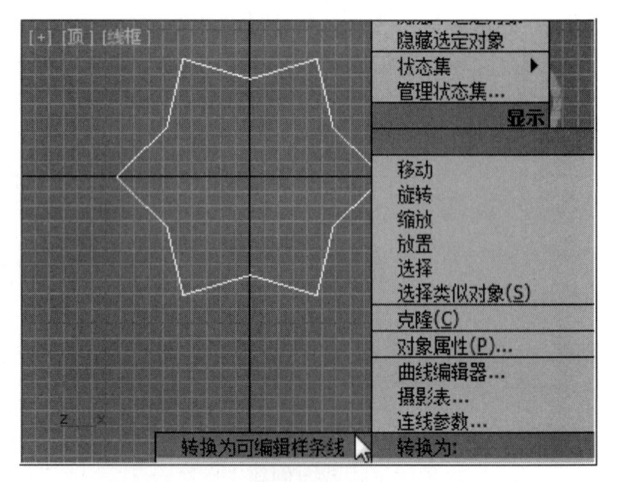

图7-5 将“星形”“转换为可编辑的样条线”

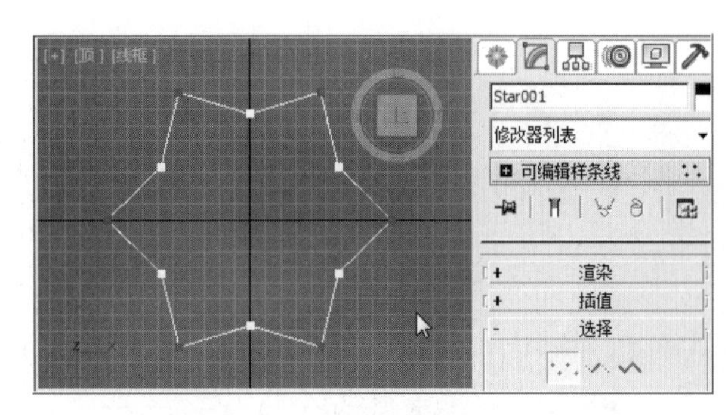

图7-6 选择星形外围的6个“顶点”

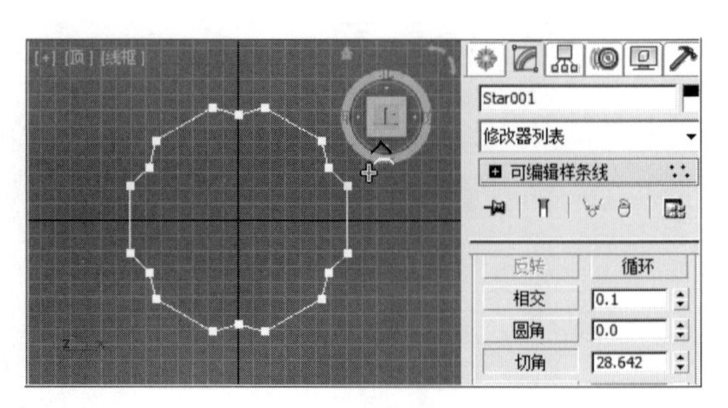

图7-7 将所选顶点进行“切角”处理

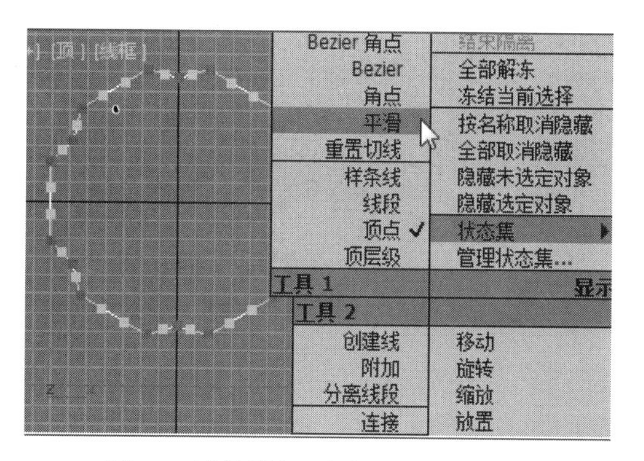

图7-8　选择所有顶点进行“平滑”处理

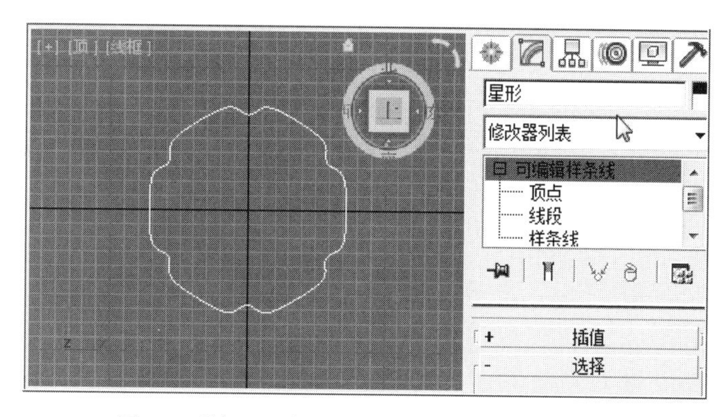

图7-9　关闭“顶点”编辑方式，得到当前“星形”

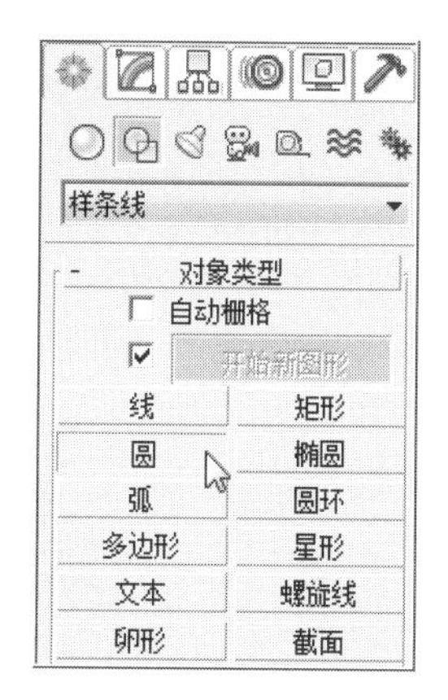

图7-10　选择“圆”

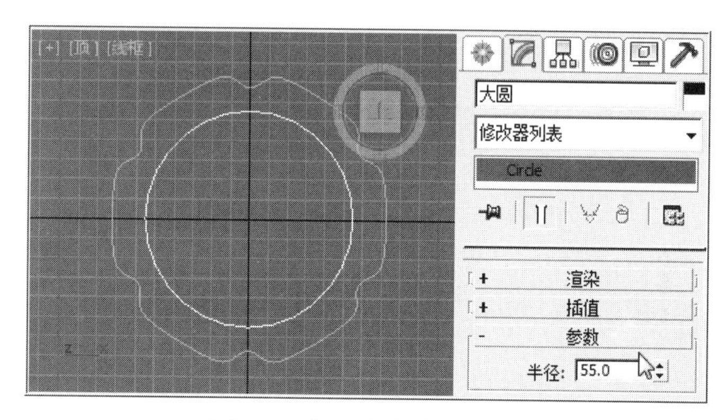

图7-11　在顶视图创建“大圆”

7.1.1.3 四角形截面创建

❶ 在视图右侧命令面板中，用鼠标左键依次选择 （创建）－ （图形）－ 星形 工具，如图7-13所示。

❷ 在顶视图中，用鼠标左键从XY的轴点开始创建星形，修改“半径1”为“30”；“半径2”为“9”；“点”为“4”，命名为“四角形”，如图7-14所示。

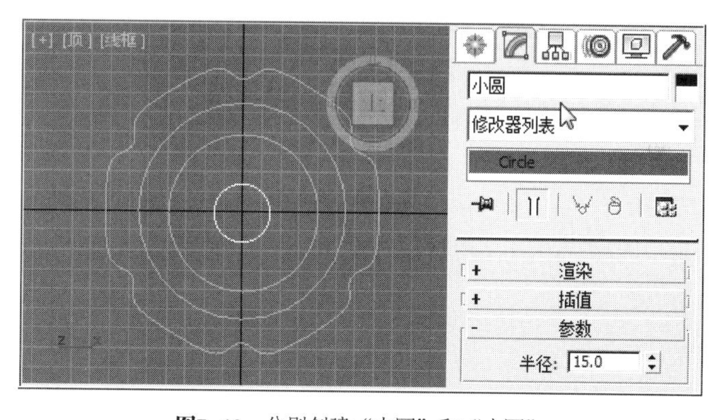

图7-12　分别创建“中圆”和“小圆”

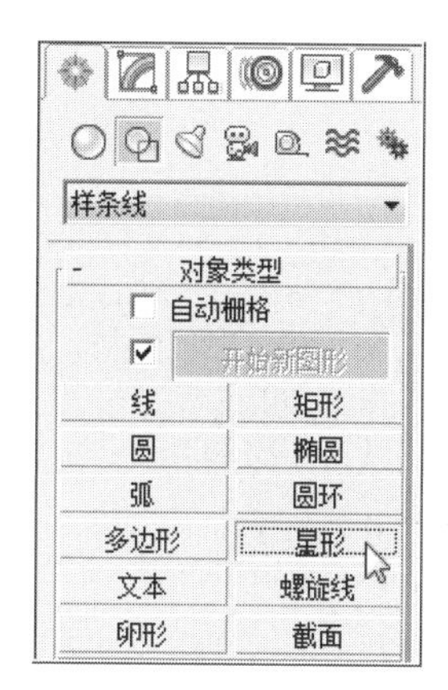

图7-13　选择“星形”

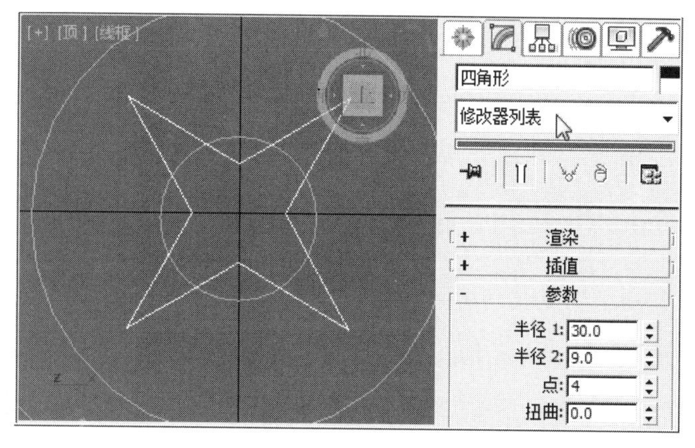

图7-14　创建“四角形”

❸ 选择“四角形”，点击鼠标右键，在弹出的快捷菜单里，选择“转化为可编辑样条线”，如图7–15所示。

❹ 用鼠标左键点击修改器堆栈栏中的“顶点”编辑方式，选择“几何体”卷展栏中的 切角 工具，在右侧输入框输入数字“10”，点击键盘的Enter（回车），得到“切角”后的“四角形”，如图7–16所示。

❺ 用鼠标左键再次点击修改器堆栈中的“顶点”，退出“顶点”编辑方式，使用视图控制区的（最大化显示），能看到当前顶视图中所有截面图形的效果，如图7–17所示。

7.1.2 螺丝刀放样路径创建

❶ 在视图右侧命令面板中，用鼠标左键依次点选（创建）–（图形）– 线 工具，结合工具行中的（二维网格捕捉），在前视图中，沿着Y轴从上到下对齐直至轴点结束，创建一条直线作为即将放样使用的路径，关闭二维网格捕捉。路径与截面图形尺寸上的比例关系如图7–18所示。

❷ 用鼠标左键点选视图控制区的（所有视图最大化显示）工具，当前四视图显示，如图7–19所示。

注：路径的长度与截面图形之间尺寸要匹配才能达到预想放样的结果，这点很重要。

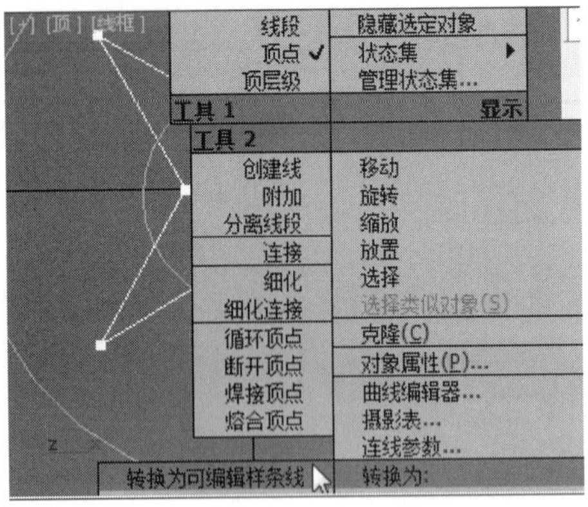

图7–15 选择“转化为可编辑样条线”

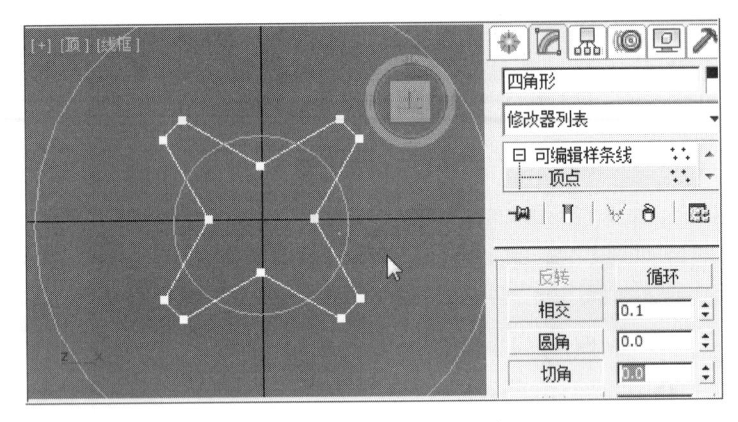

图7–16 当前“切角”后的“四角形”

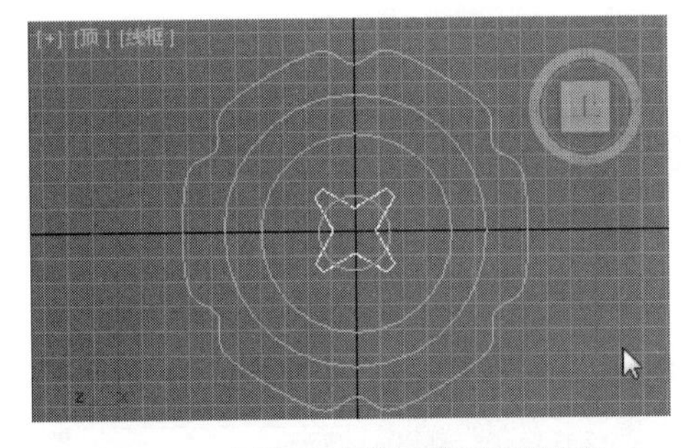

图7–17 当前顶视图所有截面图形效果

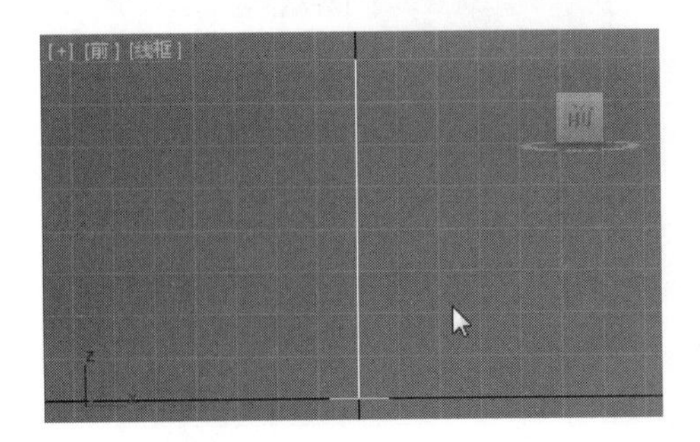

图7–18 在前视图创建一条直线

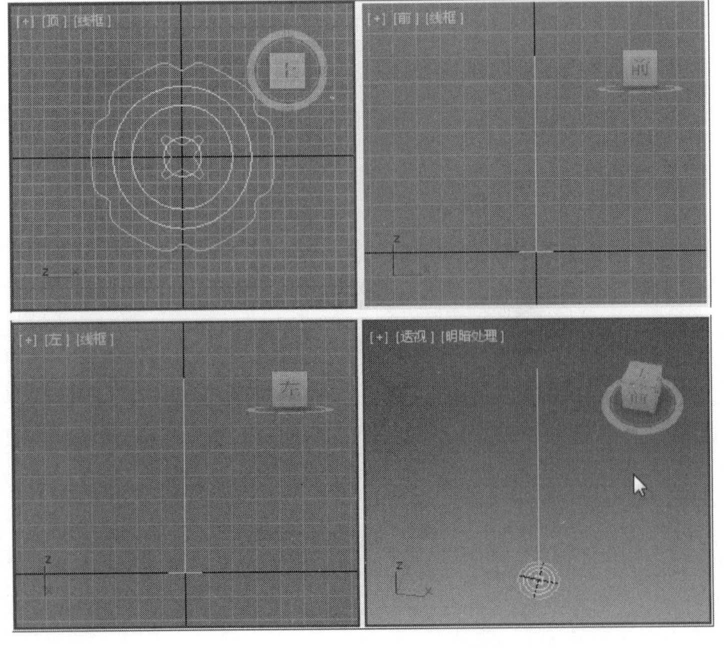

图7–19 当前四视图显示效果

7.1.3 螺丝刀的放样

7.1.3.1 路径百分比拾取截面图形

❶ 用鼠标左键点选视图中的对象“Line”，依次点击 （创建）–（几何体），点选“标准基本体”右侧下拉箭头，在弹出的菜单里选择“复合对象”，如图7–20所示。

❷ 在“复合对象”几何命令集中，用鼠标左键点选“放样”工具，如图7–21所示。

❸ 在“放样”下属的“创建方法”卷展栏中，用鼠标左键点选择 获取图形 工具，在顶视图中点选“大圆”，如图7–22所示。

❹ 获取“大圆”后的放样形状，如图7–23所示。

❺ 用鼠标左键点击视图右侧命令面板中的 （修改）命令，在“路径参数”卷展栏中设置“路径”值为“5”，在“创建方法”卷展栏中，点选 获取图形 工具，在顶视图中再次点选“大圆”，得到前视图如图7–24所示。

❻ 在“路径参数”卷展栏中设置“路径”值为“6”，确保 获取图形 按钮被点选的条件下，在顶视图中，用鼠标左键点选“星形”，得到前视图如图7–25所示。

注：在视图中获取图形，也可以结合工具行中的 （按名称选择）工具，在“拾取对象”列表里选择对象进行拾取，更加方便准确。

❼ 用同样的方法，分别在路径50%获取星形；51%获取中圆；60%获取中圆；61%获取小圆；90%获取小圆；95%获取四角形，得到如图7–26所示。

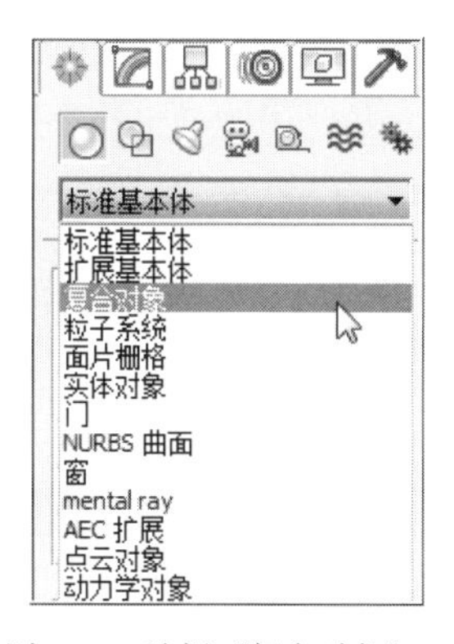

图7–20　选择“复合对象”

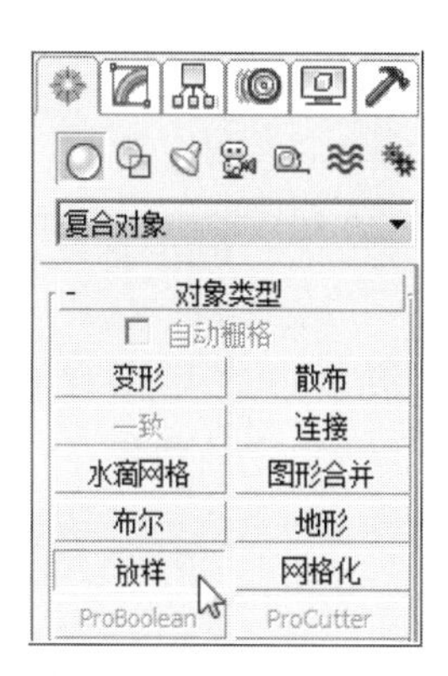

图7–21　选择“放样”

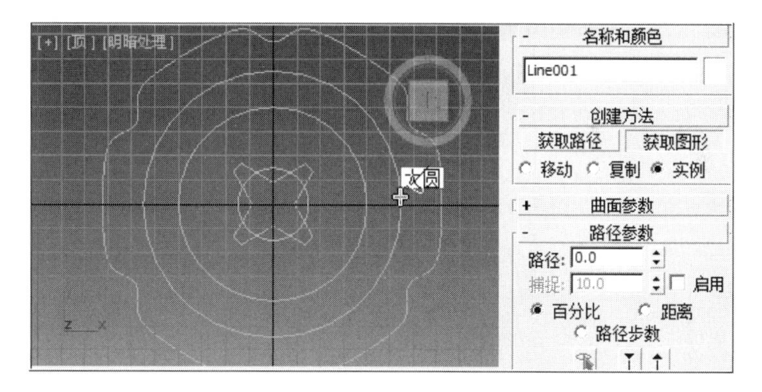

图7–22　“获取图形”的创建方法下选择“大圆”

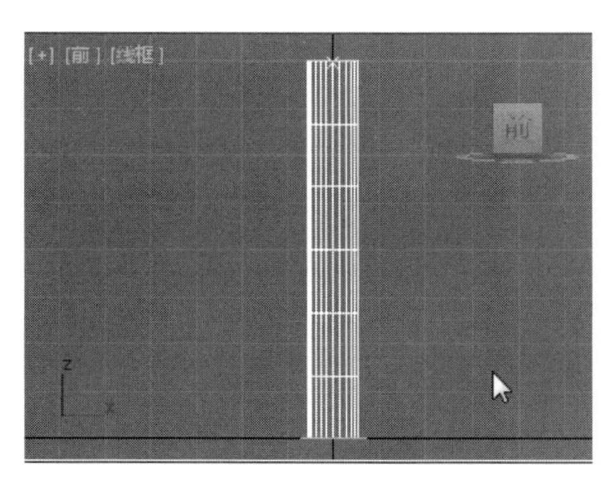

图7–23　前视图中“大圆”放样后的形状

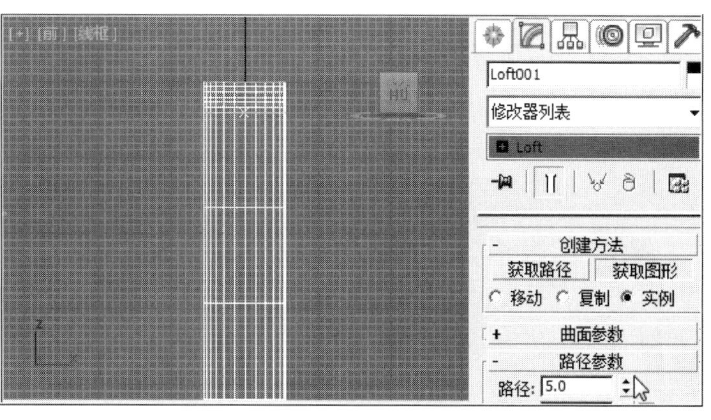

图7–24　当前路径下获取“大圆”放样后效果

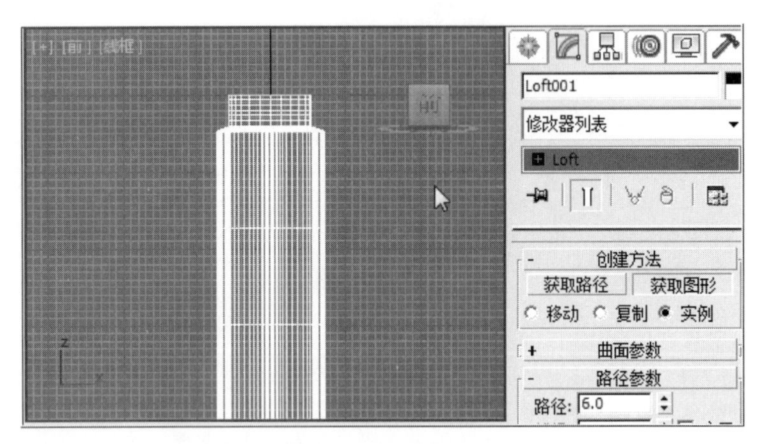

图7-25 当前路径下获取“星形”放样后效果

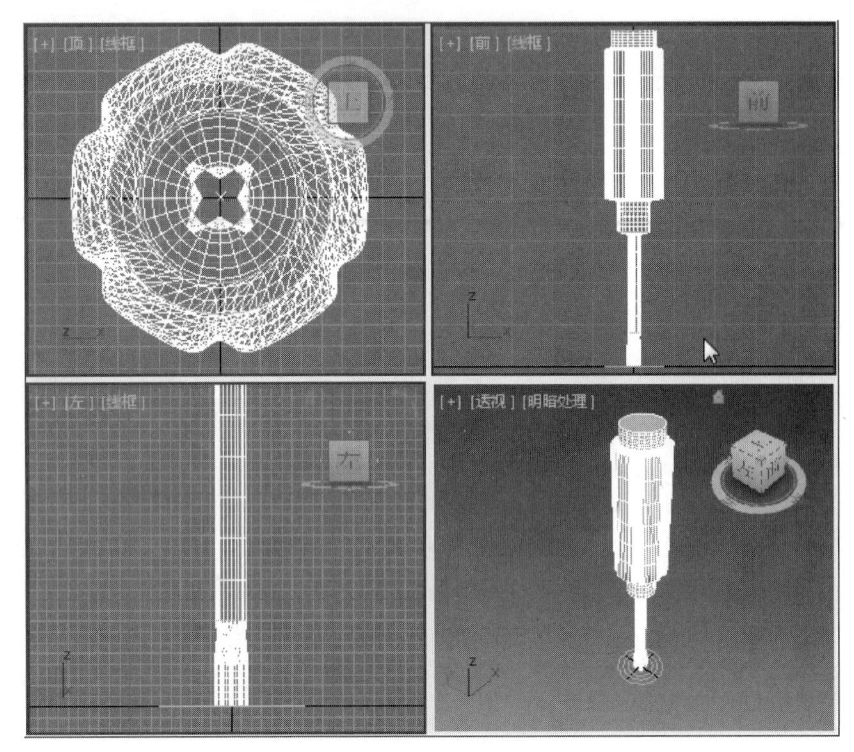

图7-26 当前路径95%获取四角形放样后效果

7.1.3.2 缩放命令的使用

❶ 确保当前“放样”对象被选择情况下，用鼠标左键在“Loft”下属的“变形”卷展栏中点选“缩放”工具，如图7-27所示。

❷ 在弹出的缩放变形面板中，用鼠标左键点选 （插入角点）工具，在路径5%位置上插入角点，如图7-28所示。

注：“缩放”变形面板中的，红色线代表着路径，绿色的虚线代表着路径百分

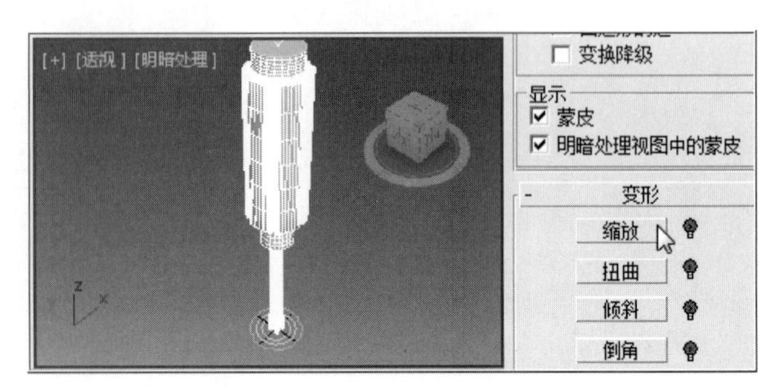

图7-27 展开“变形”卷展栏选择“缩放”

比获取的截面图形，窗口下方的数据分别指的是角点的百分比位置和缩放比，可以通过数据来准确定位角点位置以及放缩程度。

❸ 在“缩放”变形面板中，用鼠标左键点击工具行中的 ⊞（移动控制点）工具，将路径0%的角点缩放为“0”，然后点鼠标右键，在弹出的菜单里选择“Bezier-角点”，如图7-29所示。

❹ 调整角点弯曲度，透视图中显示的效果，如图7-30所示。

❺ 用同样的方法，用鼠标左键点选 ⊡（插入角点）工具，在路径50%位置上插入角点，如图7-31所示。

❻ 用鼠标右键点击路径50%角点，在弹出的菜单里选择“Bezier-角点”，调节“角点”左边手柄的曲度，如图7-32所示。

❼ 同样以“Bezier-角点”方式，调节5%角点右边手柄的曲度，如图7-33所示。

❽ 用鼠标左键在视图右侧命令面板中，点击展开“蒙皮参数”卷展栏，设置“路径步数”为“20”，如图7-34所示。

注：增加路径“步数”值，是在路径中添加更多网格段数，提高放样物体路径表面的光滑度。

❾ 用鼠标左键点选 ⊡（插入角点）工具，在路径95%位置上插入“角点”，如图7-35所示。

❿ 鼠标左键点选择“缩放”变形面板工具行中的 ⊞（移动控制点）工具，调节路径100%的角点缩放程度为“20”，如图7-36所示。

⓫ 展开“蒙皮参数”卷展栏，设置“图形步数”为“20”，如图7-37所示。

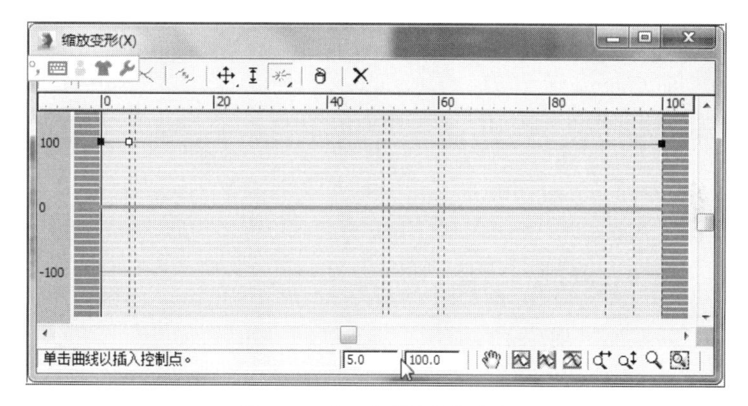

图7-28　在5%位置上插入角点

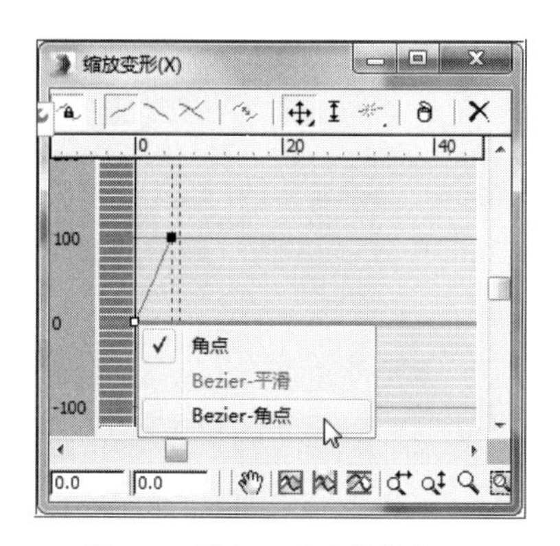

图7-29　路径0%角点缩放为“0”

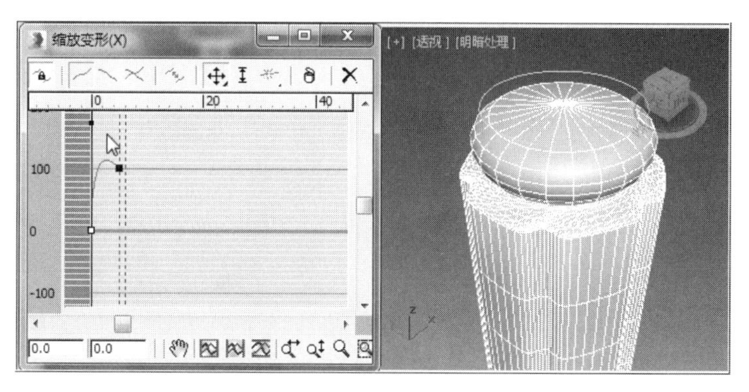

图7-30　调整角点曲度后的效果

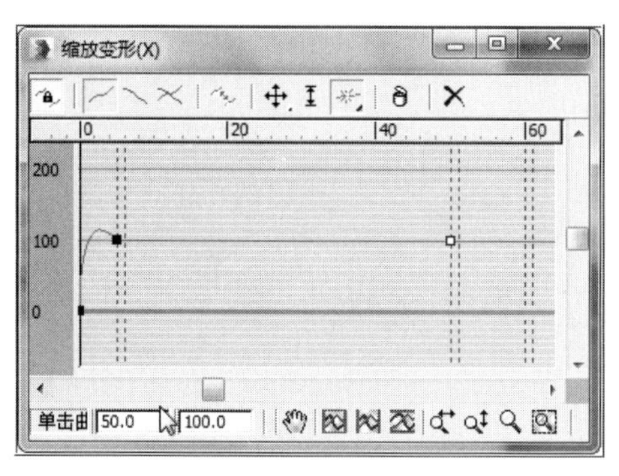

图7-31　路径50%插入角点

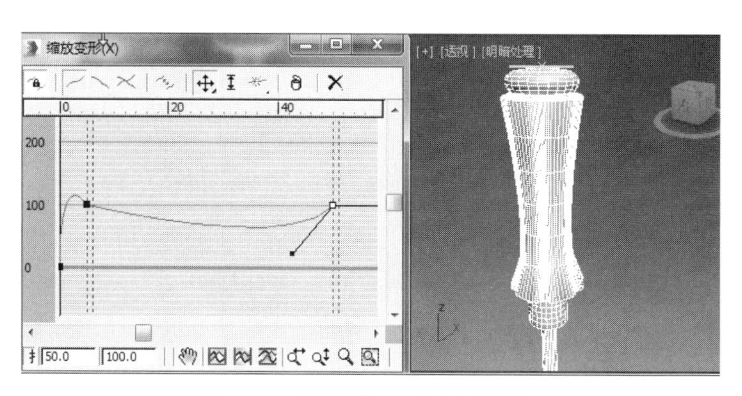

图7-32　调整路径50%角点曲度效果

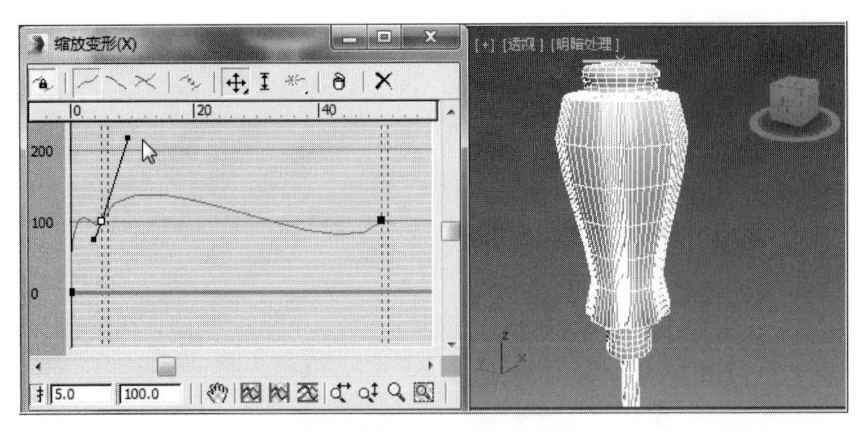

图7-33 调整路径5%角点曲度效果

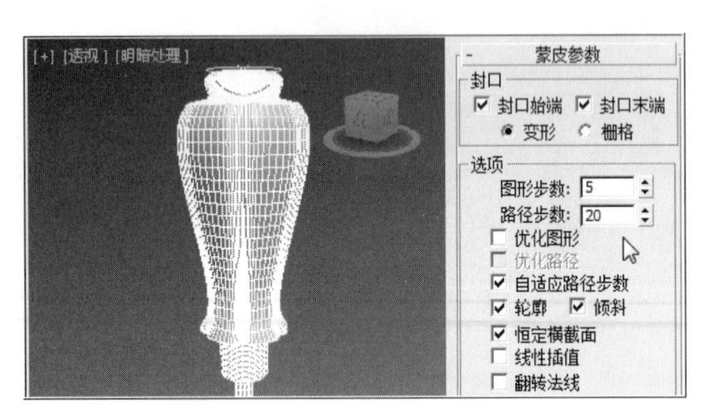

图7-34 设置路径步数为“20”

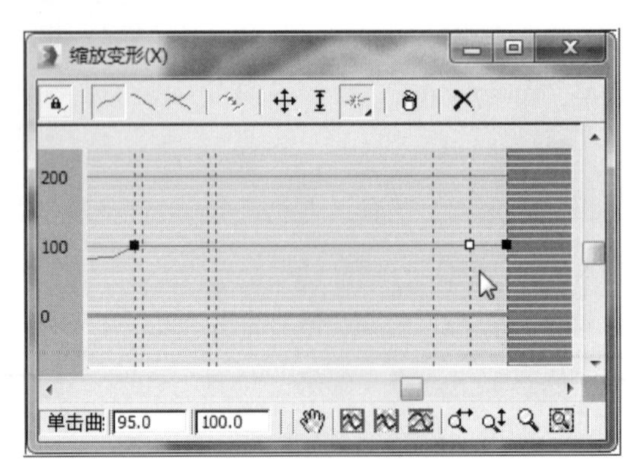

图7-35 路径95%位置上插入“角点”

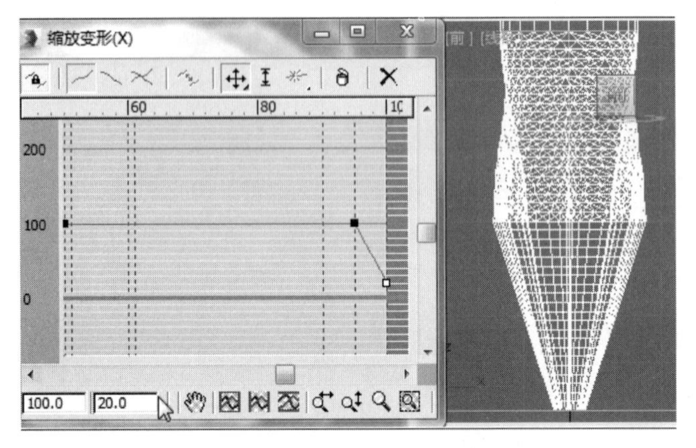

图7-36 调节路径100%的角点缩放程度为“20”

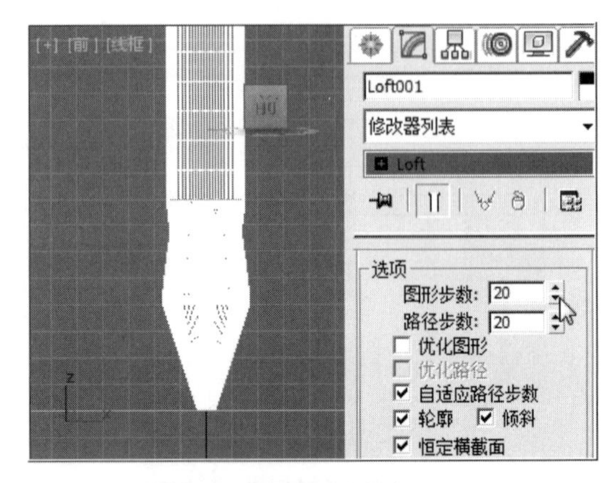

图7-37 设置图形步数为“20”

注：增加图形步数值，是在放样对象截面边添加更多网格段数，提高放样物体截面边沿的光滑度。

⑫ 在透视图中，结合视图控制区的相关工具适当调整放样对象位置、大小、角度后，并将当前的“Loft”对象命名为“螺丝刀”，取消“螺丝刀”的选择状态，如图7-38所示。

注：调整对象位置、大小、角度也可以转动或按下鼠标的中轴进行缩放和拖曳对象，将“Alt”与“鼠标中轴”同时按下，可以调整对象在视图中的角度。

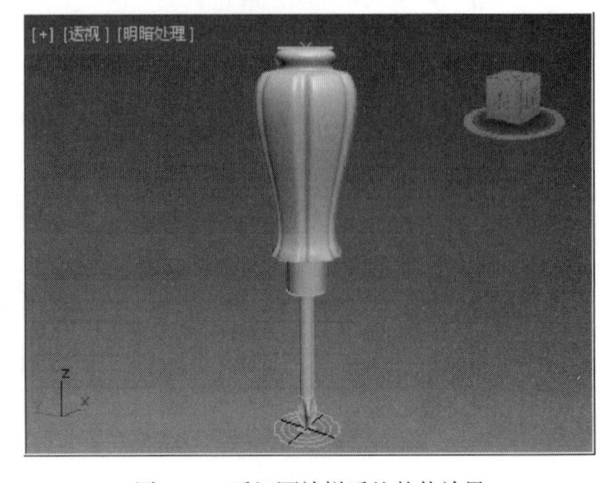

图7-38 透视图放样后的整体效果

7.2 设置ID号

❶ 在前视图选择螺丝刀，点击鼠标右键，在菜单里选择“转化为可编辑多边形”，如图7–39所示。

❷ 用鼠标左键点选视图右侧命令面板中“多边形”编辑方法，如图7–40所示。

❸ 用鼠标左键点击工具行中的 (选择对象) 工具，然后将 (交叉) 工具转换为 (窗口) 工具方式，在前视图中选择螺丝刀的刀把部分，在“多边形”编辑方式下的“多边形：材质ID”卷展栏中，“设置ID”为“1”，然后点击键盘的“Enter”键确定，如图7–41所示。

注：在当前螺丝刀处于垂直角度时候进行ID选区，可以保证选区的准确性。

❹ 在菜单栏里选择“编辑”下的“反选”，得到“螺丝刀”的反选部分，设置ID为“2”，如图7–42所示。

❺ 鼠标左键继续框选“螺丝刀”的金属材质部分，设置ID为“3”，如图7–43所示。

❻ 鼠标左键在视图右侧修改器堆栈栏中点击“多边形”按钮，关闭“多边形”编辑方式。

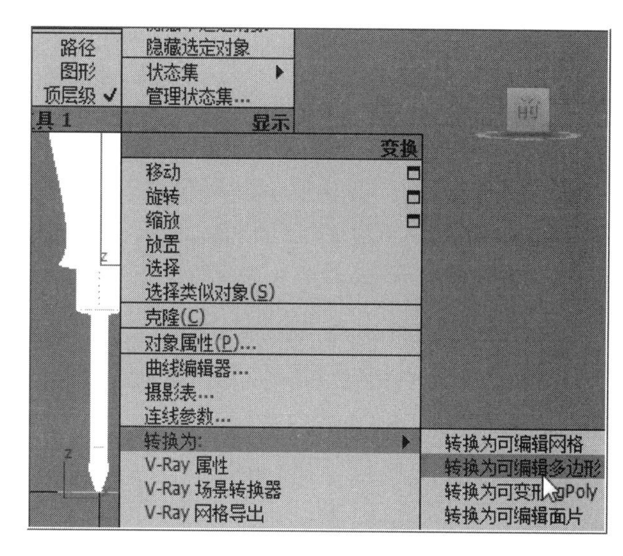

图7–39　将螺丝刀转化为可编辑多边形

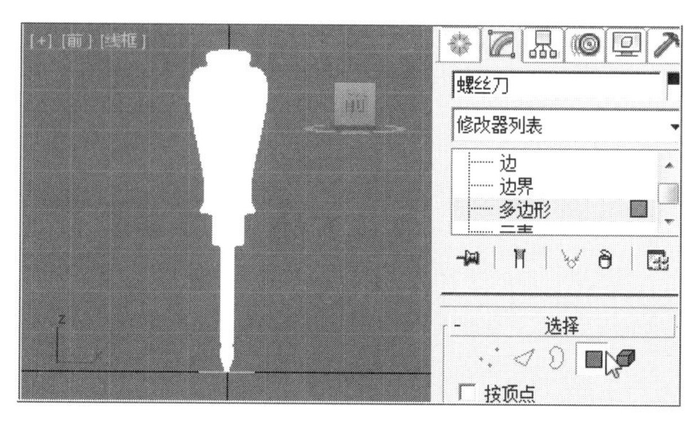

图7–40　选择“多边形”编辑方式

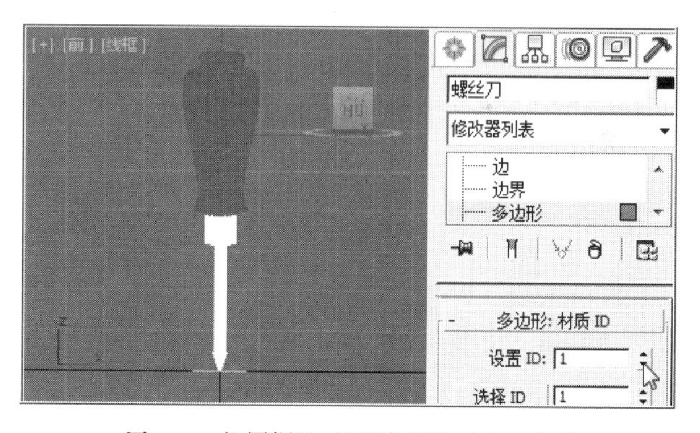

图7–41　设置螺丝刀的刀把部分材质ID为“1”

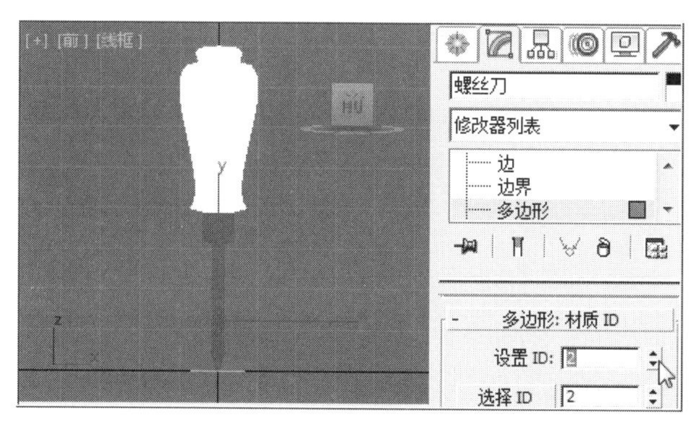

图7–42　设置螺丝刀的反选部分材质ID为“2”

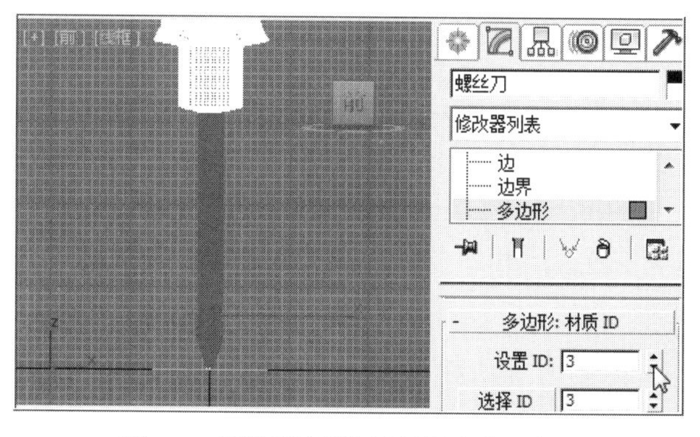

图7–43　设置螺丝刀的金属材质部分ID为“3”

7.3 台面创建

❶ 用鼠标左键点选视图右侧命令面板中的 （创建）-（几何体）- 平面 工具，用鼠标右键激活顶视图，滚动鼠标的中轴缩小视图，创建合适大小的"平面"，并重命名为"台面"，如图7-44所示。

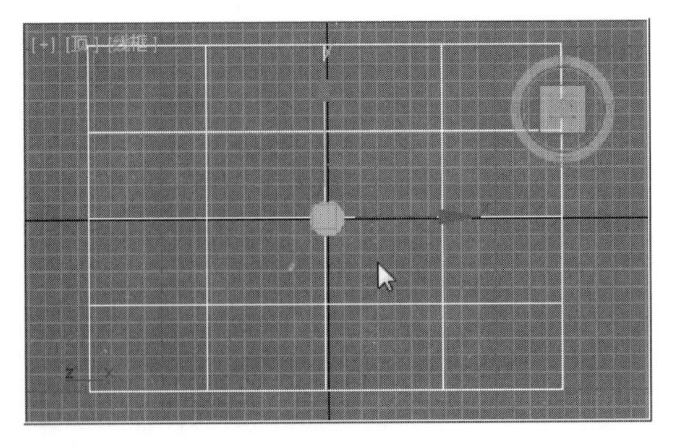

图7-44 创建合适大小的"平面"

❷ 用鼠标左键点击主工具行中的 （选择并旋转）工具和 （选择并移动）工具，将"螺丝刀"放置在"台面"表面，如图7-45所示。

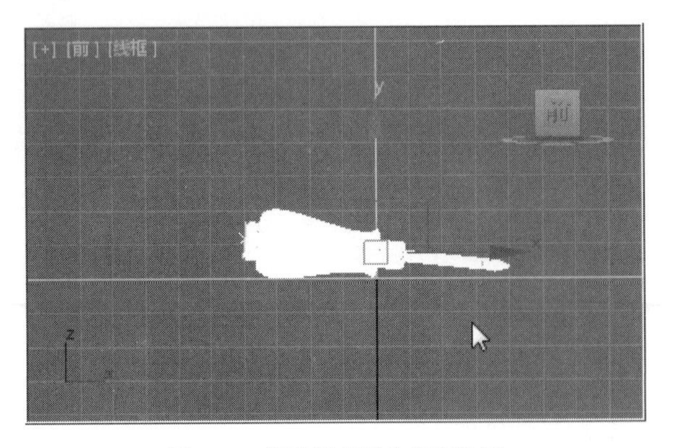

图7-45 调整螺丝刀的角度位置

❸ 在透视图中，用鼠标左键点击主工具行中的 （选择并移动）工具，结合键盘的"Alt"键加鼠标中轴，将"螺丝刀"和"台面"调整合适角度，如图7-46所示。

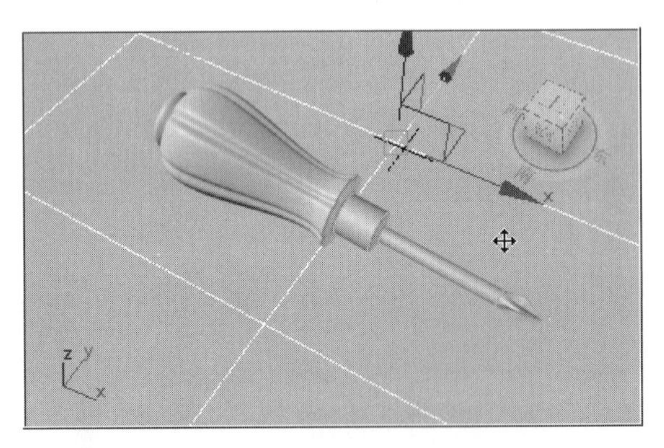

图7-46 调整螺丝刀和台面角度

7.4 螺丝钉创建

❶ 在视图右侧命令面板中，用鼠标左键依次点选 （创建）-（几何体）- 圆柱体 工具，在顶视图滚动鼠标中轴适当放大"螺丝刀"，在其旁边位置创建"圆柱体"初始对象，如图7-47所示。

❷ 在"圆柱体"被选中的状态下，用鼠标左键点击 （修改）命令，在"参数"卷展栏中设置"半径"为"10"；"高度"为"100"，如图7-48所示。

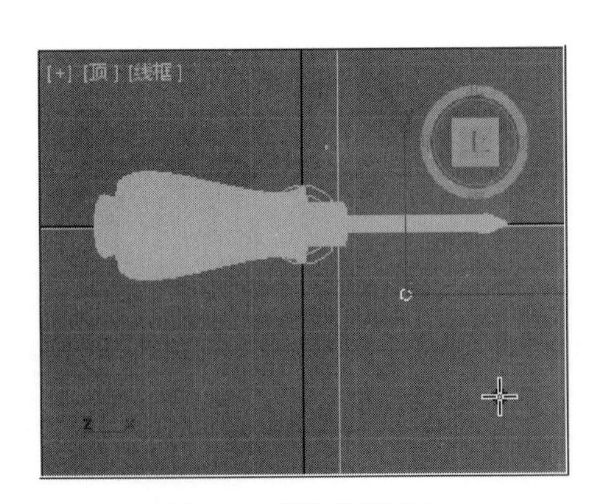

图7-47 创建"圆柱体"

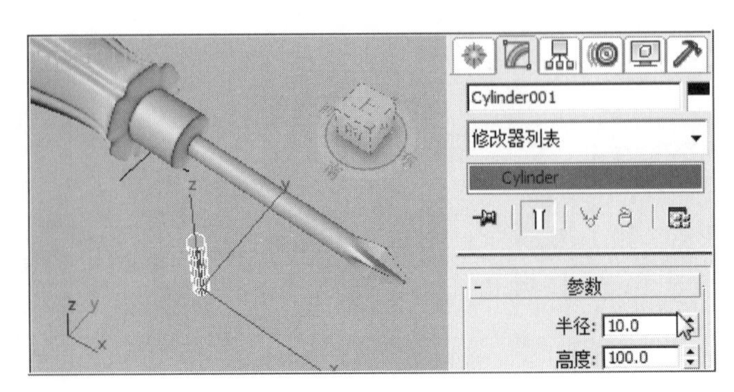

图7-48 设置圆柱体参数

❸ 用鼠标左键点选视图右下角视图控制区的（最大化显示选择对象）工具，将“圆柱体”最大化显示，如图7-49所示。

❹ 前视图中，用鼠标右键点击“圆柱体”，在弹出的快捷菜单中选择“孤立当前选择”，如图7-50所示。

注：“孤立当前选择”功能，可以配合键盘的“Alt”键加“Q”键的快捷方式使用，孤立后，可将编辑对象单独显示，方便修改。

❺ 孤立后的“圆柱体”在视图中的显示，如图7-51所示。

❻ 在视图右侧命令面板中，用鼠标左键依次点选（创建）-（图形）-螺旋线工具，在顶视图中对齐圆柱体的XY轴点向外创建“螺旋线”，如图7-52所示。

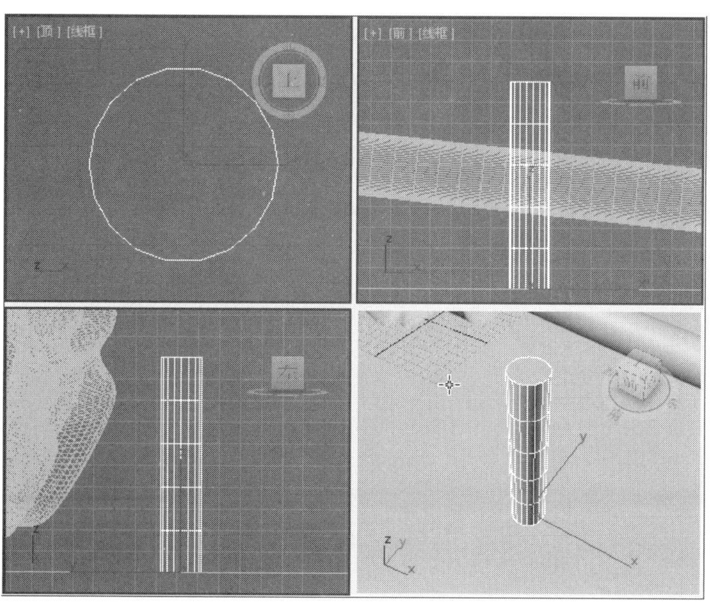

图7-49　最大化显示“圆柱体”下的所有视图

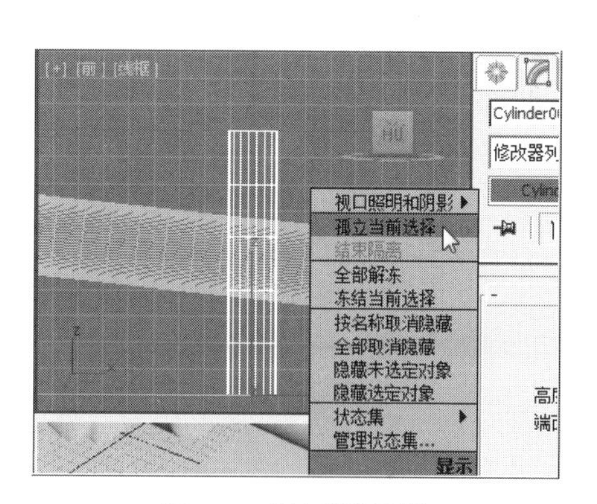

图7-50　孤立当前选择

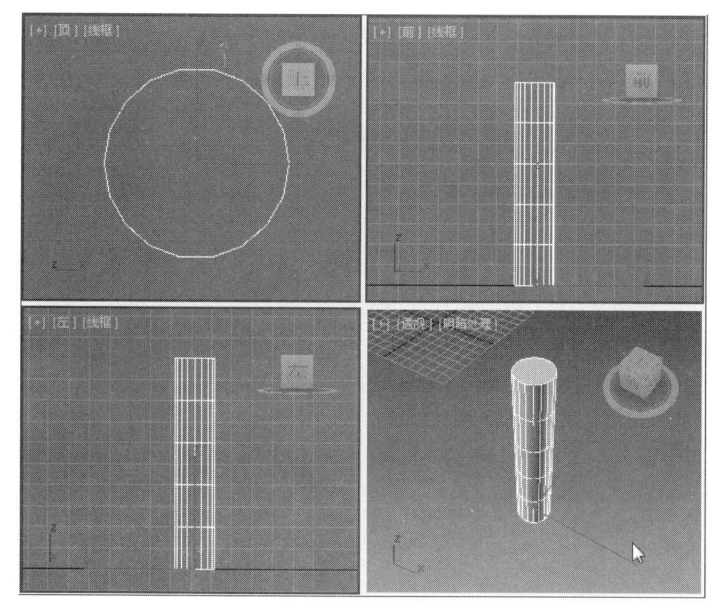

图7-51　“圆柱体”的当前显示

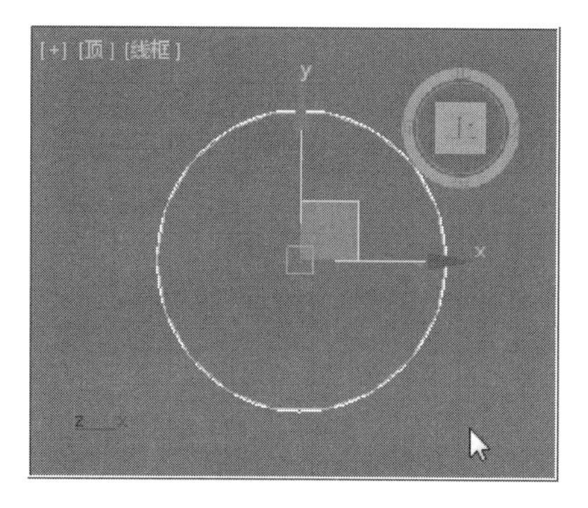

图7-52　顶视图创建“螺旋线”

❼ 用鼠标左键点击 (修改)命令，在“螺旋线”的“参数”卷展栏中设置“半径1”为“10”；“半径2”为“10”；“高度”为“90”，“圈数”为“20”，如图7-53所示。

❽ 确保螺旋线处于被选择状态，用鼠标左键点选工具行中的 (对齐)工具，点击前视图中的“圆柱体”，如图7-54所示。

❾ 在弹出的“对齐当前选择”面板中，用鼠标左键在“对齐位置”选项中，勾选“X位置”和“Z位置”；“当前对象”和“目标对象”都点选“轴点”方式，然后点击“确定”按钮，如图7-55所示。

❿ 用鼠标左键点击展开“螺旋线”的“渲染”卷展栏，勾选“在渲染中启用”和“在视口中启用”，设置“径向”下方“厚度”为“3.0”，如图7-56所示。

⓫ 鼠标右键点击“螺旋线”，在弹出的菜单里选择“转化为可编辑多边形”，当前透视图的“螺旋线”显示效果，如图7-57所示。

注：“螺丝钉”的螺纹凹槽线是利用“圆柱体”和“螺旋线”相减方法的“布尔运算”来实现。“布尔运算”针对的是网格对象之间的运算，所以在“布尔运算”之前需要将样条线性质的“螺旋线”转化为网格对象。

⓬ 在视图右侧命令面板中，用鼠标左键依次点选 (创建)－ (几何体)－复合对象－ 布尔 工具，如图7-58所示。

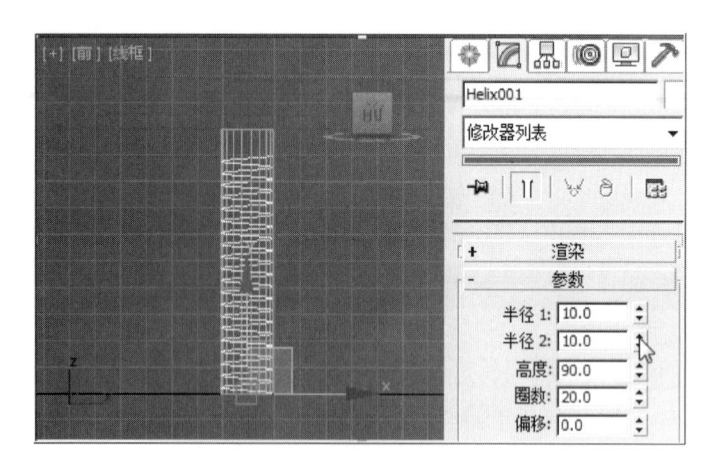

图7-53 螺旋线的参数设置

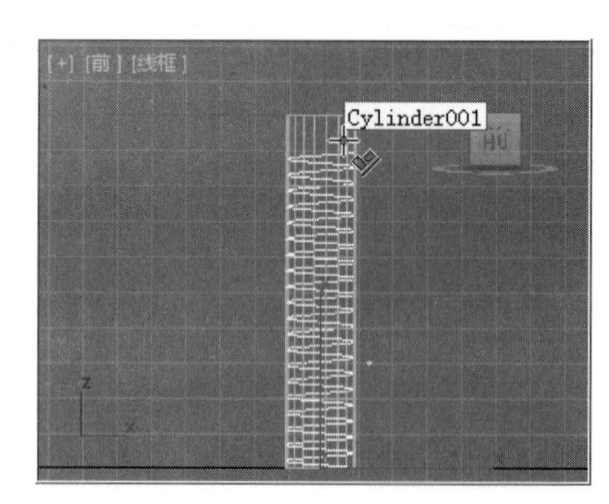

图7-54 选择对齐工具后点击“圆柱体”

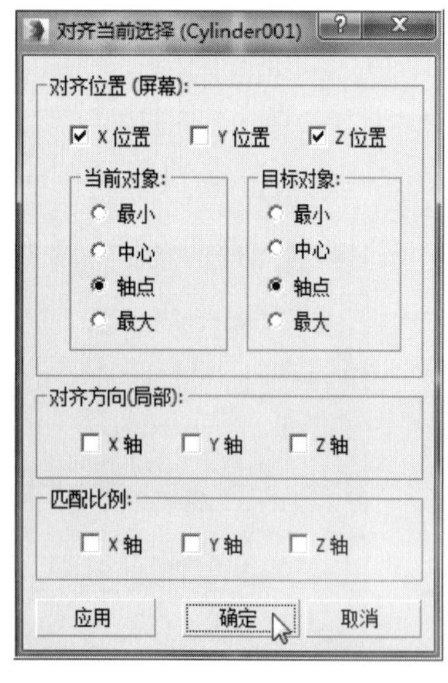

图7-55 “对齐当前选择”面板的设置

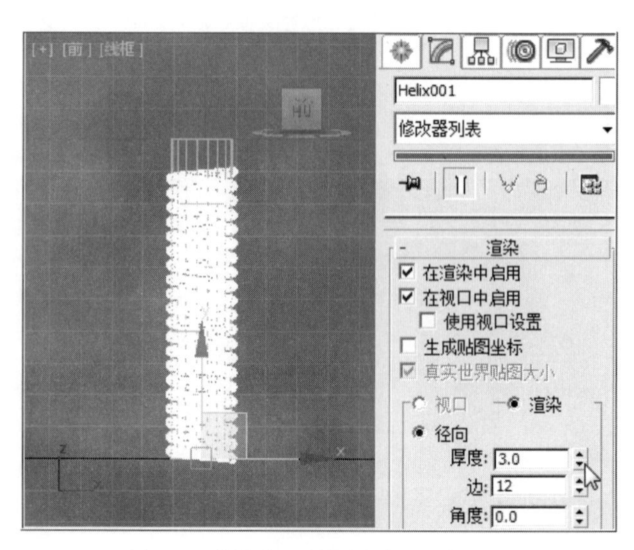

图7-56 螺旋线的渲染卷展栏的参数设置

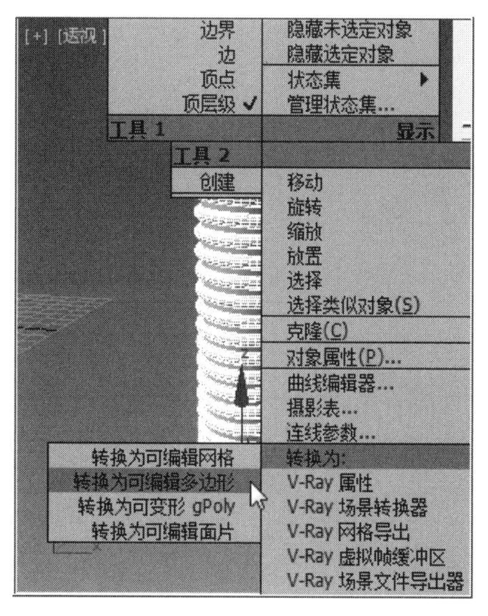

图7-57　当前透视图“螺旋线”显示效果

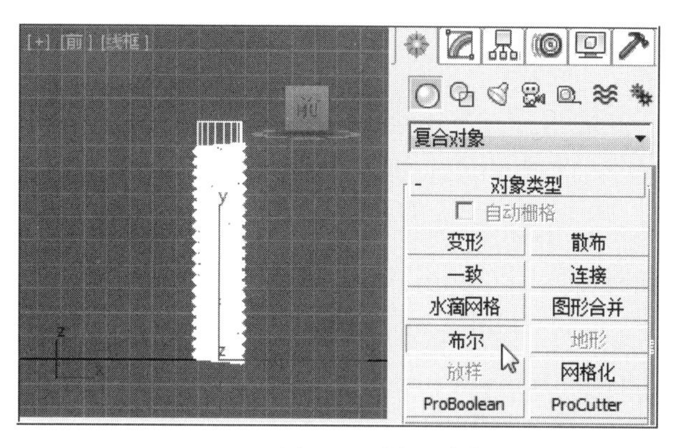

图7-58　选择“布尔”

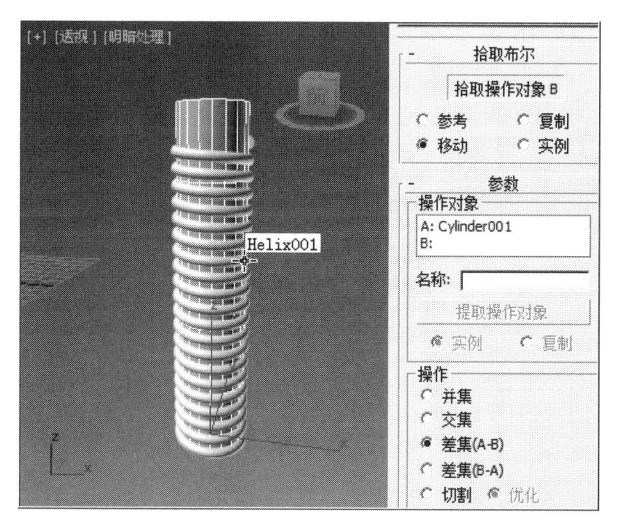

图7-59　选择“差集（A–B）”方式进行布尔运算

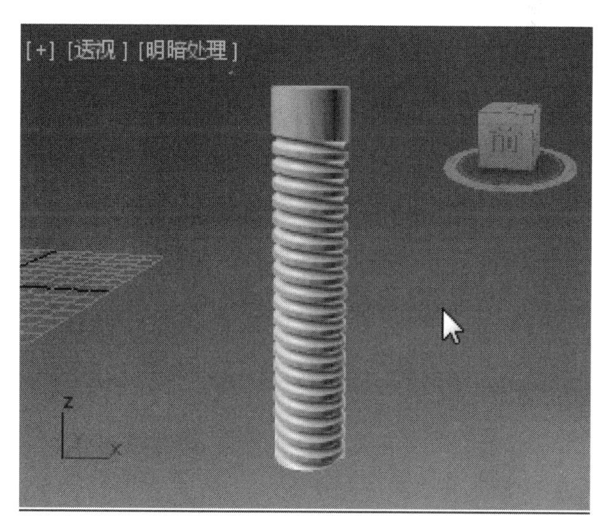

图7-60　布尔运算

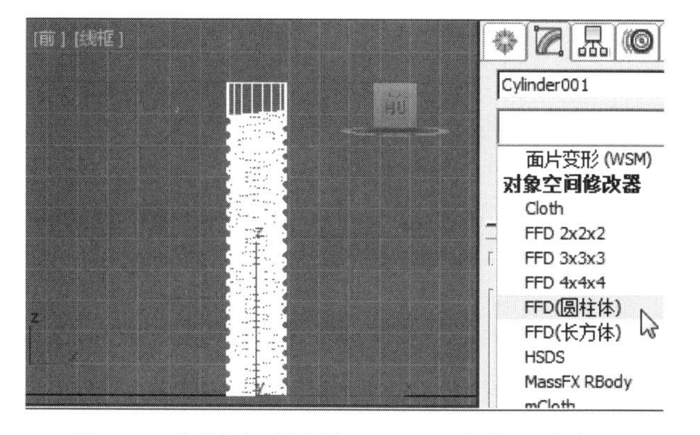

图7-61　当前布尔对象添加“FFD（圆柱体）”修改器

⓭ 在“拾取布尔”卷展栏中，用鼠标左键点选“拾取操作对象B”按钮，在“操作”方式中，点选“差集(A–B)”，然后在视图中点击螺旋线，如图7–59所示。

⓮ 进行“布尔运算”后的“螺丝钉”螺纹凹槽效果，如图7–60所示。

⓯ 用鼠标左键点击 （修改）命令，在“修改器列表”中，选择“FFD（圆柱体）”，如图7–61所示。

⑯ 用鼠标左键在修改器堆栈中，展开“FFD（圆柱体）”，选择“控制点”，如图7-62所示。

⑰ 在前视图中，用鼠标左键框选“圆柱体”下端所有“控制点”，如图7-63所示。

⑱ 用鼠标左键点选主工具行中的（选择并均匀缩放）工具，在透视图中，鼠标的光标沿着XY轴缩小，如图7-64所示。

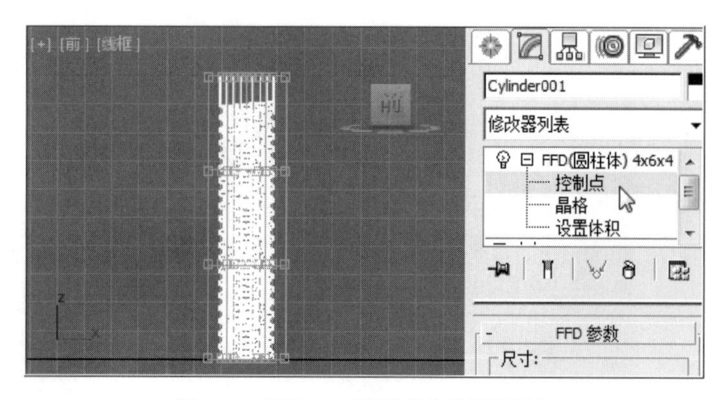

图7-62　展开FFD（圆柱体）选择控制点

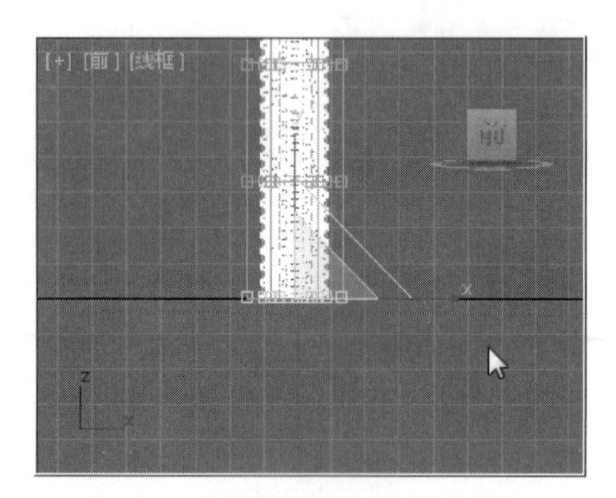
图7-63　选择圆柱体下端所有“控制点”

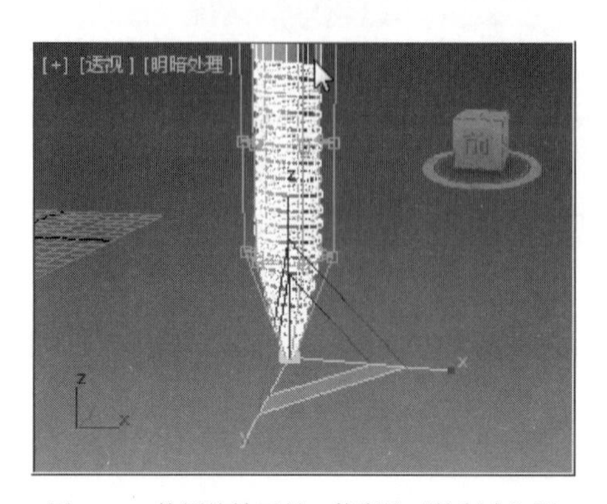
图7-64　使用缩放工具，将所选“控制点”沿着XY轴缩小

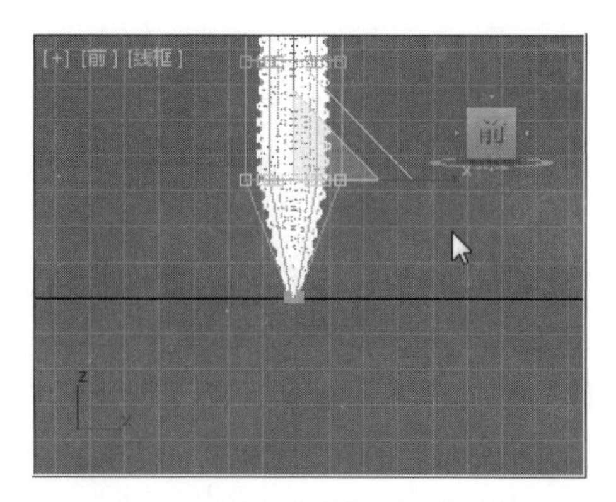
图7-65　选择圆柱体第二组“控制点”

⑲ 使用同样的方法，在前视图中选择第二组“控制点”，如图7-65所示。

⑳ 使用“缩放”工具，将所选“控制点”沿着XY轴缩小至合适程度，如图7-66所示。

㉑ 透视图中，用鼠标右键点击“圆柱体”，在弹出的快捷菜单里选择“转换为可编辑多边形”，然后在“圆柱体”以外的空白区点击鼠标左键，以此去除“圆柱体”选择状态后的效果，如图7-67所示。

注：将对象转换为“可编辑多边形”后，可去除该对象修改器堆栈中的所有使用的修改器。

㉒ 在视图右侧命令面板中，用鼠标左键依次点选（创建）–（几何体）–球体工具，在顶视图中对齐“圆柱体”的XY轴点向外创建合适“球体”，如图7-68所示。

㉓ 用鼠标左键点击（修改）命令，在球体的“参数”卷展栏中，设置“半径”为“16”，“半球”为“0.5”，如图7-69所示。

㉔ 确保球体为选择状态，用鼠标左键点选工具行中的（对齐）工具，点击前视图中的“圆柱体”，如图7-70所示。

㉕ 在弹出的“对齐当前选择”面板中，用鼠标左键在“对齐位置”选项中，勾选“X位置”和“Z位置”；“当前对象”和“目标对象”都点选“轴点”方式，然后点击“应用”按钮，如图7-71所示。

㉖ 继续使用鼠标左键在“对齐位置”选项中，勾选“Y位置”；“当前对象”点选“最小”，“目标对象”点选“最大”，点击“确定”按钮，如图7-72所示。

㉗ 在视图右侧命令面板中，用鼠标左键依次点选（创建）–（几何体）–长方体工具，在顶视图中对齐球体的X轴线创建长方体，在“参数”卷展栏中设置“长度”为“5.0”，“宽度”为“40”，“高度”为“15”，“宽度分段”为“6”，如图7-73所示。

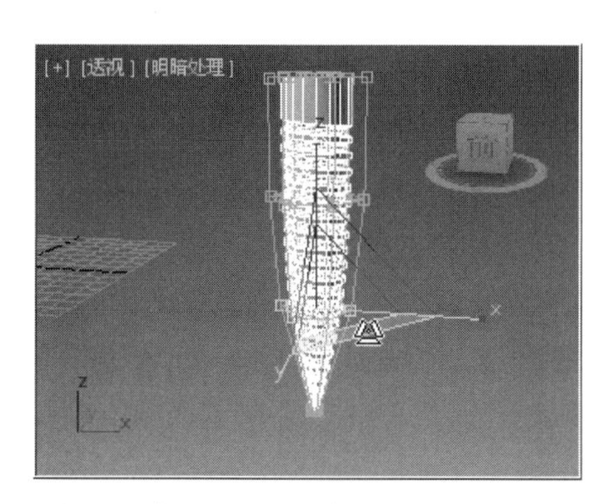

图7-66　使用缩放工具，将所选控制点沿着XY轴缩小至合适程度

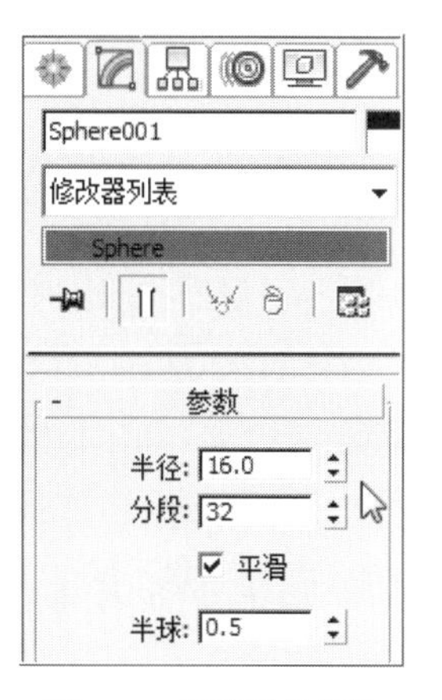

图7-69　设置球体参数

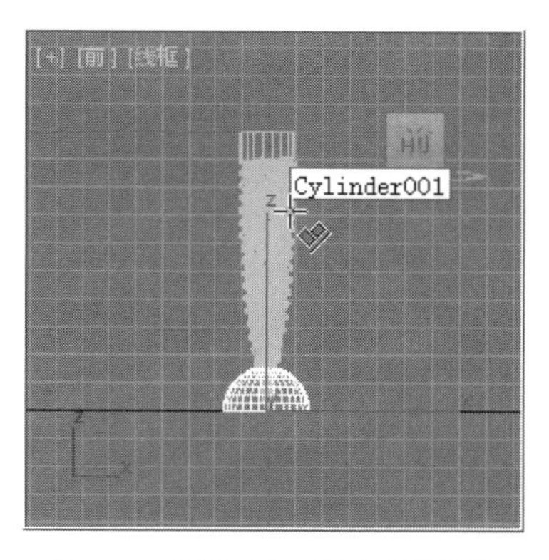

图7-70　选择对齐工具点击圆柱体

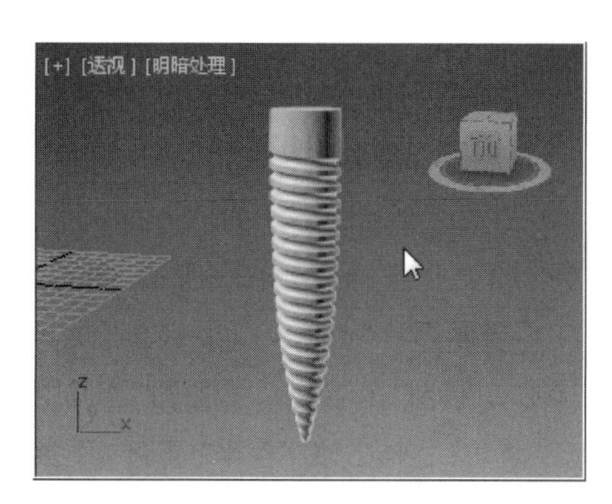

图7-67　当前圆柱体效果

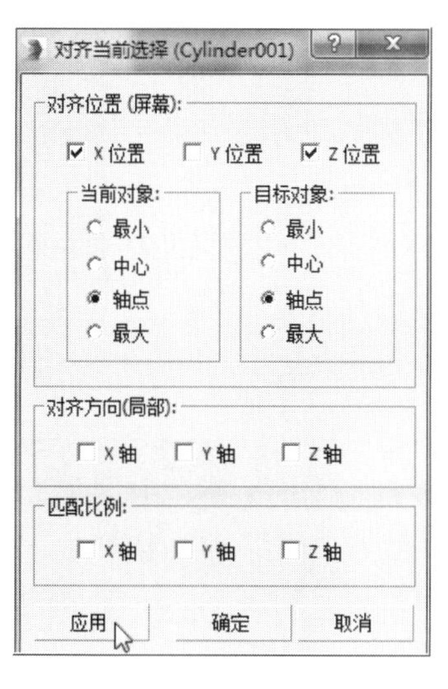

图7-71　“对齐当前选择”面板的设置

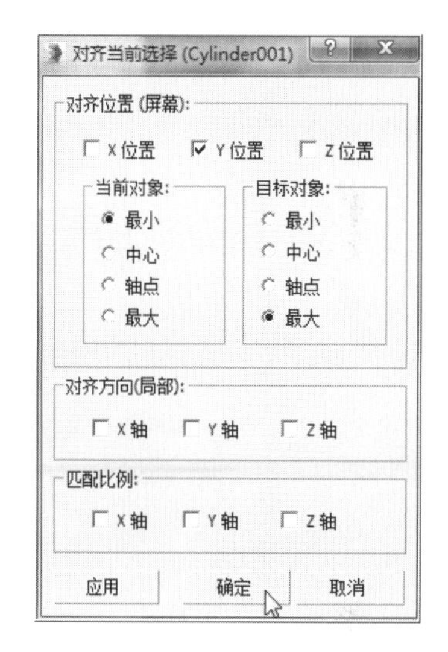

图7-72　“对齐当前选择”面板的设置

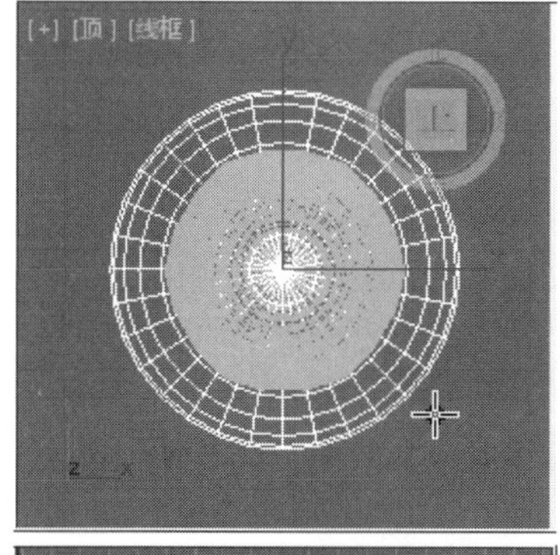

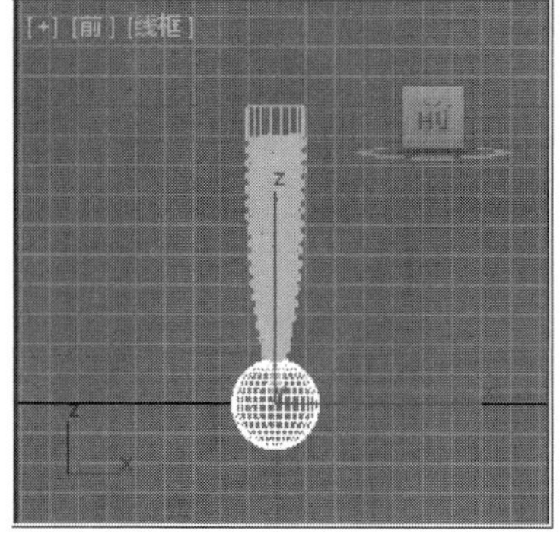

图7-68　在圆柱体的轴点处创建“球体”

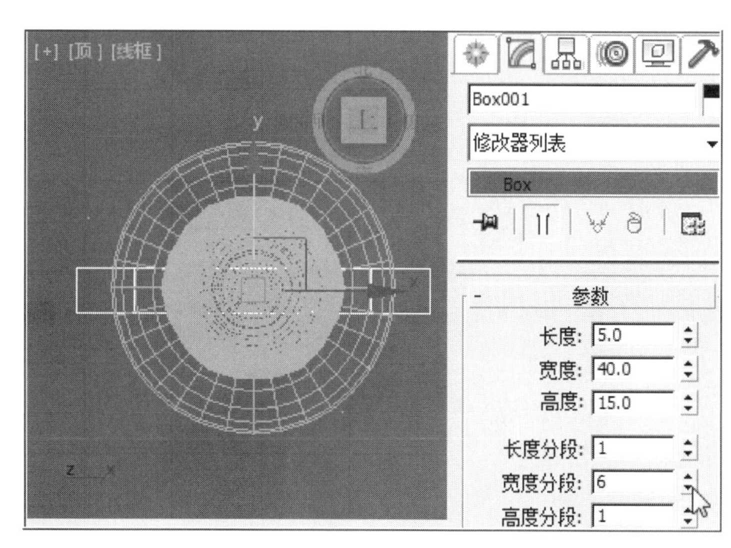

图7-73　对齐球体X轴线，创建长方体并设置参数

㉘ 在前视图中，用鼠标左键点击主工具行的（选择并移动）工具，将“长方体”沿着自身的Y轴，移至“球体”合适位置，并点击鼠标右键，在弹出的快捷菜单里，将对象“转化为可编辑多边形”，并在长方体的“选择”卷展栏中，选择“顶点”编辑方式在视图中选择长方体底边中间的“顶点”，如图7-74所示。

㉙ 用鼠标左键点击主工具行中的（选择并移动）工具，将选择的“顶点”沿着自身的Y轴朝下移至合适位置，如图7-75所示。

㉚ 用鼠标左键在顶视图中选择“长方体”，结合主工具行中的（选择并旋转）工具，并点击（角度捕捉开关）工具，开启“角度捕捉”，配合键盘的“Shift”键，90°复制“立方体”，在弹出的“克隆选项”面板中，点选“对象”方式为“复制”，然后点“确定”按钮，再次点击工具，关闭“角度捕捉”开关，如图7-76所示。

㉛ 在透视图中选择“球体”，在视图右侧命令面板中，用鼠标左键依次点选（创建）-（几何体）-复合对象-ProBoolean（超级布尔）工具，如图7-77所示。

㉜ 在“拾取布尔对象”卷站栏中，用鼠标左键点击“开始拾取”按钮，并点选“移动”；在“参数”卷展栏的“运算”方式上点选“差集”，然后在透视图中分别点击两个“长方体”，得到“超级布尔”运算后的效果，如图7-78所示。

㉝ 在透视图中选择“圆柱体”，在视图右侧的“圆柱体”的“编辑几何体”卷展栏中，选择“附加”命

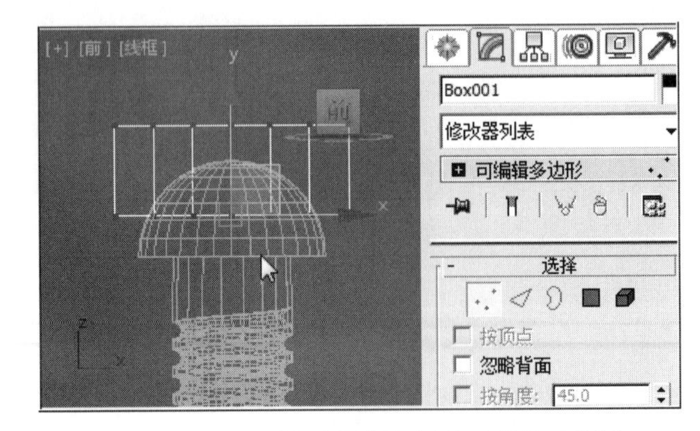

图7-74 选择“顶点”编辑方式选择长方体的“顶点”

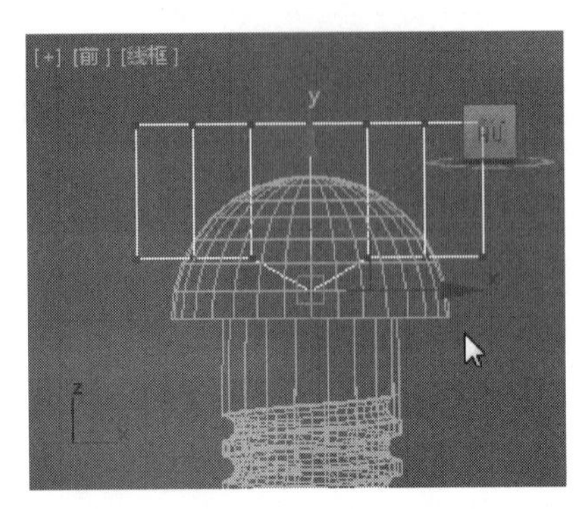

图7-75 将选择的“顶点”沿着Y轴朝下移至合适位置

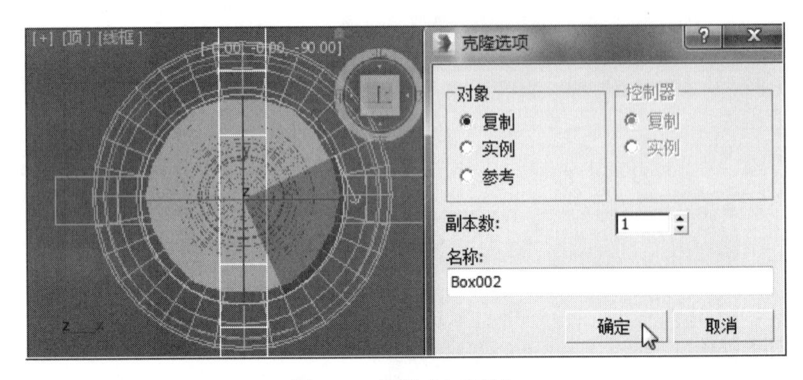

图7-76 复制“立方体”

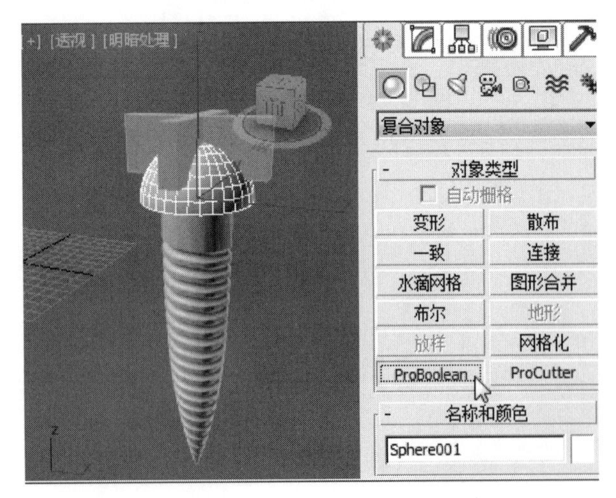

图7-77 在复合对象命令集中选择“超级布尔”

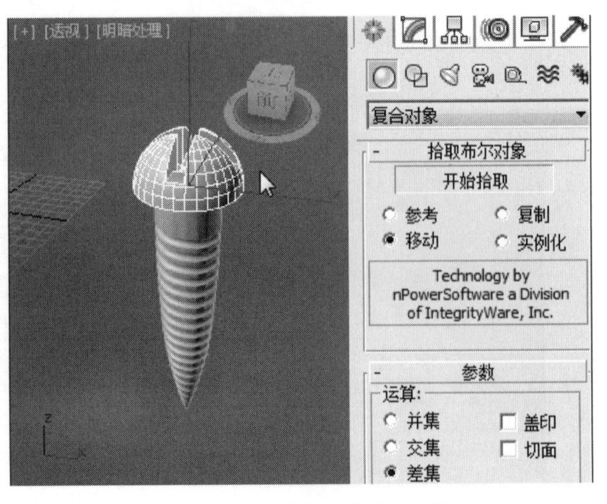

图7-78 超级布尔运算后的效果

令，如图7–79所示。

㉞ 用鼠标左键在透视图中点击“圆球”完成附加，并重命名为“螺丝钉”，然后用鼠标左键在视图的空白区点击以取消对对象的选择状态，效果如图7–80所示。

㉟ 在透视图的空白区点击鼠标右键，在弹出的快捷菜单里选择“结束隔离”，如图7–81所示。

㊱ 结束隔离后，结合主工具行中的 ✥（选择并移动）工具和 ⟳（选择并旋转）工具，将“螺丝钉”放置合适位置，如图7–82所示。

㊲ 结合工具行中的 ✥（选择并移动）工具，配合键盘“Shift”键，点压鼠标左键复制“螺丝钉”，并结合 ⟳（选择并旋转）工具，将复制的“螺丝钉”放置至合适位置，以此方法复制出若干“螺丝钉”，如图7–83所示。

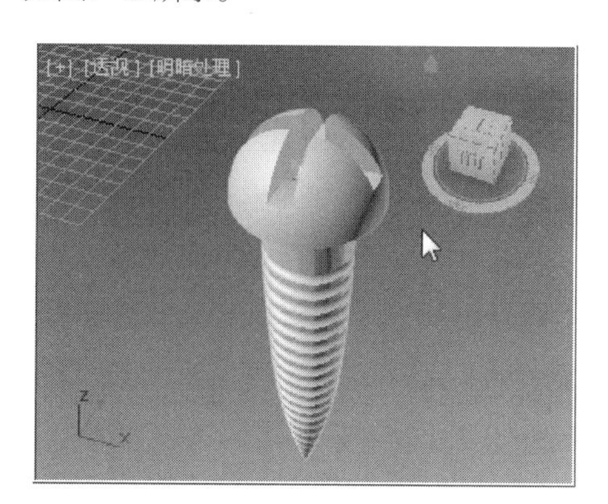

图7–80　最终完成的螺丝钉效果

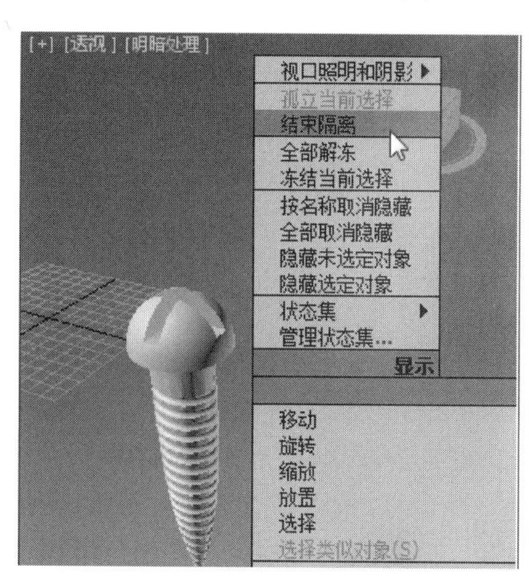

图7–81　点击鼠标右键，在快捷菜单里选择“结束隔离”

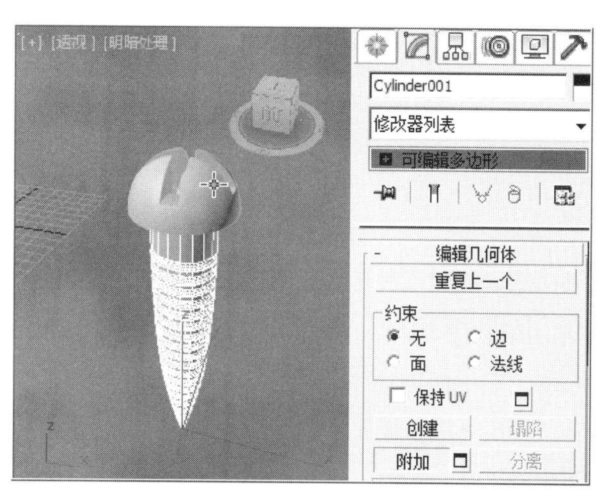

图7–79　选择圆柱体并选择“附加”命令

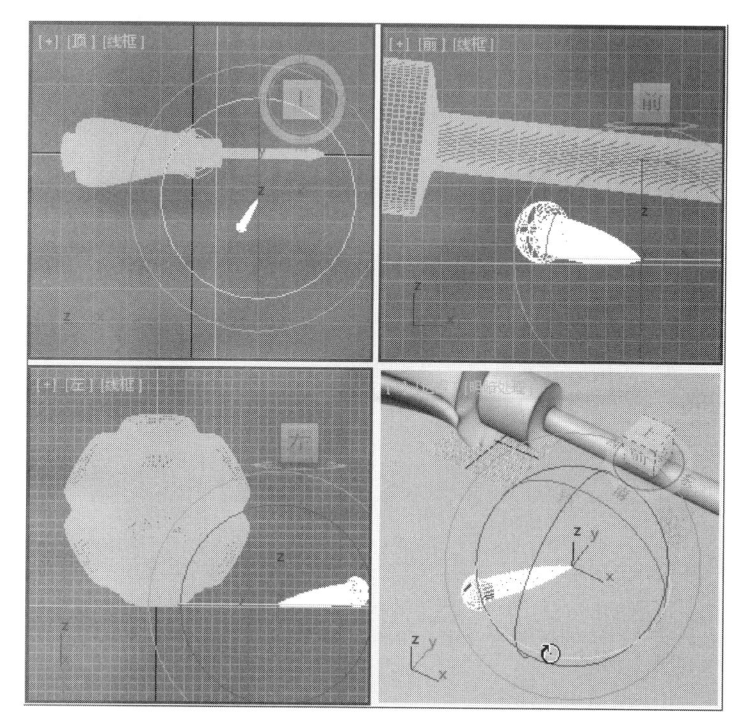

图7–82　结束隔离后视图显示

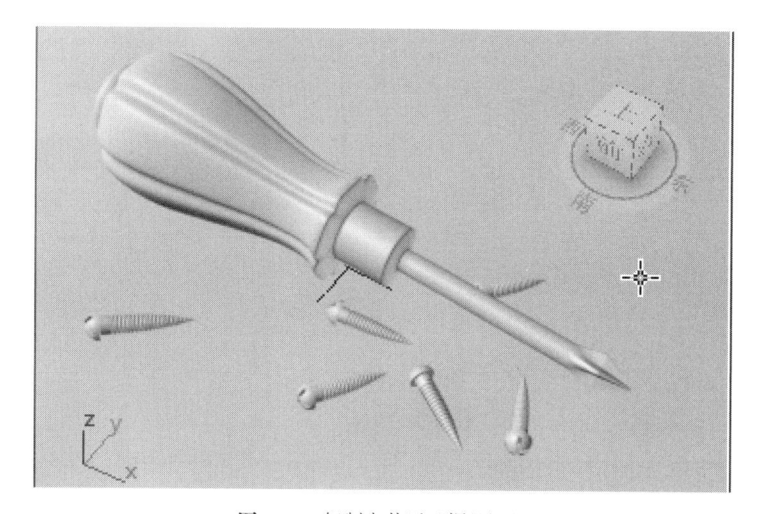

图7–83　复制出若干“螺丝钉”

7.5 灯光创建

❶ 确保当前渲染器为“V-Ray”渲染器，用鼠标左键依次点选（创建）-（灯光）-VR-灯光工具，在前视图创建灯光，如图7-84所示。

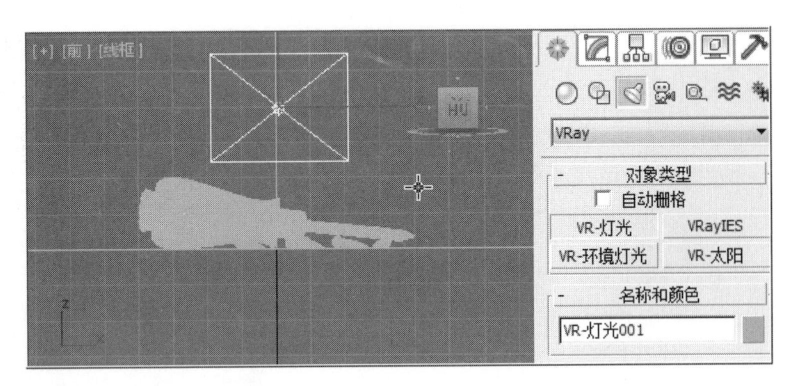

图7-84 前视图创建“VR-灯光”

❷ 用鼠标左键点击（修改）命令，在“参数”卷展栏中设置“1/2长”为“200”；“1/2宽”为“200”，如图7-85所示。

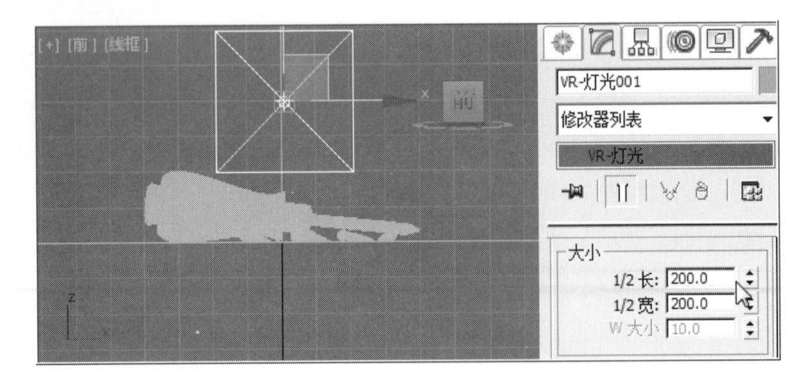

图7-85 设置“VR-灯光”参数

❸ 结合工具行中的（选择并移动）工具，沿着自身的XY轴，点压鼠标左键移动至右下角适当位置，如图7-86所示。

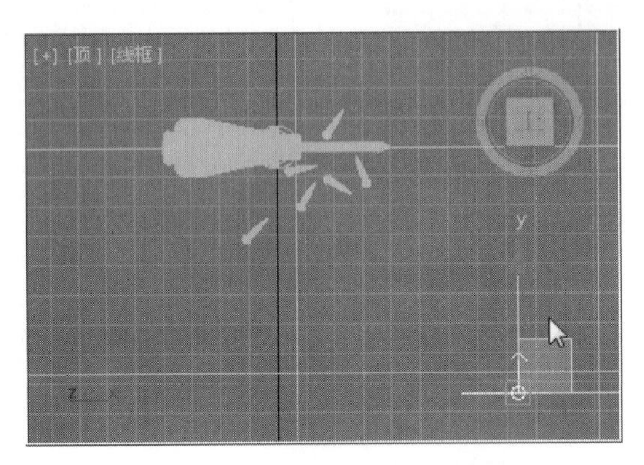

图7-86 将灯光移至右下角合适位置

❹ 结合工具行中的（选择并旋转）工具，在顶视图中沿着自身Z轴，点压鼠标左键，旋转合适角度以对应场景对象，如图7-87所示。

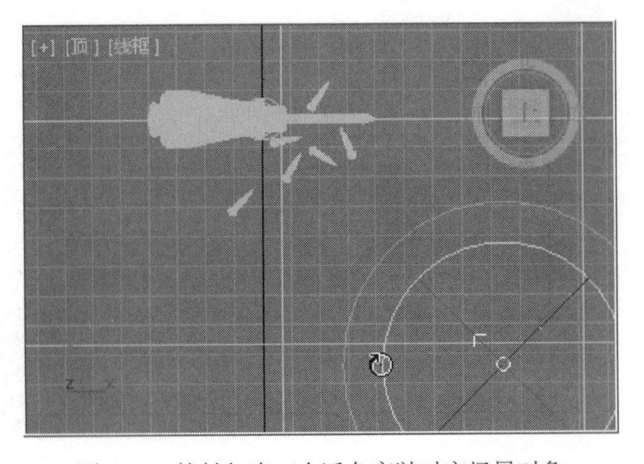

图7-87 旋转灯光至合适角度以对应场景对象

❺ 用鼠标左键点击工具行中的视图，在下拉列表里选择“局部”，如图7-88所示。

❻ 在顶视图中，沿着自身的X轴旋转，将灯光以俯视的角度旋转以对应场景对象，如图7-89所示。

❼ 用鼠标左键点选菜单栏“编辑”下的“全选”，设置所有场景对象颜色为灰色，然后点击主工具行中（产品渲染），VR灯光下的场景对象的“阴影”效果，如图7-90所示。

7.6 材质设置

7.6.1 螺丝刀的材质设置

❶ 用鼠标左键点击主工具行中的（材质编辑器）工具，设置材质编辑器“模式”为“精简材质编辑器”，如图7-91所示。

❷ 选择场景中的“螺丝刀”，在

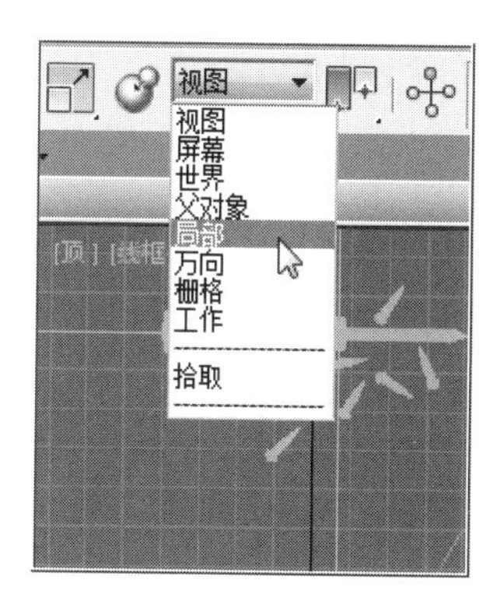

图7-88　选择“局部”

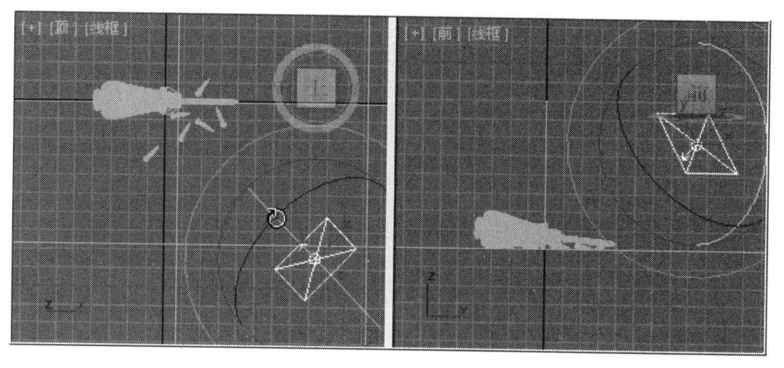

图7-89　旋转灯光以俯视角度对应场景对象

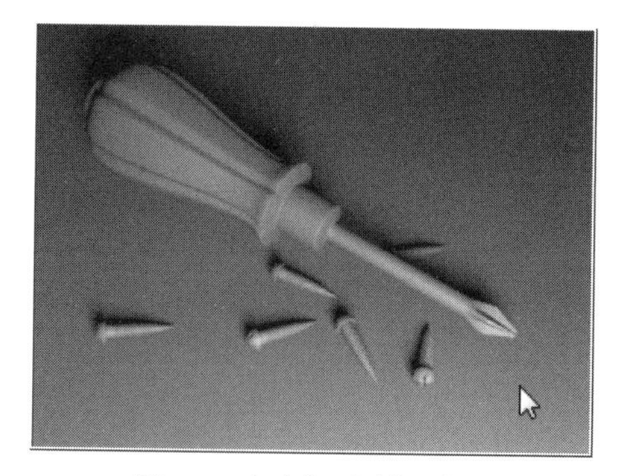

图7-90　灯光的“阴影”效果

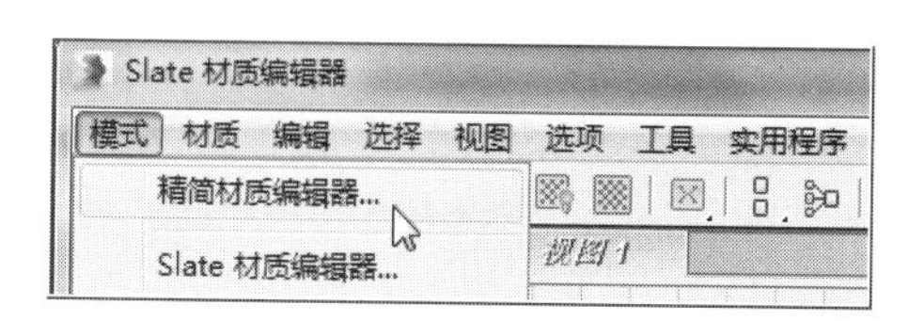

图7-91　设置模式为“精简材质编辑器”

“精简材质编辑器”中，选择第1个实例球，通过鼠标左键点击（将材质指定给选定对象）工具，将材质指定给“螺丝刀”，将材质重命名为“螺丝刀”，如图7-92所示。

❸ 用鼠标左键点击面板中的“Arch & Design”（建筑设计）按钮，在弹出的“材质／贴图浏览器”中，选择“材质”列表里的“多维／子对象”，如图7-93所示。

注：“多维／子对象”贴图方式在材质贴图里比较常用，是指针对一个对象不同的组成部分按照指定的ID号分别进行材质设置。指定ID，是将对象在多边形编辑方式下对场景对象需要材质设置的组成部分分别进行选区，然后结合“材质／贴图浏览器”中的“多维／子对象”材质配合使用。

❹ 在弹出的“替代材质”面板中，用鼠标左键点选“丢弃旧材质”，然后点击“确定”按钮，如图7-94所示。

❺ 在“Multi／Sub-Object”（多维／子对象）材质面板中，设置数量为“3”，如图7-95所示。

❻ 为ID号“1”命名为“螺丝刀把”；ID号“2”命名为“中间”；

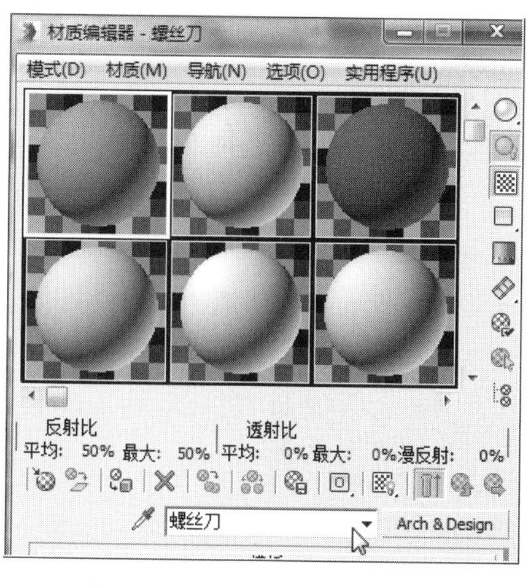

图7-92　实例球指定给“螺丝刀”

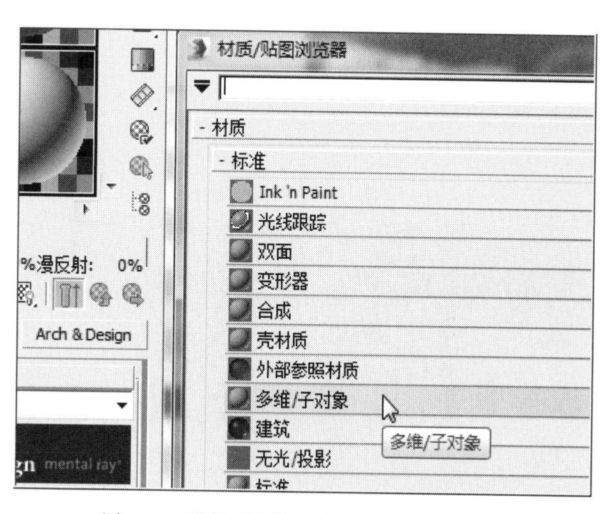

图7-93　选择“多维／子对象”材质贴图类型

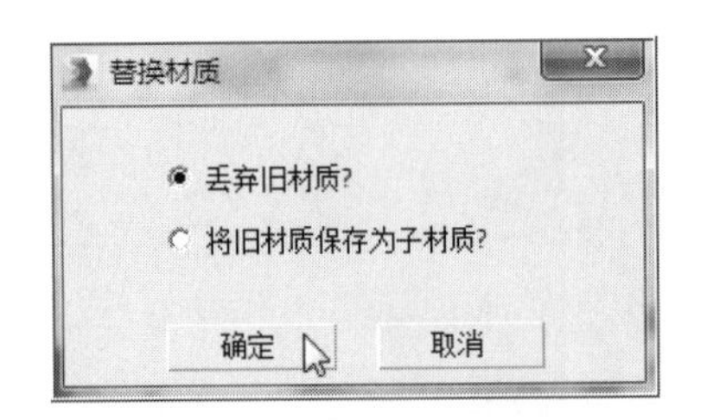

图7-94 选择“丢弃旧材质”

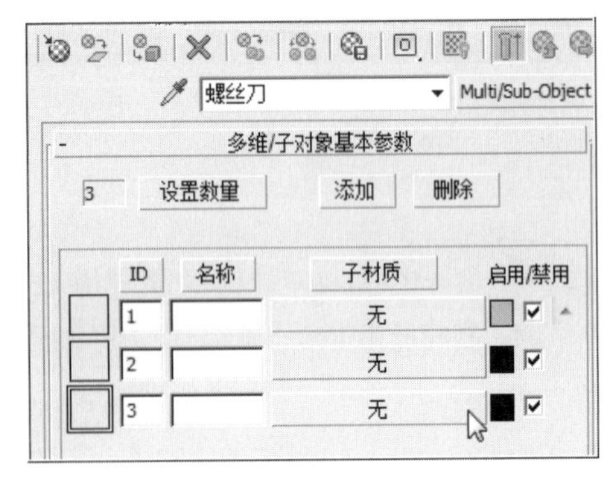

图7-95 在“多维/子对象”材质面板中设置数量为“3”

ID号“3”命名为“刀头”，如图7-96所示。

❼ 用鼠标左键点击“ID”号“1”的“螺丝刀把”右侧“子材质”下面显示“无”的按钮，在弹出的“材质/贴图浏览器”中，选择材质类型为“标准”，如图7-97所示。

❽ 在“Standard”(标准)材质面板中，设置“反射高光”的“高光级别”为“130”；“光泽度”为“30”，如图7-98所示。

❾ 用鼠标左键点击材质实例球下方工具行 (转到父对象)工具，为ID号“中间”指定“材质/贴图浏览器”中“V-ray”材质列表里的“VRayMtl”，如图7-99所示。

❿ 在“VRayMtl”的材质面板中，用鼠标左键点击“漫反射”的“颜色选择器”，设置“红”为“119”；“黄”为“119”；“蓝”为“119”，如图7-100所示。

⓫ 用鼠标左键点击“反射”的“颜色选择器”，设置“红”为“255”；“黄”为“255”；“蓝”为“255”，如图7-101所示。

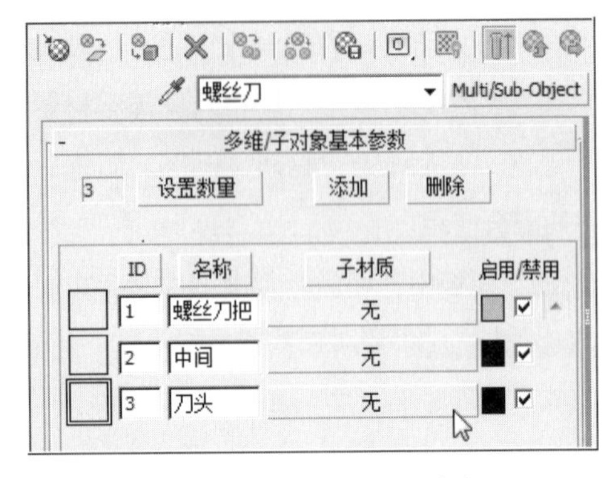

图7-96 将3个ID号分别命名

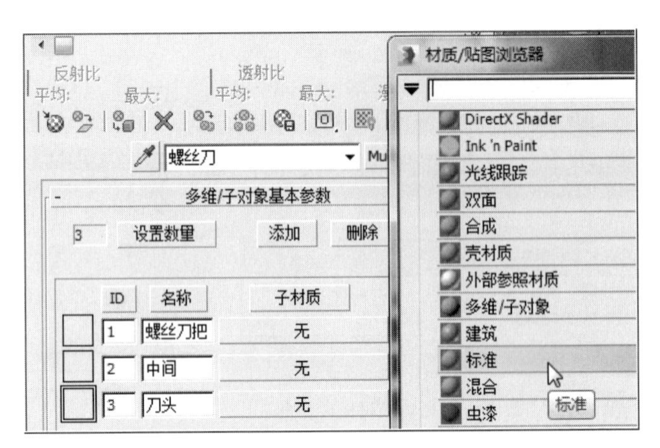

图7-97 为螺丝刀把指定材质类型为“标准”

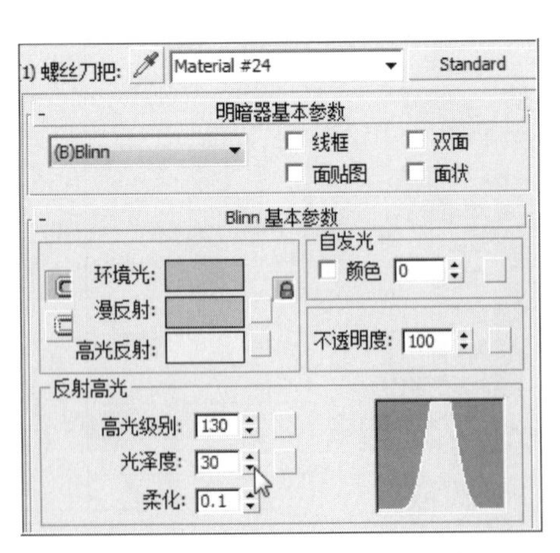

图7-98 设置反射高光参数

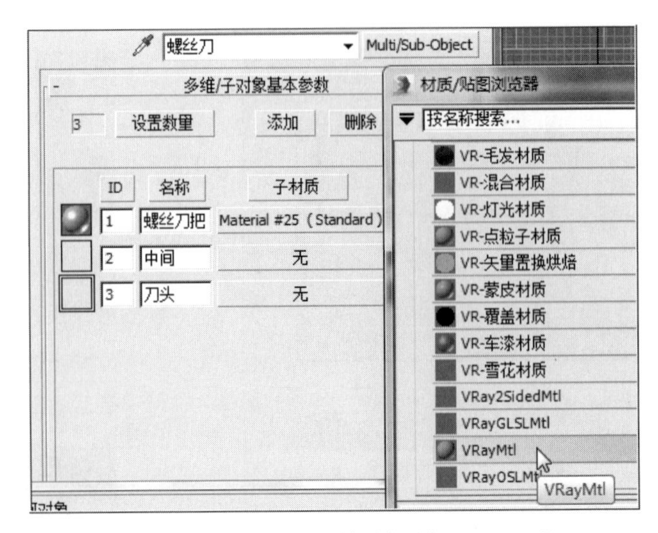

图7-99 为“中间”指定材质类型为“VRayMtl”

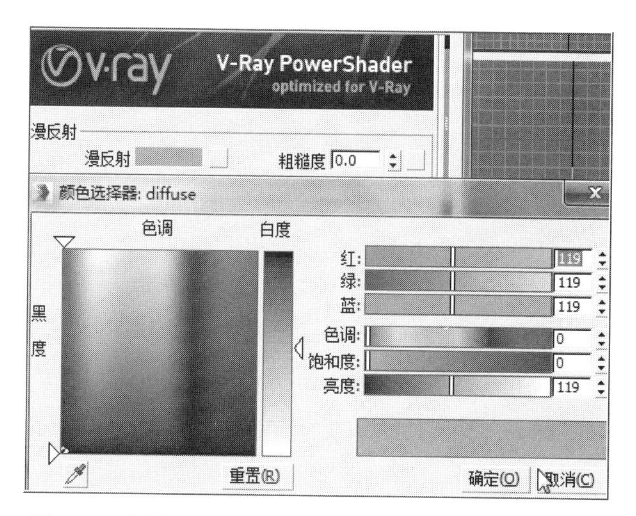

图7-100　设置“漫反射”“颜色选择器”红绿蓝分别为“119”

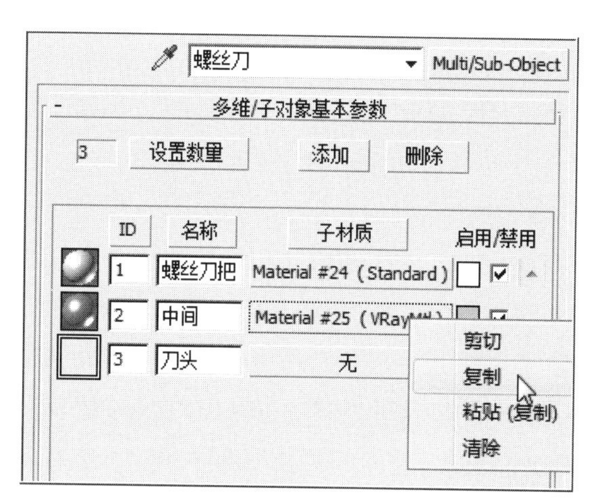

图7-102　“复制”螺丝刀“中间”的材质

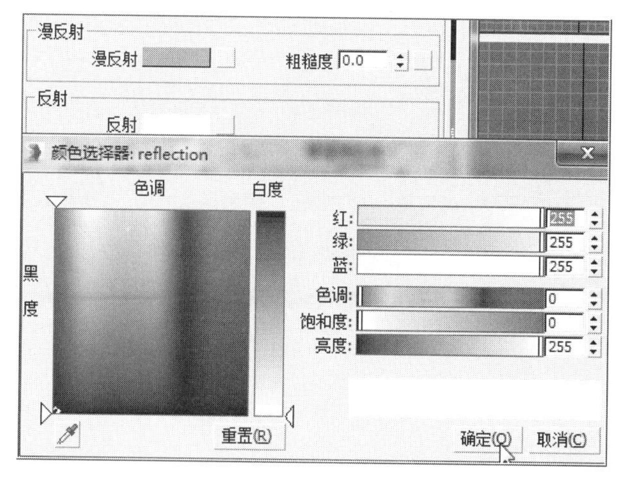

图7-101　设置“反射颜色选择器”红绿蓝分别为“255”

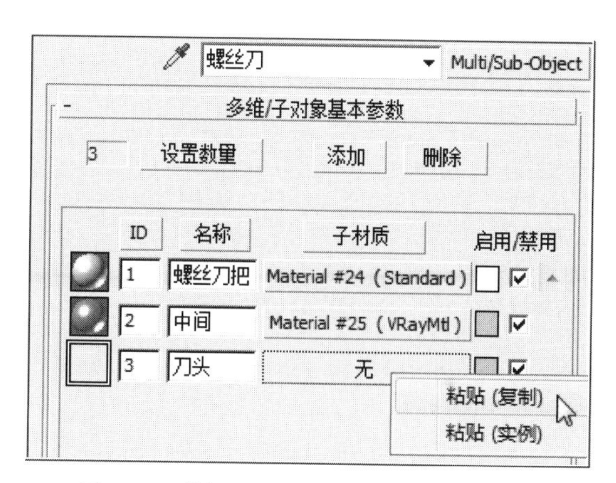

图7-103　将复制的材质粘贴给螺丝刀“刀头”

⓬ 用鼠标左键点击材质实例球下方工具行 (转到父对象)工具，在出现的面板中，用鼠标右键点选“ID”号“2”的“中间”右侧的材质按钮，在弹出的菜单里选择“复制”，如图7-102所示。

⓭ 在“ID”号“3”的“刀头”右侧的材质按钮上，点击鼠标右键，选择“粘贴(复制)”，如图7-103所示。

⓮ 用鼠标左键点击实例球窗口右侧工具中的 (背景)，如图7-104所示。

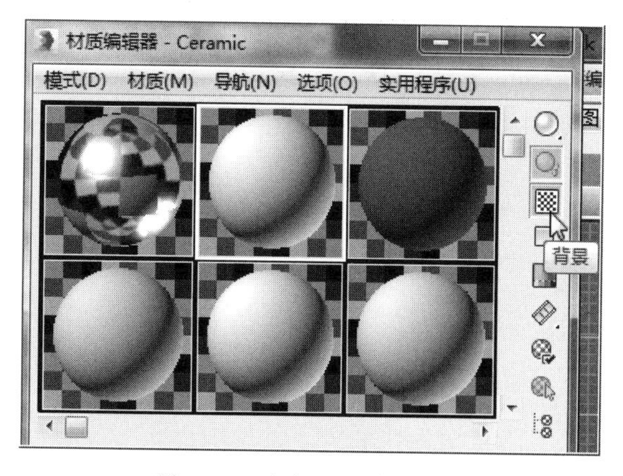

图7-104　点击显示实例球背景

7.6.2 螺丝钉材质设置

❶ 用鼠标左键点击主工具行中的 （按名称选择），结合键盘的“Ctrl”键，选择场景中6个螺丝钉，如图7-105所示。

❷ 用鼠标左键在“材质编辑器中”，点选第2个实例球，点击 （将材质指定给选定对象）工具，将材质指定给6个螺丝钉，并将材质重命名为“螺丝钉”，如图7-106所示。

❸ 用鼠标左键点选第1个实例球，在出现的多维/子对象面板中，用鼠标左键点选“刀头”的材质按钮，运用点压鼠标左键并拖曳的方法指定给第2个实例球，如图7-107所示。

7.6.3 台面材质设置

❶ 用鼠标左键在场景中点选“台面”，在“材质编辑器中”，选择第3个实例球，通过点击 （将材质指定给选定对象）工具，将材质指定给“台面”，将材质重命名为“台面”，如图7-108所示。

❷ 用鼠标左键点选面板中的“Arch & Design”（建筑设计）按钮，在弹出的“材质/贴图浏览器”里，

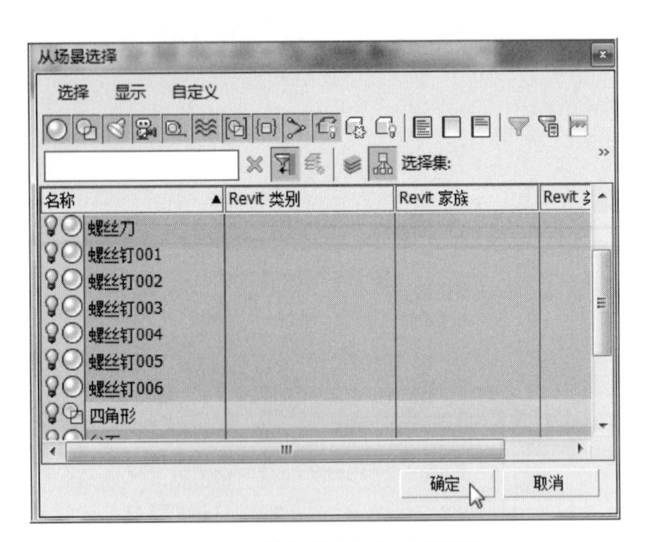

图7-105　选择场景中的6个螺丝钉

图7-106　选择第2个实例球，将材质指定给“螺丝钉”

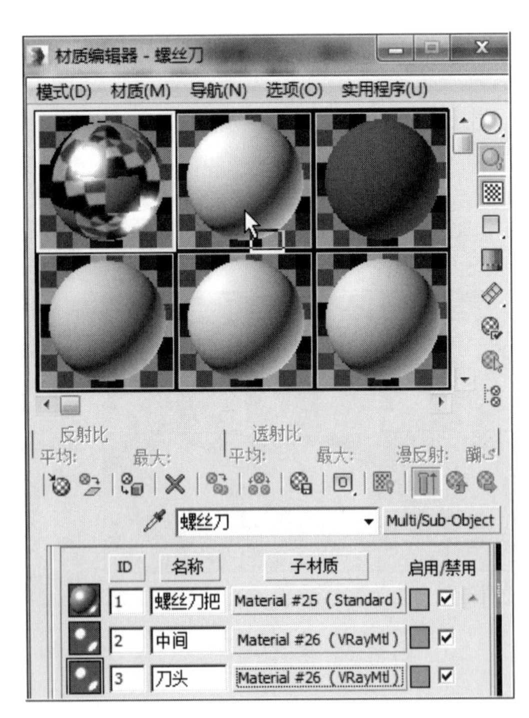

图7-107　将“刀头”材质指定给第2个实例球

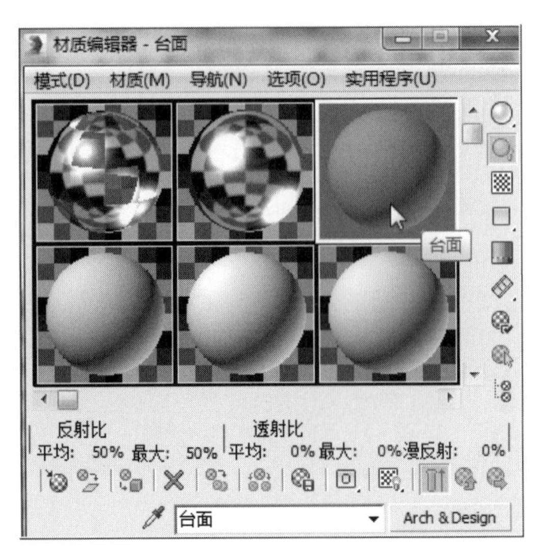

图7-108　选择第3个实例球，将材质指定给“台面”

图7-109　在材质列表中为“台面”指定“标准”

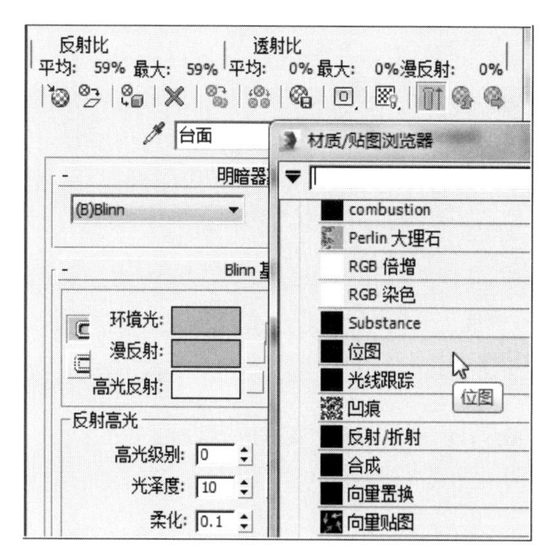

图7-110　给“漫反射”指定“位图”贴图方式

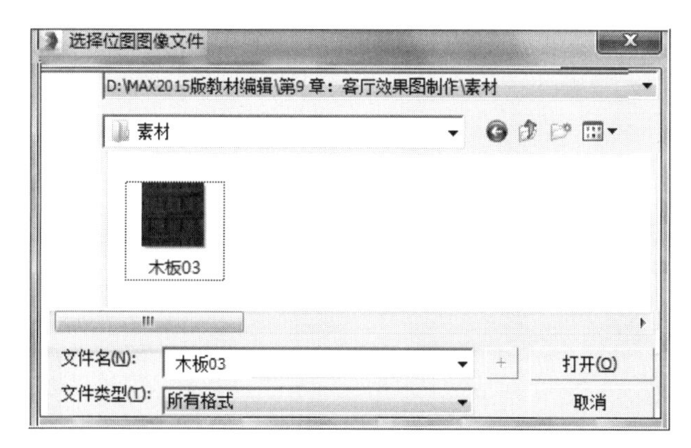

图7-111　将素材文件指定给位图

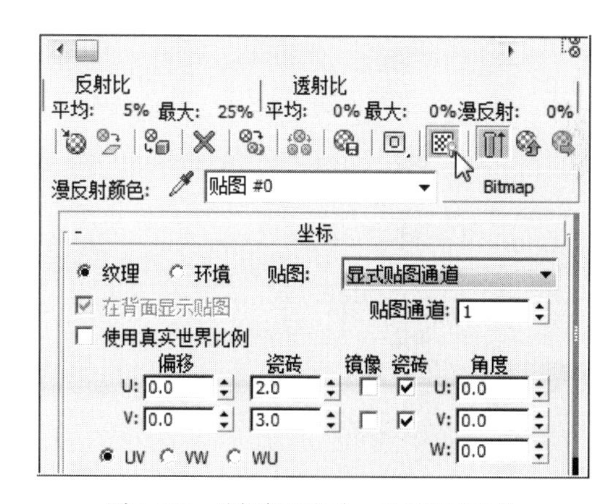

图7-112　选择位图文件，设置瓷砖参数

选择“标准”材质列表里的“标准”，如图7-109所示。

❸ 在“台面”的标准材质面板中，用鼠标左键点击“漫反射”右侧的小按钮，在弹出的“材质／贴图浏览器”中，选择“位图”，如图7-110所示。

❹ 用鼠标左键点击“确定”按钮后，在弹出的“选择位图图像文件”面板中，选择本章素材文件“木板03.jpg”，点击“打开”按钮，如图7-111所示。

❺ 在当前坐标卷展栏中，用鼠标左键点击去除“使用真实世界比例”前的勾选，设置“U”对应的“瓷砖”为“2.0”；“V”对应的“瓷砖”为“3.0”，如图7-112所示。

注：“偏移”在3ds Max中贴图的UVW相当于对象的XYZ坐标轴，U/V方向的“偏移”参数控制贴图在U/V方向的偏移量；“瓷砖”用于控制贴图的重复次数，类似U/V方向的“平铺”量。

❻ 在“贴图”卷展栏中，用鼠标左键点击“漫反射颜色”右侧的“木板03.jpg”，运用点压鼠标左键并拖曳的方法将素材文件指定给“凹凸”右侧的“无”，如图7-113所示。

❼ 用鼠标左键在弹出的“复制（实例）贴图”面板中，点选“实例”，如图7-114所示。

❽ 设置“凹凸”的“数量”为“200”，如图7-115所示。

❾ 设置材质后的“台面”的实例球的效果，如图7-116所示。

❿ 确保视图中台面处于被选择状态下，用鼠标左键在视图右侧命令面板中，去除“真实世界贴图大小”前的勾选，如图7-117所示。

⓫ 用鼠标左键点击透视图左上角标签的“明暗处理”，在弹出的菜单中选择“材质”中的“有贴图的明暗处理材质”，如图7-118所示。

⓬ 当前透视图的贴图显示效果，如图7-119所示。

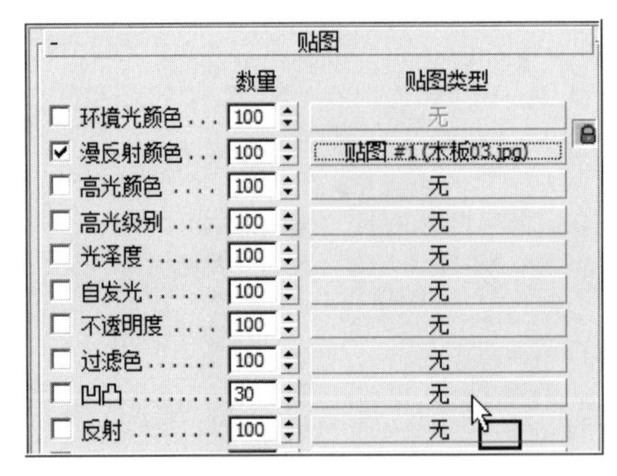

图7-113 将“漫反射”材质指定给“凹凸”

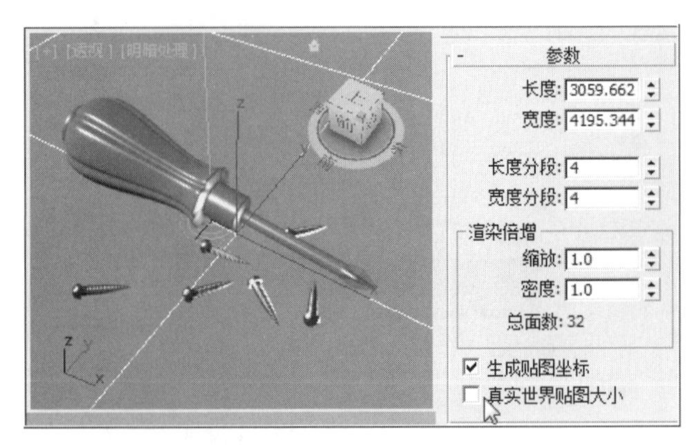

图7-117 勾除“真实世界贴图大小”

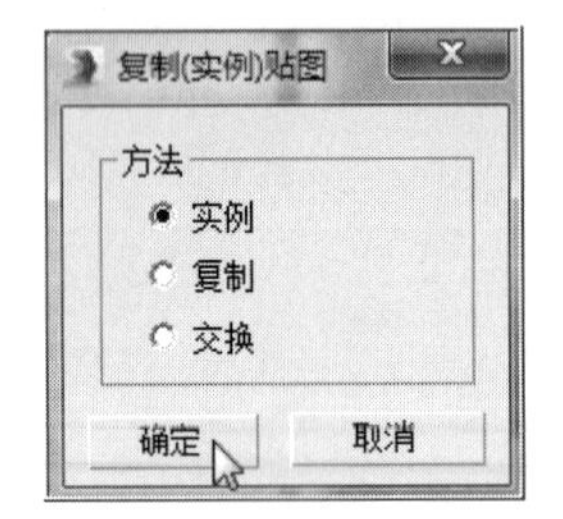

图7-114 点选“实例”

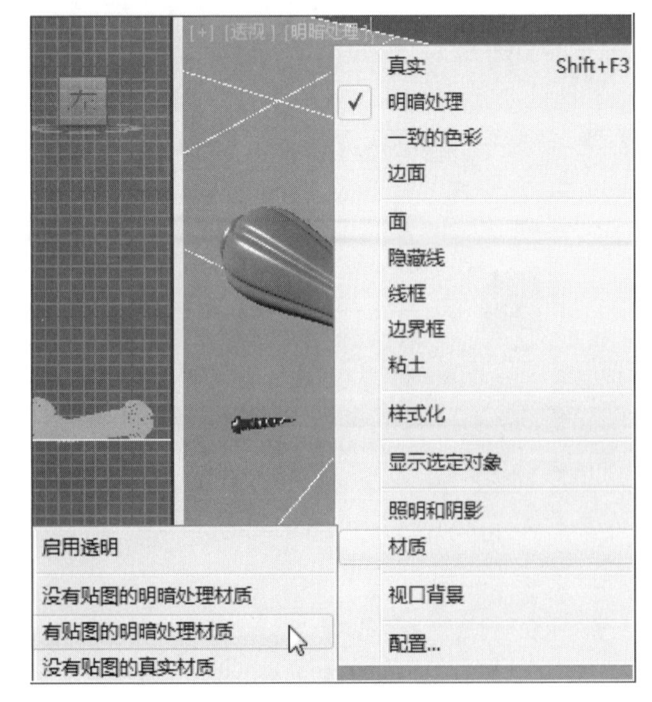

图7-118 选择有贴图的“明暗处理”材质

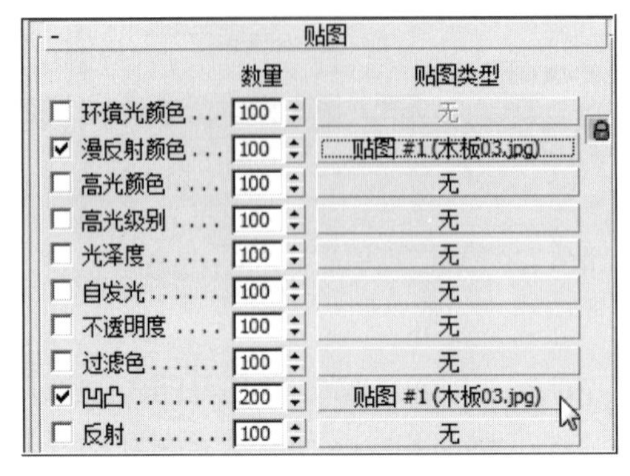

图7-115 设置“凹凸”的数量值

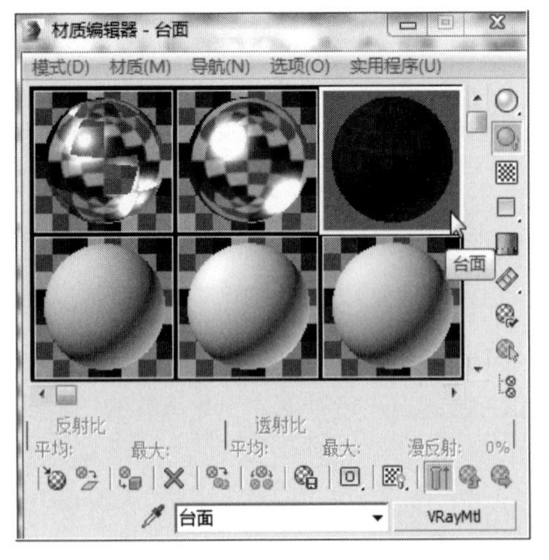

图7-116 “台面”的实例球效果

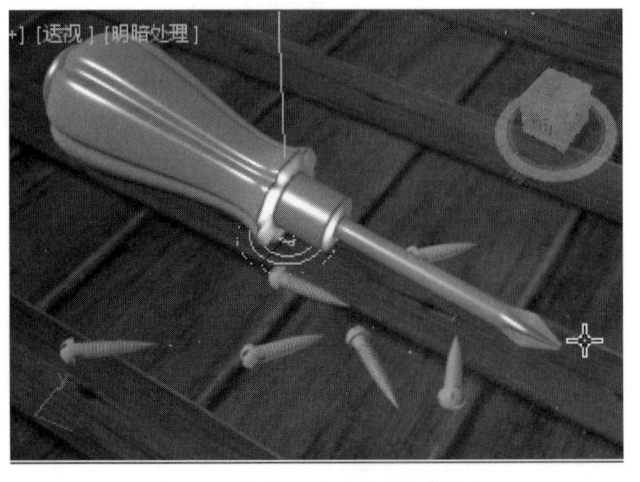

图7-119 当前透视图的贴图显示效果

7.7 渲染输出

❶ 用鼠标左键点击主工具行中的 （材质设置）工具，设置“公用”选项卡中的“输出大小”为“800×600”，如图7-120所示。

❷ 用鼠标左键点击“渲染设置面板”右下角的“渲染”按钮，如图7-121所示。

图7-120　设置输出大小为“800×600”

图7-121　最终螺丝刀和螺丝钉的制作效果图

第八章

车轮的制作

本章以“车轮的制作”为例，让初学者掌握和了解多边形编辑模式下最常用的工具，为下一章“客厅的制作”奠定基础。

多边形建模是当今三维领域通行的建模方式，生活中常见的工业产品以及建筑的室内外设计都可使用多边形方式建模。多边形对象是由无数个点、线、面组成，通过运用多边形编辑工具对这些“点”的定位、“线”的布局、“面”的挤出等操作，就可以让设计者对造型进行修改，最终设计出近乎完美的三维对象。

本章使用到的知识点：

（1）多边形编辑方式中“收缩”“扩大”“环形”“循环”“挤出”“倒角”“插入”“切角”“连接”“挤出”等工具的用法。

（2）“多边形”编辑方式中如何将“边”转换到“面”。

（3）黑橡胶材质的设置方法。

（4）铝合金材质的设置方法。

8.1 轮毂的创建

❶在视图右侧命令面板中，用鼠标依次点击（创建）－（几何体）－ 圆柱体 工具，如图8–1所示。

❷点击视图右侧（修改）命令，在“Cylinder001”(圆柱体)下属的“参数”卷展栏中，设置“半径”为“100”；“高度”为“50”；“端面分段”为“3”；“边数”为“12”，命名为“轮毂”，如图8–2所示。

❸用鼠标右键点击主工具行中的（选择并移动）工具，在“移动变换输入”面板中，将“X”“Y”“Z”都设置为“0”，如图8–3所示。

❹当前透视图显示，如图8–4所示。

❺在透视图中，在“轮毂”对象上点击鼠标右键，在弹出的快捷菜单中，选择“转化为可编辑多边形”，如图8–5所示。

❻在视图右侧的命名面板中，在“轮毂”下属的“选择”卷展栏中，用鼠标左键点击（多边形）图标，结合主工具行中点击（窗口）工具，在顶视图中，点

图8–1 点击“圆柱体”

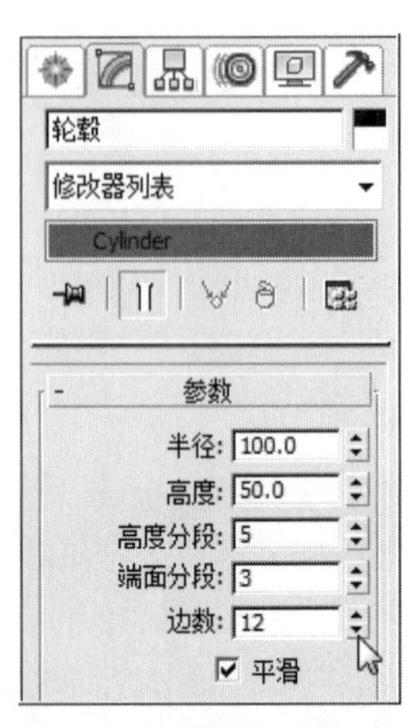

图8–2 设置轮毂的相关参数

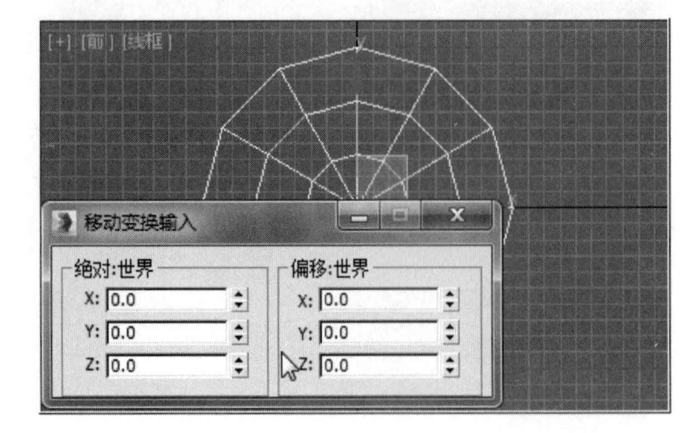

图8–3 设置轮毂的坐标轴和视图中心对齐

压鼠标左键框选轮毂的后半部分，如图8-6所示。

❼ 鼠标左键点击键盘的“Delete”（删除）键，将选择的面删除，当前视图显示，如图8-7所示。

❽ 在视图右侧的命名面板中，在“轮毂”下属的“选择”卷展栏中，用鼠标左键点击 ◁（边），以“边”的编辑方式，在透视图中“轮毂”的端面上，选择相关的“边”，如图8-8所示。

❾ 在“边”的编辑方式下，用鼠标左键点击“循环”按钮，视图中的“边”以“循环”的方式进行连接，如图8-9所示。

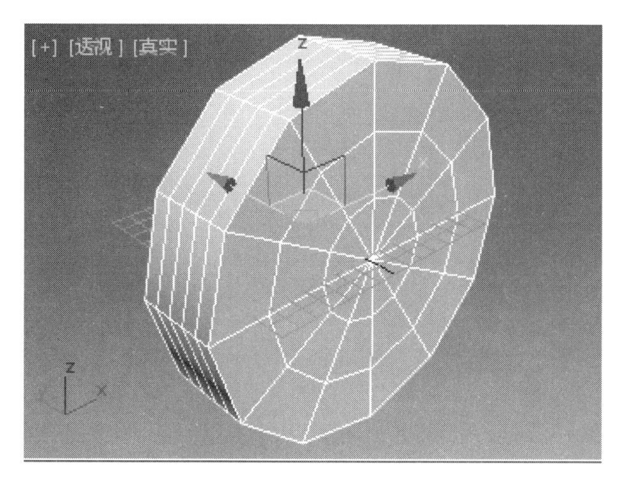

图8-4　当前透视图显示

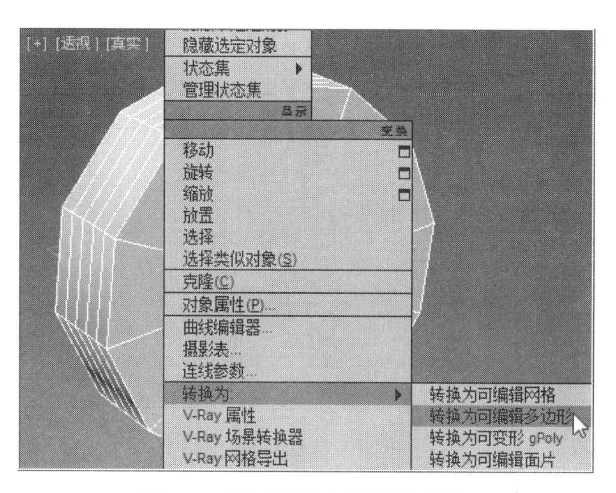

图8-5　将轮毂转化为可编辑多边形

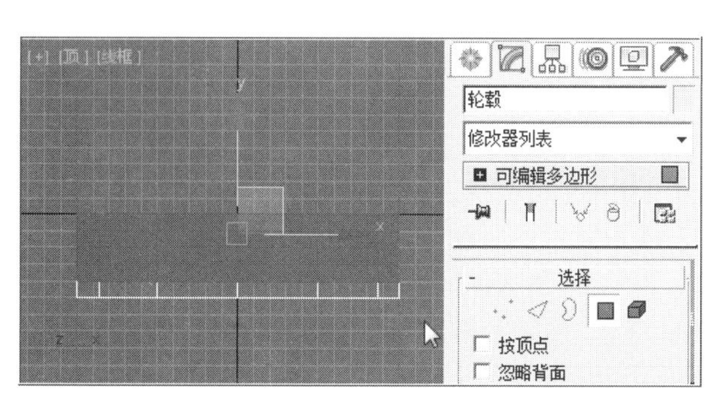

图8-6　使用多边形编辑方式框选轮毂的后部分的面

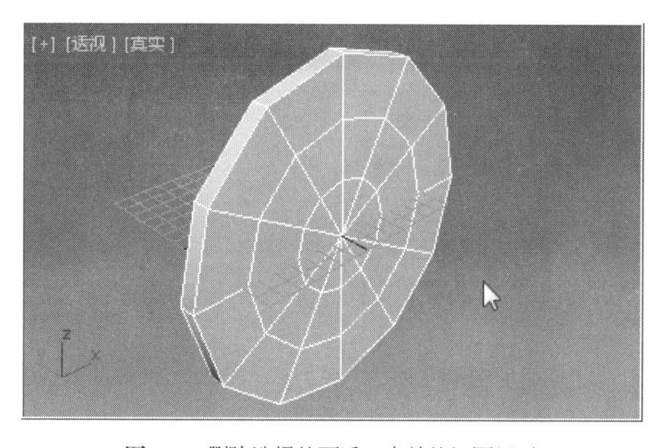

图8-7　删除选择的面后，当前的视图显示

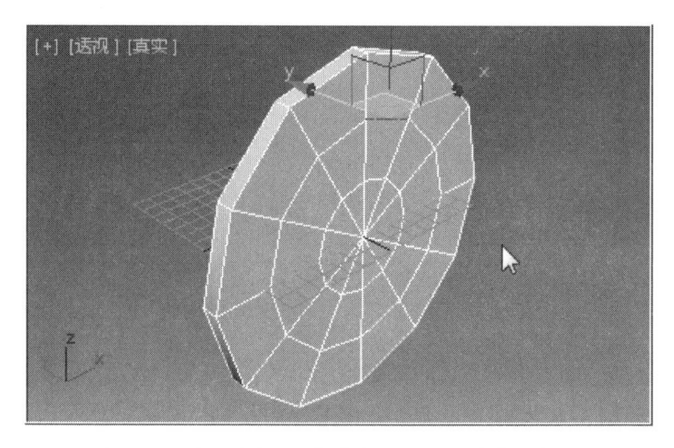

图8-8　使用“边”的编辑方式选择相关的“边”

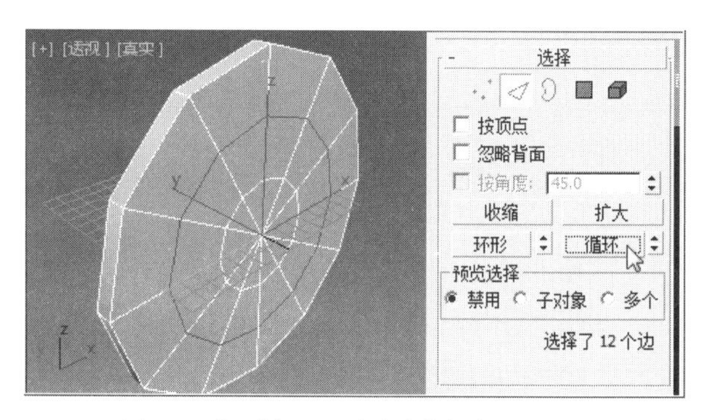

图8-9　以“循环”的方式连接相连的“边”

⑩ 用鼠标左键点击主工具行中的 ▣（均匀缩放），将光标放置在前视图中“轮毂”所选“边”的xy方向轴上，如图8-10所示。

⑪ 在前视图中，以点压鼠标左键方式沿着XY轴放大选择的“边”，如图8-11所示。

⑫ 使用同样的方法，以“边”编辑方式，在透视图中“轮毂”的端面上，选择靠近圆心的“边”，如图8-12所示。

⑬ 在“边”的编辑方式下，鼠标左键点击“循环”工具，视图中的“边”以循环的方式进行连接，如图8-13所示。

⑭ 用鼠标左键点击主工具行中的 ▣（均匀缩放）工具，将光标放置在前视图中“轮毂”所选“边”的xy方向轴，以点压鼠标左键方式适当缩小，如图8-14所示。

⑮ 在视图右侧“编辑边”卷展栏中，用鼠标左键点击“切角”右侧的“设置”，在弹出的“切角边”面板中，设置“边切角量”为“1.0”，点击“确定”

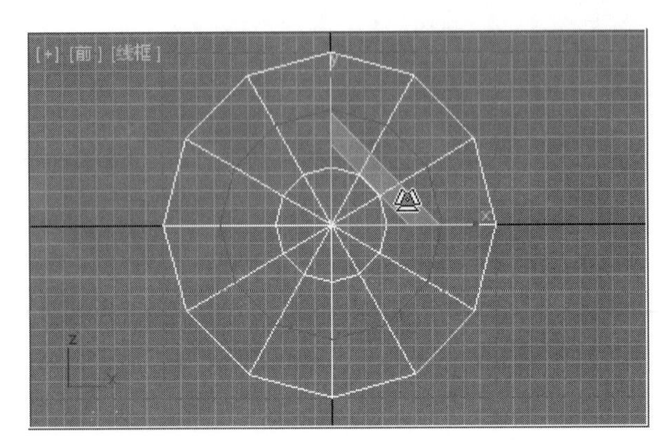

图8-10 选择均匀缩放工具，将光标放置在对象的xy方向轴上

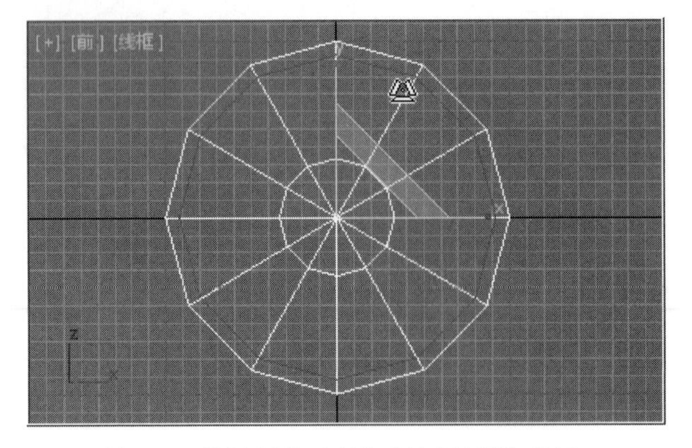

图8-11 以点压鼠标左键方式放大选择的“边”

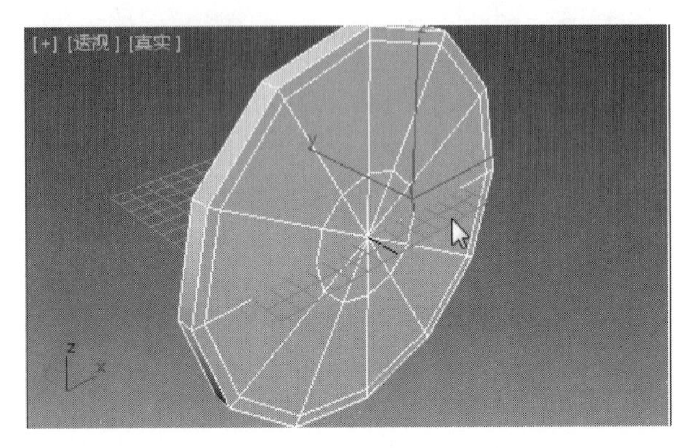

图8-12 以“边”的编辑方式，选择端面靠近圆心的“边”

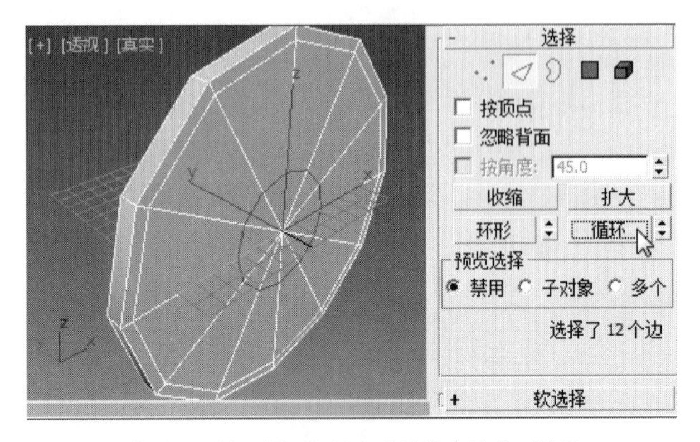

图8-13 以“循环”的方式连接相连的“边”

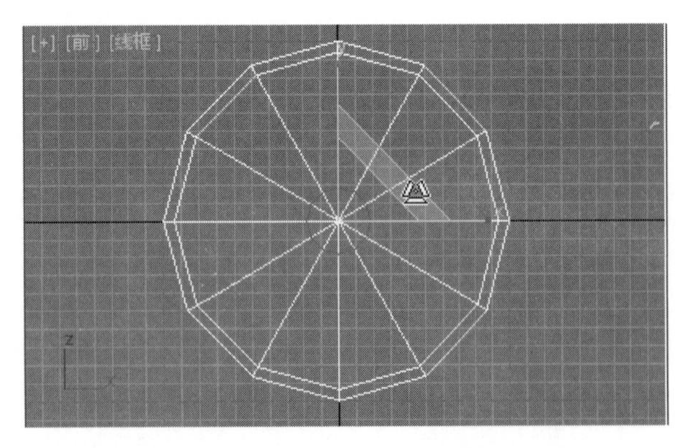

图8-14 点压鼠标左键，适当缩小选择的“边”

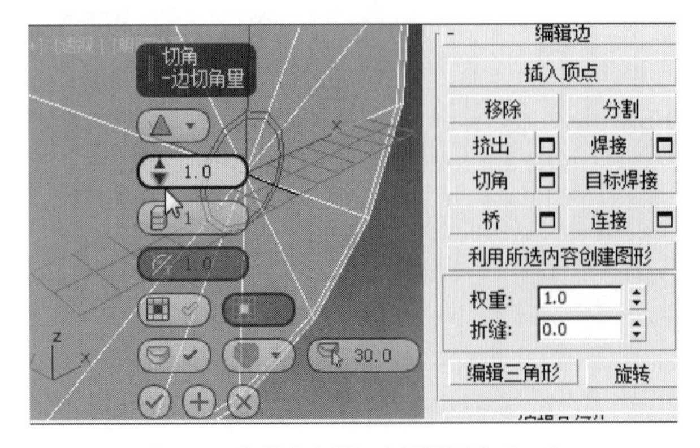

图8-15 将所选边的切角量设置为“1.0”

如图8-15所示。

⑯ 在“轮毂”对象上点击鼠标右键，在弹出的快捷菜单中，选择“转换到面”，如图8-16所示。

⑰ 将所选“边”转换到面的显示，如图8-17所示。

⑱ 在“多边形”的编辑方式下，用鼠标左键点击“缩小”按钮，当前透视图所选面的显示，如图8-18所示。

⑲ 在顶视图中，用鼠标右键点击主工具行中的 ⊞（选择并移动）工具，在弹出的“移动变换输入”面板中，设置“Y”为“-20”，如图8-19所示。

⑳ 在“多边形”的编辑方式下，结合键盘的“Ctrl”键，通过点击鼠标左键连选“轮毂”的6个面，如图8-20所示。

㉑ 在“编辑多边形”卷展栏中，用鼠标左键点击“插入”右侧的“设置”按钮，在视图浮动的“插入”参数面板中，设置“插入数量”为“1”，点击“确定”，如图8-21所示。

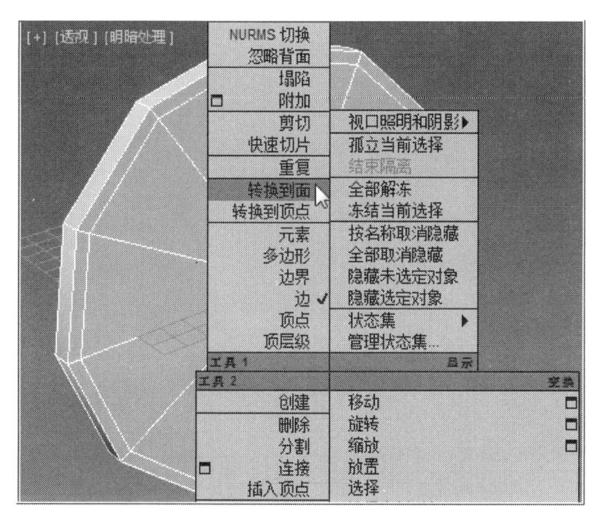

图8-16　将轮毂所选的边“转换到面”

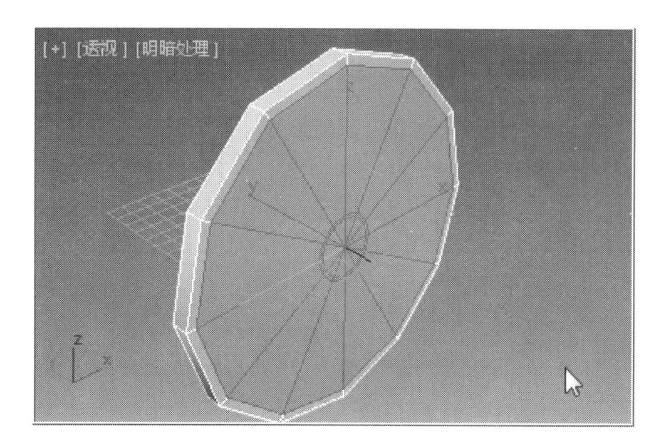

图8-17　当前转换到面的显示

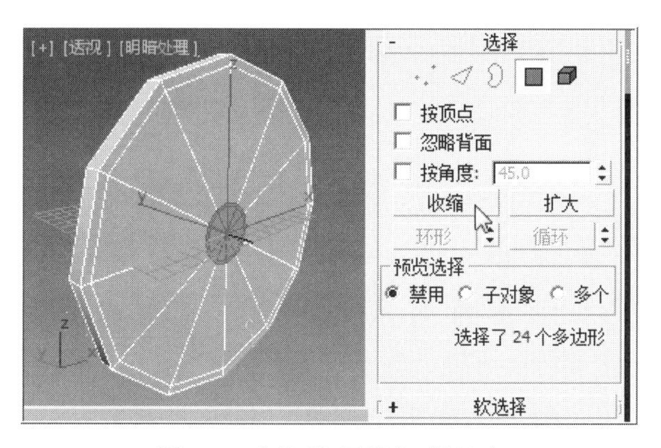

图8-18　当前透视图所选面的显示

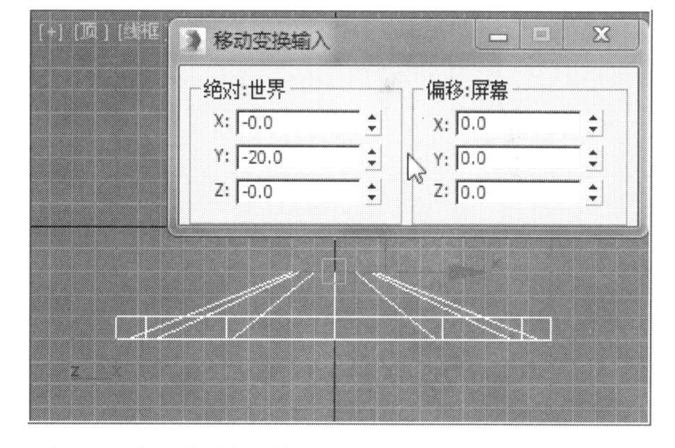

图8-19　在“移动变换输入”面板中设置“y”值为“-20”

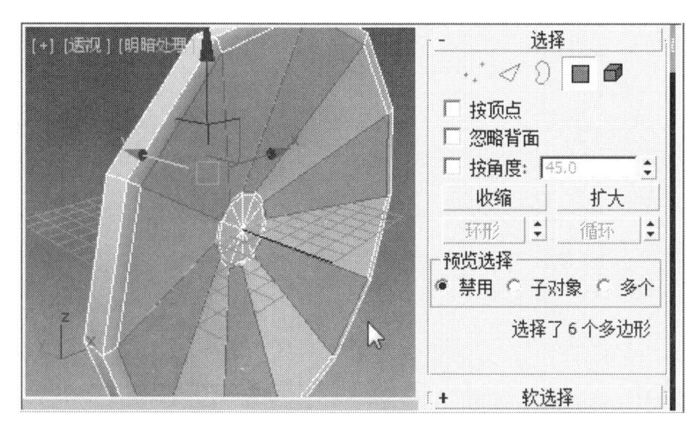

图8-20　以多边形编辑方式选择“轮毂”的6个面

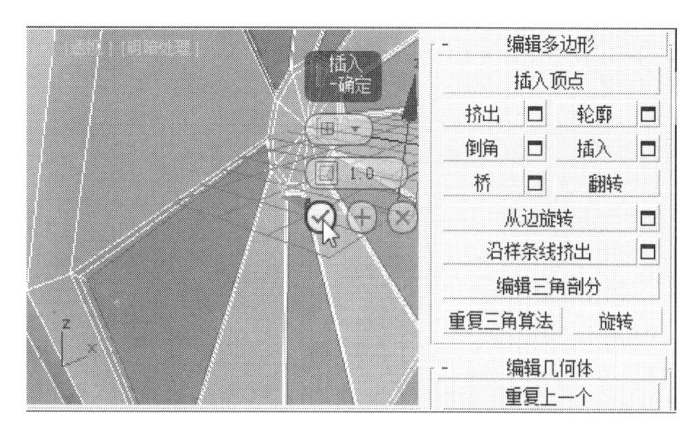

图8-21　设置选择的6个面插入值为“1”

㉒ 在“编辑多边形”卷展栏中，用鼠标左键点击“倒角”右侧的“设置”按钮，在视图浮动的“倒角”参数面板中，设置“倒角高度”为“-10”；“倒角轮廓”为“-3”，点击“确定”，如图8-22所示。

㉓ 在视图右侧的选择卷展栏中，用鼠标左键点击 (边)，以“边”编辑方式，在透视图中点选“轮毂”倒角内侧的“边”，如图8-23所示。

㉔ 在“边”的编辑方式下，用鼠标左键点击“环形”按钮，视图中的“边”以环形的方式进行选择，
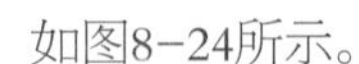
如图8-24所示。

㉕ 在“边”的编辑方式下，用鼠标左键点击“连接”按钮，将视图中所选择的所有“边”进行连接，如图8-25所示。

㉖ 在顶视图中，结合主工具行中的 (选择并移动) 工具，将鼠标光标放置所选边的Y轴上，如图8-26所示。

㉗ 点压鼠标左键，将所选“边”向着Y轴最大化方向对齐到“轮毂”端面，如图8-27所示。

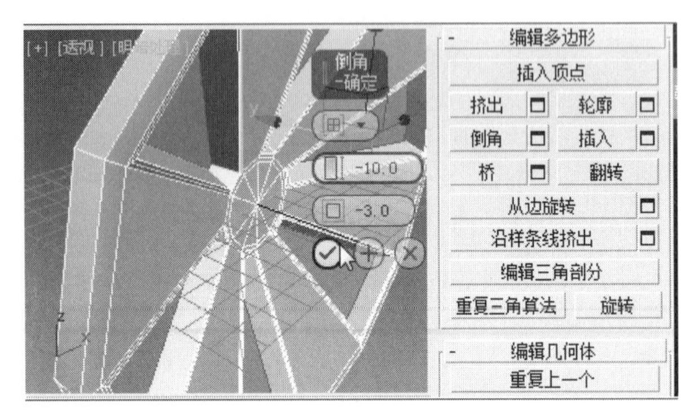

图8-22 设置选择6个面倒角的相关参数

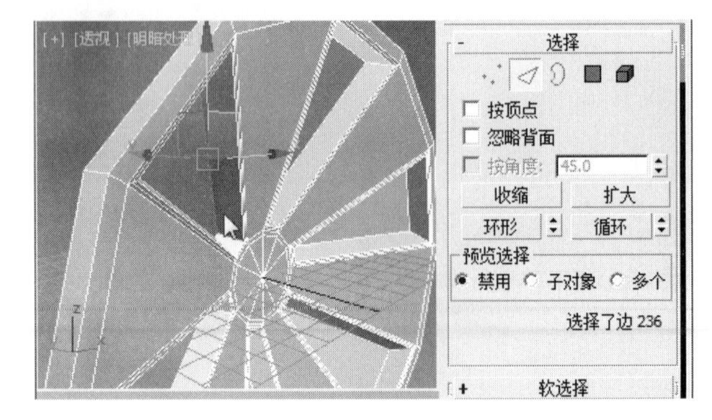

图8-23 以“边”的编辑方式选择相关的“边”

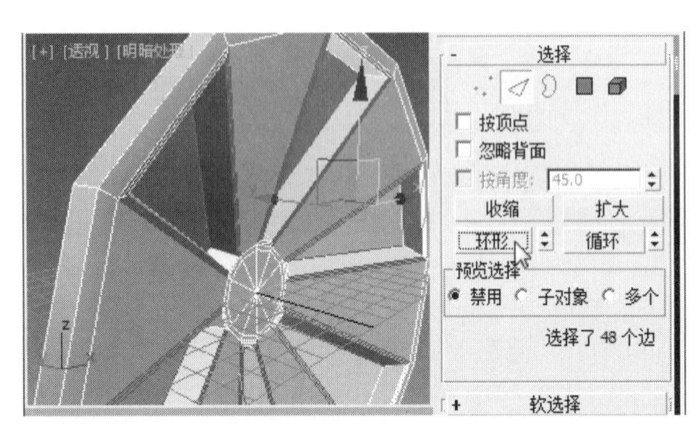

图8-24 以环形的方式选择环形方向上的边

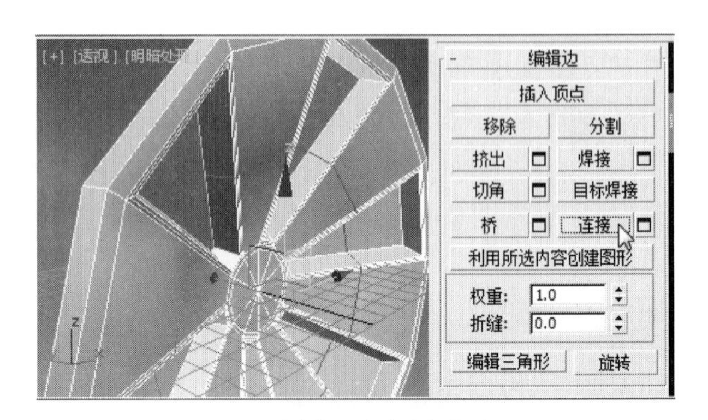

图8-25 以连接的方式连接相连的边

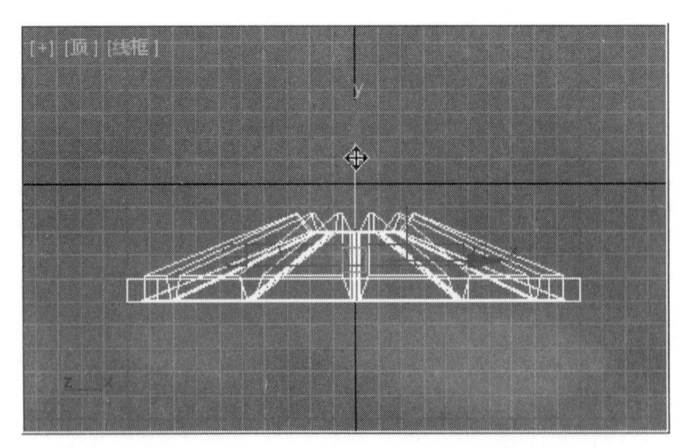

图8-26 将光标放置在所选边的Y轴上

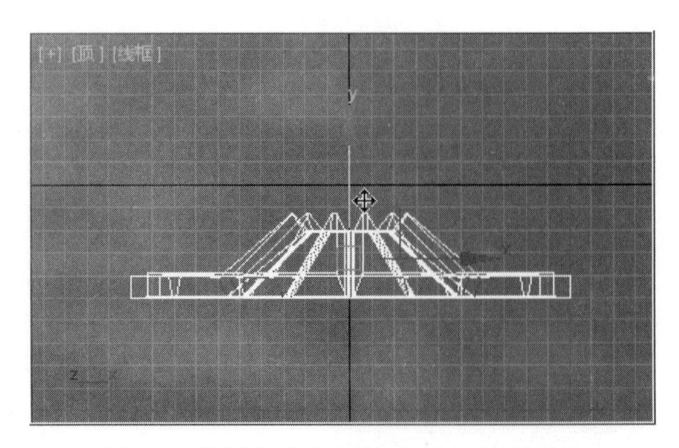

图8-27 将所选“边”沿着Y轴对齐到轮毂端面

㉘ 当前透视图显示效果，如图8–28所示。

㉙ 以“边”编辑方式，在透视图中，用鼠标左键点选“轮毂”边沿处的“边”，如图8–29所示。

㉚ 在“选择”卷展栏中，用鼠标左键点击“循环”按钮，视图中的“边”以循环的方式进行连接，如图8–30所示。

㉛ 在“编辑边”的卷展栏中，鼠标左键点击“切角”右侧的“设置”按钮，在视图中的“切角”参数面板中，设置“边切角量”为“1”，点击“确定”，如图8–31所示。

㉜ 用鼠标左键继续以“边”的编辑方式，点选“轮毂”轴部分的“边”，如图8–32所示。

㉝ 在“选择”卷展栏中，用鼠标左键点击“循环”，以循环方式选择相连的“边”，如图8–33所示。

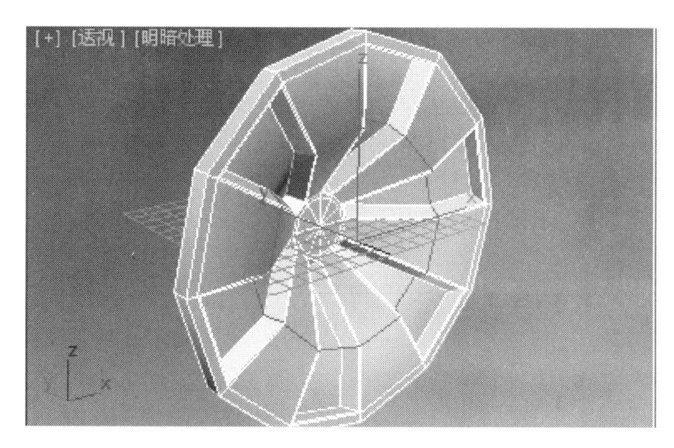

图8–28　当前透视图显示

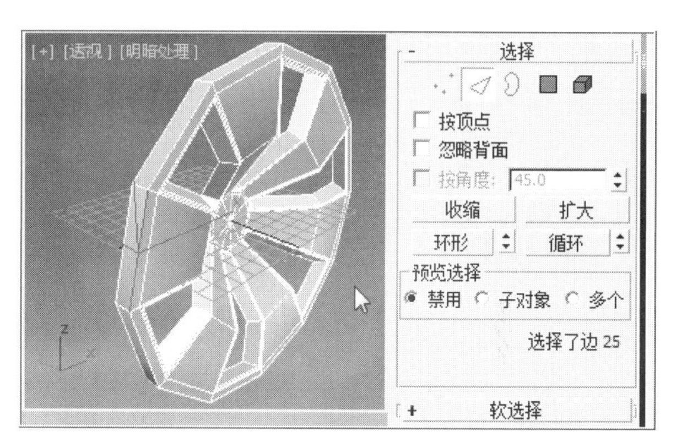

图8–29　以边的方式点选“轮毂”边沿的“边”

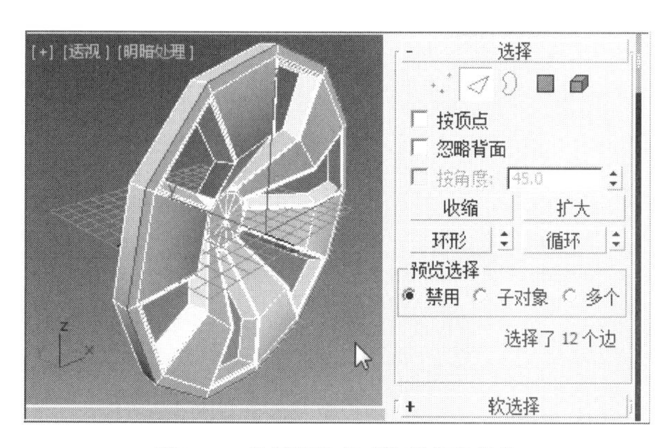

图8–30　以循环的方式选择相连的边

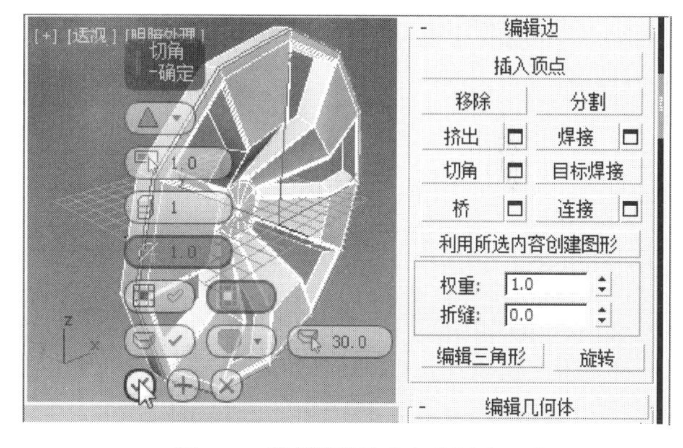

图8–31　设置所选边的切角量为“1”

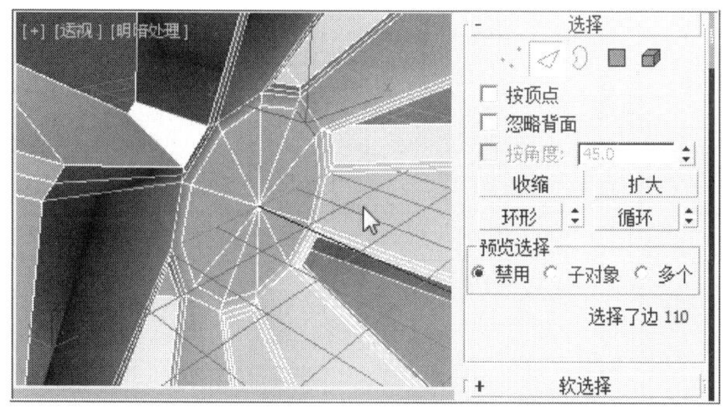

图8–32　以“边”的编辑方式点选“轮毂”轴部分的“边”

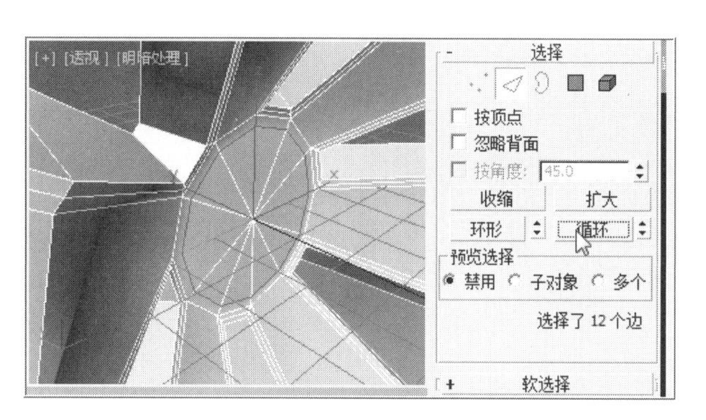

图8–33　以“循环”方式选择相连的“边”

㉞ 在当前选择“边”的情况下，点击鼠标右键，在弹出的快捷菜单中，选择“转换到面”，如图8-34所示。

㉟ 在当前所选的边转换到面后，用鼠标左键点击视图右侧的“选择”卷展栏中的“收缩”按钮，如图8-35所示。

㊱ 在“编辑多边形”的卷展栏中，用鼠标左键点击“倒角”右侧的“设置”按钮，在视图中的“倒角”参数面板中，设置“倒角高度”为“5”；“倒角轮廓”为“-3”，点击“确定”，如图8-36所示。

㊲ 在“编辑多边形”的卷展栏中，用鼠标左键点击“插入”右侧的“设置”按钮，在视图中的“插入”参数面板中，设置“插入数量”为“1”，点击“确定”，如图8-37所示。

㊳ 在视图右侧的“选择”卷展栏中，用鼠标左键点击 （边界），以“边界”编辑方式，在透视图中结合键盘的“Ctrl”键，点选“轮毂”倒角内侧的6个“边界”，如图8-38所示。

㊴ 用鼠标左键点击主工具行中的 （角度捕捉开关）工具，然后在按钮上点击鼠标右键，在弹出的“栅格和捕捉设置”面板中，设置“角度”为“5”，如图8-39所示。

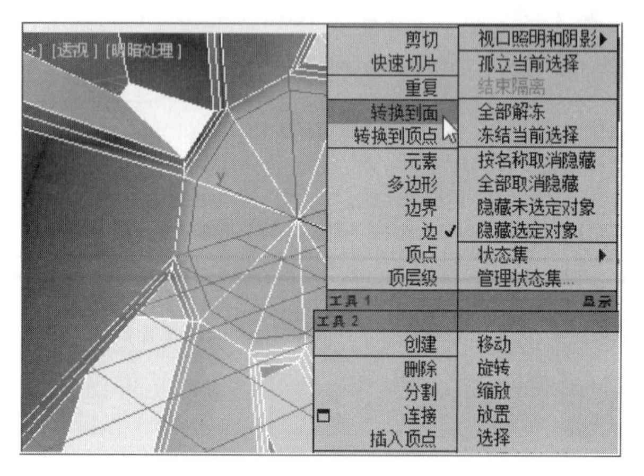

图8-34 将所选边转换到面

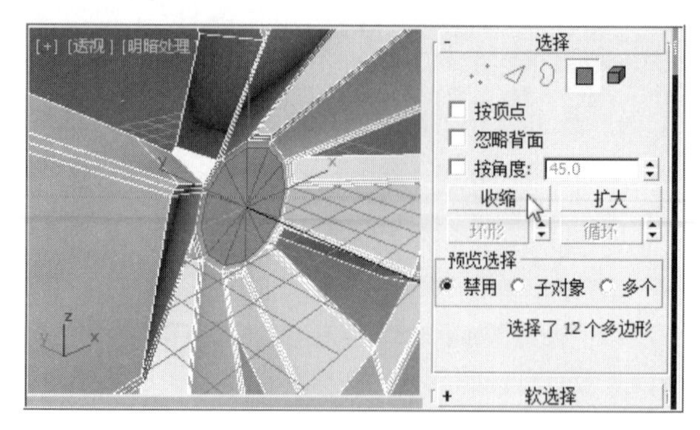

图8-35 当前所选面的显示

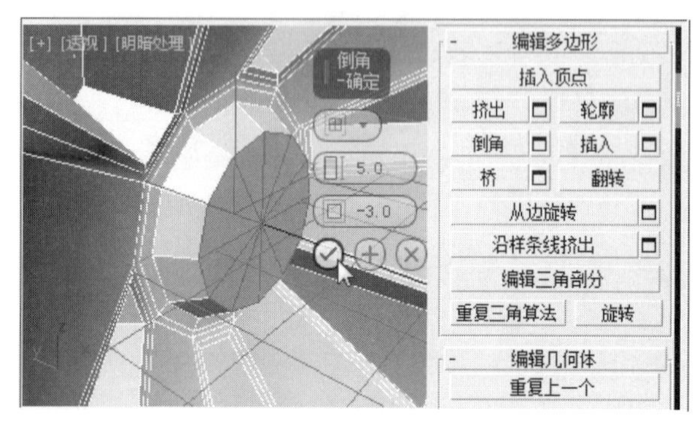

图8-36 设置当前所选面的倒角参数

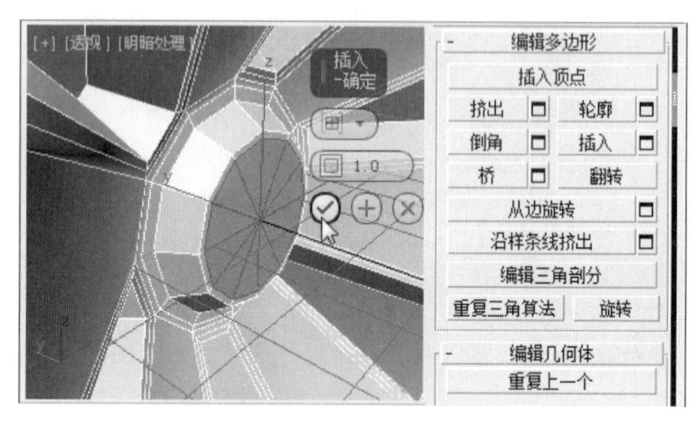

图8-37 设置新建的面插入量为“1”

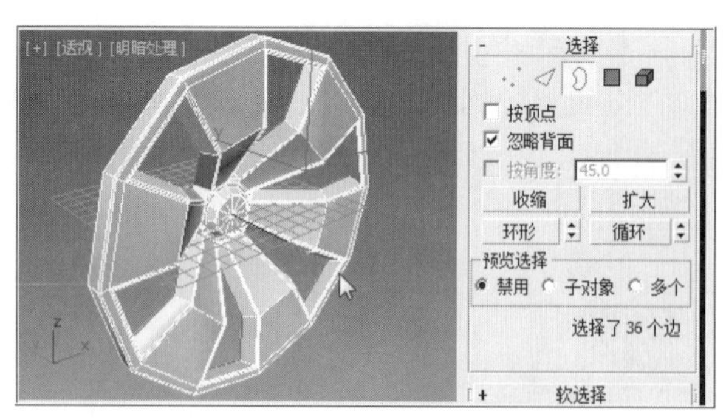

图8-38 以“边界”方式选择“轮毂”倒角内侧的“边界”

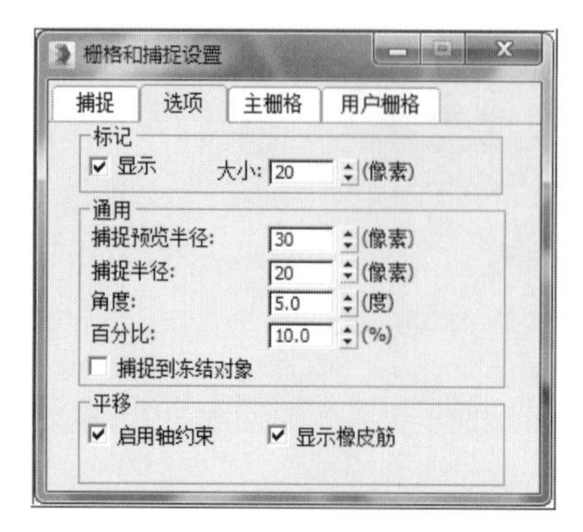

图8-39 在“栅格和捕捉设置”面板中设置“角度”为“5”

40 用鼠标左键点击主工具行中的（选择并旋转）工具以及（选择使用中心）工具，在透视图中，沿着所选“边界”自身的Y轴旋转30°，如图8-40所示。

41 在视图右侧的“轮毂”修改器堆栈中，用鼠标左键点击“边界”，退出当前的“边界”编辑方式，如图8-41所示。

42 在视图右侧“修改器列表”中，用鼠标左键点选“涡轮平滑”修改器，在“涡轮平滑”卷展栏中，设置“迭代次数”为“2”，如图8-42所示。

43 用鼠标左键点击主工具行中的（选择对象）工具，在透视图中的空白区点击鼠标左键，当前“轮毂”显示的效果，如图8-43所示。

8.2 轮胎的创建

❶ 在视图右侧命令面板中，用鼠标左键依次点击（创建）-（几何体）-圆柱体工具，在前视图中创建“圆柱体”，命名为“轮胎”，在其“参数”卷展栏中，设置“半径”为“144”；“高度”为“100”；“高度分段”为“5”；“端面分段”为“3”；边数为“50”，用鼠标右键点击主工具行的（选择并移动）工具，在弹出的“移动变换输入”面板中，设置“X”“Y”“Z”都为“0”，如图8-44所示。

❷ 在顶视图中，确保“轮胎”对象被选择情况下，用鼠标左键点击主工具行中的（对齐）工具，将光标指向“轮毂”，如图8-45所示。

❸ 在“轮毂”对象上点击鼠标左键，在弹出的“对齐当前选择”面板中，“对齐位置”勾选“y位置”；“当前对象”点选“最小”；“目标对象”点选“最小”，然后点击“确定”按钮，如图8-46所示。

❹ 对齐后，当前顶视图中，“轮胎”和“轮毂”显示的位置，如图8-47所示。

❺ 在视图左侧的“资源管理器”（显示几何体）显示的列表中，用鼠标左键点击“轮毂”前的“显示对象切换”图标，将“轮毂”在视图中隐藏，如图8-48所示。

❻ 透视图中，在“轮胎”被选择的情况下，在其对象上点击鼠标右键，在弹出的快捷菜单中，选择“转换为可编辑多边形”，如图8-49所示。

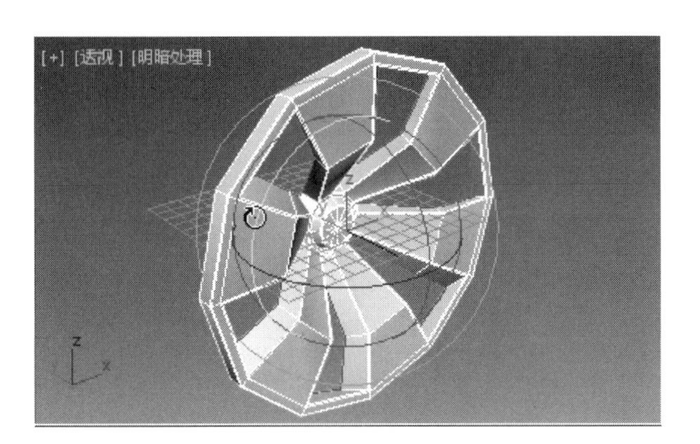

图8-40　将选择的“边界”沿着y轴旋转30°

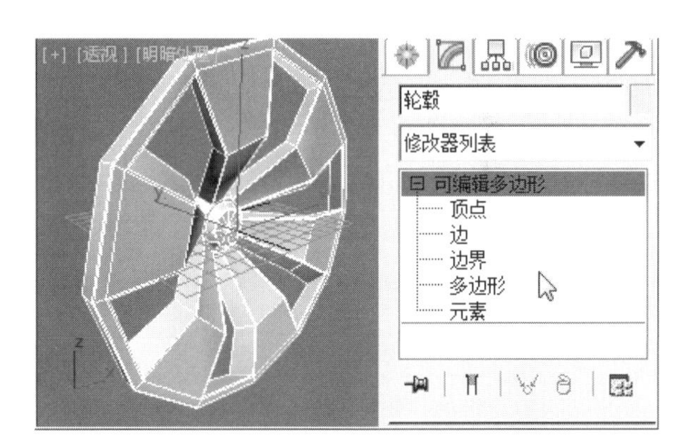

图8-41　退出当前“边界”编辑方式

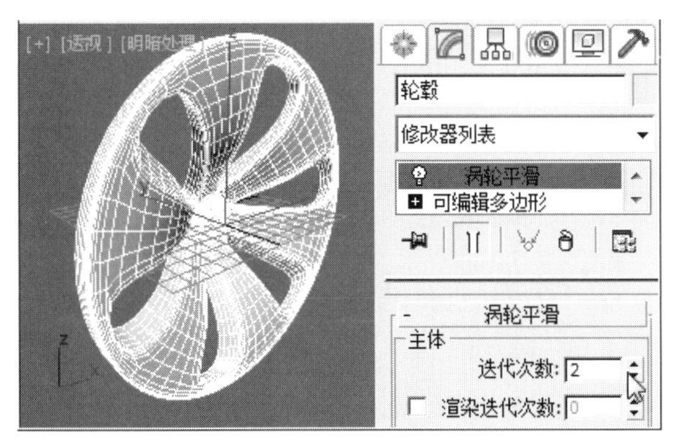

图8-42　点选“涡轮平滑”修改器，设置“迭代次数”为“2”

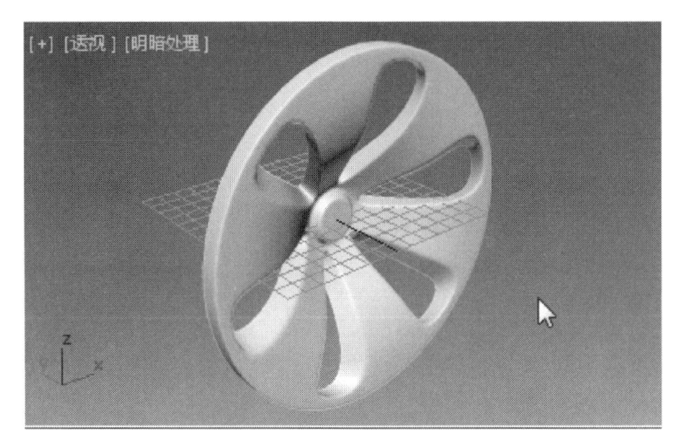

图8-43　当前“轮毂”在透视图中显示的效果

❼ 在视图右侧的“选择”卷展栏中，用鼠标左键点击（边），以“边”编辑方式，在顶视图中结合键盘中的“Ctrl”键，框选“轮胎”两个端面的“边”，如图8-50所示。

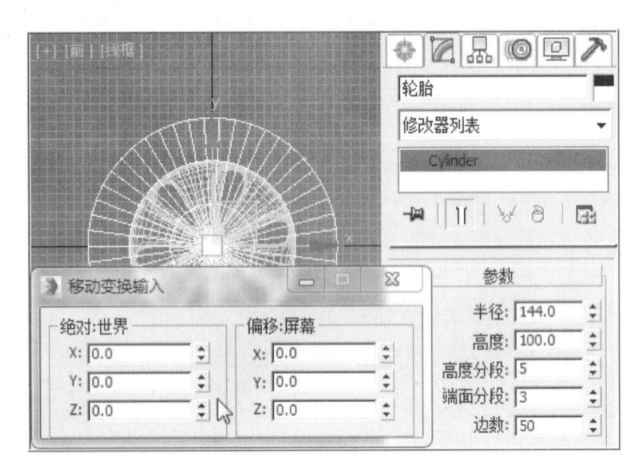

图8-44 创建轮胎并将其位置对齐到视图中心

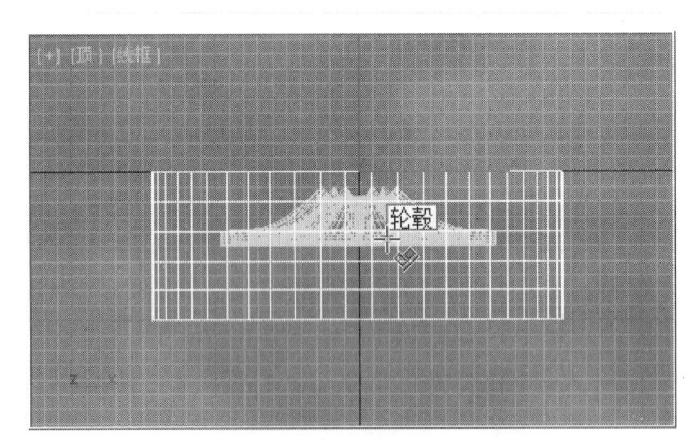

图8-45 选择轮胎，结合对齐工具将光标指向“轮毂”

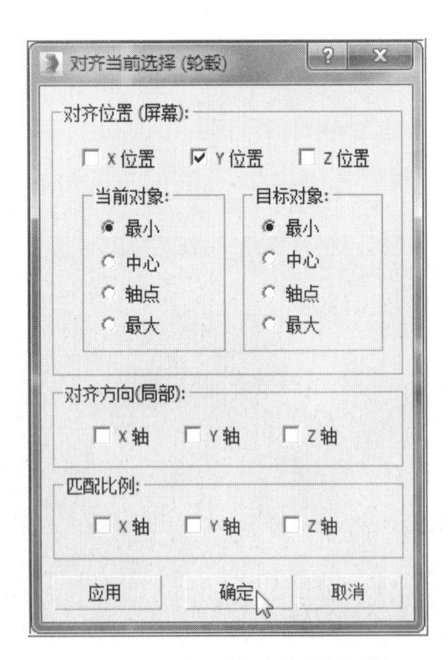

图8-46 设置对齐当前选择面板

❽ 在右侧的“选择”卷展栏中的“边”编辑方式下，用鼠标左键连续点击“收缩”按钮两次，如图8-51所示。

❾ 将所选择的“边”，通过点击鼠标右键，在弹

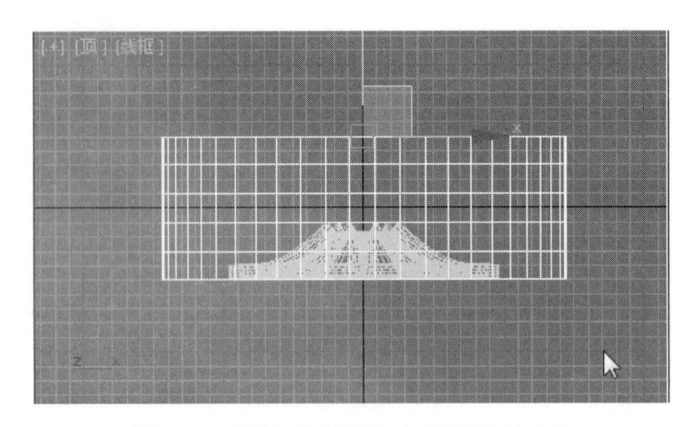

图8-47 当前轮胎和轮毂对齐后的显示位置

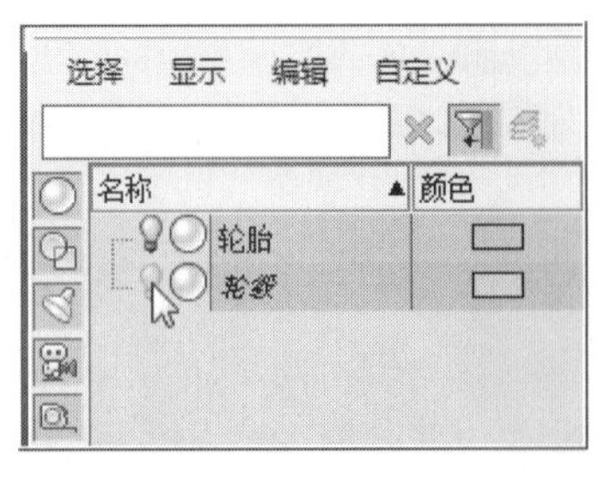

图8-48 点击“显示对象切换”图标隐藏“轮毂”

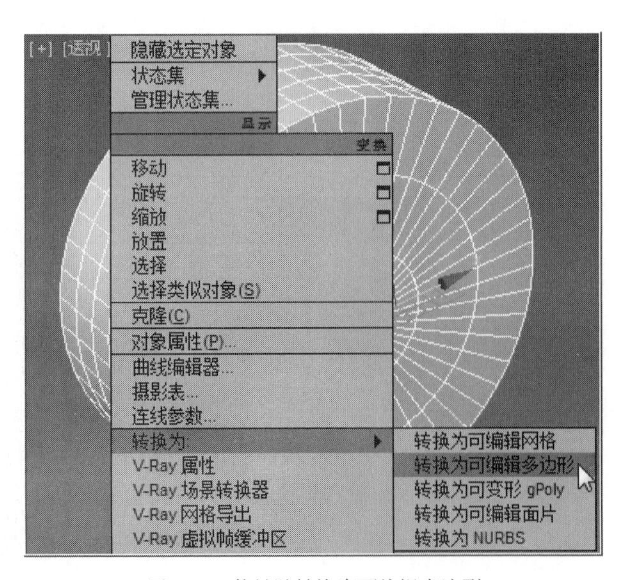

图8-49 将轮胎转换为可编辑多边形

出的快捷菜单中选择“转换到面”，如图8-52所示。

⑩ 将选择的“边”经过“转化成面”后，当前视图显示，如图8-53所示。

⑪ 将两个端面上选择的“面”，结合键盘中的“Delete”键删除，如图8-54所示。

⑫ 在“资源管理器”中，用鼠标左键再次点击“显示对象切换”图标，将“轮毂”在视图中显示，如图8-55所示。

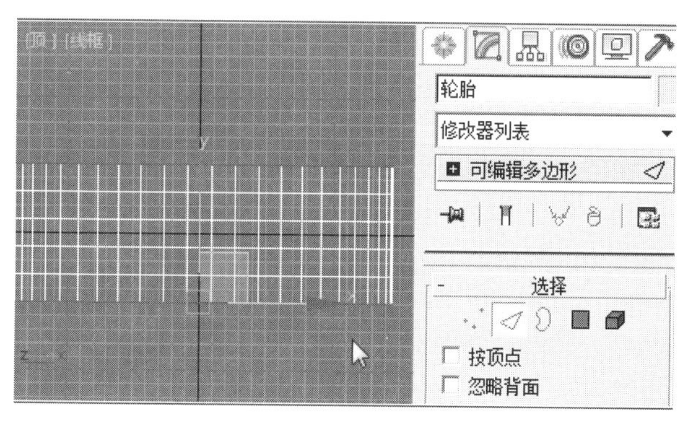

图8-50　以“边”的编辑方式框选“轮胎”的两个端面的“边”

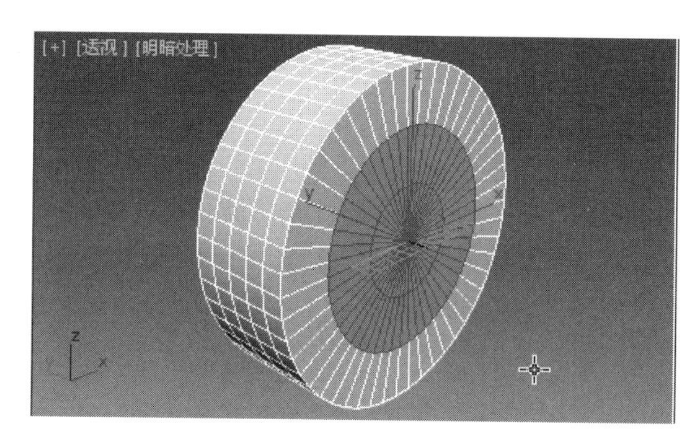

图8-53　当前边转化成面后的效果

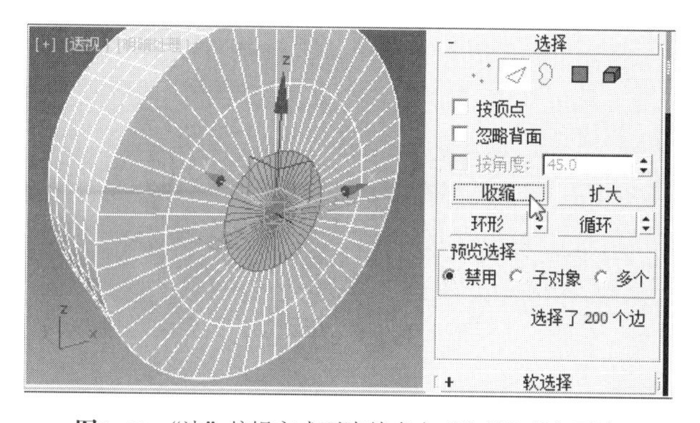

图8-51　“边”编辑方式下连续点击“收缩”按钮两次

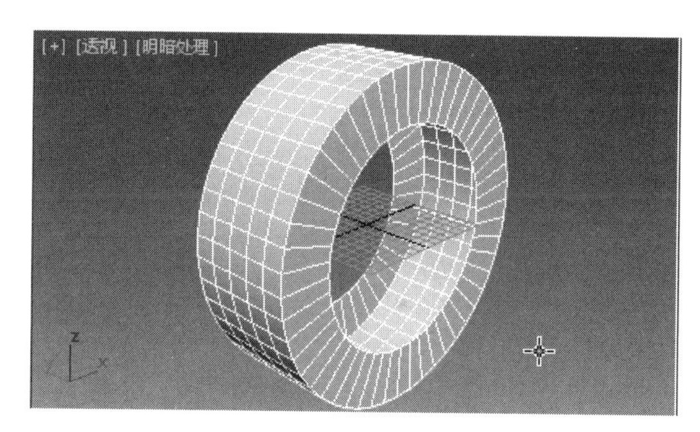

图8-54　删除当前轮胎两个端面选择的“面”

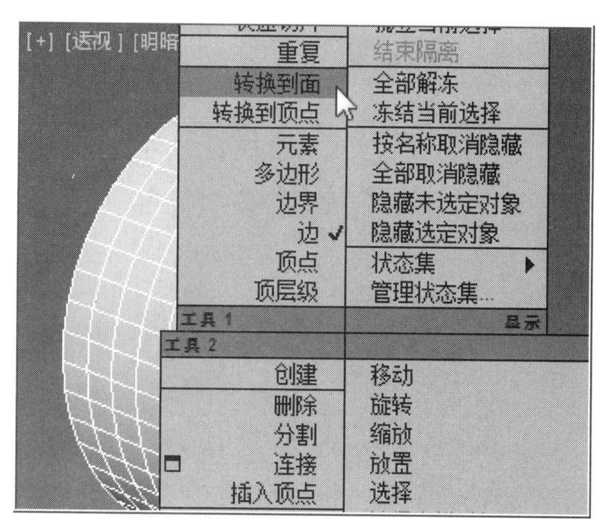

图8-52　将选择的边转换到面

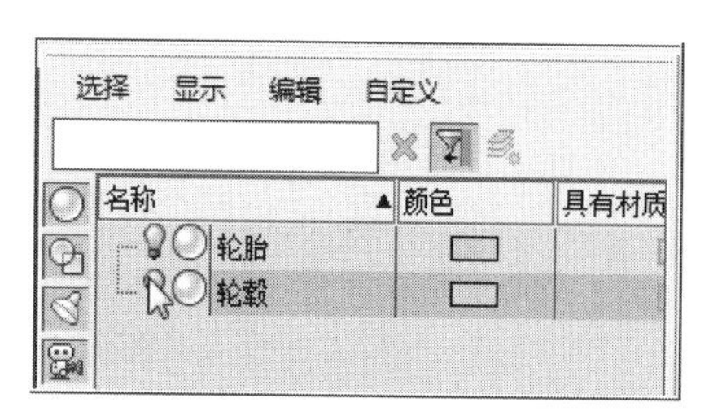

图8-55　点击“显示对象切换”

⑬ 当前“轮毂”显示后和“轮胎”的位置关系，如图8-56所示。

⑭ 在视图右侧的“选择”卷展栏中，用鼠标左键点击（边），以“边”编辑方式，点选视图中“轮胎”侧面的“边”，如图8-57所示。

⑮ 结合键盘中的“Alt”键和鼠标中轴一起按压操作的方式，将“轮胎”另一端面旋转至可视角度，结合键盘的“Ctrl”键，以连选的方式进行“边”的点选，如图8-58所示。

注：轮胎的两个端面在结构上对称的，所以在进行选边时候，要同时选择两个端面上的边，方法是结合键盘的“Ctrl”键，进行连选，为了操作上的方便，可以点取视图下方状态栏中的（选择锁定切换）工具。

⑯ 在右侧的“选择”卷展栏中的“边”编辑方式下，用鼠标左键点击“环形”按钮，如图8-59所示。

⑰ 在右侧的“选择”卷展栏中的“边”编辑方式下，用鼠标左键点击“连接”按钮，如图8-60所示。

⑱ 用鼠标左键点击主工具行中的（均匀缩放）工具以及（使用选择中心）工具，在顶视图中，将光标放置所选“轮胎”两个端面的Y轴上，如图8-61所示。

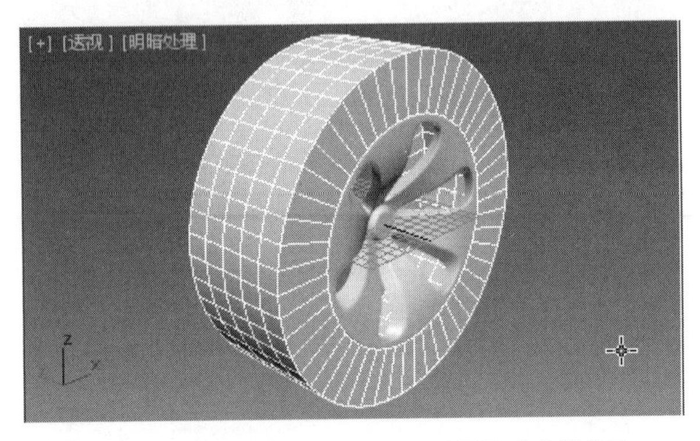

图8-56　当前“轮毂”显示后和“轮胎”的位置关系

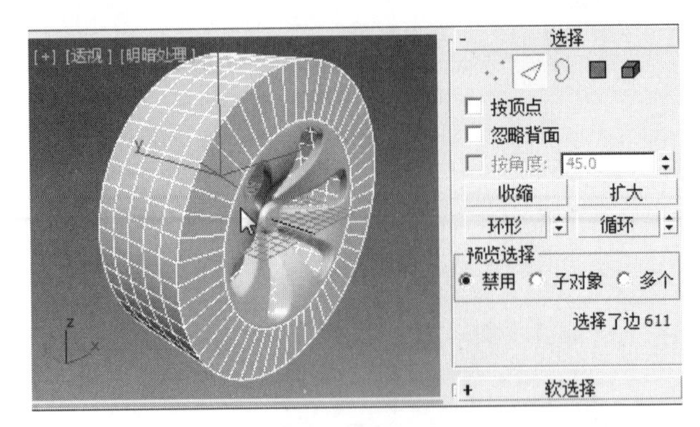

图8-57　以“边”的编辑方式点选轮胎的“边”

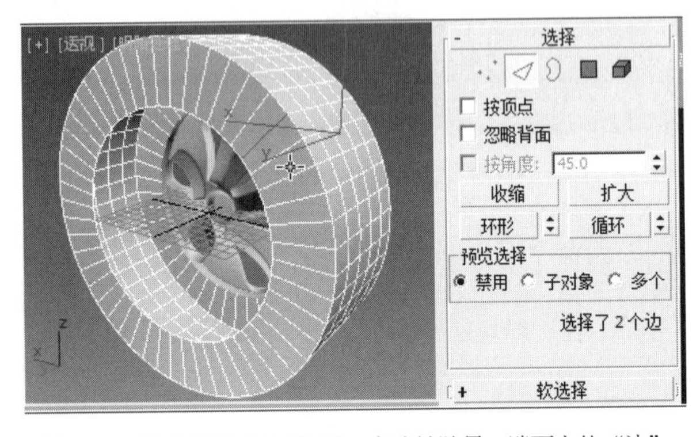

图8-58　结合键盘“Ctrl”键，点选轮胎另一端面上的“边”

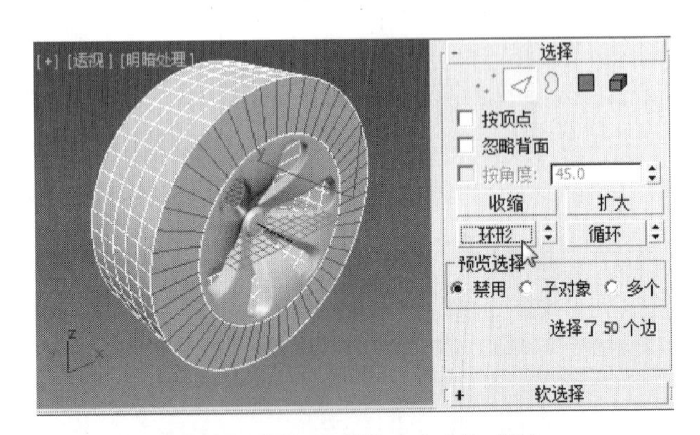

图8-59　选择“环形”方向上的“边”

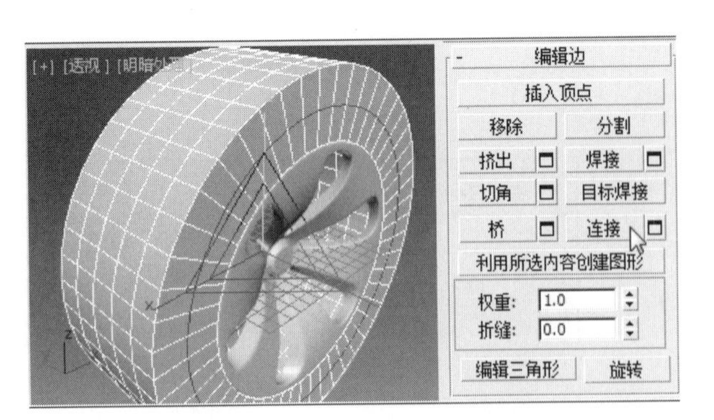

图8-60　将所选的边进行“连接”

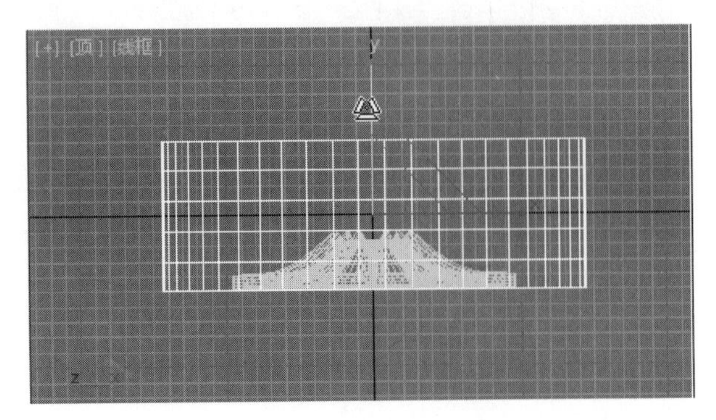

图8-61　将光标放置在两个端面的Y轴上

⑲ 点压鼠标左键沿着Y轴最大化方向，将选择的“轮胎”两个端面上的“边”朝着各自方向进行放大，如图8-62所示。

⑳ 在“编辑边”的卷展栏中，用鼠标左键点击“切角”右侧的“设置”按钮，在视图中的“切角”参数面板中，设置“边切角量”为“15”；点击“确定”，如图8-63所示。

㉑ 用鼠标左键点击主工具行中的（均匀缩放）工具以及（使用选择中心）工具，在顶视图中，将光标放置当前所选切边的y轴上，点压鼠标左键向Y轴最小化方向缩小，如图8-64所示。

㉒ 当前透视图经过缩放后的轮胎侧面效果，如图8-65所示。

㉓ 在右侧的“选择”卷展栏中的“边”编辑方式下，结合键盘的“Ctrl”键，鼠标左键点击视图中“轮胎”两个侧面的“边”，如图8-66所示。

㉔ 在右侧的“选择”卷展栏中的“边”编辑方式下，用鼠标左键点击“循环”按钮，将所选的“轮胎”两个侧面的“边”进行“循环”方向上的连接，如图8-67所示。

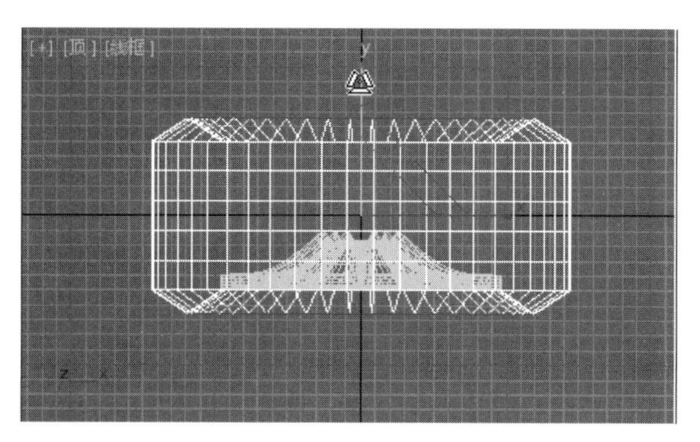

图8-62　将当前所选的两个“边”沿着各自方向进行放大

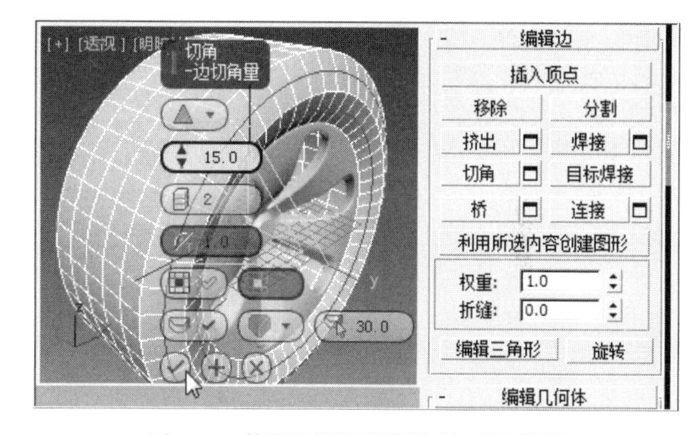

图8-63　将所选择的边进行“切角”设置

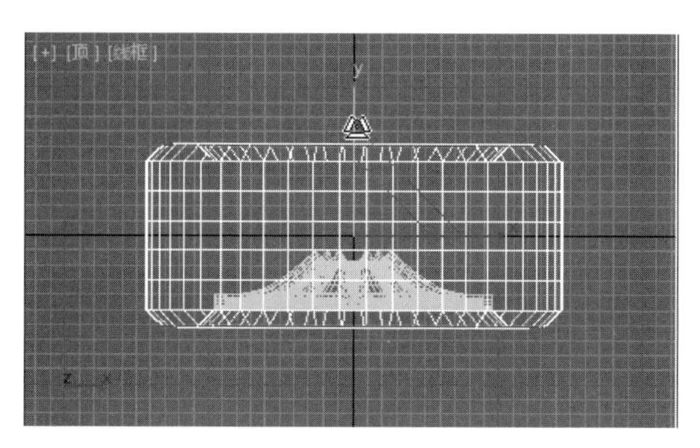

图8-64　将当前所选的两个边沿着相向方向进行缩小

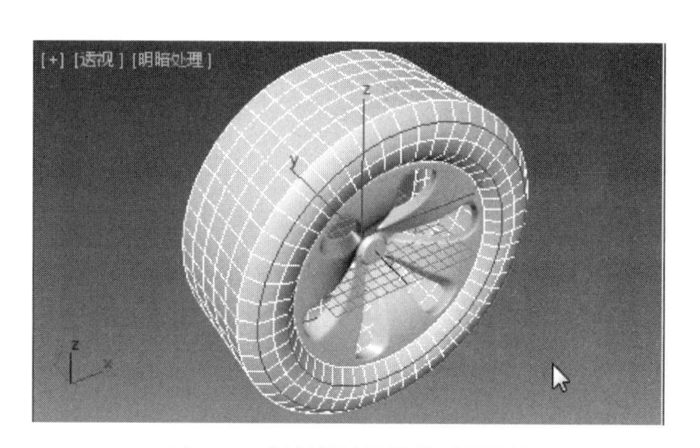

图8-65　当前轮胎侧面缩放后的效果

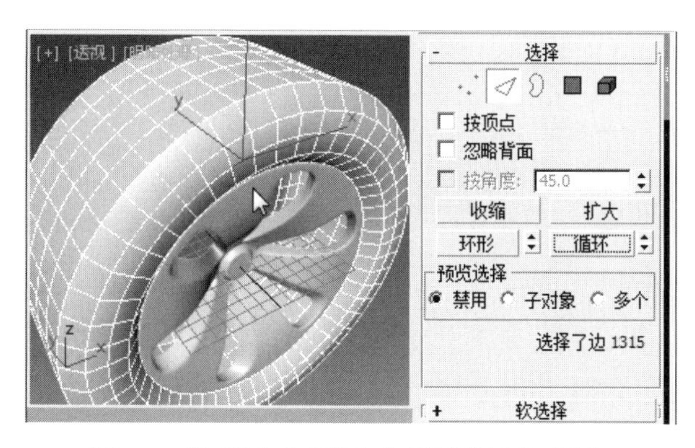

图8-66　以“边”的编辑方式点选视图中的“边”

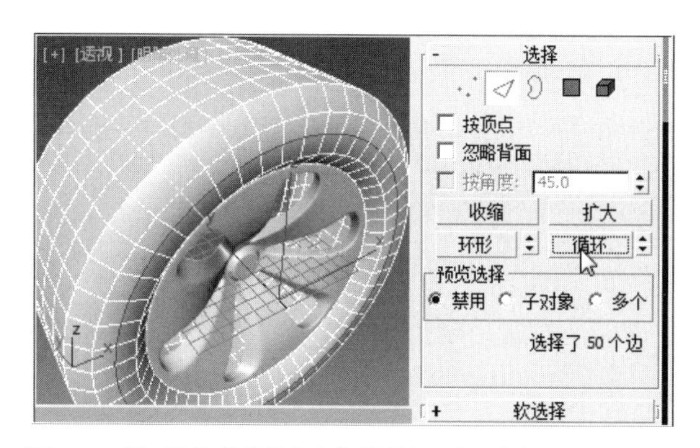

图8-67　以“边”的编辑方式将所选的“边”进行“循环”连接

㉕ 在“编辑边”的卷展栏中，用鼠标左键点击“切角”右侧的“设置”按钮，在视图中的“切角”参数面板中，设置“边切角量”为“1”；点击“确定”，如图8-68所示。

㉖ 将当前所选择的“轮胎”两个侧面的“边”，通过点击鼠标右键，在弹出的快捷菜单中选择“转换到面”，如图8-69所示。

㉗ 将“轮胎”两侧的“边”经过“转化到面”以后，当前透视图中“面”的显示，如图8-70所示。

㉘ 在右侧的“选择”卷展栏中的“多边形”编辑方式下，用鼠标左键点击“收缩”按钮，将所选的“轮胎”两个侧面的“面”缩小，如图8-71所示。

㉙ 在“编辑多边形”的卷展栏中，用鼠标左键点击“挤出”右侧的“设置”按钮，在视图中的“挤出”参数面板中，“挤出多边形”选择“局部法线”方式，如图8-72所示。

㉚ 设置“挤出多边形高度”为“-3”，点击“确定”，如图8-73所示。

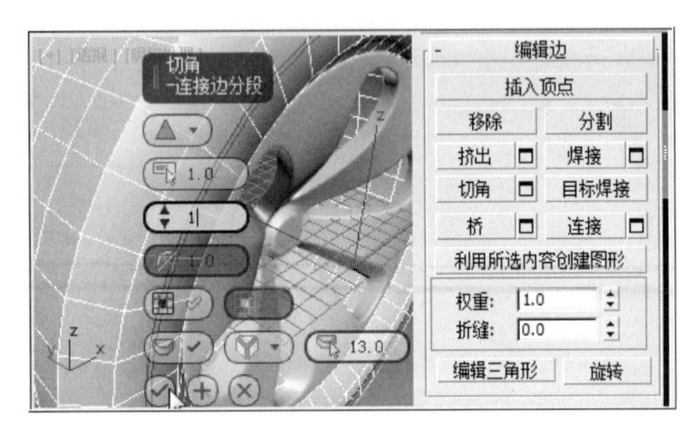

图8-68 对当前所选轮胎两个侧面的“边”进行“切角”设置

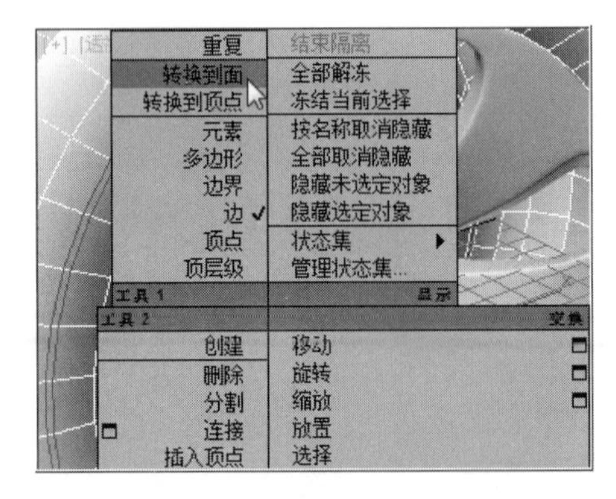

图8-69 将当前所选轮胎两个侧面的“边”转化到面

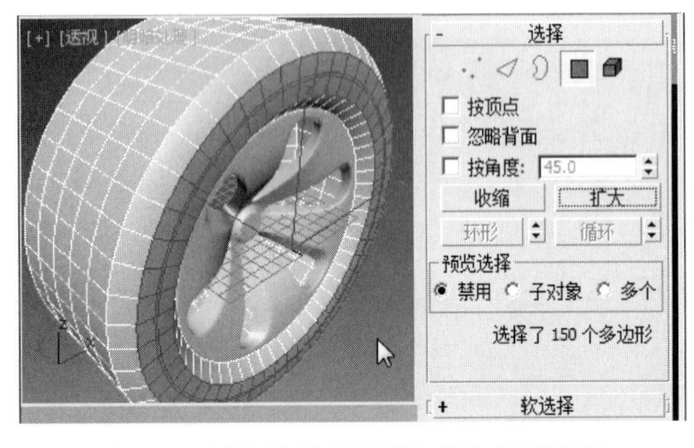

图8-70 当前轮胎两个侧面的边转化成面的显示

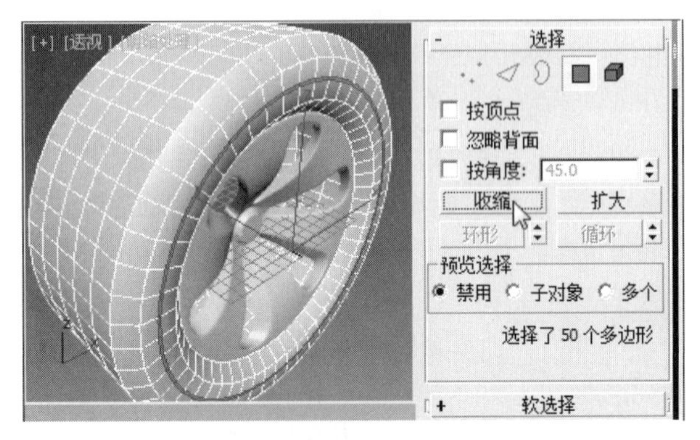

图8-71 点击“收缩”按钮将所选择“面”缩小

图8-72 以“局部法线”方式挤出“多边形”

图8-73 设置“挤出多边形高度”为“-3”

㉛在右侧的“选择”卷展栏中的“边”编辑方式下，用鼠标左键点击“轮胎”表面的四个“边”，如图8-74所示。

㉜在右侧的“选择”卷展栏中的“边”编辑方式下，用鼠标左键点击“循环”按钮，连接方向上所有“边”，如图8-75所示。

㉝在右侧的“编辑边”卷展栏中的“边”编辑方式下，用鼠标左键点击“切角”按钮，在“切角”参数面板中，设置“边切角量”为“1”，点击“确定”，如图8-76所示。

㉞在右侧的“选择”卷展栏中的“边”编辑方式下，用鼠标左键点击“轮胎”表面的中间部分两个“边”，如图8-77所示。

㉟在右侧的“选择”卷展栏中的“边”编辑方式下，用鼠标左键点击“环形”按钮，将所选的两个“边”以“环形”方式进行选择，如图8-78所示。

㊱将当前所选择的“轮胎”表面两个“边”，通过点击鼠标右键，在弹出的快捷菜单中选择“转换到面”，如图8-79所示。

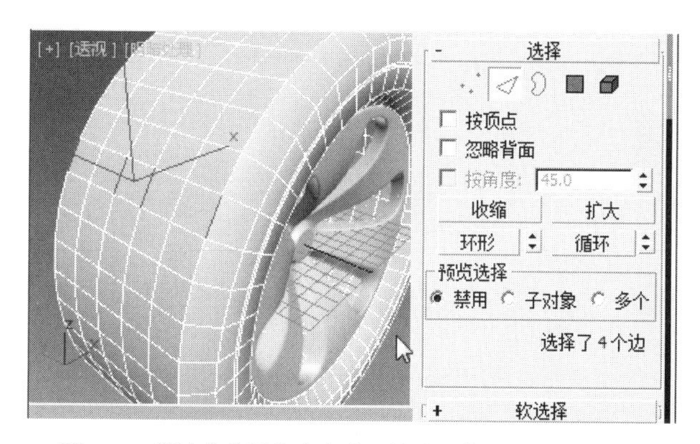

图8-74　以边的编辑方式点选“轮胎”表面的四个“边”

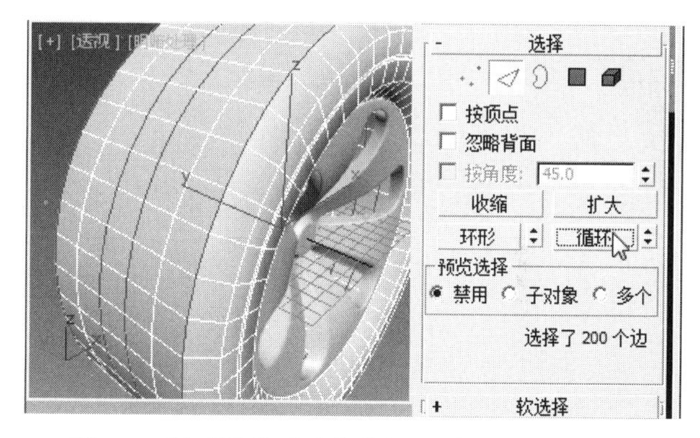

图8-75　以“循环”方式将所选的四个“边”进行连接

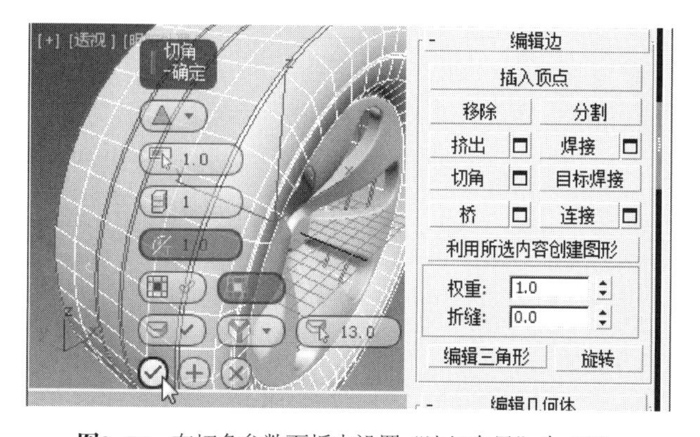

图8-76　在切角参数面板中设置“边切角量”为“1”

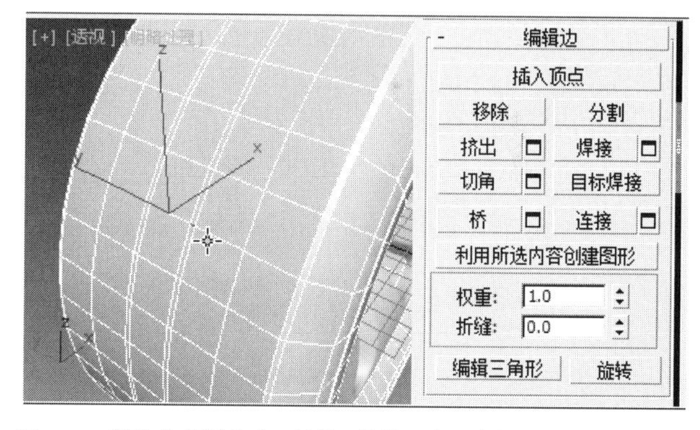

图8-77　以边的编辑方式，选择“轮胎”表面中间部分的两个“边”

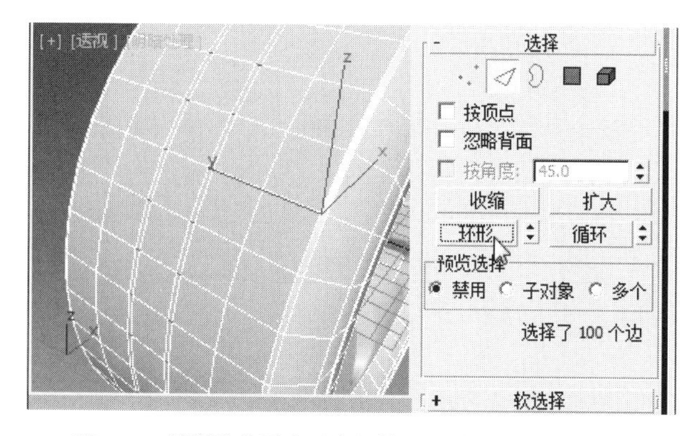

图8-78　将所选的两个“边”以“环形”方式进行选择

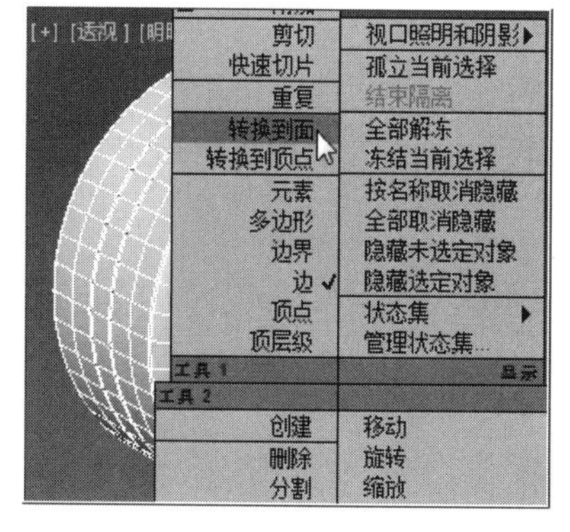

图8-79　将所选的“边”“转换到面”

㊲ 在“编辑多边形”的卷展栏中，用鼠标左键点击“倒角”右侧的“设置”按钮，在视图中的“倒角”参数面板中，点选“局部法线”，如图8-80所示。

㊳ 设置“倒角高度”为“-1”；“倒角轮廓”为“-0.5”，鼠标左键点击“确定”，如图8-81所示。

㊴ 在视图右侧的“选择”卷展栏中，用鼠标左键点击 (边)，以“边”编辑方式，点选视图中“轮胎”表面靠边的两个“边”，如图8-82所示。

㊵ 在右侧的“选择”卷展栏中的“边”编辑方式下，用鼠标左键点击“循环”按钮，将所选的“轮胎”表面靠边的两个“边”进行“循环”方向上的连接，如图8-83所示。

㊶ 用鼠标左键点击主工具行中的 (选择并旋转)工具以及 (角度捕捉开关)工具、 (选择使用中心)工具，在透视图中，沿着所选的两个“边”自身的Y轴旋转30°，如图8-84所示。

㊷ 将当前所选择的“轮胎”两个“边”，通过点击鼠标右键，在弹出的快捷菜单中选择“转换到面”，如图8-85所示。

㊸ 当前的两个“边”经过“转化到面”以后，透

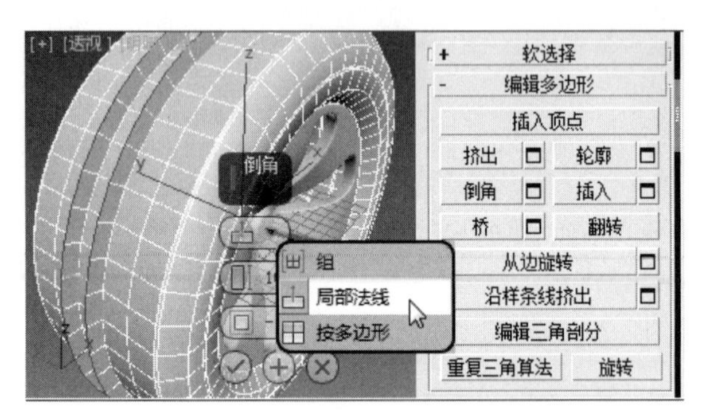

图8-80 选择“局部法线”方式进行“倒角”

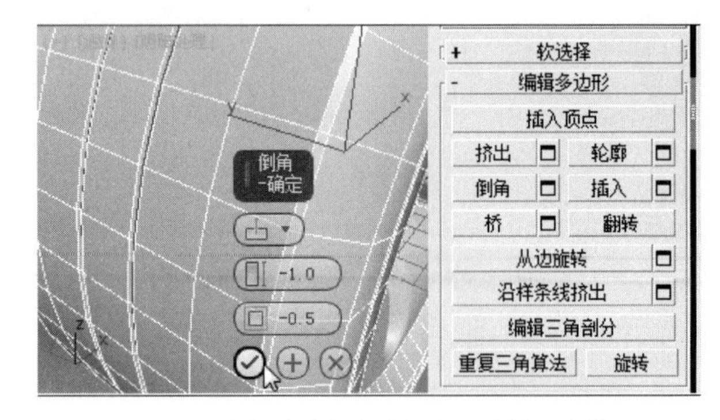

图8-81 设置当前所选两个面的“倒角”参数

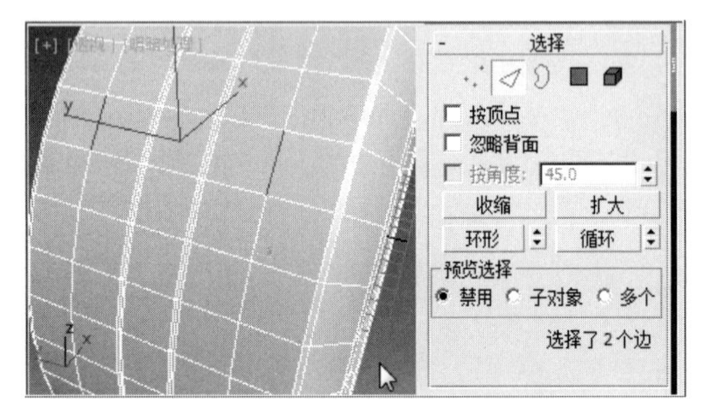

图8-82 以“边”的编辑方式选择“轮胎”表面靠边的两个“边”

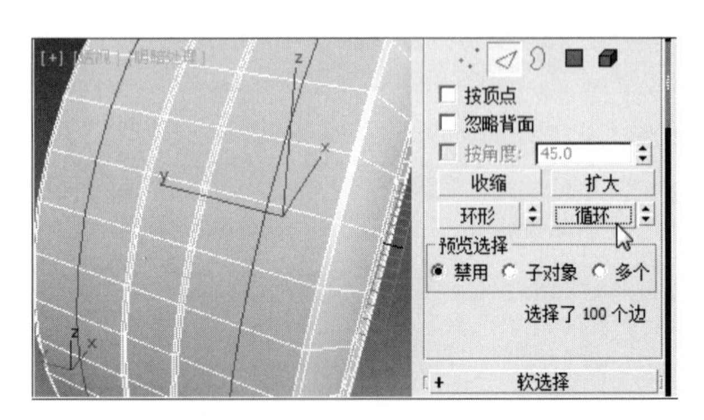

图8-83 以“循环”方式将所选的两个“边”进行连接

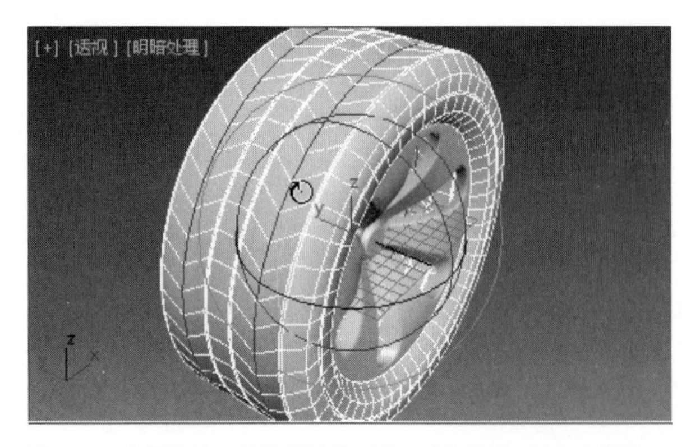

图8-84 使用旋转工具将所选的两个“边”沿着Y轴方向旋转30°

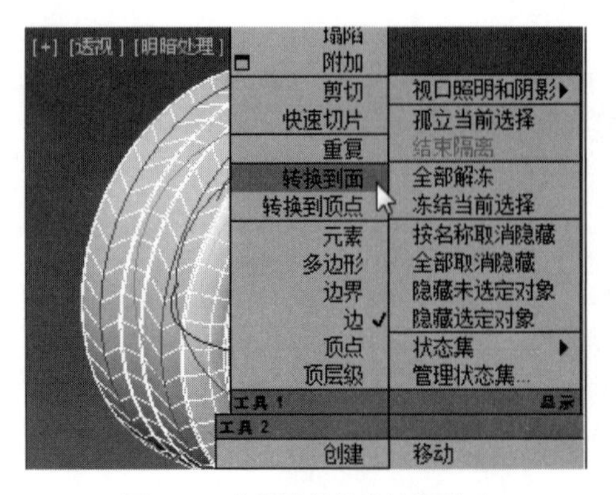

图8-85 将所选择的边转换到面

视图中“面”的显示，如图8-86所示。

㊹ 在左视图中，用鼠标左键点击主工具行中的 □（交叉）工具，结合键盘的“Ctrl”键，将“轮胎”中间部分的“面”一起选择，如图8-87所示。

㊺ 在“编辑多边形”的卷展栏中，用鼠标左键点击“倒角”右侧的“设置”按钮，在视图中的“倒角”参数面板中，点选“按多边形”，如图8-88所示。

㊻ 设置“倒角高度”为“3”；“倒角轮廓”为“-3”，点击“确定”，如图8-89所示。

㊼ 在视图右侧修改器堆栈中，用鼠标左键点击“多边形”编辑方式，退出编辑状态，如图8-90所示。

㊽ 在透视图的空白区点击鼠标左键，解除对“轮胎”对象的选择，当前“轮毂”和“轮胎”显示的效果，如图8-91所示。

8.3 地面的创建

❶ 在视图右侧命令面板中，用鼠标左键依次点击

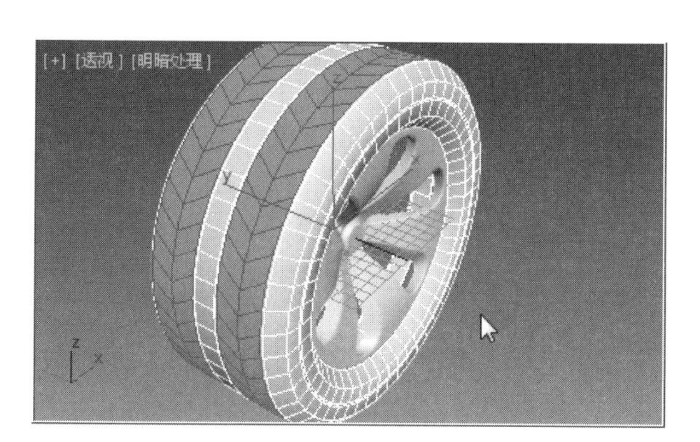

图8-86　当前两个“边”转化成面的显示

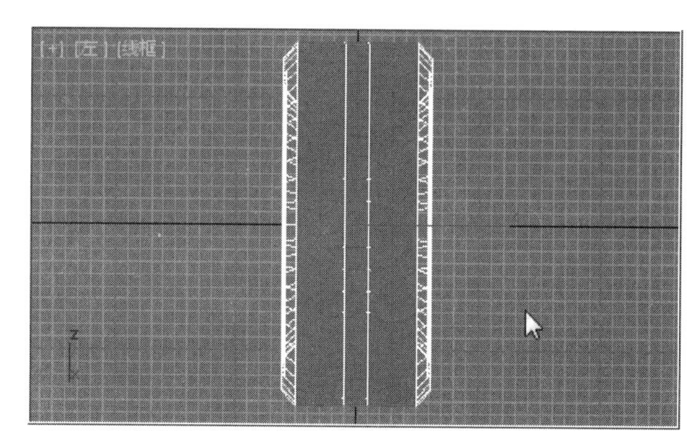

图8-87　使用Ctrl键和交叉工具添加“轮胎”中间的“面”

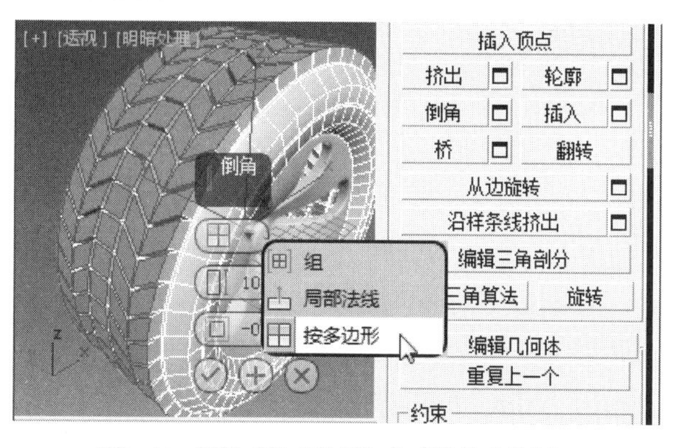

图8-88　设置“按多边形”方式进行“倒角”

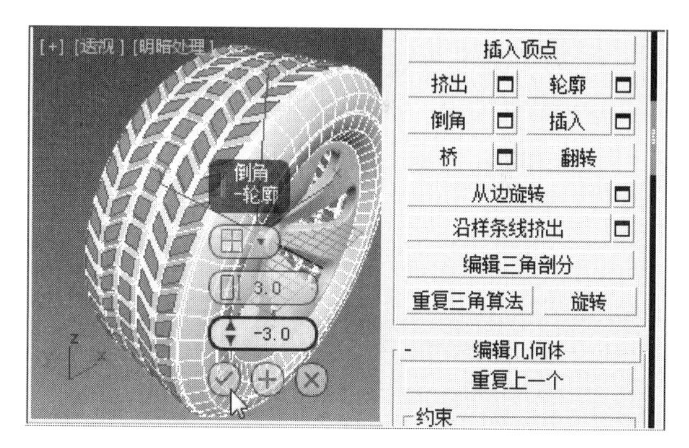

图8-89　设置当前所选面的倒角参数

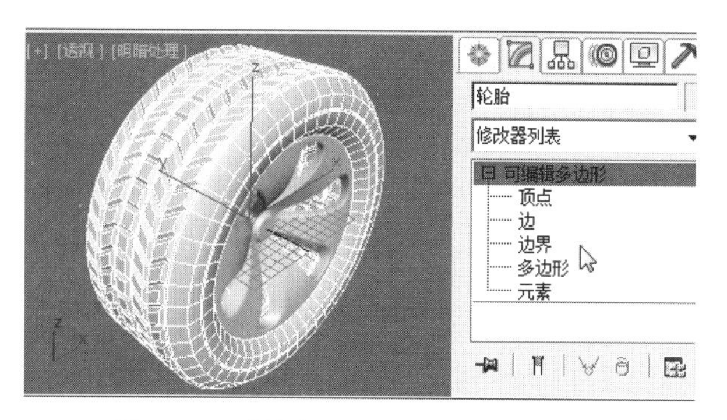

图8-90　退出轮胎对象的“多边形”编辑状态

图8-91　当前透视图中“轮毂”和“轮胎”显示的效果

（创建）－（几何体）－ 平面 工具，在顶视图创建“Plane001”（平面）对象，在其参数卷展栏中，设置“长度”为“5000”；“宽度”为“5000”，将“Plane001”重命名为“地面”，如图8-92所示。

❷ 在顶视图中，“地面”对象被选择的情况下，用鼠标左键点击主工具行中的（对齐）工具，将光标指向“轮胎”点击，在弹出的“对齐当前选择”面板中，“对齐位置”勾选“Y位置”；“当前对象”点选“最大”；“目标对象”点选“最小”；然后点击“确定”，如图8-93所示。

❸ 当前透视图的“轮胎”和“地板”对齐后的效果，如图8-94所示。

8.4 灯光的创建

❶ 用鼠标左键依次点选（创建）－（灯光），在“标准”对象类型中，选择 目标聚光灯 工具，在顶视图的左下角处，点压鼠标左键并朝向车轮对象方向创建“Spot001”，在其“聚光灯参数”卷展栏中，设置“聚光区”为“24”；“衰减区”为“47”，将“Spot001”命名为“聚光灯”，如图8-95所示。

❷ 结合主工具行中的（选择并移动）工具，在前视图中，将“聚光灯”的位置调节至合适的高度，在右侧“阴影参数”卷展栏中，设置“密度”为“0.6”，如图8-96所示。

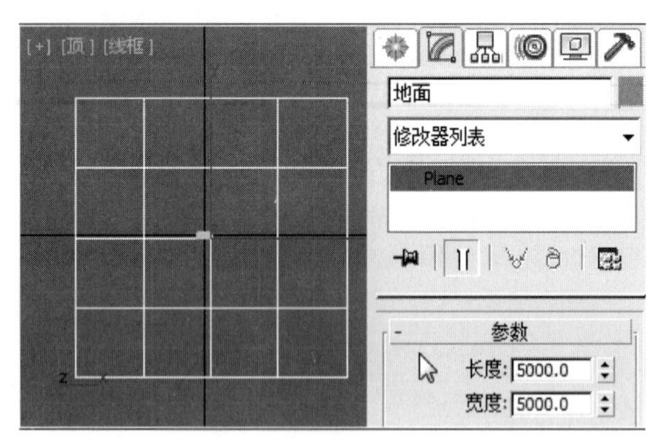

图8-92 在顶视图创建“地面”并设置相关参数

图8-94 当前轮胎和地面对齐后的效果

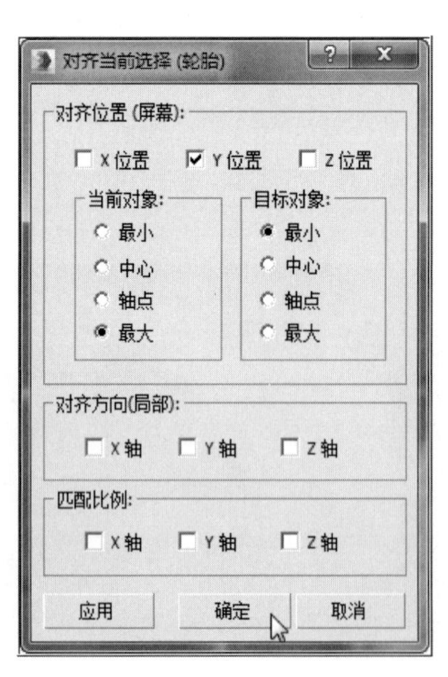

图8-93 在“对齐当前选择”面板中设置“对齐”项目

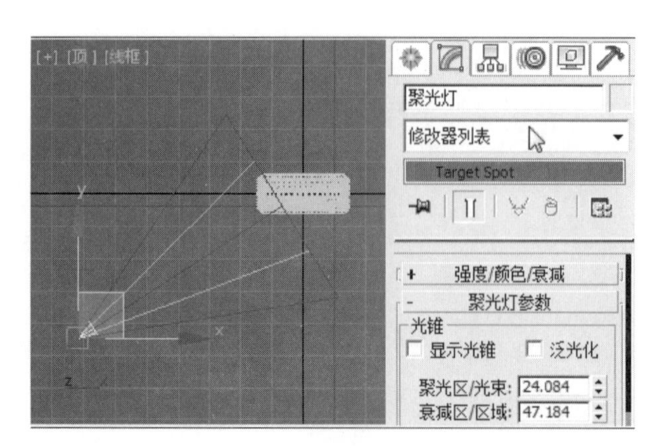

图8-95 在顶视图创建“聚光灯”并设置相关参数

❸ 在透视图被激活的状态下，用鼠标左键点选主工具行中的 （渲染产品）工具进行渲染，显示当前设置的“阴影”效果，如图8-97所示。

8.5 材质的设置

本章节使用的“材质编辑器”是系统默认的“Slate（板岩）材质编辑器”，以下参数都是该材质编辑器环境下的面板设置。

8.5.1 轮胎材质的设置

❶ 在视图左侧的“场景资源管理器” （显示几何体）列表中，选择“轮胎”，如图8-98所示。

❷ 在“Slate材质编辑器”中，为当前“轮胎”指定“标准”材质，将材质面板重命名为“轮胎”，用鼠标左键点击“确定”按钮，点击工具行中的 （将材质指定给选定对象）工具，如图8-99所示。

❸ 用鼠标左键双击“轮胎”材质面板，在弹出的该材质参数面板中，点击“漫反射”右侧的“颜色选择器”，设置“红”为“17”；“绿”为“17”；“蓝”为“17”，点击“确定”，在“反射高光”下属项目的参数中，设置“高光级别”为“50”；“光泽度”为“10”，如图8-100所示。

8.5.2 轮毂材质的设置

❶ 在视图右侧的“场景资源管理器” （显示几何体）列表中，选择“轮毂”，如图8-101所示。

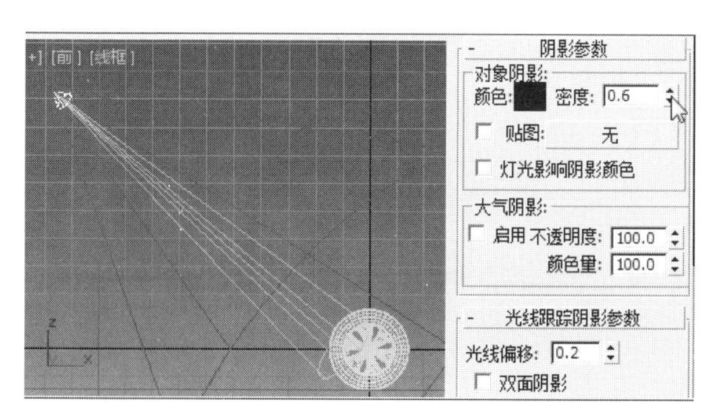

图8-96　调节“聚光灯”的高度并设置阴影“密度”值为“0.6”

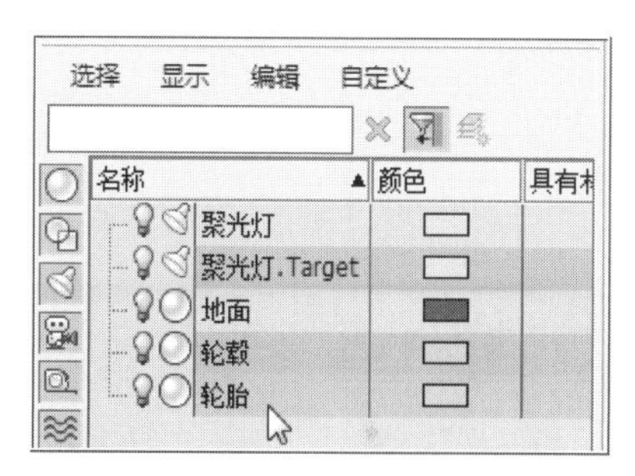

图8-98　在资源管理器中点选“轮胎”

图8-97　当前“阴影”设置渲染后的效果

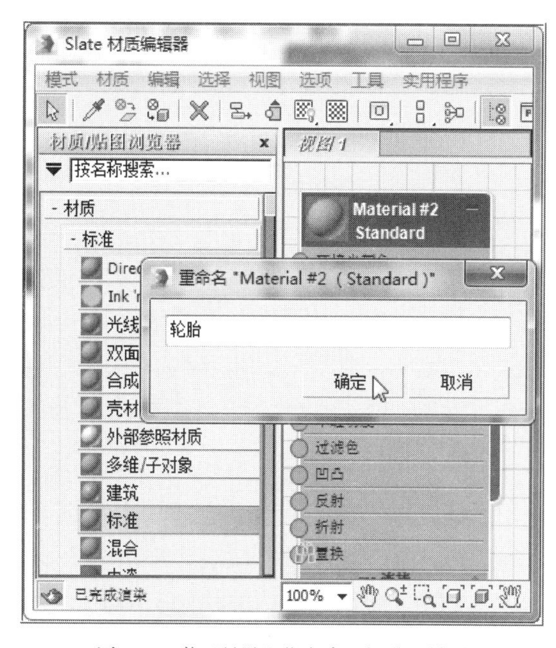

图8-99　将“轮胎”指定为“标准”材质

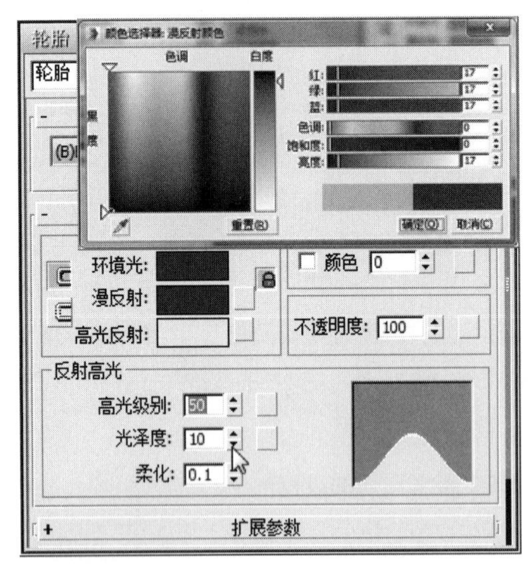
图8-100 对“轮胎”材质参数面板进行相关设置

图8-102 将“轮毂”指定“标准”材质

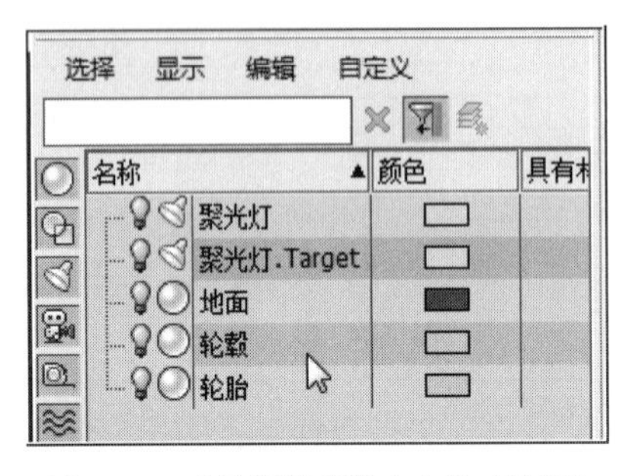
图8-101 在资源管理器中点选“轮毂”

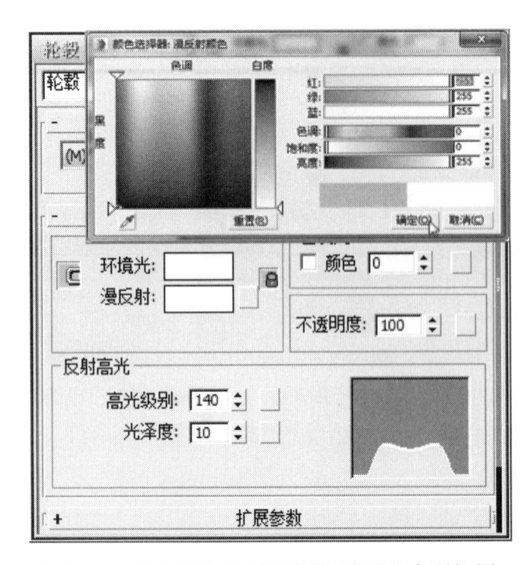
图8-103 对“轮毂”材质参数面板进行相关设置

❷ 同样在“Slate材质编辑器”中，为当前“轮毂”指定“标准”材质，将材质面板重命名为“轮毂”，用鼠标左键点击“确定”按钮，点击工具行中的 （将材质指定给选定对象）工具，如图8-102所示。

❸ 用鼠标左键双击“轮毂”材质面板，在弹出的该材质参数面板中，点击“漫反射”右侧的“颜色选择器”，设置“红”为“255”；“绿”为“255”；“蓝”为“255”，点击“确定”按钮，在“反射高光”下属项目的参数中，设置“高光级别”为“140”；“光泽度”为“10”，如图8-103所示。

❹ 在“轮毂”的“贴图”卷展栏中，用鼠标左键点击“反射”右侧“贴图类型”中的“无”按钮，在弹出“材质贴图浏览器”的“贴图”列表中，选择“光线跟踪”，点击“确定”按钮，当前的“轮毂”贴图卷展栏的显示的情况，如图8-104所示。

8.5.3 地面材质的设置

❶ 在视图左侧的“场景资源管理器” （显示几何体）列表中，选择“地面”，如图8-105所示。

❷ 在“Slate材质编辑器”中，为当前“地面”指

图8-104 为“轮毂”的反射指定“光线跟踪”贴图

图8-106 为“地面”指定“标准”材质

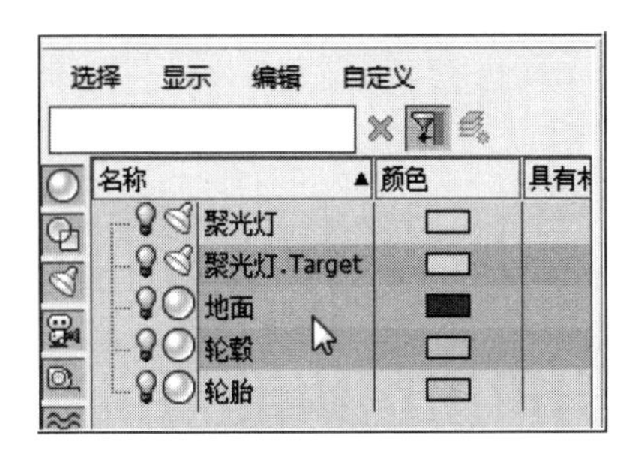

图8-105 在资源管理器中点选“地面”

图8-107 为“地面”的“漫反射颜色”指定“棋盘格”贴图

定“标准”材质，将材质面板命名为“地面”，用鼠标左键点击“确定”按钮，点击工具行中的 （将材质指定给选定对象）工具，如图8-106所示。

❸ 在“地面”的“贴图”卷展栏中，用鼠标左键点击“漫反射颜色”右侧“贴图类型”中的“无”按钮，在弹出“材质贴图浏览器”的“贴图”列表中，选择“棋盘格”，点击“确定”按钮，当前的“地面”贴图卷展栏的显示的情况，如图8-107所示。

❹ 用鼠标左键点击“漫反射颜色”右侧的“贴图类型”对应的“棋盘格”按钮，在“棋盘格”的参数设置面板中，去除“使用真实世界比例”前的勾选，设置“u”和“v”对应的“瓷砖”都为“15”，点击“颜色#1”的“颜色选择器”，设置“红”为“13”；“绿”为“29”；“蓝”为“79”，点击“确定”按钮，如图8-108所示。

❺ 在视图右侧的“地面”所属的“参数”卷展栏中，去除“真实世界贴图大小”前的勾选，如图8-109所示。

8.6 对象成组以及克隆

❶ 在透视图中，用鼠标左键点击视图左上角的“透

图8-108 在“棋盘格”参数面板中设置相关参数

图8-109 去除“地面”参数卷展栏中的“真实世界贴图大小”前的勾选

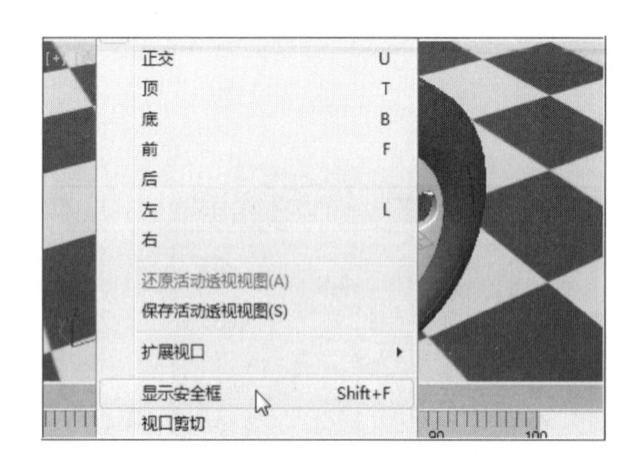

图8-110 在透视图点选“显示安全框”

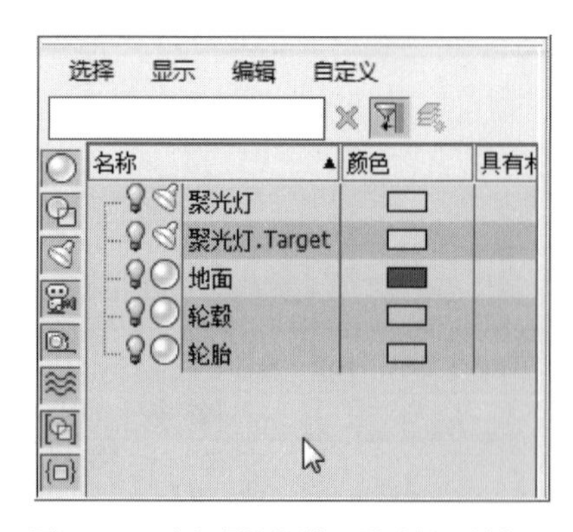

图8-111 在场景资源管理器选择“轮毂”和“轮胎”

视”标签，在菜单中点选“显示安全框”，如图8-110所示。

❷ 在“场景资源管理器”（显示几何体）列表中，结合键盘中的“Ctrl”键，选择“轮毂”和“轮胎”，如图8-111所示。

❸ 用鼠标左键点击菜单栏中的“组”，在列表中选择“成组”命令，在弹出的“组”面板中，将“组名”命名为“车轮”，点击“确定”按钮，如图8-112。

❹ 结合键盘的“Shift”键，在顶视图中沿着XY轴方向拖动“车轮”对象，进行“克隆”，在弹出的“克隆选项”面板中，用鼠标左键点选“对象”下属选项中的“实例”，点击“确定”按钮，如图8-113所示。

❺ 用鼠标左键点击主工具行中的（角度捕捉开关）

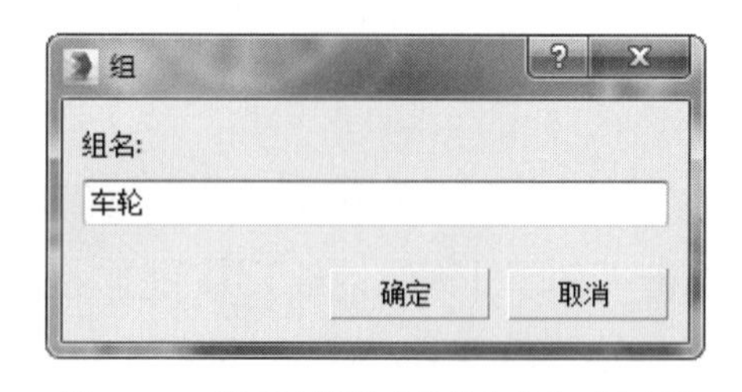

图8-112 轮毂和轮胎成组并命名为“车轮”

工具，然后在该按钮上点击鼠标右键，在弹出的“栅格和捕捉设置”面板中，设置“角度”为“90”，如图8-114所示。

❻ 用鼠标左键点击主工具行中的（选择并旋转）工具，在顶视图中，沿着克隆对象自身的Y轴旋转90°，如图8-115所示。

❼ 当前透视图显示的效果，如图8-116所示。

8.7 渲染设置输出

❶ 用鼠标左键点选工具行中的 （渲染设置），在弹出的“渲染设置”面板中，点选“公用”选项卡下的“指定渲染器”卷展栏，设置“产品级”为“NVIDIA mental ray”，渲染“输出大小”尺寸为“640×480”，如图8-117所示。

❷ 用鼠标左键点击“渲染设置”面板的“公用”选项卡右下角的“渲染”按钮，渲染透视图，最终效果如图8-118所示。

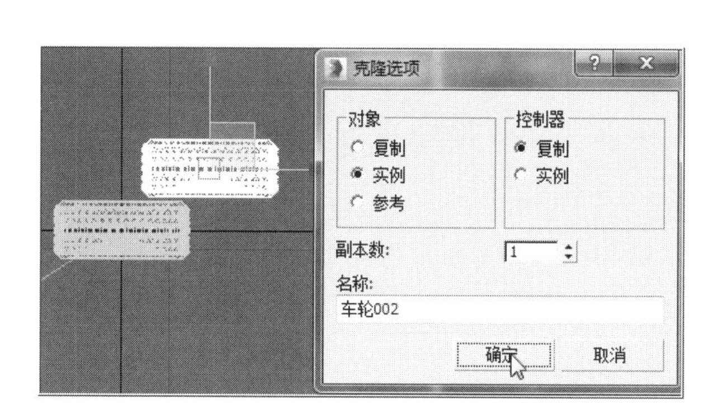

图8-113 以“实例”方式“克隆”车轮

图8-114 在“栅格和捕捉设置”面板中设置角度为“90”

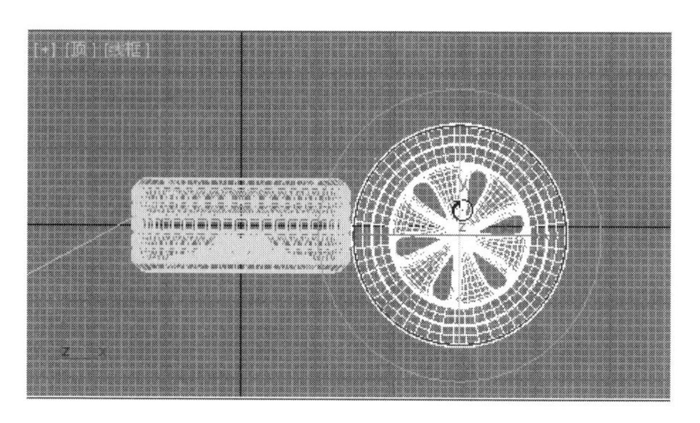

图8-115 将克隆对象沿着自身y轴旋转90°

图8-116 当前透视图显示的效果

图8-117 设置当前视图渲染输出的相关参数

图8-118 车轮的制作最终效果图

第九章

客厅效果图的制作

室内设计效果图制作，是设计者学习3ds Max一个重要的环节，掌握这一技能可在建筑工程以及家装设计领域里大有作为。

本章以室内客厅效果图的制作为例，除了让初学者加深了解和掌握多边形编辑模式下最常用和最基本的工具以外，主要介绍了房体的建模从二维图形到多边形对象的生成，以及对“边”的布局、“面”的调整，通过相关工具制作完成客厅相关主体对象的建模。

材质渲染也是本章讲述的重点，本章使用的渲染器是“V-Ray”渲染器，通过对“间接照明”的开启，以及对不同材质对象的相关参数的设置，配合合理的灯光参数，最终渲染出高品质照片级的效果图。

从简单的场景建模到材质设置、灯光布局以及渲染器的参数设置都决定了最终渲染效果，初学者在学习过程中，应多尝试不同参数下呈现的不同效果并加以对比，从而积累经验，形成自己的独特表现风格，用于行业实战。

本章使用到的知识点：

（1）多边形编辑方式中“收缩”“扩大”“环形”“循环”“挤出”“插入”“倒角”“切角”“连接”“分离”等工具的用法。

（2）结合键盘中的“Shift”键，创建面的方法。

（3）“V-Ray ”渲染器基本设置。

（4）“VRayMtl”材质环境下木地板、不锈钢、玻璃、镜面、瓷器等材质设置。

（5）“VR-灯光材质”灯带设置。

（6）“标准”材质下“不透明度”贴图方法。

9.1 工作环境设置

用鼠标左键点击主工具行中的 （渲染设置）工具，在弹出的“渲染设置”面板中的“公用”选项卡下的“指定渲染器”卷展栏中，将“产品级”设置为“默认扫描线渲染器”，如图9-1所示。

图9-1 设置当前渲染器为“默认扫描线渲染器”

9.2 房体主框架创建

❶ 在视图右侧命令面板中，使用鼠标左键依次点击 （创建）－ （图形）－ 线 工具，如图9-2

图9-2　选择“线”工具

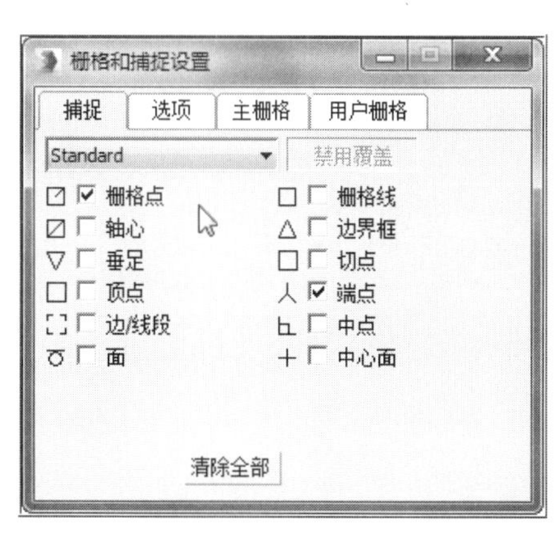

图9-3　勾选“栅格点”捕捉

所示。

❷ 用鼠标左键点击主工具行中的 （二维网格捕捉）工具，同时点击鼠标右键，在弹出的“栅格和捕捉设置”面板中，勾选“栅格点”，如图9-3所示。

❸ 在顶视图中，使用鼠标左键以点松的方法创建封闭样条线作为“房体”主框架的基线，关闭 （二维网格捕捉）工具，如图9-4所示。

❹ 点击视图右侧 （修改）命令，将对象命名为“房体”，在“修改器列表”中，使用鼠标左键点选“挤出”修改器，如图9-5所示。

❺ 在“挤出”修改器的参数面板中，设置“数量”为“100”，如图9-6所示。

注：本章涉及创建对象的参数仅为参考，并非绝对参数，可根据实际情况合适变动。

❻ 用鼠标右键点击“房体”，在弹出的快捷菜单中，选择“对象属性”，如图9-7所示。

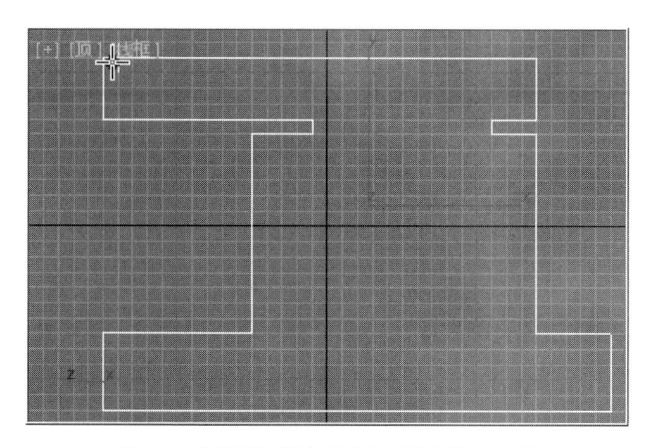

图9-4　创建封闭样条线作为“房体”主基线

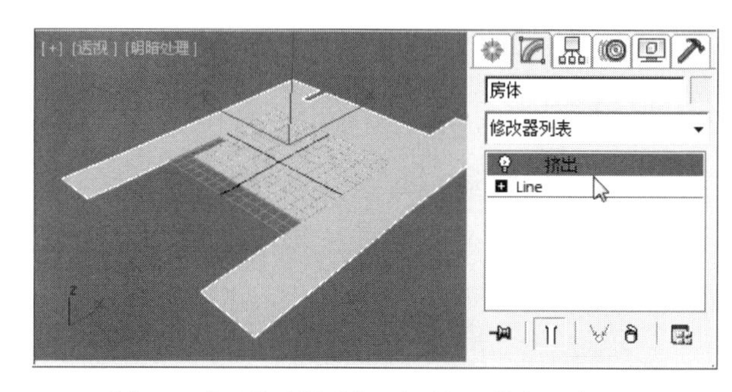

图9-5　在“修改器列表”中选择“挤出”修改器

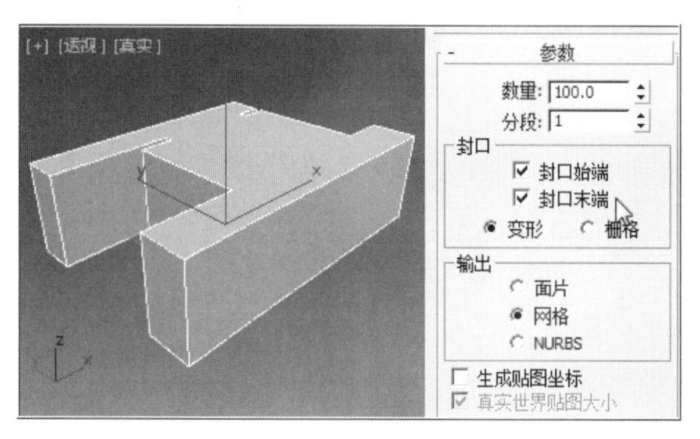

图9-6　设置挤出“数量”为“100”

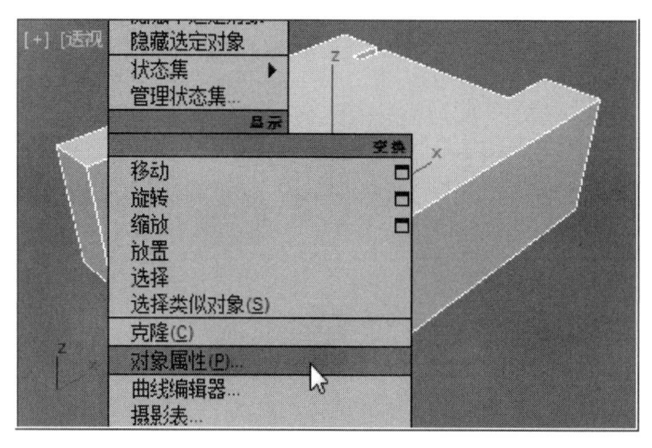

图9-7　在“房体”的快捷菜单中选择“对象属性”

❼ 在“对象属性”面板的“显示属性”项目列表中，用鼠标左键点击勾选“背面消隐”，点击“确定”按钮，如图9-8所示。

❽ 在“修改器列表”中，选择“法线”修改器，当前透视图的显示效果，如图9-9所示。

❾ 点击鼠标右键，在弹出的快捷菜单中，选择“转换为可编辑多边形”，如图9-10所示。

❿ 用鼠标左键点击在透视图左上角的“真实”标签，在弹出的菜单中，选择“边面”，如图9-11所示。

⓫ 继续在菜单中选择“明暗处理”取代“真实”，如图9-12所示。

⓬ 透视图当前显示模式为“明暗处理+边面”显示状态，如图9-13所示。

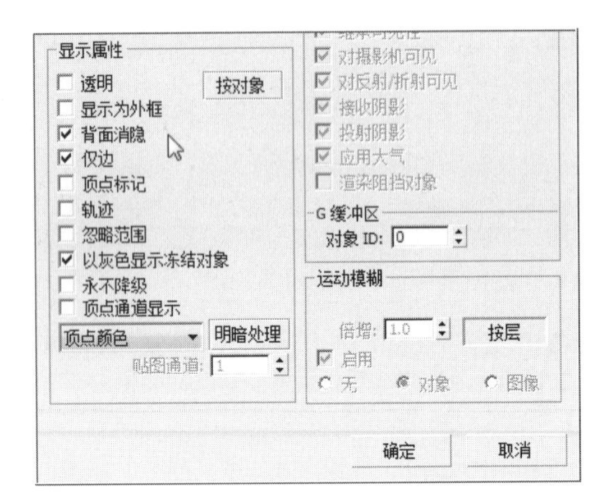

图9-8 勾选“背面消隐”

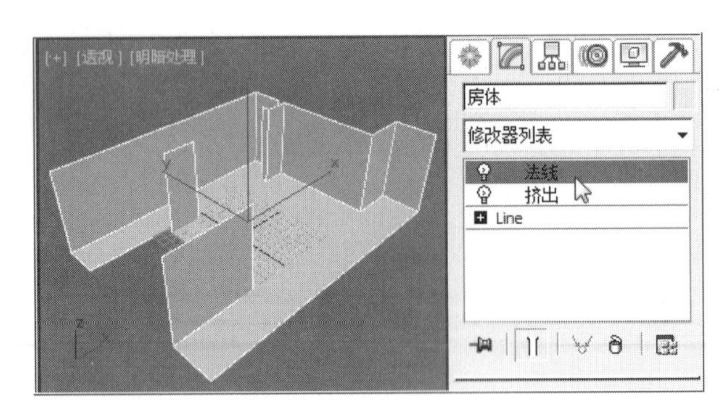

图9-9 在修改器中添加“法线”修改器

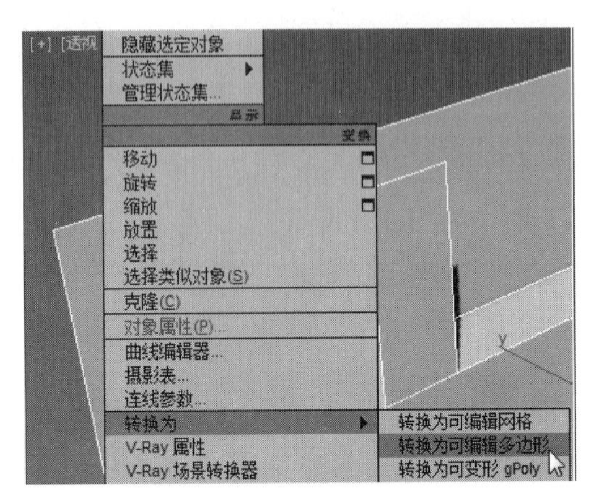

图9-10 将房体转换为可编辑多边形

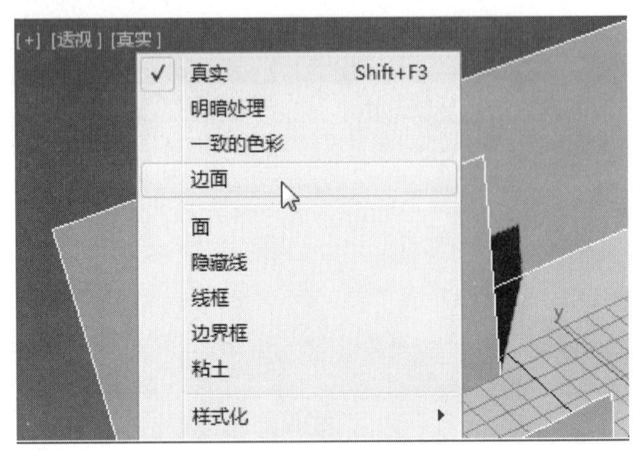

图9-11 选择“边面”显示状态

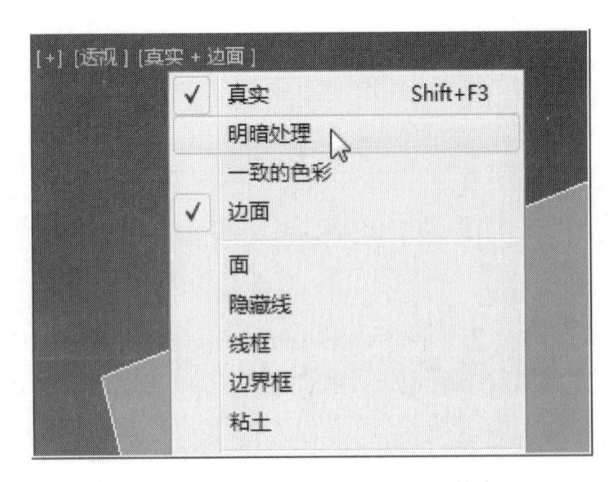

图9-12 继续选择“明暗处理”显示状态

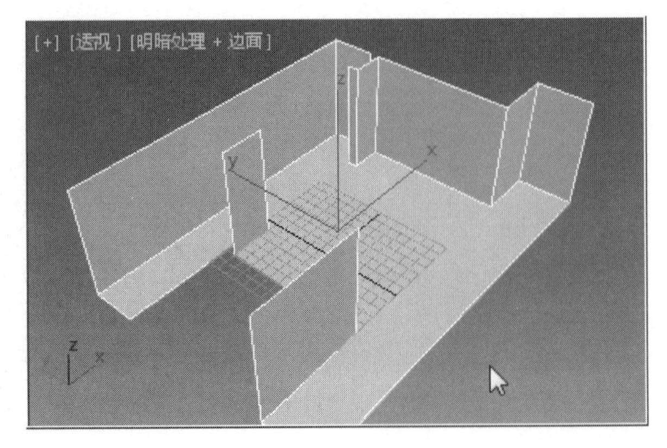

图9-13 当前“明暗处理+边面”显示状态

9.3 窗户创建

“窗户”是在墙体基础上通过“边”编辑方式下，使用“连接”“挤出”“插入”“分离”等工具创建，包含“窗架”和“窗玻璃”两部分，为了方便最终的材质设置，笔者采用逐个“分离”的方式，方便初学者理解和操作。

9.3.1 窗架创建

❶ 用鼠标左键在右侧控制面板中点击“选择”卷展栏的 (边)工具，以“边”编辑方式，勾选“忽略背面”，在透视图中，结合键盘中的“Ctrl”键，一同选择“房体”左侧墙面两边的“边”，如图9-14所示。

❷ 在“编辑边”的卷展栏中，用鼠标左键点击“连接”右侧的“设置”按钮，在视图中的“连接边”参数面板中，设置“分段”为“2”，“收缩”为“70”，点击“确定”，如图9-15所示。

❸ 用鼠标左键点击“选择”卷展栏的 (多边形)图标，以“多边形”编辑方式，在透视图中，点击左侧墙体的面，如图9-16所示。

❹ 在视图右侧“编辑多边形”卷展栏中，用鼠标左键点击“挤出”工具右侧的“设置”按钮，在视口弹出的“挤出多边形”面板中，设置“高度”为“-4”，点击“确定”，如图9-17所示。

❺ 在视图右侧“编辑几何体”卷展栏中，用鼠标左键点击“分离”工具，在弹出的“分离”面板中，将分离对象命名为“窗架”，点击“确定”按钮，如图9-18所示。

❻ 用鼠标左键点击“资源管理器” (显示几何体)所属“名称”列表中的“窗架”，如图9-19所示。

❼ 在透视图中，点击鼠标右键，在弹出的快捷菜单中，选择“孤立当前选择”，如图9-20所示。

注：“孤立当前选择”是仅显示选择的面而隐藏其他的面，这样做的目的是方便在此基础上进一步编辑，编辑完可以点击“结束隔离”恢复其他隐藏对象的显示，也可以点击状态栏中的图标 (孤立当前选择切换)工具，也可以配合键盘中的快捷键“Alt”键加“Q”键来操作。

图9-14 以“边”编辑方式点选房体墙面的两条“边”

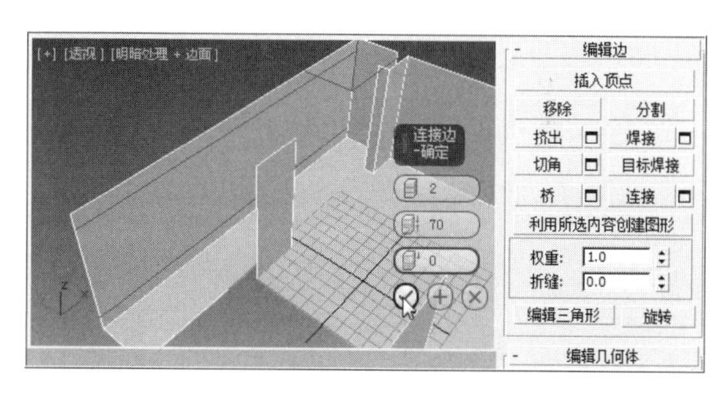

图9-15 选择两边的边进行“连接边”的参数设置

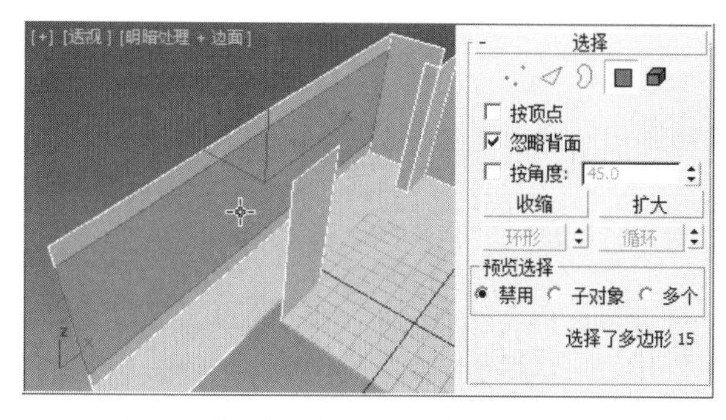

图9-16 以“多边形”编辑方式点选视图中的面

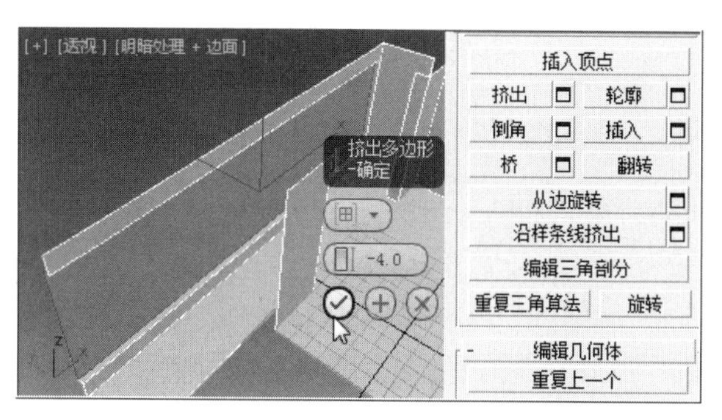

图9-17 将当前选择的面进行“挤出”参数设置

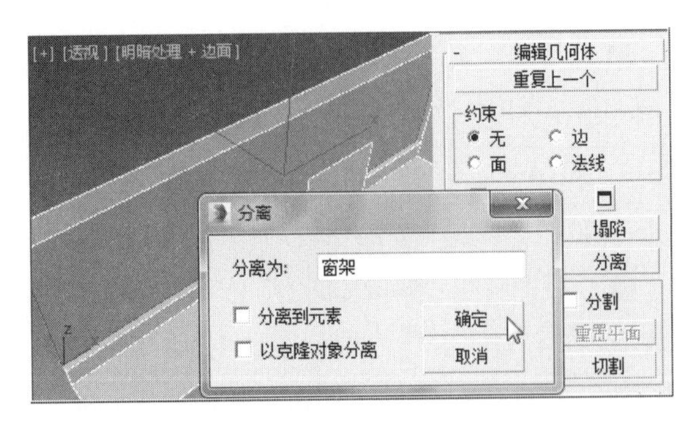

图9-18 将房体当前选择的面进行“分离”并命名为“窗架”

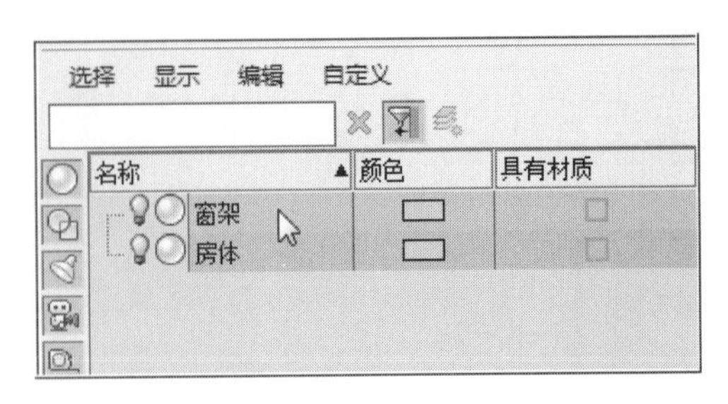

图9-19 在资源管理器中点选“窗架”

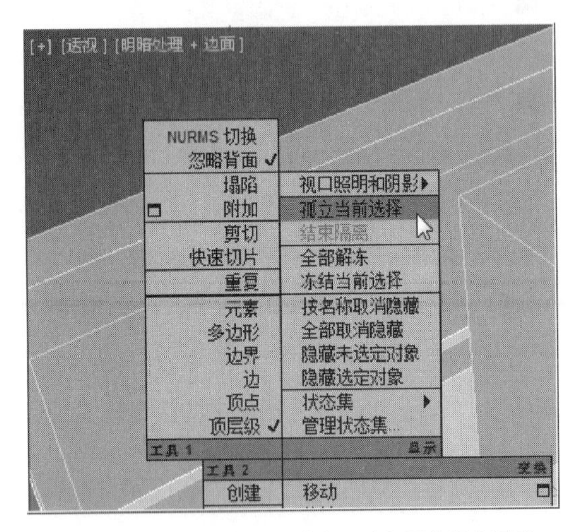

图9-20 将当前选择的“窗架”在视图中孤立显示

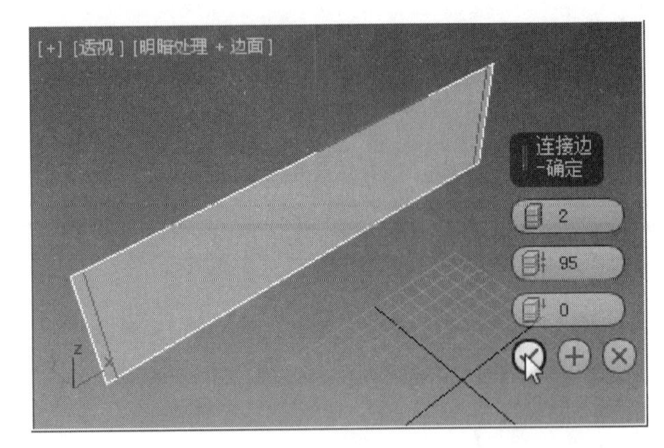

图9-21 选择窗架两边的“边”进行“连接边”的参数设置

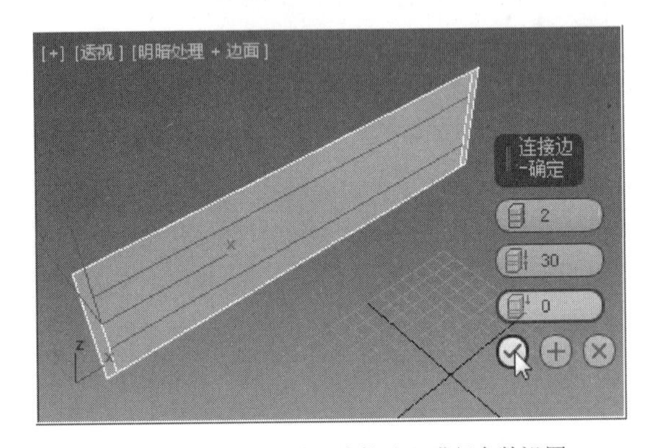

图9-22 继续对当前“连接边”进行参数设置

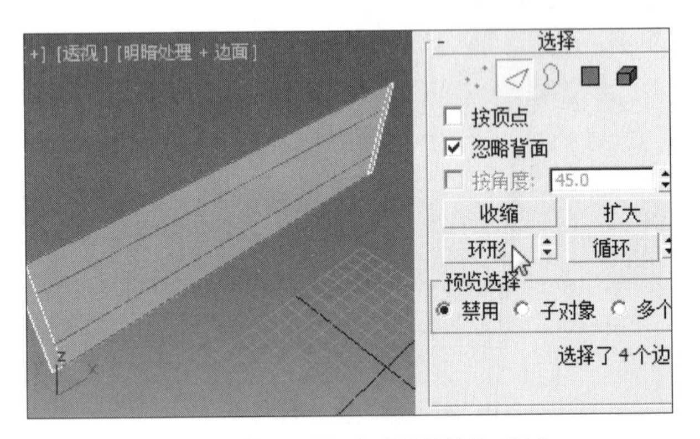

图9-23 以“环形”方式选择其他“边”

❽ 用鼠标左键点击“选择”卷展栏的 ◁（边）图标，以“边”的编辑方式，结合键盘中的“Ctrl”键，选择“窗架”两侧的“边”，在“编辑边”的卷展栏中，点击“连接”右侧的“设置”按钮，在视图中的“连接边”参数面板中，设置“分段”为“2”；“收缩”为“95”，点击“确定”，如图9-21所示。

❾ 继续使用鼠标左键点击“连接”右侧的“设置”按钮，在“连接边”面板中，设置“分段”为“2”；“收缩”为“30”，点击“确定”按钮，如图9-22所示。

❿ 在“边”的编辑方式下，用鼠标左键点击“环形”按钮，选择与“边”平行方向的其他“边”，如图9-23所示。

⓫ 在“编辑边”的卷展栏中，用鼠标左键点击“连接”右侧的“设置”按钮，在视图中的“连接边”

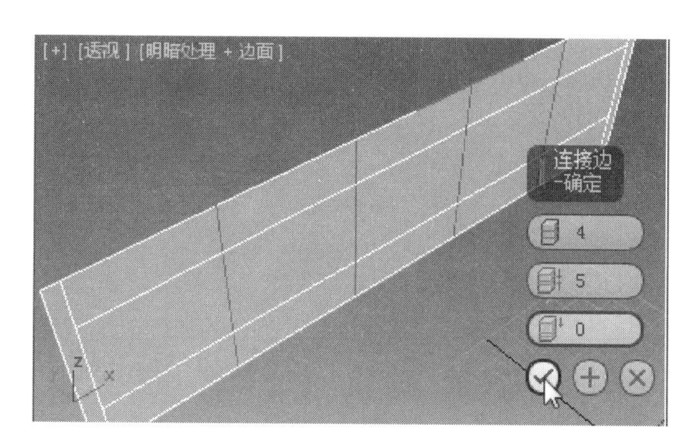

图9-24　以边的编辑方式将当前选择的边进行“连接边”设置

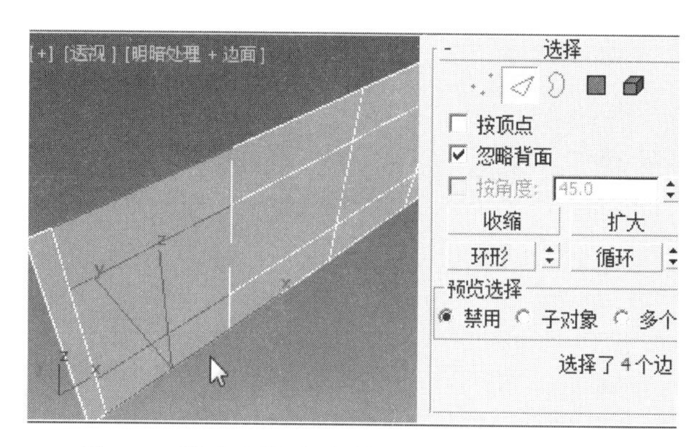

图9-25　以“环形”方式选择“窗架”左侧的“边”

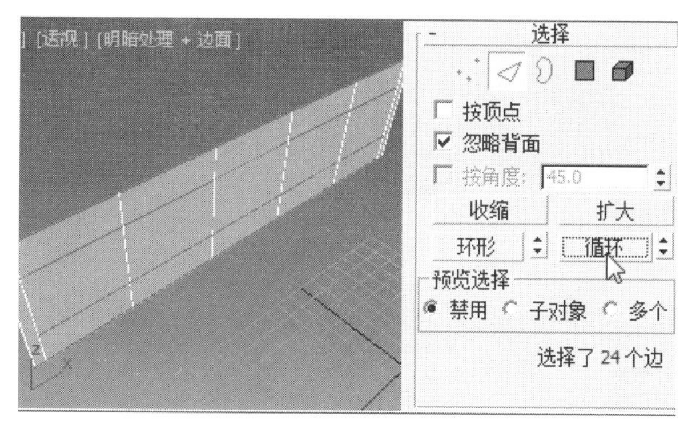

图9-26　以“循环”方式选择当前边连接方向上的其他边

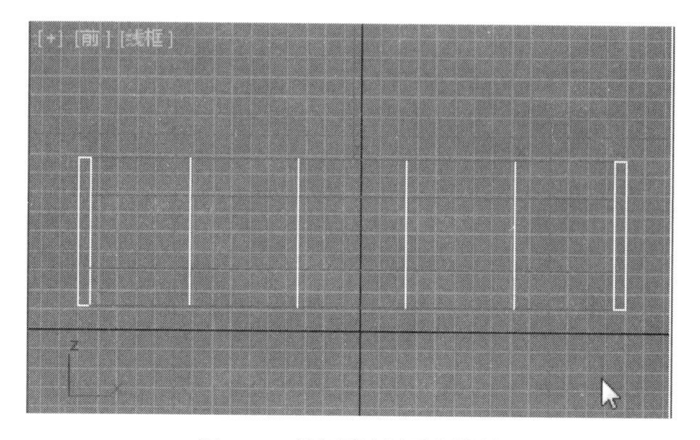

图9-27　前视图边显示的效果

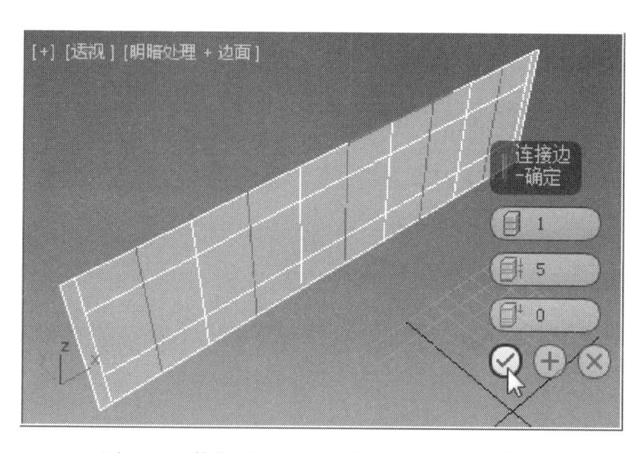

图9-28　将当前选择的边进行“连接边”设置

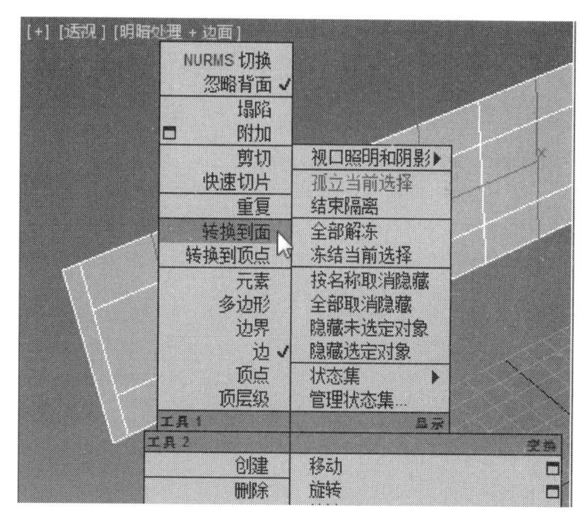

图9-29　将“窗架”选择的边“转换到面”

参数面板中，设置“分段”为“4”；“收缩”为“5”，点击“确定”，如图9-24所示。

⑫ 用鼠标左键在透视图中点击“窗架”左侧的“边”，在“选择”卷展栏中，点击“环形”，如图9-25所示。

⑬ 在“选择”卷展栏中，用鼠标左键点击“循环”，选择当前边连接方向上的边，如图9-26所示。

⑭ 前视图选择的边显示效果，如图9-27所示。

⑮ 在“编辑边”的卷展栏中，用鼠标左键点击“连接”右侧的“设置”按钮，在视图中的“连接边”参数面板中，设置“分段”为“1”；“收缩”为“5”，点击“确定”，如图9-28所示。

⑯ 在“窗架”对象上，点击鼠标右键，在弹出的快捷菜单中，选择“转换到面”，如图9-29所示。

⑰ 将选择“边”进行“边转换到面”后，透视图显示的效果，如图9-30所示。

⑱ 在“编辑多边形”的卷展栏中，用鼠标左键点击“插入”右侧的“设置”按钮，在视图中的“插入”参数面板中，设置“按多边形”方式，“数量”为“1.5”，点击“确定”，如图9-31所示。

⑲ 在“编辑多边形”的卷展栏中，用鼠标左键点击“挤出”右侧的“设置”按钮，在视图中的“挤出”参数面板中，设置“高度”为“1.5”，点击“确定”，如图9-32所示。

9.3.2 窗玻璃创建

❶ 在视图右侧“编辑几何体”卷展栏中，用鼠标左键点击“分离”工具，在弹出的“分离”面板中，将分离对象命名为“窗玻璃”，点击“确定”按钮，如图9-33所示。

❷ 用鼠标左键点击“资源管理器”（显示几何体）所属“名称”列表中的“窗玻璃”前的（显示或隐藏切换）图标，将“窗玻璃”隐藏，然后点击“窗架”，如图9-34所示。

注：隐藏“窗玻璃”是为了在后续工作中，设置日光投影的需要，否则日光将被阻挡。也可以将“窗玻璃”对象删除，不过，隐藏起来暂时保存，需要时显示出来的处理方式，对于夜景室内灯光的反射还是有用的。

❸ 隐藏“窗玻璃”后，当前透视图“窗架”显示的效果，如图9-35所示。

9.4 电视背景墙创建

❶ 结合鼠标中轴和键盘中的“Alt”键，将透视图中“房体”对象调整至有利于创建电视背景墙的位置和角度。用鼠标左键点击“选择”卷展栏的（边）图标，以“边”的编辑方式，结合键盘中的“Ctrl”键，选择“房体”上下两侧的“边”，如图9-36所示。

❷ 在“编辑边”的卷展栏中，点击“连接”右侧的“设置”按钮，在视图中的“连接边”参数面板中，设置“分段”为“2”；“收缩”为“50”，点击“+”（应用并继续），如图9-37所示。

❸ 继续在“编辑边”的参数面板中设置“分段”

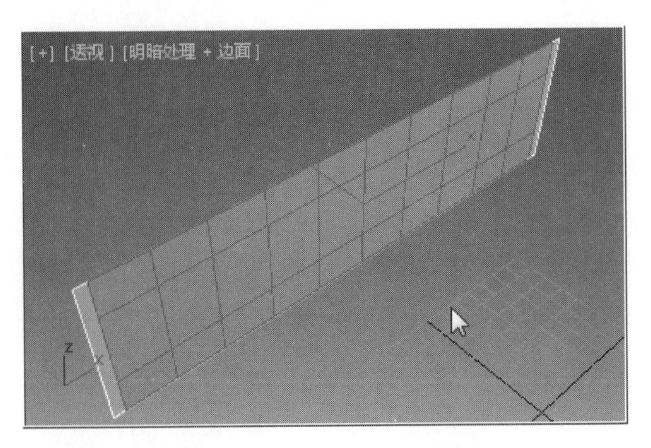

图9-30　当前边转换到面效果

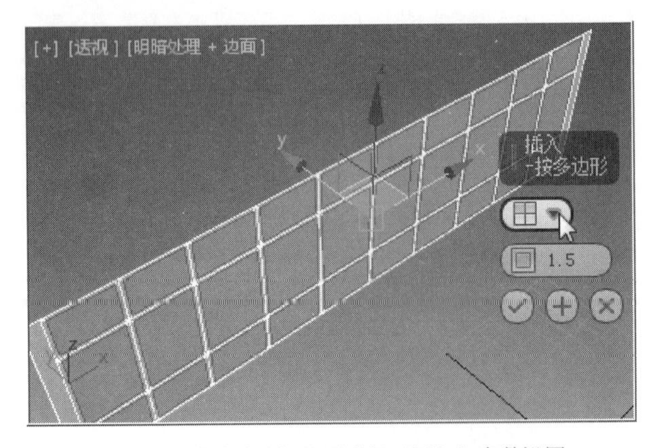

图9-31　将当前选择的面进行“插入”参数设置

图9-32　将当前选择的面进行“挤出”参数设置

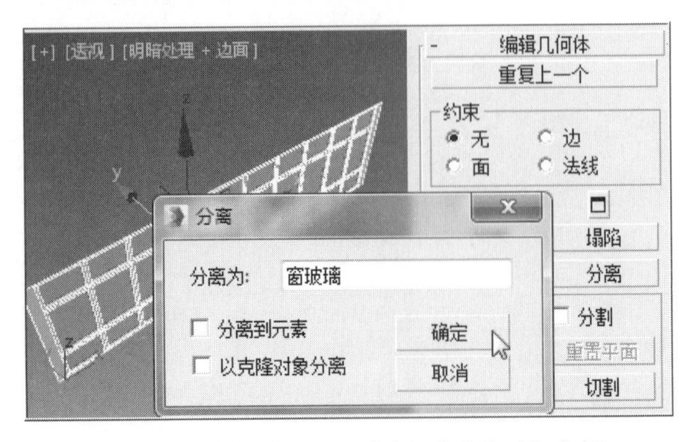

图9-33　将当前选择的面“分离”命名为“窗玻璃”

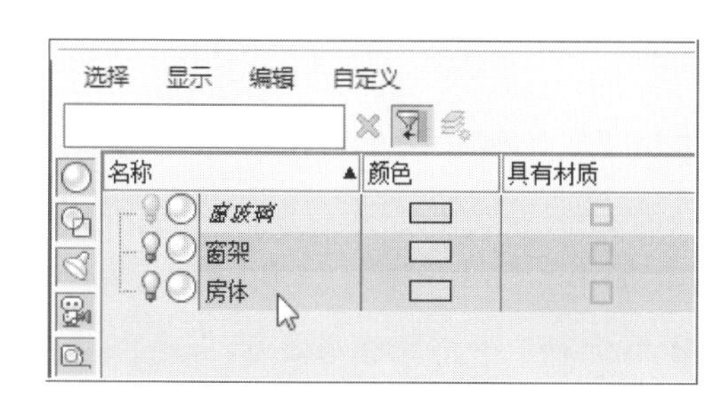

图9-34　将“窗玻璃”隐藏并点击“窗架”

图9-35　当前“窗玻璃”隐藏后“窗架”显示效果

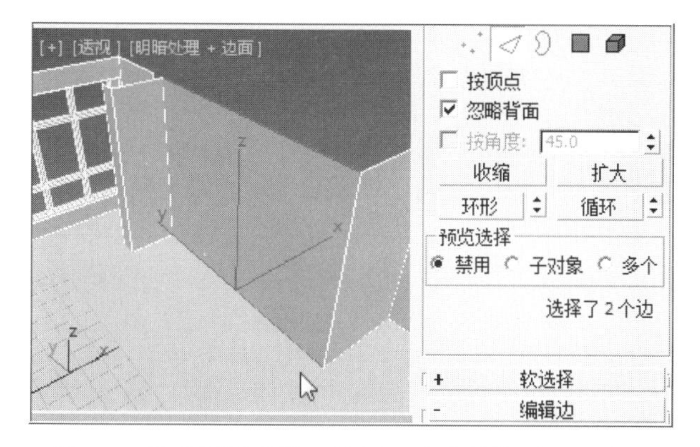

图9-36　将“房体”调整至创建电视机背景墙的位置和角度

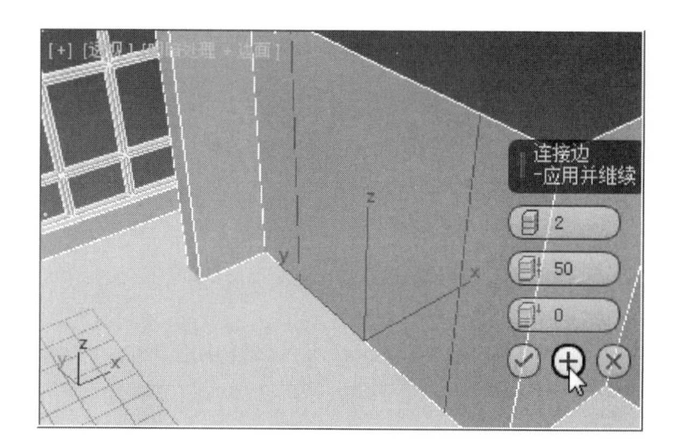

图9-37　将当前选择的边进行“连接”参数设置

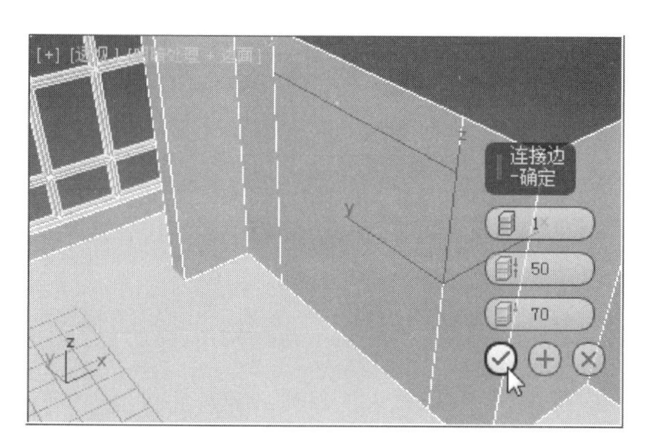

图9-38　将当前选择的两条边进行“连接”参数设置

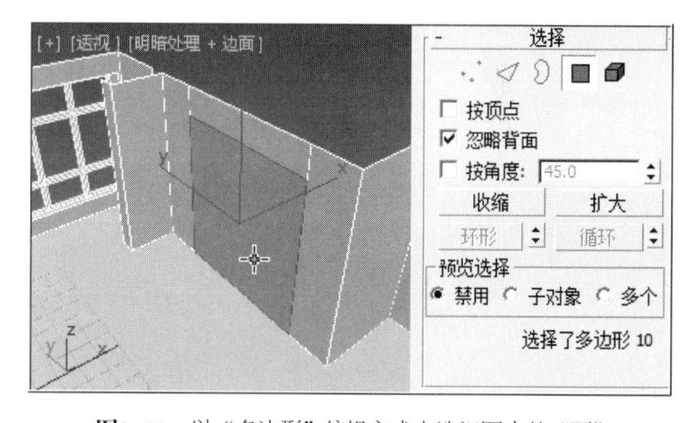

图9-39　以“多边形”编辑方式点选视图中的“面”

为“1”；“收缩”为“50”；“滑块”为“70”；点击“确定”，如图9-38所示。

❹ 用鼠标左键点击“选择”卷展栏的 ▣（多边形）图标，以“多边形”编辑方式，先勾选“忽略背面”，在透视图中，点击用于作为电视机背景墙的“面”，如图9-39所示。

❺ 在透视图中，结合键盘中的“Alt”键加“X”键，将“房体”转变为半透明显示状态。使用鼠标左键点击“编辑多边形”卷展栏下“挤出”工具右侧的“设置”按钮，在视图中的“挤出”参数面板中，设

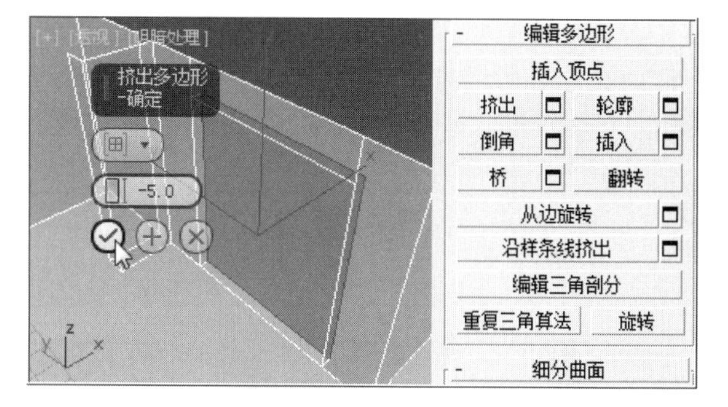

图9-40　将当前点选的面进行“挤出”参数设置

置“高度”为“-5”，点击“确定”，如图9-40所示。

❻ 用鼠标左键点击“选择”卷展栏的 ◁（边）图标，以“边”的编辑方式，结合键盘的“Ctrl”键，选择内墙两侧的“边”，如图9-41所示。

注：“Alt”键加“X”键，是将选择的对象半透明状态显示的快捷键，可以方便我们选取被遮挡区域的面或者边。

❼ 用鼠标左键继续点击“连接”右侧的“设置”按钮，在视图的“连接边”的参数面板中设置“分段”为“1”；“收缩”为“50”；“滑块”为“70”；点击“确定”，如图9-42所示。

❽ 用鼠标左键点击“选择”卷展栏的 ■（多边形）图标，以“多边形”编辑方式，在透视图中，点击新创建的背景墙的“面”，如图9-43所示。

❾ 以“多边形”编辑方式，使用鼠标左键点击“挤出”右侧的“设置”按钮，在视图面板中设置“高度”为“2.0”，点击“+”（应用并继续）按钮，如图9-44所示。

❿ 继续在“挤出”参数面板设置“高度”为“2.0”，点击“确定”，如图9-45所示。

⓫ 用鼠标左键点选视图中的顶部的面，使用“挤

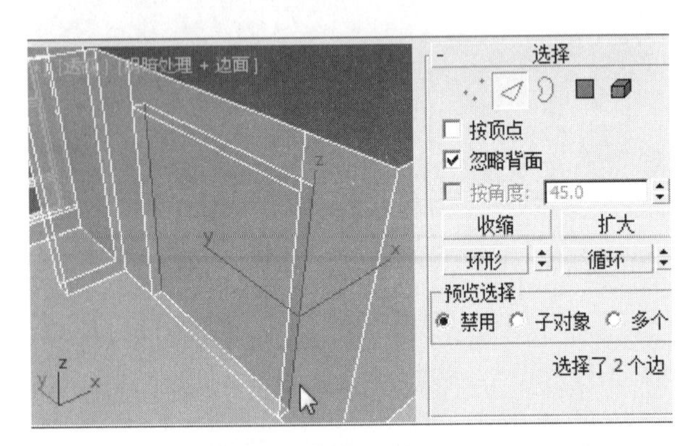

图9-41 以“边”的编辑方式点选内墙两侧的边

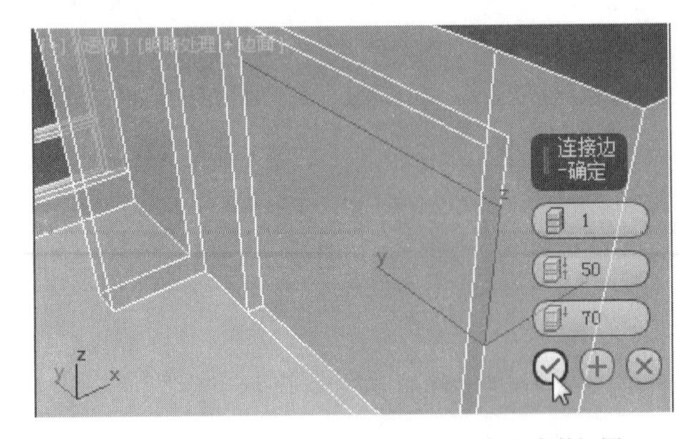

图9-42 将当前选择的两侧边进行“连接”参数设置

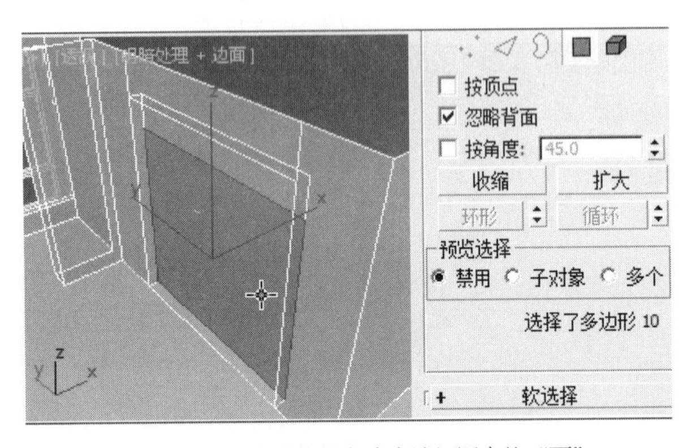

图9-43 以多边形编辑方式点选视图中的“面”

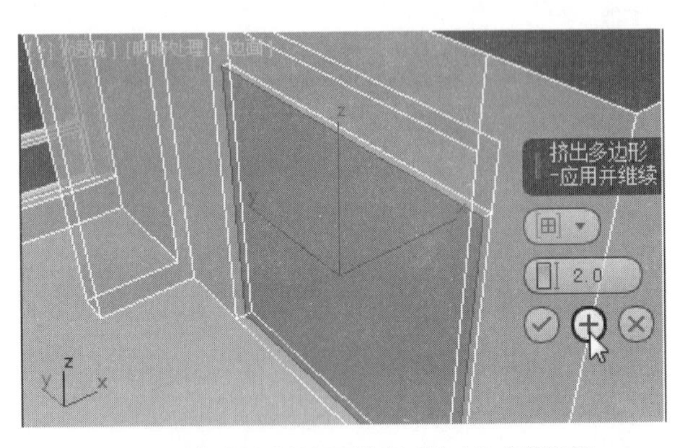

图9-44 将当前选择的面进行“挤出”参数设置

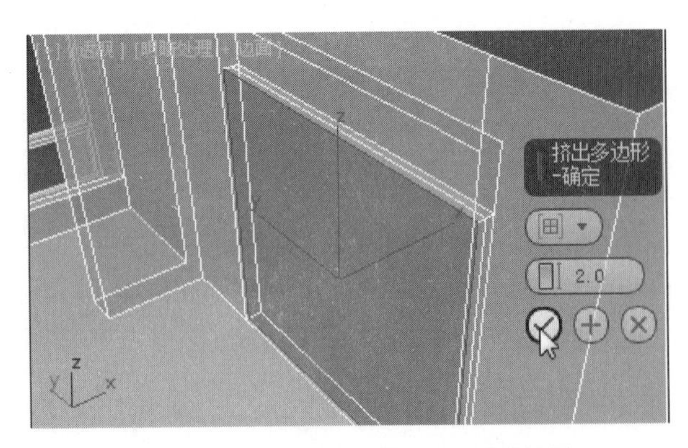

图9-45 将“挤出”的新的面进行参数设置

图9-46 将当前选择的面进行“挤出”参数设置

出”右侧的“设置”，将所选的“面”挤出“高度”设置为“2.0”，如图9–46所示。

⓬ 用鼠标左键点击“选择”卷展栏的 ◁（边）图标，以“边”的编辑方式，结合键盘的“Ctrl”键，选择“房体”外侧的两个“边”，如图9–47所示。

⓭ 用鼠标左键点击“连接”右侧的“设置”按钮，在视图的“连接边”的参数面板中设置“分段”为“10”；“收缩”为“0”；“滑块”为“0”，点击“确定”，如图9–48所示。

⓮ 点击鼠标右键，在弹出的快捷菜单中，选择将边“转换到面”，如图9–49所示。

⓯ 在透视图中，“转换到面”以后，用鼠标左键点击“多边形”编辑方式下的“倒角”右侧的“设置”按钮，在视图中的“倒角”参数面板中，选择“按多边形”方式，设置挤出“高度”为“1.0”；“轮廓”为“−0.5”；点击“确定”，如图9–50所示。

9.5 置物架创建

❶ 再次使用键盘的“Alt”键加“X”键，取消“房体”半透明显示状态。使用鼠标左键点击“选择”卷展栏的 ◁（边）图标，以“边”的编辑方式，结合键盘的“Ctrl”键，选择“房体”上下两侧的“边”，如图9–51所示。

❷ 用鼠标左键点击“连接”右侧的“设置”按钮，在视图“连接边”的面板中，设置“分段”为“2”；“收缩”为“60”；点击“+”（应用并继续），如图9–52所示。

❸ 继续在“编辑边”的参数面板中设置“分段”

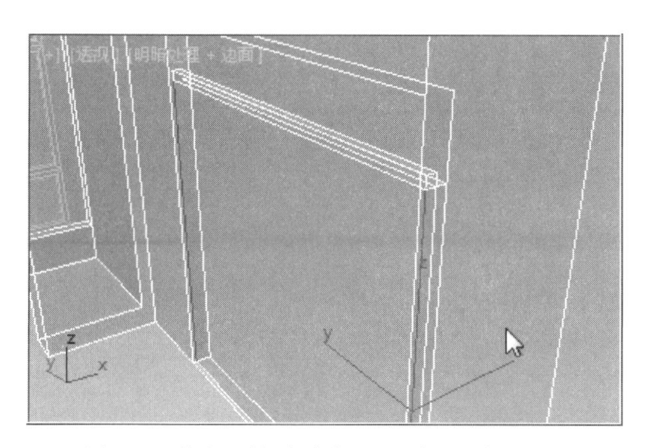

图9–47 以边的编辑方式点选视图中的两个“边”

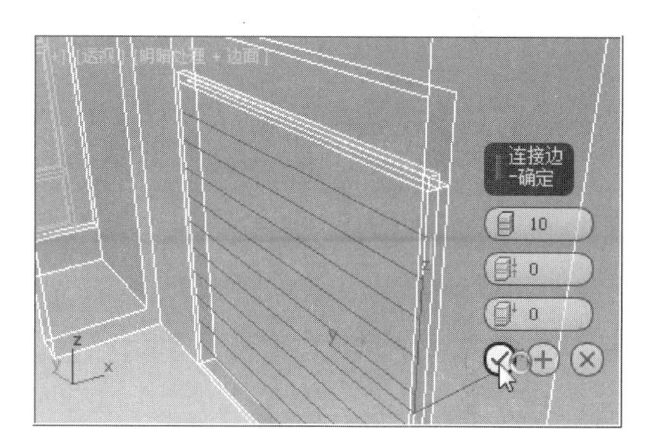

图9–48 将当前选择的两侧“边”进行“连接”参数设置

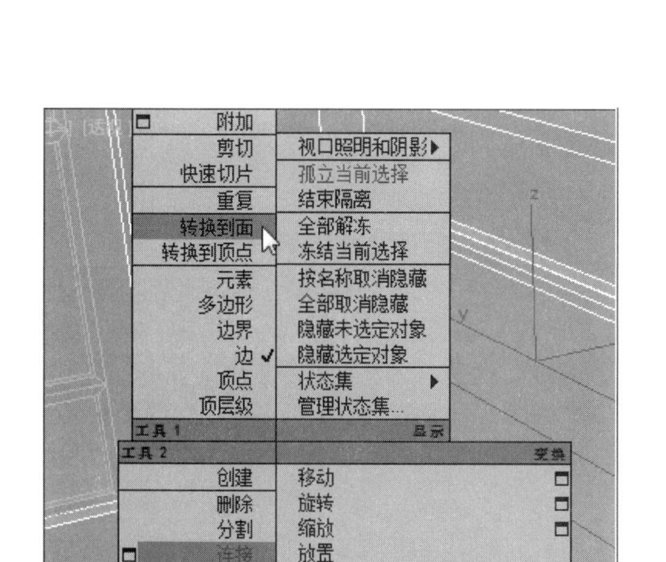

图9–49 将当前选择的边转换到面

图9–50 设置以多边形方式进行“倒角”

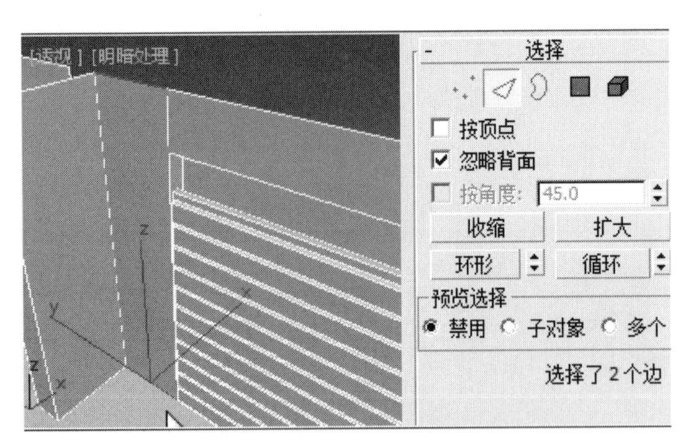

图9-51 以“边”的编辑方式点选视图中的两个“边”

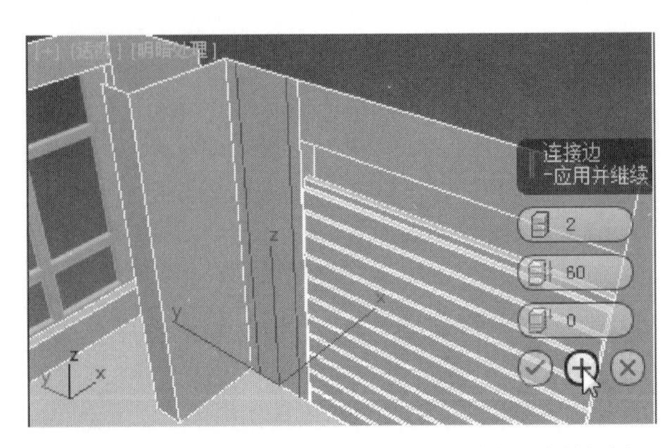

图9-52 将当前选择的两侧“边”进行“连接”参数设置

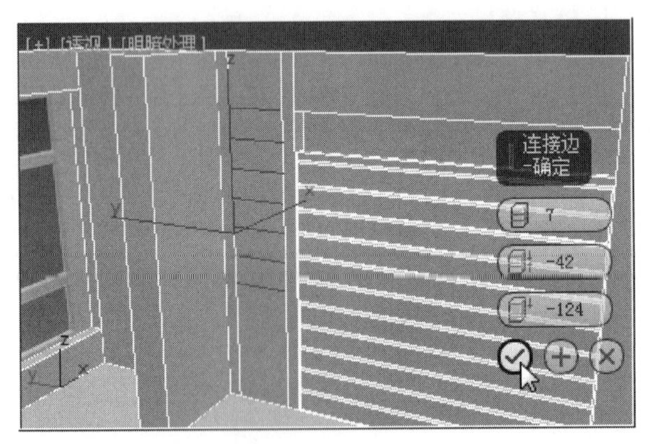

图9-53 将当前选择的两侧“边”进行“连接”参数设置

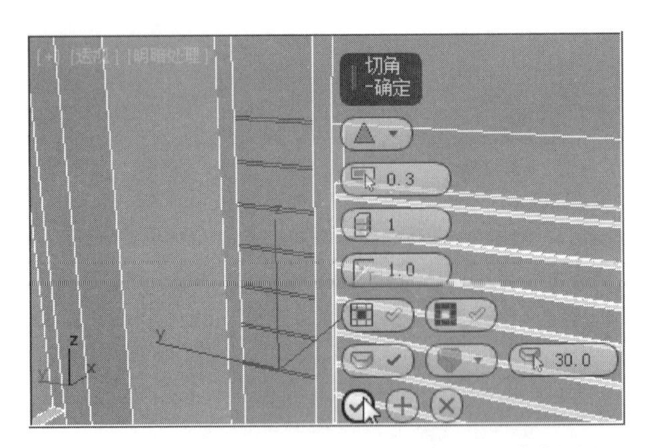

图9-54 将当前选择的“边”进行“切角量”的参数设置

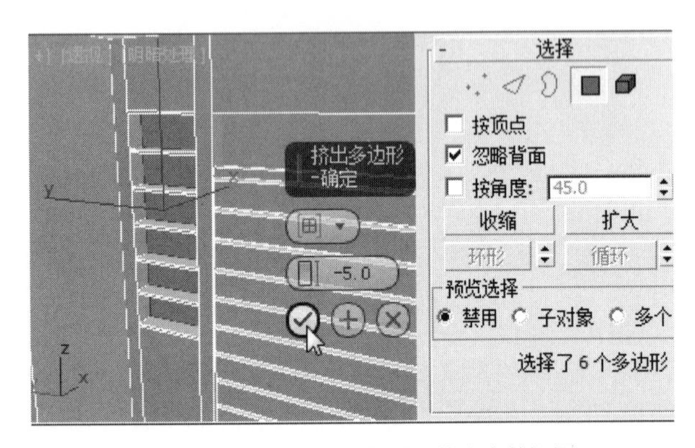

图9-55 将当前选择的面进行挤出参数设置

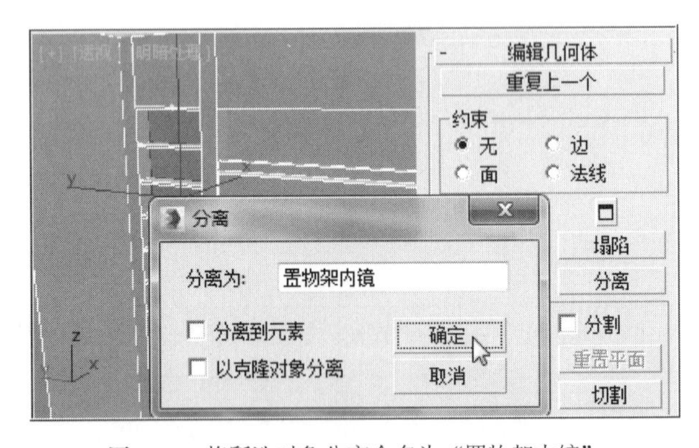

图9-56 将所选对象分离命名为“置物架内镜”

为“7”；“收缩”为“-42”；“滑块”为“-124“；点击“确定”，如图9-53所示。

❹ 用鼠标左键点击“切角”右侧的“设置”，在视图显示的“切角”面板中，设置“切角量”为“0.3”，如图9-54所示。

❺ 用鼠标左键点击“选择”卷展栏的 ■（多边形）图标，以“多边形”编辑方式，在透视图中，结合键盘的“Ctrl”键，点击新创建的6个“面”，再点击“编辑多边形”卷展栏中“挤出”右侧的“设置”按钮，在视图的挤出面板中，设置“高度”为“-5.0”，点击“确定”，如图9-55所示。

❻ 在视图右侧“编辑几何体”卷展栏中，用鼠标左键点击“分离”工具，在弹出的“分离”面板中，将分离对象命名为“置物架内镜”，点击“确定”按

钮，如图9-56所示。

❼ 用鼠标左键点击“选择”卷展栏的 ◁（边）图标，以“边”的编辑方式，结合键盘中的“Ctrl”键，选择外侧的“边”，如图9-57所示。

❽ 在“边”的编辑方式下，用鼠标左键点击“环形”，选择平行方向上的“边”，如图9-58所示。

❾ 在当前“边”被选择的状态下点击鼠标右键，在弹出的快捷菜单中，选择“转换到面”，如图9-59所示。

❿ 在视图右侧“编辑几何体”卷展栏中，用鼠标左键点击“分离”工具，在弹出的“分离”面板中，将分离对象命名为“置物架玻璃隔板”，点击“确定”按钮，如图9-60所示。

9.6 装饰画创建

❶ 用鼠标左键点击“选择”卷展栏的 ◁（边）图标，以“边”的编辑方式，结合键盘中的“Ctrl”键，点选侧墙左右两个“边”，如图9-61所示。

❷ 用鼠标左键点击“连接”右侧的“设置”按钮，在视图“连接边”的面板中，设置“分段”为“2”；“收缩”为“0”；“滑块”为“55”；点击“+”（应用并继

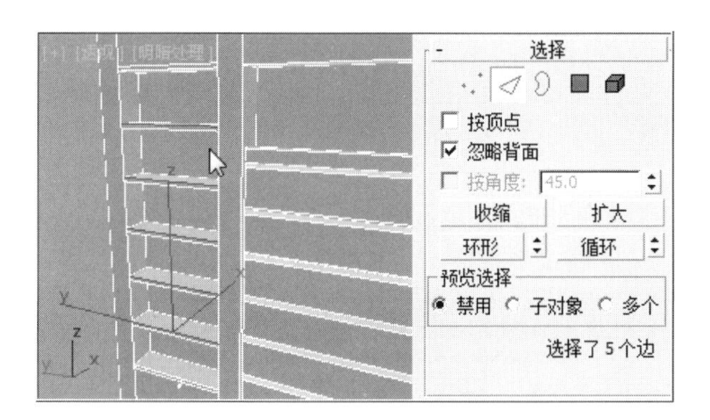

图9-57　以“边”的编辑方式选择外侧的边

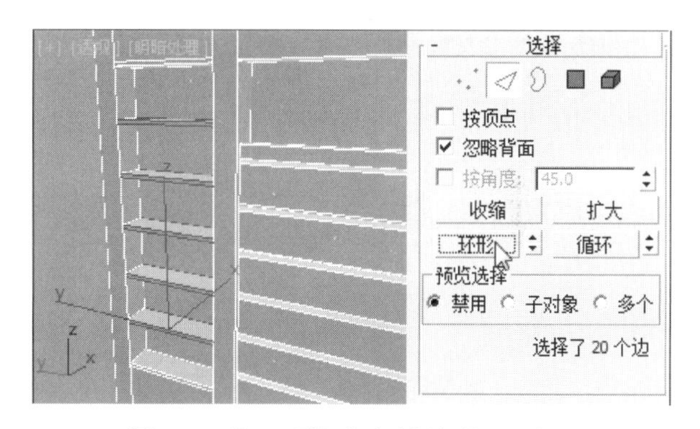

图9-58　以“环形”方式选择相关的“边”

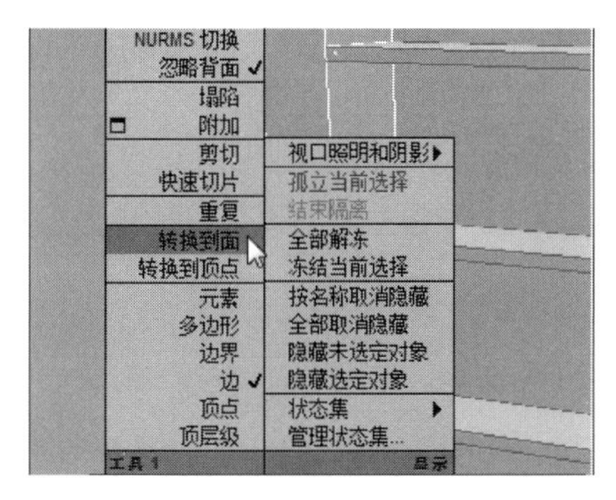

图9-59　将当前“边”转换到面

图9-60　将当前选择的面分离命名为“置物架玻璃隔板”

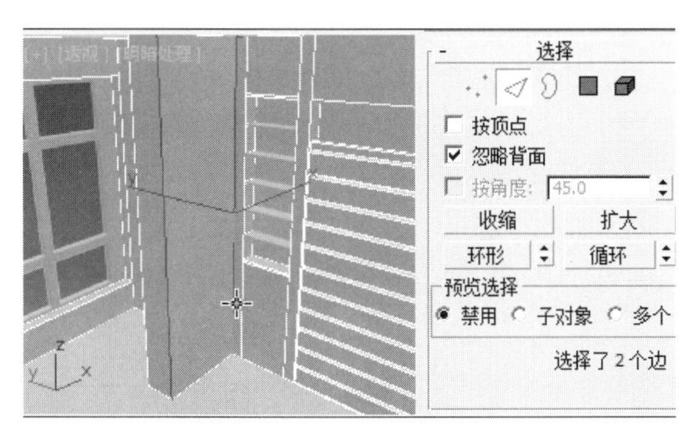

图9-61　以“边”的编辑方式点选侧墙左右两个“边”

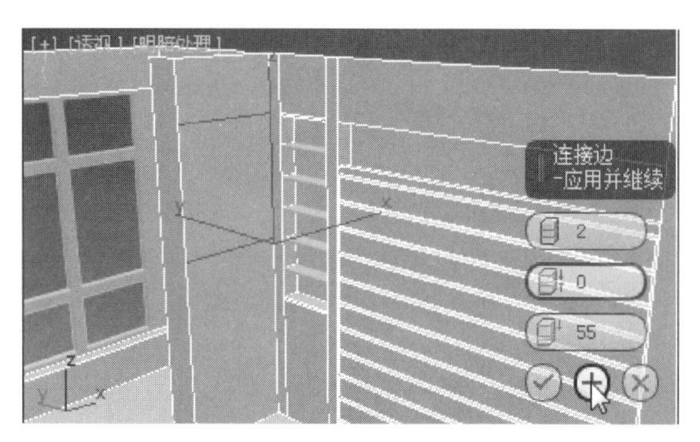

图9-62　将当前选择的两侧边进行连接参数设置

续），如图9-62所示。

❸ 继续在“编辑边”的参数面板中设置“分段”为“2”；“收缩”为“55”；“滑块”为“0”；点击“确定”，如图9-63所示。

❹ 用鼠标左键点击“选择”卷展栏的（多边形）图标，以“多边形”编辑方式，在透视图中，点击新创建的“面”，如图9-64所示。

❺ 用使用鼠标左键点击“编辑多边形”卷展栏中“挤出”右侧的“设置”按钮，在视图的“挤出”面板中，设置“高度”为“1”，点击“确定”，如图9-65所示。

❻ 在视图右侧“编辑几何体”卷展栏中，用鼠标左键点击“分离”工具，在弹出的“分离”面板中，将分离对象命名为“装饰画”，点击“确定”按钮，如图9-66所示。

❼ 用鼠标左键点击“资源管理器”（显示几何体）所属“名称”列表中的“装饰画”，如图9-67所示。

❽ 在视图右侧命令面板中，用鼠标左键点击（层次）命令，在“调整轴”卷展栏中，点选“仅影响轴”工具，再点击“居中到对象”工具，将“装饰画”的坐标轴调整至自身居中位置，如图9-68所示。

注：调整坐标轴至自身居中位置，有利于后续的材质编辑过程使用纹理贴图在对齐方向上的正常展示。

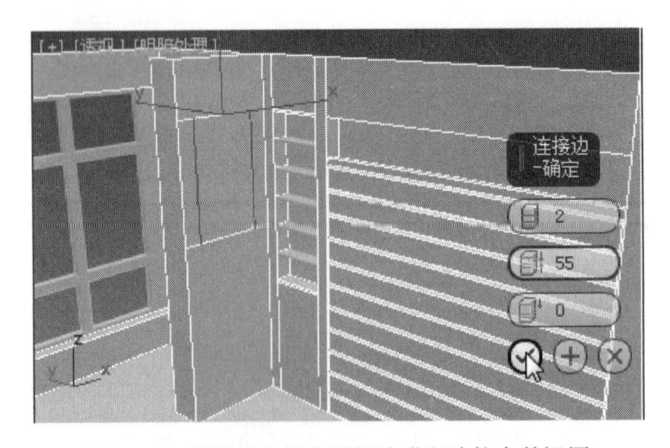

图9-63 将当前选择的两侧边进行连接参数设置

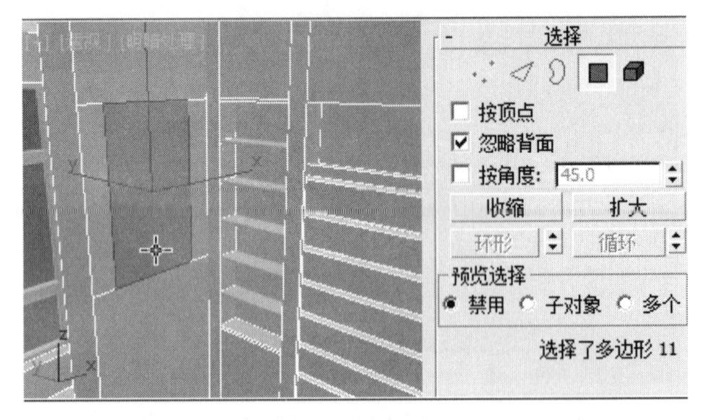

图9-64 以“多边形”编辑方式点选新创建的“面”

图9-65 将当前选择的面进行“挤出”参数设置

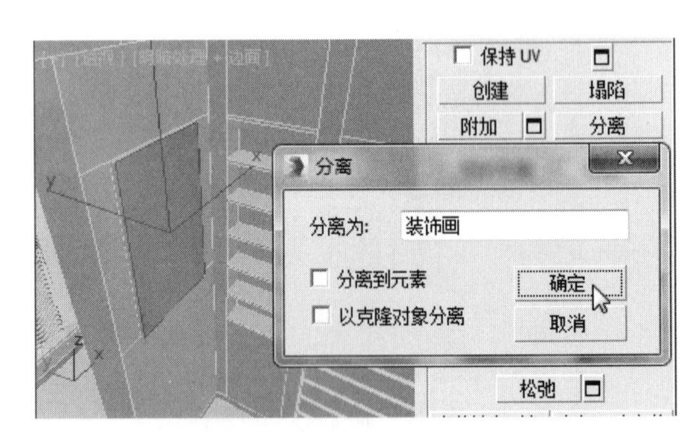

图9-66 将当前选择面分离命名为“装饰画”

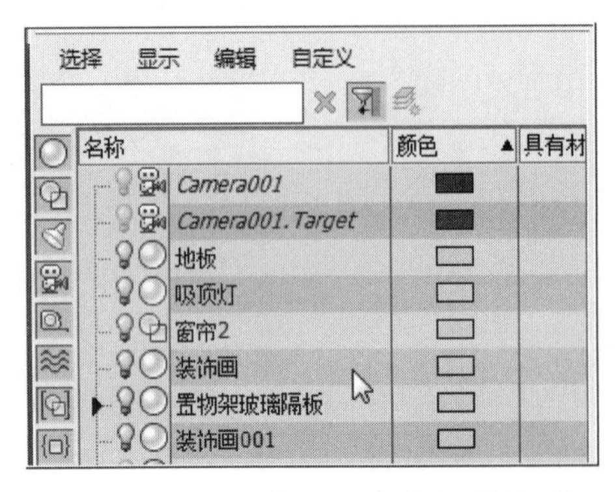

图9-67 在“资源管理器”中点选“装饰画”

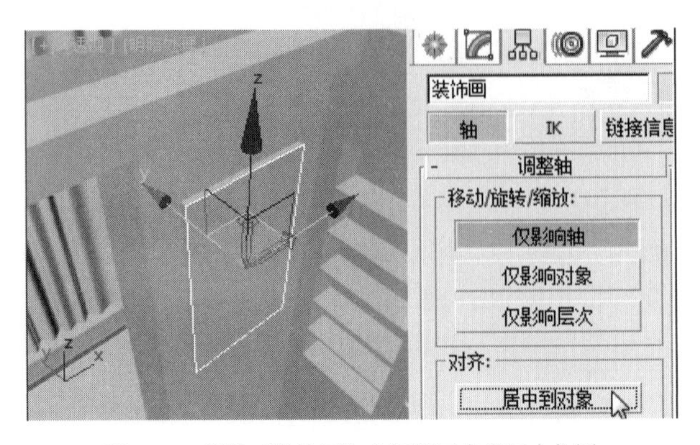

图9-68 调整“装饰画”坐标轴至自身居中位置

❾ 用鼠标左键再次点击“仅影响轴”工具，完成对“装饰画”的轴调整，如图9-69所示。

9.7 吊顶的创建

吊顶的创建首先是要通过布局房体顶部面结构上的线，可以依托视图中相关顶点之间的连接来实现。

❶ 用鼠标左键点击“资源管理器”(显示几何体)所属“名称”列表中的“房体”，如图9-70所示。

❷ 用鼠标左键点击“选择”卷展栏的(多边形)图标，以“多边形”编辑方式，在透视图中，点击房体的顶面，即用于创建天花板吊顶的面，如图9-71所示。

❸ 在视图右侧“编辑几何体”卷展栏中，用鼠标左键点击“分离”工具，在弹出的“分离”面板中，将分离对象命名为“吊顶”，点击“确定”按钮，如图9-72所示。

❹ 用鼠标左键点击“资源管理器”(显示几何体)所属“名称”列表中的“天花板”，如图9-73所示。

❺ 用鼠标左键在顶视图标签位置上，点击“顶”，在弹出的菜单中，选择“底”，将顶视图转换为底视图，

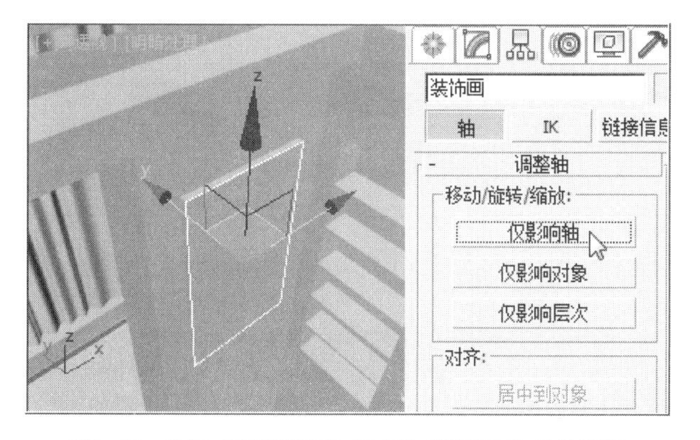

图9-69　关闭“仅影响轴”完成对“装饰画”的轴调整

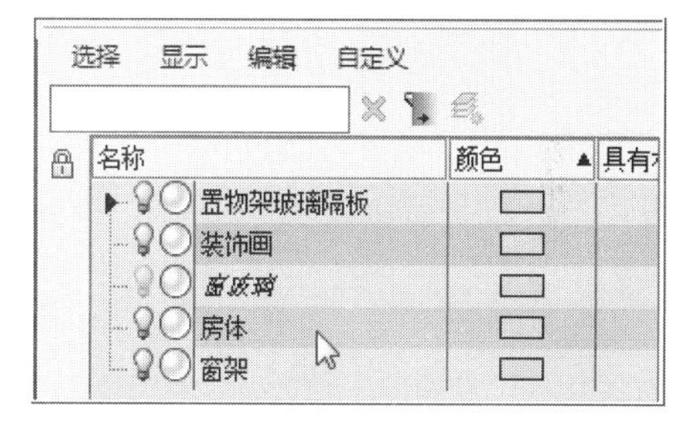

图9-70　在“资源管理器”中点选“房体”

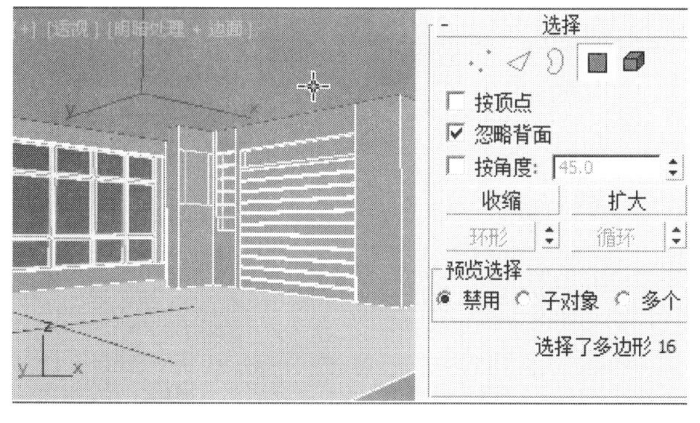

图9-71　以“多边形”编辑方式点选房体顶部的面

图9-72　将房体当前点选的面“分离”命名为“吊顶”

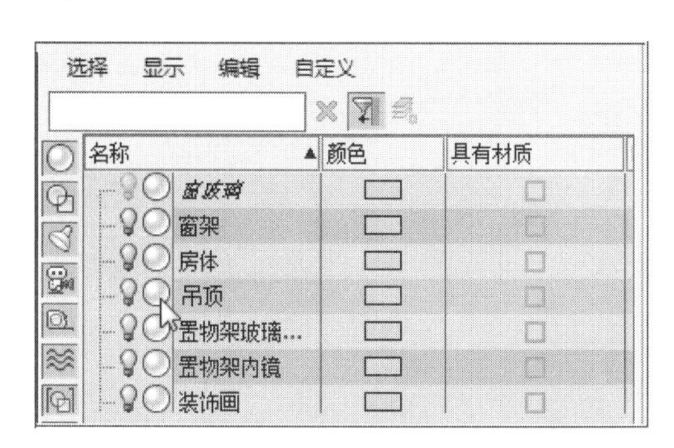

图9-73　在“资源管理器”中点选“天花板”

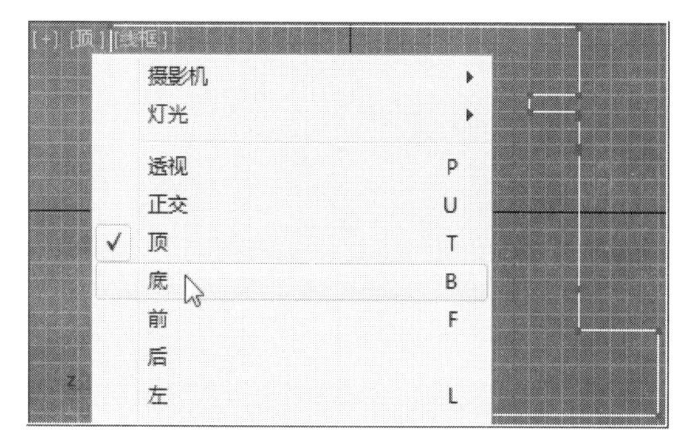

图9-74　将顶视图转换为底视图

如图9–74所示。

❻ 用鼠标左键点击“选择”卷展栏的 ⁝ （顶点）图标，以“顶点”编辑方式，在底视图中，使用鼠标左键框选两个“顶点”，如图9–75所示。

❼ 在视图右侧“编辑顶点”卷展栏中，用鼠标左键点击“连接”工具，将所选两个顶点进行连接，如图9–76所示。

❽ 同样以“顶点”编辑方式，使用鼠标左键框选对应的两个“顶点”，使用“连接”工具将其连接，如图9–77所示。

❾ 继续以“顶点”编辑方式，使用鼠标左键框选对应的两个“顶点”，使用“连接”工具将其连接，如图9–78所示。

❿ 当前完成“顶点”连接的“吊顶”线的布局情况，如图9–79所示。

⓫ 用鼠标左键框选“吊顶”右侧边上的4个“顶点”，如图9–80所示。

⓬ 在视图右侧“编辑顶点”卷展栏中，用鼠标左键点击“移除”工具，将所选的4个顶点移除，如图9–81所示。

注：对边上的“顶点”进行删除时，切不可使用键盘中的“Delete”键，以避免将顶点依附的“边”删除，移除“顶点”可使用键盘的“Backspace”键操作。

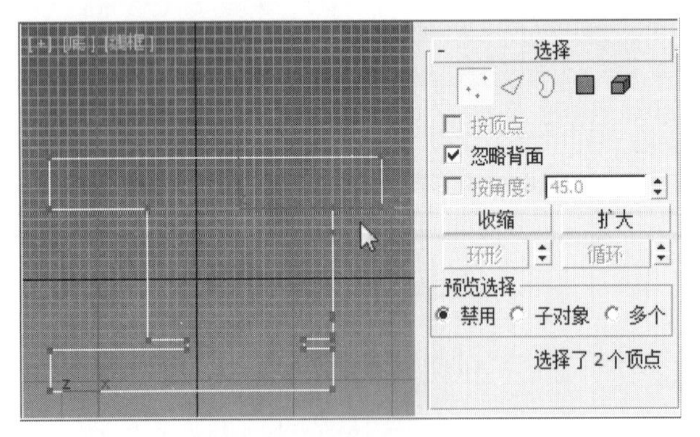

图9–75　使用“顶点”编辑方式框选两个“顶点”

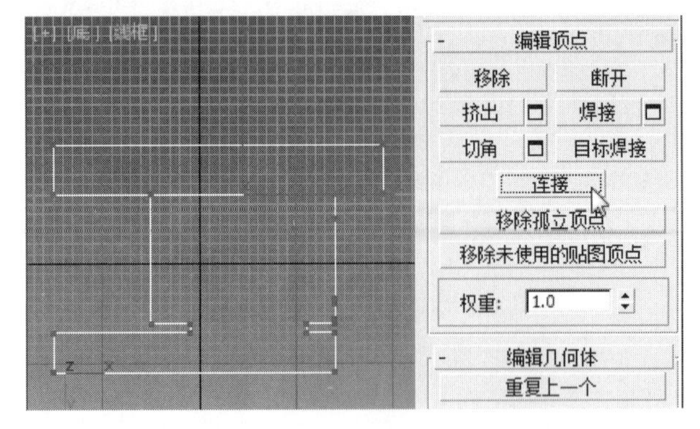

图9–76　将当前所选的“顶点”进行“连接”

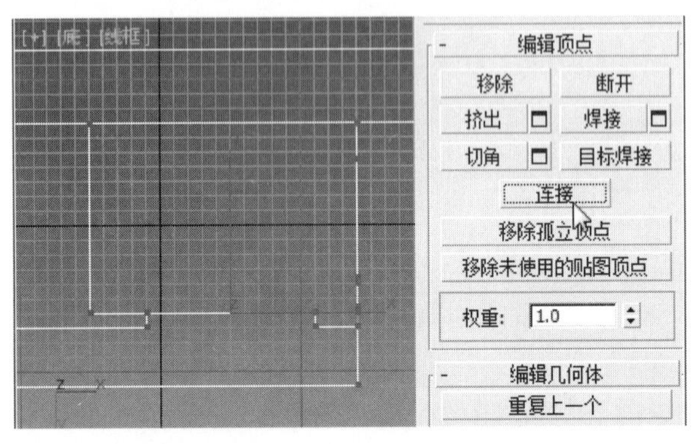

图9–77　将所选的两个“顶点”进行“连接”

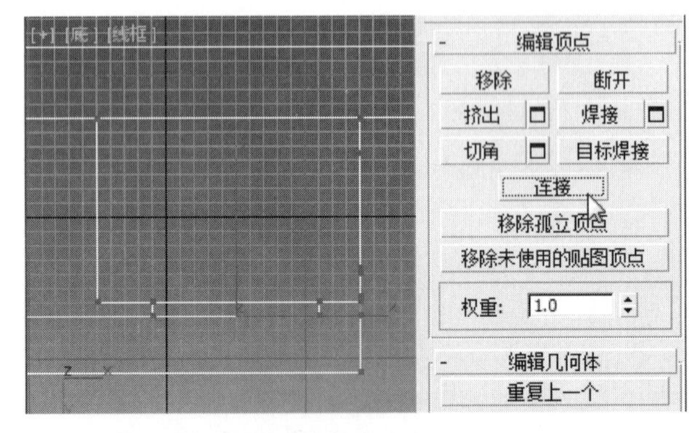

图9–78　将所选的两个“顶点”进行“连接”

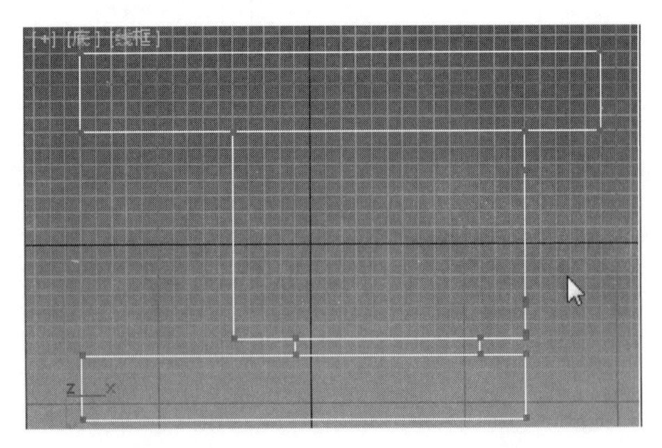

图9–79　当前完成的“顶点”之间的连接显示

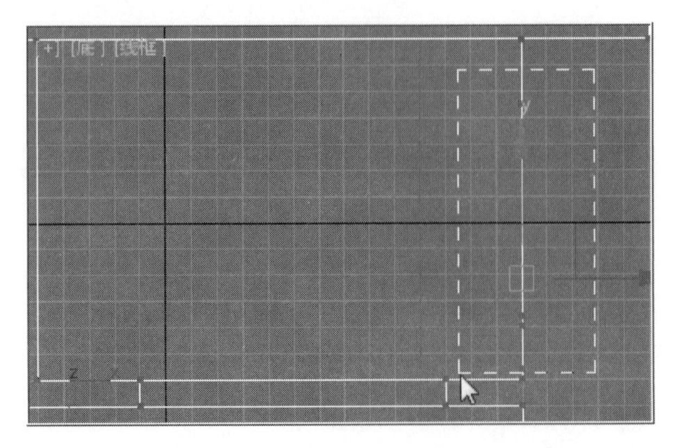

图9–80　用鼠标左键框选天花板右侧边上的4个顶点

⓭ 用鼠标左键点击“选择”卷展栏的 ■（多边形）图标，以“多边形”编辑方式，在透视图中，点击“吊顶”新创建的面，如图9-82所示。

⓮ 在“编辑多边形”的卷展栏中，用鼠标左键点击“插入”右侧的“设置”按钮，在视图中的“插入”参数面板中，设置“按多边形”方式；“数量”为“10”；点击“确定”，如图9-83所示。

⓯ 将当前点选的“面”使用键盘的“Delete”键删除，在视图右侧“选择”卷展栏中，使用鼠标左键点击“边界”图标，以边界的编辑方式点选删除面的边界，如图9-84所示。

⓰ 用鼠标左键点选主工具行中的 ✥（选择并移动）工具，结合键盘的“Shift”键，将光标放置在当前所选边界的Z轴，通过按压鼠标左键向Z轴最大化方向移动合适单位，从而在边界边的基础上创建新的面，如图9-85所示。

⓱ 用鼠标左键点击主工具行中的 ▣（选择并均匀缩放）工具，将光标放置在顶视图所选当前“边界”的XY轴上，结合键盘“Shift”键，通过点压鼠标左键并滑动鼠标方法沿着XY轴缩放合适大小，从而创建新的边界方向上的面，如图9-86所示。

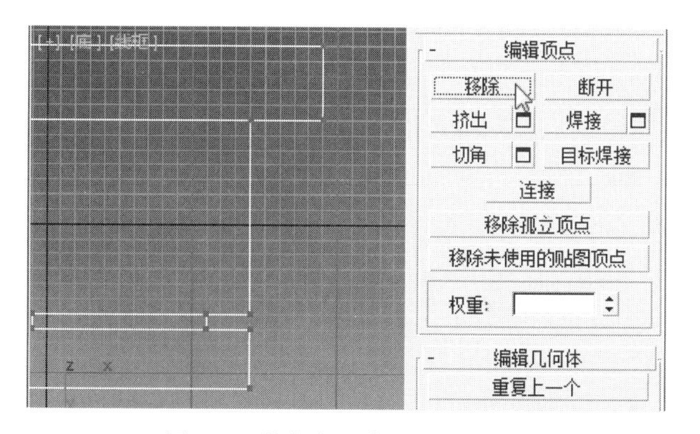

图9-81 将多选的4个顶点“移除”

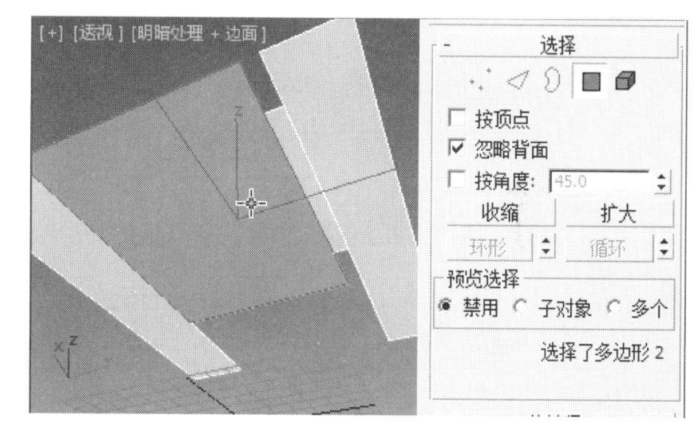

图9-82 以“多边形”编辑方式点选“吊顶”新创建的面

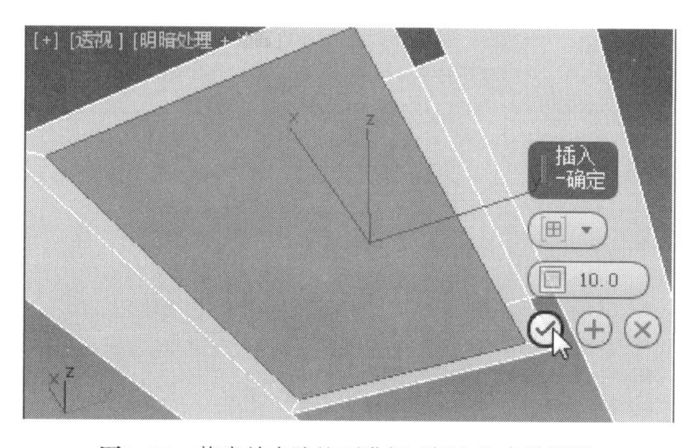

图9-83 将当前点选的面进行“插入”参数设置

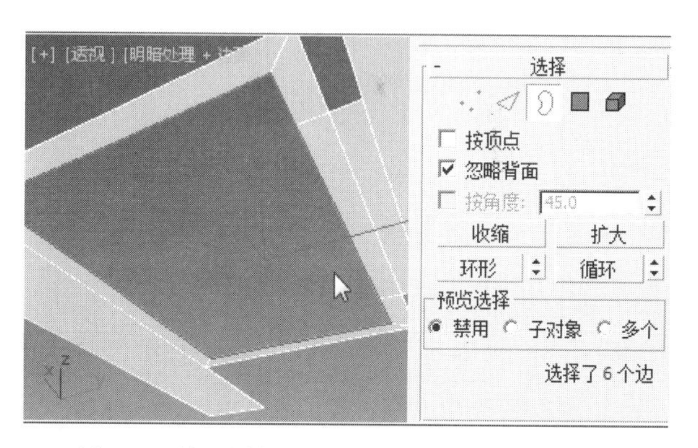

图9-84 以“边界”编辑方式点选删除面的“边界”

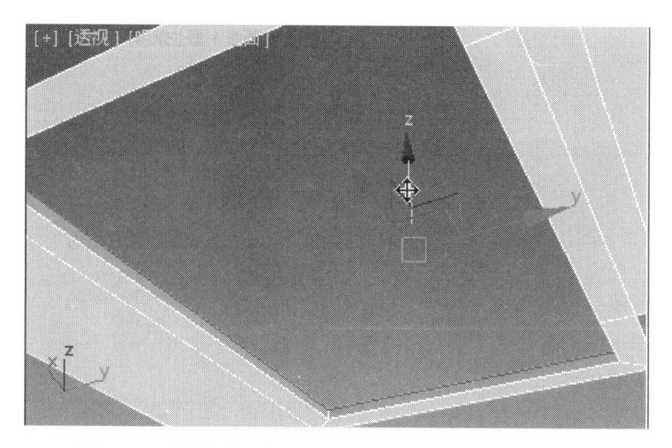

图9-85 用移动工具结合“Shift”键创建新的边界面

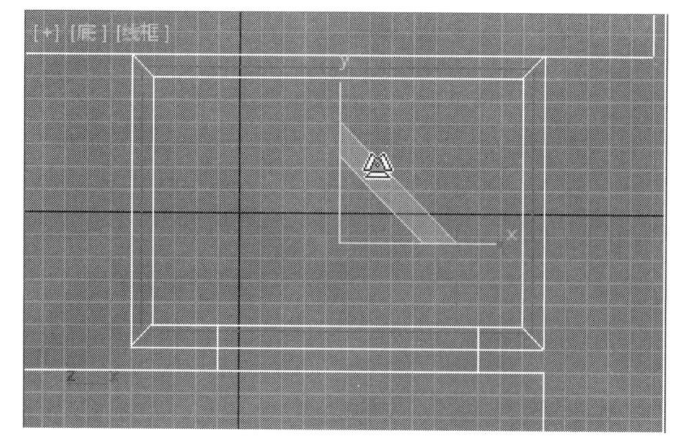

图9-86 将当前点选的“边界”沿着XY轴缩放合适大小

⑱ 用鼠标左键点击“选择”卷展栏的 ◁（边）图标，以“边”的编辑方式，结合主工具行中的 ✥（选择并移动）工具，将当前缩放后的相关边选择并调整位置，如图9-87所示。

⑲ 在视图右侧“选择”卷展栏中，使用鼠标左键点击“边界”图标，再次点选视图中的调整后的“边界”，结合键盘的“Shift”键，将光标放置在当前所选边界的Y轴，通过按压鼠标左键向Y轴最大化方向移动合适单位，创建出新的面，如图9-88所示。

⑳ 在“编辑边界”的卷展栏中，用鼠标左键点击“封口”按钮，将边界口封闭成面，如图9-89所示。

㉑ 在视图右侧命令面板中，点击 品（层次）命令，在“调整轴”卷展栏中，点选“仅影响轴”，再点击“居中到对象”，将吊灯“坐标轴”调整至自身居中位置，如图9-90所示。

㉒ 用鼠标左键再次点击“仅影响轴”工具，完成对“吊灯”的轴调整，如图9-91所示。

9.8 灯带创建

9.8.1 吊顶灯带创建

❶ 用鼠标左键点击“选择”卷展栏的 ◁（边）图标，以“边”的编辑方式，框选“吊顶”角度位置上的边，如图9-92所示。

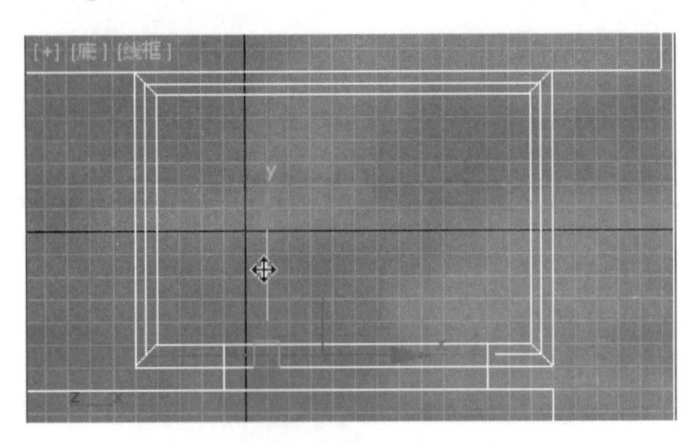

图9-87 “边”编辑方式下选择相关边调整位置

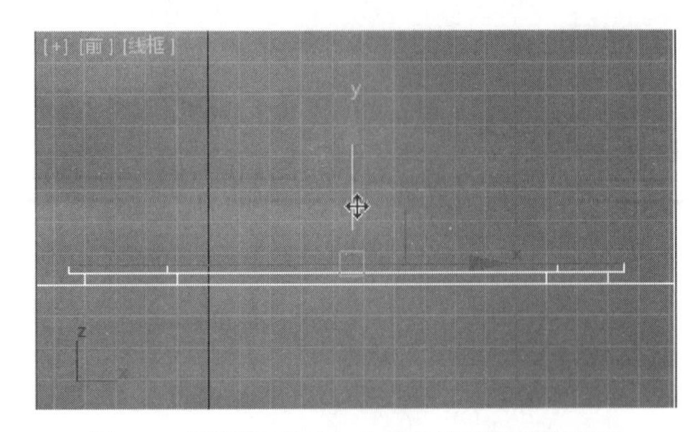

图9-88 用移动工具结合“Shift”键创建新的边界面

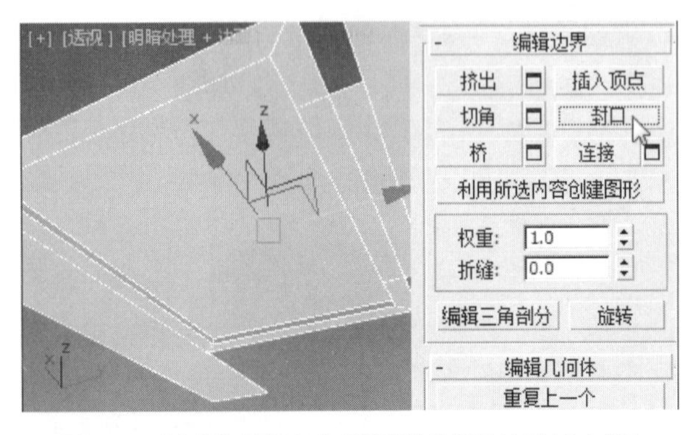

图9-89 “边界”编辑方式下将当前选择的边界封口成面

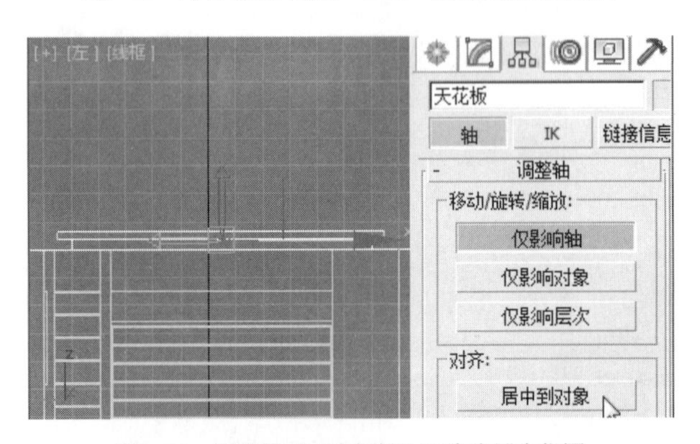

图9-90 调整吊顶“坐标轴”至自身居中位置

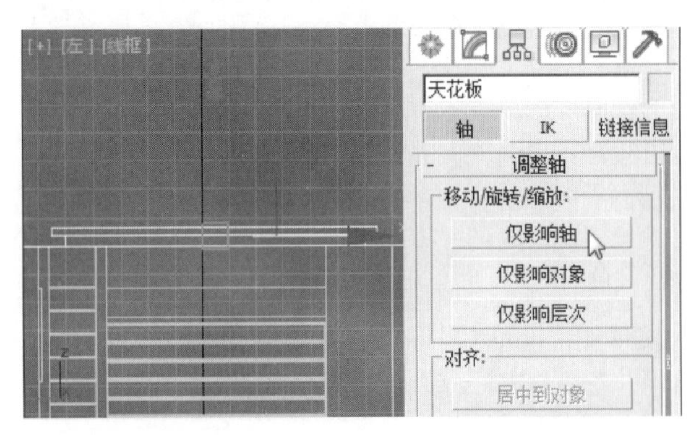

图9-91 关闭“仅影响轴”完成对“吊顶”的轴调整

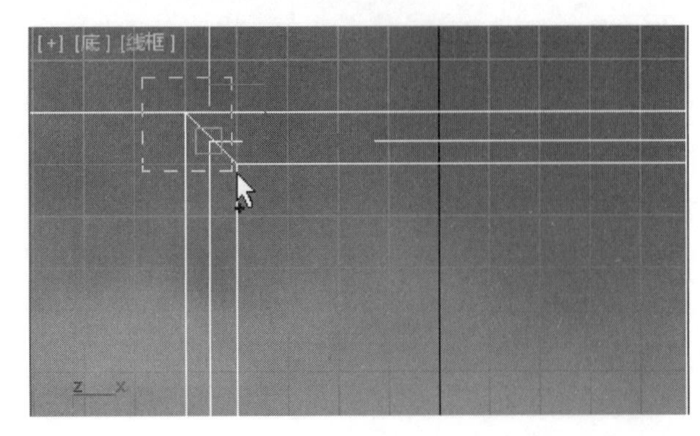

图9-92 以“边”的编辑方式框选“吊顶”角度位置上的边

❷ 用鼠标左键点击视图右侧“选择”卷展栏中“边”编辑方式下的“环形”按钮，选择当前边环形方向上的所有“边”，如图9–93所示。

❸ 在当前边被选取的情况下，点击鼠标右键，在弹出的快捷菜单中选择“转换到面”，如图9–94所示。

❹ 边“转换到面”以后的当前透视图显示，如图9–95所示。

❺ 在视图右侧“编辑几何体”卷展栏中，用鼠标左键点击“分离”工具，在弹出的“分离”面板中，将分离对象命名为“吊顶灯带”，点击“确定”按钮，如图9–96所示。

9.8.2 电视背景墙灯带

继续以“多边形”编辑方式，使用鼠标左键点选电视机背景墙灯槽内用作灯带的“面”，在视图右侧“编辑几何体”卷展栏中，用鼠标左键点击“分离”工具，在弹出的“分离”面板中，用将分离对象命名为“电视机背景墙灯带”，点击“确定”按钮，如图9–97所示。

9.9 窗台的创建

❶ 用鼠标左键点击“资源管理器”（显示几何体）所属“名称”列表中的“房体”，如图9–98所示。

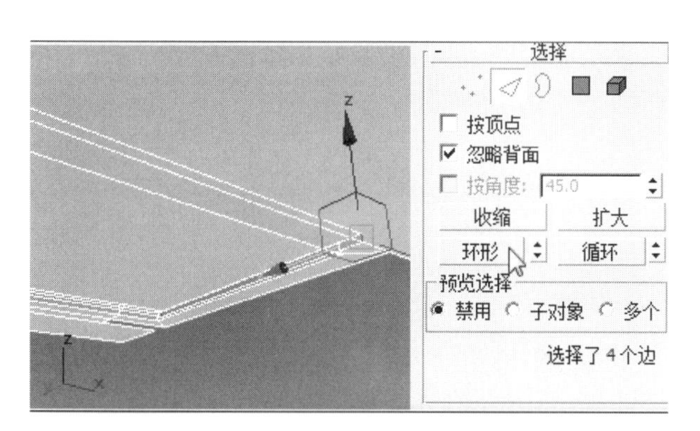

图9–93　点击“环形”选取所有环形方向上的“边”

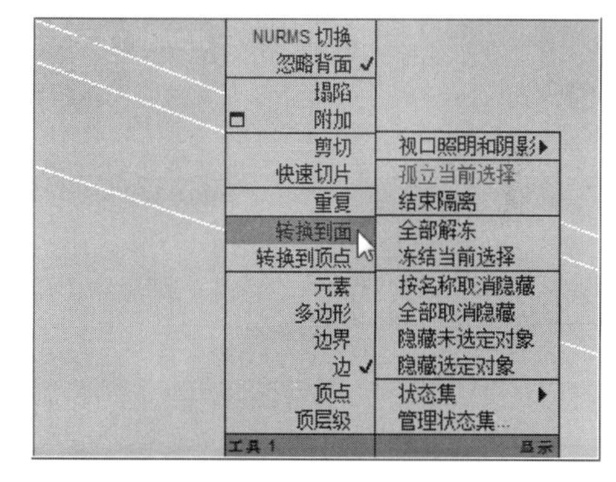

图9–94　将当前边“转换到面”

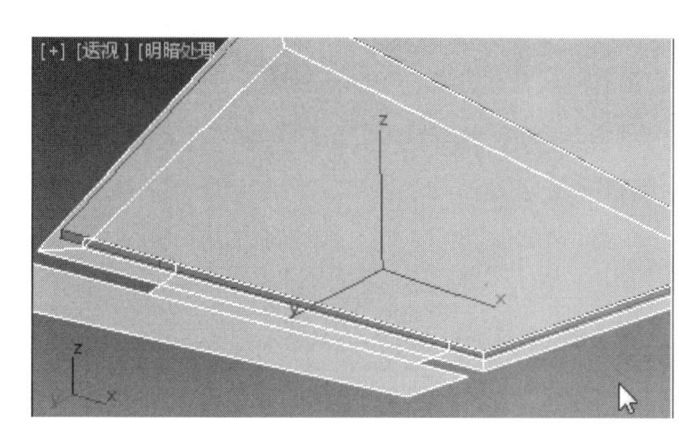

图9–95　“转换到面”以后当前透视图显示

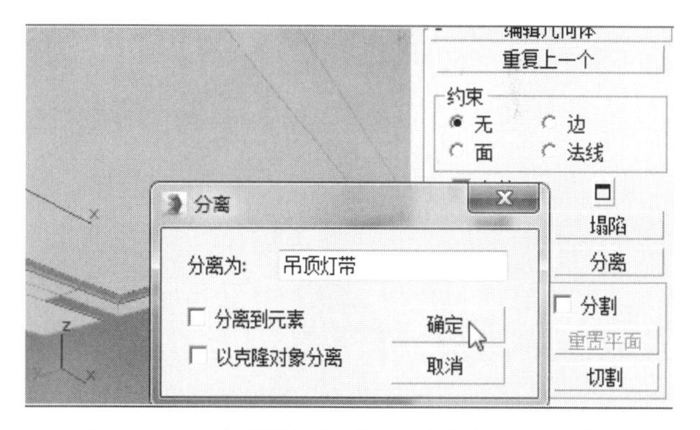

图9–96　将当前所选面“分离”命名为“吊顶灯带”

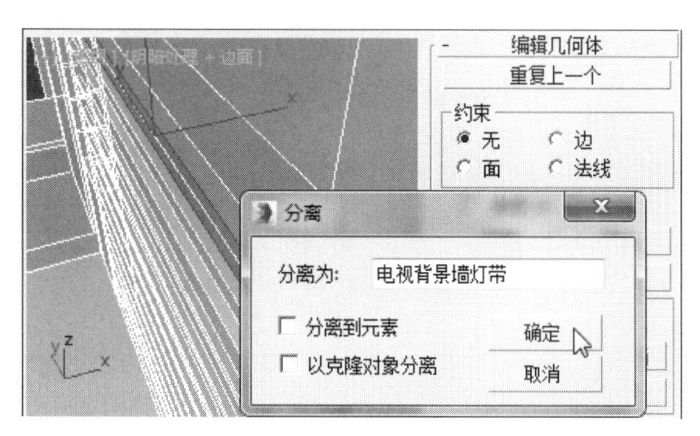

图9–97　将当前所选面“分离”命名为“电视背景墙灯带”

图9–98　在“资源管理器”中点选“房体”

❷ 用鼠标左键点击“选择”卷展栏的 （边）图标，以“边”的编辑方式，结合键盘上的“Ctrl”键，点选“窗体”下的对应的两个“边”，如图9-99所示。

❸ 用鼠标左键点击“连接”右侧的“设置”按钮，在视图“连接边”的面板中，设置“分段”为“1”；“收缩”为“0”；“滑块”为“-70”；点击“确定”，如图9-100所示。

❹ 用鼠标左键点击“选择”卷展栏的 （多边形）图标，以“多边形”编辑方式，在透视图中，点击“房体”新创建的用作“窗台”的面，如图9-101所示。

❺ 点击“多边形”编辑方式下的“倒角”右侧的“设置”按钮，在视图中的“倒角”参数面板中，设置“高度”为“1.0”，点击“+”（应用并继续）工具，如图9-102所示。

❻ 继续在“倒角”参数面板设置“高度”为“0.1”；“轮廓”为“-0.2”；点击“确定”，如图9-103所示。

❼ 用鼠标左键点击“多边形”编辑方式下的“扩大”按钮，将当前的面扩展到相连的面，如图9-104所示。

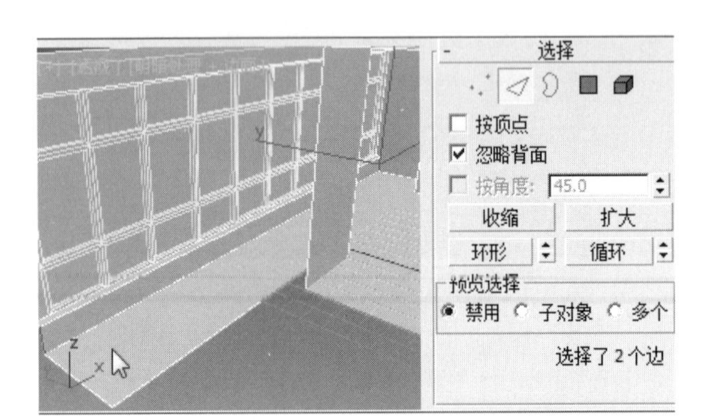

图9-99　以“边”的编辑方式点选“窗体”下的两个“边”

图9-100　将当前所选的“边”进行“连接”参数设置

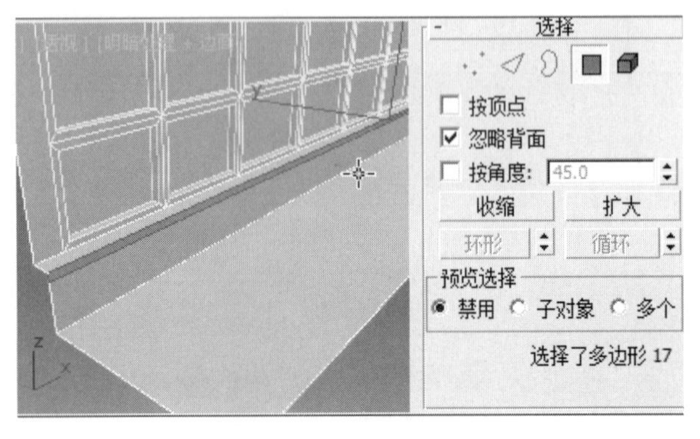

图9-101　以“多边形”编辑方式点选新创建的用作“窗台”的面

图9-102　将当前选择的面进行“倒角”参数设置

图9-103　将当前选择的面进行“倒角”参数设置

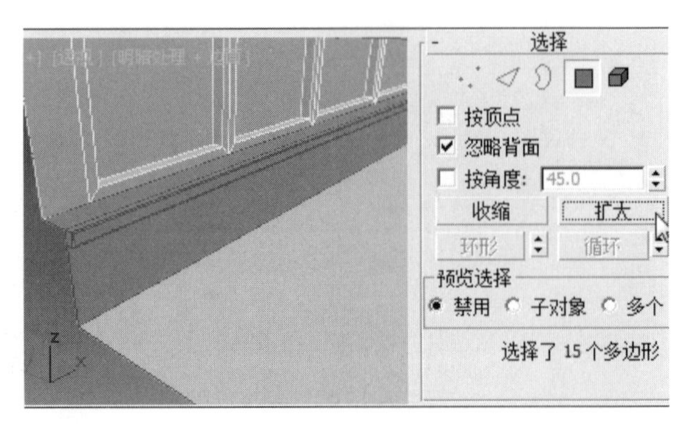

图9-104　在多边形编辑方式下将当前的面扩展到相连的面

❽ 用鼠标左键点击“多边形”编辑方式下的“收缩”按钮，将当前的面“收缩”，如图9-105所示。

❾ 在视图右侧“编辑几何体”卷展栏中，用鼠标左键点击“分离”工具，在弹出的“分离”面板中，将分离对象命名为“窗台”，点击“确定”按钮，如图9-106所示。

❿ 透视图当前显示的“窗台”效果，如图9-107所示。

⓫ 在视图右侧命令面板中，点击（层次）命令，在“调整轴”卷展栏中，点选“仅影响轴”工具，再点击“居中到对象”工具，将“窗台”的坐标轴调整至自身居中位置，如图9-108所示。

⓬ 用鼠标左键再次点击“仅影响轴”工具，完成对“窗台”的坐标轴调整，如图9-109所示。

9.10 “踢脚线”的创建

❶ 用鼠标左键点击“选择”卷展栏的（边）图标，以“边”的编辑方式进行编辑，如图9-110所示。

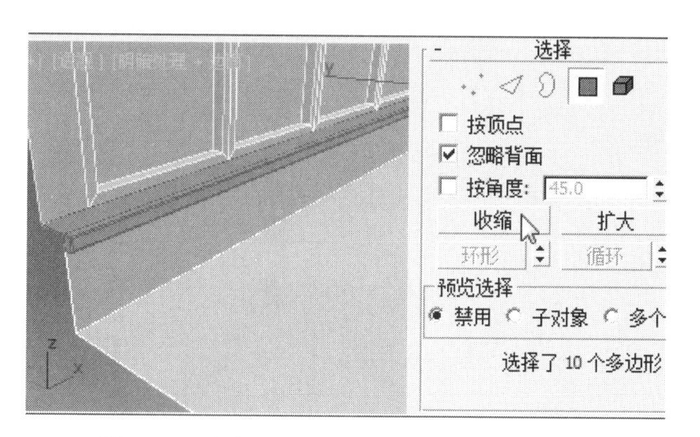

图9-105　在多边形编辑方式下将当前面“收缩”

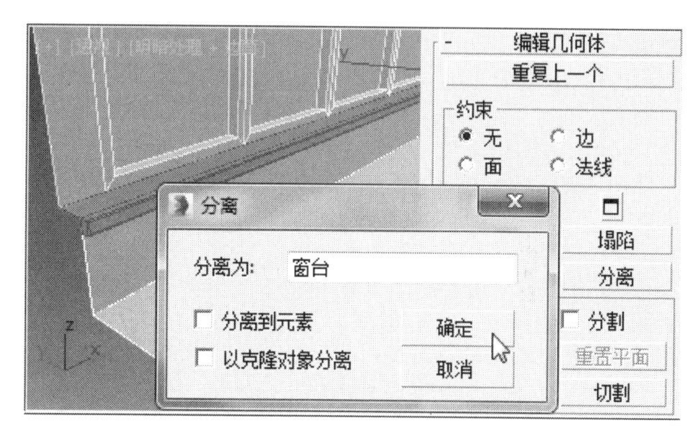

图9-106　将当前的面分离命名为“窗台”

图9-107　当前透视图“窗台”的显示

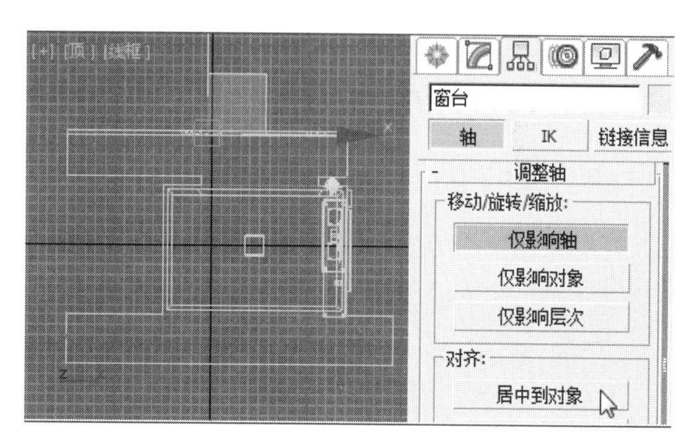

图9-108　将“窗台”的坐标轴调整至自身居中位置

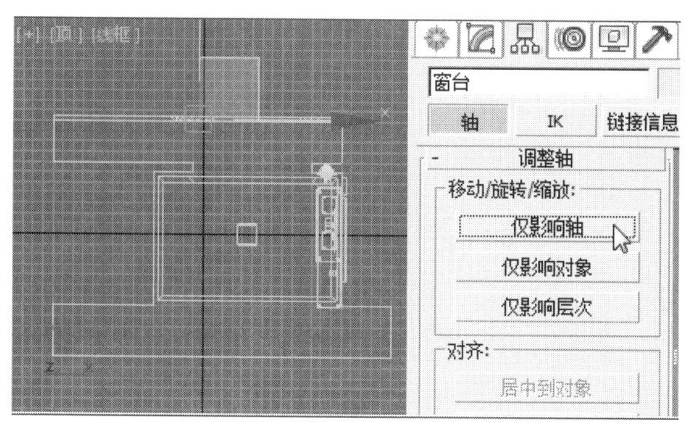

图9-109　关闭“仅影响轴”完成对“窗台”的坐标轴调整

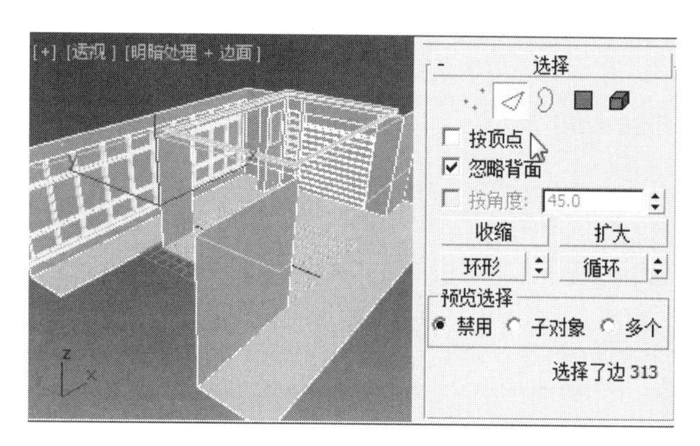

图9-110　以“边”的编辑方式进行编辑

❷ 用鼠标左键点击视图右侧“编辑几何体”卷展栏中的“切片平面”，如图9-111所示。

❸ 在前视图中，结合主工具行中的 （选择并移动）工具，使用鼠标左键将“切面平面”沿着自身的Y轴向最小化方向移至合适单位，如图9-112所示。

❹ 用鼠标左键点击视图右侧“编辑几何体”卷展栏中的“切片”按钮，如图9-113所示。

❺ 用鼠标左键再次点击视图右侧“编辑几何体”卷展栏中的“切片平面”按钮，退出该功能操作，如图9-114所示。

❻ 以“边”的编辑方式，使用鼠标左键点选“窗台”下的“边”，再点击视图右侧的“环形”按钮，如图9-115所示。

❼ 在当前“边”处于被选择的状态下点击鼠标右键，在弹出的快捷菜单中选择“转换到面”，如图9-116所示。

❽ 当前透视图由“边”经过“转换到面”的效果

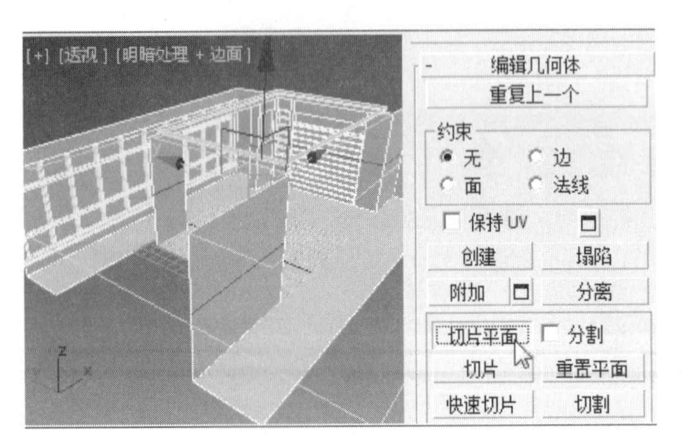

图9-111 在“编辑几何体”卷展栏中点击“切片平面”按钮

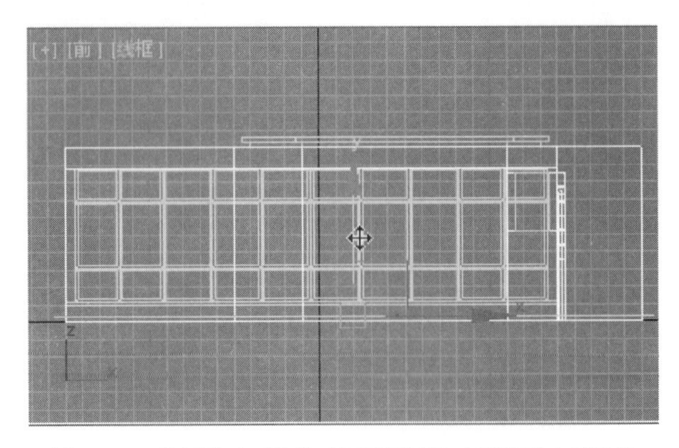

图9-112 使用移动工具将“切面平面”向下移动合适单位

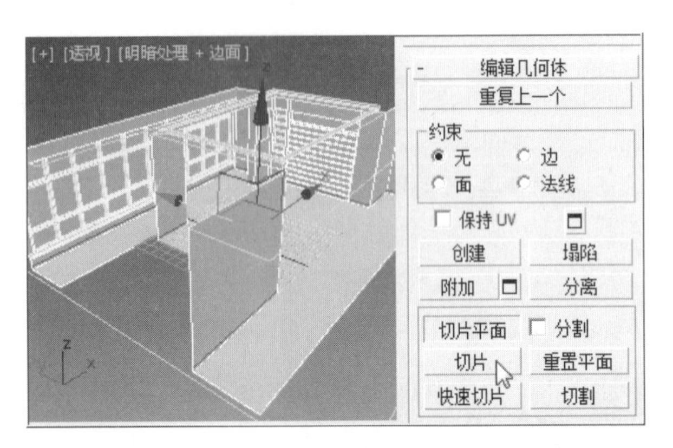

图9-113 点击“编辑几何体”卷展栏中的“切片”

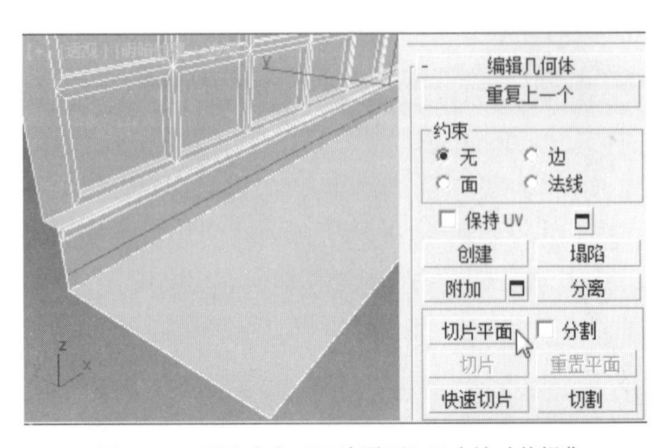

图9-114 再次点击“切片平面”退出该功能操作

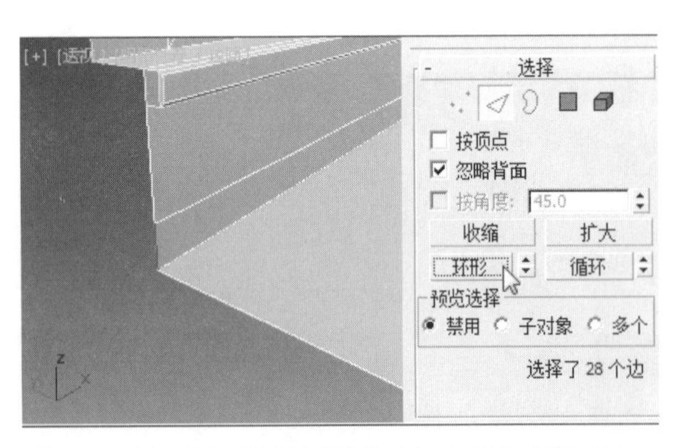

图9-115 以“边”的编辑方式点选“窗台”下的“边”并点击“环形”按钮

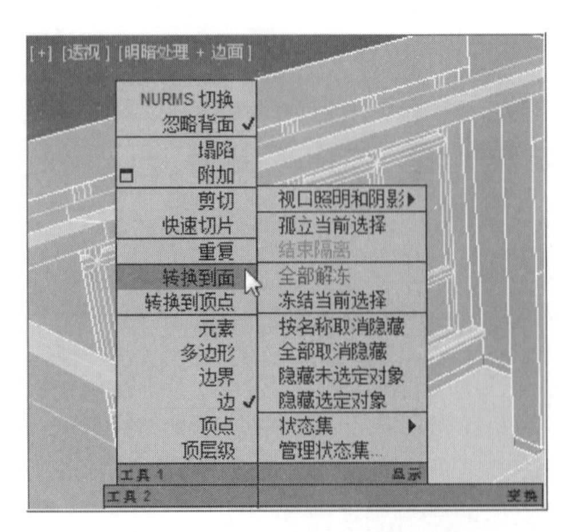

图9-116 将当前所选的边转换到面

显示，如图9–117所示。

❾ 用鼠标左键点击主工具行中的 ▣（窗口）工具，在顶视图中，配合键盘的“Alt”键，将“电视背景墙”区间的“面”在选择面中去除，如图9–118所示。

❿ 去除“电视背景墙”区间的“面”选择后，当前透视图显示，如图9–119所示。

⓫ 用鼠标左键点击“多边形”编辑方式下的“倒角”右侧的“设置”按钮，在视图中的“倒角”参数

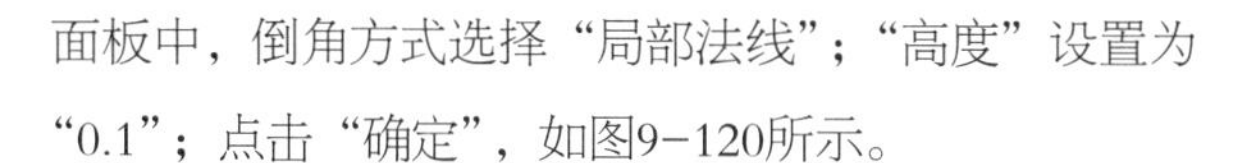

面板中，倒角方式选择“局部法线”；“高度”设置为“0.1”；点击“确定”，如图9–120所示。

⓬ 用鼠标左键点击“多边形”编辑方式下的“扩大”按钮，将当前面扩展到相连的面，如图9–121所示。

⓭ 在视图右侧“编辑几何体”卷展栏中，用鼠标左键点击“分离”工具，在弹出的“分离”面板中，将分离对象命名为“踢脚线”，点击“确定”按钮，如图9–122所示。

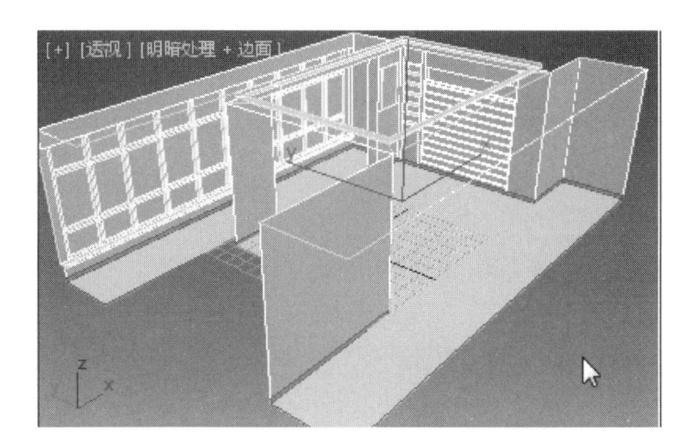

图9–117　当前透视图由边转换到面后的显示

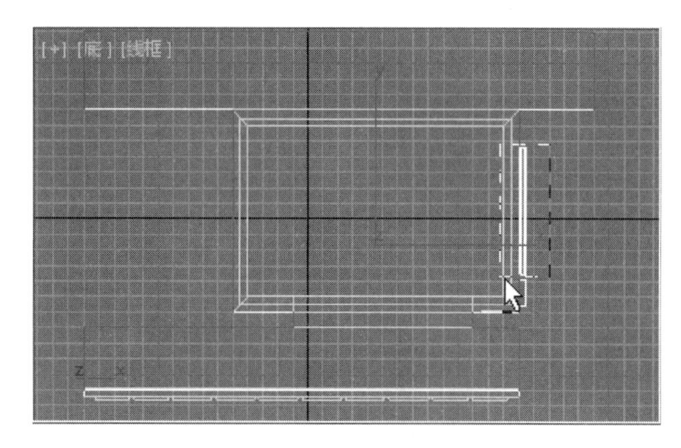

图9–118　将电视机背景墙区间的“面”去除

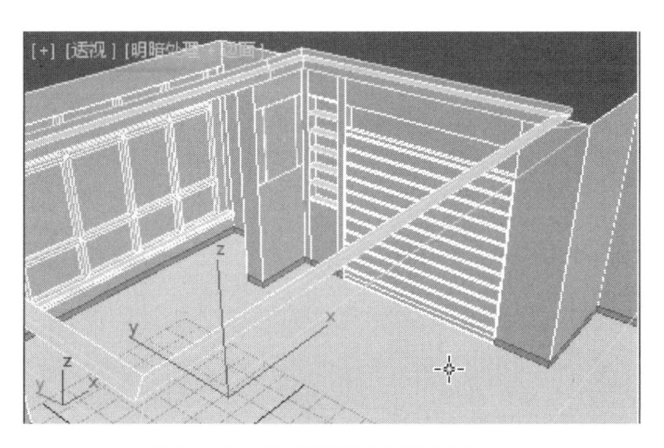

图9–119　当前透视图选择面的显示

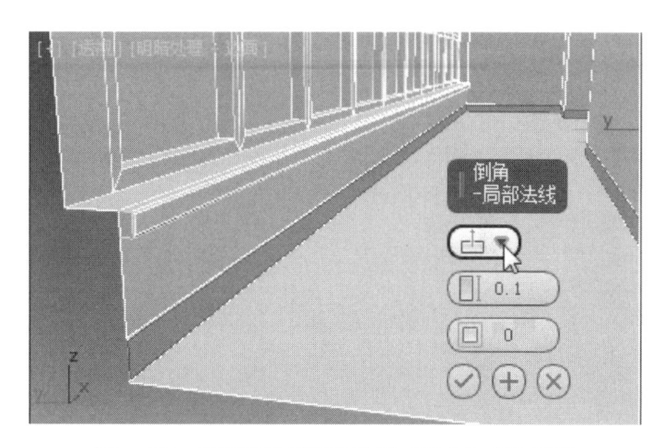

图9–120　将当前选择的面进行“倒角”参数设置

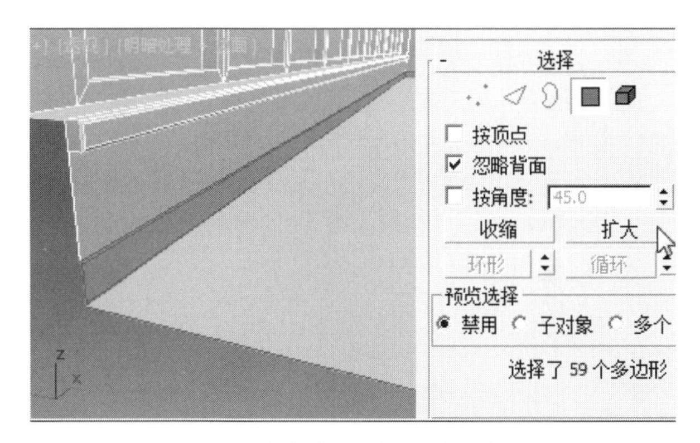

图9–121　将当前的面扩展到相连接的面

图9–122　将当前面分离命名为“踢脚线”

9.11 窗帘的创建

❶ 激活“底”视图，通过点击键盘上的“T”键，转换为“顶”视图，然后在视图右侧命令面板中，使用鼠标左键依次点击（创建）-（图形）-线工具，在顶视图中，使用鼠标左键以点松的方式创建“窗帘”的基本线，如图9-123所示。

❷ 用鼠标左键点击视图右侧命令面板中的（修改）命令，在修改器堆栈中点选“顶点”，以顶点编辑方式框选顶视图中“Line001”所有的顶点，如图9-124所示。

❸ 在当前“顶点”被选择状态下，点击鼠标右键，在弹出的快捷菜单中选择“平滑”工具，如图9-125所示。

❹ 鼠标左键再次点击修改器堆栈中的“顶点”，退出编辑状态，当前顶视图“Line001”平滑工具后的效果，如图9-126所示。

❺ 用鼠标左键点击主工具行中的（选择并移动）工具，在左视图中，将“Line001”沿着自身的y轴最大化方向移动至“窗台”上的位置，如图9-127所示。

❻ 用鼠标左键在视图右侧修改器列表中，选择“挤出”修改器，在“挤出”的“参数”卷展栏中，设置“数量”为“88”，如图9-128所示。

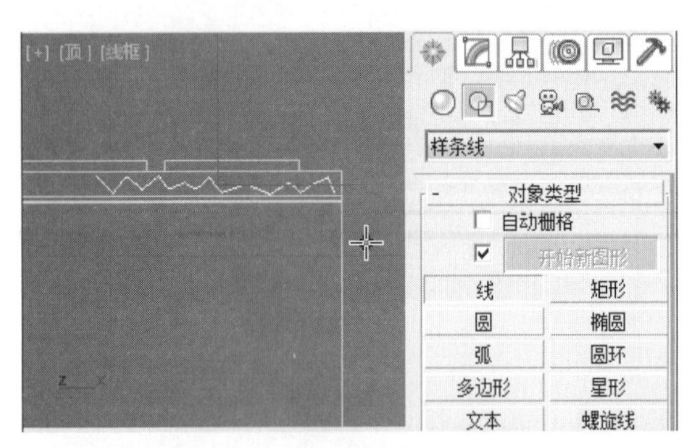

图9-123 使用“线”工具在顶视图创建“窗帘”的基本线

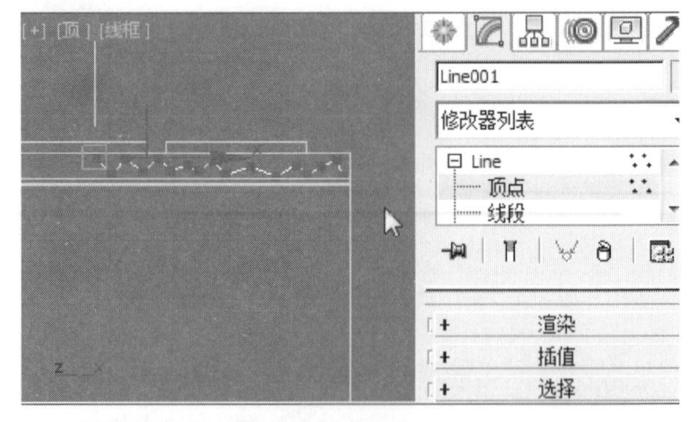

图9-124 以“顶点”编辑方式框选“Line001”所有点

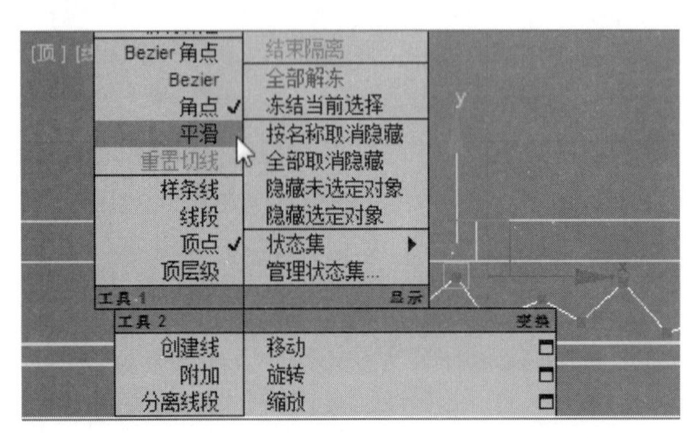

图9-125 将所选的“顶点”进行“平滑”处理

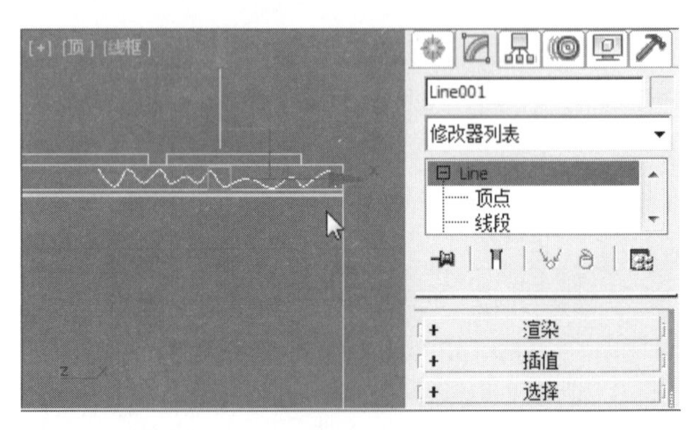

图9-126 当前“Line001”“平滑”后的效果

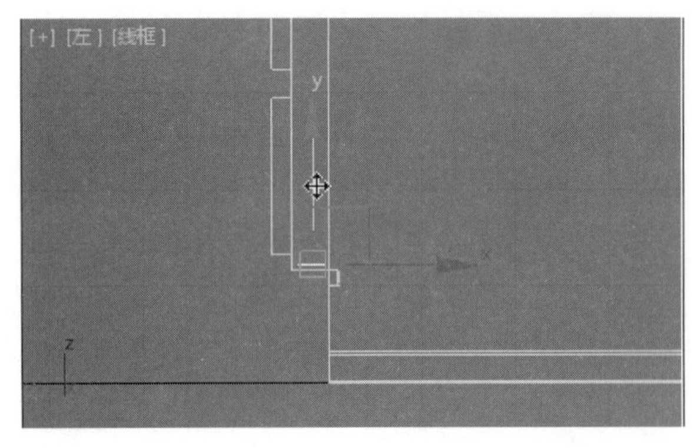

图9-127 将“Line001”沿着自身y轴移动至“窗台”上的位置

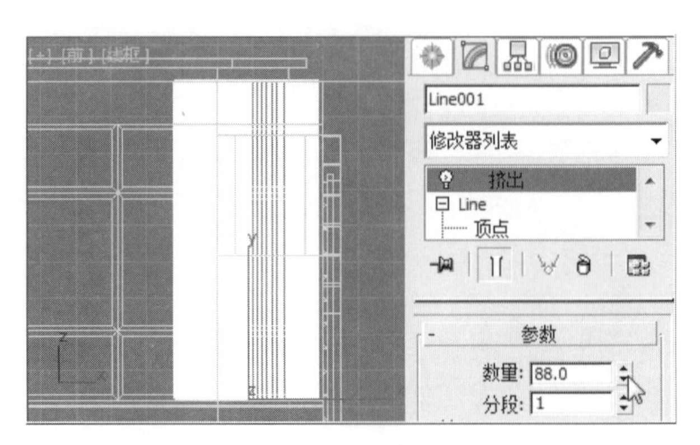

图9-128 使用“挤出”修改器设置挤出数量

❼ 在视图右侧命令面板中，点击 [层次图标]（层次）命令，在“调整轴”卷展栏中，点选“仅影响轴”工具，再点击“居中到对象”工具，将“Line001”的坐标轴调整至自身居中位置，如图9-129所示。

❽ 用鼠标左键再次点击“仅影响轴”工具，完成对“Line001”的轴调整，如图9-130所示。

❾ 用鼠标左键点击主工具行中的 [移动图标]（选择并移动）工具，结合键盘上的“Shift”键，通过点压鼠标左键将“Line001”沿着自身X轴最大化方向拖曳，拖曳至合适距离后，松开键盘的“Shift”键和鼠标左键，在弹出的“克隆选项”面板中点选“复制”，点击“确定”按钮，如图9-131所示。

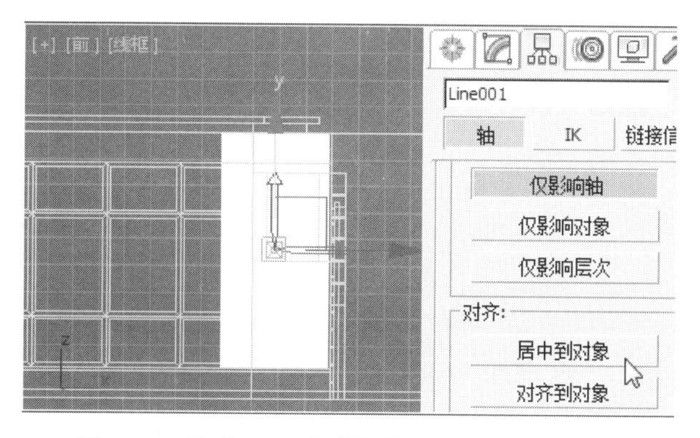

图9-129　将“Line001”坐标轴调整到自身居中位置

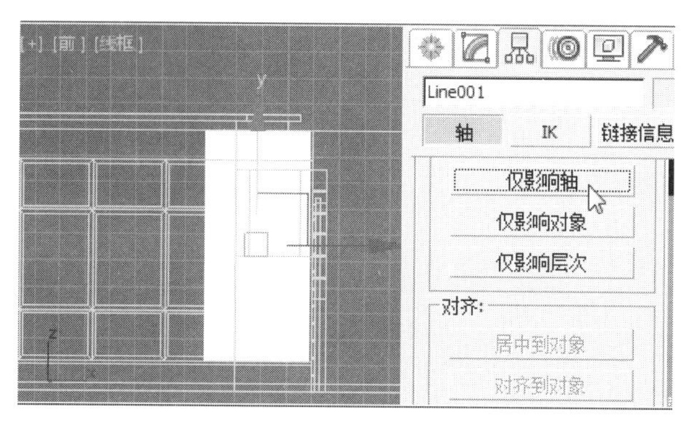

图9-130　调整“Line001”坐标轴至自身居中位置

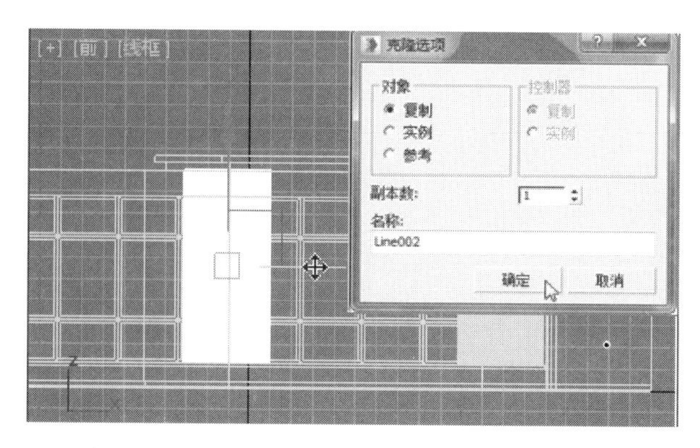

图9-131　使用“Line001”“复制”出“Line002”对象

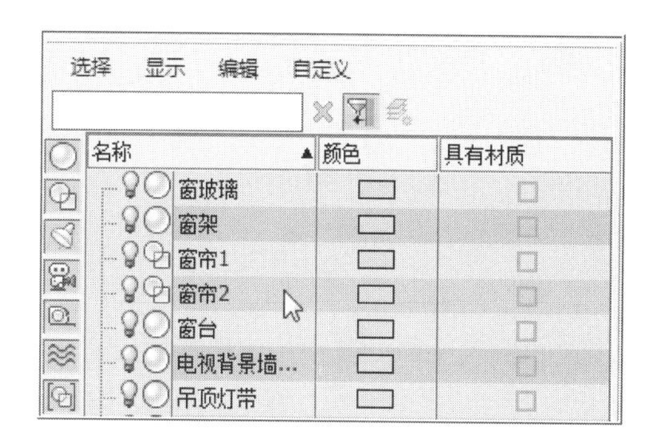

图9-132　在资源管理器中将对象分别命名

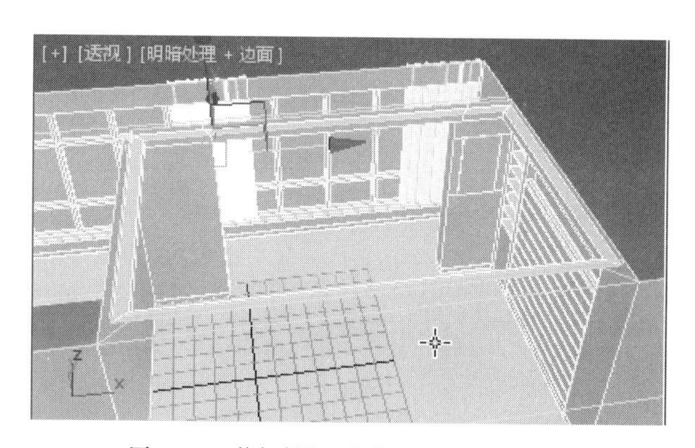

图9-133　将复制的“窗帘2”调整至合适位置

❿ 在视图左侧“资源管理器”中，将 [显示几何体图标]（显示几何体）“名称”列表中的“Line001”和“Line002”分别命名为“窗帘1”和“窗帘2”，并使用鼠标左键点选“窗帘2”对象，如图9-132所示。

⓫ 结合主工具行的 [移动图标]（选择并移动）工具，将“窗帘2”对象以点压鼠标左键方式沿着X轴最小化方向拖曳至合适位置，如图9-133所示。

9.12　地板的分离

❶ 用鼠标左键点击“资源管理器” [显示几何体图标]（显示几何体）所属“名称”列表中的“房体”，如图9-134所示。

❷ 用鼠标左键点击“选择”卷展栏的 [多边形图标]（多边形）图标，以“多边形”编辑方式，在透视图中，点击“房体”用作地板的面，如图9-135所示。

❸ 在视图右侧“编辑几何体”卷展栏中，点击“分

离”工具，在弹出的“分离”面板中，将分离对象命名为“地板”，点击“确定”按钮，如图9-136所示。

9.13 灯具的创建

本章节所讲解的灯具创建包含室内的吸顶灯、吊顶上的射灯筒以及后续合并模型中的长颈筒灯。

9.13.1 吸顶灯的创建

❶ 在视图右侧命令面板中，用鼠标左键依次点击（创建）－（几何体）－“标准基本体”右侧下拉箭头中“扩展基本体”下属的 切角长方体 工具，如图9-137所示。

❷ 在顶视图中，使用鼠标左键创建“Chamfer Box”（切角长方体），设置“长度”为“20”；“宽度”为“20”；“高度”为“2”；“圆角”为“0.2”；并将“Chamfer Box”重命名为“吸顶灯”，如图9-138所示。

❸ 在“吸顶灯”被选择情况下，用鼠标左键在主工具行中点击（对齐）工具，在前视图中将“对齐”光标放置在“吊顶”对象上，如图9-139所示。

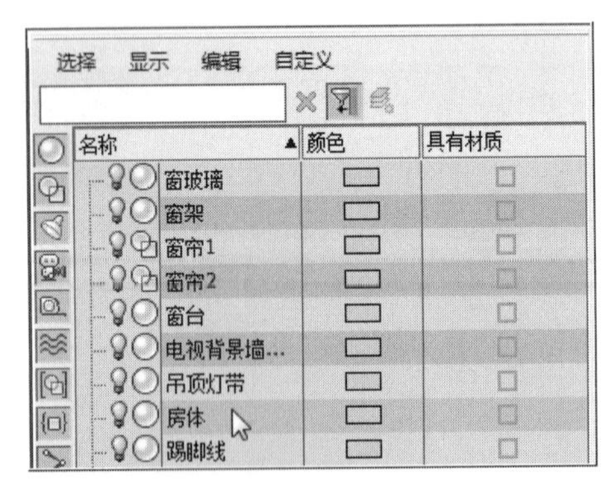

图9-134 在“资源管理器”中点选“房体”

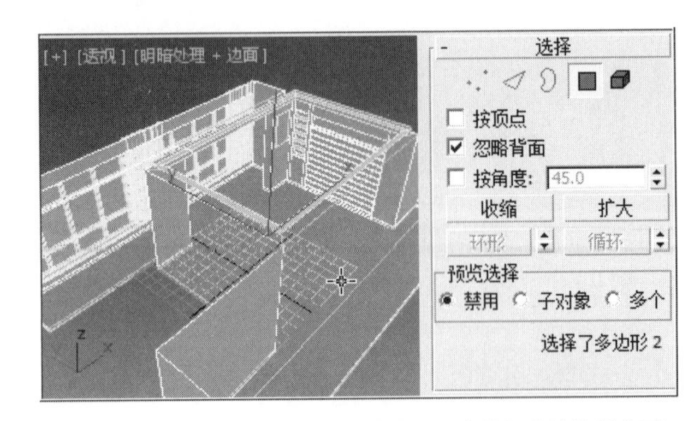

图9-135 以“多边形”编辑方式点击“房体”作为地板的面

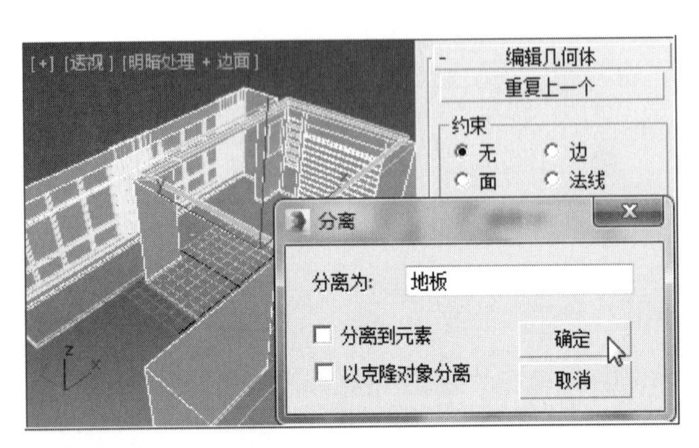

图9-136 将当前选择的面“分离”命名为“地板”

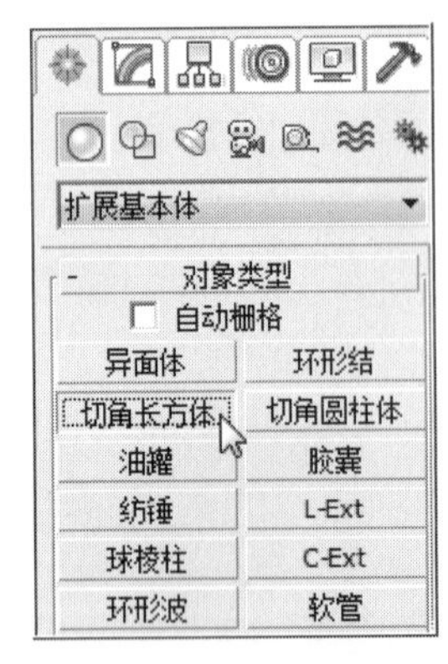

图9-137 点选“切角长方体”

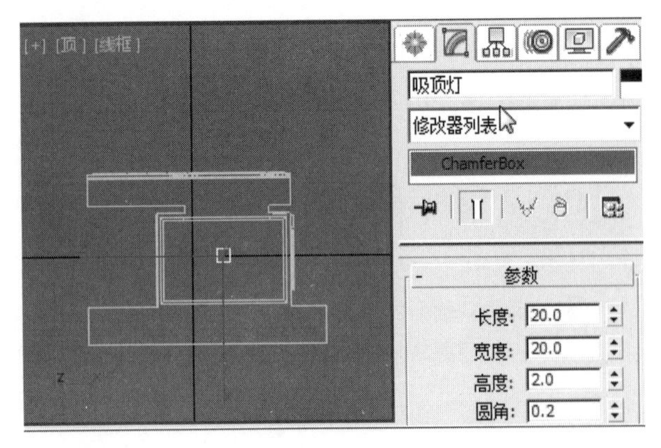

图9-138 在顶视图中创建“吸顶灯”并设置相关参数

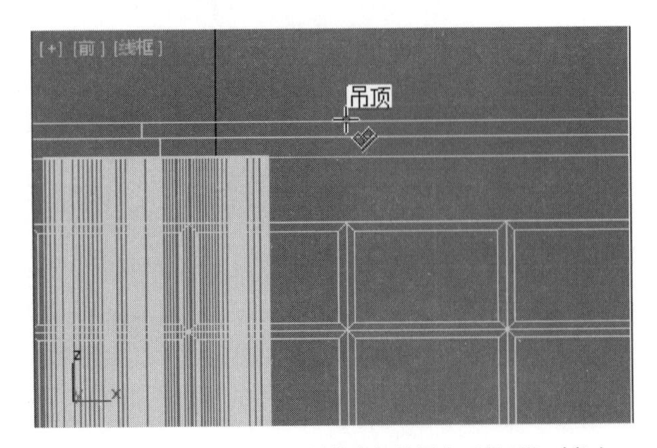

图9-139 点击“对齐”工具将光标放置在“吊顶”对象上

❹ 点击鼠标左键，在弹出的“对齐当前选择”面板中的“对齐位置”选项里，勾选“X位置”和“Y位置”；“当前对象”点选“中心”；“目标对象”点选“中心”；然后点击“确定”按钮，如图9-140所示。

9.13.2 射灯筒创建

❶ 在视图右侧命令面板中，用鼠标左键依次点击 （创建）-（几何体）-“标准基本体”下属的 圆环 工具，如图9-141所示。

❷在顶视图中，使用鼠标左键在“吊顶”右上角位置创建“Torus”（圆环），设置“半径1”为“1”；“半径2”为“0.1”；并将“Torus”命名为“射灯筒”，如图9-142所示。

❸ 在当前“射灯筒”被选择的状态下点击鼠标右键，在弹出的快捷菜单中，选择“转换为可编辑多边形”，如图9-143所示。

❹ 用鼠标左键在视图右侧修改器堆栈中点选“多边形”，结合主工具行中的 （窗口）工具，在左视图中框选“射灯筒”上半部分的“面”，如图9-144所示。

❺ 点击键盘的“Delete”键，将当前所选的“面”删除，如图9-145所示。

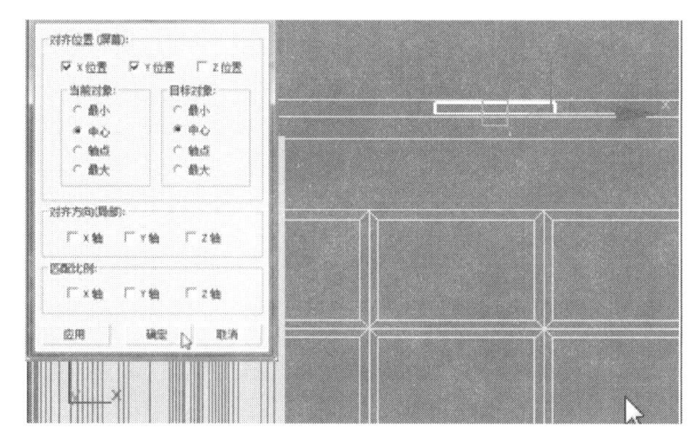

图9-140　在“对齐当前选择”面板中设置相关选项

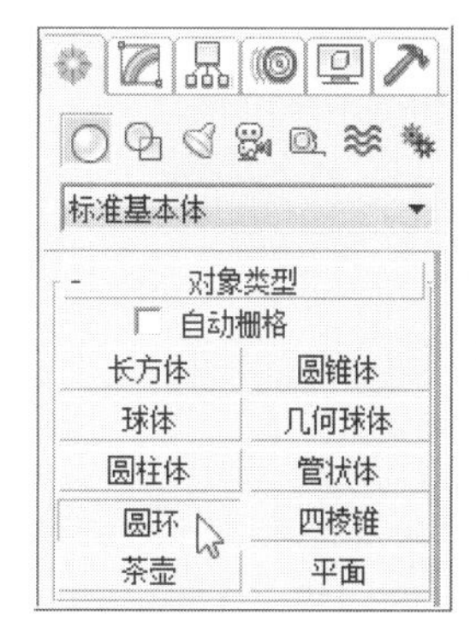

图9-141　点击“圆环”工具

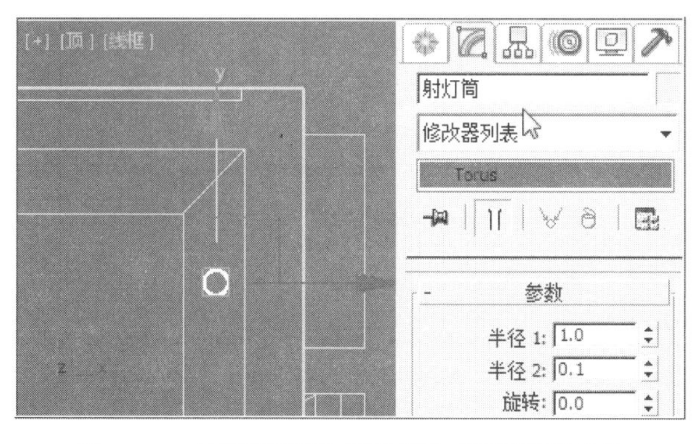

图9-142　在顶视图创建“射灯筒”并设置相关参数

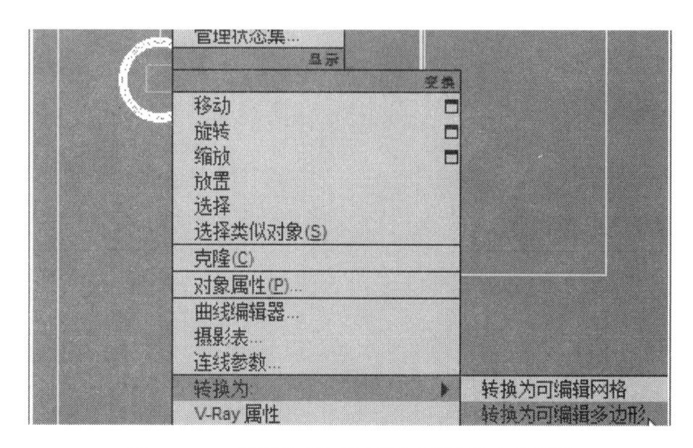

图9-143　将射灯筒“转换为可编辑多边形”

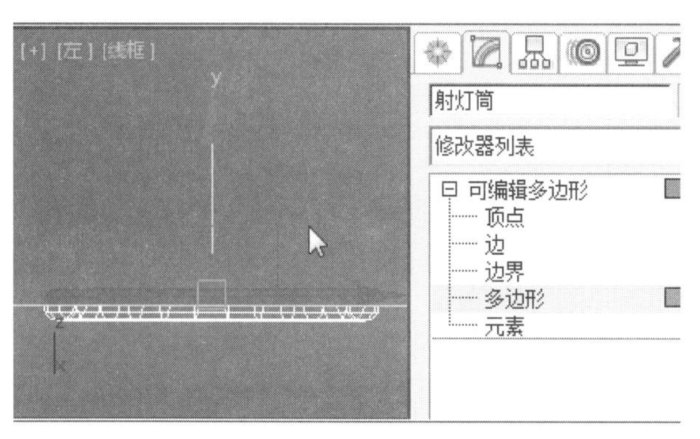

图9-144　以“多边形”编辑方式框选“射灯筒”上半部分的“面”

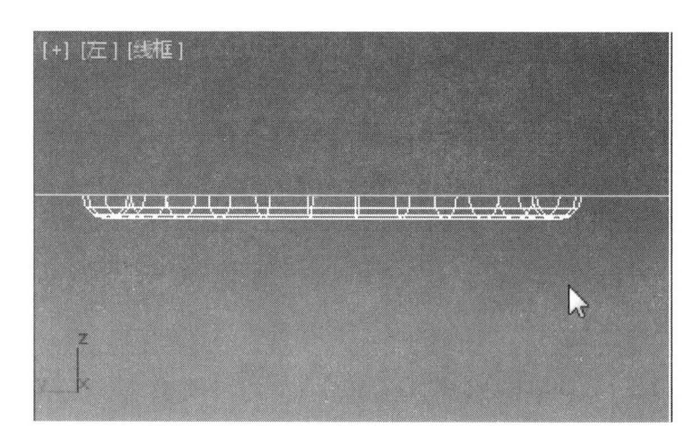

图9-145　将射灯筒当前所选的“面”删除

❻ 用鼠标左键继续点击“边界”编辑方式下的“循环”按钮，将当前“边”所连接的其他“边”一同选择，如图9-146所示。

❼ 用鼠标左键点击主工具行中的（选择并移动）工具，在左视图中，将当前选择的“边界”沿着自身Y轴的最小化方向移动至合适单位，如图9-147所示。

注：将当前边界沿着自身Y轴向下移动，是因为在后续工作中需要将当前对象和吊顶对象在上下方向上对齐，此操作能够避免出现该处材质设置的面和吊顶面重叠的问题。

❽ 在顶视图中，在“边”的编辑方式下，用鼠标左键点击“编辑边界”卷展栏中的“封口”按钮，如图9-148所示。

❾ 用鼠标左键点击“选择”卷展栏的（多边形）图标，以“多边形”编辑方式，点选“封口”后的“面”，如图9-149所示。

❿ 在视图右侧“编辑几何体”卷展栏中，用鼠标左键点击“分离”工具，在弹出的“分离”面板中，将分离对象命名为“射灯筒内发光面001”，点击“确定”按钮，如图9-150所示。

⓫ 鼠标左键双击“资源管理器”（显示几何体）所属“名称”列表中的“射灯筒”，使其处于重命名

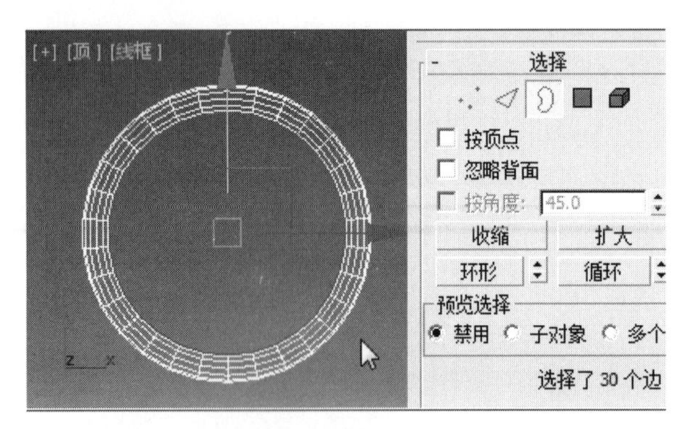

图9-146 使用“循环工具”选择“当前边”连接的其他“边”

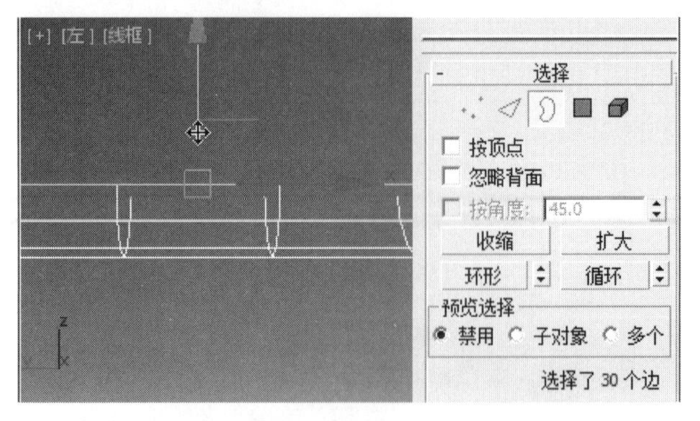

图9-147 将当前所选的边沿着自身Y轴最小化方向移动合适单位

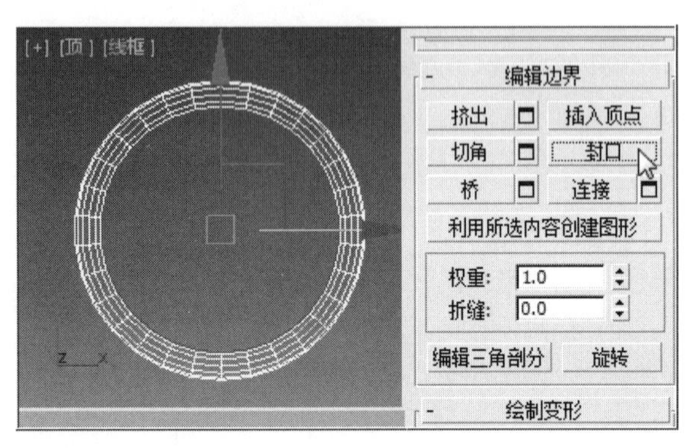

图9-148 在“边”编辑方式下，将当前选择的“边”“封口”

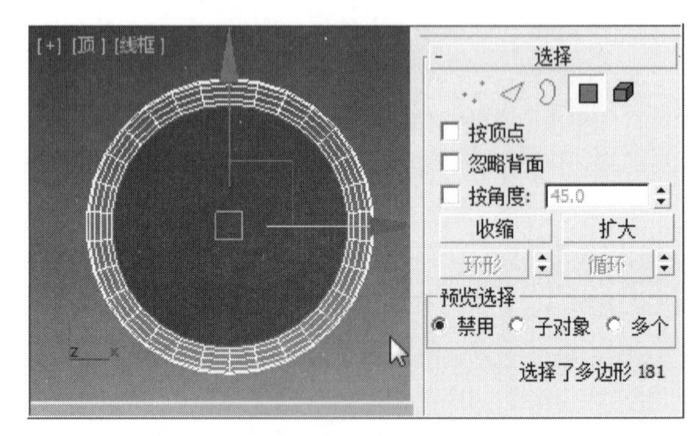

图9-149 以“多边形”编辑方式下点选封口后的“面”

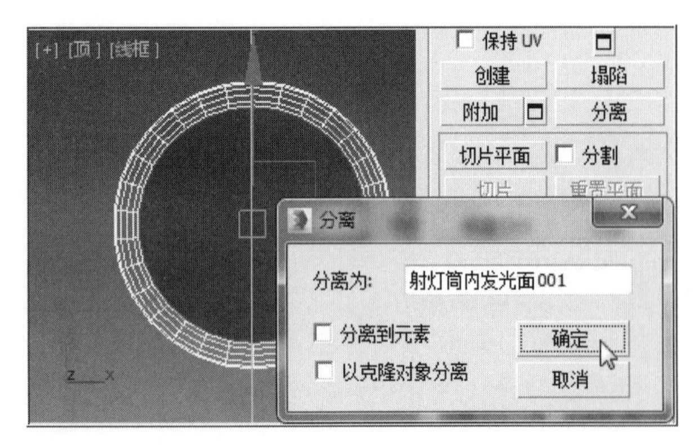

图9-150 将当前选择的面分离命名为“射灯筒内发光面001”

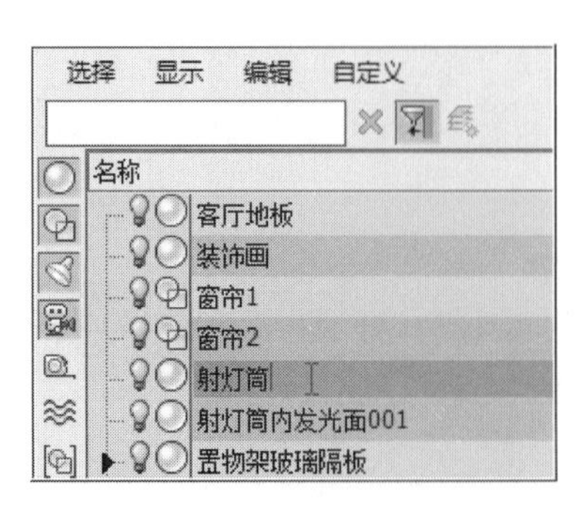

图9-151 双击“射灯筒”使其处于重命名状态

状态，如图9–151所示。

⑫将其重命名为“射灯筒金属面罩001”，并结合键盘的“Ctrl”键，将“射灯筒内发光面001”一同选择，如图9–152所示。

⑬ 使用鼠标左键点选在菜单栏中“组”下的“成组”命令，如图9–153所示。

⑭ 在弹出的“组”面板中，将“组名”命名为“射灯筒001”，点击“确定”按钮，如图9–154所示。

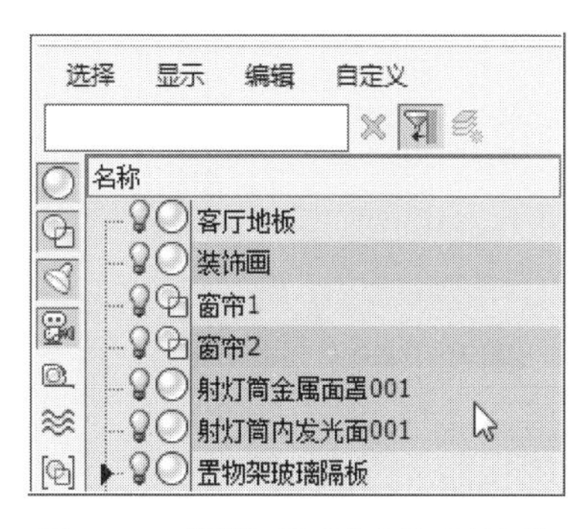

图9–152　将射灯筒重命名为“射灯筒金属面罩001”

图9–153　点选菜单里的“成组”命令

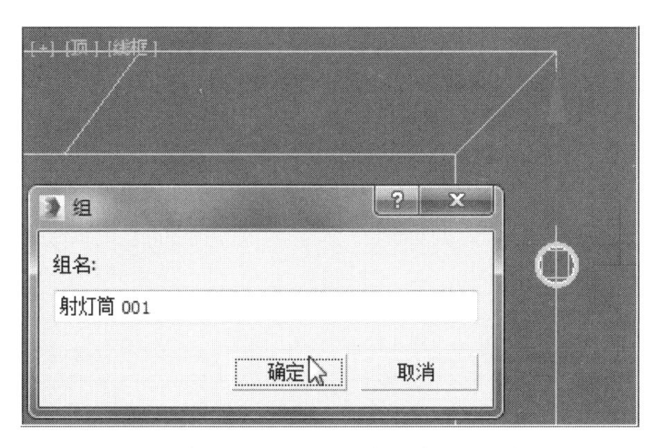

图9–154　将选择的对象成组命名为“射灯筒001”

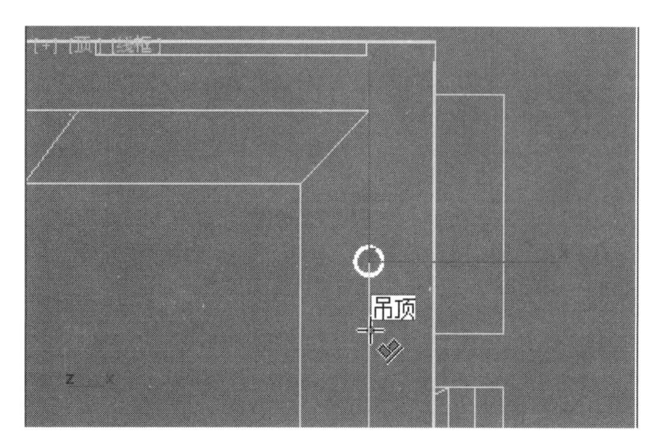

图9–155　点击“对齐”工具将光标放置在“吊顶”对象上

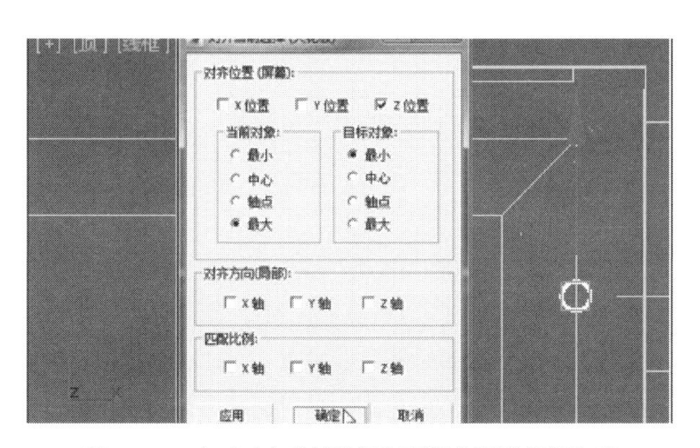

图9–156　在“对齐当前选择”面板中设置相关选项

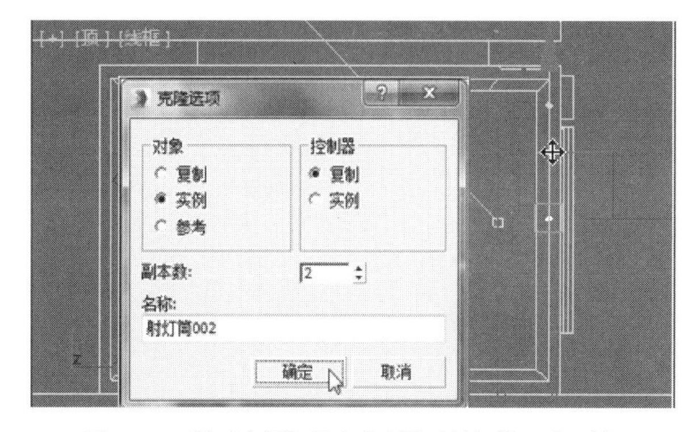

图9–157　以“实例”的方式克隆“射灯筒001”对象

⑮ 在“射灯筒001”被选择情况下，用鼠标左键在主工具行中点击（对齐）工具，在顶视图中将“对齐”光标放置在“吊顶”对象上，如图9–155所示。

⑯ 点击鼠标左键，在弹出的“对齐当前的选择”面板中，在“对齐位置”选项里，勾选“Z位置”；“当前对象”点选“最大”；“目标对象”点选“最小”；然后点击“确定”按钮，如图9–156所示。

⑰ 在顶视图中，使用鼠标左键点击主工具行中的（选择并移动）工具，结合键盘的“Shift”键，通过点压鼠标左键将“射灯筒001”沿着自身y轴最小化方向拖曳，拖曳至“吊顶”右侧边中部合适位置后，松开键盘的“Shift”键和鼠标左键，在弹出的“克隆选项”面板中，点选“实例”，“副本数”设置为“2”，点击“确定”按钮，如图9–157所示。

⑱ 在视图左侧“资源管理器”（显示几何体）所属“名称”列表中，使用鼠标左键结合键盘上的“Ctrl”键，将“射灯筒001”和克隆出的“射灯筒002”“射灯筒003”一同选择，如图9-158所示。

⑲ 同样，以“实例”的方式，沿着x轴最小化方向上克隆出另外3个射灯筒对象，“副本数”为“1”，放置在“吊顶”左侧边位置，如图9-159所示。

⑳ 当前透视图“线框”显示下的“射灯筒”所在的位置，如图9-160所示。

㉑ 当前“资源管理器”（显示几何体）所属“名称”列表中的6个射灯筒，如图9-161所示。

9.14 导入客厅套件

3ds Max的文件“合并”，是将同一格式的“.max”文件合并到一个场景中，建模间相互存在。

❶ 用鼠标左键点击界面左上角（应用程序）菜单，在菜单中依次点选“导入”-“合并”命令，如图9-162所示。

❷ 找到本章素材提供的“客厅套件.max”文件，点击“打开”按钮，在弹出的“合并-客厅套件.max”面板中，点击“全部”按钮，全选合并对象，点击“确定”按钮，如图9-163所示。

❸ 在顶视图中出现“合并”进来的对象，适当的调整其所在的位置，如图9-164所示。

❹ 前视图中显示的“客厅套件”的位置显示，如图9-165所示。

❺ 透视图中显示的“客厅套件”的位置显示，如图9-166所示。

❻ 使用鼠标左键点选菜单栏中的“组”-“解组”命令，如图9-167所示。

图9-158 在“资源管理器”中选择3个射灯筒对象

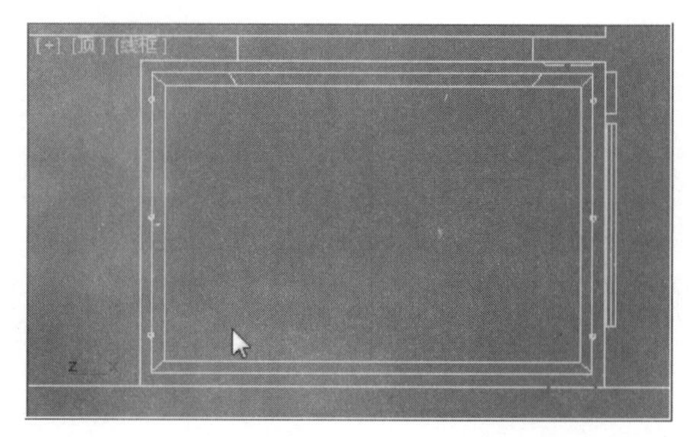

图9-159 同样以“实例”方式克隆出另外3个射灯筒对象

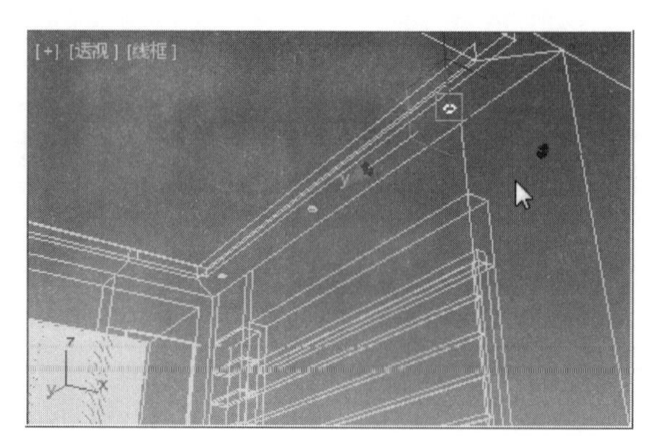

图9-160 当前透视图线框方式显示的“射灯筒”所在位置

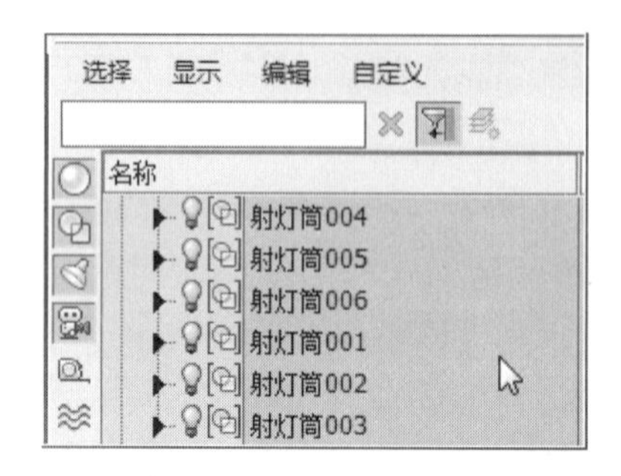

图9-161 当前“资源管理器”克隆出的射灯筒

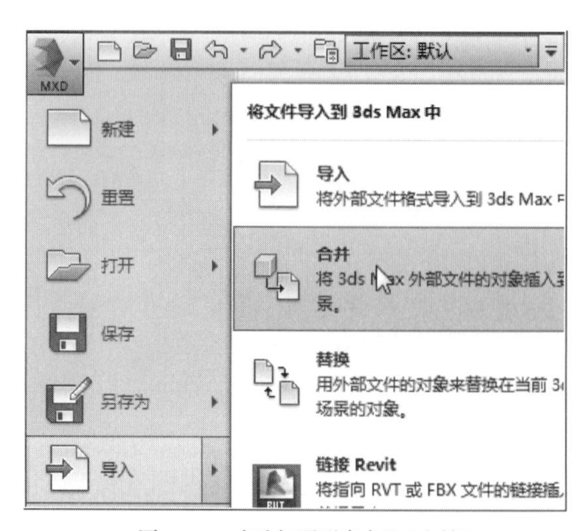

图9-162 点选打开列表中的“合并”

图9-163　全选合并列表对象点击“确定”

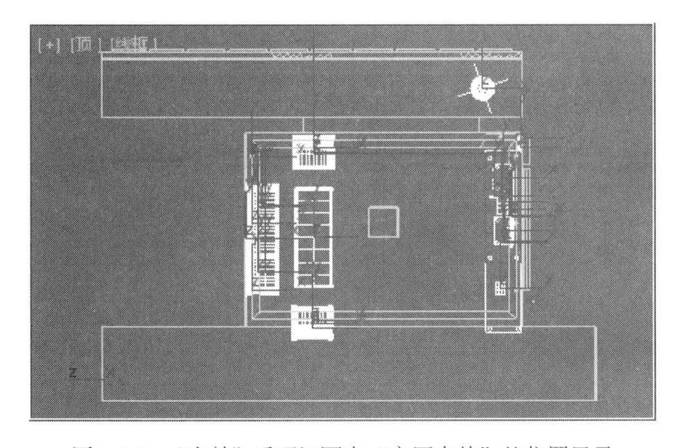

图9-164　“合并”后顶视图中“客厅套件”的位置显示

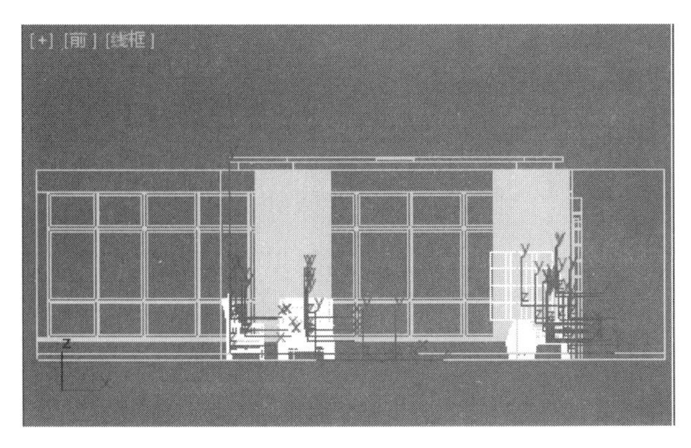

图9-165　前视图中显示的“客厅套件”的位置显示

图9-166　透视图中显示的“客厅套件”的位置显示

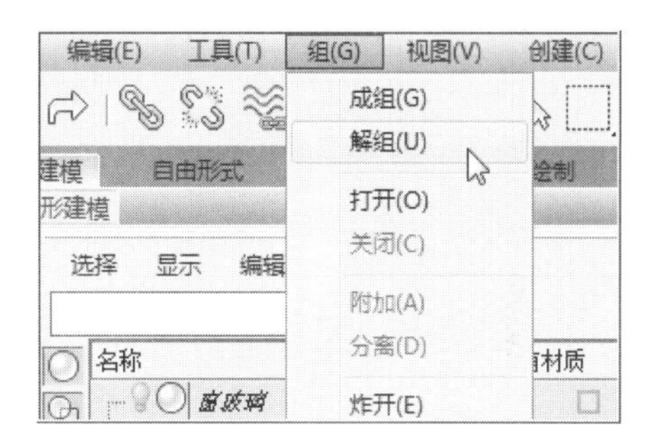

图9-167　将当前的客厅套件“解组”

9.15 创建摄影机

❶按压鼠标中轴配合键盘上的“Alt”键以及视图控制区的相关工具，将透视图的客厅调整至合适的角度，结合键盘的“Ctrl”键加“C”键，将透视图转换为“Camera001（摄影机001）”视图，如图9-168所示。

❷ 点击键盘上的“P”键，将“Camera001”视

图9-168　调整透视图角度，创建“Camera001”视图

图转换为“透视图”，再用同样的方法，将视图调整至沙发视角方向合适的角度，结合键盘的“Ctrl”键加“C”键，将透视图转换为“Camera002”（摄影机002）视图，如图9-169所示。

❸ 当前在顶视图显示的“Camera001”和“Camera002”摄影机位置，如图9-170所示。

图9-169 调整透视图角度创建“Camera002”视图

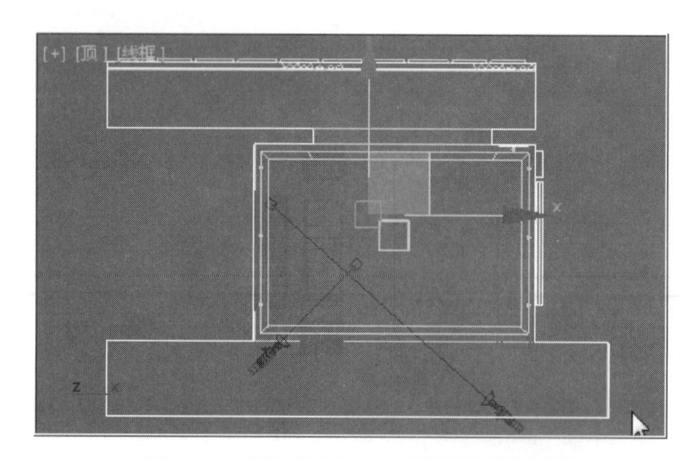

图9-170 当前透视图显示的摄影机所在位置

注：使用键盘的“Ctrl”加“C”键的组合键，能够在视图中快速创建“目标摄影机”并转换为“摄影机”视图，创建摄影机目的在于有利于固定视图视角，方便作业。在实际操作中可通过点击键盘的“P”和“C”键，将“透视图”和“摄影机”视图相互切换。

❹ 用鼠标左键点击“资源管理器”（显示几何体）所属“名称”列表中的“Camera001”和“Camera002”前的（显示或隐藏切换）图标，将其隐藏，如图9-171所示。

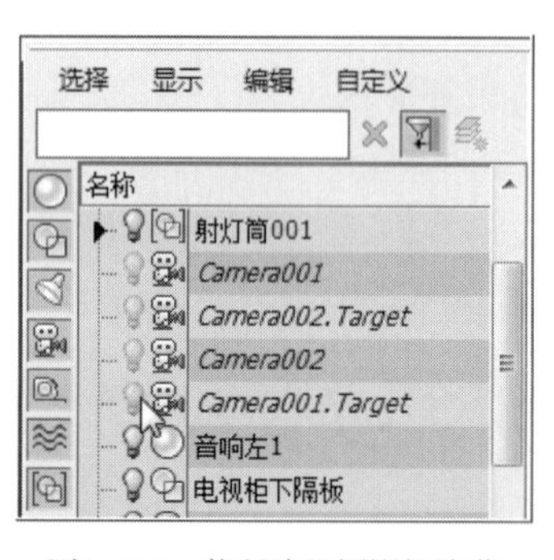

图9-171 将创建的摄影机隐藏

注：隐藏摄影机不会失去摄影机视图的作用，在3ds Max建模过程中，往往需要隐藏不必要的对象使得视图简洁，方便在后续对其他对象的操作。

9.16 光线的创建

本章讲解的客厅照明需要创建的光线包括：室外用于照明的“日光”，室内“射灯”以及“吸顶灯”三种类型。

9.16.1 日光的创建

❶ 在视图右侧命令面板中，使用鼠标左键依次点击（创建）的（灯光）-“光度学”右侧下拉箭头的“标准”命令，图9-172所示。

图9-172 在灯光类型中点选“标准”

❷ 用鼠标左键在“标准”下属“对象类型”中，点击 目标平行光 工具，在顶视图中从“窗体”外的左上方到室内的“电视背景墙”为目标点的方向创建“目标平行光”，如图9-173所示。

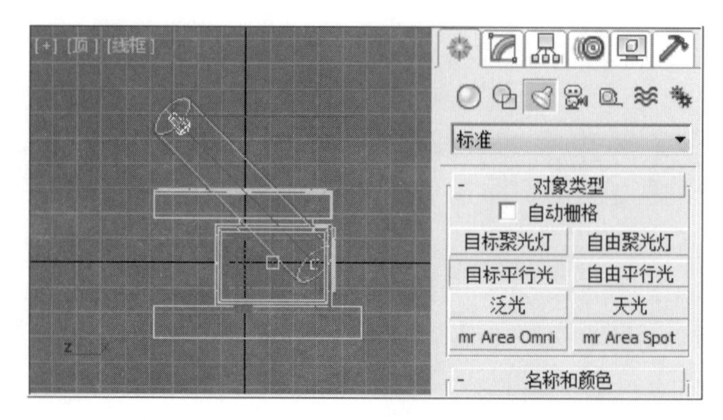

图9-173 在顶视图中选择并创建“目标平行光”

❸ 在前视图中，用鼠标左键点击“目标平行光”的开始点，结合主工具行中的（选择

并移动）工具，沿着自身Y轴最大化方向将其调整至俯视合适的角度。再点击视图右侧 （修改）命令，在“常规参数”卷展栏中，勾选“阴影”下的“启用”。将对象重新命名为“日光灯”，如图9-174所示。

❹ 在“平行光参数”卷展栏中，设置“聚光区”为“3000”；“衰减区”为“3002”；点选“矩形”，如图9-175所示。

❺ 在“强度/颜色/衰减”卷展栏中，设置“倍增”为“0.6”，如图9-176所示。

❻ 在“VRay阴影参数”卷展栏中，设置“细分”为“15”，如图9-177所示。

注：“VRay阴影”的细分值设置得越高，阴影呈现越细腻，计算量越大。

❼ 激活透视图，使用鼠标左键点击主工具行中的 （渲染产品）工具，得到透视图当前“日光灯”呈现的客厅室内效果，如图9-178所示。

9.16.2 吊顶灯光的创建

❶ 在视图右侧命令面板中，使用鼠标左键依次点击 （创建）－ （灯光）－“标准”右侧下拉箭头中的“VRay”，图9-179所示。

❷ 在顶视图中，用鼠标左键点击“VRay ”灯光

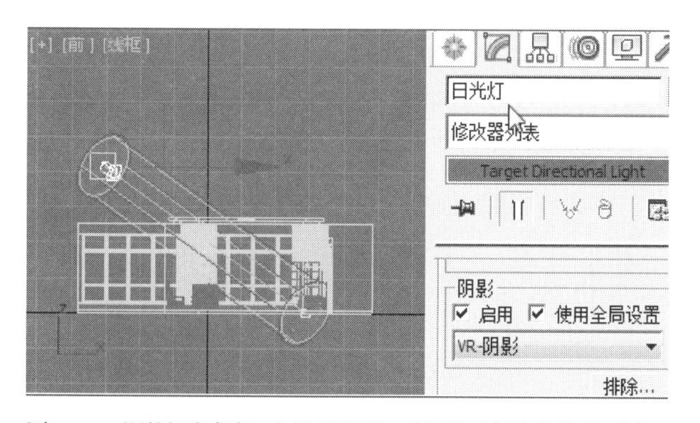

图9-174　调整灯光角度，勾选“阴影”，启用并重新命名为“日光灯”

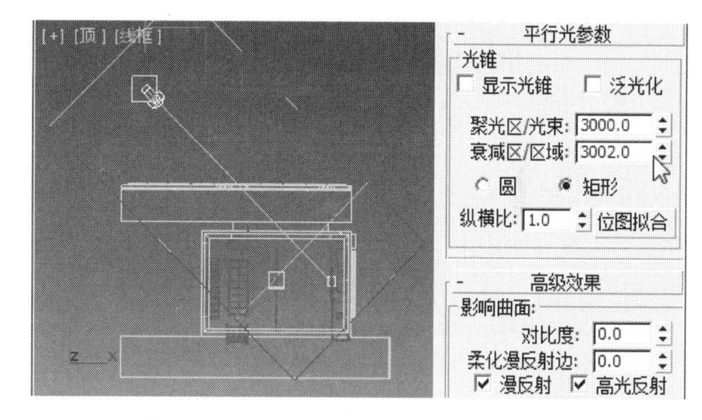

图9-175　设置日光灯相关参数，点选“矩形”

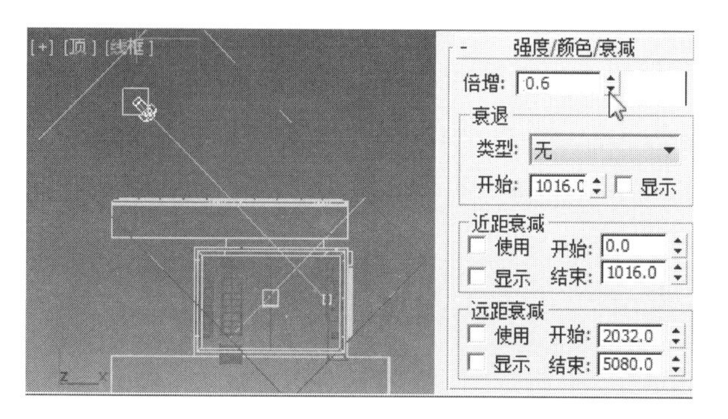

图9-176　设置日光灯强度的“倍增”为“0.6”

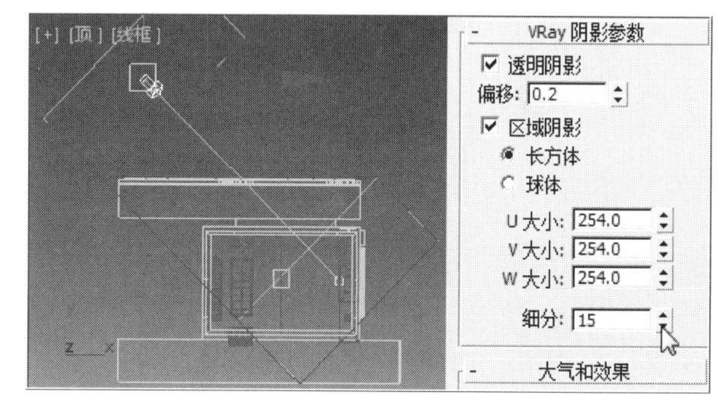

图9-177　设置在VRay阴影参数中的“细分”为“15”

图9-178　渲染透视图日光灯呈现的效果

图9-179　在标准灯光类型中选择“VRay”

类型中的“ VR-灯光 ”工具，在“吊顶”中心合适位置通过按压拖曳鼠标左键方法创建“灯光”，如图9-180所示。

❸ 在前视图中，用鼠标左键点击工具行中的 （选择并移动）工具，将“VR-灯光”沿着自身Y轴最大化方向移至“吸顶灯”下面合适位置，重命名为“吊顶灯光”，如图9-181所示。

❹ 在“吊顶灯光”下属“参数”卷展栏中 设置“1/2长”为“280”；“1/2宽”为“280”，在“选项”中，用鼠标左键勾选“双面”和“不可见”，如图9-182所示。

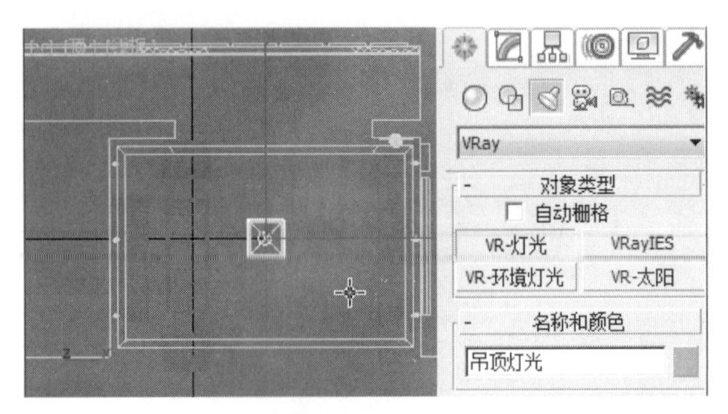

图9-180　在顶视图中创建“VR-灯光”

❺ 在“吊顶灯光”下属“参数”卷展栏中，通过点击鼠标左键，将“常规”下的“开”前的勾选去除，暂时关闭灯光的照明作用，如图9-183所示。

注：暂时关闭“吊顶灯光”的照明作用，是为了在后续的射灯创建中，方便观察射灯的强度，以便及时调整参数。

9.16.3 射灯的光域网文件调用

9.16.3.1 长颈射灯的光域网文件调用

❶ 在视图右侧命令面板中，使用鼠标左键依次点击 （创建）- （灯光）-光度学-“ 目标灯光 ”工具，在左视图对齐“长颈射灯”灯罩的位置，创建灯光，重命名为“长颈射灯”，如图9-184所示。

❷ 在视图左侧“资源管理器” （显示灯光）所属“名称”列表中，使用鼠标左键结合键盘的“Cul”键，将“长颈射灯”和“长颈射灯.Target”一同选择，如图9-185所示。

❸ 在顶视图中，使用鼠标左键点击主工具行中的

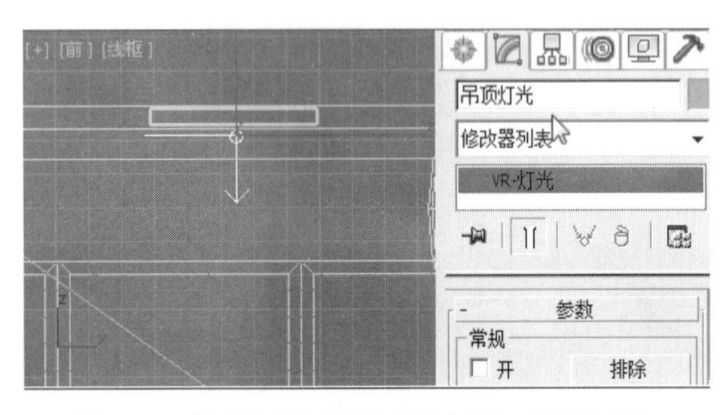

图9-181　将对象移至合适位置重命名为“吊顶灯光”

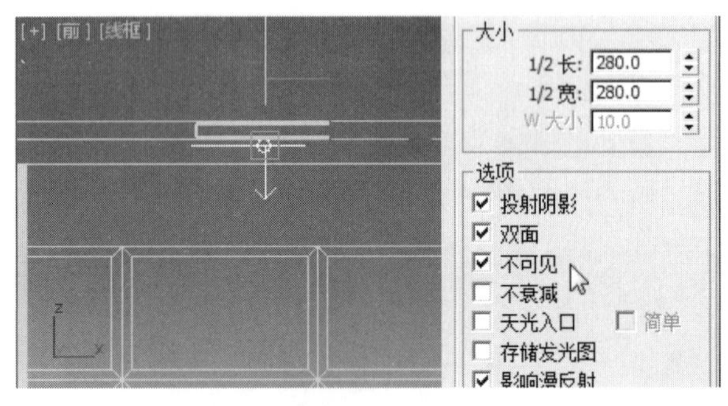

图9-182　设置“吊顶灯光”相关参数

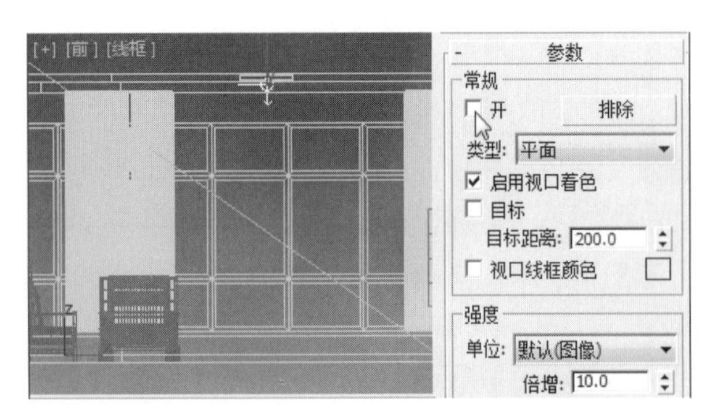

图9-183　关闭“吊灯灯光”的照明作用

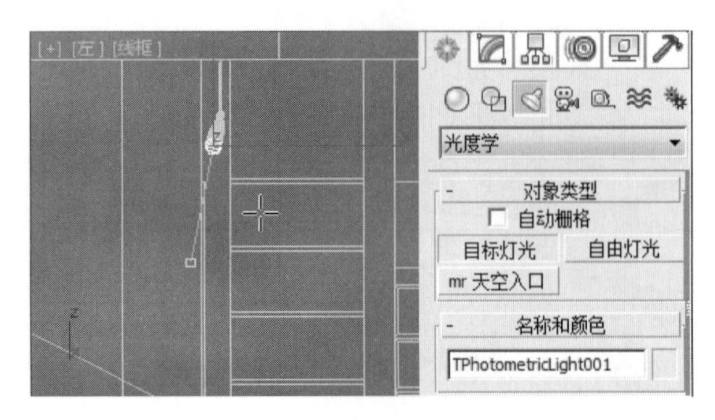

图9-184　选择光度学所属的“目标灯光”

图9-185　在“资源管理器”中选择“长颈射灯”以及“长颈射灯.Target”

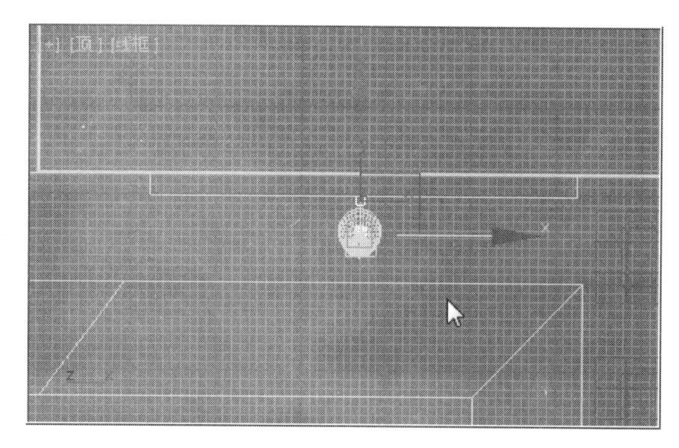

图9-186　使用移动工具将创建的“长颈射灯”和“灯罩”位置对齐

图9-187　在场景资源管理器中点选“长颈射灯”

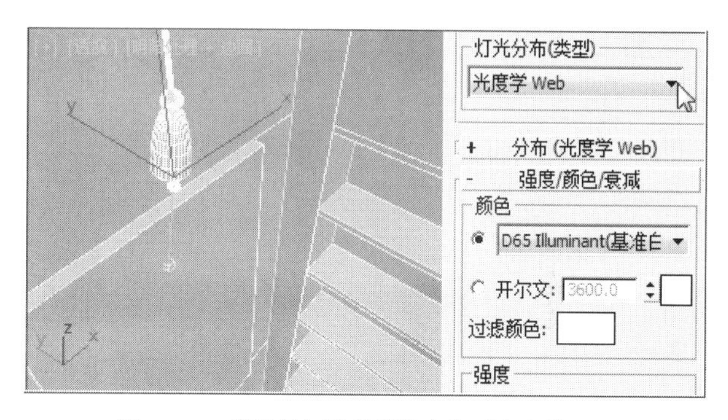

图9-188　将当前灯光类型指定为“光度学Web”

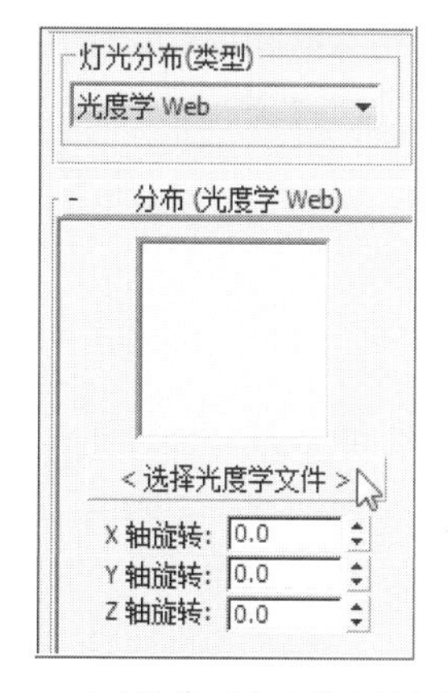

图9-189　点击选择“光度学文件”按钮

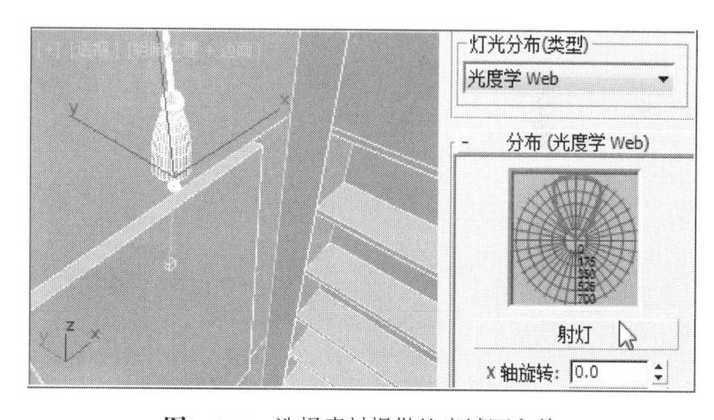

图9-190　选择素材提供的光域网文件

（选择并移动）工具，将“长颈射灯”和“长颈射灯.Target”移至和“长颈射灯”的灯罩对齐的位置，如图9-186所示。

❹ 在视图左侧“资源管理器”（显示灯光）所属“名称”列表中，用鼠标左键点选“长颈射灯”，如图9-187所示。

❺ 在视图右侧的“灯光分布（类型）”卷展栏中，用鼠标左键点选“光度学Web”，如图9-188所示。

❻ 在“分布（光度学Web）”卷展栏中，用鼠标左键点击“选择光度学文件”按钮，如图9-189所示。

❼ 选择本章节提供的素材“射灯.IES”，当前的“分布（光度学Web）”卷展栏的面板显示，如图9-190所示。

❽ 在“强度／颜色／衰减”卷展栏中，设置“强

度”下的“cd”值为“70”，如图9-191所示。

❾ 激活透视图，使用鼠标左键点击主工具行中的（渲染产品）工具，得到透视图当前“长颈射灯”调用的光域网文件呈现的射灯效果，如图9-192所示。

9.16.3.2 吊顶射灯的光域网文件调用

❶ 在视图右侧命令面板中，使用鼠标左键依次点击（创建）-（灯光）-光度学-“目标灯光”工具，在前视图对齐“吊顶”位置，创建灯光，如图9-193所示。

❷ 将“目标灯光”重命名为“吊顶射灯001”，如图9-194所示。

❸ 在视图左侧“资源管理器”（显示灯光）所属“名称”列表中，使用鼠标左键结合键盘的“Ctrl”键，将“吊顶射灯001”和“吊顶射灯001.Target”一同选择，如图9-195所示。

❹ 在“吊顶射灯001”以及“吊顶射灯001.Target”选中的情况下，使用鼠标左键在主工具行中点击（对齐）工具，在顶视图中，将“对齐”光标放置在“射灯筒001”对象上，点击鼠标左键，在弹出的“对齐当前的选择”面板中，在“对齐位置”选项里，勾选“X位置”“Y位置”；“当前对象”点选“中心”；“目标对象”点选“中心”；点击“确定”按钮，如图9-196所示。

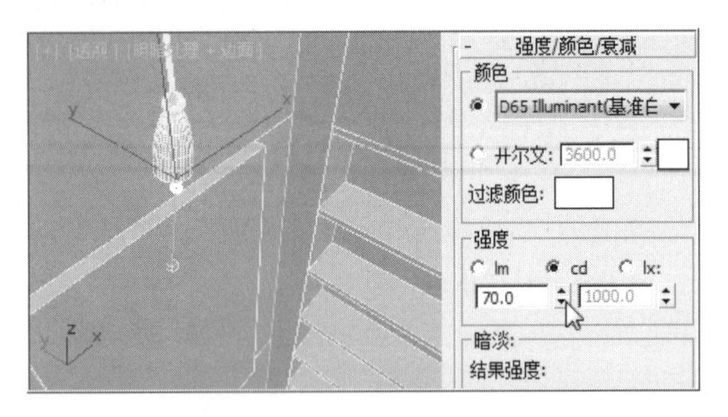

图9-191　设置当前光域网“强度”下的“cd”值为“70”

图9-192　渲染透视图呈现当前的射灯效果

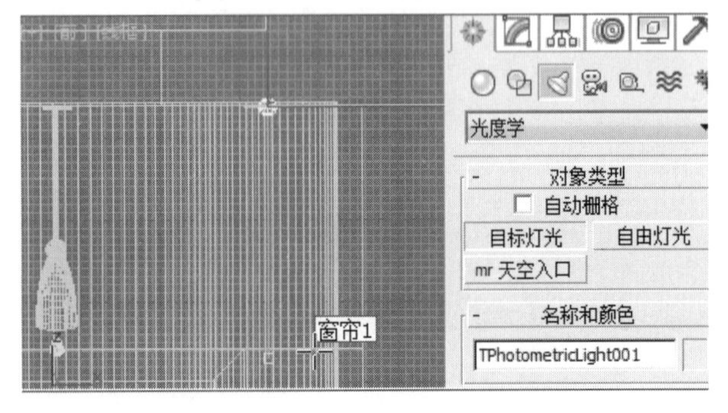

图9-193　在前视图中创建“目标灯光”

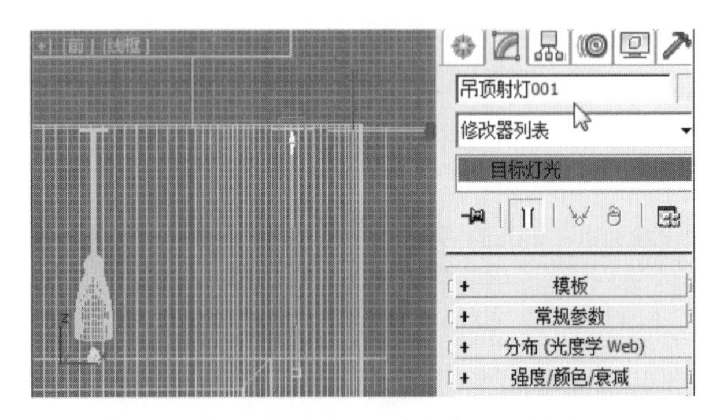

图9-194　将“目标灯光”重命名为“吊顶射灯001”

图9-195　在资源管理器中选择“吊顶射灯001”以及“吊顶射灯001. Target”

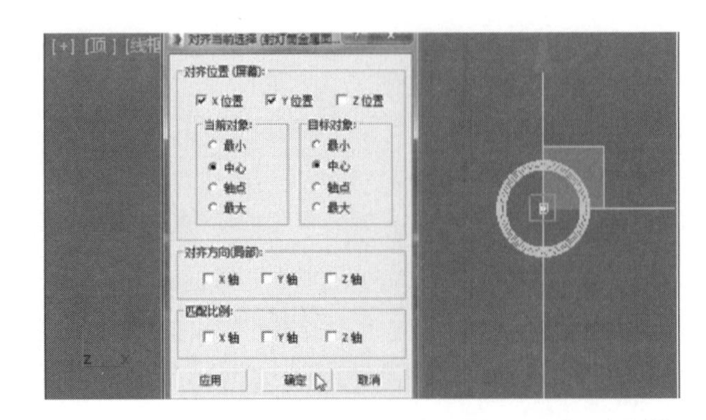

图9-196　使用对齐工具将当前的“吊顶射灯001”和“射灯筒001”对齐

❺ 在视图左侧“资源管理器”（显示灯光）所属“名称”列表中，用鼠标左键点选“吊顶射灯001”，如图9-197所示。

❻ 在“分布（光度学Web）”卷展栏中，用鼠标左键点击“选择光度学文件”按钮，选择本章提供的素材“射灯2.IES”，当前“分布（光度学Web）”卷展栏的面板显示，如图9-198所示。

❼ 在“强度/颜色/衰减”卷展栏中，设置“强度”下的“cd”值为“500”，如图9-199所示。

❽ 在视图左侧“资源管理器”（显示灯光）所属“名称”列表中，使用鼠标左键结合键盘的“Ctrl”键，再一次将“吊顶射灯001”和“吊顶射灯001.Target”一同选择，如图9-200所示。

❾ 在顶视图中，参照克隆“射灯筒”的方法，以“实例”方式克隆出其他5个“吊顶射灯”，并使用“对齐”工具，将5个射灯分别对齐到其他5个射灯筒位置，如图9-201所示。

❿ 在前视图中，使用鼠标左键点击主工具行中的（选择并移动）工具，将“吊顶”右侧一组3个“吊顶射灯”的目标点框选，并沿着自身X轴最大化方向移动至合适位置，以此来调整“吊顶射灯”投射光线的角度，如图9-202所示。

图9-197　在“资源管理器”中点选“吊顶射灯001”

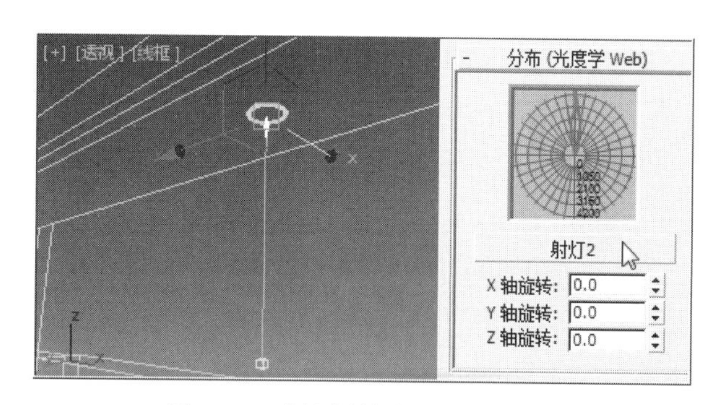

图9-198　选择素材提供的光域网文件

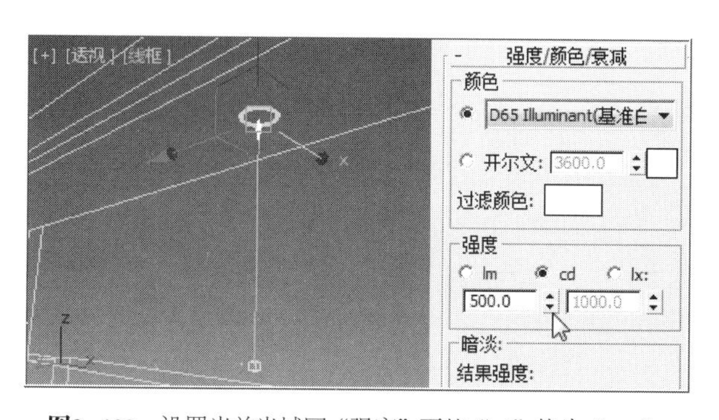

图9-199　设置当前光域网“强度”下的“cd”值为“500”

图9-200　在“资源管理器”中选择“吊灯射灯001”及“吊顶射灯001. Target”

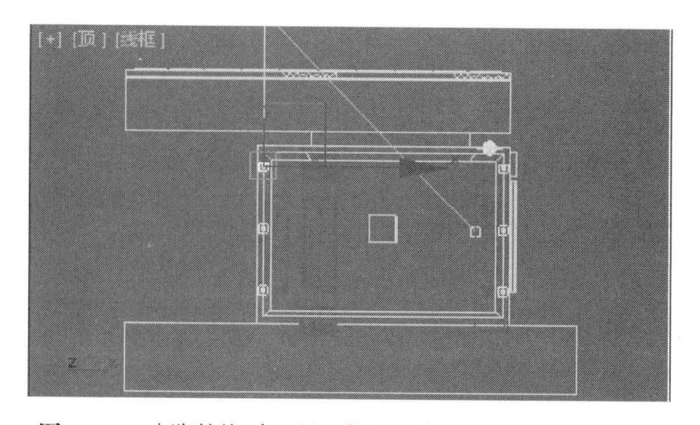

图9-201　克隆其他5个“吊顶射灯”并对齐到5个射灯筒位置

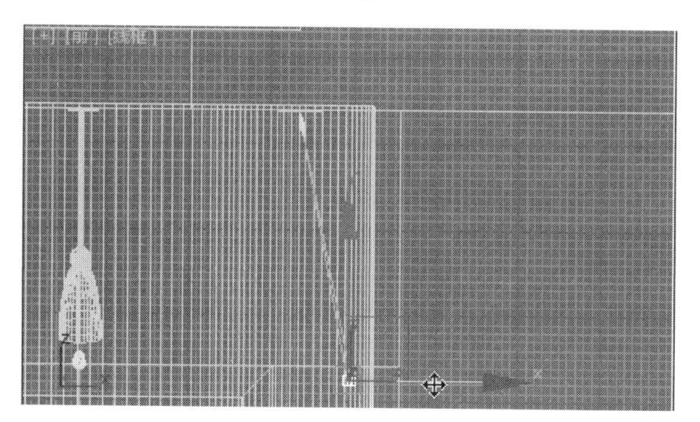

图9-202　使用“移动”工具调整吊顶右侧射灯投射光线的角度

⓫ 用同样的方法，将“吊顶”左侧一组3个“吊顶射灯”的目标点框选，并沿着自身X轴最小化方向移动至合适位置，如图9-203所示。

⓬ 使用视图控制区相关工具调整透视图视角，视图选择以线框方式显示，可以清楚地看到当前创建吊顶射灯的各自位置和角度，如图9-204所示。

⓭ 确认当前透视图处于被激活的状态下，使用鼠标左键点击主工具行中的 （渲染产品）工具，得到当前视图“吊顶射灯”调用的光域网文件的灯光效果，如图9-205所示。

注：在设置灯光强度参数时，可结合自己创建场景的实际情况进行适当调整，不必死搬本教材提供的数据。

9.17 材质的设置

❶ 用鼠标左键单击主工具行中的 （渲染设置）工具，在弹出的“渲染设置”的“公用”选项卡下的“指定渲染器”卷展栏中的“产品级”渲染器里选择“V-Ray”，如图9-206所示。

❷ 在“渲染设置”的“GI”选显卡下，用鼠标左键勾选“启用全局照明”；“首次引擎”选择“发光图”；“二次引擎”选择“灯光缓存”；“发光图”卷展栏中“当前预设”为“低”；点击“渲染”按钮，如图9-207所示。

❸ 激活透视图，使用鼠标左键点击主工具行中的 （渲染产品）工具，以“V-Ray”渲染器“启用全局照明”得到的渲染效果，如图9-208所示。

9.17.1 房体吊顶材质

❶ 在视图左侧“资源管理器” （显示几何体）所属“名称”列表中，使用鼠标左键结合键盘的“Ctrl”键，将“吊顶”和“房体”一同选择，如图9-209所示。

❷ 用鼠标左键点击主工具行的 （材质编辑器）工具，在弹出的“材质编辑器”面板的“模式”菜单中，选择“Slate（板岩）材质编辑器”，在“材质／贴图浏览器”所属的“材质”列表中，鼠标左键双击“标准”，在右侧的“视图”区域框中显示出“标准”

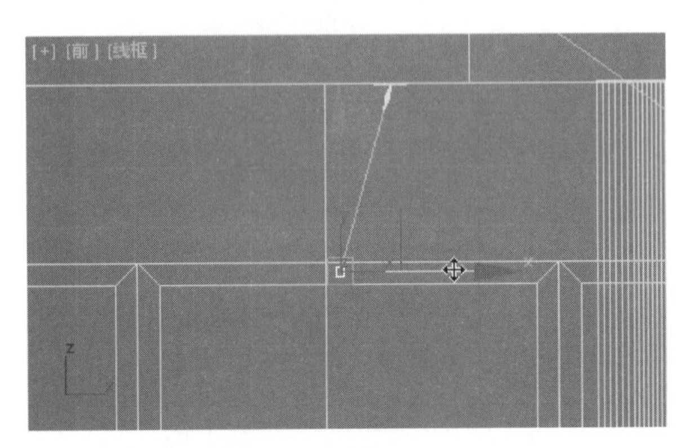

图9-203 使用“移动”工具调整吊顶左侧射灯投射光线的角度

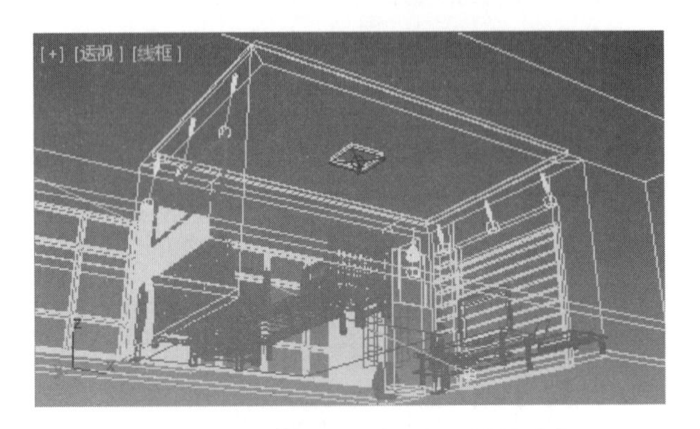

图9-204 当前透视图射灯的各自位置和角度

图9-205 当前透视图渲染的“吊顶射灯”光线效果

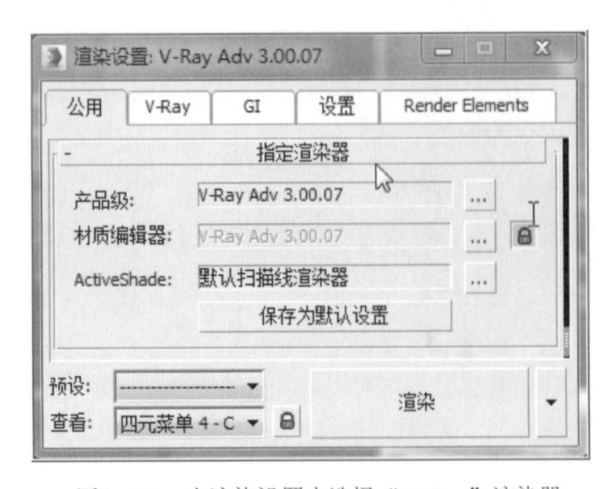

图9-206 在渲染设置中选择“V-Ray”渲染器

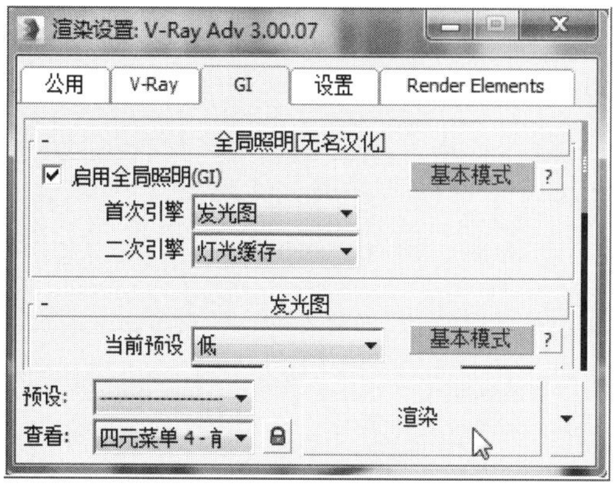

图9-207　设置“GI”选项卡相关选项

图9-208　以“V-Ray”渲染器“启用全局照明”的渲染效果

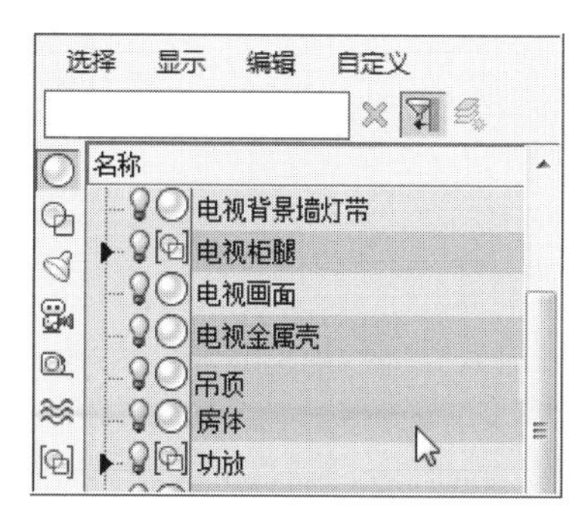

图9-209　在“资源管理器”中选择“吊灯”和“房体”

图9-210　为“房体”和“吊顶”指定“标准”材质

图9-211　在“Slate材质编辑器”中进行相关设置

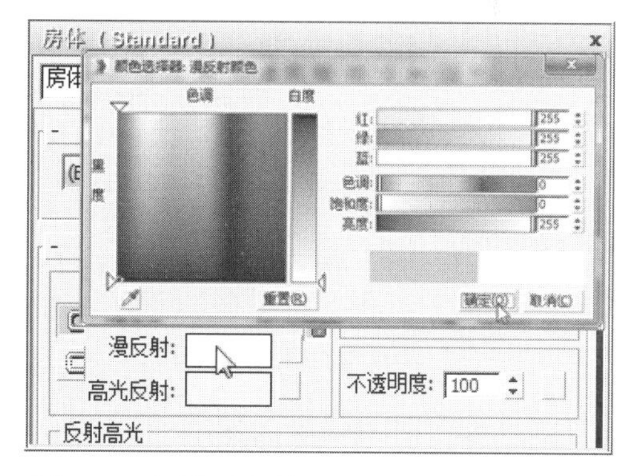

图9-212　设置“漫反射”“颜色选择器”相关参数

实例球材质面板，用鼠标右键点击该面板，在弹出的菜单列表中，选择“重命名”，将当前材质面板命名为“房体”，点击“确定”按钮，如图9-210所示。

注：“房体”和“吊顶”在本章节中属于同一材质，使用同一个实例球即可。

❸ 在“Slate（板岩）材质编辑器”面板中，用鼠标左键点击 （将材质指定给选定对象）工具以及 （在视口中显示明暗贴图）工具，如图9-211所示。

❹ 用鼠标左键双击“房体”实例球面板，在弹出的该材质参数面板中，点击“漫反射”右侧的“颜色选择器”，设置“红”为“255”；“绿”为“255”；“蓝”为“255”；点击“确定”按钮，如图9-212所示。

❺ 当前“房体”的实例球材质设置参数后的效果，如图9-213所示。

❻ 使用鼠标左键点击主工具行中的 (渲染产品)工具，对透视图进行渲染，如图9-214所示。

9.17.2 地板材质设置

❶ 在视图左侧“资源管理器” (显示几何体)所属“名称”列表中，用鼠标左键点选“地板”，如图9-215所示。

❷ 在“Slate(板岩)材质编辑器”面板中的“材质/贴图浏览器”所属的“V-Ray”列表中，用鼠标左键双击“VRayMtl”。在右侧的“视图”区域框中显示出“VRayMtl”实例球材质面板，用鼠标右键点击该面板，在弹出的菜单列表中，选择“重命名”，将当前材质面板命名为“地板”。点击工具行中的 (将材质指定给选定对象)工具，将材质指定给“地板”，如图9-216所示。

❸ 用鼠标左键双击“地板”实例球面板，在弹出的材质参数面板中，点击“漫反射”右侧的“无”按钮，在弹出的“材质/贴图浏览器”列表中，点选“位图”，点击“确定”按钮，如图9-217所示。

❹ 在“选择位图图像文件”面板中，选择本章提供的素材文件“客厅地板.jpg”，用鼠标左键点击“打开”按钮，如图9-218所示。

❺ 用鼠标左键双击“地板”实例球材质面板，在弹出的“地板”材质面板中，用鼠标左键点击“反射”的“颜色选择器”，在弹出的“颜色选择器”面板中，设置“红”为“54”；“绿”为“54”；“蓝”为“54”；点击“确定”按钮；设置“细分”为“10”；取消“菲涅耳反射”后的勾选，如图9-219所示。

❻ 用鼠标左键点击“漫反射”右侧的显示“M”按钮，在“坐标”卷展栏中，设置“U”的“瓷砖”

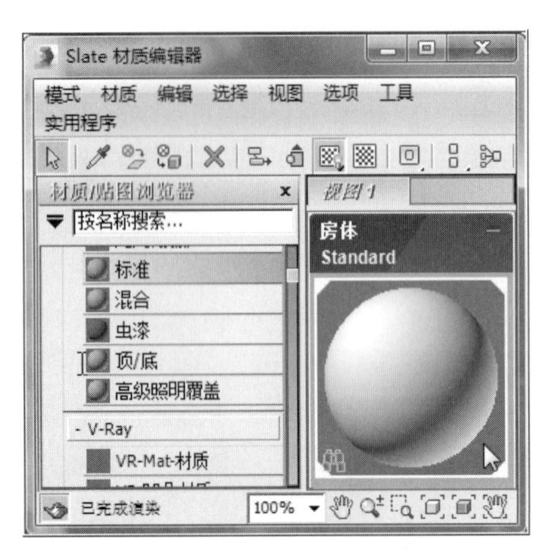

图9-213 当前“房体”实例球材质效果

图9-214 当前渲染透视图呈现的效果

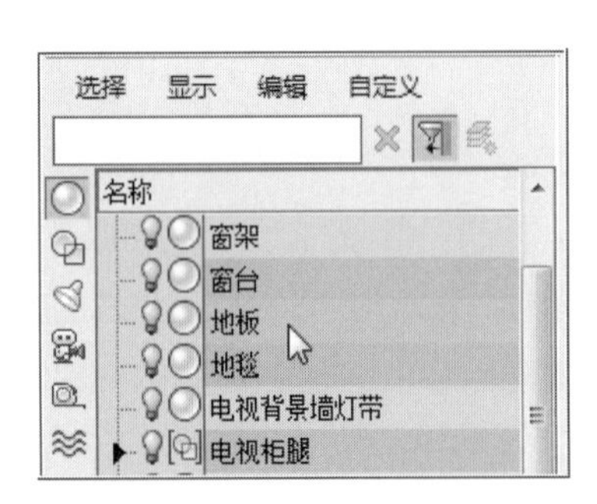

图9-215 在“资源管理器”中点选“地板”

图9-216 将“VRayMtl”材质指定给“地板”

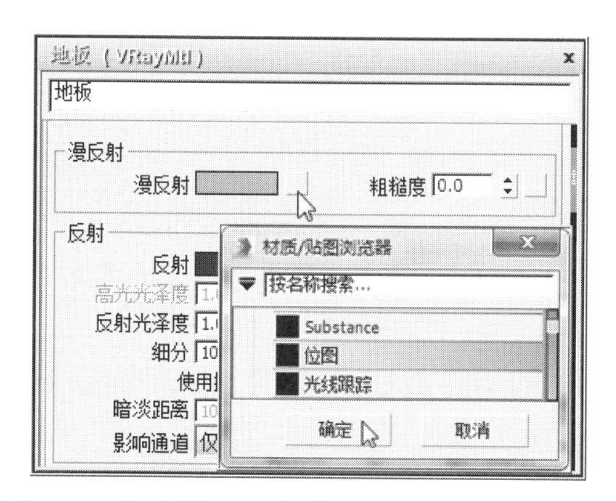

图9-217 将“地板”的“漫反射”指定“位图”贴图方式

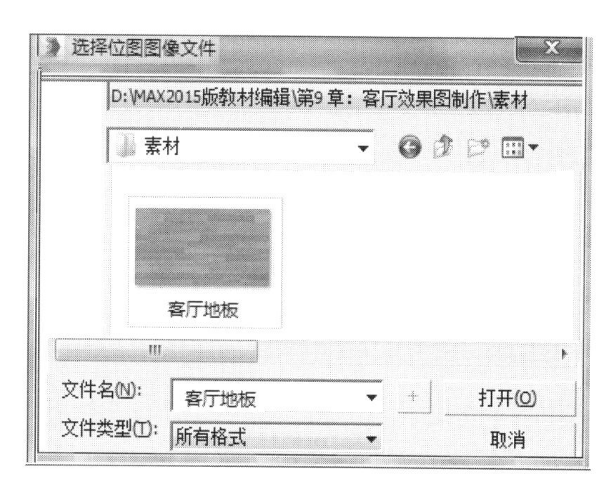

图9-218 将“地板”的“位图”指定贴图文件

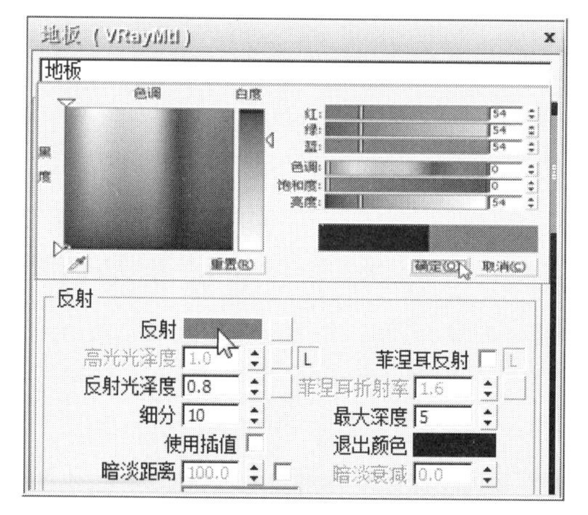

图9-219 设置“地板”“反射”的相关参数

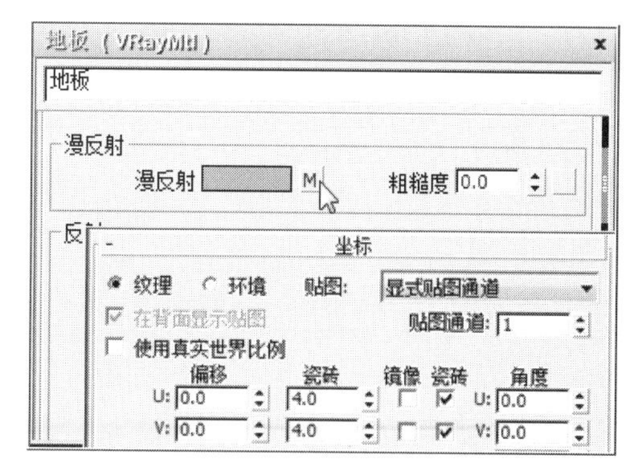

图9-220 设置“地板”贴图“坐标”卷展栏相关参数

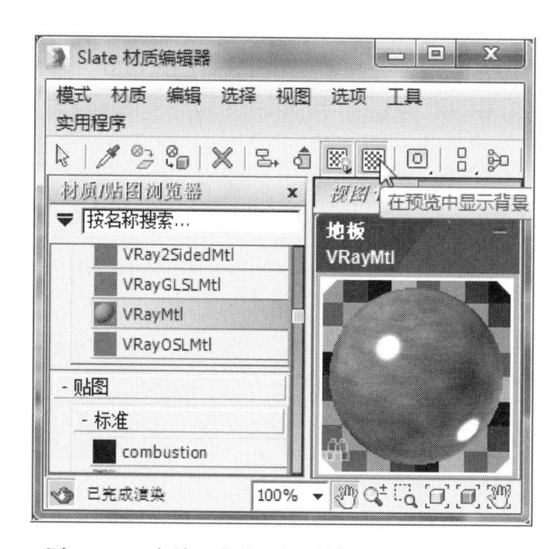

图9-221 当前“房体”设置材质后的实例球效果

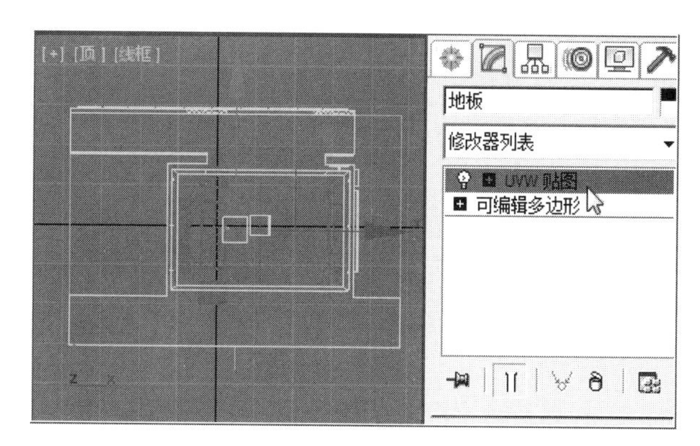

图9-222 为“地板”添加“UVW贴图”修改器

为“4”；“V”的“瓷砖”为“4”，取消“使用真实世界比例”前的勾选，如图9-220所示。

❼ 在“Slate材质编辑器”中，用鼠标左键点击▦（在预览中显示背景）工具，当前“房体”实例球材质设置参数后的效果，如图9-221所示。

❽ 在视图右侧命令面板中，用鼠标左键点击“地板”所属的“修改器列表”右侧的下拉箭头，在修改器列表中选择“UVW贴图”，如图9-222所示。

❾ 在“地板”的“参数”卷展栏中，用鼠标左键点击取消“真实世界贴图大小”前的勾选，如图9-223所示。

❿ 使用鼠标左键点击主工具行中的 (渲染产品)工具，对透视图进行渲染，如图9-224所示。

9.17.3 窗台材质设置

❶ 在视图左侧“资源管理器” (显示几何体)所属“名称”列表中，用鼠标左键点选“窗台”，如图9-225所示。

❷ 在“Slate(板岩)材质编辑器”面板中的“材质/贴图浏览器”所属的“V-Ray”列表中，用鼠标左键双击“VRayMtl”，在右侧的“视图”区域框中显示出“VRayMtl”实例球材质面板，将当前材质实例球命名为“窗台”，点击工具行中的 (将材质指定给选定对象)工具、 (视口中显示明暗处理材质)工具，如图9-226所示。

❸ 用鼠标左键双击“窗台”实例球面板，在弹出的材质参数面板中，点击“漫反射”右侧的“无”按钮，在弹出的“材质/贴图浏览器”列表中，点选“位图”，点击“确定”按钮，如图9-227所示。

❹ 在“选择位图图像文件”面板中，选择本章提供的素材文件“大理石材质.jpg”，用鼠标左键点击“打开”按钮，如图9-228所示。

❺ 用鼠标左键双击“窗台”实例球面板，在弹出的该材质参数面板中，用鼠标左键点击“反射”右侧的“无”按钮，在弹出的“材质/贴图浏览器”列表中，点选“衰减”，点击“确定”按钮，如图9-229所示。

❻ 在“衰减参数”卷展栏中，设置“衰减类型”为“Fresnel”(菲涅尔)，如图9-230所示。

❼ 用鼠标左键双击“窗台”实例球面板，在弹出的材质参数面板中，设置“反射”下属的“高光光泽度”为“0.85”；“反射光泽度”为“0.9”；“细分”为“15”；取消“菲涅耳反射”后的勾选，如图9-231所示。

❽ 用鼠标左键点击“漫反射”右侧的显示“M”按钮，在“坐标”卷展栏中，设置“U”的“瓷砖”

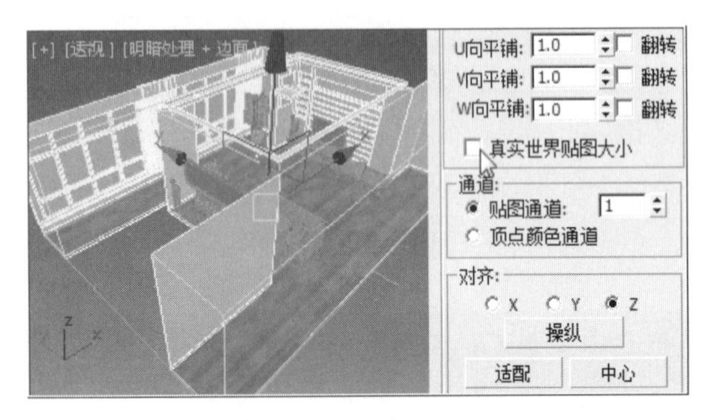

图9-223 取消“真实世界贴图大小”前的勾选

图9-224 渲染透视图当前地板材质效果

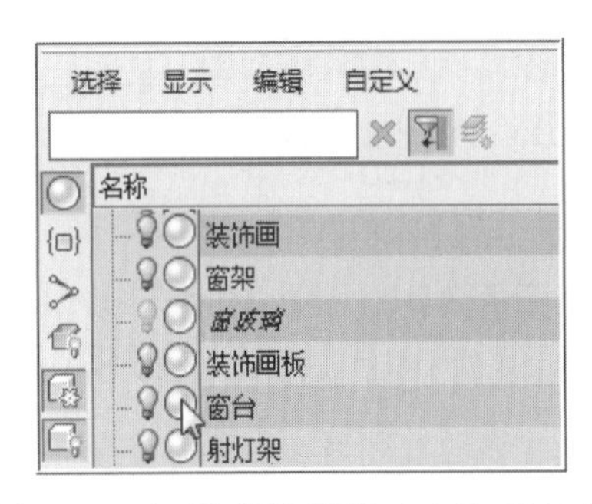

图9-225 在“资源管理器”中点选“窗台”

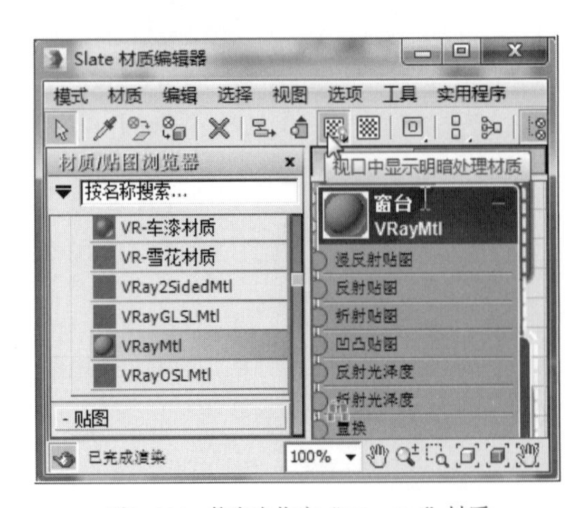

图9-226 将窗台指定“VRayMtl”材质

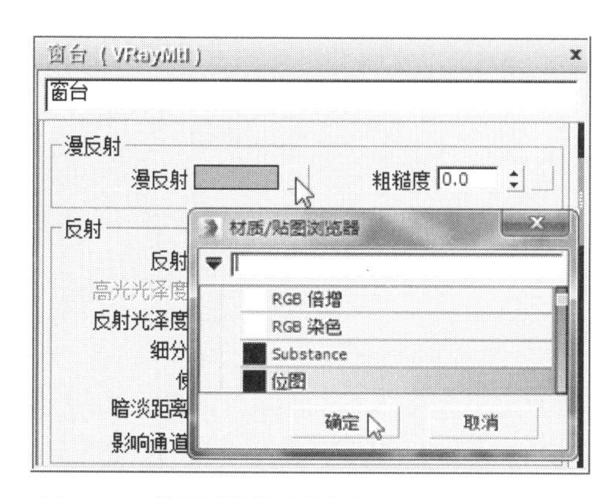

图9-227 将地板的漫反射指定“位图”贴图方式

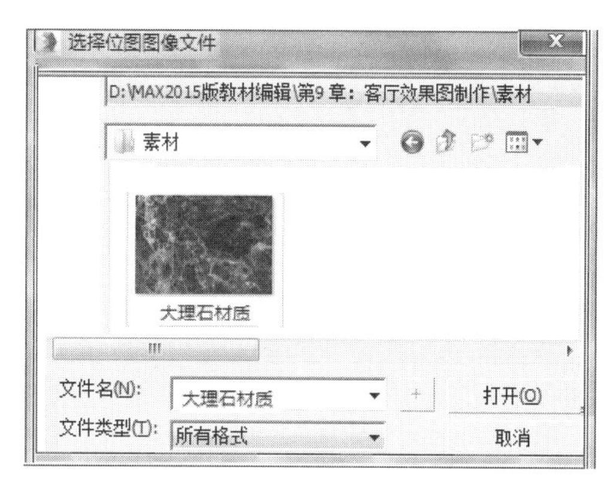

图9-228 将“窗台”的“位图”指定贴图文件

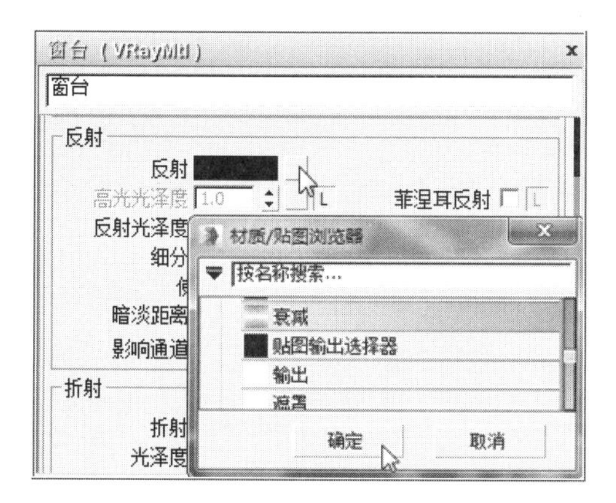

图9-229 将“窗台”的“反射”指定“衰减”贴图方式

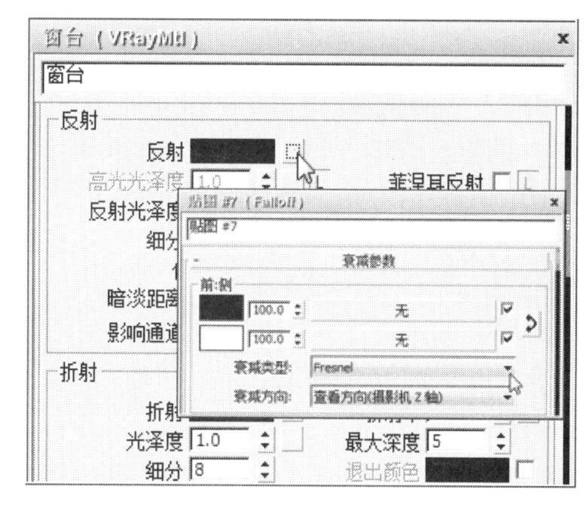

图9-230 在“衰减类型”中选择“Fresnel”

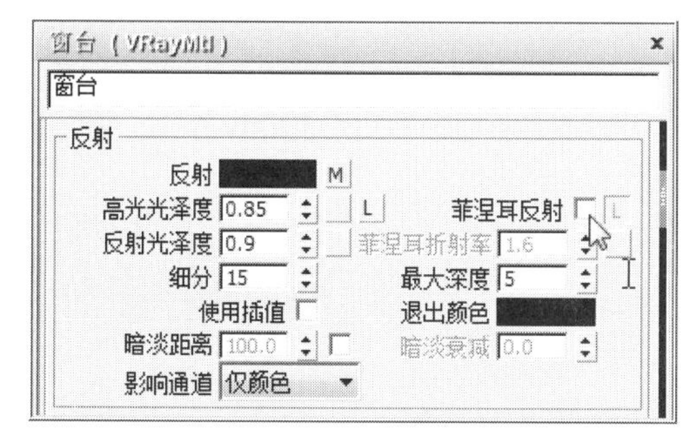

图9-231 设置“窗台”材质反射的相关参数

为“20”；“V”的“瓷砖”为“1”；取消“使用真实世界比例”前的勾选，如图9-232所示。

❾ 在“Slate材质编辑器”中，当前“窗台”实例球材质设置参数后的效果，如图9-233所示。

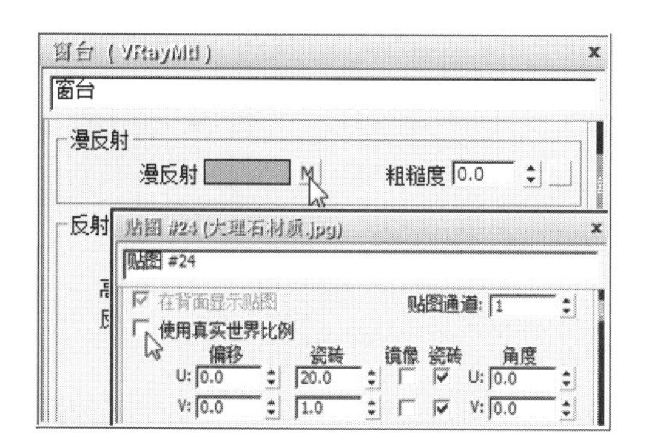

图9-232 设置“窗台”贴图坐标的卷展栏相关参数

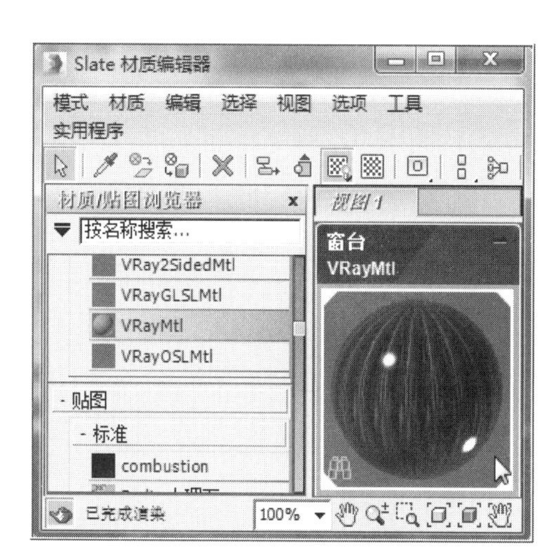

图9-233 当前“窗台”设置材质后的实例球效果

⑩ 在视图右侧命令面板中，用鼠标左键点击“窗台”所属的“修改器列表”右侧的下拉箭头，在修改器列表中选择“UVW贴图”，如图9-234所示。

⑪ 在“窗台”的“参数”卷展栏中，用鼠标左键点击取消“真实世界贴图大小”前的勾选，如图9-235所示。

⑫ 使用鼠标左键点击主工具行中的 （渲染产品）工具，对透视图进行渲染，如图9-236所示。

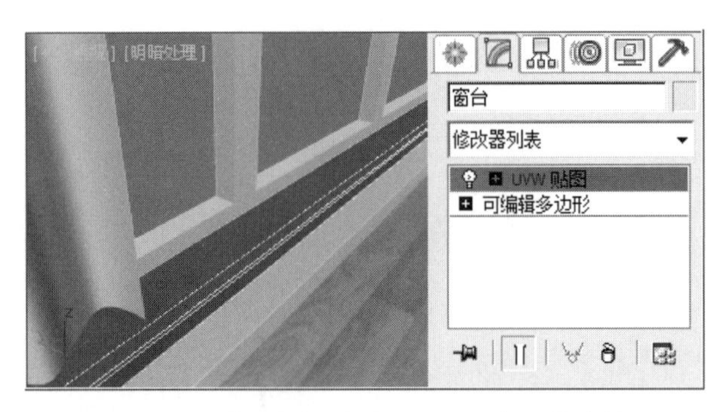

图9-234 为“窗台”添加“UVW贴图”修改器

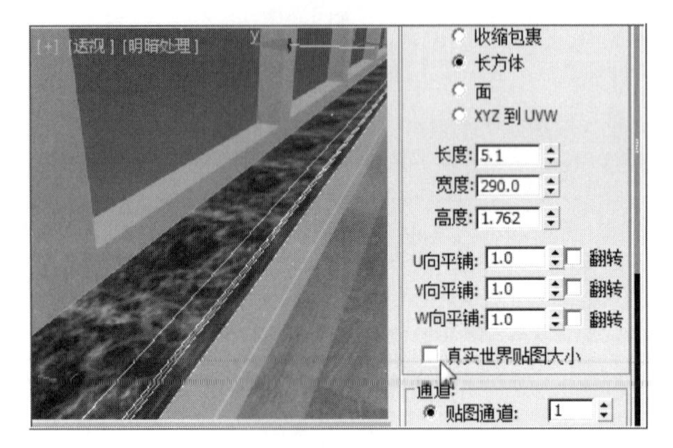

图9-235 取消“真实世界贴图大小”前的勾选

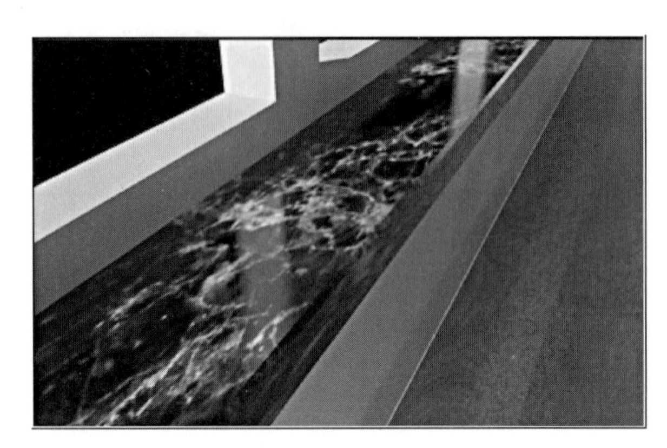

图9-236 当前透视图窗台渲染的效果

9.17.4 窗架材质设置

❶ 在视图左侧“资源管理器” （显示几何体）所属“名称”列表中，用鼠标左键点选“窗架”，如图9-237所示。

❷ 在“Slate（板岩）材质编辑器”面板中的“材质/贴图浏览器”所属的“V-Ray”列表中，用鼠标左键双击“VRayMtl”，在右侧的“视图”区域框中显示出“VRayMtl”实例球材质面板，重命名为“窗架”，点击工具行中的 （将材质指定给选定对象）工具、 （视口中显示明暗处理材质）工具以及 （在预览中显示背景）工具，如图9-238所示。

❸ 用鼠标左键双击“窗架”实例球面板，在弹出的该材质参数面板中，用鼠标左键点击“漫反射”右侧的“颜色选择器”，设置“红”为“163”；“绿”为“173”“蓝”为“181”，点击“确定”按钮，如图9-239所示。

❹ 用鼠标左键点击“反射”右侧的“颜色选择器”，设置“红”为“119”；“绿”为“119”；“蓝”

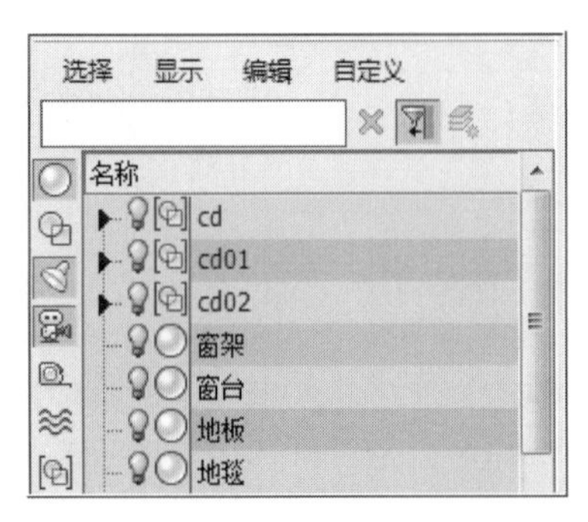

图9-237 在资源管理器中点选“窗架”

图9-238 将“VRayMtl”材质指定给“窗架”

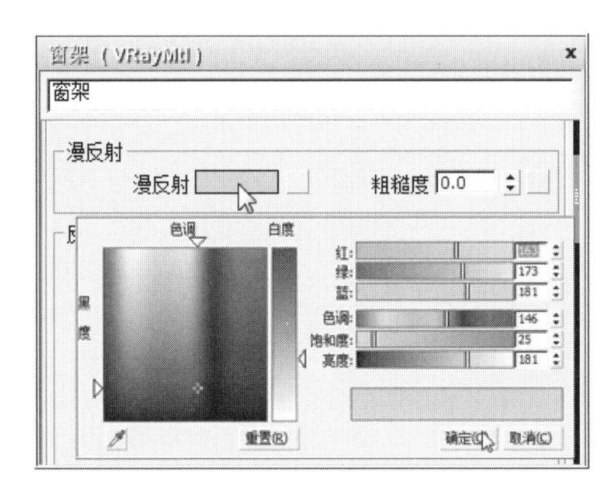

图9-239　设置“漫反射”“颜色选择器”相关参数

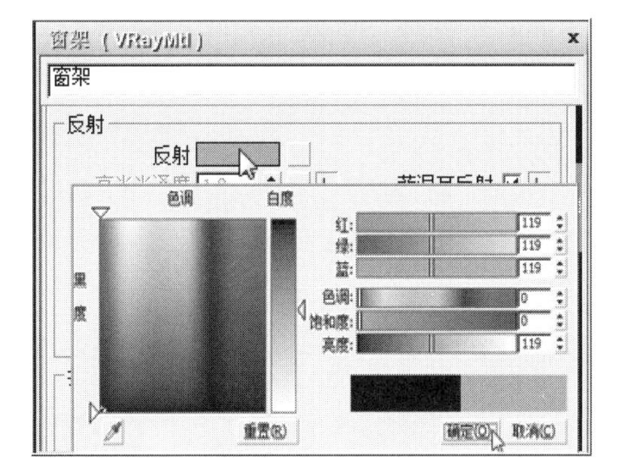

图9-240　设置“反射”颜色选择器相关参数

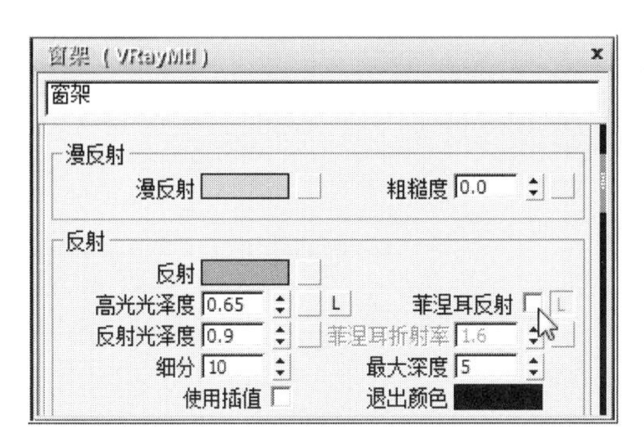

图9-241　设置“窗架”材质“反射”的相关参数

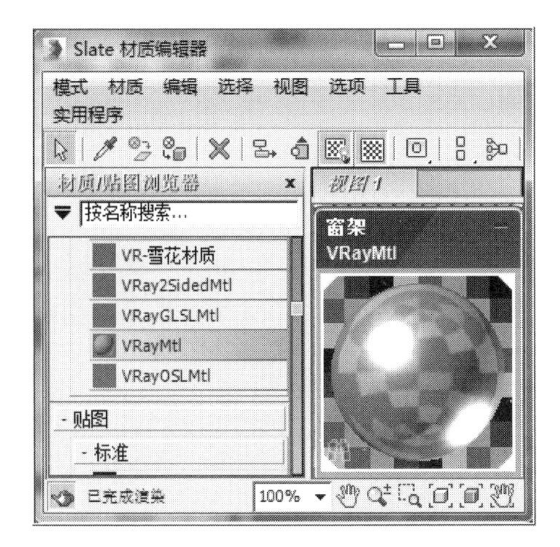

图9-242　当前“窗架”材质实例球参数设置后的实例球效果

图9-243　当前透视图在“明暗处理”显示方式下的效果

图9-244　当前透视图窗架渲染后的效果

为“119”；点击“确定”按钮，如图9-240所示。

❺ 设置“窗架”材质面板“反射”下属的“高光光泽度”为“0.65”；“反射光泽度”为“0.9”；“细分”为“10”；用鼠标左键点击取消“菲涅耳反射”后的勾选，如图9-241所示。

❻ 在“Slate材质编辑器”中，当前“窗架”实例球材质设置参数后的效果，如图9-242所示。

❼ 当前透视图“明暗处理”显示模式下的效果，如图9-243所示。

❽ 使用鼠标左键点击主工具行中的 （渲染产品）工具，对透视图进行渲染，如图9-244所示。

9.17.5 窗帘材质设置

❶ 在视图左侧“资源管理器” （显示几何体）所属“名称”列表中，用鼠标左键结合键盘的“Ctrl”键，将“窗帘1”和“窗帘2”一同选择，如图9-245所示。

❷ 在视图右侧命令面板中，为“窗帘1”“窗帘2”一同添加中“UVW贴图”修改器，用鼠标左键点击去除“真实世界贴图大小”前的勾选，如图9-246所示。

❸ 在“窗帘”的“参数”卷展栏中，用鼠标左键点击“对齐”下的“适配”按钮，将“UVW贴图”和“窗帘”以“平面”的方式“对齐”，如图9-247所示。

❹ 在“Slate材质编辑器”中，为当前“窗帘”指定“标准”材质，将材质面板命名为“窗帘”，然后用鼠标左键点击工具行中的 (将材质指定给选定对象)工具、 (视口中显示明暗处理材质)工具以及 (在预览中显示背景)工具，如图9-248所示。

❺ 用鼠标左键双击“窗帘”实例球面板，在弹出的材质参数面板中，用鼠标左键点击“漫反射”右侧的“无”按钮，在弹出的“材质/贴图浏览器”列表中，点选“位图”，点击“确定”按钮，如图9-249所示。

❻ 在“选择位图图像文件”面板中，选择本章提供的素材文件“窗帘.jpg”，用鼠标左键点击“打开”按钮，如图9-250所示。

❼ 用鼠标左键点击“漫反射”右侧的“M”按钮，在“坐标”卷展栏中，设置“U”的“瓷砖”为“10”；“V”的“瓷砖”为“2”；取消“使用真实世界比例”前的勾选；点击“确定”按钮，如图9-251所示。

❽ 用鼠标左键双击“窗台”实例球面板，在弹出的该材质参数面板中，设置“不透明”为“70”，如图9-252所示。

❾ 在“Slate材质编辑器”中，当前“窗帘”实例球材质设置参数后的效果，如图9-253所示。

❿ 使用鼠标左键点击主工具行中的 (渲染产品)工具，对透视图进行渲染，如图9-254所示。

9.17.6 踢脚线材质设置

❶ 在视图左侧“资源管理器” (显示几何体)所属“名称”列表中，用鼠标左键点选“踢脚线”，如图9-255所示。

❷ 在“Slate(板岩)材质编辑器”面板中的“材质/贴图浏览器”所属的“V-Ray”列表中，用鼠标左键双击“VRayMtl”，在右侧的“视图”区域框中显

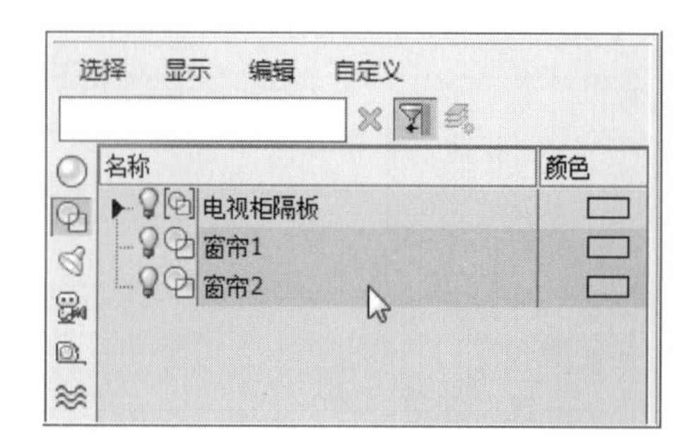

图9-245 在资源管理器中点选“窗帘1”和“窗帘2”

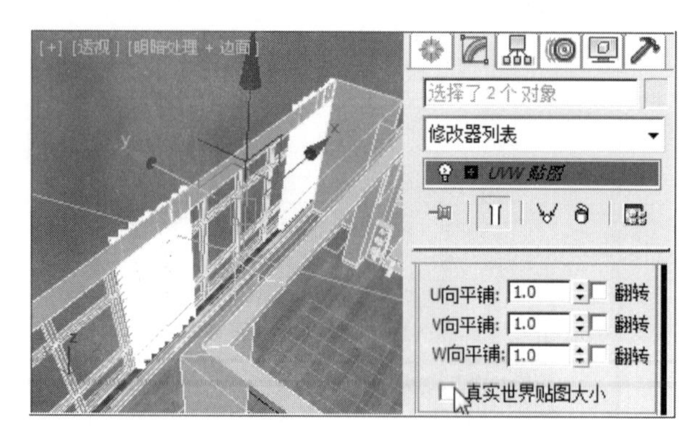

图9-246 为当前窗帘添加“UVW贴图”修改器并设置相关选项

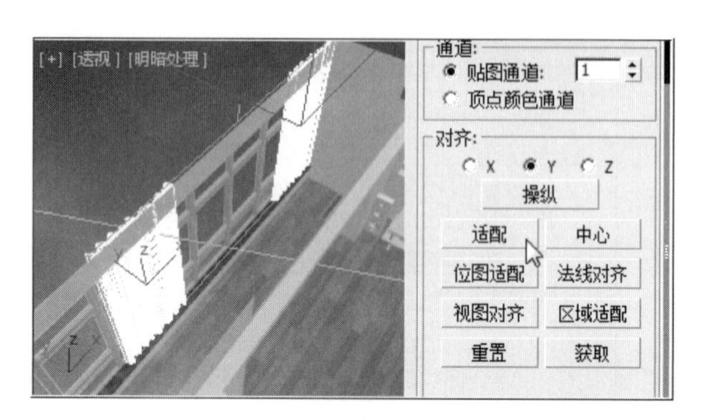

图9-247 点击“参数”卷展栏中的“适配”按钮

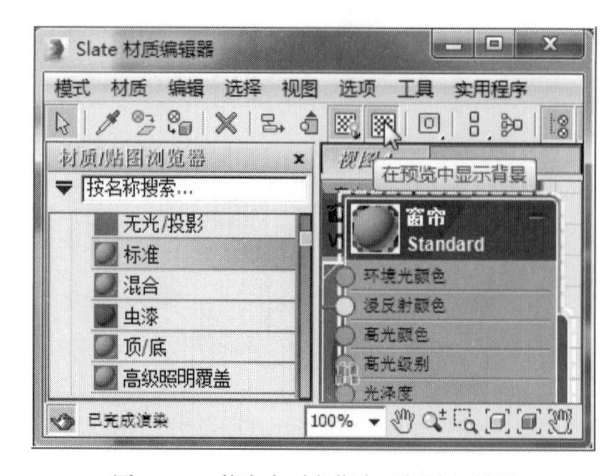

图9-248 将窗帘对象指定“标准”材质

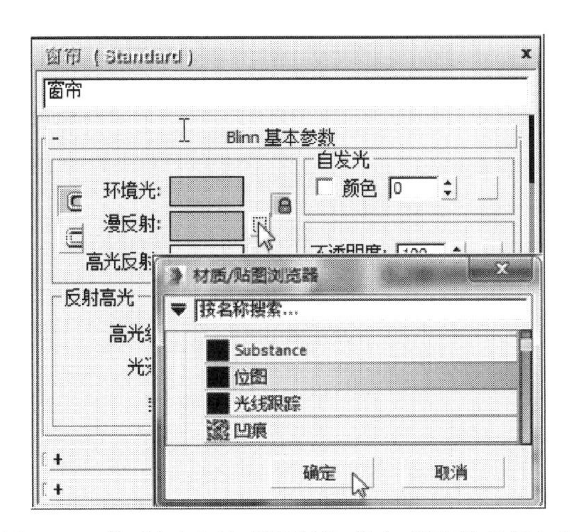

图9-249　将“窗帘”的“漫反射”指定“位图”贴图方式

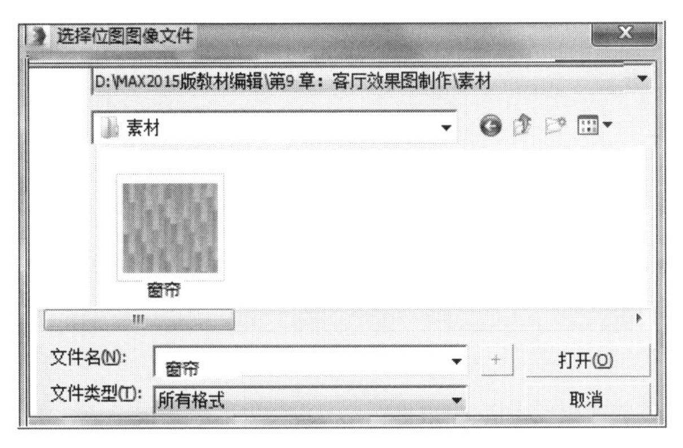

图9-250　将“窗帘”的“位图”指定贴图文件

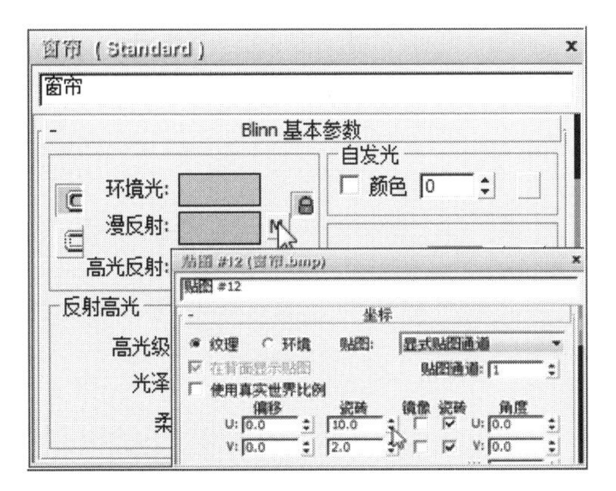

图9-251　设置“窗帘”贴图“坐标”的卷展栏相关参数

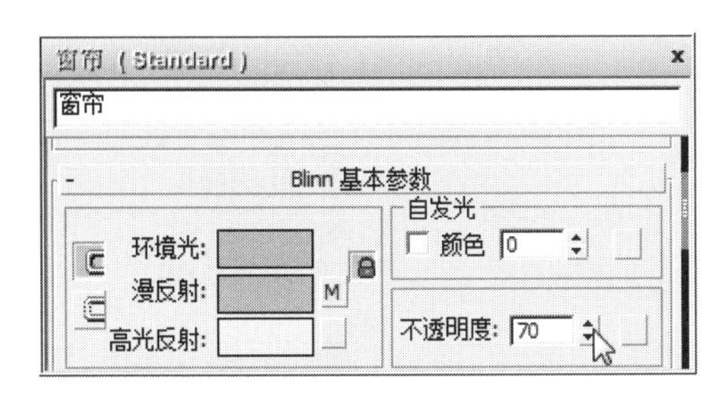

图9-252　设置“窗帘”的不透明为“70”

图9-253　当前“窗帘”材质实例球参数设置后的实例球效果

图9-254　当前透视图“窗帘”渲染后的效果

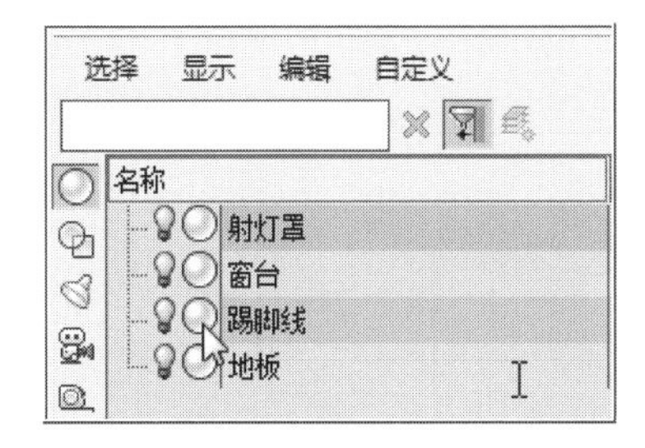

图9-255　在“资源管理器”中点选“踢脚线”

示出“VRayMtl”实例球材质面板，重命名为“踢脚线”，点击工具行中的 (将材质指定给选定对象)工具、 (视口中显示明暗处理材质)工具及 (在预览中显示背景)工具，如图9-256所示。

❸ 用鼠标左键双击“踢脚线”实例球面板，在弹出的材质参数面板中，点击“漫反射”右侧的“无”

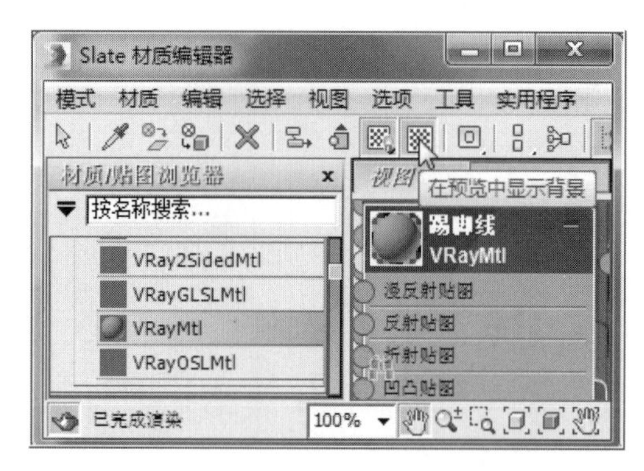
图9-256 将“踢脚线”指定“VRayMtl”材质

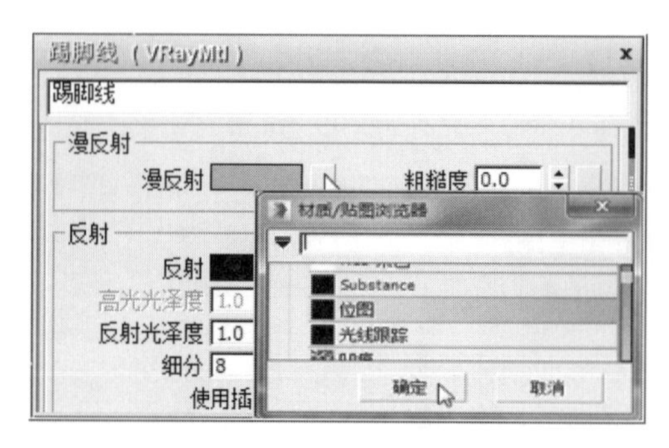
图9-257 将“窗帘”的“漫反射”指定“位图”贴图方式

图9-258 将“踢脚线”的“位图”指定贴图文件

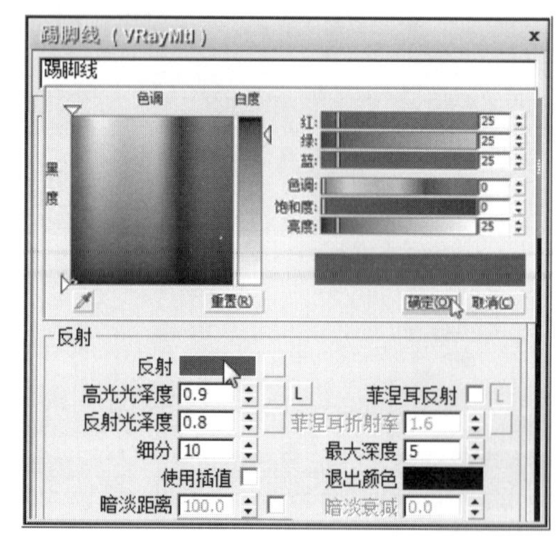
图9-259 设置“踢脚线”材质相关参数

按钮，在弹出的“材质/贴图浏览器”列表中，点选“位图”，点击“确定”按钮，如图9-257所示。

❹ 在“选择位图图像文件”面板中，选择本章提供的素材文件“踢脚线.jpg”，用鼠标左键点击“打开”按钮，如图9-258所示。

❺ 用鼠标左键点击“反射”右侧的“颜色选择器”，设置“红”为“25”；“绿”为“25”；“蓝”为“25”；点击“确定”按钮，设置“反射”下属的“高光光泽度”为“0.9”；“反射光泽度”为“0.8”；“细分”为“10”；取消“菲涅耳反射”后的勾选，如图9-259所示。

❻ 用鼠标左键点击“漫反射”右侧的显示“M”按钮，在“坐标”卷展栏中，设置“U”的“瓷砖”为“20”；“V”的“瓷砖”为“1”；取消“使用真实世界比例”前的勾选，如图9-260所示。

❼ 在“Slate材质编辑器”中，当前“踢脚线”实例球材质设置参数后的效果，如图9-261所示。

❽ 在视图右侧命令面板中，为“踢脚线”添加中“UVW贴图”修改器，如图9-262所示 。

❾ 在“踢脚线”的“参数”卷展栏中，“贴图”类型点选“长方体”；用鼠标左键点击取消“真实世界贴图大小”前的勾选，如图9-263所示。

❿ 使用鼠标左键点击主工具行中的 （渲染产品）工具，对透视图进行渲染，如图9-264所示。

9.17.7 装饰画材质设置

❶ 在视图左侧“资源管理器” （显示几何体）所属“名称”列表中，用鼠标左键点选“装饰画”，如图9-265所示。

❷ 在“Slate（板岩）材质编辑器”面板中的“材质/贴图浏览器”所属的“材质”列表中，用鼠标左

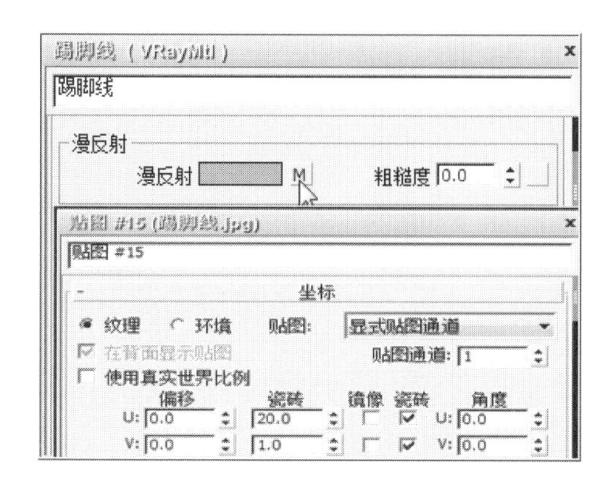

图9-260　设置“踢脚线”贴图“坐标”的卷展栏相关参数

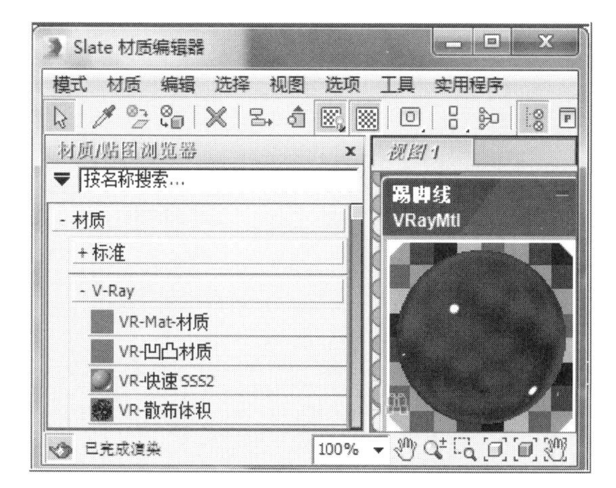

图9-261　当前“踢脚线”材质实例球参数设置后的实例球效果

图9-262　为“踢脚线”添加“UVW贴图”修改器

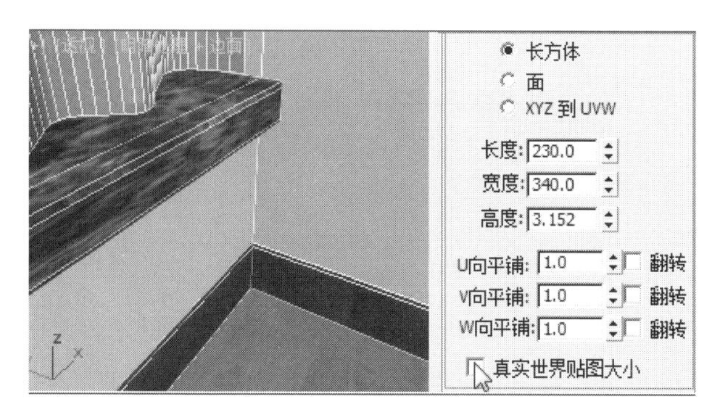

图9-263　设置“踢脚”线“参数”卷展栏中相关选项

图9-264　当前透视图“踢脚线”渲染后的效果

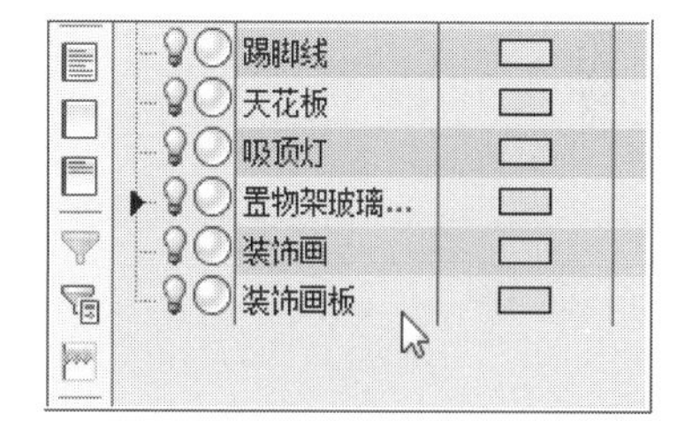

图9-265　在“资源管理器”中点选“装饰画”

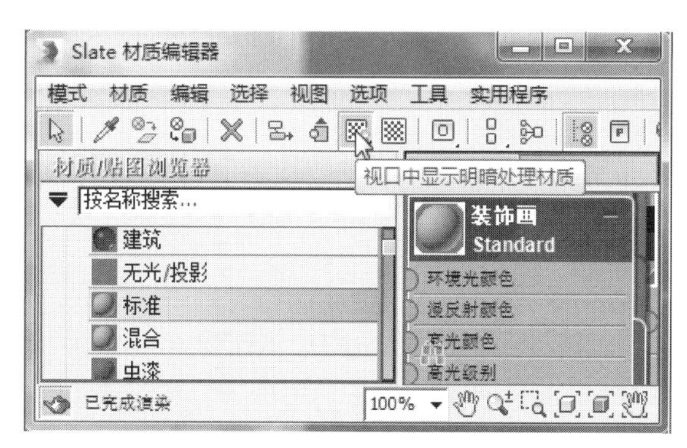

图9-266　为“装饰画”指定“标准”材质

键双击“标准”。在右侧的“视图”区域框中显示出“标准”实例球材质面板，将实例球重命名为“装饰画”，点击工具行中的 （将材质指定给选定对象）工具、（视口中显示明暗处理材质）工具，如图9-266所示。

❸ 用鼠标左键双击“装饰画”实例球面板，在弹出的该材质参数面板中，用鼠标左键点击“漫反射”右侧的“无”按钮，在弹出的“材质／贴图浏览器”列表中，点选“位图”，点击“确定”按钮，如图9-267所示。

❹ 在“选择位图图像文件”面板中，选择本章提供的素材文件“装饰画.jpg”，用鼠标左键点击“打开”按钮，如图9-268所示。

❺ 用鼠标左键点击“漫反射”右侧的显示“M”按钮，在“坐标”卷展栏中，设置“U”的“瓷砖”为“1”；“V”的“瓷砖”为“1”；取消“使用真实世界比例”前的勾选，如图9-269所示。

❻ 在“Slate材质编辑器”中，当前“装饰画”实例球材质设置参数后的效果，如图9-270所示。

❼ 在视图右侧命令面板中，为“装饰画”添加中“UVW贴图”修改器，如图9-271所示。

❽ 在“装饰画”的“参数”卷展栏中，使用鼠标左键点击取消“真实世界贴图大小”前的勾选；“对齐”方向点选“Y”轴；点击“适配”按钮，如图9-272所示。

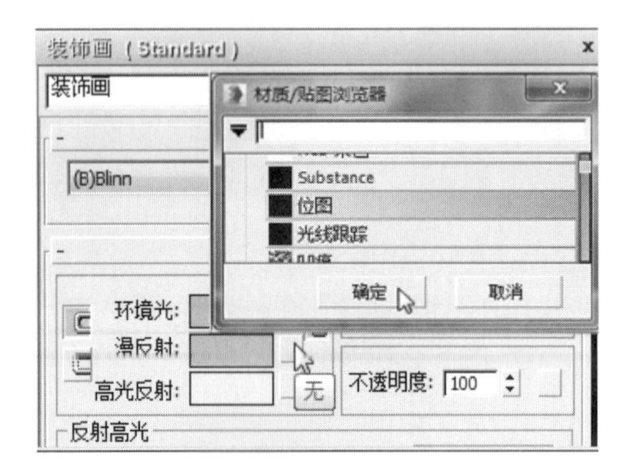

图9-267 为“装饰画”的“漫反射”指定“位图”贴图方式

图9-268 将“装饰画”的“位图”指定贴图文件

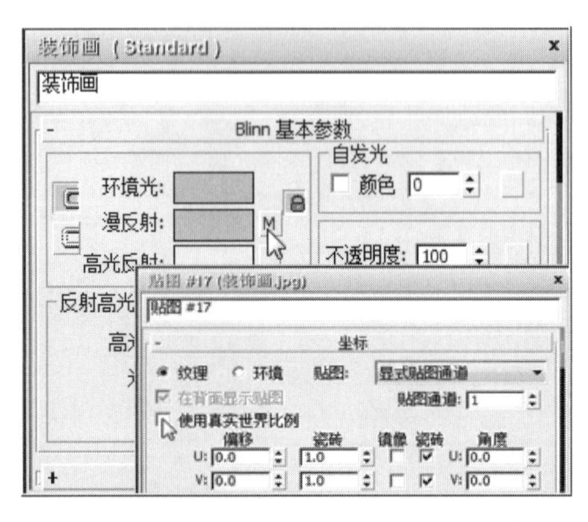

图9-269 设置“踢脚线”贴图“坐标”的卷展栏相关参数

图9-270 当前“装饰画”材质实例球参数设置后的实例球效果

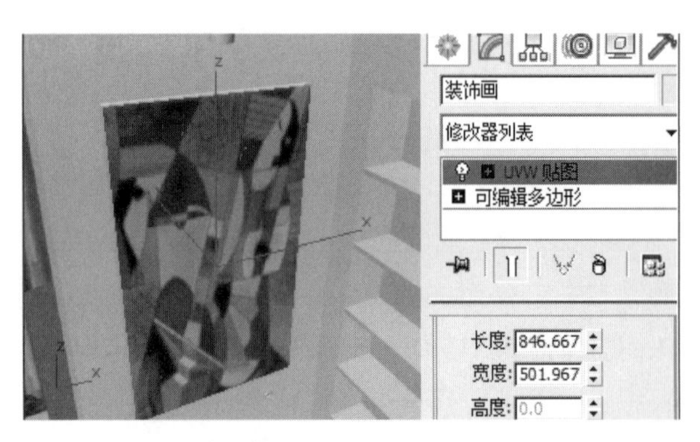

图9-271 为“装饰画”添加“UVW贴图”修改器

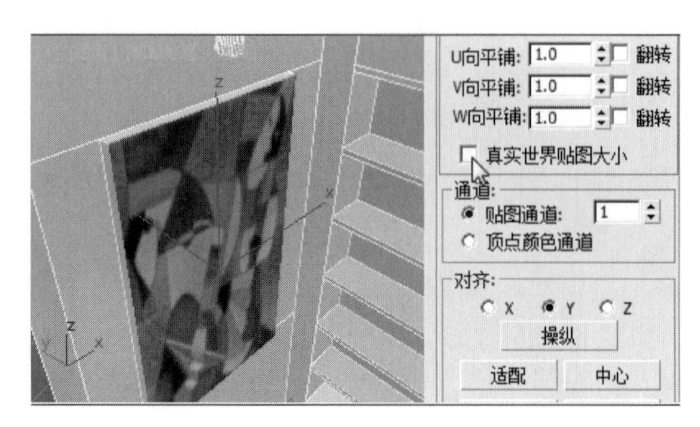

图9-272 设置“装饰画”参数卷展栏中相关选项

❾ 使用鼠标左键点击主工具行中的 （渲染产品）工具，对透视图进行渲染，如图9-273所示。

9.17.8 置物架材质设置

置物架材质设置包含两部分，其一是置物架玻璃隔板材质，其二是置物架内镜材质。

9.17.8.1 置物架玻璃隔板设置

❶ 在视图左侧“资源管理器” （显示几何体）所属“名称”列表中，用鼠标左键点选“置物架玻璃隔板”，如图9-274所示。

❷ 在“Slate（板岩）材质编辑器”面板中的“材质／贴图浏览器”所属的“V-Ray”列表中，用鼠标左键双击“VRayMtl”，在右侧的“视图”区域框中显示出“VRayMtl”实例球材质面板，重命名为“置物架玻璃隔板”，点击工具行中的 （将材质指定给选定对象）工具和 （在预览中显示背景）工具，如图9-275所示。

❸ 用鼠标左键双击“置物架玻璃隔板”实例球面板，在弹出的该材质参数面板中，点击“漫反射”右侧的“颜色选择器”，设置“红”为“168”；“绿”为“198”“蓝”为“198”；点击“确定”按钮，如图9-276所示。

图9-273　当前透视图“装饰画”渲染后的效果

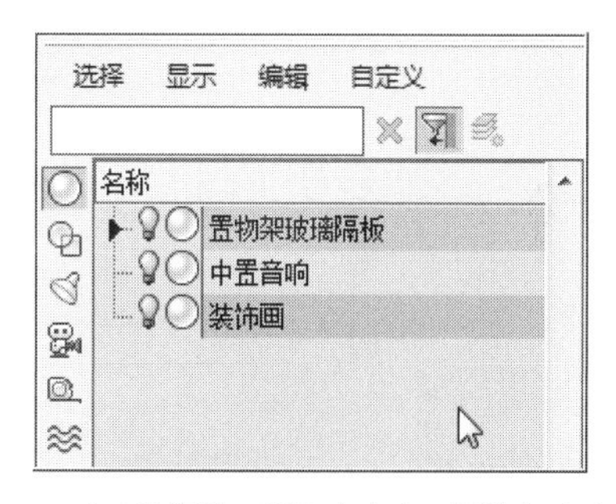

图9-274　在“资源管理器”中点选“置物架玻璃隔板”

图9-275　将“置物架玻璃隔板”指定“VRayMtl”材质

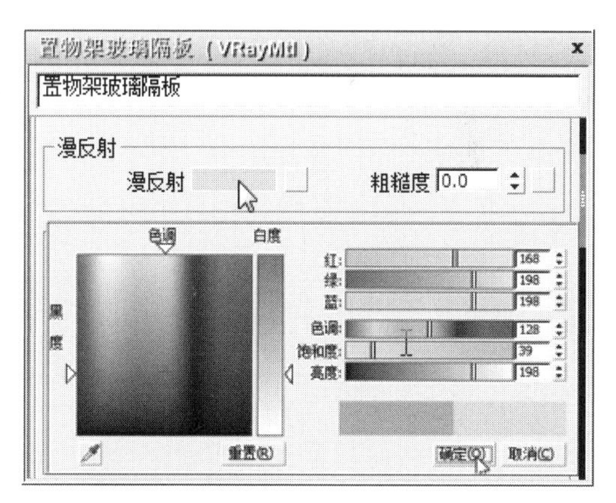

图9-276　设置“漫反射”“颜色选择器”相关参数

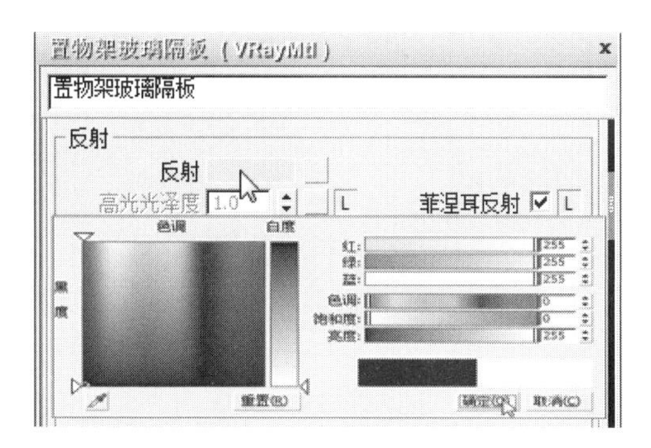

图9-277　设置“反射颜色选择器”相关参数

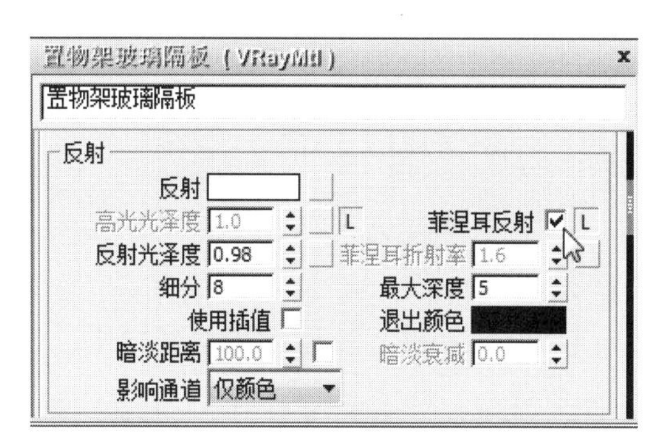

图9-278　设置“反射”下属“反射光泽度”为“0.98”

❹ 用鼠标左键点击“反射”右侧的“颜色选择器”，设置“红”为“255”；“绿”为“255”“蓝”为“255”；点击“确定”按钮，如图9-277所示。

❺ 设置“反射”下属的“反射光泽度”为“0.98”，如图9-278所示。

❻ 用鼠标左键点击“折射”右侧的“颜色选择器”，设置“红”为“255”；“绿”为“255”；“蓝”为“255”，点击“确定”按钮，如图9-279所示。

❼ 在“Slate材质编辑器”中，当前“置物架玻璃隔板”实例球材质设置参数后的效果，如图9-280所示。

❽ 用鼠标左键点击主工具行中的 (渲染产品) 工具，对透视图进行渲染，如图9-281所示。

9.17.8.2 置物架内镜材质设置

❶ 在视图左侧“资源管理器” (显示几何体) 所属“名称”列表中，用鼠标左键点选“置物架内镜”，如图9-282所示。

❷ 在“Slate (板岩) 材质编辑器”面板中的“材质/贴图浏览器”所属的“V-Ray”列表中，用鼠标左键双击“VRayMtl”，在右侧的“视图”区域框中显示出“VRayMtl”实例球材质面板，重命名为“置物架内镜”，点击工具行中的 (将材质指定给选定对象) 工具、 (视口中显示明暗处理材质) 工具以及 (在预览中显示背景) 工具，如图9-283所示。

❸ 用鼠标左键双击“置物架玻璃隔板”实例球面板，在弹出的该材质参数面板中，点击“漫反射”右

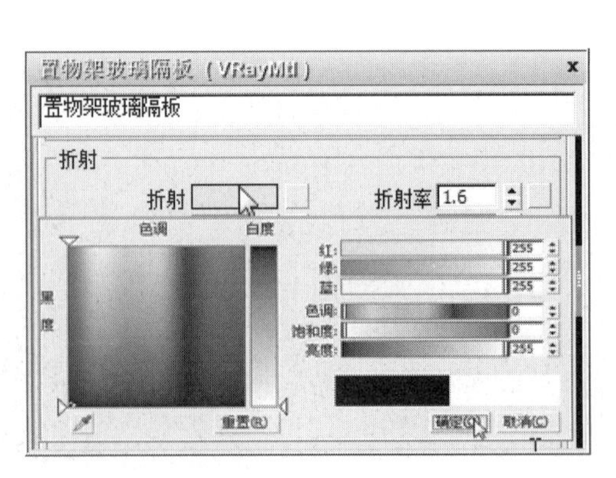

图9-279 设置“折射”“颜色选择器”相关参数

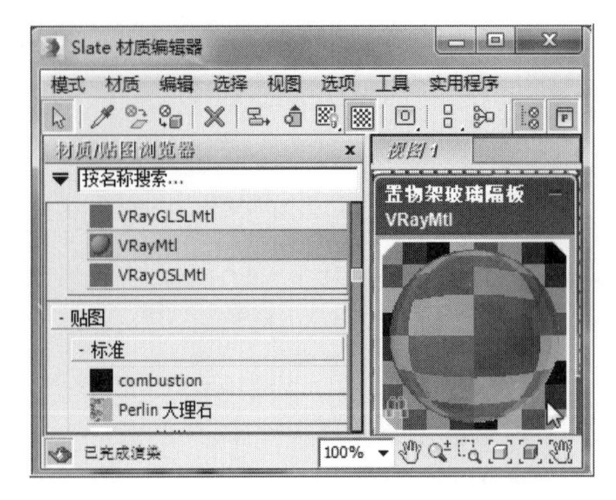

图9-280 当前“置物架玻璃隔板”材质实例球参数设置后的实例球效果

图9-281 当前透视图“置物架玻璃隔板”渲染后的效果

图9-282 在“资源管理器”中点选“置物架内镜”

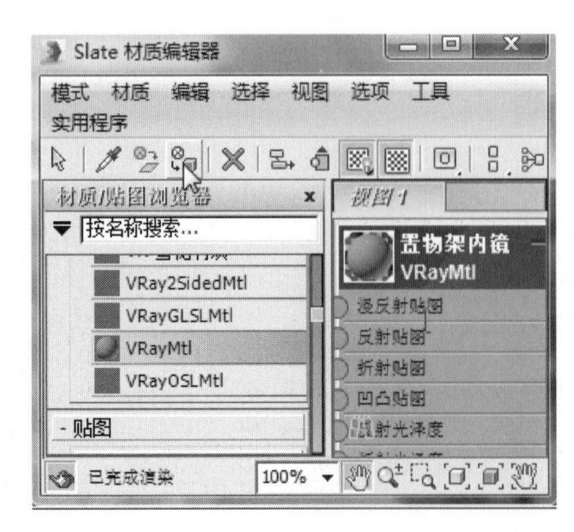

图9-283 为“置物架内镜”指定“VRayMtl”材质

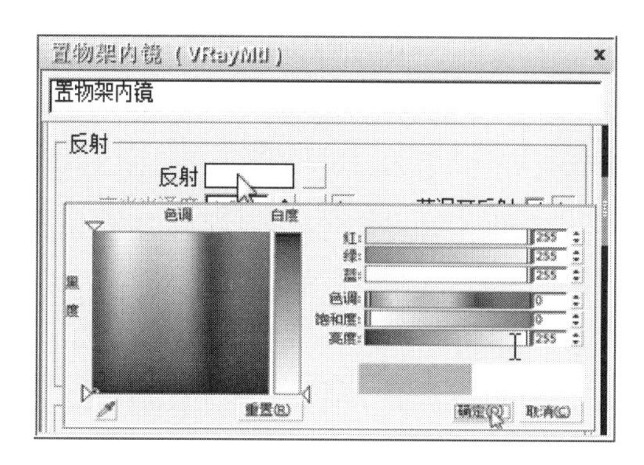

图9-284　设置“反射”的“颜色选择器”相关参数

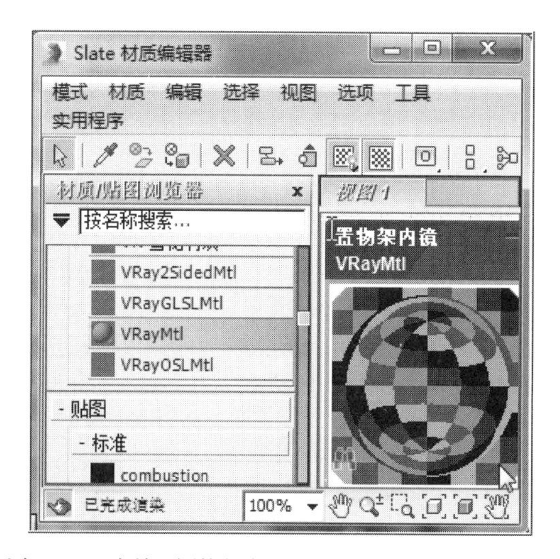

图9-286　当前“置物架内镜”材质设置后的实例球效果

侧的“颜色选择器”，设置“红”为“255”；“绿”为“255”；“蓝”为“255”；点击“确定”按钮，如图9-284所示。

❹ 在“置物架内镜”材质设置面板中，用鼠标左键点击取消“反射”所属的“菲涅耳反射”后的勾选，如图9-285所示。

❺ 在“Slate材质编辑器”中，当前“置物架内镜”实例球材质设置参数后的效果，如图9-286所示。

❻ 用鼠标左键点击主工具行中的 （渲染产品）工具，对透视图进行渲染，如图9-287所示。

9.17.9 家庭影院材质设置

家庭影院材质包括：电视机壳材质、电视柜腿以及功放CD音响底座材质、电视机画面材质、电视柜隔板材质、音箱材质、喇叭面罩材质。

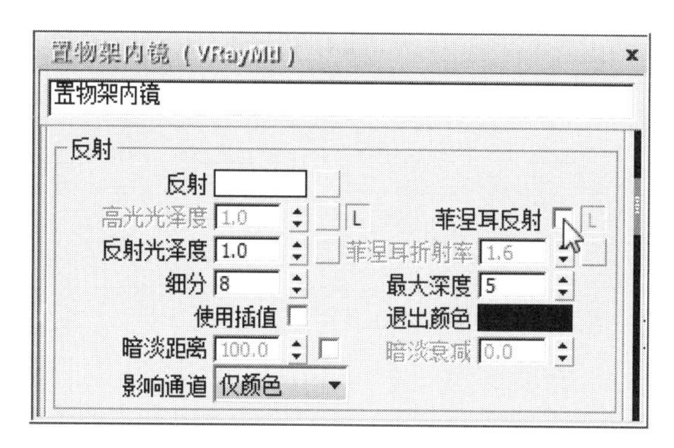

图9-285　取消“反射”所属“菲涅尔反射”后的勾选

图9-287　当前透视图“置物架玻璃内镜”渲染后的效果

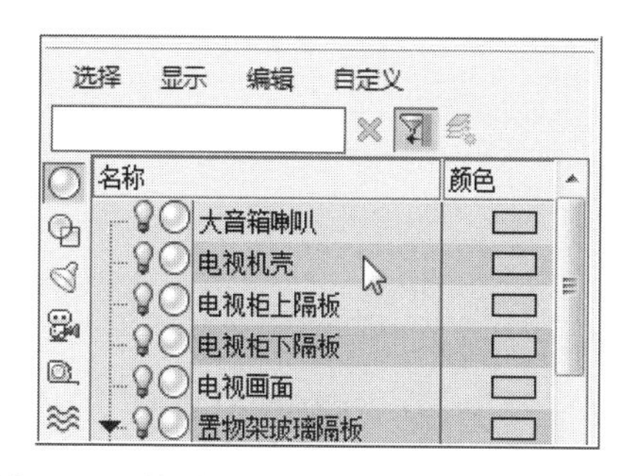

图9-288　在“资源管理器”中点选“电视机壳”

9.17.9.1 电视机壳材质设置

❶ 在视图左侧“资源管理器” （显示几何体）所属“名称”列表中，用鼠标左键点选“电视机壳”，如图9-288所示。

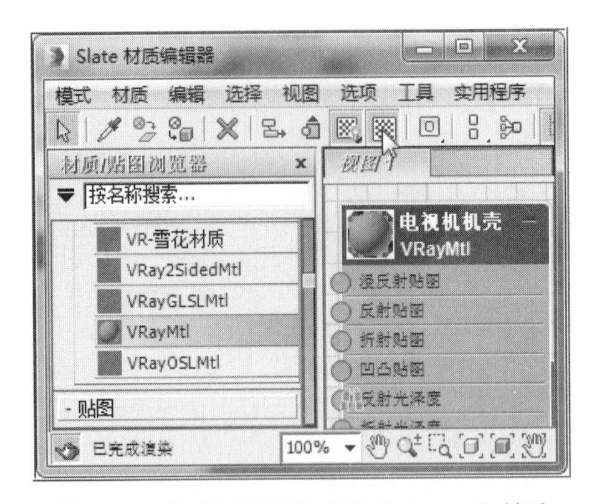

图9-289 将“电视机壳”指定“VRayMtl”材质

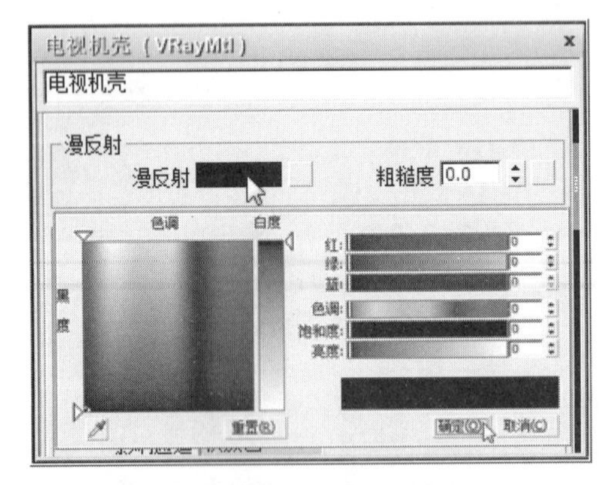

图9-290 设置“漫反射”的“颜色选择器”相关参数

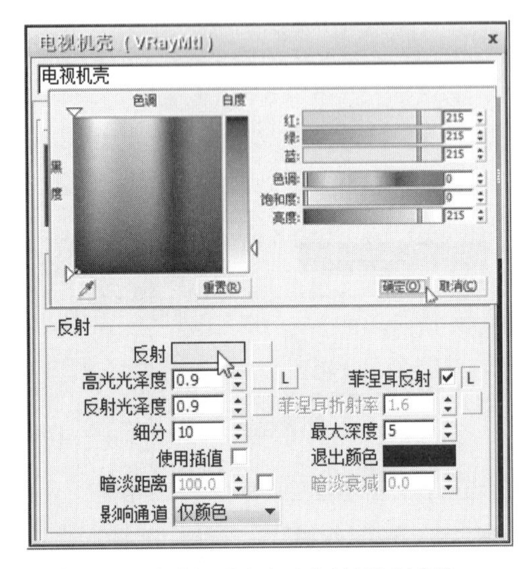

图9-291 设置“电视机壳”材质相关参数

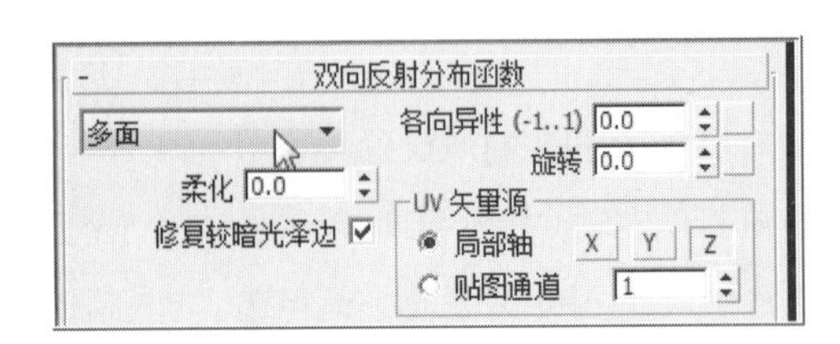

图9-292 在“双向反射分布函数”卷展栏中点选”多面“

❷ 在“Slate（板岩）材质编辑器”面板中的“材质/贴图浏览器”所属的“V-Ray”列表中，用鼠标左键双击“VRayMtl”，在右侧的“视图”区域框中显示出“VRayMtl”实例球材质面板，重命名为“电视机机壳”，点击工具行中的 （将材质指定给选定对象）工具、（视口中显示明暗处理材质）工具以及 （在预览中显示背景）工具，如图9-289所示。

❸ 用鼠标左键双击“电视机壳”实例球面板，在弹出的该材质参数面板中，点击“漫反射”右侧的“颜色选择器”，设置“红”为“0”；“绿”为“0”；“蓝”为“0”；点击“确定”按钮，如图9-290所示。

❹ 用鼠标左键点击“反射”右侧的“颜色选择器”，设置“红”为“215”；“绿”为“215”；“蓝”为“215”；点击“确定”按钮，设置“反射”下属的“高光光泽度”为“0.9”；“反射光泽度”为“0.9”；“细分”为“10”，如图9-291所示。

❺ 在“双向反射分布函数”卷展栏中，使用鼠标左键在下拉列表中点选“多面”，如图9-292所示。

❻ 在“Slate材质编辑器”中，当前“电视机壳”实例球材质设置参数后的效果，如图9-293所示。

❼ 用鼠标左键点击主工具行中的 （渲染产品）工具，对透视图进行渲染，如图9-294所示。

9.17.9.2 电视柜腿以及功放CD音响底座材质设置

❶ 在视图左侧“资源管理器” （显示几何体）所属“名称”列表中，用鼠标左键结合键盘中的“Ctrl”键，

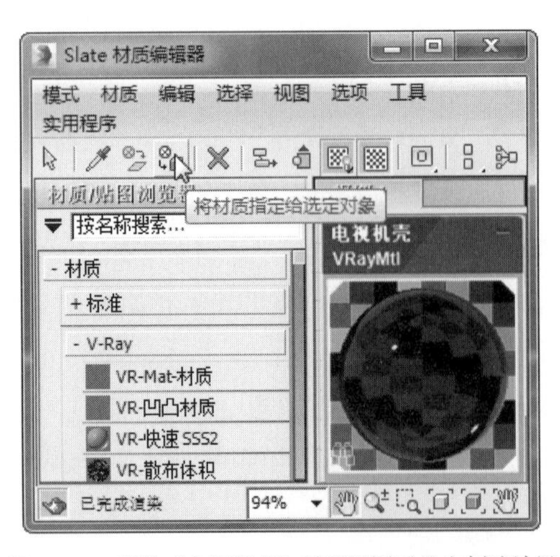

图9-293 当前“电视机壳”材质设置后的实例球效果

将“电视柜腿”以及“功放”“CD”“CD01”“CD02”“音响左1底座”“音响左2底座”“音响右一底座”“音响右2底座”一同选择，如图9–295所示。

❷ 在“Slate材质编辑器”中，将当前“电视机壳”材质通过用鼠标左键点击 （将材质指定给选定对象）工具，指定给资源管理器选定所有对象，如图9–296所示。

❸ 在前视图中，用鼠标左键点选“吊顶灯光”对象，在视图右侧命令面板中，用鼠标左键勾选“吊顶灯光”下属的“参数”卷展栏“常规”下的“开”，如图9–297所示。

注：开启“吊顶灯光”的光线照明，是为了提高房间光线的整体亮度，渲染时候方便我们观察调整对象材质的参数。

❹ 用鼠标左键点击主工具行中的 （渲染产品）工具，对透视图进行渲染，如图9–298所示。

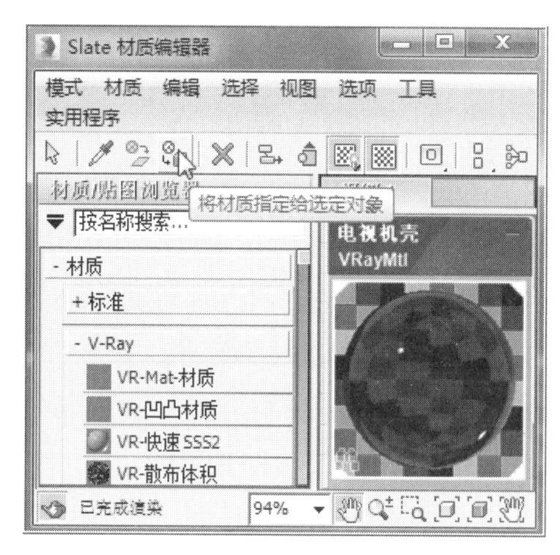

图9–296　将“电视机壳”材质指定给“资源管理器”选定的所有对象

图9–294　当前透视图“电视机壳”渲染后的效果

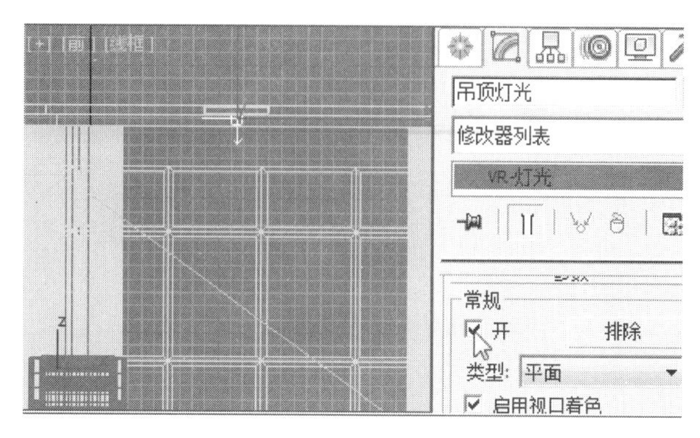

图9–297　通过勾选启用“吊顶灯光”

图9–295　结合键盘中的“Ctrl”键在“资源管理器”中选择对象

图9–298　当前透视图“电视柜腿以及功放CD”渲染后的效果

9.17.9.3 电视画面材质设置

❶ 在视图左侧“资源管理器”（显示几何体）所属“名称”列表中，用鼠标左键点选“电视画面”，如图9–299所示。

❷ 在“Slate（板岩）材质编辑器”面板中的“材质/贴图浏览器”所属的“V–Ray”列表中，用鼠标左键双击“VR–灯光材质”，在右侧的“视图”区域框中显示出“VR–灯光材质”实例球材质面板，重命名为“电视画面”，点击工具行中的（将材质指定给选定对象）工具，如图9–300所示。

❸ 用鼠标左键双击“电视画面”实例球材质面板，在弹出的该面板中，用鼠标左键点击“颜色”右侧显示“无”的长按钮，在弹出的“材质/贴图浏览器”列表中，点选“位图”，点击“确定”按钮，如图9–301所示。

❹ 在“选择位图图像文件”面板中，选择本章提供的素材文件“电视画面.jpg”，用鼠标左键点击“打开”按钮，如图9–302所示。

❺ 在“电视画面”材质面板中，设置“颜色”为“0.5”，用鼠标左键点击“颜色”右侧的显示“电视画面.jpg”按钮，在“坐标”卷展栏中，设置“U”的“瓷砖”为“1”；“V”的“瓷砖”为“1”；用鼠标左键点击取消“使用真实世界比例”前的勾选，点击“确定”

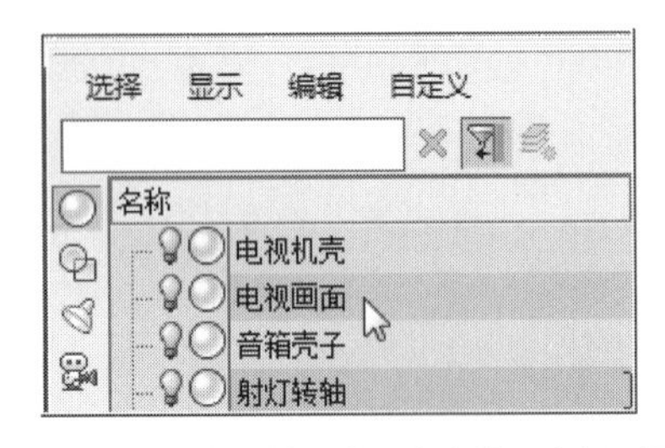

图9–299 在“资源管理器”中点选“电视画面”

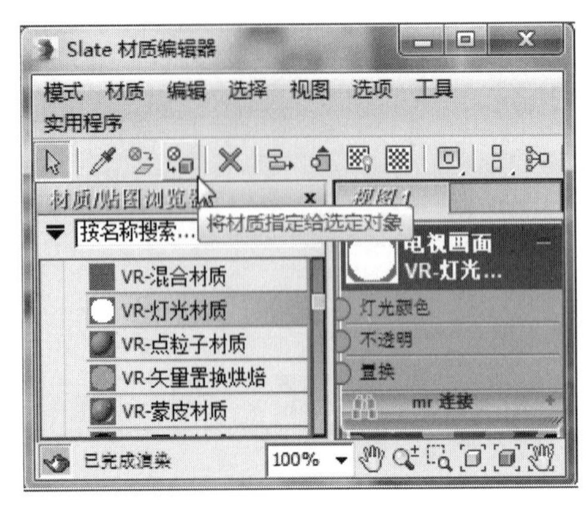

图9–300 将“电视画面”指定“VR–灯光”材质

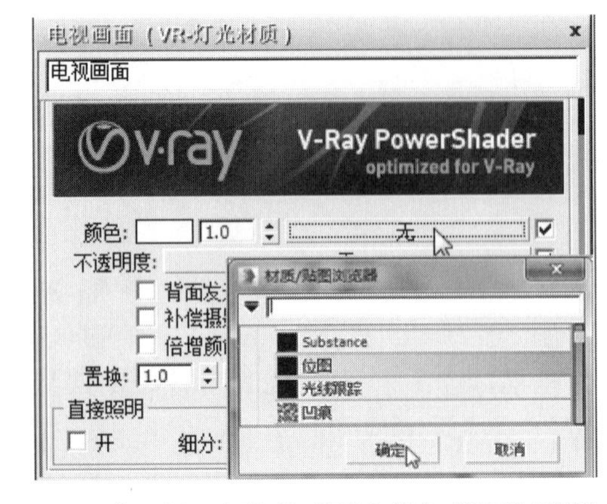

图9–301 将“电视画面”的“颜色”指定“位图”贴图方式

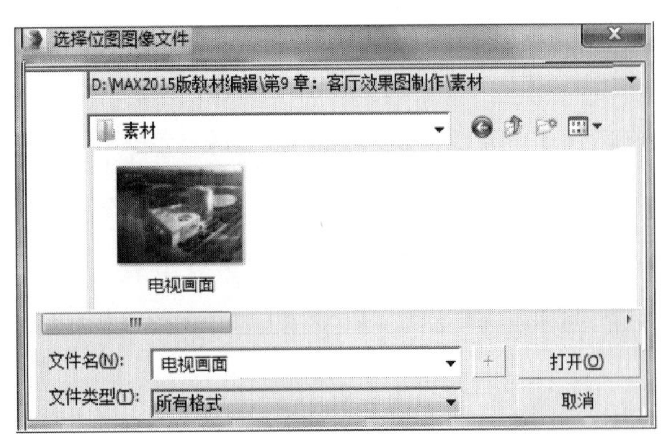

图9–302 将“电视画面”的“位图”指定贴图文件

图9–303 设置“电视画面”贴图“坐标”的卷展栏相关参数

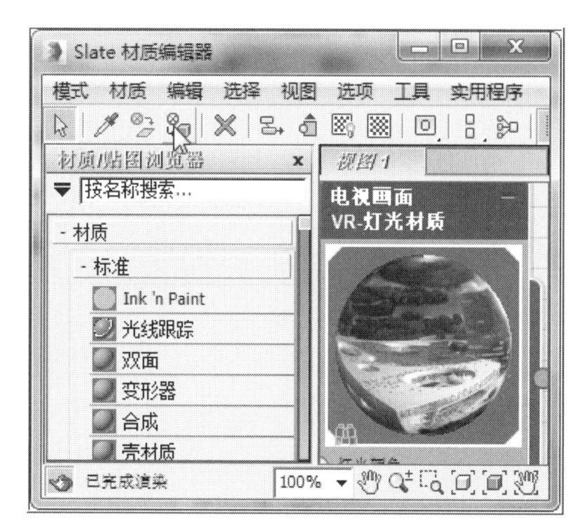

图9-304 当前“电视画面”材质设置后的实例球效果

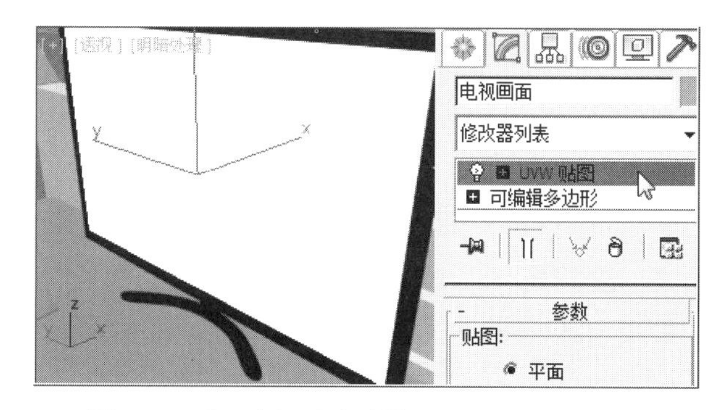

图9-305 为“电视画面”添加“UVW贴图”修改器

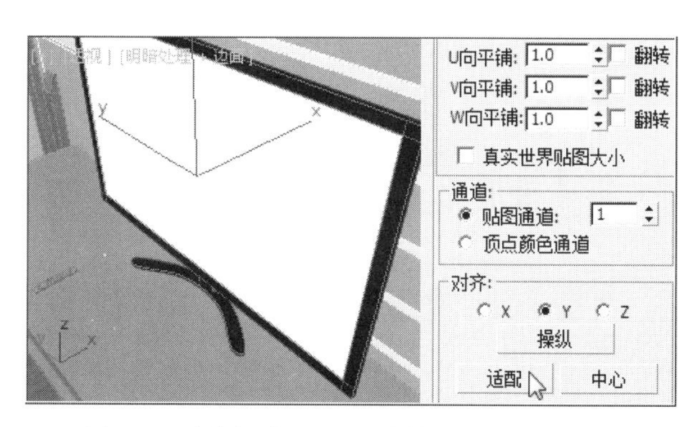

图9-306 设置“电视画面”参数卷展栏中相关选项

图9-307 当前透视图“电视画面”渲染后的效果

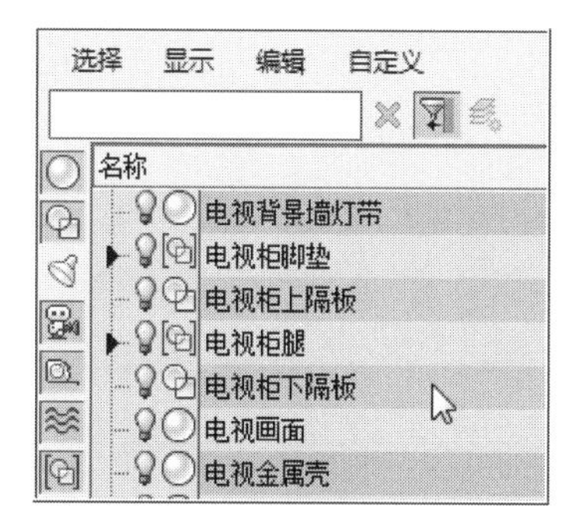

图9-308 在“资源管理器”中点选电视柜上、下隔板

按钮，如图9-303所示。

❻ 在“Slate材质编辑器”中，当前“电视画面”实例球材质设置参数后的效果，如图9-304所示。

❼ 在视图右侧命令面板中，为“电视画面”添加中“UVW贴图”修改器，如图9-305所示 。

❽ 在“电视画面”的“参数”卷展栏中，使用鼠标左键点击取消“真实世界贴图大小”前的勾选；“对齐”方向点选“Y”轴；点击“适配”按钮，如图9-306所示。

❾ 用鼠标左键点击主工具行中的 (渲染产品)工具，对透视图进行渲染，如图9-307所示。

9.17.9.4 电视柜隔板材质设置

❶ 在视图左侧“资源管理器” (显示几何体)所属“名称”列表中，用鼠标左键结合键盘中的“Ctrl”键，将“电视柜上隔板”“电视柜下隔板”一同选择，如图9-308所示。

❷ 在“Slate(板岩)材质编辑器”面板中的“材质/贴图浏览器”所属的“V-Ray”列表中，用鼠标左键双击“VRayMtl”，在右侧的“视图”区域框中显示出“VRayMtl”实例球材质面板，重命名为“电视柜隔板”，点击工具行中的 (将材质指定给选定对象)工具、 (视口中显示明暗处理材质)工具及 (在预览中显示背景)工具，如图9-309所示。

❸ 用鼠标左键双击“电视柜隔板”实例球面板，在弹出的该材质参数面板中，点击“漫反射”右侧的

“无”按钮，在弹出的“材质/贴图浏览器”列表中，点选“位图”，点击“确定”按钮，如图9-310所示。

❹ 在“选择位图图像文件”面板中，选择本章提供的素材文件“电视柜隔板.jpg”，用鼠标左键点击“打开”按钮，如图9-311所示。

❺ 用鼠标左键点击“漫反射”右侧的显示“M”按钮，在“坐标”卷展栏中，设置“U”的“瓷砖”为“1”；“V”的“瓷砖”为“1”；取消“使用真实世界比例”前的勾选，如图9-312所示。

❻ 用鼠标左键双击“电视柜隔板”实例球面板，在弹出的该材质参数面板中，点击“反射”右侧的“颜色选择器”，设置“红”为“54”；“绿”为“54”；“蓝”为“54”；点击“确定”按钮，设置“反射”的“细分”为“20”，如图9-313所示。

❼ 在“Slate材质编辑器”中，当前“电视柜隔板”实例球材质设置参数后的效果，如图9-314所示。

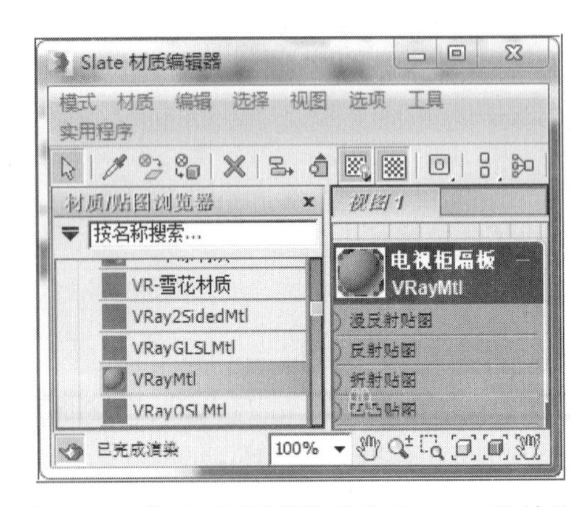

图9-309 将“电视柜隔板”指定“VRayMtl”材质

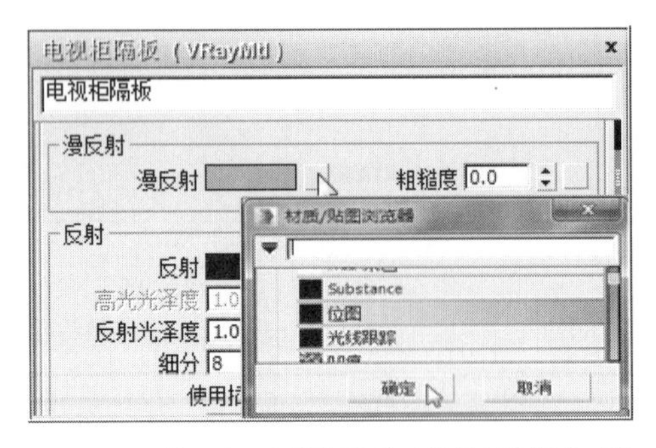

图9-310 将“电视柜隔板”的“漫反射”指定“位图”贴图方式

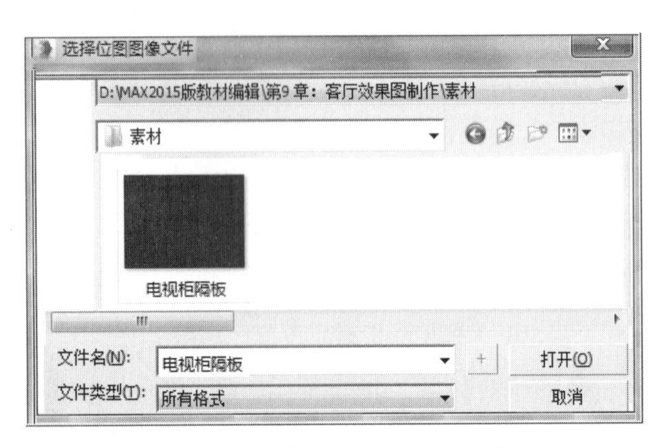

图9-311 将“电视柜隔板”的“位图”指定贴图文件

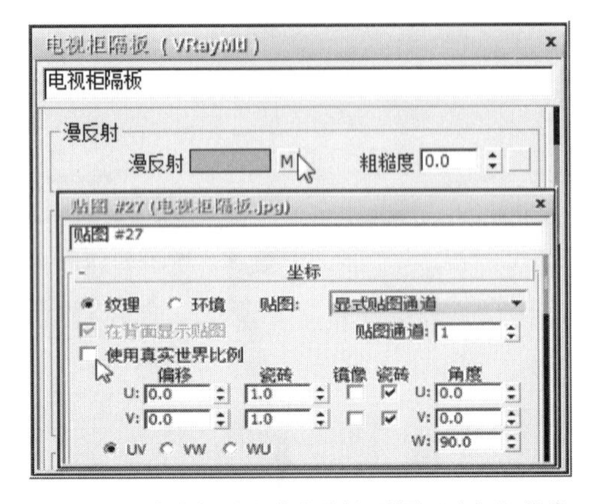

图9-312 设置“电视柜隔板”贴图“坐标”的卷展栏相关参数

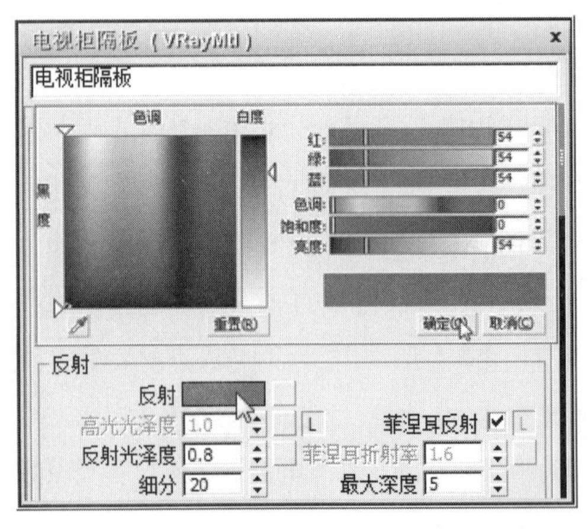

图9-313 设置“电视柜隔板”“反射”的相关参数

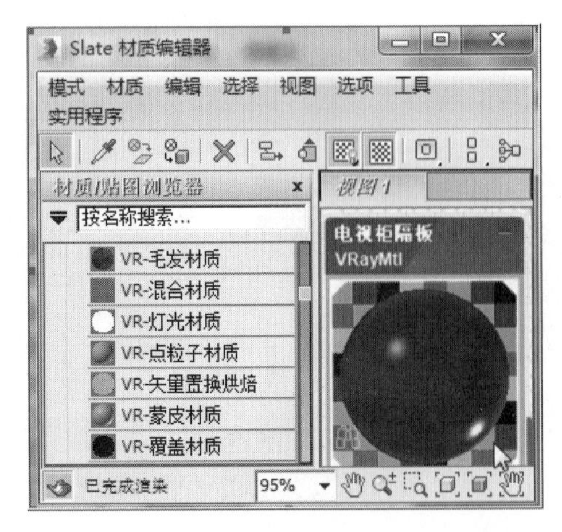

图9-314 当前“电视柜隔板”材质设置后的实例球效果

❽ 在视图右侧命令面板中，为“电视柜上隔板”添加中“UVW贴图”修改器，如图9-315所示。

❾ 在“电视柜上隔板”的“参数”卷展栏中，使用鼠标左键点击取消“真实世界贴图大小”前的勾选，如图9-316所示。

❿ 在“电视柜上隔板”处于被选择状态下，在其上点击鼠标右键，在弹出的菜单中选择将对象“转换为可编辑多边形”，如图9-317所示。

注：将对象“转换为可编辑多边形”，等同于将对象在修改器堆栈中所使用过的所有修改器命令塌陷，便于以后的操控编辑。

⓫ 对象“转换为可编辑多边形”后，当前“电视柜上隔板”修改器堆栈显示，如图9-318所示。

⓬ 对“电视柜下隔板”也做同样的设置，用鼠标左键点击主工具行的 （渲染产品）工具，对透视图进行渲染，如图9-319所示。

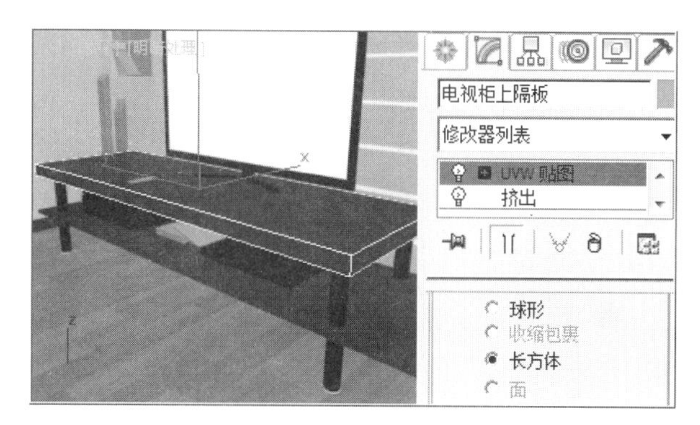

图9-315 为“电视柜上隔板”添加“UVW贴图”修改器

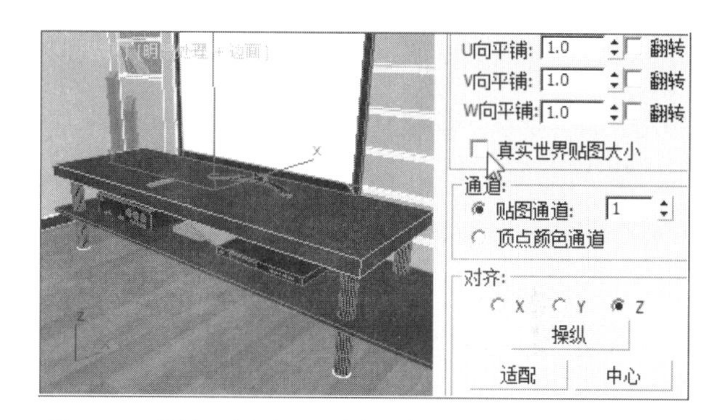

图9-316 取消“电视柜上隔板”“真实世界贴图大小”的勾选

9.17.9.5 音箱材质设置

“音箱材质”的组成包括“音箱壳子”材质和“喇叭面罩”材质。笔者先设置好“音箱壳子”的材质，然后指定给所有选择的音响对象，并且分别进行了“UVW贴图”修改器添加设置，最后，在此基础上经过多边形的编辑将用于喇叭面罩的区域选择，并设置“喇叭面罩”材质进行指定，最终完成“音箱材质”的设置。

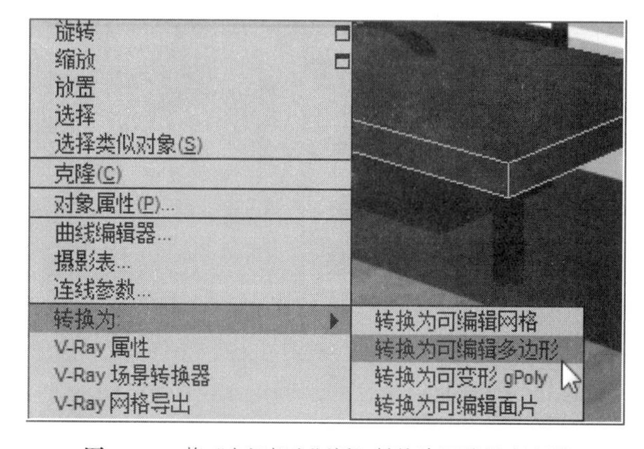

图9-317 将“电视柜上隔板”转换为可编辑多边形

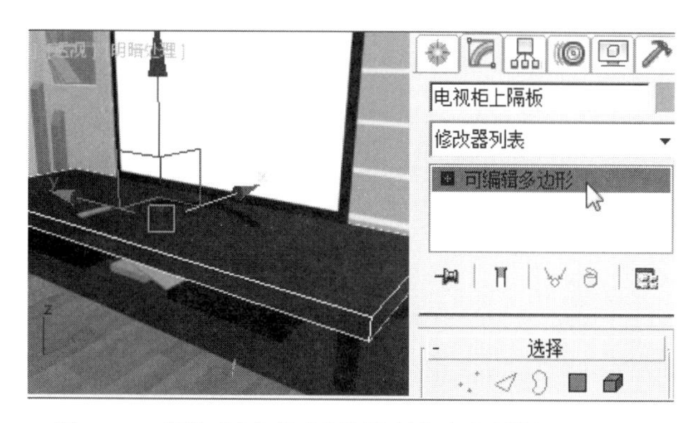

图9-318 当前“电视柜上隔板”转换多边形编辑后的显示

图9-319 当前透视图电视柜上、下隔板渲染后的效果

9.17.9.5.1 音箱壳子材质设置

❶ 在视图左侧“资源管理器”（显示几何体）所属“名称”列表中，用鼠标左键结合键盘中的“Ctrl”键，将“音响右1”“音响右2”“音响左1”“音响左2”“中置音响”一同选择，如图9-320所示。

❷ 在“Slate（板岩）材质编辑器”面板中的“材质/贴图浏览器”所属的“V-Ray”列表中，用鼠标左键双击“VRayMtl”，在右侧的“视图”区域框中显示出“VRayMtl”实例球材质面板，重命名为“音箱壳子”，点击工具行中的（将材质指定给选定对象）工具、（视口中显示明暗处理材质）工具及（在预览中显示背景）工具，如图9-321所示。

❸ 用鼠标左键双击“音箱壳子”实例球面板，在弹出的该材质参数面板中，点击“漫反射”右侧的“无”按钮，在弹出的“材质/贴图浏览器”列表中，点选“位图”，点击“确定”按钮，如图9-322所示。

❹ 在“选择位图图像文件”面板中，选择本章提供的素材文件“音箱壳子.jpg”，用鼠标左键点击“打开”按钮，如图9-323所示。

❺ 用鼠标左键点击“漫反射”右侧的显示“M”按钮，在“坐标”卷展栏中，设置“U”的“瓷砖”为“1”；“V”的“瓷砖”为“1”；取消“使用真实世界比例”前的勾选，点击“确定”按钮，如图9-324所示。

❻ 用鼠标左键双击“电视柜隔板”实例球面板，在弹出的该材质参数面板中，点击“反射”右侧的“颜色选择器”，设置“红”为“54”；“绿”为“54”；“蓝”为“54”；点击“确定”按钮，取消“菲涅耳反射”右侧的勾选，如图9-325所示。

❼ 在“Slate材质编辑器”中，当前“音箱壳子”实例球材质设置参数后的效果，如图9-326所示。

图9-320 在“资源管理器”中点选各音响对象

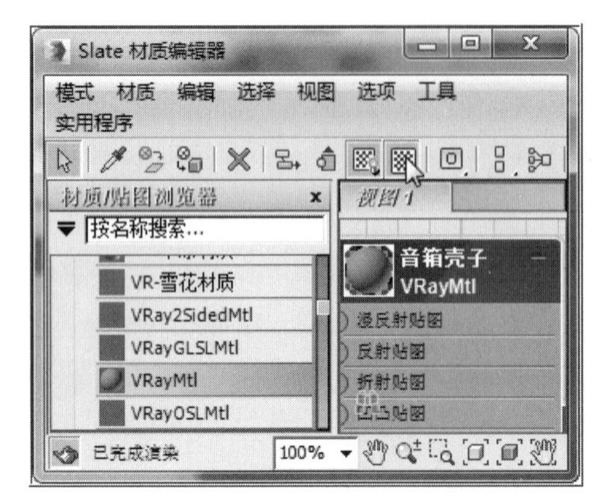

图9-321 将“音箱壳子”指定“VRayMtl”材质

图9-322 将“音箱壳子”的“漫反射”指定“位图”贴图方式

图9-323 将“音箱壳子”的“位图”指定贴图文件

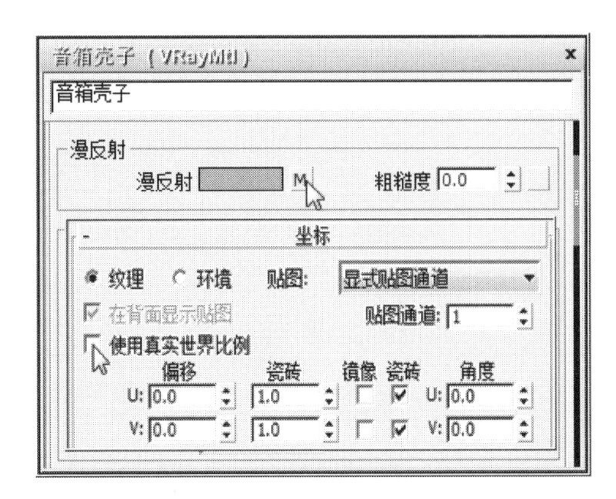

图9-324　设置“音箱壳子”贴图“坐标”的卷展栏相关参数

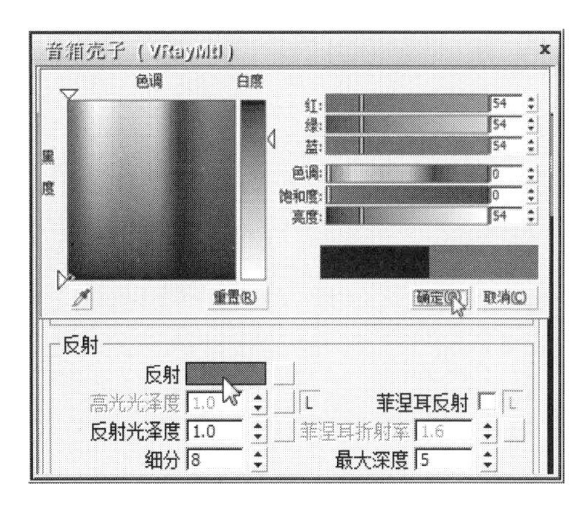

图9-325　设置“音箱壳子”“反射”的相关参数

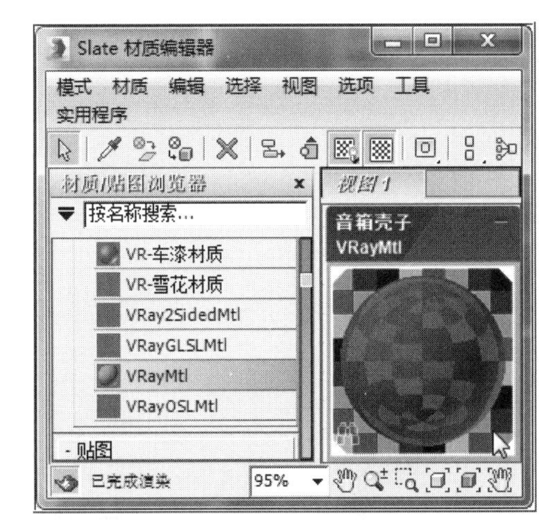

图9-326　当前“音箱壳子”材质设置后的实例球效果

❽ 在透视图中，用鼠标左键点选电视柜左侧的“音响左1”，在视图右侧的命令面板中，为其添加“UVW贴图”修改器，在“参数”卷展栏中，点选“长方体”，如图9-327所示。

❾ 在“音响左1”的“参数”卷展栏中，使用鼠标左键点击取消“真实世界贴图大小”前的勾选，如图9-328所示。

❿ 将所有音箱对象逐个使用同样方法进行设置，用鼠标左键点击主工具行的 （渲染产品）工具，对透视图进行渲染，如图9-329所示。

9.17.9.5.2 喇叭面罩材质设置

❶ 在视图左侧“资源管理器” （显示几何体）所属“名称”列表中，用鼠标左键点选“音响左1”，如图9-330所示。

❷ 用鼠标左键点击“选择”卷展栏的 （多边形）图标，以“多边形”编辑方式，在透视图中，点击“音响左1”用作喇叭面罩的面，如图9-331所示。

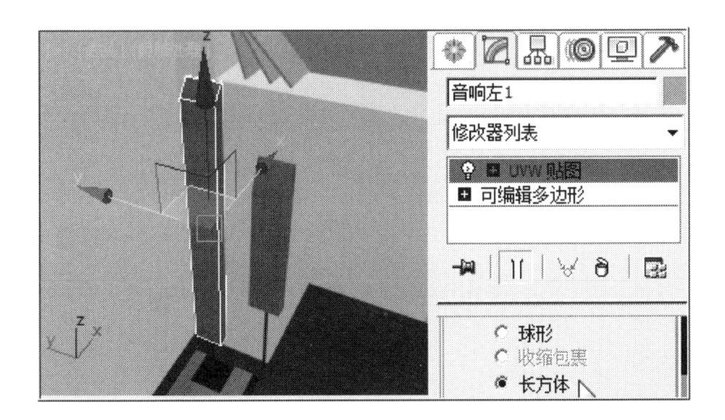

图9-327　为“音响左1”添加“UVW贴图”修改器并勾选“长方体”贴图方式

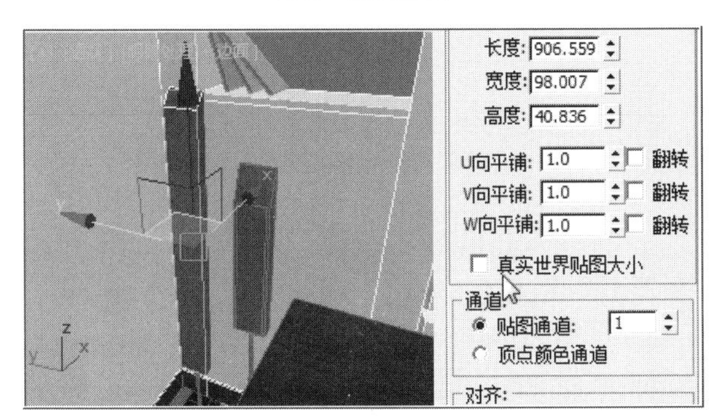

图9-328　取消“音响左1”“真实世界贴图大小”前的勾选

图9-329　当前透视图“音箱壳子”渲染后的效果

❸ 在“选择”卷展栏的“多边形”编辑方式下，用鼠标左键点击“扩大”工具，如图9-332所示。

❹ 在“Slate（板岩）材质编辑器”面板中的“材质/贴图浏览器”所属的“V-Ray”列表中，用鼠标左键双击“VRayMtl”，在右侧的“视图”区域框中显

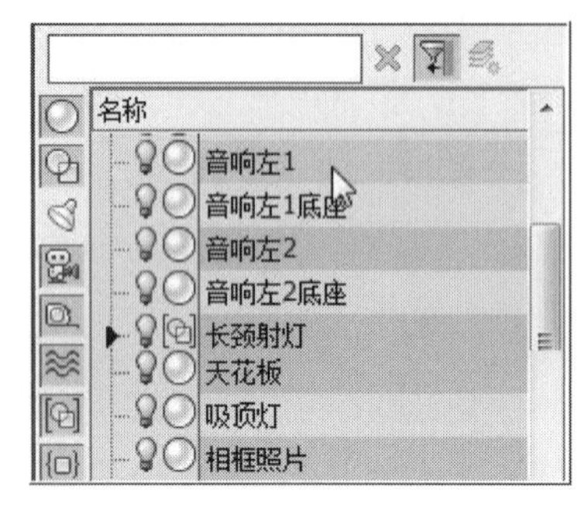

图9-330 在“资源管理器”中点选“音响左1”

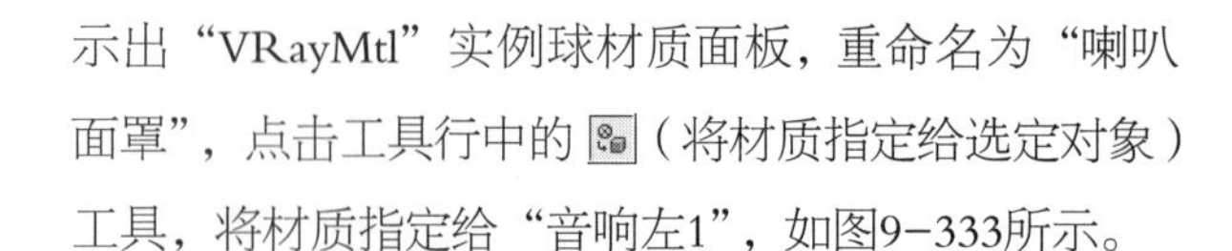

示出“VRayMtl”实例球材质面板，重命名为“喇叭面罩”，点击工具行中的 （将材质指定给选定对象）工具，将材质指定给“音响左1”，如图9-333所示。

❺ 用鼠标左键点击“选择”卷展栏的 （多边形）图标，关闭编辑状态，如图9-334所示。

❻ 用鼠标左键双击“音响壳子”实例球面板，在弹出的该材质参数面板中，点击“漫反射”右侧的“颜色选择器”，设置“红”为“0”；“绿”为“0”；“蓝”为“0”；点击“确定”按钮，如图9-335所示。

❼ 用鼠标左键点击“反射”右侧的“颜色选择器”，设置“红”为“20”；“绿”为“20”；“蓝”为“20”；点击“确定”按钮，设置“反射”下属的“高光光泽度”为“0.62”；“反射光泽度”为“0.9”；“细分”为“8”，如图9-336所示。

❽ 激活透视图，用鼠标左键点击主工具行的 （渲染产品）工具，对透视图进行渲染，如图9-337

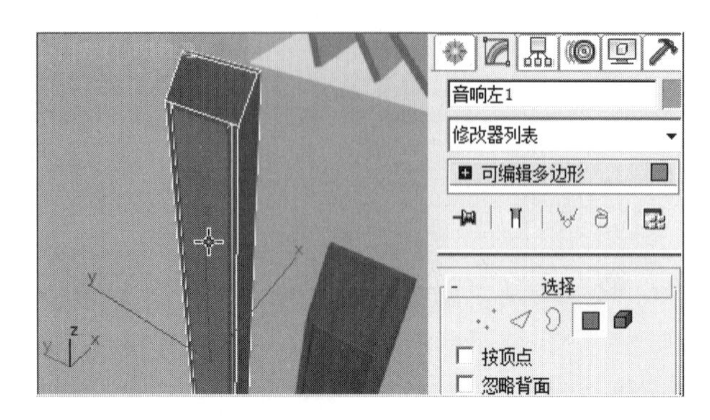

图9-331 以“多边形”编辑方式点选用于喇叭面罩的面

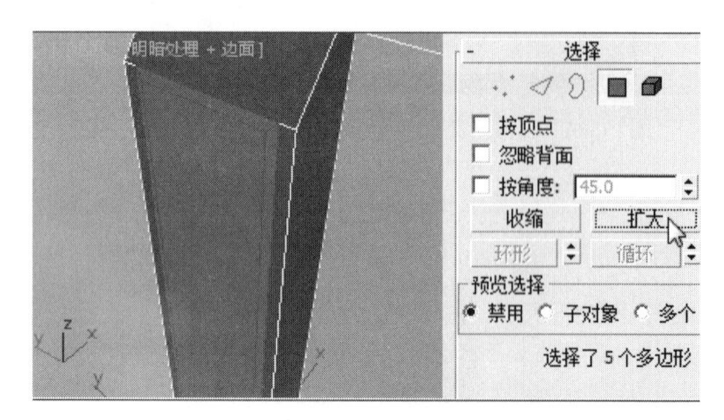

图9-332 在“多边形”编辑方式下点击“扩大”按钮

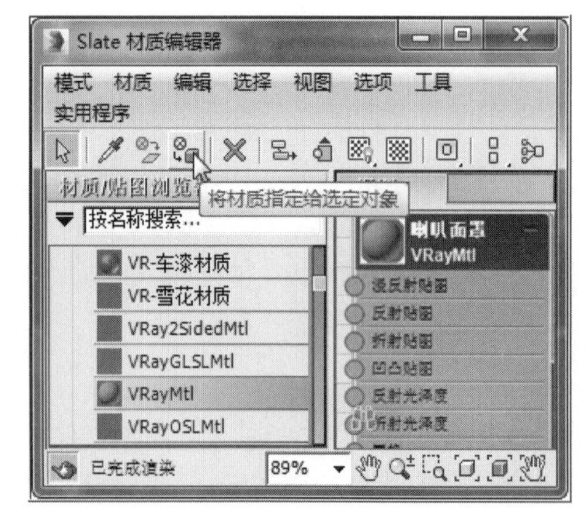

图9-333 将“喇叭面罩”指定“VRayMtl”材质

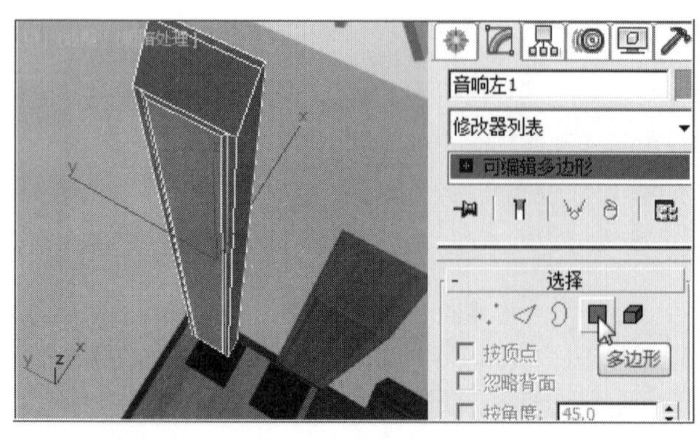

图9-334 关闭“音响左1”的“多边形”编辑状态

所示。

❾ 将所有音箱对象逐个使用同一方法进行“喇叭面罩”的设置，用鼠标左键点击主工具行的 （渲染产品）工具，对透视图进行渲染，如图9-338所示。

❿ 结合相关工具将透视图调整至电视柜上“中置音箱”角度，用鼠标左键点击主工具行的 （渲染产品）工具，对透视图进行渲染，如图9-339所示。

⓫ 结合相关工具将透视图调整至沙发角落处音箱角度，用鼠标左键点击主工具行的 （渲染产品）进行渲染，如图9-340所示。

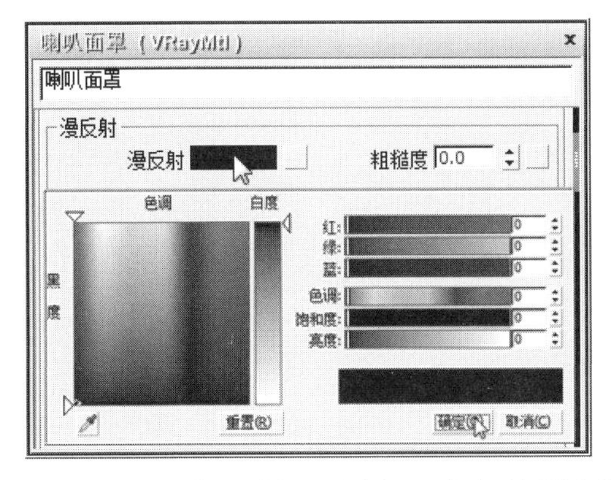

图9-335　设置“喇叭面罩”“漫反射”的颜色选择器参数

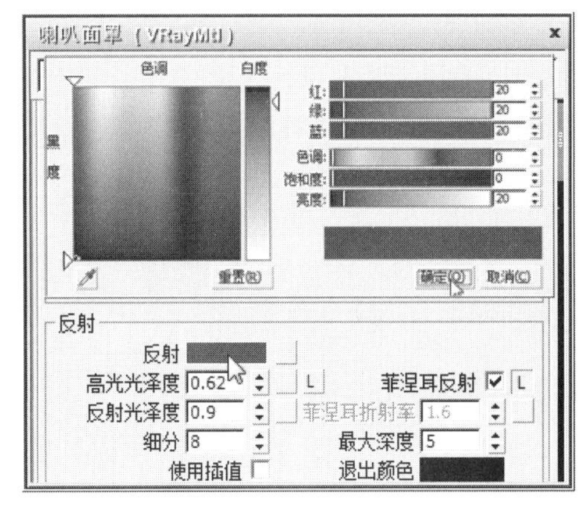

图9-336　设置“喇叭面罩”“反射”的相关参数

图9-337　当前透视图渲染“喇叭面罩”的效果

图9-338　当前角度下渲染的“喇叭面罩”效果

图9-339　当前角度下中置喇叭面罩渲染效果

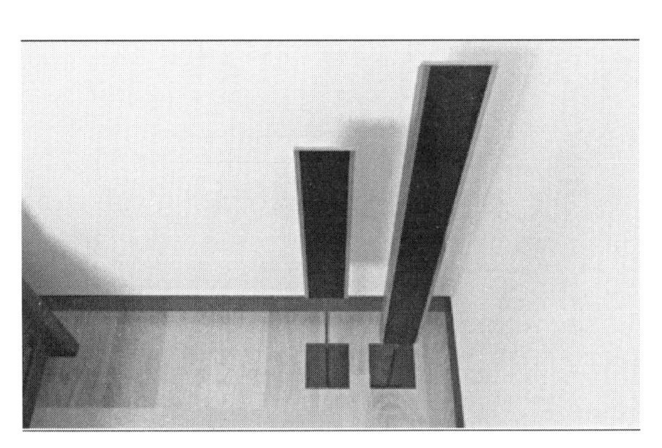

图9-340　当前角度下音箱渲染效果

9.17.10 茶几材质设置

❶ 结合相关工具将透视图调整至“茶几”的角度位置，用鼠标左键点选“茶几”，如图9-341所示。

❷ 在视图右侧的命令面板中，为“茶几”添加“UVW贴图”修改器，在“参数”卷展栏中点选“长方体”，如图9-342所示。

❸ 在“茶几”的“参数”卷展栏中，使用鼠标左键点击取消“真实世界贴图大小”前的勾选，如图9-343所示。

❹ 在“Slate（板岩）材质编辑器”面板中的“材质／贴图浏览器”所属的“V-Ray”列表中，用鼠标左键双击“VRayMtl”，在右侧的“视图”区域框中显示出“VRayMtl”实例球材质面板，重命名为“茶几”，点击工具行中的 （将材质指定给选定对象）工具、 （视口中显示明暗处理材质）工具及 （在预览中显示背景）工具，如图9-344所示。

❺ 用鼠标左键双击“茶几”实例球面板，在弹出的该材质参数面板中，点击“漫反射”右侧的“无”按钮，在弹出的“材质／贴图浏览器”列表中，点选“位图”，点击“确定”按钮，如图9-345所示。

❻ 在“选择位图图像文件”面板中，选择本章提供的素材文件“茶几.jpg”，用鼠标左键点击“打开”按钮，如图9-346所示。

❼ 用鼠标左键点击“漫反射”右侧的显示“M”按钮，在“坐标”卷展栏中，设置“U”的“瓷砖”为

图9-341 调整视图，点选“茶几”

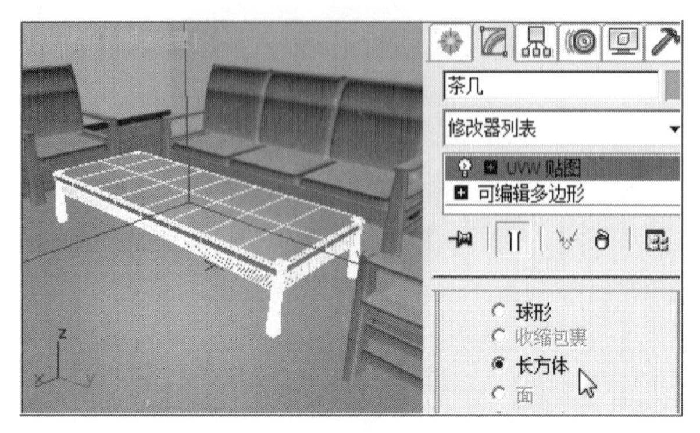

图9-342 为“茶几”添加“UVW贴图”修改器并点选“长方体”贴图方式

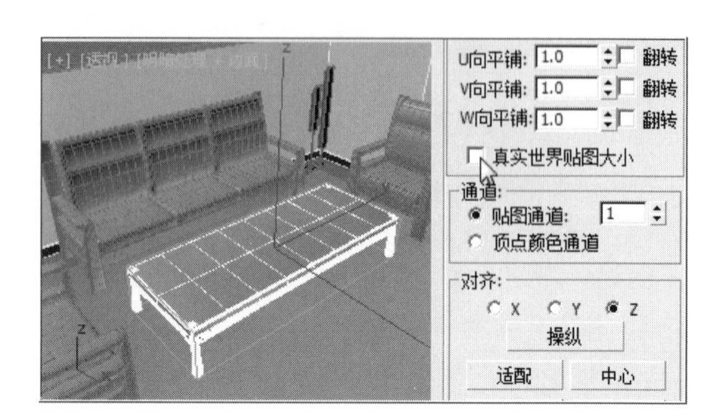

图9-343 取消茶几“真实世界贴图大小”前的勾选

图9-344 将“茶几”指定“VRayMtl”材质

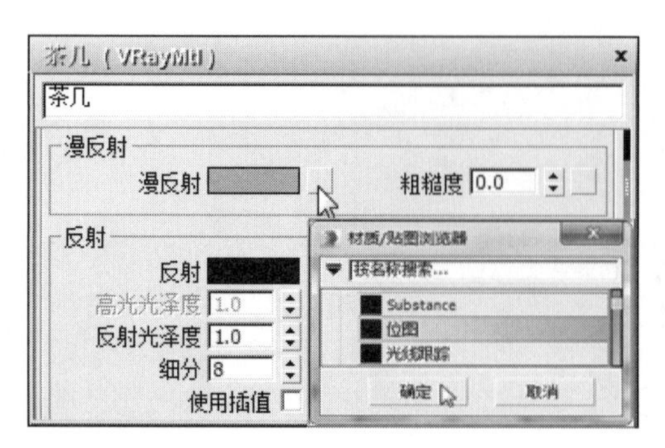

图9-345 将“茶几”的“漫反射”指定“位图”贴图方式

“1”；“V”的“瓷砖”为“1”；取消“使用真实世界比例”前的勾选，点击“确定”按钮，如图9–347所示。

❽ 用鼠标左键双击“茶几”实例球面板，在弹出的该材质参数面板中，点击“反射”右侧的“颜色选择器”，设置“红”为“54”；“绿”为“54”；“蓝”为“54”；点击“确定”按钮，设置反射的“细分”为“20”，如图9–348所示。

❾ 在“Slate材质编辑器”中，当前“茶几”实例球材质设置参数后的效果，如图9–349所示。

❿ 使用相关工具调整视图至“茶几”角度，使用鼠标左键点击主工具行中的 （渲染产品）工具，对透视图进行渲染，如图9–350所示。

⓫ 将“茶几”材质指定给沙发的木质结构部分以及“沙发背景墙面画框”对象，使用相关工具调整透视图角度，用鼠标左键点击主工具行中的 （渲染产品）工具，对透视图进行渲染，如图9–351所示。

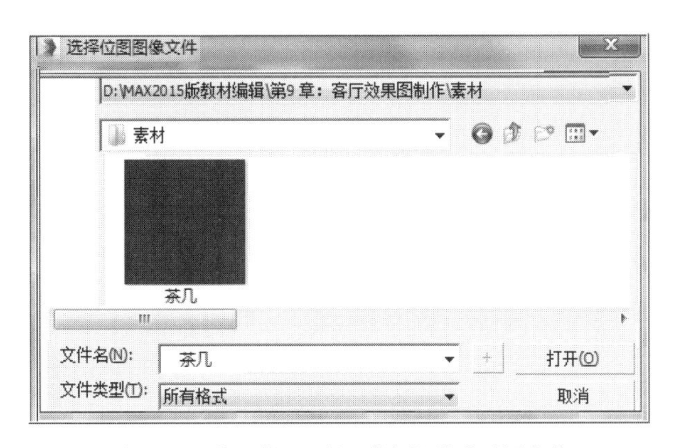

图9–346　将“茶几”的“位图”指定贴图文件

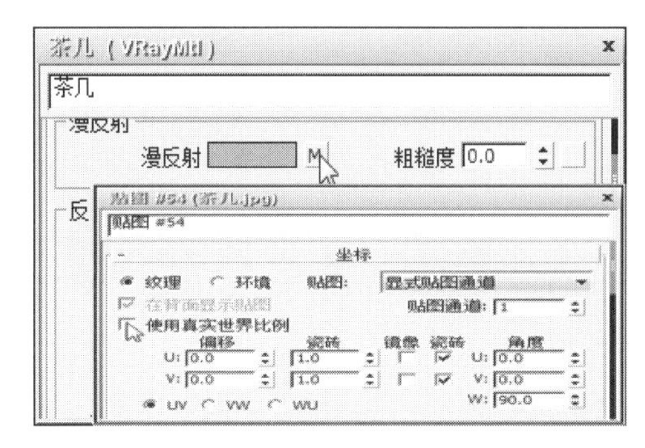

图9–347　设置“茶几”贴图“坐标”的卷展栏相关参数

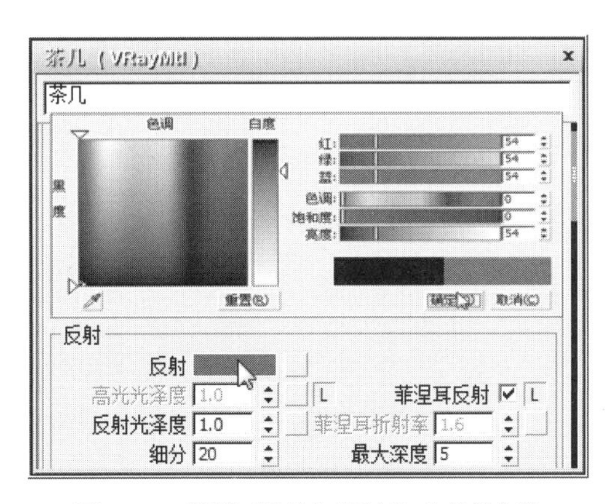

图9–348　设置“茶几”“反射”的相关参数

图9–349　当前“茶几”材质设置后的实例球效果

图9–350　当前透视图渲染“茶几”材质的效果

图9–351　当前透视图渲染效果

9.17.11 沙发座靠垫材质设置

❶ 结合相关工具调整视图至“沙发”合适的角度，使用鼠标左键点选“三人沙发靠垫001”，如图9-352所示。

❷ 在视图右侧的命令面板中，为“三人沙发靠垫001”添加“UVW贴图”修改器，在“参数”卷展栏中，点选“长方体”，如图9-353所示。

❸ 在“三人沙发靠垫001”的“参数”卷展栏中，使用鼠标左键点击取消“真实世界贴图大小”前的勾选，如图9-354所示。

❹ 在“Slate（板岩）材质编辑器”面板的“材质/贴图浏览器”所属的“材质”列表中，用鼠标左键双击“标准”，在右侧的“视图”区域框中显示出“标准”实例球材质面板，重命名为“沙发座靠垫”，点击工具行中的 （将材质指定给选定对象）工具以及 （视口中显示明暗处理材质）工具，如图9-355所示。

❺ 用鼠标左键双击“沙发座靠垫”实例球面板，在弹出的该材质参数面板中，点击“漫反射”右侧的“无”按钮，在弹出的“材质/贴图浏览器”列表中，点选“位图”，点击“确定”按钮，如图9-356所示。

❻ 在“选择位图图像文件”面板中，选择本章提供的素材文件“沙发座靠垫.jpg”，用鼠标左键点击“打开”按钮，如图9-357所示。

❼ 用鼠标左键点击“漫反射”右侧的显示“M”按钮，在“坐标”卷展栏中，设置“U”的“瓷砖”为“1”；“V”的“瓷砖”为“1”；取消“使用真实世界比例”前的勾选，点击“确定”按钮，如图9-358所示。

❽ 用鼠标左键双击“沙发座靠垫”实例球面板，

图9-352　用鼠标左键点选“三人沙发靠垫001”

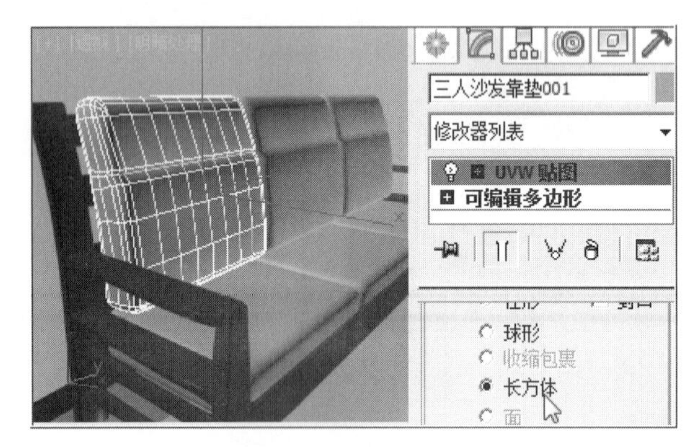

图9-353　为“三人沙发靠垫001”添加“UVW贴图”修改器并点选“长方体”贴图方式

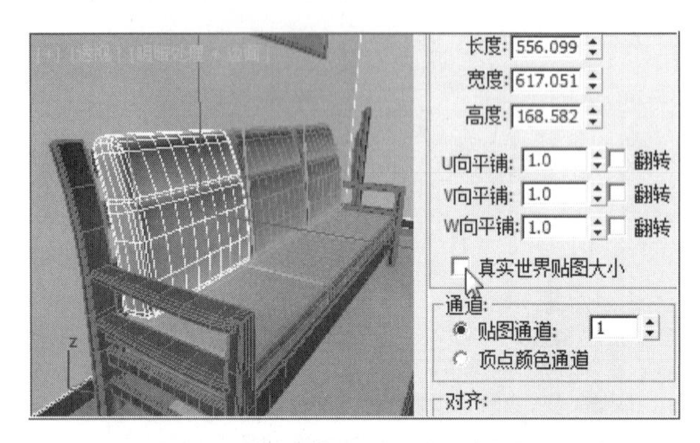

图9-354　取消“三人沙发靠垫001”中“真实世界贴图大小”的勾选

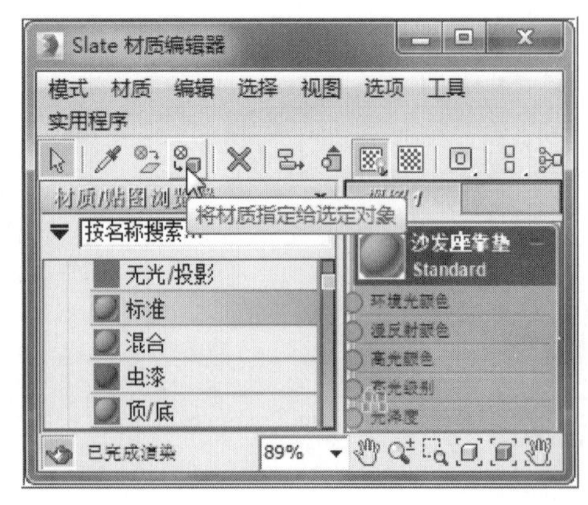

图9-355　将“沙发座靠垫”指定“标准”材质

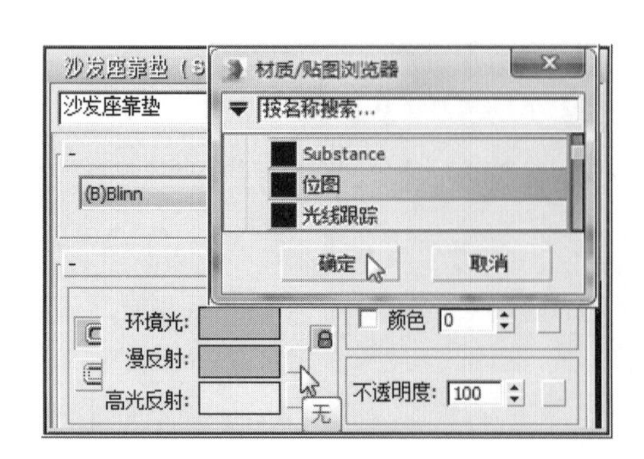

图9-356　将“沙发座靠垫”的“漫反射”指定“位图”贴图方式

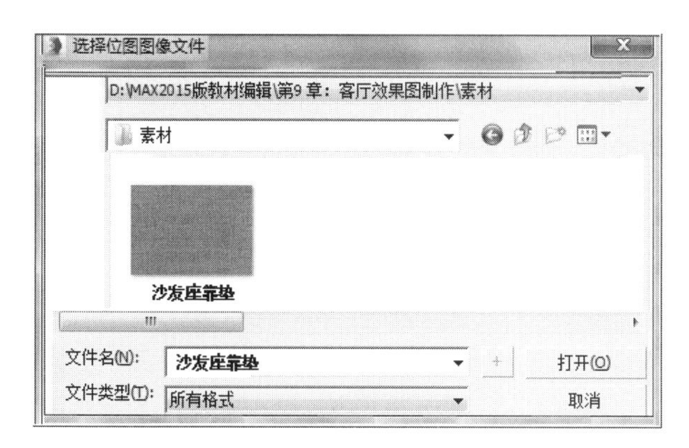

图9-357　将“沙发座靠垫”的“位图”指定贴图文件

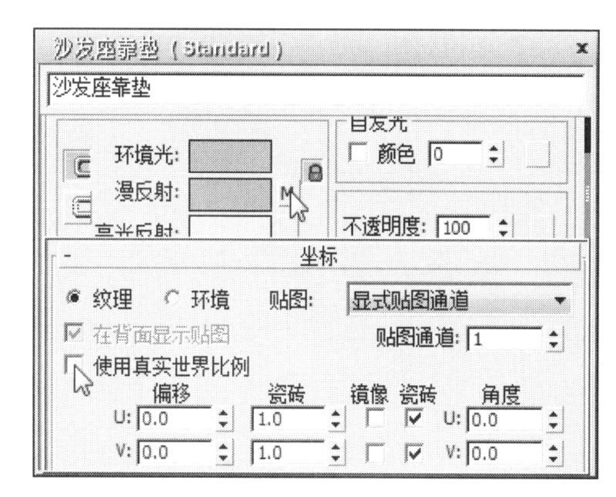

图9-358　设置“沙发座靠垫”贴图“坐标”的卷展栏相关参数

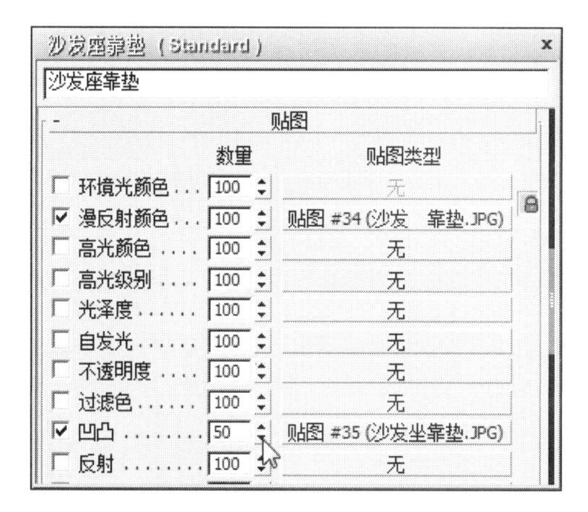

图9-359　设置“沙发座靠垫”在“贴图”卷展栏中的相关参数

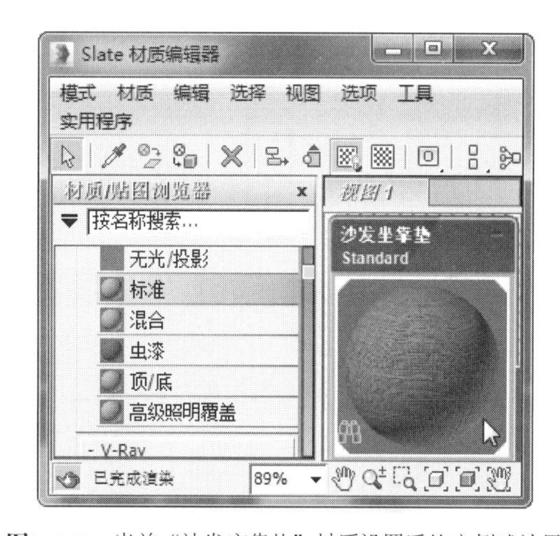

图9-360　当前“沙发座靠垫”材质设置后的实例球效果

图9-361　当前沙发角度渲染的“沙发座靠垫”效果

图9-362　当前沙发整体组合的材质效果

在弹出的该材质参数面板中，点击“贴图”卷展栏，使用鼠标左键点击拖曳的方式将“漫反射颜色”右侧“贴图类型”的“沙发座靠垫.jpg”贴图，以“实例”的方式克隆给“凹凸”右侧的“贴图类型”的长按钮上，设置“凹凸”值为“50”，如图9-359所示。

❾ 在“Slate材质编辑器”中，当前“沙发座靠垫”实例球材质设置参数后的效果，如图9-360所示。

❿ 将当前的“沙发座靠垫”材质指定给同一材质的其他沙发座靠垫，激活透视图，用鼠标左键点击主工具行的 （渲染产品）工具，对沙发当前角度进行渲染，如图9-361所示。

⓫ 结合相关工具将透视图调整至沙发整体组合的合适角度，用鼠标左键点击主工具行的 （渲染产品）工具，对透视图进行渲染，如图9-362所示。

9.17.12 地毯材质设置

❶ 在视图左侧“资源管理器”▣（显示几何体）所属“名称”列表中，用鼠标左键点选“地毯”，如图9−363所示。

❷ 在“Slate（板岩）材质编辑器”面板中的“材质／贴图浏览器”所属的“V−Ray”列表中，用鼠标左键双击“VRayMtl”，在右侧的“视图”区域框中显示出“VRayMtl”实例球材质面板，重命名为“地毯”，点击工具行中的▣（将材质指定给选定对象）工具以及▣（视口中显示明暗处理材质）工具，如图9−364所示。

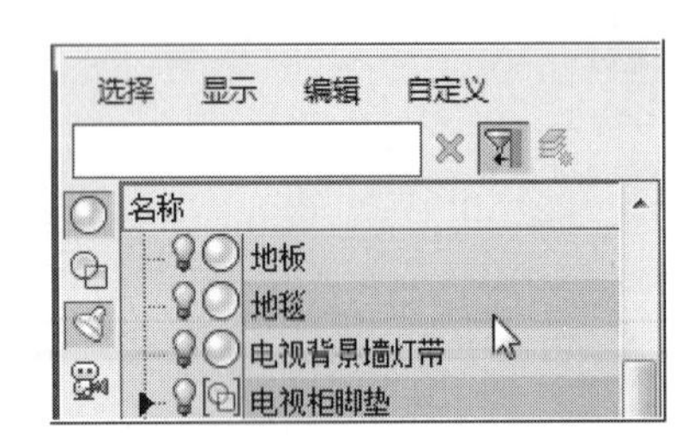

图9−363 在“资源管理器”中点选“地毯”

❸ 用鼠标左键双击“地毯”实例球面板，在弹出的该材质参数面板中，点击“漫反射”右侧的“无”按钮，在弹出的“材质／贴图浏览器”列表中，点选“位图”，点击“确定”按钮，如图9−365所示。

❹ 在“选择位图图像文件”面板中，选择本章提供的素材文件“地毯.jpg”，用鼠标左键点击“打开”按钮，如图9−366所示。

❺ 用鼠标左键点击“漫反射”右侧的显示“M”按钮，在“坐标”卷展栏中，设置“U”的“瓷砖”为“2”；“V”的“瓷砖”为“2”；取消“使用真实世界比例”前的勾选，点击“确定”按钮，如图9−367所示。

❻ 用鼠标左键双击“地毯”实例球面板，在弹出的该材质参数面板中，点击“贴图”卷展栏，使用鼠标左键点击拖曳的方式将“漫反射颜色”右侧“贴图类型”的“地毯.jpg”贴图，以“实例”的方式克隆给“凹凸”以及“置换”右侧的“贴图类型”的长按钮上，设置“凹凸”为“30”；“置换”为“4”，如图

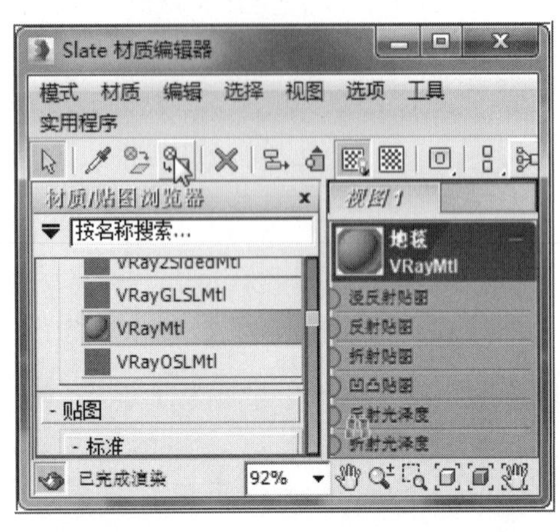

图9−364 将“地毯”指定“VRayMtl”材质

图9−365 将“地毯”的“漫反射”指定“位图”贴图方式

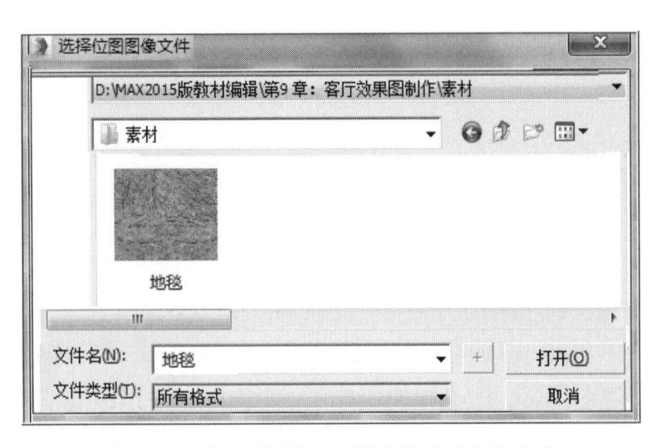

图9−366 将“地毯”的“位图”指定贴图文件

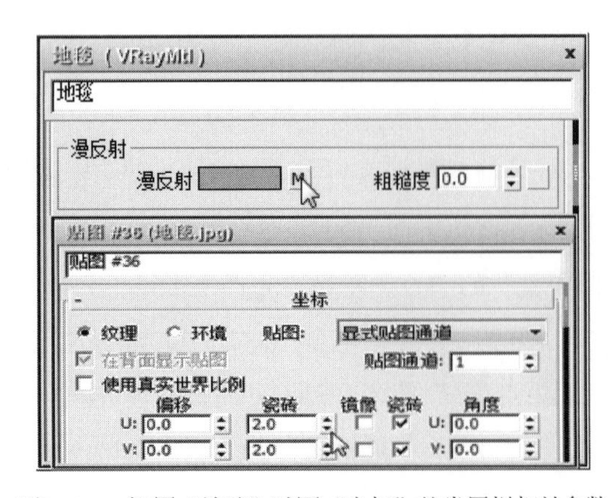

图9−367 设置“地毯”贴图“坐标”的卷展栏相关参数

9-368所示。

❼ 在“Slate材质编辑器”中，当前“地毯”实例球材质设置参数后的效果，如图9-369所示。

❽ 在视图右侧的命令面板中，为“地毯”添加“UVW贴图”修改器，如图9-370所示。

❾ 在“地毯”的“参数”卷展栏中，使用鼠标左键点击取消“真实世界贴图大小”前的勾选，如图9-371所示。

❿ 用鼠标左键点击主工具行的（渲染产品）工具，对透视图进行渲染，如图9-372所示。

9.17.13 沙发背景墙画设置

❶ 在视图左侧“资源管理器”（显示几何体）所属“名称”列表中，用鼠标左键点选“沙发背景墙

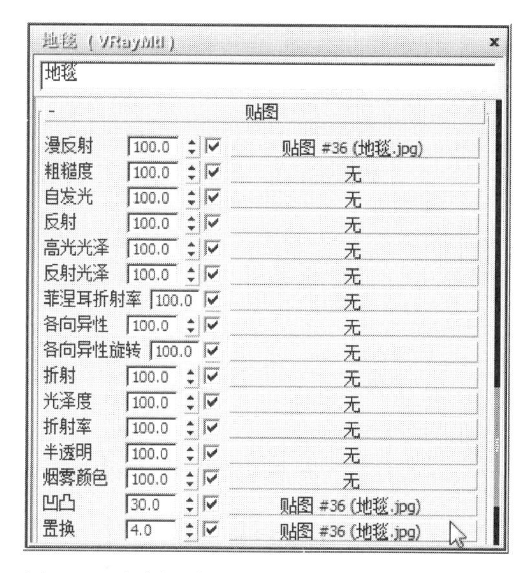

图9-368　设置“地毯”在贴图卷展栏中的相关参数

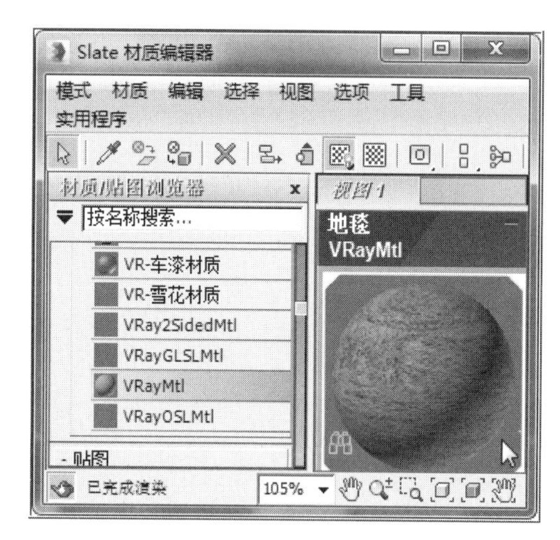

图9-369　当前“地毯”材质设置后的实例球效果

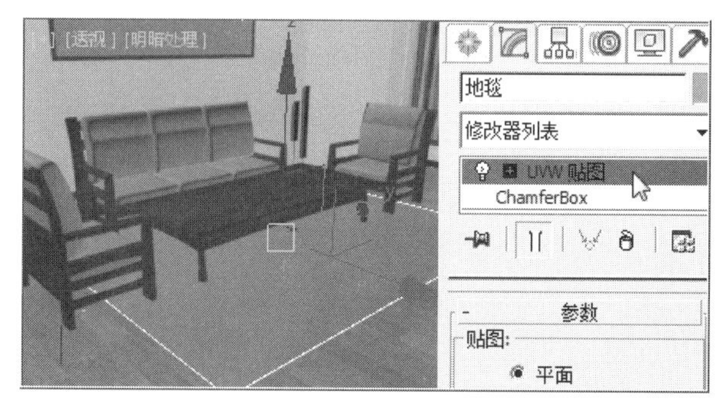

图9-370　为“地毯”添加“UVW贴图”修改器

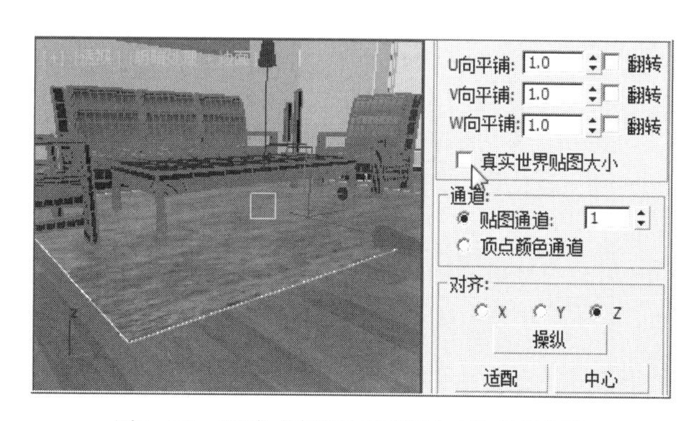

图9-371　取消“真实世界贴图大小”前的勾选

图9-372　当前透视图“地毯”材质渲染效果

图9-373　“在资源管理器”中点选“沙发背景墙面画”

面画”，如图9–373所示。

❷ 在“Slate（板岩）材质编辑器”面板中的“材质／贴图浏览器”所属的“V–Ray”列表中，用鼠标左键双击“VRayMtl”，在右侧的“视图”区域框中显示出“VRayMtl”实例球材质面板，重命名为“沙发背景墙面画”，点击工具行中的（将材质指定给选定对象）工具、（视口中显示明暗处理材质）工具以及（在预览中显示背景）工具，如图9–374所示。

图9–374 将“沙发背景墙面画”指定“VRayMtl”材质

❸ 用鼠标左键双击“沙发背景墙面画”实例球面板，在弹出的该材质参数面板中，点击“漫反射”右侧的“无”按钮，在弹出的“材质／贴图浏览器”列表中，点选“位图”，点击“确定”按钮，如图9–375所示。

❹ 在“选择位图图像文件”面板中，选择本章提供的素材文件“装饰画2.jpg”，用鼠标左键点击“打开”按钮，如图9–376所示。

❺ 用鼠标左键点击“漫反射”右侧的显示“M”按钮，在“坐标”卷展栏中，设置“U”的“瓷砖”为“1”；“V”的“瓷砖”为“1”；取消“使用真实世界比例”前的勾选，点击“确定”按钮，如图9–377所示。

❻ 用鼠标左键双击“沙发背景墙面画”实例球面板，在弹出的该材质参数面板中，点击“反射”右侧的“颜色选择器”，设置“红”为“20”；“绿”为“20”；“蓝”为“20”；点击“确定”按钮，如图9–378所示。

❼ 在“Slate材质编辑器”中，当前“沙发背景墙面画”实例球材质设置参数后的效果，如图9–379所示。

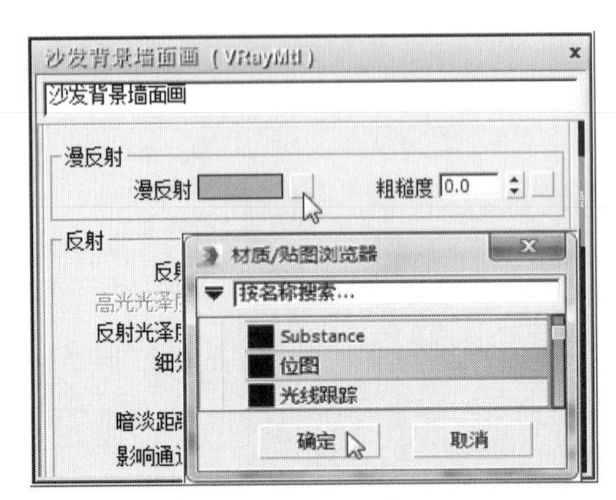

图9–375 将“沙发背景墙面画”的“漫反射”指定“位图”贴图方式

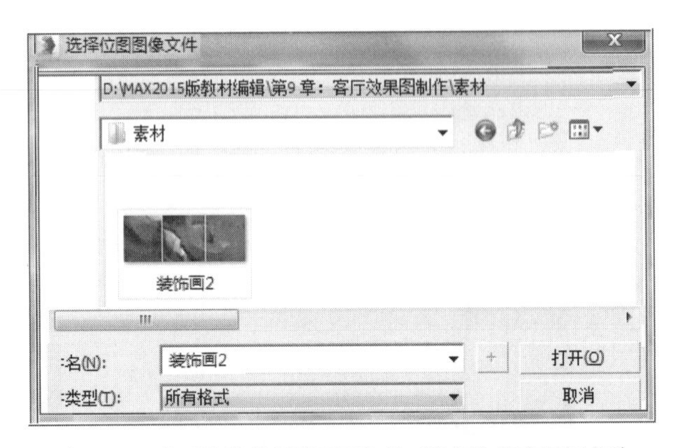

图9–376 将“沙发背景墙面画”的“位图”指定贴图文件

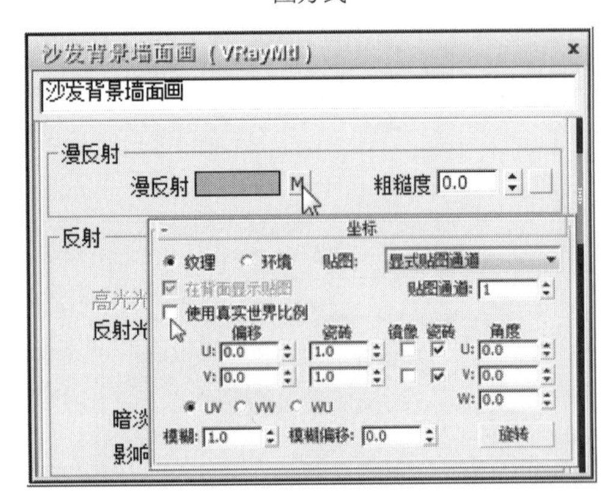

图9–377 设置“沙发背景墙面画”贴图“坐标”的卷展栏相关参数

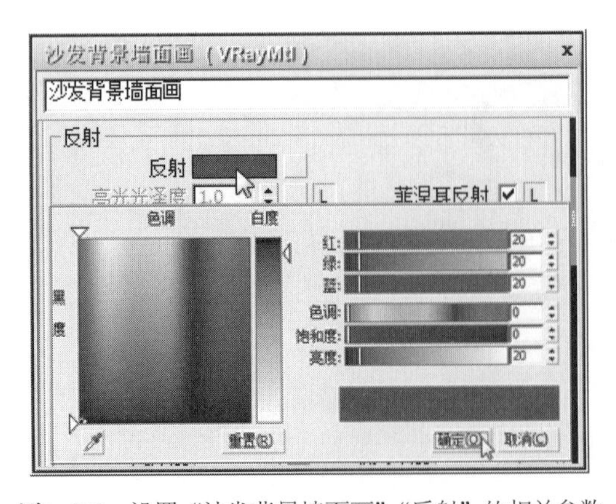

图9–378 设置“沙发背景墙面画”“反射”的相关参数

❽ 在视图右侧的命令面板中，为“沙发背景墙面画”添加“UVW贴图”修改器，如图9-380所示。

❾ 在“沙发背景墙面画”的“参数”卷展栏中，使用鼠标左键点击取消“真实世界贴图大小”前的勾选，如图9-381所示。

❿ 使用相关工具调整透视图至“沙发背景墙面画”合适角度，使用鼠标左键点击主工具行中的 （渲染产品）工具，对透视图进行渲染，如图9-382所示。

9.17.14 室内盆栽植物材质设置

9.17.14.1 花盆材质设置

❶ 结合相关工具调整视图至“花盆”合适的角度，使用鼠标左键点选“花盆”，如图9-383所示。

❷ 在“Slate（板岩）材质编辑器”面板中的“材质/贴图浏览器”所属的“V-Ray”列表中，用鼠标左键双击“VRayMtl”，在右侧的“视图”区域框中显示出“VRayMtl”实例球材质面板，重命名为“花盆”，点击工具行中的 （将材质指定给选定对象）工具、 （视口中显示明暗处理材质）工具及 （在预览中显示背景）工具，如图9-384所示。

❸ 用鼠标左键双击“花盆”实例球面板，在弹出的该材质参数面板中，点击“漫反射”右侧的“无”按钮，在弹出的“材质/贴图浏览器”列表中，点选

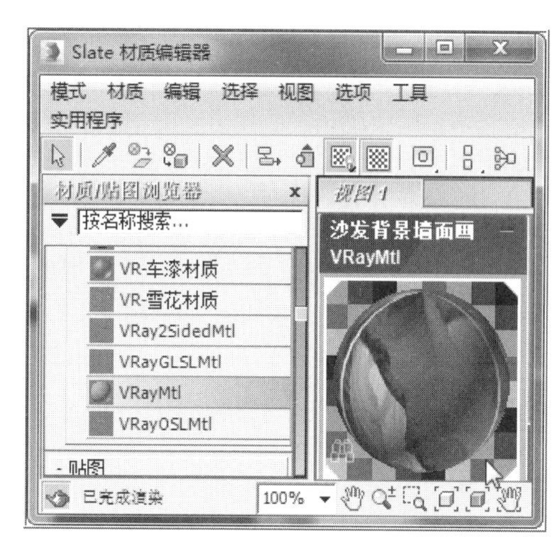

图9-379 当前“沙发背景墙面画”材质设置后的实例球效果

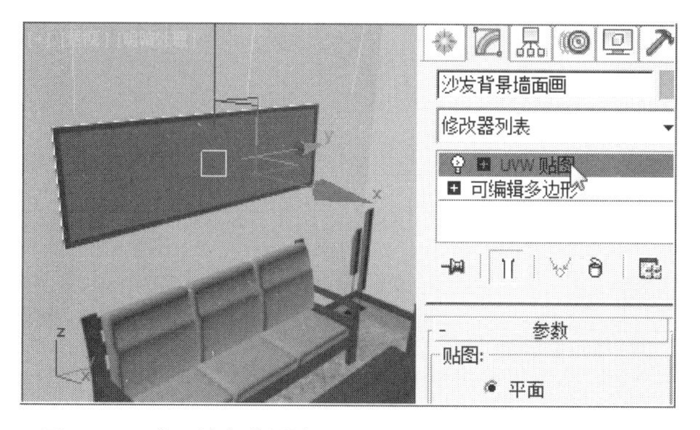

图9-380 为“沙发背景墙面画”添加“UVW贴图”修改器

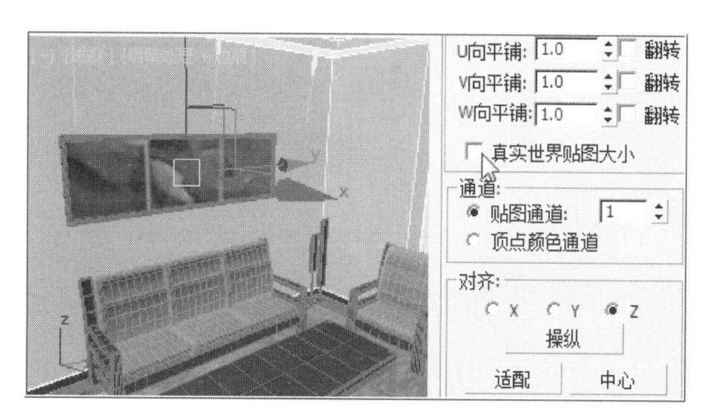

图9-381 取消“真实世界贴图大小”前的勾选

图9-382 当前透视图“沙发背景墙面画”材质渲染效果

图9-383 调整视图至合适角度位置点选“花盆”

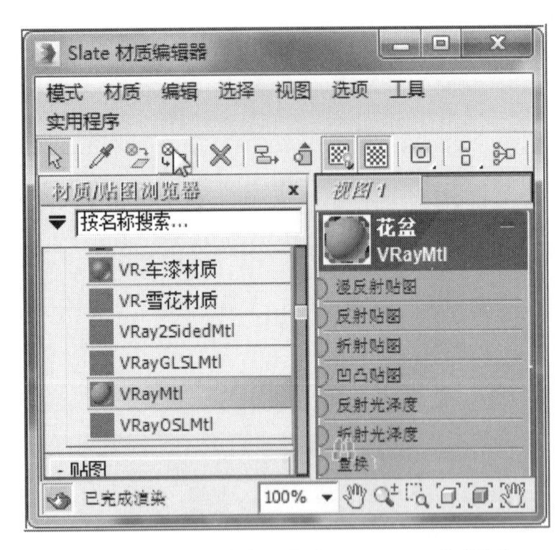

图9-384 将“花盆”指定“VRayMtl”材质

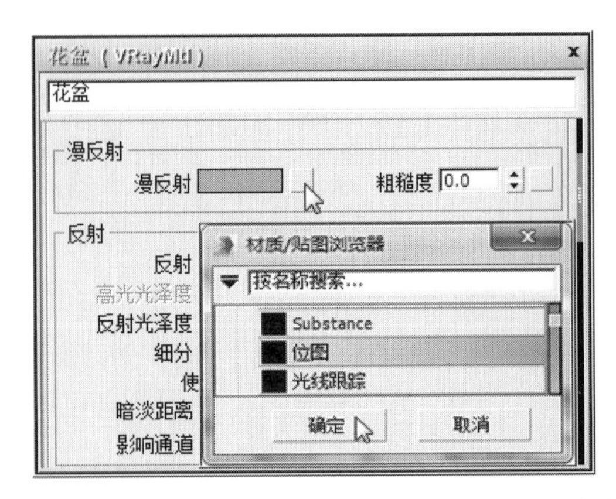

图9-385 将“花盆”的“漫反射”指定“位图”贴图方式

图9-386 将“花盆”的“位图”指定贴图文件

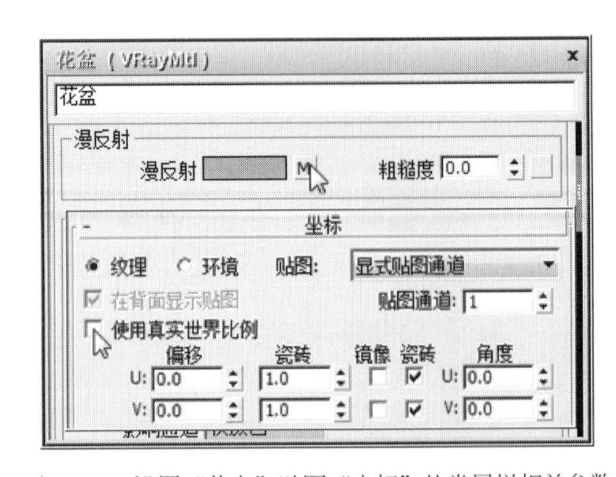

图9-387 设置“花盆”贴图“坐标”的卷展栏相关参数

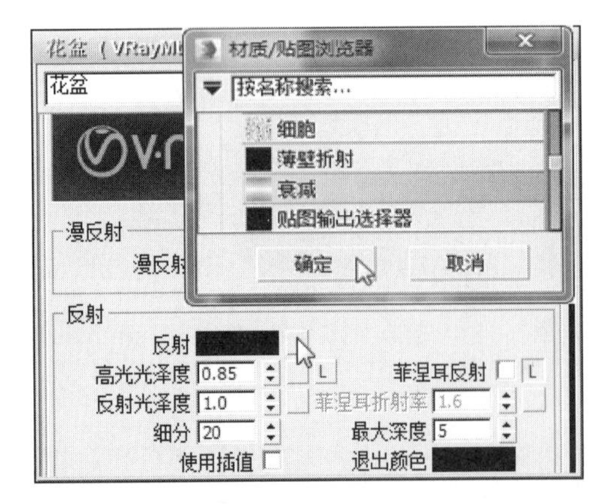

图9-388 将“花盆”的“反射”指定“衰减”贴图方式

“位图”，点击“确定”按钮，如图9-385所示。

❹ 在“选择位图图像文件”面板中，选择本章提供的素材文件“花盆.jpg”，用鼠标左键点击“打开”按钮，如图9-386所示。

❺ 用鼠标左键点击“漫反射”右侧的显示“M”按钮，在“坐标”卷展栏中，设置“U”的“瓷砖”为“1”；“V”的“瓷砖”为“1”；取消“使用真实世界比例”前的勾选，点击“确定”按钮，如图9-387所示。

❻ 用鼠标左键双击“花盆”实例球面板，在弹出的该材质参数面板中，点击“漫反射”右侧的“无”按钮，在弹出的“材质／贴图浏览器”列表中点选“衰减”，点击“确定”按钮，如图9-388所示。

❼ 用鼠标左键点击“反射”右侧的显示“M”按钮，在弹出的“衰减”面板中，点击“颜色2”的颜色选择器，设置“红”为“166”；“绿”为“153”；“蓝”为“231”；点击“确定”，设置“反射”下属的“高光光泽度”为“0.85”；“反射光泽度”为“1”；“细分”为“20”，如图9-389所示。

❽ 在“Slate材质编辑器”中，当前“花盆”实例球材质设置参数后的效果，如图9-390所示。

❾ 在视图右侧的命令面板中，为“花盆”添加

“UVW贴图”修改器，在“参数”卷展栏中，用鼠标左键点选“柱形”，如图9-391所示。

❿ 在“花盆”的“参数”卷展栏中，使用鼠标左键点击取消“真实世界贴图大小”前的勾选，如图9-392所示。

⓫ 用鼠标左键点击视图中的“吊顶灯光”，在“参数”卷展栏中，通过点击鼠标左键，将“常规”下的“开”前的勾选去除，关闭灯光的照明功能，如图9-393所示。

注：此处再次关闭“吊顶灯光”，是为了后续创建窗外风景对象时，配合日光照射更好地营造出室外光线照射客厅的光线视觉效果。

⓬ 用鼠标左键点击主工具行的 （渲染产品）工具，对透视图进行渲染，如图9-394所示。

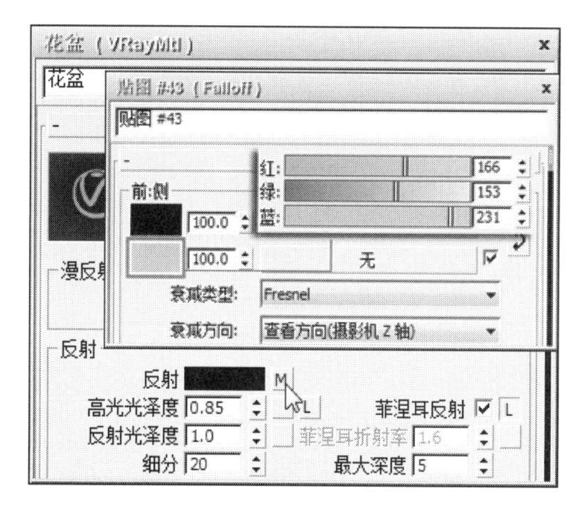

图9-389　设置“花盆”的“反射”相关参数

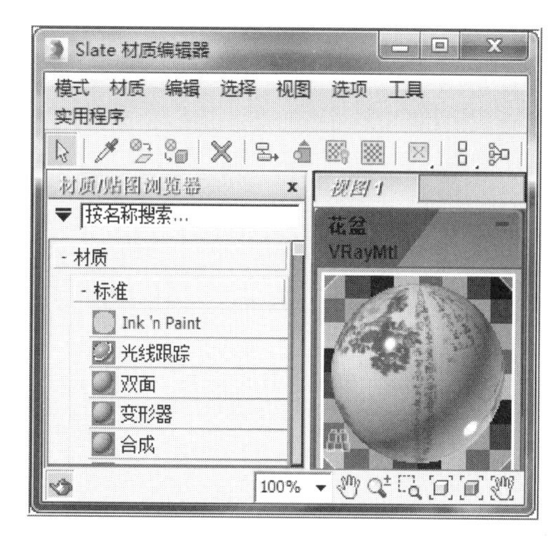

图9-390　当前花盆设置材质后的实例球效果

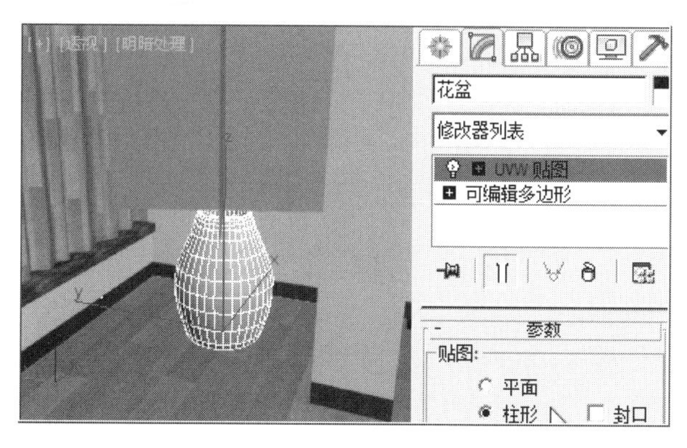

图9-391　为“花盆”添加“UVW贴图”修改器

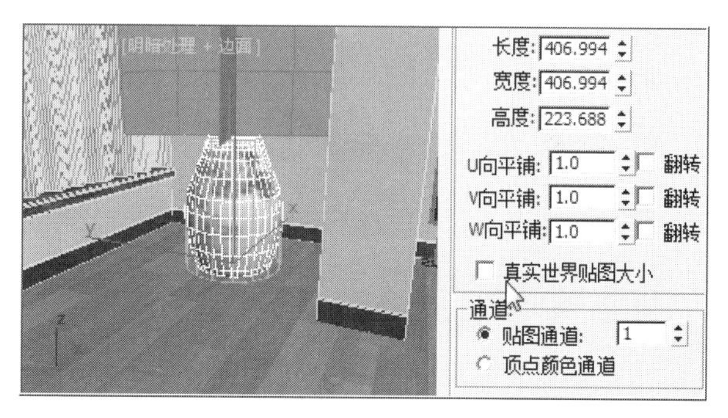

图9-392　取消“花盆”的“真实世界贴图大小”的勾选

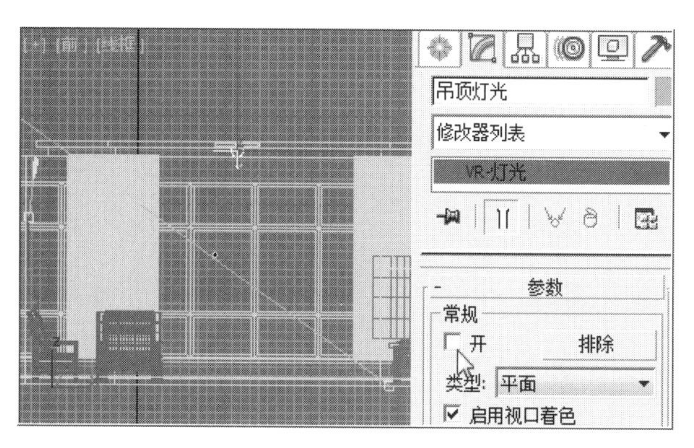

图9-393　关闭“吊顶灯光”的照明功能

图9-394　当前透视图“花盆”材质渲染的效果

9.17.14.2 花卉材质设置

❶ 在视图右侧的命令面板中，为“花001”添加“UVW贴图”修改器，在“参数”卷展栏中，用鼠标左键点击取消“真实世界贴图大小”前的勾选，如图9-395所示。

❷ 在“Slate（板岩）材质编辑器”面板的“材质/贴图浏览器”所属的“材质”列表中，用鼠标左键双击“标准”，在右侧的“视图”区域框中显示出“标准”实例球材质面板，重命名为“花卉”，点击工具行中的（将材质指定给选定对象）工具、（视口中显示明暗处理材质）工具及（在预览中显示背景）工具，如图9-396所示。

❸ 用鼠标左键双击“花卉”实例球面板，在弹出的该材质参数面板中，点击“漫反射”右侧的“无”按钮，在弹出的“材质/贴图浏览器”列表中，点选“位图”，点击“确定”按钮，如图9-397所示。

❹ 在“选择位图图像文件”面板中，选择本章提供的素材文件“花卉1.jpg”，用鼠标左键点击“打开”按钮，如图9-398所示。

❺ 用鼠标左键点击“漫反射”右侧的显示“M”按钮，在“坐标”卷展栏中，设置“U”的“瓷砖”为“1”；“V”的“瓷砖”为“1”；取消“使用真实世界比例”前的勾选，点击“确定”按钮，如图9-399所示。

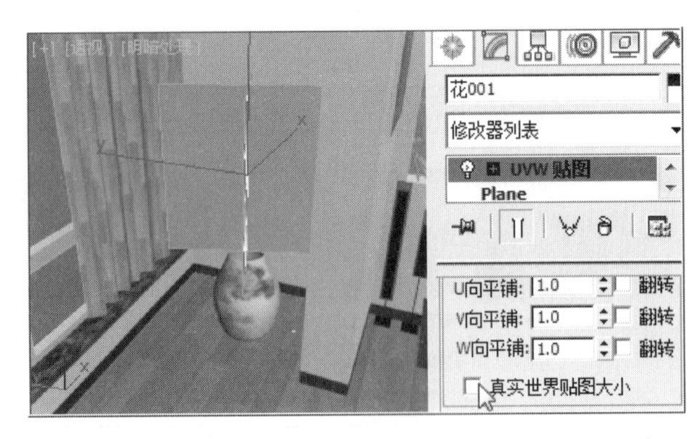

图9-395 为“花001”添加“UVW贴图”修改器并取消“真实世界贴图大小”前的勾选

图9-396 为“花卉”指定“标准”材质

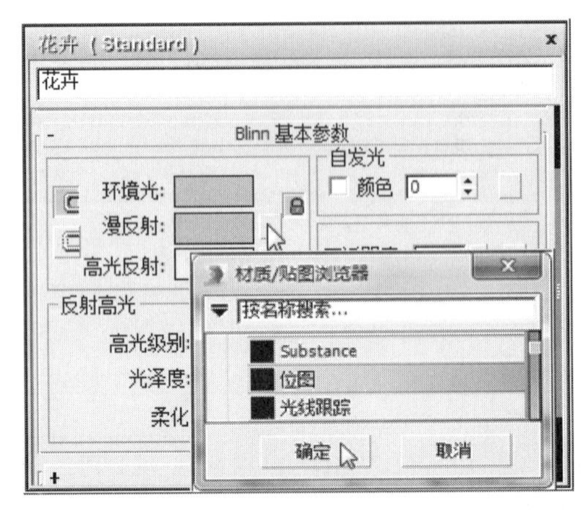

图9-397 将“花卉”的“漫反射”指定“位图”贴图方式

图9-398 将“花卉”的“位图”指定贴图文件

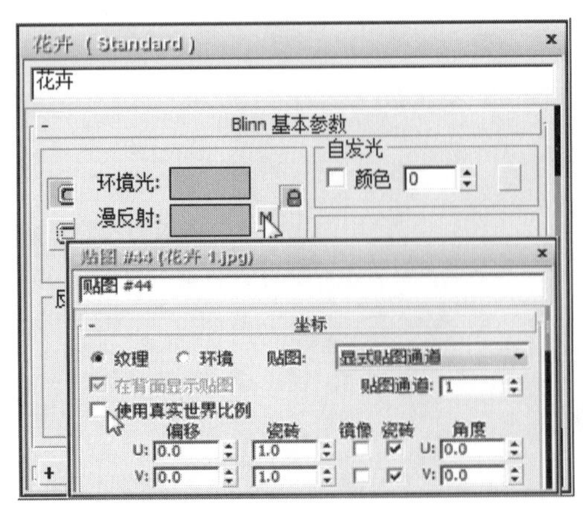

图9-399 设置“花卉”贴图“坐标”的卷展栏相关参数

❻ 用鼠标左键双击“花卉”实例球面板，在弹出的该材质参数面板中，点击展开“贴图”卷展栏，使用鼠标左键点击拖曳的方式将“漫反射颜色”右侧的长按钮显示的“花卉.jpg”贴图，指定给“不透明度”右侧对应的长按钮上，松开鼠标左键后，在弹出的“复制贴图”面板中，点选“复制”，点击“确定”按钮，如图9-400所示。

图9-400　将“花卉”的“漫反射”颜色贴图复制给“不透明度”

❼ 用鼠标左键点击“不透明度”右侧的显示“花卉1.jpg”按钮，在弹出的“花卉”面板中，点击“位图参数”卷展栏下的“位图”对应的显示花卉路径及名称的按钮，如图9-401所示。

❽ 在“选择位图图像文件”面板中，选择本章提供的素材文件“花卉1-1.jpg”，用鼠标左键点击“打开”按钮，如图9-402所示。

❾ 在“Slate材质编辑器”中，当前“花卉”实例球材质设置参数后的效果，如图9-403所示。

❿ 当前透视图显示的花卉透明效果，如图9-404所示。

⓫ 用鼠标左键点击主工具行的 （渲染产品）工具，对透视图进行渲染，如图9-405所示。

9.17.15 灯带材质设置

❶ 在视图左侧“资源管理器” （显示几何

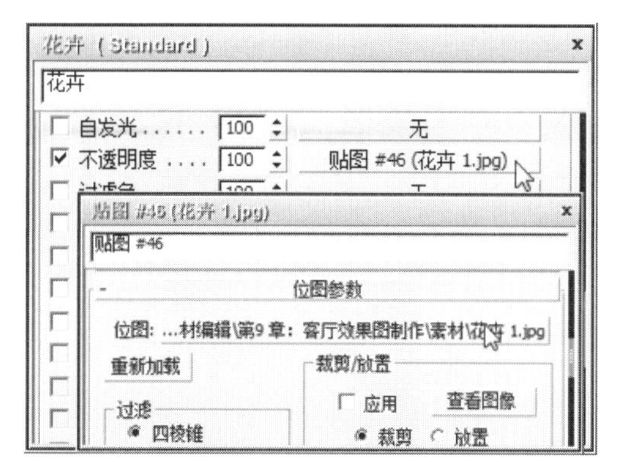

图9-401　点选当前“位图”对应的显示贴图文件的按钮

图9-402　选择“花卉1-1.jpg”取代不透明使用的“花卉1.jpg”

图9-403　当前设置材质后的“花卉”实例球效果

图9-404　当前透视图显示的“花卉”透明效果

体）所属“名称”列表中，用鼠标左键结合键盘中的“Ctrl”键，将“电视背景墙灯带”“吊顶灯带”一同选择，如图9-406所示。

❷ 在“Slate（板岩）材质编辑器”面板中的“材质/贴图浏览器”所属的“V-Ray”列表中，用鼠标左键双击“VR-灯光材质”，在右侧的“视图”区域框中显示出“VR-灯光材质”实例球材质面板，重命名为“灯带”，点击工具行中的（将材质指定给选定对象）工具，如图9-407所示。

❸ 用鼠标左键双击“电视画面”实例球材质面板，在弹出的该面板中，用鼠标左键点击“颜色”右侧的“颜色选择器”，在弹出的“颜色选择器”面板中，设置“红”为“150”；“绿”为“170”；“蓝”为“255”；点击“确定”按钮，设置“颜色”为“0.2”，如图9-408所示。

❹ 在“Slate材质编辑器”中，当前“灯带”实例球材质设置参数后的效果，如图9-409所示。

❺ 结合相关工具调整透视图至灯带角度，用鼠标左键点击主工具行的（渲染产品）工具，对透视图进行渲染，如图9-410所示。

9.17.16 吸顶灯材质设置

❶ 在视图左侧“资源管理器”（显示几何体）所属“名称”列表中，用鼠标左键点选“吸顶灯”，如图9-411所示。

❷ 在“Slate（板岩）材质编辑器”面板中的“材质/贴图浏览器”所属的“V-Ray”列表中，用鼠标左键双击“VR-灯光材质”，在右侧的“视图”区域框中显示出“VR-灯光材质”实例球材质面板，重命名为“吸顶灯”，点击工具行中的（将材质指定给选定对象）工具，如图9-412所示。

❸ 用鼠标左键双击“吸顶灯”实例球面板，在弹出的该材质参数面板中，设置“颜色”值为“0.5”，点击“颜色”右侧的“无”按钮，在弹出的“材质/贴图浏览器”列表中点选“衰减”，点击“确定”按钮，如图9-413所示。

❹ 用鼠标左键点击“颜色”右侧的显示“吸顶灯

图9-405 当前透视图渲染的“花卉”透明效果

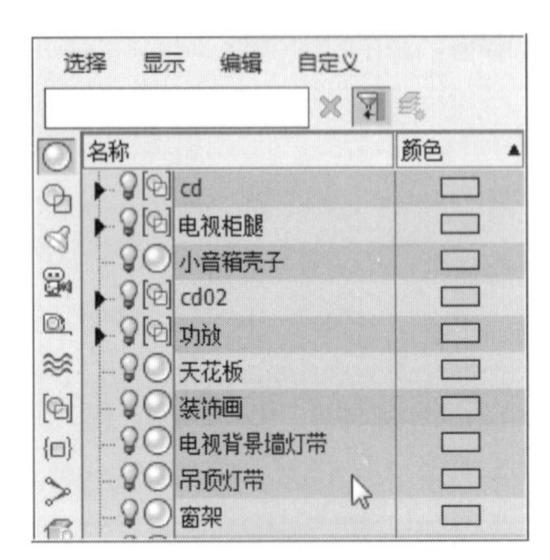

图9-406 在“资源管理器”选择用于灯带的对象

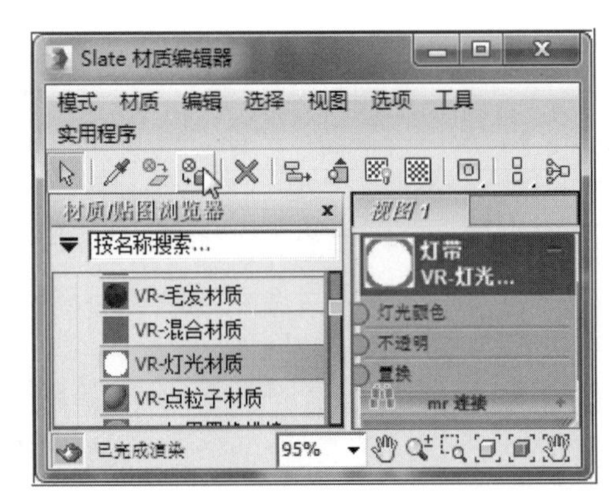

图9-407 将“灯带”指定“VR-灯光”材质

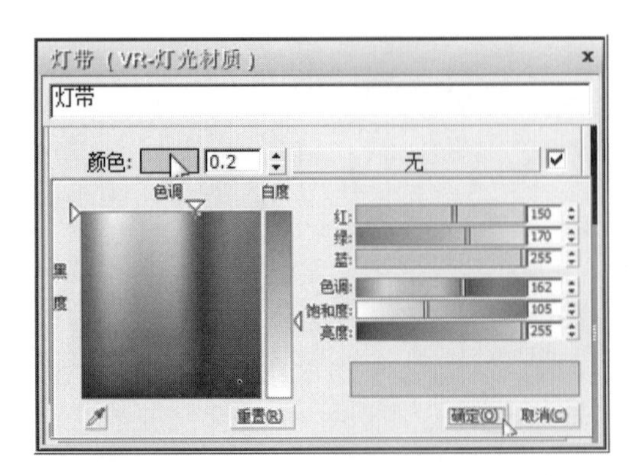

图9-408 设置“灯带”“颜色选择器”相关参数

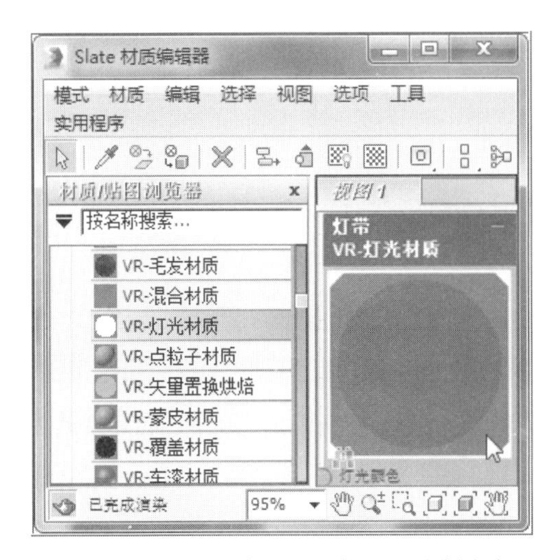

图9-409 当前“灯带”设置材质后的实例球效果

图9-410 当前透视图“灯带”材质选择效果

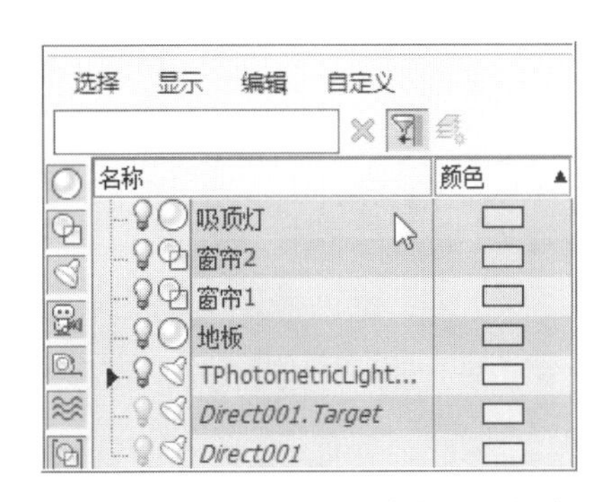

图9-411 在“资源管理器”中点选“吸顶灯”

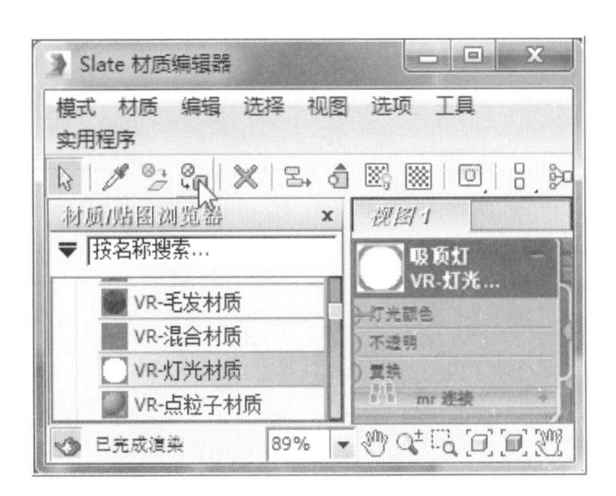

图9-412 将“吸顶灯”指定“VR-灯光材质”

(Falloff)”的按钮，如图9-414所示。

❺在弹出的“衰减”面板的“衰减参数”卷展栏中，点击“颜色1”的颜色选择器，设置“红”为“250”；“绿”为“240”；“蓝”为“100”；点击“确定”按钮；点击“颜色2”的颜色选择器，设置“红”为“220”；“绿”为“104”；“蓝”为“0”；点击“确定”按钮，如图9-415所示。

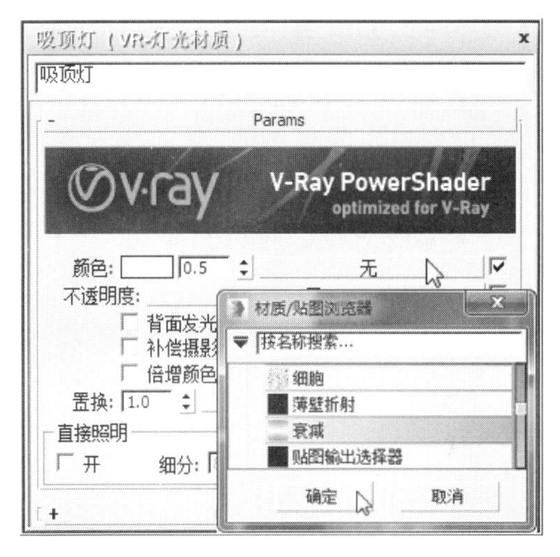

图9-413 为“吸顶灯”颜色添加“衰减”贴图方式

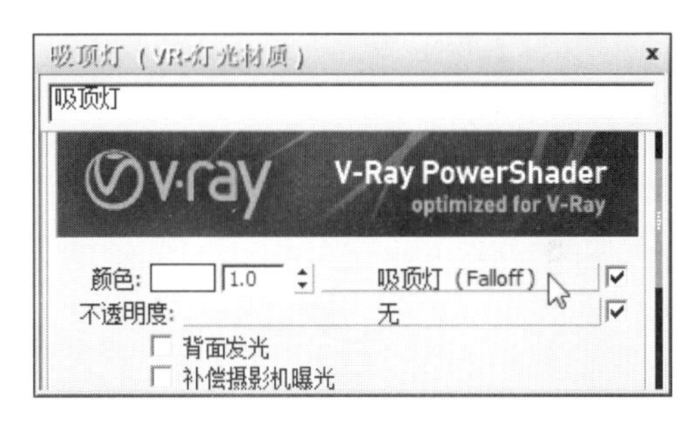

图9-414 点击颜色右侧的“吸顶灯”按钮

图9-415 设置“吸顶灯”的“衰减”参数

❻ 在“混合曲线”卷展栏中，用鼠标左键点击 （添加点）工具，在视图线合适位置点击鼠标左键创建点，如图9–416所示。

❼ 用鼠标左键点选 （移动）工具，调整曲线，如图9–417所示。

❽ 在“Slate材质编辑器”中，当前“吸顶灯”实例球材质设置参数后的效果，如图9–418所示。

❾ 结合相关工具调整透视图至吸顶灯合适角度，用鼠标左键点击主工具行的 （渲染产品）工具，对透视图进行渲染，如图9–419所示。

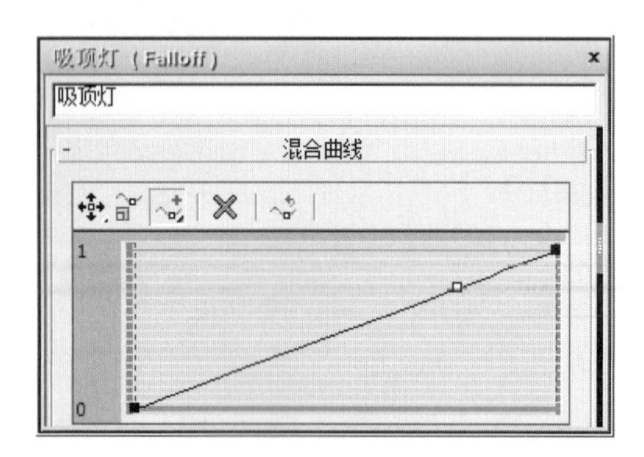

图9–416 在“混合曲线”卷展栏中的线上添加点

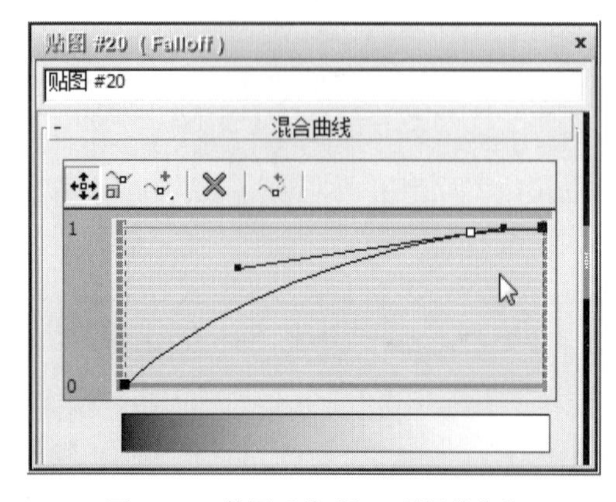

图9–417 使用“移动”工具调整曲线

图9–419 当前透视图“吸顶灯”材质渲染效果

9.18 射灯筒材质设置

吊顶的射灯筒材质包含“射灯筒金属面罩”材质和“射灯筒内发光面”材质。

9.18.1 射灯筒金属面罩材质设置

❶ 在视图左侧“资源管理器” （显示几何体）所属“名称”列表中，用鼠标左键结合键盘中的“Ctrl”键，将6个“射灯筒金属面罩”一同选择，如图9–420所示。

❷ 在“Slate（板岩）材质编辑器”面板中的“材质／贴图浏览器”所属的“V–Ray”列表中，用鼠标左键双击“VRayMtl”，在右侧的“视图”区域框中显示出“VRayMtl”实例球材质面板，重命名为“射灯筒金属面罩”，点击工具行中的 （将材质指定给选定对象）工具、 （视口中显示明暗处理材质）工具及 （在预览中显示背景），如图9–421所示。

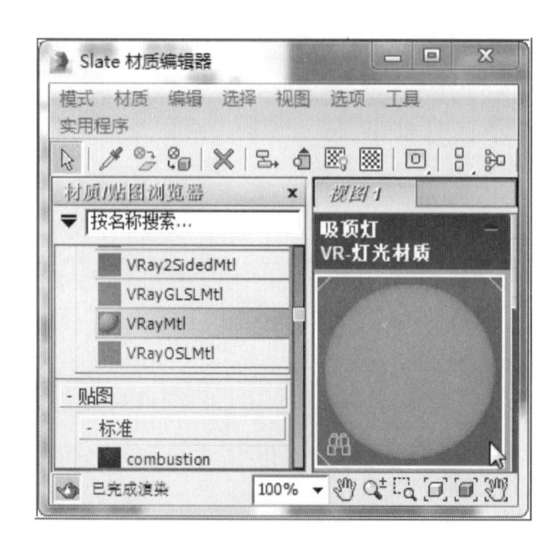

图9–418 当前“吸顶灯”设置材质后的实例球效果

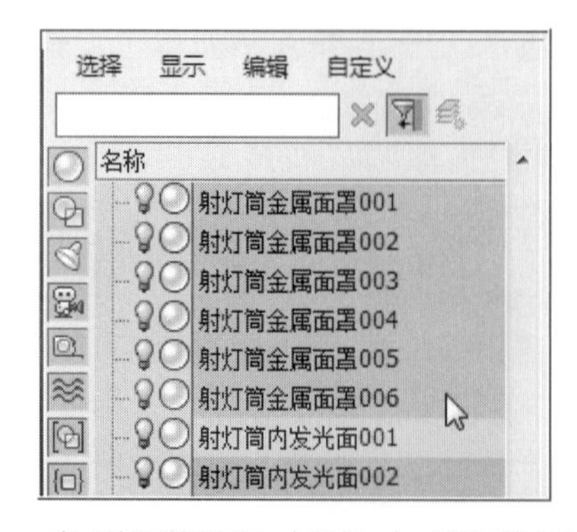

图9–420 在“资源管理器”中选择6个“射灯筒金属面罩”

❸ 用鼠标左键双击“射灯筒金属面罩”实例球材质面板，在弹出的“射灯筒金属面罩”材质面板中，用鼠标左键点击“漫反射”右侧的“颜色选择器”，在弹出的“颜色选择器”面板中，设置“红”为“237”；“绿”为“162”；“蓝”为“2”；点击“确定”按钮，点选“反射”右侧的“颜色选择器”，在弹出的“颜色选择器”面板中，设置“红”为“201”；“绿”为“201”；“蓝”为“201”；点击“确定”按钮，取消“菲涅耳反射”后的勾选，设置反射下属的“高光光泽度”为“0.9”；“反射光泽度”为“0.9”，如图9-422所示。

❹ 在“Slate材质编辑器”中，当前“射灯筒金属面罩”实例球材质设置参数后的效果，如图9-423所示。

9.18.2 射灯筒内发光面材质设置

❶ 在视图左侧“资源管理器”（显示几何体）所属“名称”列表中，用鼠标左键结合键盘中的“Ctrl”键，将6个“射灯筒内发光面”一同选择，如图9-424所示。

❷ 在“Slate（板岩）材质编辑器”面板中的“材质／贴图浏览器”所属的“V-Ray”列表中，用鼠标左键双击“VR-灯光材质”，在右侧的“视图”区域框中显示出“VR-灯光材质”实例球材质面板，重命名为“射灯筒内发光面”，点击工具行中的（将材质指定给选定对象）工具，如图9-425所示。

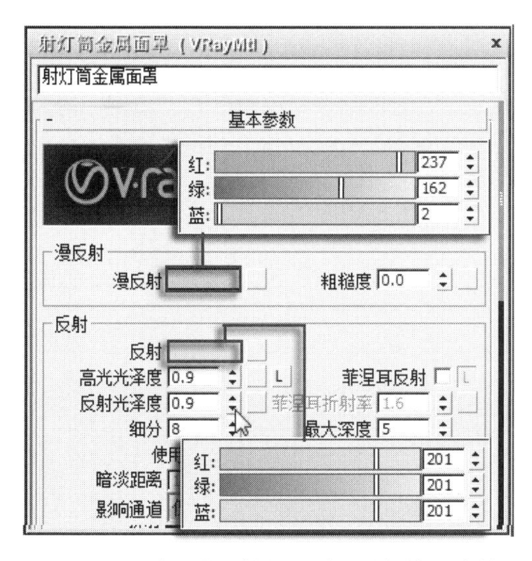

图9-422 设置“射灯筒金属面罩”材质相关参数

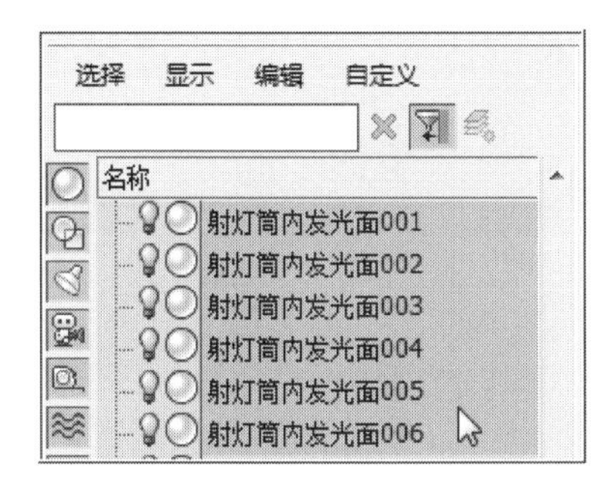

图9-424 在“资源管理器”中选择6个“射灯筒内发光面”

图9-421 将“射灯筒金属面罩”指定“VR-灯光”材质

图9-423 当前“射灯筒金属面罩”设置材质后的实例球效果

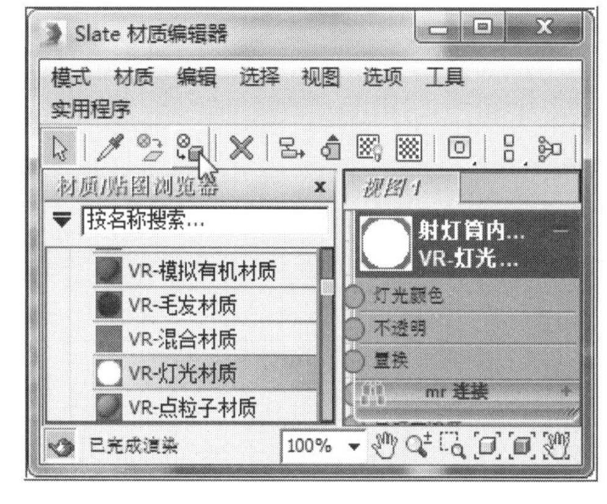

图9-425 将“射灯筒内发光面”指定“VR-灯光”材质

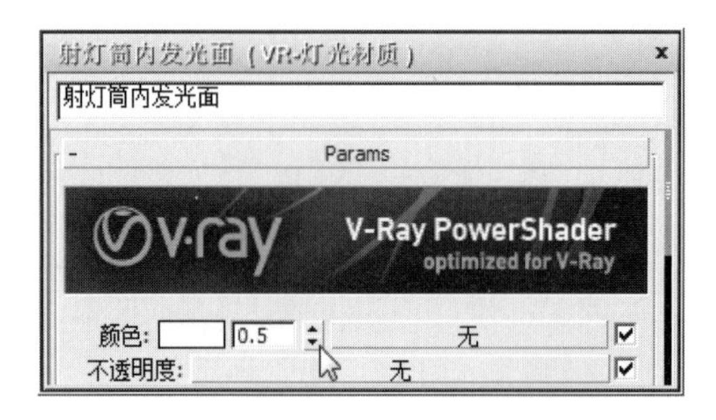

图9-426　设置“射灯筒内发光面”“颜色”值为“0.5”

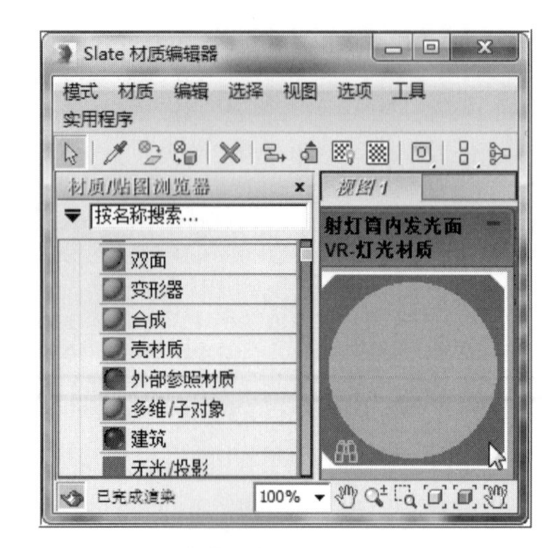

图9-427　当前“射灯筒内发光面”材质设置后的实例球效果

图9-428　当前透视图射灯筒材质渲染效果

❸ 用鼠标左键双击“射灯筒内发光面”实例球面板，在弹出的该材质参数面板中，设置“颜色”值为“0.5”，如图9-426所示。

❹ 在“Slate材质编辑器”中，当前“射灯筒内发光面”实例球材质设置参数后的效果，如图9-427所示。

❺ 结合相关工具调整透视图至射灯筒合适角度，用鼠标左键点击主工具行的 （渲染产品）工具，对透视图进行渲染，如图9-428所示。

9.19 窗外风景材质设置

❶ 在视图右侧命令面板中，依次点击 （创建）－ （几何体）－ 平面 工具，在前视图创建合适大小“平面”，如图9-429所示。

❷ 用鼠标左键点击视图右侧命令面板中的 （修改）命令，将“plane001”重新命名为“窗外风景”，结合主工具行中的 （选择并移动）工具，将对象沿着自身y轴最大化方向移至“房体”的窗户外侧，如图9-430所示。

❸ 在“Slate（板岩）材质编辑器”面板的“材质／贴图浏览器”所属的“材质”列表中，用鼠标左键双击“标准”，在右侧的“视图”区域框中显示出“标准”实例球材质面板，重命名为“窗外风景”，点击工具行中的 （将材质指定给选定对象）工具，如图9-431所示。

❹ 用鼠标左键双击“窗外风景”实例球面板，在弹出的该材质参数面板中，点击“漫反射”右侧的“无”按钮，在弹出的“材质／贴图浏览器”列表中，

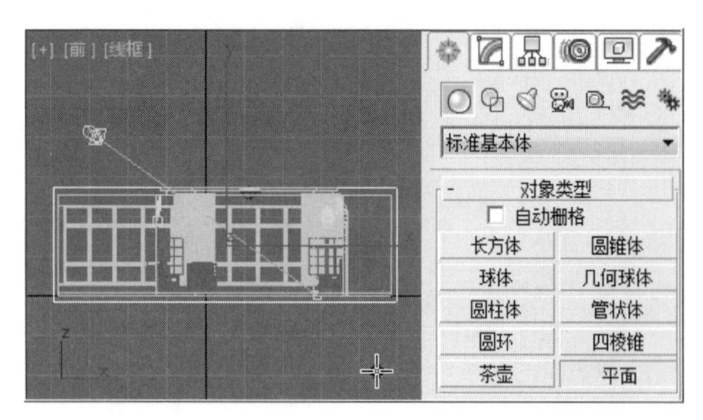

图9-429　点击“平面”工具在前视图创建对象

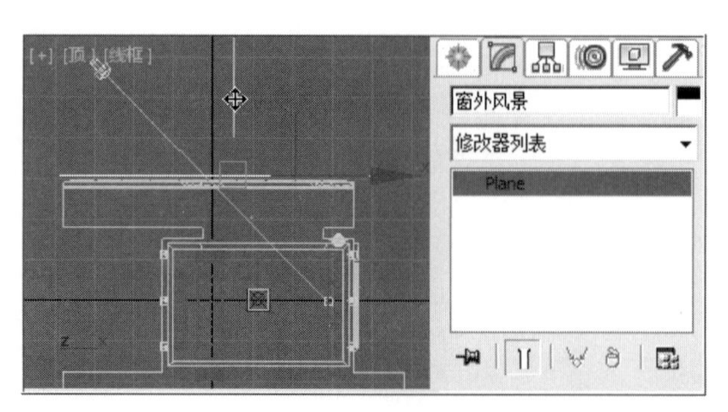

图9-430　将“平面”移至房体窗户外侧并命名为“窗外风景”

点选“位图”，点击“确定”按钮，如图9-432所示。

❺ 在“选择位图图像文件”面板中，选择本章提供的素材文件“窗外风景.jpg”，用鼠标左键点击“打开”按钮，如图9-433所示。

❻ 鼠标左键点击“漫反射”右侧的显示“M”按钮，在“坐标”卷展栏中，设置“U”的“瓷砖”为“2”；“V”的“瓷砖”为“1”；取消“使用真实世界比例”前的勾选，点击“确定”按钮，如图9-434所示。

❼ 在视图右侧命令面板中，为“窗外风景”添加中“UVW贴图”修改器，如图9-435所示 。

❽ 在“窗外风景”的“参数”卷展栏中，使用鼠标左键点击取消“真实世界贴图大小”前的勾选，如图9-436所示。

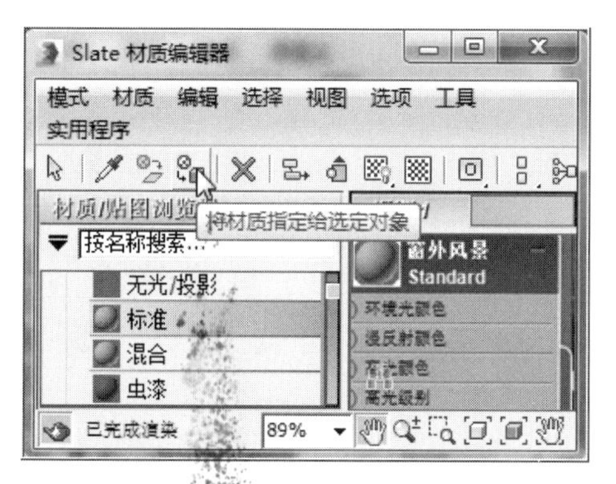

图9-431　将“窗外风景”指定“标准”材质

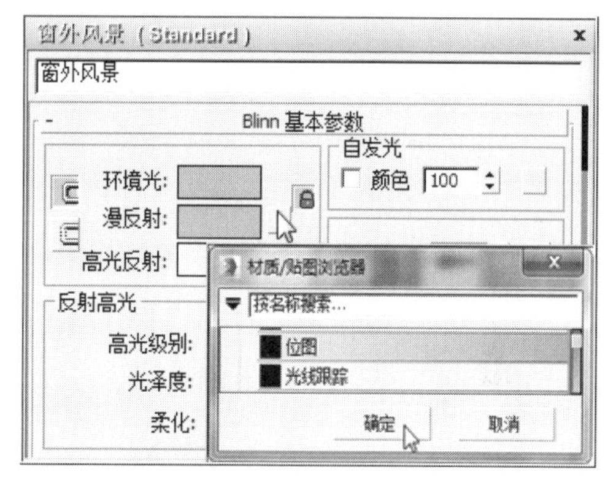

图9-432　将“窗外风景”的“漫反射”指定“位图”贴图方式

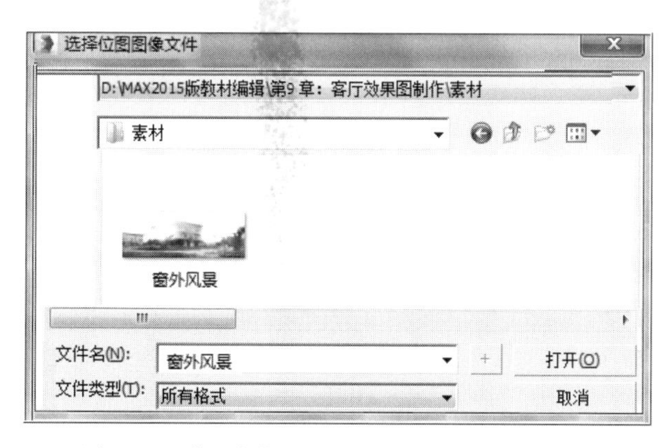

图9-433　将“窗外风景”的“位图”指定贴图文件

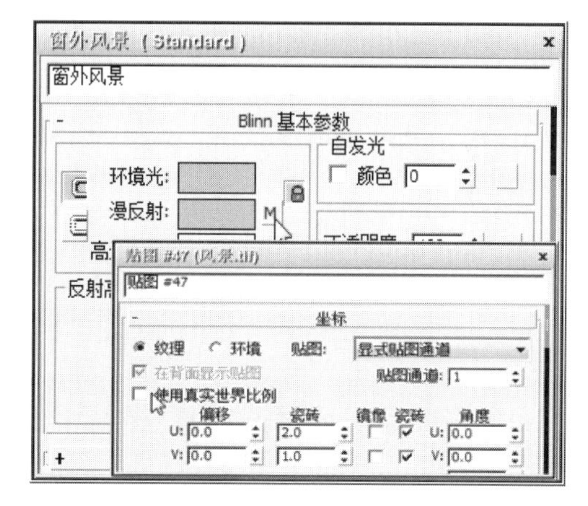

图9-434　设置“窗外风景”贴图“坐标”的卷展栏相关参数

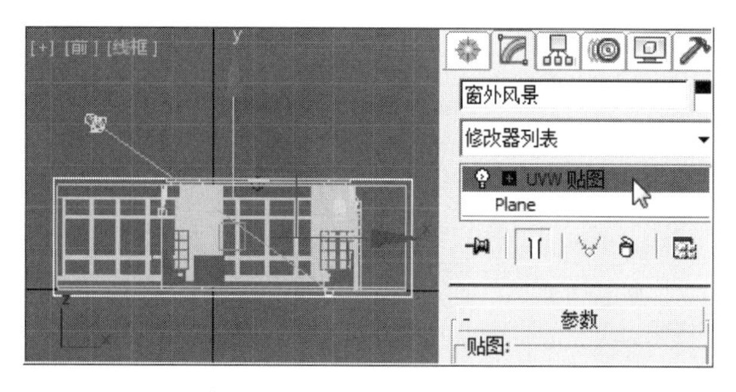

图9-435　为“窗外风景”添加“UVW贴图”修改器

图9-436　取消“窗外风景”“真实世界贴图大小”前的勾选

❾ 用鼠标左键双击“窗外风景”实例球面板，在弹出的该材质“Blinn基本参数”卷展栏中，设置“自发光”为“50”，点击“确定”按钮，如图9-437所示。

❿ 在“Slate材质编辑器”中，当前“窗外风景”实例球设置参数后的材质效果，如图9-438所示。

⓫ 在视图左侧“资源管理器” （显示几何体）所属“名称”列表中，用鼠标左键点选“日光灯”，如图9-439所示。

⓬ 在视图右侧命令面板中，用鼠标左键点击 （修改）命令，在“日光灯”下属的“常规参数”卷展栏中，点击“排除”按钮，如图9-440所示。

⓭ 在弹出的“排除/包含”面板中，使用鼠标左键点选“场景对象”列表中的“窗外风景”，通过点击 按钮，将其显示在右侧的“排除”列表中，如图9-441所示。

⓮ 结合相关工具调整透视图客厅合适角度，用鼠标左键点击主工具行的 （渲染产品）工具，对透视图进行渲染，如图9-442所示。

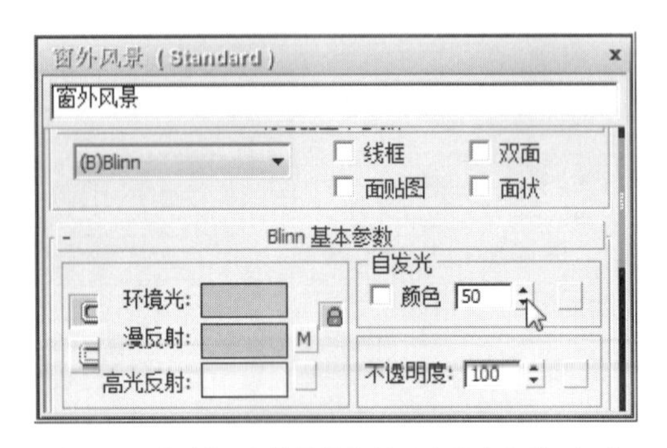

图9-437 设置“窗外风景”的“自发光”为“50”

图9-439 在“资源管理器”中选择“日光灯”

图9-441 将“窗外风景”从日光灯光照中“排除”

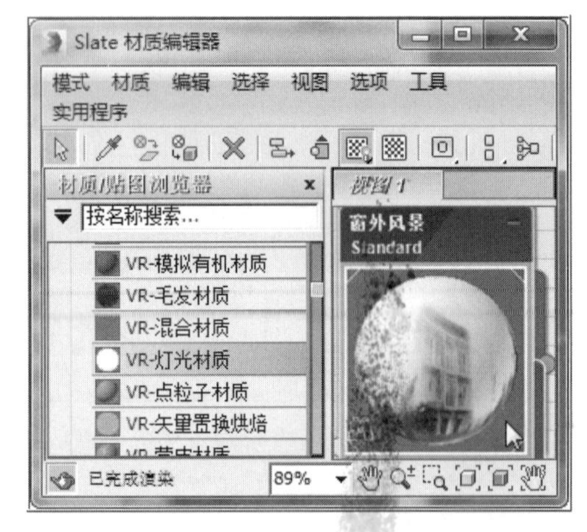

图9-438 当前“窗外风景”材质设置后的实例球效果

图9-440 点击“日光灯”常规参数中的排除按钮

图9-442 当前渲染透视图显示的“窗外风景”效果